기계도사 유튜브

기계도사 네이버카페

✓ 최신 KS규격 **100% 반영**!

✓ 전영역 **무료** 유튜브 강의 **QR 및 주소 제공**!

✓ 기출·예상문제 & 꼼꼼한 해설까지 **한 권에**!

▶ 유튜버 기계도사

2026
전산응용
기계제도
기능사

기계가공기능장이 알기 쉽게
설명하는 **합격 비법서**!

유투버 기계도사의
무료강의 제공

정인훈 편저

필기 | 실기 | 기출예상문제집

PREFACE

전산응용기계제도기능사 합격을 위하여!

본 교재는 전산응용기계제도기능사를 취득하고자 하는 수험생들이 최단기간에 합격할 수 있도록 구성하였습니다.

필기시험에 가장 효과적인 학습법은 반복 학습법입니다. 모든 필기시험이 그러하듯 문제은행식 출제 법이라 자주 기출되는 문제들을 눈으로 익히는 것이 가장 효율적인 학습법입니다. 본 교재는 시험에 자주 나오는 내용들만 필기 이론으로 압축해 수록하였으며 QR코드를 통한 해당 영역의 동영상 강의를 제공합니다. 또한 구글 드라이브를 통하여 해당 영역의 기출문제를 제공하므로 유사 기출문제를 통해 여러분들의 학습 능력을 키울 수 있습니다.

실기시험에 가장 효과적인 학습법은 많은 도면을 직접 투상 하여 그려보는 것입니다. 실기 도면의 유형으로는 크게 동력전달 장치와 치공구로 나눌 수 있으며 기출 빈도는 6:4 정도입니다. 교재에서의 동영상 강의를 순서대로 차근차근 학습한다면 합격에 빠르게 도달할 수 있습니다. 3D 형상의 모델링 뿐만 아니라 2D 형상의 치수기입, 끼워맞춤, 거칠기, 기하공차 기입법에 관해 학습하시기 바랍니다.

필기 시험과 실기 시험을 준비함에 있어 최단기간에 학습하여 전산응용기계제도기능사 자격증을 취득하실수 있도록 집필하였습니다. 본 교재가 여러분의 합격 길잡이가 되었으면 좋겠습니다.

저자 김인훈

전산응용기계제도기능사 시험 안내

1 개요

개요	전자·컴퓨터 기술의 급속한 발전에 따라 기계제도 분야에서도 컴퓨터에 의한 설계 및 생산시스템(CAD/CAM)이 광범위하게 이용되고 있다. 그러나 이러한 시스템을 효율적으로 적용하고 응용할 수 있는 인력은 부족한 편이다. 이에 따라 산업현장에서 필요로 하는 전산응용 기계제도분야의 기능인력을 양성하고자 자격을 제정

2 수행직무

수행직무	CAD시스템을 이용하여 도면을 작성하거나 수정, 출도를 하며 부품도를 도면의 형식에 맞게 배열하고 단면 형상의 표시 및 치수 노트를 작성. 또한 컴퓨터 그래픽을 이용하여 부품의 전개도, 조립도, 재단도, 유압회로, 전기회로, 배관회로 등을 제도하는 업무 수행

3 진로 및 전망

진로 및 전망	기계, 조선, 항공, 전기, 전자, 건설, 환경, 플랜트엔지니어링분야 등으로 진출한다. 최근, 기계제도 분야에서는 CAD시스템 사용보편화와 CAD기술의 지속적인 발전으로 전산응용기계제도 방식이 주류를 이루고 있다. 이에 따라 향후 시스템 운용을 담당할 기능인력이 꾸준히 증가할 전망이다. 최근 5년간 자격 응시인원도 매년 증가하고 있다.

④ 취득방법

① 시 행 처 : 한국산업인력공단

② 관련학과 : 실업계 고등학교의 기계관련학과

③ 시험과목

  - 필기 : 기계설계제도

  - 실기 : 기계설계제도실무

④ 검정방법

  - 필기 : 객관식 4지 택일형 60문항(60분)

  - 실기 : 작업형(5시간 정도, 100점)

⑤ 합격기준

  - 필기·실기 : 100점을 만점으로 하여 60점 이상

⑤ 시험일정

구분	필기원서접수 (인터넷) (휴일제외)	필기시험	필기합격 (예정자)발표	실기원서접수 (휴일제외)	실기시험	최종합격자 발표
정기기능사 제1회	1월 초~중	1월 하순	시행당일	2월 중~3월 초	3월 중~4월 초	4월 중
정기기능사 제2회	3월 중~말	4월 초	시행당일	4월 하~5월 하	5월 말~6월 중	7월 초
정기기능사 제3회	6월 초~하	6월 하~ 7월 초	시행당일	7월 하~8월 하	8월 말 ~ 9월 중	9월 말
정기기능사 제4회	8월 하~9월 중	9월 중~하	시행당일	10월 중~하	11월 하~12월 초	12월 하순

6 출제기준(필기)

직무 분야	기계	중직무분야	기계제작	자격종목	전산응용기계제도기능사

○ 직무내용 : 산업체에서 제품개발, 설계, 생산기술 부문의 기술자들이 기술정보를 목적에 따라 산업표준
규격에 준하여 도면으로 표현하는 업무를 수행하는 직무이다.

○ 수행준거
1. CAD 프로그램을 활용하여 제도 규칙에 따른 2D 도면을 작성하고, 확인하여 가공 및 제작에 필요한 2D도면
정보를 도출할 수 있다.
2. 기계설계 규정에 따라 치수 및 공차를 표현하고, 도면 데이터를 관리 할 수 있다.
3. CAD 프로그램을 사용자 작업 환경에 맞도록 설정하고, 모델링할 수 있다.
4. 형상 설계 오류를 사전에 검증하고 수정하여, 가공 및 제작에 필요한 형상에 관한 정보를 도출할 수 있다.
5. 기계가공 전후의 결과를 기본측정기를 이용하여 정량적으로 나타낼 수 있다.
6. 기계장치의 정확한 설치 조립을 위하여, 조립도와 부품도를 파악할 수 있다.

필기 검정방법	객관식	문제수	60	시험시간	1시간

필기과목명	문제수	주요항목	세부항목	세세항목
기계설계제도	60	1. 2D도면작업	1. 작업환경 설정	1. 도면영역의 크기 2. 선의 종류 3. 선의 용도 4. KS 기계제도 통칙 5. 도면의 종류 6. 도면의 양식 7. 2D CAD 시스템 일반 8. 2D CAD 입출력장치
			2. 도면작성	1. 2D 좌표계 활용 2. 도형 작도 및 수정 3. 도면 편집 4. 투상법 5. 투상도 6. 단면도 7. 기타 도시법
			3. 기계 재료 선정	1. 재료의 성질 2. 철강 재료 3. 비철금속 재료 4. 비금속 재료

필기과목명	문제수	주요항목	세부항목	세세항목
기계설계제도	60	2. 2D도면관리	1. 치수 및 공차 관리	1. 치수기입 2. 치수보조기호 3. 치수공차 4. 기하공차 5. 끼워맞춤공차 6. 공차관리 7. 표면거칠기 8. 표면처리 9. 열처리 10. 면의 지시기호
			2. 도면출력 및 데이터 관리	1. 데이터 형식 변환(DXF, IGES)
		3. 3D형상모델링 작업	1. 3D형상모델링 작업 준비	1. 3D 좌표계 활용 2. 3D CAD 시스템 일반 3. 3D CAD 입출력장치
			2. 3D형상모델링 작업	1. 3D 형상모델링 작업
		4. 3D형상모델링 검토	1. 3D형상모델링 검토	1. 조립구속조건 종류
			2. 3D형상모델링 출력 및 데이터 관리	1. 3D CAD 데이터 형식 변환(STEP, STL, PARASOLID, IGES)
		5. 기계제작	1. 기계제작의 이해	1. 주조 2. 소성가공 3. 절삭가공 4. 정밀입자 및 특수가공 5. 용접가공 6. 프레스가공
		6. 기본측정기 사용	1. 작업계획 파악	1. 측정 방법 2. 단위 종류
			2. 측정기 선정	1. 측정기 종류 2. 측정기 용도 3. 측정기 선정

필기과목명	문제수	주요항목	세부항목	세세항목
기계설계제도	60	6. 기본측정기 사용	3. 기본측정기 사용	1. 측정기 사용 방법
		7. 조립도면해독	1. 부품도 파악	1. 기계 부품 도면 해독 2. KS 규격 기계 재료 기호
			2. 조립도 파악	1. 기계 조립 도면 해독
		8. 체결요소설계	1. 요구기능 파악 및 선정	1. 나사 2. 키 3. 핀 4. 리벳 5. 볼트·너트 6. 와셔 7. 용접 8. 코터
			2. 체결요소 선정	1. 체결요소별 기계적 특성
			3. 체결요소 설계	1. 체결요소 설계 2. 체결요소 재료 3. 체결요소 부품 표면처리 방법
		9. 동력전달요소 설계	1. 요구기능 파악 및 선정	1. 축 2. 축이음 3. 베어링 4. 마찰차 5. 기어 6. 캠 7. 벨트 8. 로프 9. 체인 10. 브레이크 11. 스프링 등
			2. 동력전달요소 설계	1. 동력전달요소 설계 2. 동력전달요소 재료 3. 동력전달요소 부품 표면처리 방법

직무 분야	기계	중직무분야	기계제작	자격 종목	전산응용기계제도기능사

○ 직무내용 : 산업체에서 제품개발, 설계, 생산기술 부문의 기술자들이 기술정보를 목적에 따라 산업표준
　　　　　규격에 준하여 도면으로 표현하는 업무를 수행하는 직무이다.

○ 수행준거
1. CAD 프로그램을 활용하여 제도 규칙에 따른 2D 도면을 작성하고, 확인하여 가공 및 제작에 필요한 2D
　도면 정보를 도출할 수 있다.
2. 기계설계 규정에 따라 치수 및 공차를 표현하고, 도면 데이터를 관리 할 수 있다.
3. CAD 프로그램을 사용자 작업 환경에 맞도록 설정하고, 모델링할 수 있다.
4. 형상 설계 오류를 사전에 검증하고 수정하여, 가공 및 제작에 필요한 형상에 관한 정보를 도출할 수 있다.
5. 기계가공 전후의 결과를 기본측정기를 이용하여 정량적으로 나타낼 수 있다.
6. 기계장치의 정확한 설치 조립을 위하여, 조립도와 부품도를 파악할 수 있다.

실기 검정방법	작업형	시험시간	5시간 정도

실기과목명	주요항목	세부항목	세세항목
기계설계 제도실무	1. 2D도면작업	1. 작업환경 설정하기	1. 보조 명령어를 이용하여 CAD 프로그램을 사용자 환경에 맞게 설정할 수 있다. 2. 도면작도에 필요한 부가 명령을 설정할 수 있다. 3. 도면영역의 크기를 설정하고 작도를 제한할 수 있다. 4. 선의 종류와 용도에 따라 도면층을 설정할 수 있다. 5. 작업 환경에 적합한 템플릿을 제작하여 도면의 형식을 균일화 시킬 수 있다.
		2. 도면작성 하기	1. 정확한 치수로 작도하기 위하여 좌표계를 활용할 수 있다. 2. 도면요소를 선택하여 작도, 지우기, 복구를 수행할 수 있다. 3. 도형작도 명령을 이용하여 여러 가지 도면요소들을 작도 및 수정할 수 있다. 4. 도면요소를 복사, 이동, 스케일, 다중 버열 등 편집하고 변환할 수 있다. 5. 선분을 분할하고 도면요소를 조회하여 활용할 수 있다. 6. 자주 사용되는 도면요소를 블록화하여 사용할 수 있다. 7. 관련 산업표준을 준수하여 도면을 작도할 수 있다. 8. 요구되는 형상에 대하여 파악하고, 이를 2D CAD 프로그램의 기능을 이용하여 작도할 수 있다. 9. 요구되는 형상과 비교·검토하여 오류를 확인하고, 발견되는 오류를 즉시 수정할 수 있다.

실기과목명	주요항목	세부항목	세세항목
	2. 2D도면관리	1. 치수 및 공차 관리 하기	1. KS 및 ISO 규격 또는 사내 규정에 맞는 도면 유형을 설정하여 도면요소의 투상 및 치수 등 련정보를 생성할 수 있다. 2. 생성된 관련 정보를 수정하고 편집할 수 있다. 3. 대상물의 치수에 관련된 가공상에 적합한 공차를 표현할 수 있다. 4. 대상물의 모양, 자세, 위치 및 흔들림에 관한 기하공차를 표현할 수 있다. 5. 대상물의 표면거칠기를 고려하여 다듬질공차 기호를 표현할 수 있다.
		2. 도면출력 및 데이터 관리하기	1. 요구되는 데이터 형식에 맞도록 저장하거나 출력할 수 있다. 2. 프린터, 플로터 등 인쇄 장치의 설치와 출력 도면 영역설정으로 실척 및 축(배)척으로 출력 할 수 있다. 3. CAD 데이터 형식에 대하여 각각의 용도 및 특성을 파악하고 이를 변환할 수 있다. 4. 작업된 도면의 용도 및 활용성을 파악하고 분류하여 저장할 수 있다.
	3. 3D형상모델링 작업	1. 3D형상모델링 작업 준비하기	1. 명령어를 이용하여 3D CAD 프로그램을 사용자 환경에 맞도록 설정할 수 있다. 2. 3D형상모델링에 필요한 부가 명령을 설정할 수 있다. 3. 작업 환경에 적합한 템플릿을 제작하여 도면의 형식을 균일화 시킬 수 있다.
		2. 3D형상 모델링 작업하기	1. KS 및 ISO 관련 규격을 준수하여 형상을 모델링할 수 있다. 2. 스케치 도구를 이용하여 디자인을 형상화할 수 있다. 3. 디자인에 치수를 기입하여 치수에 맞게 형상을 수정할 수 있다. 4. 기하학적 형상을 구속하여 원하는 형상을 유지시키거나 선택 되는 요소에 다양한 구속 조건을 설정할 수 있다. 5. 특징형상 설계를 이용하여 요구되어지는 3D형상모델링을 완성할 수 있다. 6. 연관복사 기능을 이용하여 원하는 형상으로 편집하고 변환할 수 있다. 7. 요구되어지는 형상과 비교, 검토하여 오류를 확인하고 발견되는 오류를 즉시 수정할 수 있다.

실기과목명	주요항목	세부항목	세세항목
	4. 3D형상모델링 검토	1. 3D형상모델링 검토하기	1. 3D형상모델링의 관련 정보를 도출하고 수정할 수 있다. 2. 각각의 단품으로 조립형상 제작 시 적절한 조립 구속조건을 사용하여 조립품을 생성 할 수 있다. 3. 조립품의 간섭 및 조립여부를 점검하고 수정할 수 있다. 4. 편집기능을 활용하여 모델링을 하고 수정할 수 있다.
		2. 3D형상모델링 출력 및 데이터 관리하기	1. KS 및 ISO 국내외 규격 또는 사내 규정에 맞는 2D 도면 유형을 설정하여 투상 및 치수 등 관련정보를 생성할 수 있다. 2. 도면에 대상물의 치수에 관련된 공차를 표현할 수 있다. 3. 대상물의 모양, 자세, 위치 및 흔들림에 관한 기하공차를 도면에 표현할 수 있다. 4. 대상물의 표면거칠기를 고려하여 다듬질공차 기호를 표현할 수 있다. 5. 요구되는 데이터 형식에 맞도록 저장하거나 출력할 수 있다. 6. 프린터, 플로터 등 인쇄 장치를 설치하고 출력 도면 영역을 설정하여 실척 및 축(배)척으로 출력할 수 있다. 7. 3D CAD 데이터 형식에 대한 각각의 용도 및 특성을 파악하고 이를 변환할 수 있다. 8. 작업된 도면의 용도 및 활용성을 파악하고 분류하여 저장할 수 있다.
	5. 기본측정기 사용	1. 작업계획 파악하기	1. 작업지시서와 도면으로부터 측정하고자 하는 부분을 파악할 수 있다. 2. 작업지시서와 도면으로부터 측정방법을 파악할 수 있다.
		2. 측정기 선정하기	1. 제품의 형상과 측정 범위, 허용공차, 치수정도에 알맞은 측정기를 선정할 수 있다. 2. 측정에 필요한 보조기구를 선정할 수 있다.
		3. 기본 측정기 사용하기	1. 측정에 적합하도록 측정물을 설치할 수 있다. 2. 측정기의 0점 세팅을 수행할 수 있다. 3. 측정오차요인이 측정기나 공작물에 영향을 주지 않도록 조치할 수 있다. 4. 작업표준 또는 측정기의 사용법에 따라 측정을 수행할 수 있다. 5. 측정기 지시값을 읽을 수 있다. 6. 측정된 결과가 도면의 요구사항에 부합하는지 판단할 수 있다.

실기과목명	주요항목	세부항목	세세항목
	6. 조립도면 해독	1. 부품도 파악하기	1. 수요자의 요구사항에 따라 기계 조립 도면을 해독할 수 있다. 2. 기계 조립 도면에 따라 유공압 장치조립, 전기장치조립 도면을 구분하여 해독할 수 있다. 3. 기계 조립의 수정 보완을 위하여 조립 도면의 설계 변경 내용과 개정 내용을 확인할 수 있다.
		2. 조립도 파악하기	1. 기계 부품 도면을 파악하기 위하여 조립도 내의 부품리스트를 작업 계획에 반영할 수 있다. 2. 기계 부품 도면에 따라 각 기계 부품의 치수 공차를 해석할 수 있다. 3. 기계 부품 도면에 따라 표면 거칠기와 열처리 유무를 확인할 수 있다.

CONTENTS

전산응용기계제도기능사 필기&실기 문제집

필기 이론

PART 02 | 기계요소설계

PART 05 | 측정

PART 06 | CAD일반

기출예상문제

PART 07 | 기출예상문제

실기

PART 08 | 실기

PART 01
기계제도

01 작업환경 설정

▶ https://url.kr/6wlcha

1. KS, ISO 표준

(1) 제도

선과 문자, 기호로 구성된 도면을 작성하는 작업으로, 물체의 모양, 크기, 재료, 가공 방법, 구조 등을 일정한 법칙과 규격에 따라 정확, 명료, 간결하게 나타내는 것

(2) 표준 규격

관련 단체나 국가끼리 서로의 이익이나 권리 등을 공정하게 하고 통일성, 단순화를 기하기 위해 기준을 정한 것

(3) 표준화의 효과

① 제품이 균일하고, 품질이 향상된다.
② 생산 능률이 증가하고, 생산 원가가 절감된다.
③ 부품의 호환성이 증가하고, 인력과 자재가 절감된다.
④ 작업자 교육 및 훈련이 용이하고, 작업 능률이 향상된다.

(4) 국제 규격

규격 기호	규격 명칭	마크
ISO	국제표준화기구(International Organization for Standardization)	ISO
IEC	국제전기표준회의(International Elctrotechnical Commission)	IEC
ITU	국제전기통신연합(International Telecommunication Union)	ITU

(5) 각국의 표준 규격

규격 기호	규격 명칭	마크
KS	한국산업표준(Korean Industrial Standards)	KS
BS	영국표준(British Standards)	
DIN	독일공업표준(Deutsche Industrie Normen)	DIN
ANSI	미국국가표준(American National Standards Institute)	ANSI
NF	프랑스표준(Norme Francaise)	NF
JIS	일본공업표준(Japanese Industrial Standards)	JIS
GB	중국국가표준(Guojia Biaozhun)	GB

📁 단원 핵심 기출 문제

01

도면이 구비하여야 할 구비 조건이 아닌 것은?

① 무역 및 기술의 국제적인 통용성
② 제도자의 독창적인 제도법에 대한 창의성
③ 면의 표면, 재료, 가공 방법 등의 정보성
④ 대상물의 도형, 크기, 모양, 자세, 위치 등의 정보성

02

제도의 목적을 달성하기 위하여 도면이 구비하여야 할 기본 요건이 아닌 것은?

① 면의 표면거칠기, 재료선택, 가공방법 등의 정보
② 도면 작성방법에 있어서 설계자 임의의 창의성
③ 무역 및 기술의 국제 교류를 위한 국제적 통용성
④ 대상물의 도형, 크기, 모양, 자세, 위치의 정보

03

우리나라의 도면에 사용되는 길이 치수의 기본적인 단위는?

① mm
② cm
③ m
④ inch

04

기계 제도의 표준 규격화의 의미로 옳지 않은 것은?

① 제품의 호환성 확보
② 생산성 향상
③ 품질 향상
④ 제품 원가 상승

05

한국 산업 표준 중 기계부문에 대한 분류 기호는?

① KS A
② KS B
③ KS C
④ KS D

06

한국산업표준(KS)의 부문별 분류기호 연결로 틀린 것은?

① KS A : 기본
② KS B : 기계
③ KS C : 광산
④ KS D : 금속

07

다음 중 국가별 표준규격 기호가 잘못 표기된 것은?

① 영국 - BS
② 독일 - DIN
③ 프랑스 - ANSI
④ 스위스 - SNV

---

https://url.kr/mfhe7t

2. 도면의 크기, 양식, 척도

(1) 도면의 크기

① 제도 용지는 A열 용지 크기를 사용한다.

② A0 용지의 넓이는 약 1m²이다.

③ 제도 용지의 짧은 쪽과 긴 쪽 길이의 비는 1:$\sqrt{2}$이다.

④ 큰 도면의 접을 때에는 A4 용지의 크기로 접는 것을 원칙으로 한다.

도면 크기의 종류와 윤곽 치수   (단위 mm)

도면 크기의 호칭	A0	A1	A2	A3	A4
도면의 크기	841×1189	594×841	420×594	297×420	210×297
a	10				
b 철할 때	25				
b 철하지 않을 때	20			10	

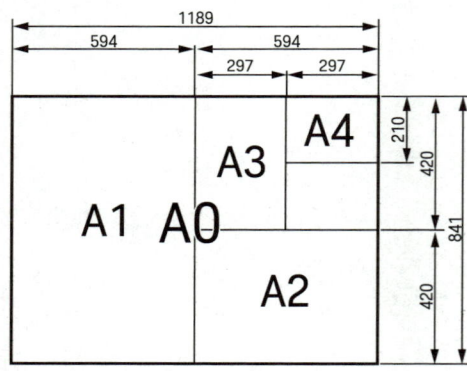

A계열 용지의 크기

A계열 용지의 크기에 따른 윤곽 영역

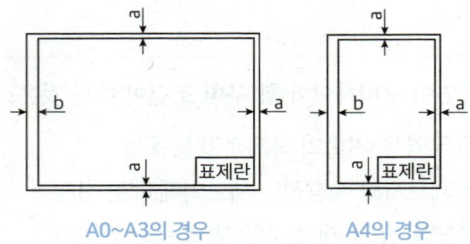

A0~A3의 경우   A4의 경우

(2) 도면의 양식

① 도면에 반드시 그려야 할 양식 :

윤곽선, 표제란, 중심마크

② 도면에 마련하는 것이 바람직한 양식 :

비교눈금, 재단마크 등

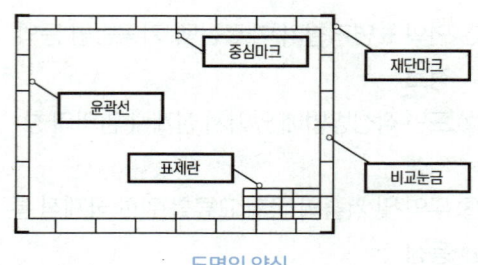

도면의 양식

도면에 마련되는 양식

윤곽선	도면이 훼손되는 것을 방지하고, 도면 내용이 확실히 구분되도록 하기 위하여 굵기 0.5mm 이상의 굵은 실선으로 그린다.
중심마크	도면을 보관하기 위해 마이크로필름으로 촬영하거나 복사할 때 편리하도록 굵은 실선으로 표시한다.
표제란	도면 관리에 필요한 사항과 중요한 사항을 정리하여 기입한 것이다. 도명, 도면 번호, 척도, 투상법, 작성 일자 등을 표시한다.
비교눈금	도면을 마이크로필름으로 촬영하고, 확대 축소할 경우에 실제 도면의 크기와 비교할 수 있게 때문에 편리하다.
재단마크	복사한 도면을 재단할 때 편리하도록 재단할 위치를 도면의 네 구석에 표시한 것이다.

[3] 도면의 척도

☑ 척도

도면에 그려진 도형의 크기는 대상물과 같은 크기로 그리거나 또는 작게 축소하여 그릴 수 있으며, 도형에 그려진 치수와 실제 치수의 비

$$A : B$$

도면에서의 크기 ⎯⎯ ↑   ↑ ⎯⎯ 물체의 실제 크기

① 축척 : 제품의 크기를 실물보다 작게 축소해서 그리는 것.
  예 1 : 2, 1 : 5, 1 : 10, 1 : 50, 1 : 100 등
② 현척 : 실물과 동일한 크기로 그리는 것
  실척이라고도 함
  예 1 : 1
③ 배척 : 제품의 크기를 실물보다 크게 확대해서 그리는 것
  예 2 : 1, 5 : 1, 10 : 1, 50 : 1, 100 : 1 등
④ NS(Not to Scale) : 비례척이 아닌 임의의 배율로 그린 도면으로 부품 번호의 옆에 기입하며, '비례척이 아님' 또는 'NS'로 표기한다.

01

도면에서 A3 제도 용지의 크기는?

① 841×1189　　　② 594×841
③ 420×594　　　④ 297×420

02

특별히 연장한 크기가 아닌 일반 A 계열 제도 용지의 세로:가로의 비는 얼마인가? (단, 가로가 긴 용지를 기준으로 한다)

① 1 : 1　　　② 1 : $\sqrt{2}$
③ 1 : $\sqrt{3}$　　　④ 1 : 2

03

도면관리에 필요한 사항과 도면내용에 관한 중요한 사항이 기입되어 있는 도면 양식으로 도명이나 도면번호와 같은 정보가 있는 것은?

① 재단마크　　　② 표제란
③ 비교눈금　　　④ 중심마크

04

도면의 촬영, 복사 및 도면 접기의 편의를 위한 중심마크의 선 굵기는 몇 mm 인가?

① 0.1mm　　　② 0.3mm
③ 0.7mm　　　④ 1mm

05

도면의 양식 중에서 반드시 마련해야 하는 사항이 아닌 것은?

① 표제란　　　② 중심 마크
③ 윤곽선　　　④ 비교 눈금

06

인쇄, 복사 또는 플로터로 출력된 도면을 규격에서 정한 크기대로 자르기 위해 마련한 도면의 양식은?

① 비교눈금
② 재단마크
③ 윤곽선
④ 도면의 구역기호

07

도면 관리에서 다른 도면과 구별하고 도면 내용을 직접 보지 않고도 제품의 종류 및 형식 등의 도면 내용을 알수 있도록 하기 위해 기입하는 것은?

① 도면 번호
② 도면 척도
③ 도면 양식
④ 부품 번호

08

다음 도면의 양식 중에서 반드시 마련해야하는 양식은?

① 도면의 구역
② 중심마크
③ 비교눈금
④ 재단마크

09

도면을 마이크로 필름에 촬영하거나 복사할 때의 편의를 위하여 도면의 위치결정에 편리하도록 도면에 표시하는 양식은?

① 재단 마크
② 중심 마크
③ 도면의 구역
④ 방향 마크

10

다음 도면의 제도방법에 관한 설명 중 옳은 것은?

① 도면에는 어떠한 경우에도 단위를 표시할 수 없다.
② 척도를 기입할 때 A : B로 표기하며, A는 물체의 실제 크기, B는 도면에 그려지는 크기를 표시한다.
③ 축척, 배척으로 제도했더라도 도면의 치수는 실제치수를 기입해야 한다.
④ 각도 표시는 항상 도, 분, 초(°, ′, ″) 단위로 나타내야 한다.

11

도면의 척도가 "1:2"로 도시되었을 때 척도의 종류는?

① 배척
② 축척
③ 현척
④ 비례척이 아님

12

다음 중 척도의 기입 방법으로 틀린 것은?

① 척도는 표제란에 기입하는 것이 원칙이다.
② 표제란이 없는 경우에는 부품 번호 또는 상세도의 참조 문자 부근에 기입한다.
③ 한 도면에는 반드시 한 가지 척도만 사용해야 한다.
④ 도형의 크기가 치수와 비례하지 않으면 NS라고 표시한다.

13

기계 제도에서 사용하는 척도에 대한 설명 중 틀린 것은?

① 공통적으로 사용한 주요 척도는 표제란에 기입한다.

② 축척으로 제도한 경우 치수 기입은 실제 치수가 아닌 실물의 실제 치수에 축척 비율이 적용된 값으로 기입한다.

③ 그림의 일부를 확대하여 그려야 할 경우 배척값을 선택하여 그릴 수 있다.

④ 같은 도면에서 서로 다른 척도를 사용한 경우 해당 부품 번호의 참조 문자 부근에 척도를 기입한다.

🔲 축척 비율과 상관없이 도면에 실제 치수를 기입한다.

▶ https://url.kr/t1nfii

3. 선의 종류와 용도

[1] 모양에 따른 선의 종류

선의 종류	모양	정의
실선	———————	연속적으로 이어진 선
파선	- - - - - - - -	짧은 선이 일정한 길이로 되풀이되는 선
1점 쇄선	—— · —— · ——	길고 짧은 2종류의 선이 번갈아가며 되풀이되는 선
2점 쇄선	—— ·· —— ·· ——	길고 짧은 2종류의 선이 장·단·단·장·단·단 순으로 되풀이되는 선

[2] 용도에 따른 선의 종류

선의 종류	명칭	모양	용도
굵은 실선	외형선	———————	대상물이 보이는 부분의 겉모양을 나타내는 데 사용한다.
가는 실선	치수선	———————	치수를 기입하는 데 사용한다.
	치수보조선	———————	치수를 기입하기 위하여 도형으로부터 끌어내는 데 사용한다.
	지시선	———————	가공법, 기호 등을 표시하기 위해 끌어내는 데 사용한다.
가는 파선 또는 굵은 파선	숨은선	- - - - - - - - - - - - - - - -	물체의 보이지 않는 부분의 형상을 표시하는 데 사용한다.
가는 1점 쇄선	중심선	—— · —— · ——	도형의 중심을 표시하는 데 사용한다.
굵은 1점 쇄선	특수지정선	—— · —— · ——	특수한 가공을 하는 부분 등 특별한 요구 사항을 적용할 범위를 표시하는 데 사용한다.

선의 종류	명칭	모양	용도
가는 2점 쇄선	가상선	————·——	-움직이는 물체의 상태를 가상하여 나타내는 데 사용한다. -가공 전후의 모양을 표시하는 데 사용한다.
불규칙한 파형의 가는 실선 또는 지그재그선	파단선	〜〜〜	대상물 일부를 파단한 경계 또는 일부를 떼어 낸 경계를 표시하는 데 사용한다
가는 1점 쇄선으로 끝부분 및 방향이 바뀌는 부분을 굵게한 선	절단선	—·—·┐ └—·—·	단면도를 그릴 경우 그 절단 위치에 대응하는 그림을 표시하는 데 사용한다.
가는 실선으로 규칙적으로 빗금을 그은 선	해칭선	//////	대상물의 절단면을 표시하는 데 사용한다.

용도에 따른 선의 명칭

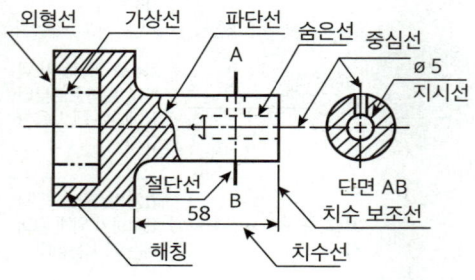

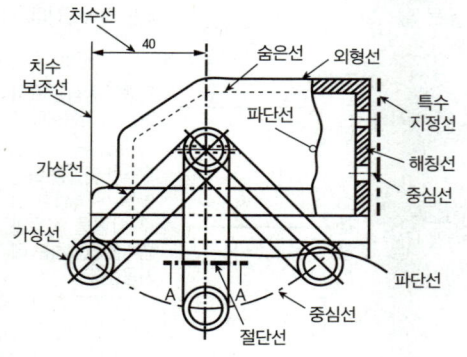

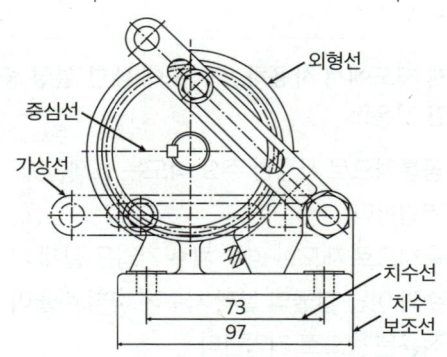

[3] 선의 우선순위

선의 우선순위는 KS B 0001에 규정되어 있으며, 도면에서 2종류 이상의 선이 같은 장소에서 겹치게 될 경우에는 다음에 나타낸 순위에 따라 우선이 되는 종류의 선으로 그린다.

① 숫자, 문자

② 외형선

③ 숨은선

④ 절단선

⑤ 중심선

⑥ 무게 중심선

⑦ 치수 보조선

01

기계제도에서 사용하는 선에 대한 설명 중 틀린 것은?

① 숨은선, 외형선, 중심선이 한 장소에 겹칠 경우 그 선은 외형선으로 표시한다.
② 지시선은 가는 실선으로 표시한다.
③ 무게 중심선은 굵은 1점 쇄선으로 표시한다.
④ 대상물의 보이는 부분의 모양을 표시할 때는 굵은 실선으로 사용한다.

해 무게 중심선과 가상선은은 가는 2점 쇄선으로 그린다.

02

다음 중 '가는 선:굵은 선:아주 굵은 선' 굵기의 비율이 옳은 것은?

① 1 : 2 : 4　　　② 1 : 3 : 4
③ 1 : 3 : 6　　　④ 1 : 4 : 8

03

가는 실선으로만 사용하지 않는 선은?

① 지시선　　　② 절단선
③ 해칭선　　　④ 치수선

04

선의 종류에서 용도에 의한 명칭과 선의 종류를 바르게 연결한 것은?

① 외형선 - 굵은 1점 쇄선
② 중심선 - 가는 2점쇄선
③ 치수보조선 - 굵은 실선
④ 지시선 - 가는 실선

05

도면 작성 시 가는 실선을 사용하는 경우가 아닌 것은?

① 특별히 범위나 영역을 나타내기 위한 특의 선
② 반복되는 자세한 모양의 생략을 나타내는 선
③ 테이퍼가 진 모양을 설명하기 위해 표시하는 선
④ 소재의 굽은 부분이나 가공 공정을 표시하는 선

06

같은 단면의 부분이나 같은 모양이 규칙적으로 나타난 경우는 그림과 같이 중간 부분을 잘라내어 도시할 수 있다. 이와 같은 용도로 사용하는 선의 명칭은?

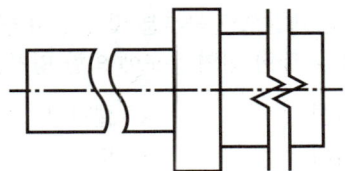

① 절단선　　　② 파단선
③ 생략선　　　④ 가상선

07

파선의 용도 설명으로 맞는 것은?

① 치수를 기입하는데 사용된다.
② 도형의 주심을 표시하는데 사용된다.
③ 대상물의 보이지 않는 부분의 모양을 표시한다.
④ 대상물의 일부를 파단한 경계 또는 일부를 떼어낼 경계를 표시한다.

08

가는 1점 쇄선으로 표시하지 않는 선은 ?

① 가상선 　　　　② 중심선
③ 기준선 　　　　④ 피치선

해

> **☑ 가는 1점 쇄선의 용도**
> - 중심선 : 도형의 중심을 표시하거나 중심이 이동한 중심 궤적을 표시할 때 쓰인다.
> - 기준선 : 위치 결정의 근거를 명시할 때 쓰인다.
> - 피치선 : 되풀이되는 도형의 피치를 취하는 기준을 표시할 때 쓰인다.

09

가는 1점 쇄선으로 끝부분 및 방향이 변하는 부분을 굵게 한 선의 용도에 의한 명칭은?

① 파단선 　　　　② 절단선
③ 가상선 　　　　④ 특수 지시선

10

가는 1점 쇄선의 용도가 아닌 것은?

① 도형의 중심을 표시하는 데 쓰인다.
② 수면, 유면 등의 위치를 표시하는데 쓰인다.
③ 중심이 이동한 중심 궤적을 표시하는데 쓰인다.
④ 되풀이하는 도형의 피치를 취하는 기준을 표시하는데 쓰인다.

해 수준면선은 가는 실선으로 표시한다.

11

다음 선의 종류 중 선의 굵기가 다른 것은?

① 해칭선 　　　　② 중심선
③ 치수 보조선 　　④ 특수 지정선

해 특수한 가공이나 특수 열처리가 필요한 부분 등 특별한 요구사항을 적용할 범위를 표시할 때 사용하는 선은 굵은 1점 쇄선으로 나타내고 특수 지정선이라고 한다.

12

특수한 가공을 하는 부분 등, 특별히 요구사항을 적용할 수 있는 범위를 표시하는데 사용하는 선은?

① 가는 1점 쇄선 　　② 가는 2점 쇄선
③ 굵은 1점 쇄선 　　④ 아주 굵은 실선

13

열처리, 도금 등 특별한 요구사항을 적용할 수 있는 범위를 표시하는 데 사용하는 특수 지정선은?

① 굵은 실선 　　　② 가는 실선
③ 굵은 파선 　　　④ 굵은 1점 쇄선

14

도면에 사용한 선의 용도 중 특수한 가공을 하는 부분 등 특별한 요구 사항을 적용할 범위를 표시하는데 쓰이는 선은?

① 가는 1점 쇄선 　　② 가는 2점 쇄선
③ 굵은 1점 쇄선 　　④ 굵은 2점 쇄선

15

선의 종류에 따른 용도의 설명으로 틀린 것은?

① 굵은 실선 - 외형선으로 사용한다.
② 가는 실선 - 치수선으로 사용한다.
③ 파선 - 숨은선으로 사용한다.
④ 굵은 1점 쇄선 - 단면의 무게 중심선으로 사용한다.

16

얇은 부분의 단면 표시를 하는데 사용하는 선은?

① 아주 굵은 실선
② 불규칙한 파형의 가는 실선
③ 굵은 1점 쇄선
④ 가는 파선

17

KS 기계 제도에서 특수한 용도의 선으로 아주 굵은 실선을 사용해야 하는 경우는?

① 나사, 리벳 등의 위치를 명시하는 데 사용한다.
② 외현선 및 숨은선의 연장을 표시하는 데 사용한다.
③ 평면이라는 것을 나타내는 데 사용한다.
④ 얇은 부분을 단면 도시를 명시하는 데 사용한다.

해 개스킷과 같은 두께가 얇은 부분을 도시할 때는 아주 굵은 실선을 사용한다.

18

다음 중 인접 부분을 참고로 나타내는데 사용하는 선은?

① 가는 실선
② 굵은 1점 쇄선
③ 가는 2점 쇄선
④ 가는 1점 쇄선

19

되풀이 되는 도형을 도시할 때 적용하는 가상선의 종류는?

① 가는 2점 쇄선
② 가는 1점 쇄선
③ 가는 실선
④ 가는 파선

20

도면 작성 시 가는 2점 쇄선을 사용하는 용도로 틀린 것은?

① 인접한 다른 부품을 참고로 나타낼 때
② 길이가 긴 물체의 생략된 부분의 경계선을 나타낼 때
③ 축 제도 시 키 홈 가공에 사용되는 공구의 모양을 나타낼 때
④ 가공 전 또는 후의 모양을 나타낼 때

21

가상선의 용도에 대한 설명으로 틀린 것은?

① 인접 부분을 참고로 표시하는데 사용한다.
② 수면, 유면 등의 위치를 표시하는데 사용한다.
③ 가공 전, 가공 후의 모양을 표시하는데 사용한다.
④ 도시된 단면의 앞쪽에 있는 부분을 표시하는데 사용한다.

22

다음 중 물체의 이동 후의 위치를 가상하여
나타내는 선은?

① ——————   ② ··············

③ —·—·—·—   ④ —··—··—··

23

제작 도면으로 사용할 도면의 같은 장소에 숫
자와 여러 종류의 선이 겹치게 될 때 가장 우
선 되는 것은?

① 해칭선   ② 치수선
③ 숨은선   ④ 숫자

24

도면 제작과정에서 다음과 같은 선들이 같은
장소에 겹치는 경우 가장 우선시 하여 나타내
야 하는 것은?

① 절단선   ② 중심선
③ 숨은선   ④ 치수선

25

다음 중 2종류 이상의 선이 같은 장소에서 중
복될 경우 가장 우선되는 선의 종류는?

① 중심선   ② 절단선
③ 치수 보조선   ④ 무게 중심선

26

도면 작성 시 선이 한 장소에 겹쳐서 그려야
할 경우 나타내야 할 우선 순위로 옳은 것은?

① 외형선>숨은선>중심선>무게 중심선>
   치수선
② 외형선>중심선>무게 중심선>치수선>
   숨은선
③ 중심선>무게 중심선>치수선>외형선>
   숨은선
④ 중심선>치수선>외형선>숨은선>
   무게 중심선

27

도면에 사용되는 선, 문자가 겹치는 경우에
투상선의 우선 적용되는 순위로 맞는 것은?

① 문자→외형선→중심선→치수선
② 외형선→문자→중심선→숨은선
③ 문자→숨은선→외형선→중심선
④ 중심선→파단선→문자→치수보조선

▶ https://url.kr/m8ykln

1. 투상법

(1) 여러 가지 투상법의 종류

투상법은 3차원 물체의 형상을 평면상에 표현하는 방법으로, 물체에 빛을 비춰 평면에 비친 형상, 크기, 위치 등을 일정한 규칙에 따라 표시하는 도법이다.

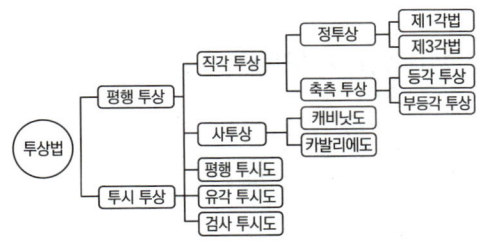

종류	그림	특징
등각투상도	 120°, 120°, 120°, 등각축, 30°, 30°	정면, 평면, 측면을 하나의 투상도에서 동시에 볼수 있도록 그린 투상법
부등각투상도	5°, 45°, 1, 2, 1	수평선과 두 개의 축선이 이루는 각을 서로 다르게 그린 것
사투상도	1, 2, 1, 60°	물체의 투상면에 대하여 한쪽으로 경사지게 투상하여 입체적으로 나타낸 투상법

투시도법	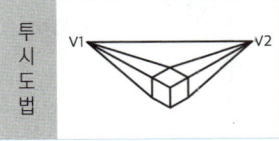 V1, V2	원근감을 갖게 하기 위해 시점과 물체를 방사선으로 표시하는 방법으로 주로 건축, 도로, 교량의 조감도에 사용

(2) 정투상법

물체의 입체 형상이 평면 위에 투영된 모습을 일정한 법칙에 따라 도면으로 그려 표현하는 방법을 투상법이라 한다. 정투상도란 3차원의 물체를 표면으로부터 평행한 위치에서 바라보며 투상하는 것이다.

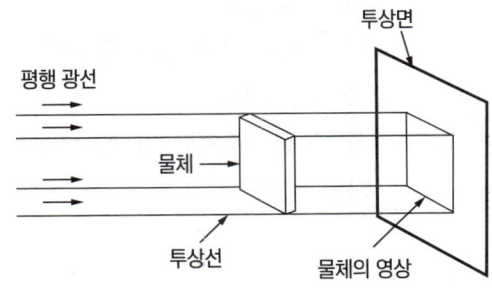

평행 광선 · 물체 · 투상선 · 물체의 영상 · 투상면

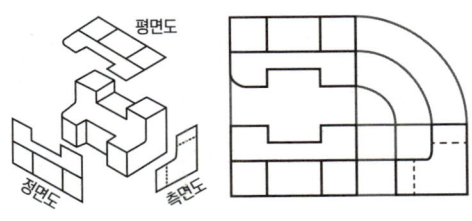

평면도 · 정면도 · 측면도

정투상도의 원리

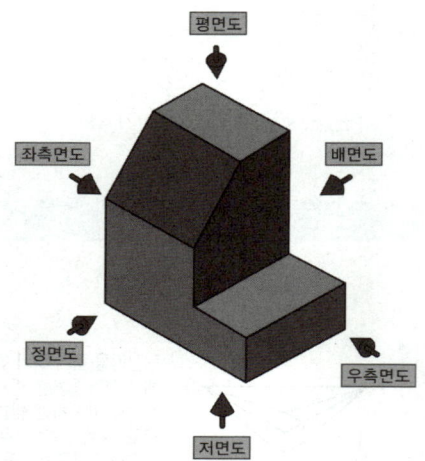

정투상도의 명칭(3각법 기준)

- 평면도 : 정면도를 기준으로 위에서 아래로
  내려다본 투상도
- 배면도 : 정면도를 기준으로 뒤에서 바라다
  본 투상도
- 우측면도 : 정면도를 기준으로 오른쪽에서 바
  라다본 투상도
- 저면도 : 정면도를 기준으로 아래에서 위로
  올려다본 투상도
- 정면도 : 물체의 모양이나 특징을 가장 나타
  낼 수 있는 투상도
- 좌측면도 : 정면도를 기준으로 왼쪽에서 바라
  다본 투상도

[3] 제1각법과 3각법

제1각법과 제3각법으로 투상을 할 경우 각 방향에서 본 투상도의 배열은 정면도를 기준으로 각각 반대 위치에 배열하며 배면도의 위치는 가장 오른쪽에 배열시킨다.

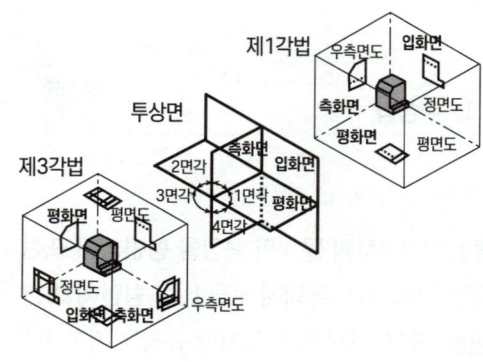

제1각법과 제3각법의 원리

① 제1각법과 제 3각법의 비교

1각법

정의	물체를 제1각에 놓고 정투상하는 방법
배치	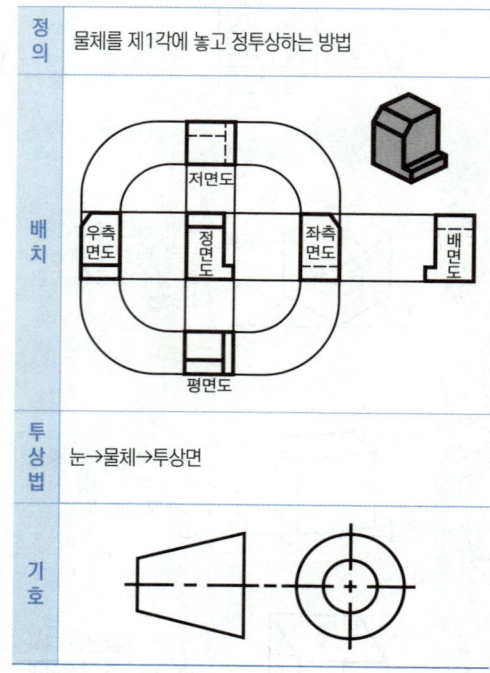
투상법	눈→물체→투상면
기호	

3각법

정의	물체를 제3각에 놓고 정투상하는 방법
배치	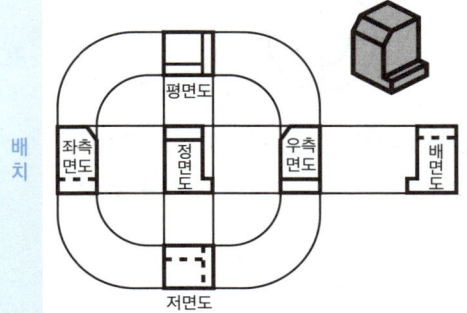
투상법	눈→투상면→물체
기호	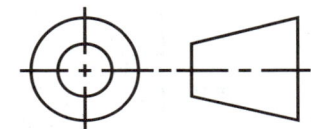

🗂 단원 핵심 기출 문제

01

다음 내용이 설명하는 투상법은?

> 투상선이 평행하게 물체를 지나 투상면에 수직으로 닿고 투상된 물체가 투상면에 나란하기 때문에 어떤 물체의 형상도 정확하게 표현할 수 있다. 이 투상법에는 1각법과 3각법이 속한다.

① 투시 투상법   ② 등각 투상법
③ 사 투상법   ④ 정 투상법

02

두 개의 옆면 모서리가 수평선과 30°되게 기울여 하나의 그림으로 정육면체의 세 개의 면을 나타낼 수 있으며 주로 기계 부품의 조립이나 분해를 설명하는 정비지침서 등에 사용하는 투상법은?

① 투시투상법   ② 등각투상법
③ 사투상법   ④ 정투상법

03

그림과 같이 하나의 그림으로 정육면체의 세 면 중의 한 면만을 중점적으로 엄밀, 정확하게 표현하는 것으로 캐비닛도가 이에 해당하는 투상법은?

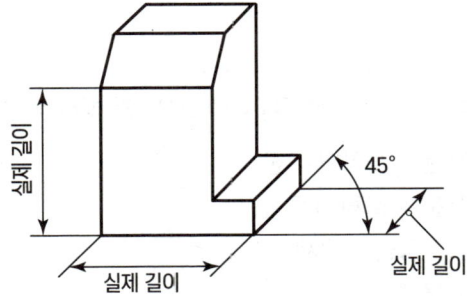

① 사투상법   ② 등각투상법
③ 정투상법   ④ 투시도법

04

정투상도 1각법과 3각법을 비교 설명한 것으로 틀린 것은?

① 3각법에서는 저면도는 정면도의 아래에 나타낸다.

② 1각법은 평면도를 정면도의 바로 아래에 나타낸다.

③ 1각법에서는 정면도 아래에서 본 저면도를 정면도 아래에 나타낸다.

④ 3각법에서 측면도는 오른쪽에서 본 것을 정면도의 바로 오른쪽에 나타낸다.

05

제3각법에 대한 설명으로 틀린 것은?

① 눈→투상면→물체의 순으로 나타낸다.

② 좌측면도는 정면도의 좌측에 그린다.

③ 저면도는 우측면도의 아래에 그린다.

④ 배변도는 우측면도의 우측에 그린다.

06

제3각법에서 정면도 아래에 배치하는 투상도를 무엇이라 하는가 ?

① 평면도   ② 좌측면도

③ 배면도   ④ 저면도

07

다음 중 3각 투상법에 대한 설명으로 맞는 것은?

① 눈→투상면→물체

② 눈→물체→투상면

③ 투상면→물체→눈

④ 물체→눈→투상면

08

다음 기호가 나타내는 각법은?

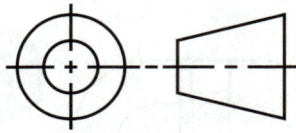

① 제 1 각법   ② 제 2 각법

③ 제 3 각법   ④ 제 4 각법

09

왼쪽 입체도 형상을 오른쪽과 같이 도시할 때 표제란에 기입해야 할 각법 기호로 옳은 것은?

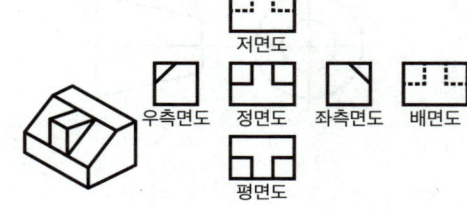

①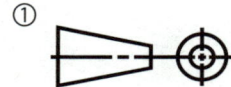

②

③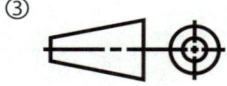

④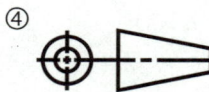

10

아래 투상도는 제 3각법으로 투상한 것이다. 이물체의 등각 투상도로 맞는 것은?

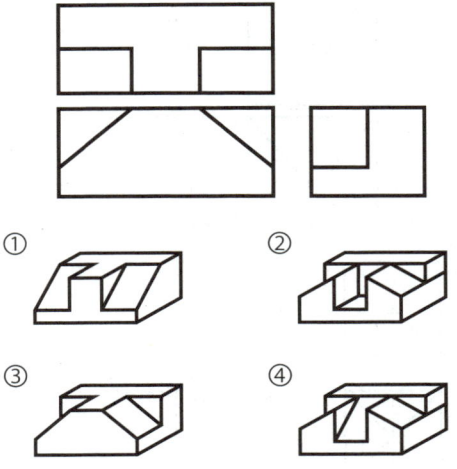

① ② ③ ④

11

다음은 어떤 물체를 제 3각법으로 투상한 것이다. 이 물체의 등각 투상도로 가장 적합한 것은?

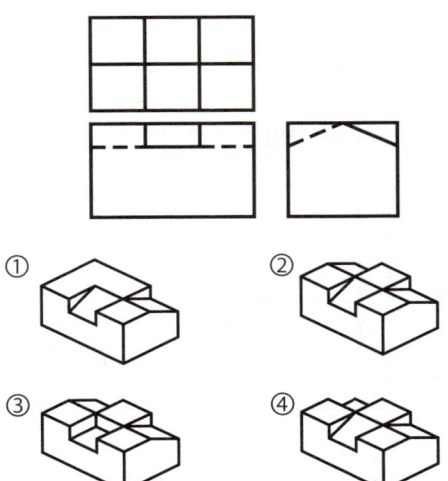

① ② ③ ④

12

제3각법으로 그린 투상도에서 우측면도로 옳은 것은?

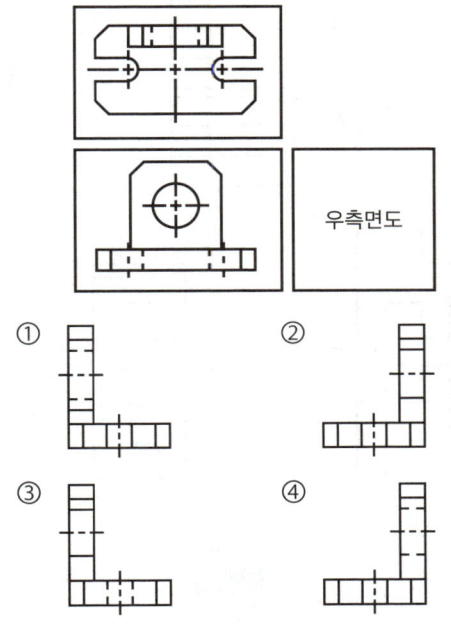

우측면도

① ② ③ ④

해

13

그림에서 나타난 정면도와 평면도에 적합한
좌측면도는?

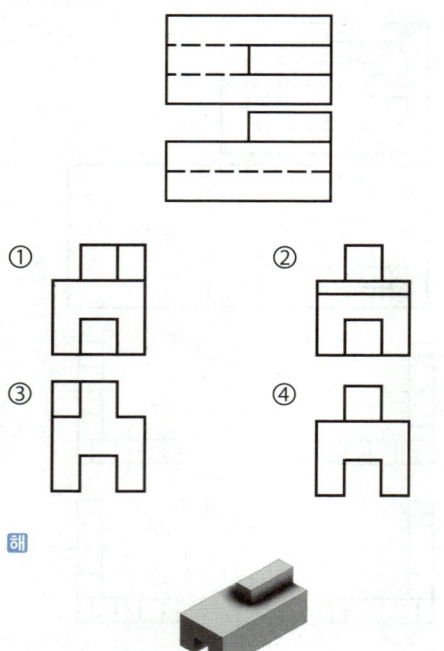

① ②

③ ④

해

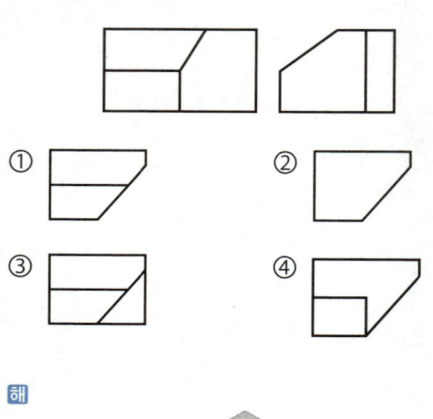

14

제 3각법으로 투상한 그림과 같은 정면도와
우측면도에 적합한 평면도는?

① ②

③ ④

해

15

어떤 물체를 제 3각법으로 다음과 같이 투상
했을 때 평면도로 옳은 것은?

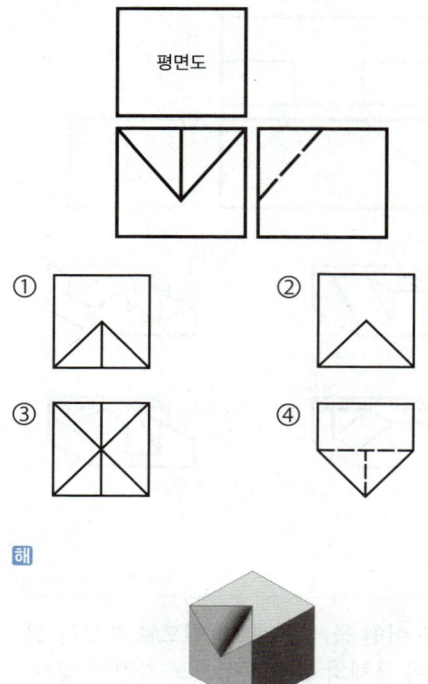

평면도

① ②

③ ④

해

16

다음과 같이 제3각법으로 그린 정투상도를
등각투상도로 바르게 표현한 것은?

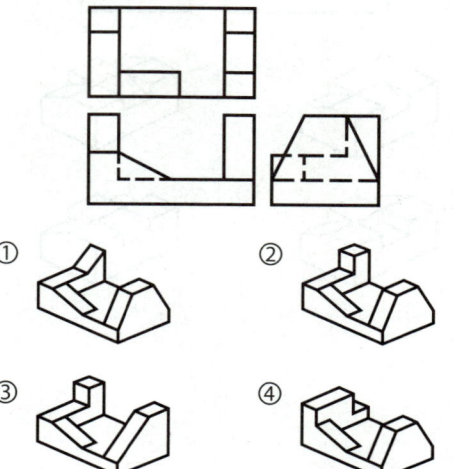

① ②

③ ④

17

다음 등각투상도에서 화살표 방향을 정면도
로 할 경우 평면도로 할 경우 가장 옳은 것은?

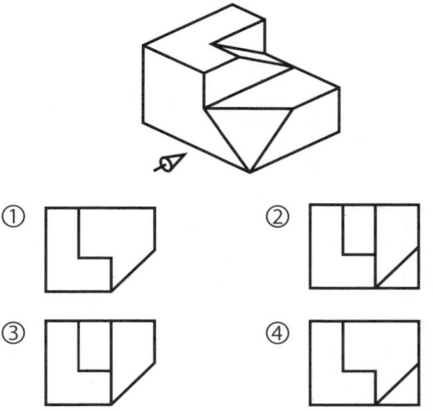

①   ②

③   ④

18

제3각법으로 표시된 다음 정면도와 우측면도
에 가장 적합한 평면도는?

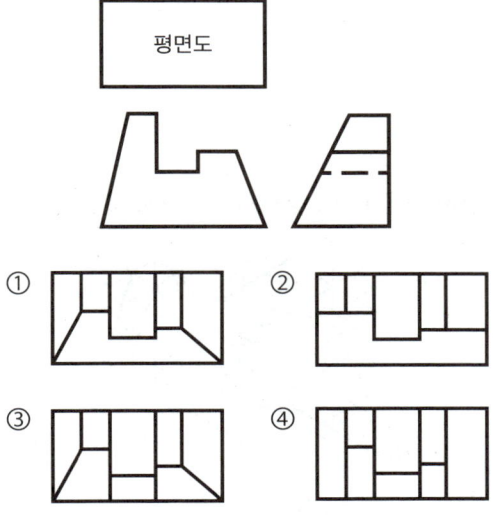

① ②

③ ④

해

19

제 3각법으로 그린 3면도 투상도 중 틀린 것
은?

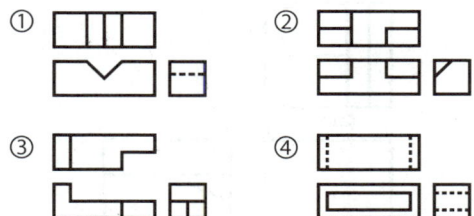

① ②

③ ④

20

다음 등각투상도의 화살표 방향이 정면도일
때, 평면도를 올바르게 표시한 것은?(단, 제3
각법의 경우에 해당한다)

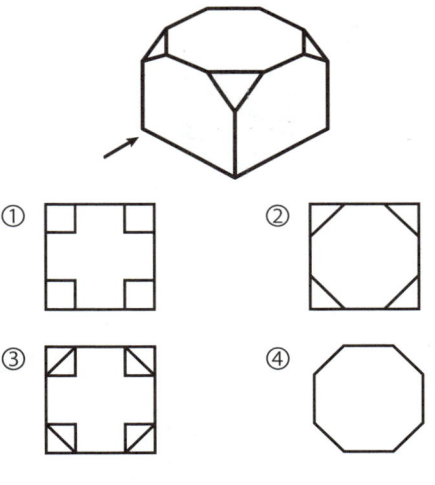

① ②

③ ④

정투상 방법에 따라 평면도와 우측면도가 다음과 같다면 정면도에 해당하는 것은?

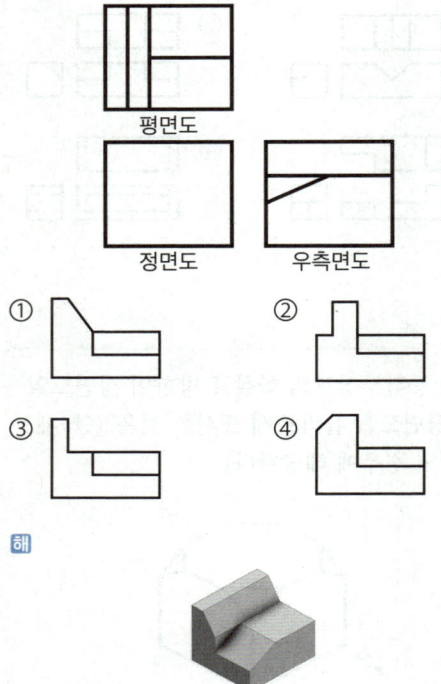

① ② ③ ④

해

다음의 투상도의 좌측면도에 해당하는 것은? (단, 제3각 투상법으로 표현한다)

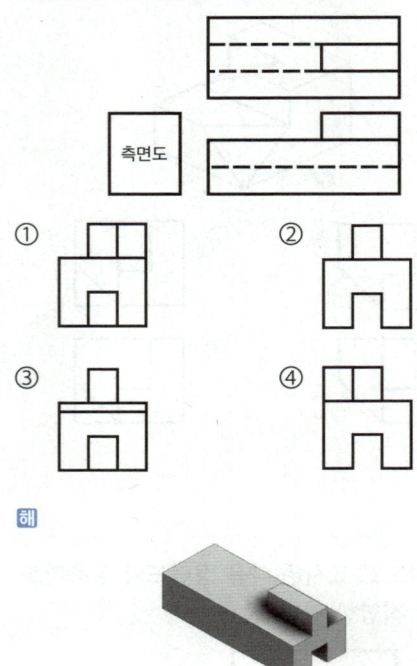

① ② ③ ④

해

입체도에서 정투상도의 정면으로 옳은 것은?

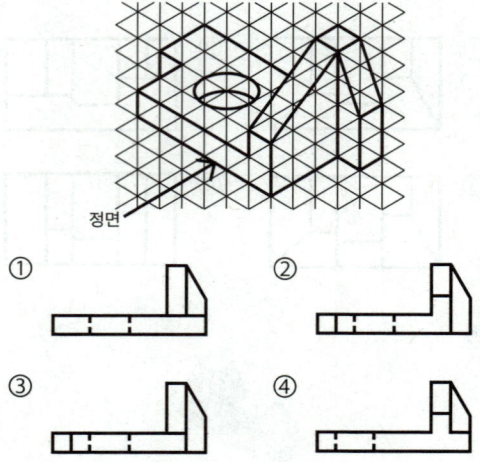

① ② ③ ④

▶ https://url.kr/pbq9zq

2. 투상도의 종류와 이해

정투상도만을 이용하여 물체를 표현할 경우 물체의 이해가 어려운 부분을 제작자가 알아보기 쉽게 물체의 모양과 특징을 간단하게 투상하는 방법이다.

(1) 투상도의 표시 방법

종류	특징
보조투상도	경사면을 지니고 있는 물체의 실제 모양을 표시할 필요가 있을 경우
회전투상도	(a) 사용한 선 없음 / (b) 사용한 선 표시 / 각도를 가지고 있는 물체의 그 실제 모양을 나타낼 필요가 있을 경우

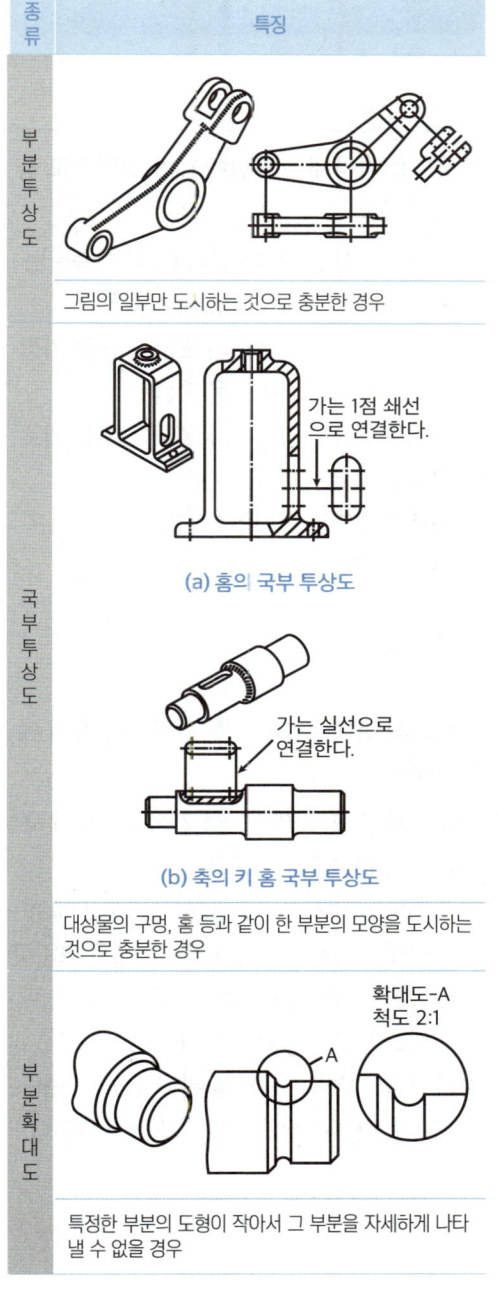

종류	특징
부분투상도	그림의 일부만 도시하는 것으로 충분한 경우
국부투상도	(a) 홈의 국부 투상도 / (b) 축의 키 홈 국부 투상도 / 대상물의 구멍, 홈 등과 같이 한 부분의 모양을 도시하는 것으로 충분한 경우
부분확대도	특정한 부분의 도형이 작아서 그 부분을 자세하게 나타낼 수 없을 경우

01

투상도를 나타내는 방법에 대한 설명으로 옳지 않은 것은?

① 형상의 이해를 위해 주 투상도를 보충하는 보조 투상도를 되도록 많이 사용한다.
② 주 투상도에는 대상물의 모양, 기능을 가장 명확하게 표시하는 면을 그린다.
③ 특별한 이유가 없는 경우 주 투상도는 가로 길이로 놓은 상태로 그린다.
④ 서로 관련되는 그림의 배치는 되도록 숨은 선을 쓰지 않는다.

02

투상도의 선택방법에 관한 설명으로 옳지 않은 것은?

① 대상물의 모양 및 기능을 가장 명확하게 표시하는 면을 주투상도로 한다.
② 조립도 등 주로 기능을 표시하는 도면에서는 대상물을 사용하는 상태로 투상도를 그린다.
③ 특별한 이유가 없는 경우는 대상물을 가로 길이로 놓은 상태로 그린다.
④ 대상물의 명확한 이해를 위해 주투상도를 보충하는 다른 투상도를 되도록 많이 그린다.

03

투상도의 선택방법에 대한 설명으로 틀린 것은?

① 조립도 등 주로 기능을 나타내는 도면에서는 대상물을 사용하는 상태로 놓고 그린다.
② 부품을 가공하기 위한 도면에서는 가공 공정에서 대상 물이 놓인 상태로 그린다.
③ 주 투상도에서는 대상물의 모양이나 기능을 가장 뚜렷하게 나타내는 면을 그린다.
④ 주 투상도를 보충하는 다른 투상도는 명확하게 이해를 위해 되도록 많이 그린다.

04

투상도의 올바른 선택방법으로 틀린 것은?

① 대상 물체의 모양이나 기능을 가장 잘 나타낼 수 있는 면을 주투상도로 한다.
② 조립도와 같이 주로 물체의 기능을 표시하는 도면에서는 대상물을 사용하는 상태로 그린다.
③ 부품도는 조립도와 같은 방향으로만 그려야 한다.
④ 길이가 긴 물체는 특별한 사유가 없는 한 안정감 있게 옆으로 누워서 그린다.

05

보조 투상도의 설명 중 가장 옳은 것은?

① 복잡한 물체를 전단하여 그린 투상도
② 그림의 특정 부분만을 확대하여 그린 투상도
③ 물체의 경사면에 대향하는 위치에 그린 투상도
④ 물체의 홈, 구멍 등 투상도의 일부를 나타낸 투상도

06

투상도의 표시 방법에서 보조 투상도에 관한 설명으로 옳은 것은?

① 복잡한 물체를 절단하여 나타낸 투상도
② 경사면부가 있는 물체의 경사면과 맞서는 위치에 그린 투상도
③ 특정 부분의 도형이 작아서 그 부분만을 확대하여 그린 투상도
④ 물체의 홈, 구멍 등 특정 부위만 도시한 투상도

07

투상도 표시방법 설명으로 잘못된 것은?

① 부분 투상도 - 대상물의 구멍, 홈 등과 같이 한 부분의 모양을 도시하는 것으로 충분한 경우에는 그 필요한 부분만을 도시한다.
② 보조 투상도 - 경사부가 있는 물체는 그 경사면의 보이는 부분의 실제모양을 전체 또는 일부분을 나타낸다.
③ 회전 투상도 - 대상물의 일부분을 회전해서 실제 모양을 나타낸다.
④ 부분 확대도 - 특정한 부분의 도형이 작아서 그 부분을 자세하게 나타낼 수 없거나 치수 기입을 할 수 없을 때에는 그 해당 부분을 확대하여 나타낸다.

08

"가"부분에 나타날 보조 투상도를 가장 적절하게 나타낸 것은?

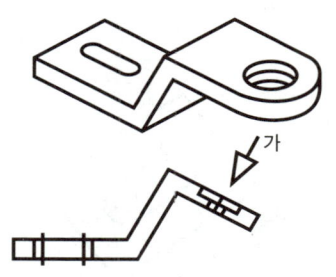

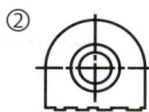

09

그림과 같이 경사면부가 있는 대상물에서 그 경사면의 실형을 표시할 필요가 있는 경우에 사용하는 투상도의 명칭은?

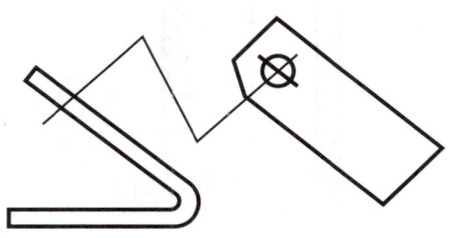

① 부분 투상도   ② 보조 투상도
③ 국부 투상도   ④ 회전 투상도

10

경상면부가 있는 대상물에 대해서 그 대상면의 실형을 도시할 필요가 있는 경우 그림과 같이 투상도를 나타낼 수 있는데 이 투상도의 명칭은?

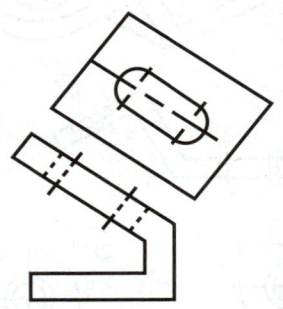

① 부분 투상도   ② 보조 투상도
③ 국부 투상도   ④ 특수 투상도

11

대상물의 구멍, 홈 등 모양만을 나타내는 것으로 충분한 경우에 그 부분만을 도시하는 그림과 같은 투상도는?

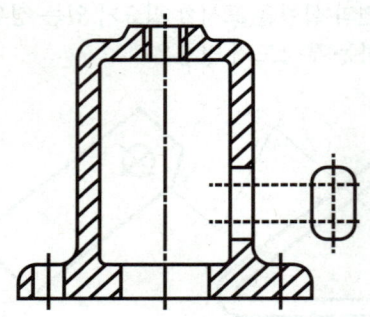

① 회전 투상도   ② 국부 투상도
③ 부분 투상도   ④ 보조 투상도

12

그림과 같이 축의 홈이나 구멍 등과 같이 부분적인 모양을 도시하는 것으로 충분한 경우의 투상도는?

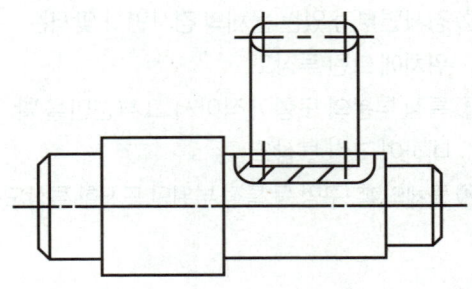

① 회전 투상도   ② 부분 확대도
③ 국부 투상도   ④ 보조 투상도

3. 단면도의 종류와 이해

(1) 단면도의 원리

물체의 보이지 않는 안쪽 부분을 명확하게 나타내기 위해 가상의 절단면을 설치하고 앞부분을 잘라낸 다음 도면을 그린 것

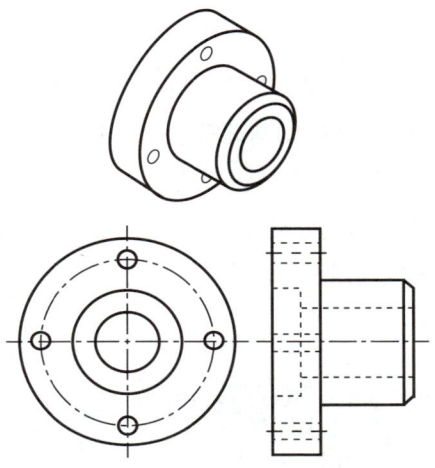

단면도법을 적용하지 않은 투상도

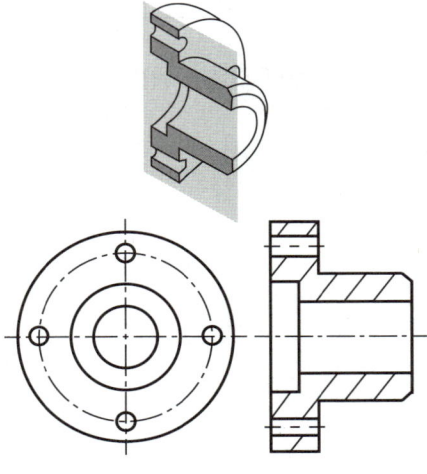

단면도법을 적용한 투상도

(2) 단면도를 그리는 원칙

① 단면도는 내부의 형상이 복잡할 경우 숨은 선에 의해 이해가 어려운 경우에 그린다.
② 물체를 절단하여 내부의 보이지 않는 모양을 단면도로 그린다.
③ 단면도로 나타내면 숨은선이 외형선으로 도시되어 내부의 형상이 쉽게 이해된다.
④ 단면도에서 숨은선은 이해하는 데 지장이 없는 한 나타내지 않는다.
⑤ 개스킷, 박판, 형강처럼 얇은 물체의 단면은 한 개의 매우 굵은 실선으로 그린다.

단면도의 표시 방법

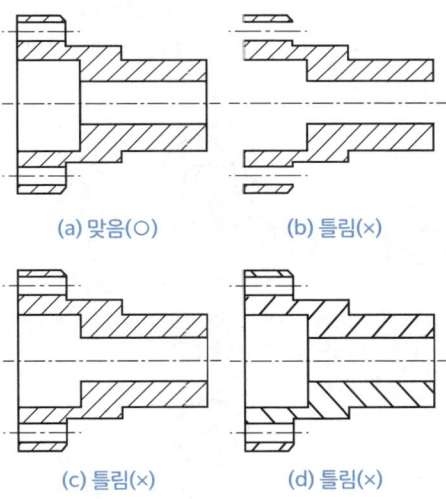

(a) 맞음(○)   (b) 틀림(×)

(c) 틀림(×)   (d) 틀림(×)

(3) 단면 부분의 표시 방법

해칭
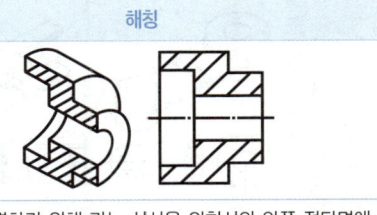

단면을 구별하기 위해 가는 실선을 외형선의 안쪽 절단면에 2~3mm 간격으로 경사선을 그리는 것

스머징
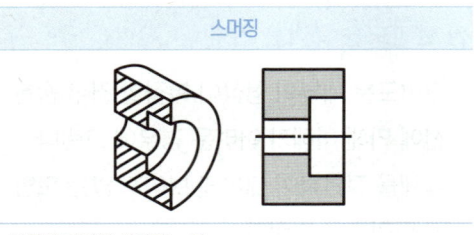
해칭의 자리에 색칠하는 것

[4] 단면도의 표시 방법

단면도명	특징
온단면도 (전단면도)	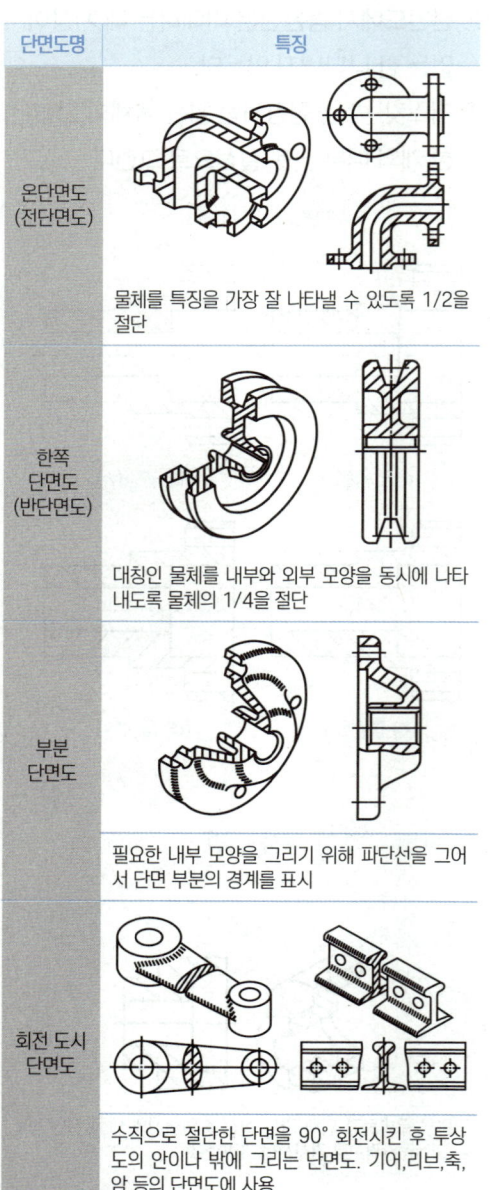 물체를 특징을 가장 잘 나타낼 수 있도록 1/2을 절단
한쪽 단면도 (반단면도)	대칭인 물체를 내부와 외부 모양을 동시에 나타내도록 물체의 1/4을 절단
부분 단면도	필요한 내부 모양을 그리기 위해 파단선을 그어서 단면 부분의 경계를 표시
회전 도시 단면도	수직으로 절단한 단면을 90° 회전시킨 후 투상도의 안이나 밖에 그리는 단면도. 기어,리브,축,암 등의 단면도에 사용

계단 단면도	
	단면도에 표시하고 싶은 부분이 일직선상에 있지 않을 때 계단 형태로 절단하여 그리는 단면도

[5] 긴 쪽 방향으로는 절단하지 않는 것

리브, 바퀴의 암, 기어의 이 등 단면을 하면 오히려 이해하는 데 방해되는 것과 축, 핀, 볼트, 너트, 와셔, 작은 나사, 리벳, 키(key), 강구, 원통 롤러 등 절단하여도 의미가 없는 것들은 긴 쪽 방향으로는 절단하지 않는다.

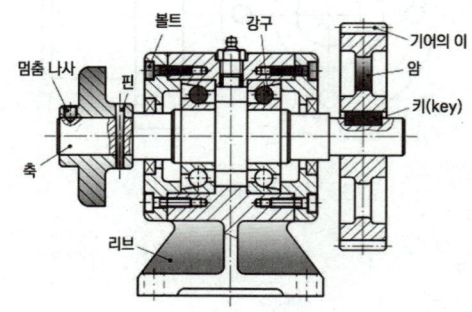

긴 쪽 방향으로 절단하지 않는 기계요소

📁 단원 핵심 기출 문제

01

단면도에 관한 내용이다. 올바른 것을 모두 고른 것은?

> ㄱ. 절단면은 중심선에 대하여 45° 경사지게 일정한 간격으로 가는 실선으로 빗금을 긋는다.
> ㄴ. 정면도는 단면도로 그리지 않고, 평면도나 측면도만 절단한 모양으로 그린다.
> ㄷ. 한쪽 단면도는 위, 아래 또는 왼쪽과 오른쪽이 대칭인 물체의 단면을 나타낼 때 사용한다.
> ㄹ. 단면부분에는 해칭(hatching)이나 스머징 (smudging)을 한다.

① ㄱ, ㄴ
② ㄴ, ㄷ
③ ㄱ, ㄴ, ㄷ
④ ㄱ, ㄷ, ㄹ

02

단면의 표시와 단면도의 해칭에 관한 설명 중 틀린 것은?

① 일반적으로 단면부의 해칭은 생략하여 도시하고 특별한 경우는 예외로 한다.
② 인접한 부품의 단면은 해칭의 각도 또는 간격을 달리하여 구별할 수 있다.
③ 해칭하는 부분에 글자 등을 기입하는 경우, 해칭을 중단할 수 있다.
④ 해칭선의 각도는 일반적으로 주된 중심선에 대하여 45°로 하여 가는 실선으로 등간격으로 그린다.

03

KS규격에서 규정하고 있는 단면도의 종류가 아닌 것은?

① 온 단면도
② 한쪽 단면도
③ 부분 단면도
④ 복각 단면도

04

그림과 같이 물체를 투상할 때 중심선 또는 절단선을 기준으로 그 앞부분을 잘라내고 남은 뒷부분의 단면 모양을 나타내는 것은?

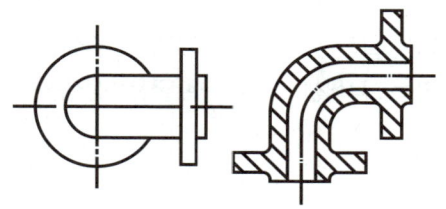

① 한쪽 단면도
② 회전 도시 단면도
③ 온 단면도
④ 조합에 의한 단면도

05

그림과 같은 단면도를 무슨 단면도라 하는가?

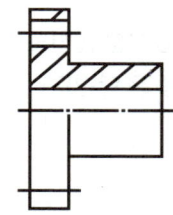 

① 회전도시 단면도
② 부분 단면도
③ 한쪽 단면도
④ 온 단면도

06

상하 또는 좌우 대칭인 물체의 1/4을 절단하여 기본 중심선을 경계로 1/2은 외부모양, 다른 1/2은 내부모양으로 나타내는 단면도는?

① 전 단면도
② 한쪽 단면도
③ 부분 단면도
④ 회전 단면도

07

핸들, 벨트풀리나 기어 등과 같은 바퀴의 암, 리브 등에서 절단한 단면의 모양을 90° 회전시켜서 투상도의 안에 그릴 때, 알맞은 선의 종류는?

① 가는 실선
② 가는 1점쇄선
③ 가는 2점쇄선
④ 굵은 1점쇄선

08

다음은 어느 단면도에 대한 설명인가?

> 상하 또는 좌우 대칭인 물체는 1/4을 떼어 낸 것으로 보고, 기본 중심선을 경계로 하여 1/2은 외형, 1/2은 단면으로 동시에 나타낸다. 이때, 대칭 중심선의 오른쪽 또는 위쪽을 단면으로 하는 것이 좋다.

① 한쪽 단면도
② 부분 단면도
③ 회전도시 단면도
④ 온 단면도

09

좌우 또는 상하가 대칭인 물체의 1/4을 잘라 내고 중심섬을 기준으로 외형도와 내부 단면도를 나타내는 단면의 도시 방법은?

① 한쪽 단면도
② 부분 단면도
③ 회전 단면도
④ 온 단면도

10

핸들이나 암, 리브, 축 등의 절단면을 90° 회전시켜서 나타내는 단면도는?

① 부분 단면도
② 회전 도시 단면도
③ 계단 단면도
④ 조합에 의한 단면도

11

그림과 같은 단면도(빗금친 부분)을 무엇이라 하는가?

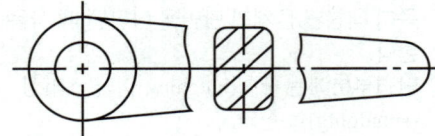

① 회전 도시 단면도
② 부분 단면도
③ 온 단면도
④ 한쪽 단면도

12

다음 중 회전도시 단면도로 나타내기에 가장 부적절한 것은?

① 리브
② 기어의 이
③ 훅
④ 바퀴의 암

13

다음 투상도에서 A-A와 같이 단면했을 때 가장 올바르게 나타낸 단면도는?

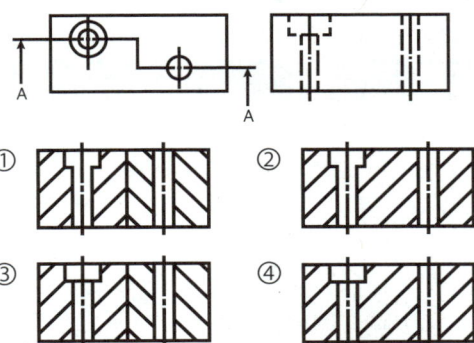

①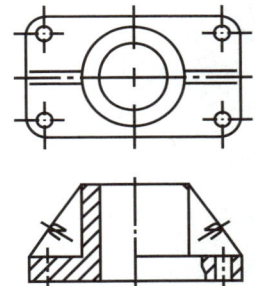

② ③ ④

14

다음 도면에서 표현된 단면도로 모두 맞는 것은?

① 전단면도, 한쪽 단면도, 부분 단면도

② 한쪽 단면도, 부분 단면도, 회전도시 단면도

③ 부분 단면도, 회전도시 단면도, 계단 단면도

④ 전단면도, 한쪽 단면도, 회전도시 단면도

15

단면도를 나타낼 때 길이 방향으로 절단하여 도시할 수 있는 것은?

① 볼트   ② 기어의 이

③ 바퀴 암   ④ 풀리의 보스

▶ https://url.kr/giodu2

1. 치수기입법

(1) 치수기입의 방법

① 기능,제작,조립을 고려하여 명료하게 기입
   한다.
② 대상물의 크기, 위치 등을 가장 명확하게 표
   시하는 데 필요하고도 충분한 것을 기입한다.
③ 되도록 주 투상도에 기입한다.
④ 계산할 필요가 없고 중복되지 않게 기입한다.
⑤ 투상도 간 비교, 대조하기가 쉽게 기입한다.
⑥ 관련 치수는 모아서 기입한다.
⑦ 공정별로 배열하거나 분리하여 기입한다.

(2) 길이와 각도의 치수 기입

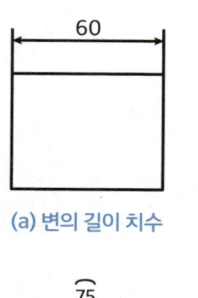

| (a) 변의 길이 치수 | (b) 현의 길이 치수 |

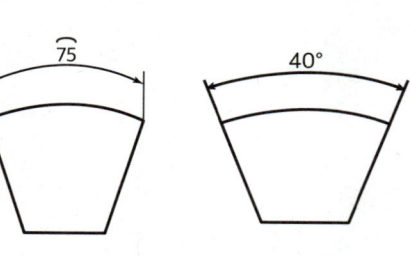

(c) 호의 치수선   (d) 각도 치수

(3) 치수 보조 기호

용도	기호	사용 사례
지름	Ø	Ø30
반지름	R	R20
구의 지름	SØ	SØ30
구의 반지름	SR	SR20
정사각형 변	□	□20
두께	t	t10
모따기	C	C2
원호의 길이	⌒	⌒20
이론적으로 정확한 치수	□	20
참고 치수	( )	(50)

(4) 치수 배치 방법

직렬 치수 기입법

한 방향으로 줄지어 있는 치수를 차례로 기입하는 방법. 각각의 치수에 오차가 있고 누적이 되어도 좋은 경우에 사용

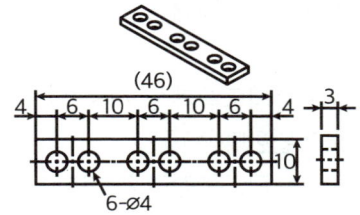

병렬 치수 기입법

개개의 치수 오차가 다른 치수에 영향을 주지 않을 때 사용

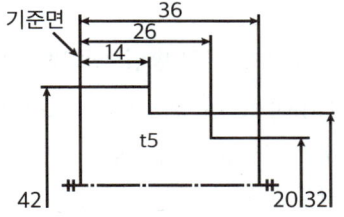

(a) 면의 병렬 치수 기입

병렬 치수 기입법

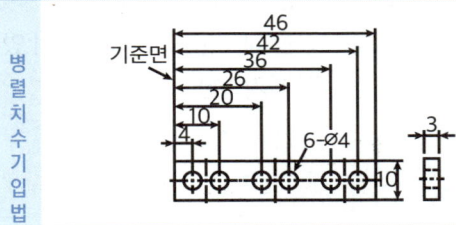

(b) 위치의 병렬 치수 기입

병렬 치수 기입을 간단히 표현한 것. 치수 공차에 관해서는 병렬 치수와 같은 의미를 가짐.

누진 치수 기입법

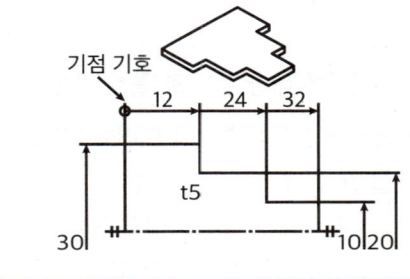

(a) 수평 방향 기입

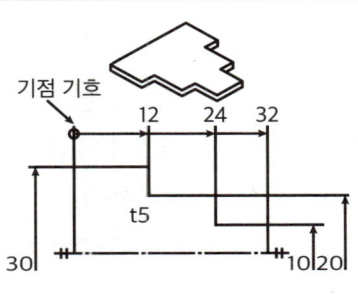

(b) 수직 방향 기입

구멍의 위치나 크기를 좌표로 읽는 방법

좌표 치수 기입법

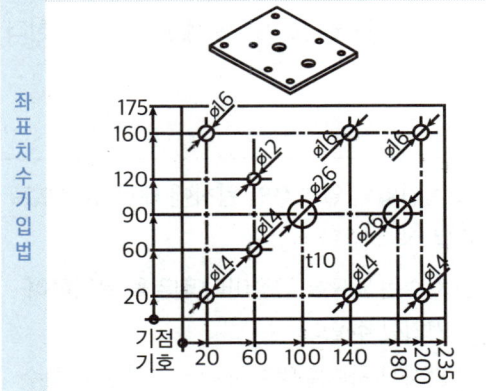

치수 및 공차 관리

01

치수기입에 대한 설명 중 틀린 것은?

① 제작에 필요한 치수를 도면에 기입한다.
② 잘 알 수 있도록 중복하여 기입한다.
③ 가능한 한 주요 투상도에 집중하여 기입한다.
④ 가능한 한 계산하여 구할 필요가 없도록 기입한다.

02

다음 중 치수기입 원칙에 어긋나는 것은?

① 중복된 치수 기입을 피한다.
② 관련되는 치수는 되도록 한곳에 모아서 기입한다.
③ 치수는 되도록 공정마다 배열을 분리하여 기입한다.
④ 치수는 각 투상도에 고르게 분배 되도록 한다.

03

치수 기입의 일반적인 원칙에 대한 설명으로 틀린 것은?

① 치수는 되도록 공정마다 배열을 분리하여 기입할 수 있다.
② 관계된 치수를 명확히 나타내기 위해 치수를 중복하여 나타낼 수 있다.
③ 대상물의 기능, 제작, 조립 등을 고려하여 필요하다고 생각되는 치수를 명료하게 도면에 지시한다.
④ 도면에 나타내는 치수는 특별히 명시하지 않는 한 그 도면에 도시한 대상물의 다듬질 치수를 도시한다.

04

치수 기입의 원칙과 방법에 관한 설명으로 적합하지 않은 것은?

① 치수는 중복기입을 피한다.
② 치수는 되도록 공정마다 배열을 분리하여 기입한다.
③ 치수는 되도록 계산하여 구할 필요가 없도록 기입한다.
④ 치수는 되도록 정면도, 평면도, 측면도 등에 분산시켜 기입한다.

05

다음 중 치수 기입 방법으로 맞는 것은?

① 길이의 치수는 원칙적으로 밀리미터의 단위로 기입하고, 단위 기호를 붙인다.
② 각도의 치수는 일반적으로 도, 분, 초 등의 단위를 기입한다.
③ 관련되는 치수는 나누어서 기입한다.
④ 가공이나 조립할 때, 기준으로 하는 곳이 있더라도 상관없이 기입한다.

06

제도에 있어서 치수 기입 요소로 틀린 것은?

① 치수선　　　　② 치수 숫자
③ 가공 기호　　　④ 치수 보조선

07

여러 각도로 기울어진 면의 치수를 기입할 때 일반적으로 잘못 기입된 치수는?

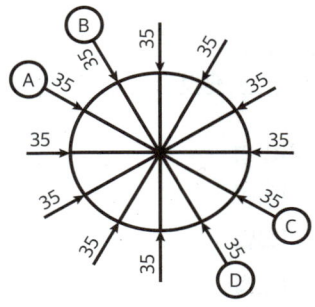

① A

② B

③ C

④ D

⊞ 치수를 기입하는 방향

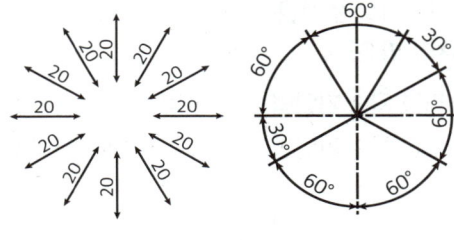

(a) 길이 치수의 경우　(b) 각도 치수의 경우

08

다음 치수 기입 방법 중 호의 길이로 옳은 것은?

①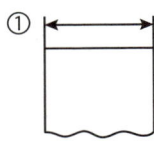

②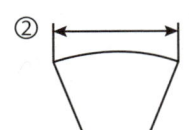

③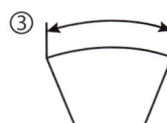

④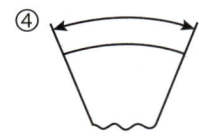

09

기계 제도에서 치수선을 나타내는 방법에 해당하지 않는 것은?

① 　②

③ 　④

⊞ 치수선을 나타내는 방법

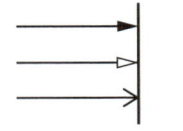 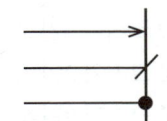

10

기계제도 도면에서 치수 앞에 표시하여 치수의 의미를 정확하게 나타내는데 사용하는 기호가 아닌 것은?

① t

② C

③ □

④ ◇

11

도면에 사용하는 치수보조기호를 설명한 것으로 틀린 것은?

① R : 반지름

② C : 30°모떼기

③ SØ : 구의 지름

④ □ : 정사각형의 한변의 길이

12

다음 그림에서 "C2" 가 의마하는 것은?

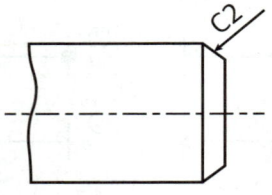

① 크기가 2인 15° 모따기

② 크기가 2인 30° 모따기

③ 크기가 2인 45° 모따기

④ 크기가 2인 60° 모따기

해 C는 45° 모따기(chamfer)를 타나내며, 숫자 2는 직각 변의 길이가 2mm를 의미한다.

13

치수 보조 기호 중 구의 반지름 기호는?

① SR   ② SØ

③ Ø   ④ R

14

치수기입 시 사용되는 기호와 그 설명으로 틀린 것은?

① C : 45° 모떼기   ② Ø : 지름

③ SR : 구의 반지름   ④ ◇ : 정사각형

15

치수와 같이 사용될 수 없는 치수 보조 기호는?

① t   ② Ø

③ ▯   ④ □

16

그림과 같은 치수 기입법의 명칭은?

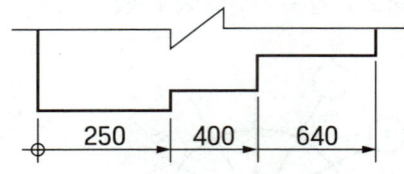

① 직렬 치수 기입법

② 누진 치수 기입법

③ 좌표 치수 기입법

④ 병렬 치수 기입법

17

치수의 배치방법 중 개별 치수들을 하나의 열로서 기입하는 방법으로 일반 공차가 차례로 누적되어도 문제없는 경우에 사용하는 치수 배치방법은?

① 직렬 치수 기입법   ② 병렬 치수 기입법

③ 누진 치수 기입법   ④ 좌표 치수 기입법

18

치수 배치 방법 중 치수공차가 누적되어도 좋은 경우에 사용하는 방법은?

① 누진치수기입법   ② 직렬치수기입법

③ 병렬치수기입법   ④ 좌표치수기입법

19

여러 개의 관련되는 치수에 허용 한계를 지시하는 경우로 틀린 것은?

① 누진 치수 기입은 가격 제한이 있거나 다른 산업분야에서 특별히 필요한 경우에 사용해도 된다.

② 병렬 치수 기입 방법 또는 누진 치수 기입 방법에서 기입하는 치수 공차는 다른 치수공차에 영향을 주지 않는다.

③ 직렬 치수 기입 방법으로 치수를 기입할 때에는 치수 공차가 누적된다.

④ 직렬 치수 기입 방법은 공차의 누적이 기능에 관계가 있을 경우에 사용하는 것이 좋다.

20

보기 도면과 같이 강판에 구멍을 가공할 경우 가공할 구멍의 크기와 개수는?

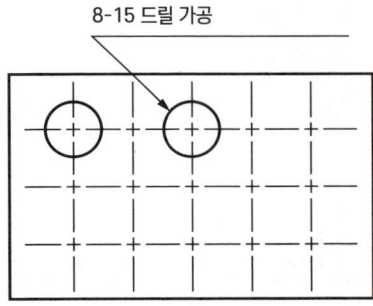

8-15 드릴 가공

① 지름 8mm, 구멍 2개

② 지름 8mm, 구멍 15개

③ 지름 15mm, 구멍 8개

④ 지름 15mm, 구멍 2개

21

다음 도면에서 X부분의 치수는 얼마인가?

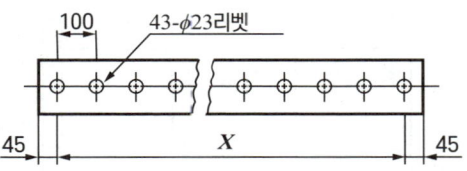

① 2200

② Ø2300

③ 4200

④ 4300

해 $100 \times (43 - 1) = 4200$

22

다음 도면에서 A의 길이는?

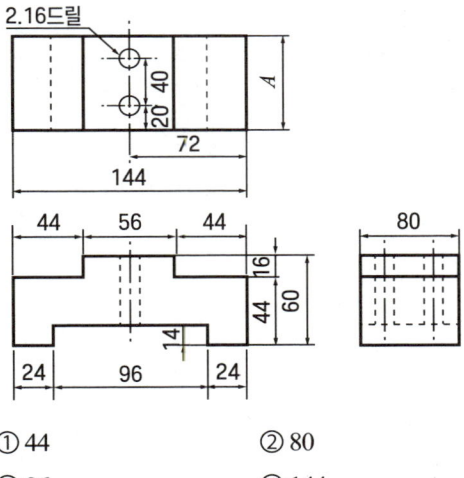

① 44

② 80

③ 96

④ 144

해 평면도의 높이는 우측면도의 폭과 같다.

다음 그림에서 "A"의 치수는 얼마인가?

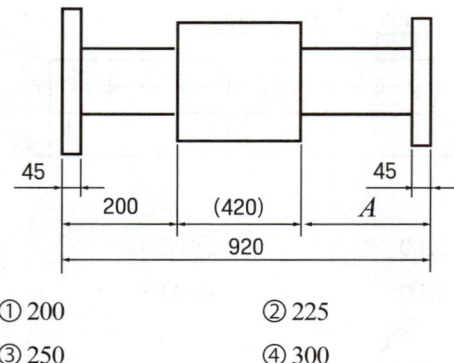

45
200
(420)
920
45
A

① 200 ② 225
③ 250 ④ 300

해 A = 920 - 200 - 420 = 300

▶ https://url.kr/aywn5v

2. 치수 공차

[1] 치수 공차 공차 용어

치수 공차는 기계 부품의 원활한 회전 운동과 미끄럼 운동을 하기 위해서 필요하며 치수 공차에 쓰이는 용어는 아래와 같다.

용도	의미
구멍	주로 원통형의 내측 형체, 원형 단면이 아닌 내측 형체도 포함
축	주로 원통형의 외측 형체, 원형 단면이 아닌 외측 형체도 포함
실 치수	가공이 완료되어 실제로 측정했을 때의 치수
최대 허용 치수	허용할 수 있는 가장 큰 실 치수
최소 허용 치수	허용할 수 있는 가장 작은 실 치수
기준 치수	치수 공차를 정할 때 기준이 되는 치수
치수 공차	최대 허용 한계 치수와 최소 허용 한계 치수의 차
기준선	허용 한계 치수 또는 끼워맞춤을 표시할 때의 기준 치수
치수 허용차	허용 한계 치수와 기준 치수와의 차
위 치수 허용차	최대 허용 치수와 기준 치수와의 차
아래 치수 허용차	최소 허용 치수와 기준 치수와의 차

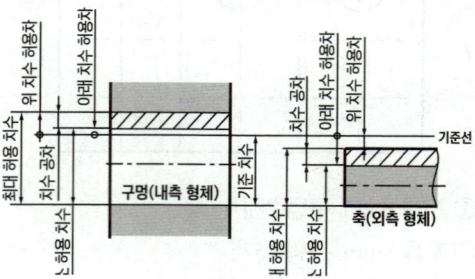

(2) IT 기본 공차

① IT 기본 공차는 치수 공차와 끼워맞춤에 있어서 정해진 모든 치수 공차를 의미한다.

② 국제표준화기구(ISO) 공차 방식에 따라 IT 01, IT 0, IT 1, IT 2, ···, IT 18의 총20등급으로 나눈다.

③ 기준 치수가 클수록, IT 등급의 숫자가 높을수록 공차가 커진다.

용도	게이지 제작 공차	끼워맞춤 공차	끼워맞춤 이외의 공차
구멍	IT 01~IT 5	IT 6~IT 10	IT 11~IT 18
축	IT 01~IT 4	IT 5~IT 9	IT 10~IT 18
가공 방법	초정밀 연삭, 래핑	밀링, 연삭, 리밍	압연, 압출, 프레스
공차 범위	0.001mm	0.01mm	0.1mm

□ 단원 핵심 기출 문제

01

치수 공차 및 끼워 맞춤에 관한 용어의 설명으로 옳지 않은 것은?

① 허용한계치수 : 형체의 실 치수가 그 사이에 들어가도록 정한, 허용할 수 있는 대소 2개의 극한의 치수

② 기준치수 : 위 치수허용차 및 아래 치수허용차를 적용하는데 따라 허용한계치수가 주어지는 기준이 되는 치수

③ 치수허용차 : 실제 치수와 대응하는 기준치수와의 대수차

④ 기준선 : 허용한계치수 또는 끼워맞춤을 도시할 때 치수 허용차의 기준이 되는 직선

02

길이 치수의 치수 공차 표시 방법으로 틀린 것은?

① $50 \, ^{-0.05}_{0}$ ② $50 \, ^{+0.05}_{0}$

③ $50 \, ^{+0.05}_{+0.02}$ ④ 50 ± 0.05

03

최대 허용 치수와 최소 허용 치수의 차를 무엇이라고 하는가?

① 치수 공차   ② 끼워맞춤
③ 실치수   ④ 기준선

04

도면에서 구멍의 치수가 Ø50$^{-0.05}_{-0.02}$ 로 기입되어 있다면 치수공차는?

① 0.02   ② 0.03

③ 0.05   ④ 0.07

해 - 0.05 - (- 0.02) = 0.03

05

다음 그림의 치수 기입에 대한 설명으로 틀린 것은?

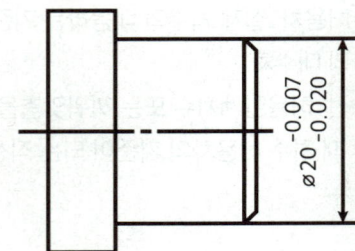

① 기준 치수는 지름 20 이다.
② 공차는 0.013 이다.
③ 최대 허용치수는 19.93 이다.
④ 최소 허용치수는 19.98 이다.

해 최대 허용치수 = Ø20 - 0.007 - 19.993

06

도면에서 구멍의 치수가 Ø80$\dfrac{+0.03}{-00.2}$ 로 기입되어 있다면 치수 공차는?

① 0.01   ② 0.02

③ 0.03   ④ 0.05

해 + 0.03 - (- 0.02) = 0.05

07

기준 치수가 50mm이고 최대 허용 치수가 50.015mm이며, 최소 허용 치수가 49.990mm일 때 치수 공차는 몇 mm인가?

① 0.025   ② 0.015

③ 0.005   ④ 0.010

해 50.015 - 49.990 = 0.025mm

08

Ø35h6에서 위치수 허용차가 0일 때, 최대 허용 한계 치수 값은? (단, 공차는 0.016이다)

① Ø34.084   ② Ø35.000

③ Ø35.016   ④ Ø35.084

해 최대허용한계치수 = 기준치수 + 위치수허용차

09

기준치수가 30, 최대허용치수가 29.9, 최소허용치수가 29.8일 때 아래치수허용차는?

① - 0.1   ② - 0.2

③ + 0.1   ④ + 0.2

해 기준치수 + 아래치수허용차 = 최소허용치수
30 + 아래치수허용차 = 29.8

10

기준 치수가 30이고, 최대 허용 치수가 29.98, 최소 허용치수가 29.95일 때 아래 치수 허용차는?

① + 0.05   ② + 0.03

③ - 0.05   ④ - 0.03

해 아래치수허용차 = 최소허용치수 - 기준치수
29.95 - 30 = - 0.05

11

조립한 상태의 치수 허용 한계값을 나타낸 것으로 틀린 것은?

①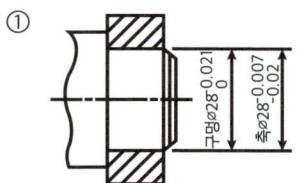

②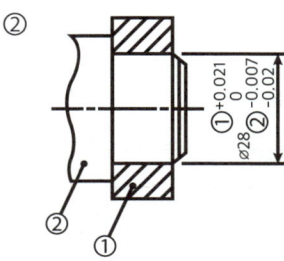

③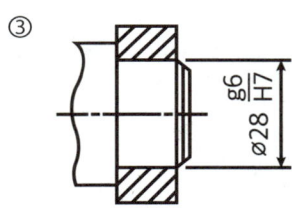

④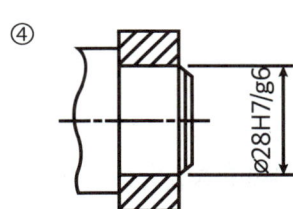

12

IT공차 등급에 대한 설명 중 틀린 것은?

① 공차등급은 IT기호 뒤에 등급을 표시하는 숫자를 붙여 사용한다.

② 공차역의 위치에 사용하는 알파벳은 모든 알파벳을 사용할 수 있다.

③ 공차역의 위치는 구멍인 경우 알파벳 대문자, 축인 경우 알파벳 소문자를 사용한다.

④ 공차등급은 IT01부터 IT18까지 20등급으로 구분한다.

13

IT 공차의 구멍 기본 공차에서 주로 게이지류에 적용되는 IT 공차는?

① IT 5~IT 9   ② IT 01~IT 4

③ IT 6~IT 10   ④ IT 01~IT 5

▶ https://url.kr/5a2xcs

3. 끼워 맞춤

[1] 틈새와 죔새

① 틈새 : 구멍의 치수가 축의 치수보다 클 때, 구멍과 축과의 치수의 차를 말한다.
　　ㄱ. 최소 틈새
　　　구멍 최소 허용 치수 – 축 최대 허용 치수
　　ㄴ. 최대 틈새
　　　구멍 최대 허용 치수 – 축 최소 허용 치수

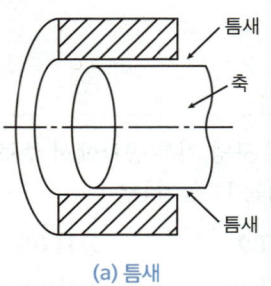

(a) 틈새

② 죔새 : 구멍의 치수가 축의 치수보다 작을 때, 조립 전의 구멍과 축과의 치수의 차를 말한다.
　　ㄱ. 최소 죔새
　　　축 최소 허용 치수 – 구멍 최대 허용 치수
　　ㄴ. 최대 죔새
　　　축 최대 허용 치수 – 구멍 최소 허용 치수

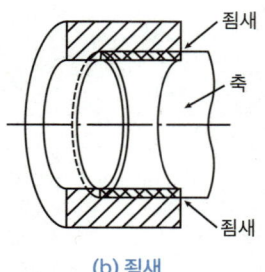

(b) 죔새

[2] 끼워맞춤 종류

① 구멍 기준 끼워맞춤 : 구멍을 기준으로 적합한 축을 선정하여 죔새나 틈새를 얻는 끼워맞춤 방식

기준축	구멍의 공차역 클래스								
	헐거운			중간			억지		
h5			H6	JS6	K6	M6	N6	P6	
h6	F6	G6	H6	JS6	K6	M6	N6	P6	
	F7	G7	H7	JS7	K7	M7	N7	P7	R7
h7	F7		H7						
	F8		H8						
h8	F8		H8						

② 축 기준 끼워맞춤 : 축을 기준으로 적합한 구멍을 선정하여 죔새나 틈새를 얻는 끼워맞춤 방식

기준구멍	축의 공차역 클래스								
	헐거운			중간			억지		
H6		g5	h5	js5	k5	m5			
	f6	g6	h6	js6	k6	m6	n6	p6	
H7	f6	g6	h6	js6	k6	m6	n6	p6	r6
	f7		h7	js7					
H8	f7		h7						
	f8		h8						

[3] 끼워맞춤 상태에 따라 분류

① 헐거운 끼워맞춤 : 구멍의 지름이 축의 지름보다 커서 항상 틈새가 있는 상태. 미끄럼 운동이나 회전 운동이 필요한 부품에 적용한다.

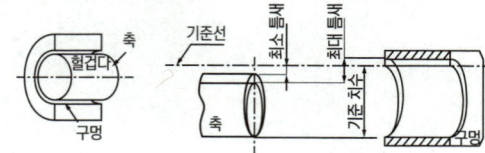

② 억지 끼워맞춤 : 구멍의 지름이 축의 지름보다 작아서 항상 죔새가 생기는 상태. 분해 및 조립을 하지 않는 부품에 적용한다.

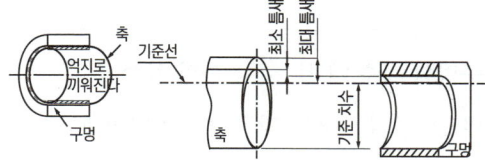

③ 중간 끼워맞춤 : 구멍과 축의 주어진 공차에 따라 틈새가 생길 수도 있고, 죔새가 생길 수 있는 상태. 작은 틈새나 죔새가 필요한 부품에 적용한다.

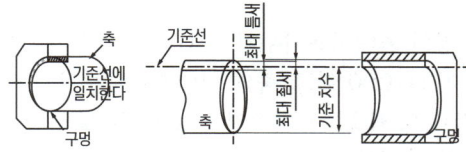

(4) 구멍 및 축의 기초가 되는 치수 허용차

축은 영문 소문자로, 구멍은 영문 대문자로 나타내며, 공차 위치를 나타낸다. (축 h는 0부터 −(마이너스) 공차 영역을, 구멍 H는 0부터 +(플러스)공차 영역을 갖는다)

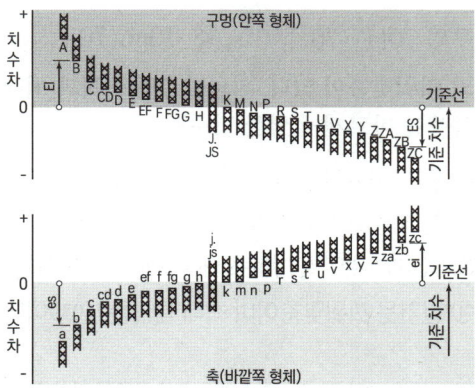

구멍과 축의 기초가 되는 기호의 종류

구멍	A B C D E F G 구멍의 크기가 A로 갈수록 점점 커진다 (←커짐).	H 기준	I J K L M N P R S T U X Y Z 구멍의 크기가 ZC로 갈수록 점점 작아진다(→작아짐).
축	a b c d e f g 축의 크기가 a로 갈수록 점점 작아진다.(←작아짐)	h 기준	i j k l m n p r s t u x y z 축의 크기가 zc로 갈수록 점점 커진다. (→커짐)

📁 단원 핵심 기출 문제

01

치수공차와 끼워맞춤에서 구멍의 치수가 축의 치수보다 작을 때, 구멍과 축과의 치수의 차를 무엇이라고 하는가?

① 틈새   ② 죔새
③ 공차   ④ 끼워맞춤

02

다음 중 억지끼워맞춤 또는 중간끼워맞춤에서 최대 죔새를 나타내는 것은?

① 구멍의 최대 허용 치수−축의 최소 허용 치수
② 구멍의 최대 허용 치수−축의 최대 허용 치수
③ 축의 최소 허용 치수−구멍의 최대 허용 치수
④ 축의 최대 허용 치수−구멍의 최소 허용 치수

03

구멍 Ø55H7, 축 Ø55g6 인 끼워맞춤에서 최대틈새는 몇 μm 인가? (단, 기준치수 Ø55에 대하여 H7의 위치수 허용차는 +0.030, 아래치수는 허용차는 0이고, g6의 위치수 허용차는 −0.010, 아래치수 허용차는 −0.029이다)

① 40μm   ② 59μm
③ 29μm   ④ 10μm

해 (55 + 0.030) − (55 − 0.029) = 0.059μm = 59μm

04

구멍의 치수가 $\varnothing 35^{+0.003}_{-0.001}$ 이고 축의 치수가

$\varnothing 35^{+0.001}_{-0.004}$ 일 때 최대 틈새는?

① 0.004　　　　　② 0.005

③ 0.007　　　　　④ 0.009

해 $(35+0.003)-(35-0.004)=$
$35.003-34.996=0.007$

05

구멍의 치수가 $\varnothing 30^{+0.025}_{0}$, 축의 치수가

$\varnothing 30^{+0.020}_{-0.005}$ 일 때 최대 쬠새는 얼마 인가?

① 0.030　　　　　② 0.025

③ 0.020　　　　　④ 0.005

해 $(30+0.020)-(30+0)=0.020$

06

아래와 같은 구멍과 축의 끼워 맞춤에서 최대 쬠새는?

- 구멍 : 20 H7 = $20^{+0.021}_{0}$
- 축 : 20 P6 = $20^{+0.035}_{+0.022}$

① 0.035　　　　　② 0.021

③ 0.014　　　　　④ 0.001

해 $(20+0.035)-(20+0)=0.035$

07

구멍의 치수 $\varnothing 50^{+0.025}_{-0.005}$ 축의 치수

$\varnothing 50^{+0.033}_{-0.017}$ 의 끼워맞춤에서 최대쬠새는?

① 0.008　　　　　② 0.038

③ 0.042　　　　　④ 0.050

해 $(50+0.033)-(50-0.005)=0.038$

08

구멍의 최대허용치수가 50.025, 최소허용치수가 50.000 이고, 축의 최대허용치수가 50.050, 최소허용치수가 50.034 일 때 최소 쬠새는 얼마인가?

① 0.009　　　　　② 0.050

③ 0.025　　　　　④ 0.034

해 $(50+0.034)-(50+0.025)=0.009$

09

구멍 70H7($70^{+0.030}_{0}$), 축 70g6($70^{-0.010}_{-0.029}$) 의 끼워맞춤이 있다. 끼워맞춤의 명칙과 최대 틈새를 바르게 설명한 것은?

① 중간 끼워맞춤이며 최대 틈새는 0.01이다.
② 헐거운 끼워맞춤이며 최대 틈새는 0.059이다.
③ 억지 끼워맞춤이며 최대 틈새는 0.029이다.
④ 헐거운 끼워맞춤이며 최대 틈새는 0.039이다.

해 구멍의 치수가 축의 치수보다 항상 크므로 헐거운 끼워맞춤이다.
- 최대 틈새 = $(70+0.030)-(70-0.029)=0.059$
- 최소 틈새 = $(70-0)-(70-0.010)=0.01$

10

다음 그림을 15H7-m6의 구멍과 축에 중간 끼워 맞춤을 나타낸 것으로 최대 죔새를 A, 최대 틈새를 B라 할 때 옳은 것은?

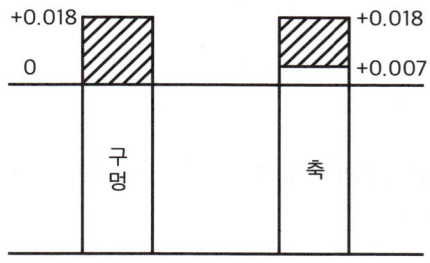

① A＝0.018, B＝0.011
② A＝0.011, B＝0.018
③ A＝0.018, B＝0.025
④ A＝0.011, B＝0.025

해 A : (15＋0.018)－(15＋0)＝0.018
B : (15＋0.018)－(15＋0.007)＝0.011

11

끼워맞춤 중에서 구멍과 축 사이에 가장 원활한 회전 운동이 일어날 수 있는 것은?

① H7/f6
② H7/p6
③ H7/n6
④ H7/t6

해 **구멍 기준식 끼워맞춤**

기준 구멍	헐거운 끼워맞춤			중간 끼워맞춤			억지 끼워맞춤		
H7	f6	g6	h6	js6	k6	m6	n6	p6	r6

구멍 기준식 끼워맞춤에서 가장 원활하게 회전하려면 헐거운 끼워맞춤일수록 좋으므로 알맞은 것은 f6이다.

12

기계관련 부품에서 ∅80H7/g6로 표기된 것의 설명으로 틀린 것은?

① 구멍 기준식 끼워 맞춤이다.
② 구멍의 끼워 맞춤 공차는 H7이다.
③ 축의 끼워 맞춤 공차는 g6이다.
④ 억지 끼워 맞춤이다.

13

다음 중 억지 끼워맞춤에 속하는 것은?

① H8/e8
② H7/t6
③ H8/f8
④ H6/k6

14

구멍의 최소치수가 축의 최대치수보다 큰 경우는 무슨 끼워맞춤인가?

① 헐거운 끼워맞춤
② 중간 끼워맞춤
③ 억지 끼워맞춤
④ 강한 억지 끼워맞춤

15

구멍의 최소치수가 축의 최대치수보다 큰 경우이며, 항상 틈새가 생기는 끼워맞춤으로 직선운동이나 회전운동이 필요한 기계부품의 조립에 적용하는 것은?

① 억지 끼워 맞춤
② 중간 끼워 맞춤
③ 헐거운 끼워 맞춤
④ 구멍기준식 끼워 맞춤

16

최대 허용치수가 구멍 50.025mm, 축 49.975mm이며 최소 허용치수가 구멍 50.000mm, 축 49.950mm일 때 끼워 맞춤의 종류는?

① 헐거운 끼워맞춤   ② 중간 끼워맞춤

③ 억지 끼워맞춤   ④ 상용 끼워맞춤

17

구멍의 최소 치수가 축의 최대 치수보다 큰 경우로 항상 틈새가 생기는 상태를 말하며, 미끄럼 운동이나 회전운동이 필요한 부품에 적용하는 끼워 맞춤은?

① 억지 끼워 맞춤   ② 중간 끼워 맞춤

③ 헐거운 끼워 맞춤   ④ 조립 끼워 맞춤

18

끼워 맞춤에서 축 기준식 헐거운 끼워 맞춤을 나타낸 것은?

① H7/g6   ② H6/F8

③ h6/P9   ④ h6/F7

19

다음 중 억지 끼워맞춤인 것은?

① 구멍 - H7, 축 - g6   ② 구멍 - H7, 축 - f6

③ 구멍 - H7, 축 - p6   ④ 구멍 - H7, 축 – e6

20

공차 기호에 의한 끼워맞춤의 기입이 잘못된 것은?

① 50H7/g6   ② 50H7 － g6

③ $50\dfrac{H7}{g6}$ ④ 50H7 (g6)

21

Ø50H7의 구멍에 억지 끼워 맞춤이 되는 축의 끼워 맞춤 공차 기호는?

① Ø50js6   ② Ø50f6

③ Ø50g6   ④ Ø50p6

22

끼워맞춤의 표시 방법을 설명한 것 중 틀린 것은?

① Ø20H7 : 지름이 20인 구멍으로 7등급의 IT 공차를 가짐

② Ø20h6 : 지름이 20인 축으로 6등급의 IT 공차를 가짐

③ Ø20H7/g6 : 지름이 20인 H7 구멍과 g6 축이 헐거운 끼워맞춤으로 결합되어 있음을 나타냄

④ Ø20H7/f6 : 지름이 20인 H7 구멍과 f6 축이 중간 끼워맞춤으로 결합되어 있음을 나타냄

23

구멍과 축의 끼워맞춤에서 G7/h6은 무엇을 뜻하는가?

① 축 기준식 억지 끼워맞춤

② 축 기준식 헐거운 끼워맞춤

③ 구멍 기준식 억지 끼워맞춤

④ 구멍 기준식 헐거운 끼워맞춤

해 • 구멍 기준식 : H
   • 축 기준식 : h
   구멍이 A, 축이 a에 가까울수록 헐거운 끼워맞춤
   구멍이 ZC, 축이 zc에 가까울수록 억지 끼워맞춤

4. 기하공차

기하공차란 부품을 구성하는 선, 면, 축선 등의 기하학적 형상의 정밀도를 규정하는 공차를 말한다. 치수 공차만으로 제한할 수 없는 부품의 기하학적 형상, 자세, 위치 등에 대하여 분명하게 지시할 필요가 있는 부분에 사용된다.

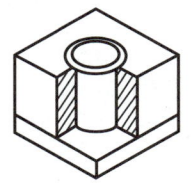

(a) 조립 입체도

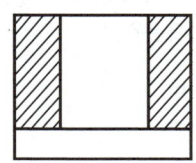

(b) 정상적인 조립 상태

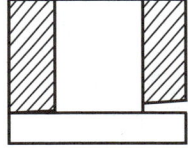

(c) 구멍에 간섭 발생

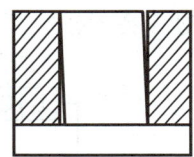

(d) 구멍과 축에 틈 발생

(1) 기하 공차 종류 및 기호

공차의 종류		기호
모양 공차	진직도 공차	─
	평면도 공차	▱
	진원도 공차	○
	원통도 공차	⌰
	선의 윤곽도 공차	⌒
	면의 윤곽도 공차	⌓
자세 공차	평행도 공차	//
	직각도 공차	⊥
	경사도 공차	∠

공차의 종류		기호
위치 공차	위치 공차	⌖
	동축도 공차 또는 동심도 공차	◎
	대칭도 공차	═
흔들림 공차	원주 흔들림 공차	↗
	온 흔들림 공차	⌰

(2) 기하 공차 기입방법

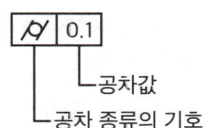

(a) 공차값과 공차 기호

데이텀을 지시하는 문자 기호
공차값
공차 종류의 기호

(b) 데이텀에 공차값과 공차 기호 표

(3) 기하 공차의 해석

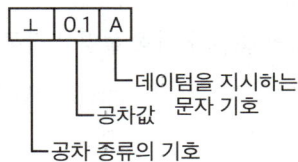

데이텀 A면을 기준으로 평행도를 측정한다. 기준길이 100mm에서 평행도 허용오차는 0.01mm이다.
평행도 공차

평행도 공차 ─ 전체 길이에 대한 오차 허용치 0.1mm
지정길이 100mm에 대해 0.05mm의 오차 허용치

01

다음 기하공차 종류 중 단독형체가 아닌 것은?

① 진직도   ② 진원도

③ 경사도   ④ 평면도

02

기하공차의 종류 중 적용하는 형체가 관련 형체에 속하지 않는 것은?

① 자세 공차   ② 모양 공차

③ 위치 공차   ④ 흔들림 공차

03

기하 공차의 종류와 기호 설명이 잘못된 것은?

① ▱ : 평면도 공차   ② ○ : 원통도 공차

③ ⊕ : 위치도 공차   ④ ⊥ : 직각도 공차

04

다음 중 공차의 종류와 기호가 잘못 연결된 것은?

① 진원도 공차 - ○   ② 경사도 공차 - ∠

③ 직각도 공차 - ⊥   ④ 대칭도 공차 - //

05

기하 공차의 구분 중 모양 공차의 종류에 속하지 않는 것은?

① 진직도 공차   ② 평행도 공차

③ 진원도 공차   ④ 면의 윤곽도 공차

06

다음 기하 공차 중 모양 공차에 속하지 않는 것은?

① ▱   ② ○

③ ∠   ④ ⌒

07

다음 기하공차의 종류 중 위치공차 기호가 아닌 것은?

① ⊕   ② ⌿

③ ═   ④ ◎

08

그림의 "b"부분에 들어갈 기하 공차 기호로 가장 옳은 것은?

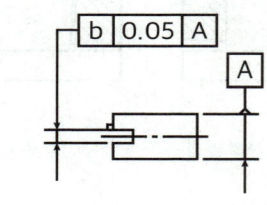

① ⊥   ② ◠

③ ∠   ④ ═

09

기하공차의 종류를 나타낸 것 중 틀린 것은?

① 진직도 (—)   ② 진원도 (○)

③ 평면도 (□)   ④ 원주 흔들림 (↗)

10

기하 공차의 기호 중 진원도를 나타낸 것은?

① ○　　　　　　　② ◎
③ ⌖　　　　　　　④ ⌀

11

다음 중 자세공차에 속하지 않는 것은?

① //　　　　　　　② ⊥
③ ▢　　　　　　　④ ∠

12

아래 도면의 기하공차가 나타내고 있는 것은?

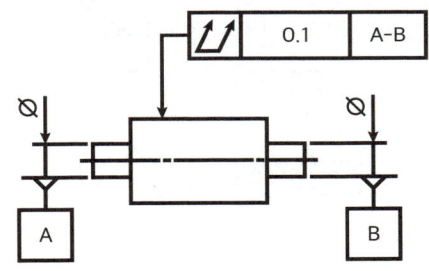

① 원통도　　　　　② 진원도
③ 온 흔들림　　　　④ 원주 흔들림

13

그림에서 ㉮부와 ㉯부에 두 개의 베어링을 같은 축선에 조립하고자 한다. 이때 ㉮부의 데이텀을 기준으로 ㉯부 기하공차를 적용하고자 때 올바른 기하공차 기호는?

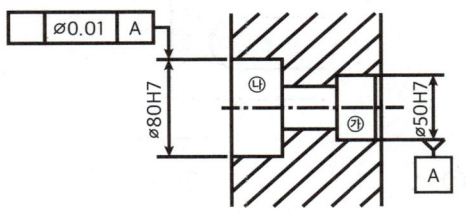

① ◎　　　　　　　② ▢
③ ⌀　　　　　　　④ ⌖

14

그림과 같은 도면에서 "가" 부분에 들어갈 가장 적절한 기하 공차 기호는?

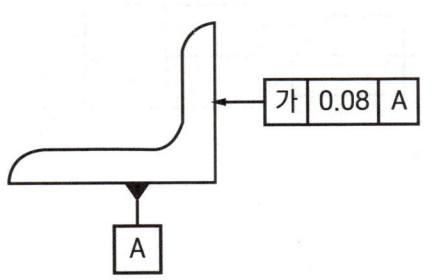

① //　　　　　　　② ⊥
③ ∠　　　　　　　④ ⚏

15

그림과 같은 기하 공차 기입 틀에서 "A"에 들어갈 기하 공차 기호는?

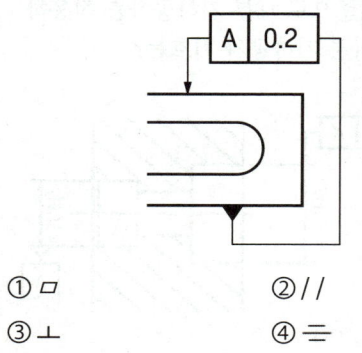

① ▱　　　　② //

③ ⊥　　　　④ ⩵

16

그림에서 기하공차 기호로 기입할 수 없는 것은?

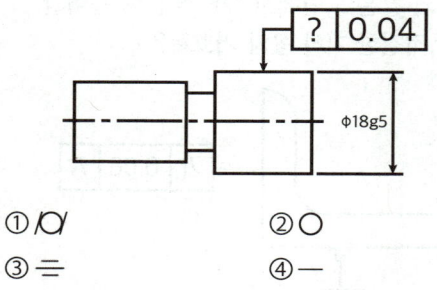

① ⌯　　　　② ○

③ ⩵　　　　④ —

17

데이텀(datum)에 관한 설명으로 틀린 것은?

① 데이텀을 표시하는 방법은 영어의 소문자를 정사각형으로 둘러싸서 나타낸다.

② 지시선을 연결하여 사용하는 데이텀 삼각 기호는 빈틈없이 칠해도 좋고, 칠하지 않아도 좋다.

③ 형체에 지정되는 공차가 데이텀과 관련되는 경우, 데이텀은 원칙적으로 데이텀을 지시하는 문자 기호에 의하여 나타낸다.

④ 관련 형체에 기하학적 공차를 지시할 때, 그 공차 영역을 규제하기 위하여 설정한 이론적으로 정확한 기하학적 기준을 데이텀이라 한다.

해 데이텀은 이론적으로 정확한 기하학적 기준이다. 그림과 같이 알파벳 대문자를 정사각형으로 둘러싸고 데이텀 삼각 기호에 지시선을 연결하여 나타낸다.

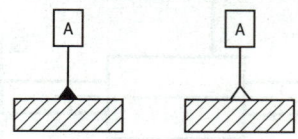

18

모양공차를 표기할 때 그림과 같은 공차 기입 틀에 기입하는 내용은?

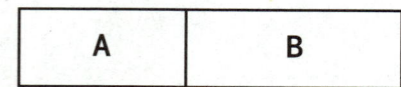

A	B

① A : 공차값, B : 공차의 종류 기호

② A : 공차의 종류 기호, B : 데이텀 문자기호

③ A : 데이텀 문자기호, B : 공차값

④ A : 공차의 종류 기호, B : 공차값

답 ④

19

다음과 같이 표시된 기하 공차에서 A가 의미하는 것은?

① 공차 종류와 기호   ② 데이텀 기호
③ 공차 등급 기호   ④ 공차 값

20

기준 A에 평행하고 지정길이 100㎜에 대하여 0.01㎜의 공차값을 지정할 경우 표시방법으로 옳은 것은?

① A | 0.01/100 | //   ② // | 100/0.01 | A
③ A | // | 100/0.01   ④ // | 0.01/100 | A

21

다음의 기하공차 기호를 바르게 해석한 것은?

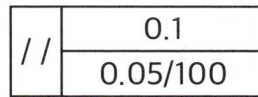

① 평행도가 전체 길이에 대해 0.1mm, 지정길이 100mm에 대해 0.05mm의 허용치를 갖는다.
② 평행도가 전체 길이에 대해 0.5mm, 지정길이 100mm에 대해 0.1mm의 허용치를 갖는다.
③ 대칭도가 전체 길이에 대해 0.1mm, 지정길이 100mm에 대해 0.05mm의 허용치를 갖는다.
④ 대칭도가 전체 길이에 대해 0.05mm, 지정길이 100mm에 대해 0.1mm의 허용치를 갖는다.

22

다음과 같이 지시된 기하 공차의 해석이 맞는 것은?

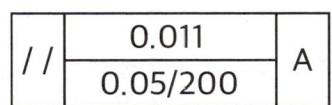

① 원통도 공차값 0.05mm, 축선은 데이텀, 축직선 A에 직각이고 지정길이 150mm, 평행도 공차값 0.02mm
② 진원도 공차값 0.05mm, 축선은 데이텀, 축직선 A에 직각이고 전체길이 150mm, 평행도 공차값 0.02mm
③ 진원도 공차값 0.05mm, 축선은 데이텀, 축직선 A에 평행하고 지정길이 150mm, 평행도 공차값 0.02mm
④ 원통의 윤곽도 공차값 0.05mm, 축선은 데이텀, 축직선 A에 평행하고 전체길이 150mm, 평행도 공차값 0.02mm

23

다음과 같이 도면에 기입된 기하 공차에서 0.011 이 뜻하는 것은?

// | 0.011 / 0.05/200 | A

① 기준 길이에 대한 공차 값
② 전체 길이에 대한 공차 값
③ 전체 길이 공차 값에서 기준 길이 공차 값을 뺀 값
④ 누진치수 공차 값

24

도면에 기입된 공차도시에 관한 설명으로 틀린 것은?

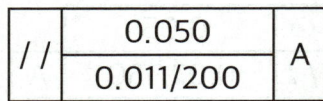

① 전체 길이는 200 mm 이다.
② 공차의 종류는 평행도를 나타낸다.
③ 지정 길이에 대한 허용 값은 0.011 이다.
④ 전체 길이에 대한 허용 값은 0.050 이다.

25

축의 치수가 φ 20±0.1이고 그 축의 기하 공차가 다음과 같다면 최대 실제 공차 방식에서 실효 치수는 얼마인가?

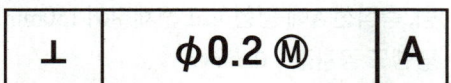

① 19.6   ② 19.7
③ 20.3   ④ 20.4

해 실효치수 = 최대 허용치수 + 기하공차
     = 20.1 + 0.2 = 20.3

26

최대 실제 공차 방식을 적용할 때 공차붙이 형태와 그 데이텀 형체 두 곳에 함께 적용하는 경우로 옳게 표현한 것은?

① ⊕ | φ0.04 Ⓜ | A

② ⊕ | φ0.04 | A Ⓜ

③ ⊕ | φ0.04 | Ⓜ A

④ ⊕ | φ0.04 Ⓜ | A Ⓜ

해 최대 실체 공차 방식(MMS) : 형체의 부피가 최소가 될 때를 고려하여 형상 공차 또는 위치 공차를 적용하는 방법이다. 적용하는 형체의 공차나 데이텀의 문자 뒤에 Ⓜ을 붙인다.

5. 표면거칠기

부품 가공 시 절삭 공구의 날이나 숫돌 입자에 의해 제품의 표면에 생간 가공 흔적이나 가공 무늬로 형성된 요철(凹凸)을 표면 거칠기라 한다.

(1) 표면거칠기의 종류

기호	특징
Ra (중심선 평균 거칠기)	거칠기 곡선 f(x), 중심선, 측정 길이 L
	중심선 윗부분 면적을 기준 길이로 나눈 값을 um으로 나타낸 것
Rmax (최대 높이 거칠기)	세로 배율, Rmax1 단면 곡선 Rmax3 Rmax2, 기준 길이 L₁, 기준 길이 L₃, 가로 배율
	단면 곡선의 가장 높은 곳과 가장 깊은 골과의 높이 차를 측정하여 um으로 나타낸 것
Rz (10점 평균 거칠기)	기준 길이 L, 산 높이의 순위, 단면 곡선, 골 깊이의 순위
	가장 높은 쪽 다섯째 표고 평균값과 깊은 쪽 다섯째 번의 골 밑 평균값과의 차를 um으로 나타낸 것

(2) 가공면 지시기호

제거가공 여부를 묻지 않음   제거가공을 함   제거가공을 하지 않음

(3) 제거 가공 시 표면 거칠기 구분값

표면 거칠기 기호	다듬질 기호	용도	표면 거칠기 구분값		
			Ra	Ry	Rz
(기호)	~	주조면이나 제거 가공이 하지 않아도 되는 면에 사용	50a	200S	200Z
w (기호)	▽	다른 부품과 접촉하지 않는 면에 사용	25a	100S	100Z
x (기호)	▽▽	다른 부품과 접촉해서 고정되는 면에 사용	6.3a	25S	25Z
y (기호)	▽▽▽	기어의 맞물림 면이나 접촉후 회전 하는 면에 사용	1.6a	6.3S	6.3Z
z (기호)	▽▽▽▽	정밀 다듬질이 필요한 면에 사용	0.2a	0.8S	0.8Z

(4) 지시 사항과 거칠 값의 지시 위치

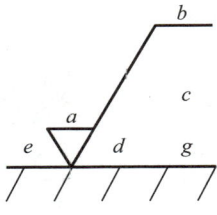

① a : 산술 평균 거칠기(Ra) 값

② b : 가공 방법

③ c : 컷오프 값·평가 길이

④ d : 줄무늬 방향의 기호

⑤ e : 다듬질 여유

⑥ g : 표면 파상도

(5) 가공면의 줄무늬 방향 기호

기호	기호의 뜻	설명 그림과 도면 기입 보기
=	가공에 의한 컷의 줄무늬 방향이 기호를 기입한 그림의 투상면에 평행 [보기] 세이핑 면	커터의 줄무늬 방향
⊥	가공에 의한 컷의 줄무늬 방향이 기호를 기입한 그림의 투상면에 직각 [보기] 선삭, 원통 연삭면	커터의 줄무늬 방향
X	가공에 의한 컷의 줄무늬 방향이 기호를 기입한 그림의 투영면에 비스듬하게 2방향으로 교차 [보기] 호닝 다듬질면	커터의 줄무늬 방향
M	가공에 의한 컷의 줄무늬가 여러 방향으로 교차 또는 무방향 [보기] 래핑 다듬질 면, 수퍼 피니싱 면, 앤드 밀 절삭면	M
C	가공에 의한 컷의 줄무늬가 기호를 기입한 면의 중심에 대하여 거의 동심원 모양 [보기] 선삭단면 절삭면	C
R	가공에 의한 컷의 줄무늬가 기호를 기입한 면의 중심에 대하여 거의 반사 모양 [보기] 측면 원통 연삭	R

01

제품의 표면 거칠기를 나타낼 때 표면 조직의 파라미터를 "평가된 프로파일의 산술 평균 높이"로 사용하고자 한다면 그 기호로 옳은 것은?

① Rt ② Rq

③ Rz ④ Ra

02

산술 평균 거칠기 표시 기호는?

① Ra ② Rs

③ Rz ④ Ru

03

표면 거칠기 지시기호가 옳지 않은 것은?

① 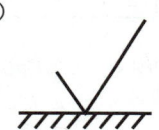 ②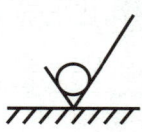

③ 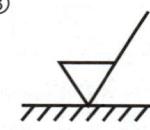 ④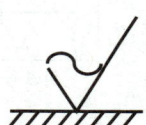

04

대상 면을 지시하는 기호 중 제거 가공을 허락하지 않는 것을 지시하는 것은?

① 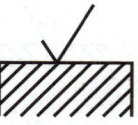 ②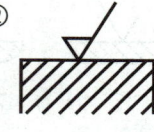

③  ④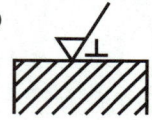

05

표면거칠기 기호 중 제거가공을 필요로 하는 경우 지시하는 기호로 맞는 것은?

①

②

③

④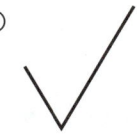

06

주로 금형으로 생산되는 플라스틱 눈금자와 같은 제품 등에 제거 가공 여부를 묻지 않을 때 사용되는 기호는?

①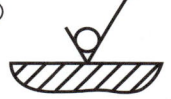

②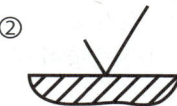

③

④

07

다음 중에서 '제거 가공을 허용하지 않는다'는 것을 지시하는 기호는?

①

②

③

④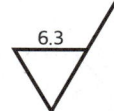

08

다음의 표면 거칠기 기호 중 주조품의 표면 제거 가공을 허락하지 않는 것을 지시하는 기호는?

①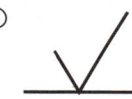

②

③

④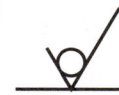

09

다듬질 면의 지시기호가 틀린 것은?

①

②

③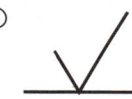

④

10

다음 중심선 평균 거칠기 값 중에서 표면이 가장 매끄러운 상태를 나타내는 것은?

① 0.2a ② 1.6a

③ 3.2a ④ 6.3a

11

다음 중 가장 고운 다듬면을 나타내는 것은?

①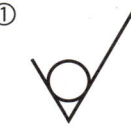

②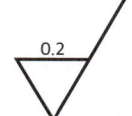

③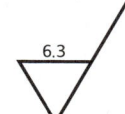

④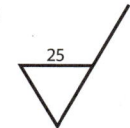

12

가공 방법의 약호에서 연삭가공의 기호는?

① L   ② D

③ G   ④ M

해 **가공방법기호**

가공 방법	기호	가공 방법	기호
선반	L	연삭	G
밀링	M	래핑	GL
드릴	D	수퍼피니싱	GSP
보링	B	샌드 플라스트	SB
플레이너(평삭)	P	줄	FF
세이퍼(형삭)	SH	스크레이퍼	FS
주조	C	담금질	HQ
브로칭	BR	숏트 피닝	SHS
리밍	FR	침탄	HC

13

가공 방법에 대한 기호가 잘못 짝지어진 것은?

① 용접 : W   ② 단조 : F

③ 압연 : E   ④ 전조 : RL

14

다음 가공방법의 약호를 나타낸 것 중 틀린 것은?

① 선반가공(L)   ② 보링가공(B)

③ 리머가공(FR)   ④ 호닝가공(GB)

15

그림과 같은 지시 기호에서 "b"에 들어갈 지시 사항으로 옳은 것은?

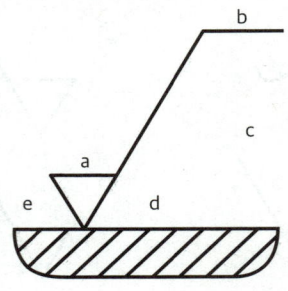

① 가공 방법   ② 표면 파상도

③ 줄무늬 방향 기호   ④ 컷오프값·평가길이

16

표면거칠기 값(6.3)만을 직접 면에 지시하는 경우 표시방향이 잘못된 것은?

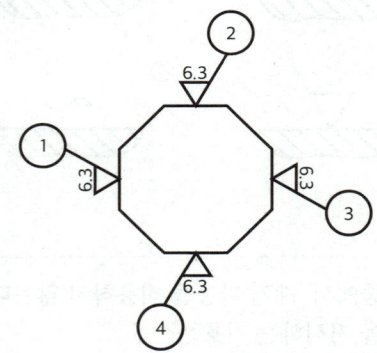

① ①   ② ②

③ ③   ④ ④

해 Ra만을 지시하는 경우의 기호의 방향

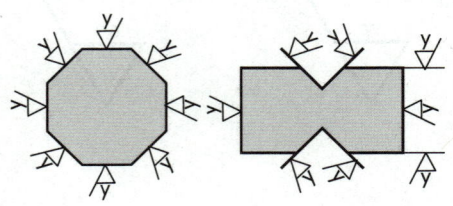

- 대상 면에 직접 기입
- 대상 면의 연장선 또는 치수 보조선에 접하는 바깥쪽에 기입

17

표면거칠기 지시 기호의 기입 위치가 잘못된 것은?

①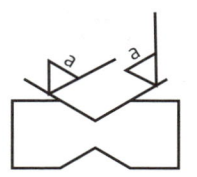

②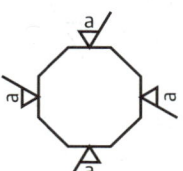

③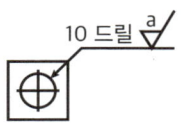

④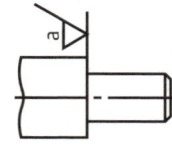

18

표면 거칠기 기호를 간략하게 기입한 것으로 옳은 것은?

①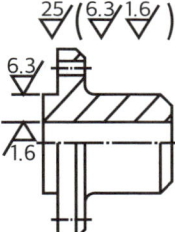

②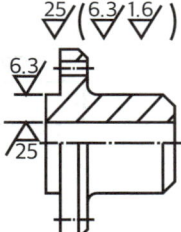

③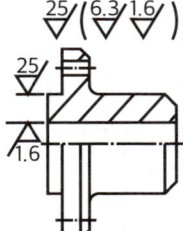

④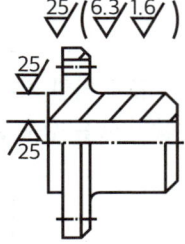

19

가공에 의한 커터의 줄무늬 방향이 그림과 같을 때, (가) 부분의 기호는?

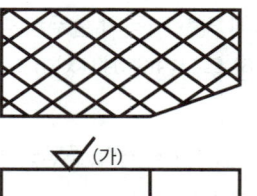

① X
② M
③ R
④ C

20

다음 그림의 면의 지시기호이다. 그림에서 M은 무엇을 의미하는가?

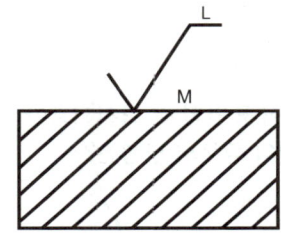

① 밀링 가공
② 줄무늬 방향
③ 표면 거칠기
④ 선반 가공

21

줄무늬 방향의 기호에서 가공에 의한 컷의 줄무늬가 여러방향으로 교차 또는 무방향을 나타내는 것은?

① M
② C
③ R
④ X

22

다음 중 줄무늬 방향의 기호 설명 중 잘못된 것은?

① X : 가공에 의한 커터의 줄무늬 방향의 기호를 기입한 투상면에 경사지고 두 방향으로 교차

② M : 가공에 의한 커터의 줄무늬 방향의 기호를 기입한 투상면에 평행

③ C : 가공에 의한 커터의 줄무늬 방향의 기호를 기입한 면의 중심에 대하여 대략 동심원 모양

④ R : 가공에 의한 커터의 줄무늬 방향의 기호를 기입한 면의 중심에 대하여 대략 레이디얼 모양

23

그림과 같이 표면의 결 도시기호가 지시되었을 때 표면의 줄무늬 방향은?

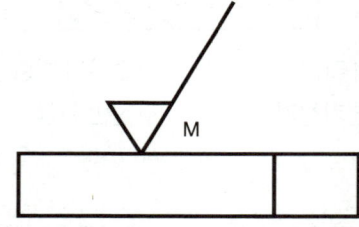

① 가공으로 생긴 선이 거의 동심원

② 가공으로 생긴 선이 여러 방향

③ 가공으로 생긴 선이 방향이 없거나 돌출됨

④ 가공으로 생긴 선이 투상면에 직각

24

가공에 의한 커터의 줄무늬가 여러 방향으로 교차 또는 무방향을 나타내는 줄무늬 방향 기호는?

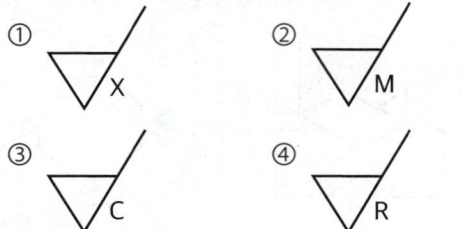

25

가공 과정에서 줄무늬가 다음과 같이 나타날 때 표면의 줄무늬 방향 지시기호(*)가 옳은 것은?

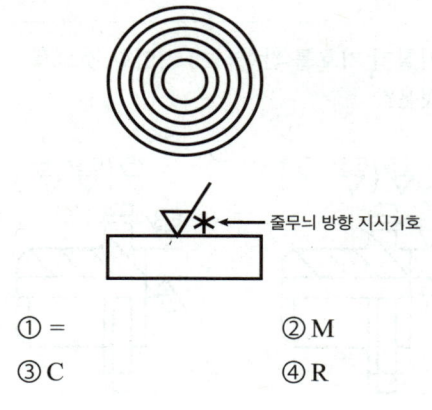

줄무늬 방향 지시기호

① =   ② M

③ C   ④ R

26

가공에 의한 커터의 줄무늬 방향이 다음과 같이 생길 경우 올바른 줄무늬 방향 기호는?

① C   ② M

③ R   ④ X

27

다음 표면거칠기의 표시에서 C가 의미하는 것은?

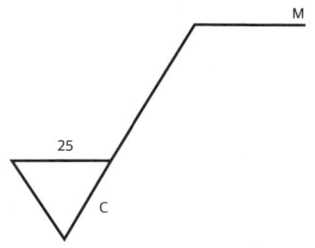

① 주조가공
② 밀링가공
③ 가공으로 생긴 선이 무방향
④ 가공으로 생긴 선이 거의 동심원

28

표면의 결인 줄무늬 방향의 지시기호 "C"의 설명으로 맞는 것은?

① 가공에 의한 커터의 줄무늬 방향이 기호로 기입한 그림의 투상면에 경사지고 두 방향으로 교차
② 가공에 의한 커터의 줄무늬 방향이 여러 방향으로 교차 또는 두 방향
③ 가공에 의한 커터의 줄무늬가 기호를 기입한 면의 중심에 대하여 거의 동심원 모양
④ 가공에 의한 커터의 줄무늬가 기호를 기입한 면의 중심에 대하여 대략 레이디얼 모양

29

가공 결과 그림과 같은 줄무늬가 나타났을 때 표면의 결 도시기호로 옳은 것은?

①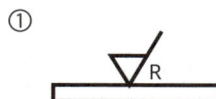
②
③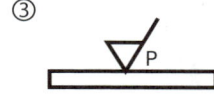
④

30

다음의 내용과 가장 관련이 있는 가공에 의한 커터의 줄무늬 방향 기호는?

> 가공에 의한 커터의 줄무늬가 기호를 기입한 면의 중심에 대하여 거의 방사 모양

① ⊥   ② X
③ M   ④ R

NOTES

PART 02
기계요소
설계

결합용 요소
(나사, 볼트, 너트, 키, 핀, 코터)

▶ https://url.kr/t3rbk6

1. 나사

나사는 기계 부품을 결합하거나 위치 조정용으로 사용하기도 하며 힘을 전달하는 데 사용하는 기본적인 기계요소이다.

(1) 나사의 형상과 각 부 명칭

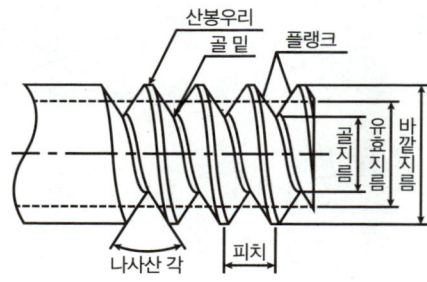

(a) 수나사

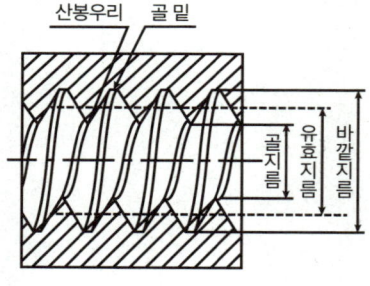

(b) 암나사

① 바깥지름 : 수나사의 산봉우리에 접하거나 암나사의 골밑에 접하는 가상 원통의 표면 지름

② 골지름 : 수나사의 골밑에 접하거나 암나사의 산봉우리에 접하는 가상 원통의 지름

③ 유효 지름 : 피치 원통의 지름
(유효지름 $= \dfrac{\text{바깥지름} + \text{골지름}}{2}$)

④ 피치(pitch) : 나사산과 인접한 나사산의 축 방향 거리

⑤ 나사산 : 원통의 표면에 연속적으로 돌출한 균일한 단면의 나선 모양 봉우리

⑥ 리드(lead) : 나사가 1회전하여 진행한 축 방향의 거리
$l = n \times p$ (l : 리드, n : 줄 수, p : 피치)

(2) 나사의 제도법

① 수나사의 바깥지름과 암나사의 골지름은 굵은 실선으로 그린다.

② 수나사의 골지름과 암나사의 바깥지름은 가는 실선으로 그린다.

③ 완전 나사부와 불완전 나사부의 경계선은 굵은 실선으로 그린다.

④ 수나사의 골지름과 암나사의 바깥지름은 3/4의 원으로 표시하고, 오른쪽 위의 4분원을 열어 두는 것이 좋다.

⑤ 불완전 나사부의 골밑선은 축선에 대하여 30° 경사지게 가는 실선으로 그린다.

⑥ 암나사를 단면으로 나타낼 경우 해칭은 골지름까지 한다.

⑦ 가려서 보이지 않는 암나사의 안지름은 보통의 파선으로 그리고, 바깥지름은 가는 파선으로 그린다.

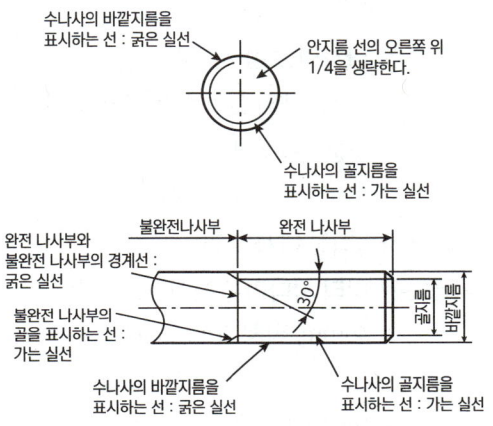

수나사의 바깥지름을 표시하는 선 : 굵은 실선

안지름 선의 오른쪽 위 1/4을 생략한다.

수나사의 골지름을 표시하는 선 : 가는 실선

완전 나사부와 불완전 나사부의 경계선 : 굵은 실선

불완전나사부

완전 나사부

불완전 나사부의 골을 표시하는 선 : 가는 실선

30°

골지름

바깥지름

수나사의 바깥지름을 표시하는 선 : 굵은 실선

수나사의 골지름을 표시하는 선 : 가는 실선

수나사의 구조와 그리는 방법

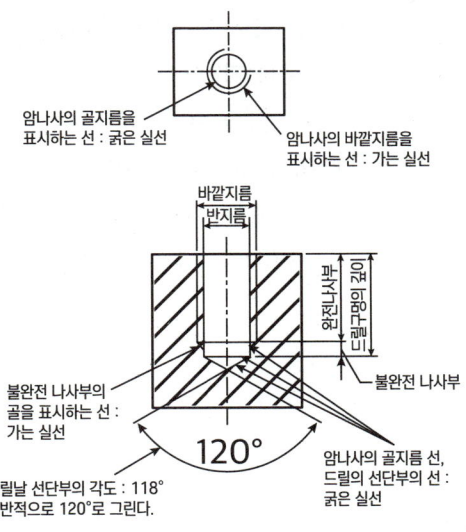

암나사의 골지름을 표시하는 선 : 굵은 실선

암나사의 바깥지름을 표시하는 선 : 가는 실선

바깥지름

반지름

나사부 길이

드릴 구멍 깊이

불완전 나사부의 골을 표시하는 선 : 가는 실선

불완전 나사부

120°

드릴날 선단부의 각도 : 118° 일반적으로 120°로 그린다.

암나사의 골지름 선, 드릴의 선단부의 선 : 굵은 실선

암나사의 구조와 그리는 방법

[3] 나사의 종류와 호칭

종류			특징
체결용 나사	삼각 나사	미터나사	-미터계 나사(mm) -나사산 각도 60° -기계 조립품 사용
		유니파이나사	-인치계 나사(inch) -미,영,캐 3국의 협정에 의해 지정, ABC 나사라고 불림 -나사산 각도 60° -정밀 조립품 사용
		관용나사	-인치계 나사(inch) -나사산 각도 55° -유체기기,기밀유지 사용
운동용 나사		사각나사	-축방향 큰 하중 받는 곳 사용 -프레스 등의 동력전달용 사용
		사다리꼴나사	-나사산 각도 60° -선반 등 이송 나사 사용
		톱니나사	-힘을 한쪽 방향으로 받는 곳 -이송 나사로 사용
		둥근나사	-나사산이 둥근 모양 -전구나 소켓에 사용
		볼나사	-나사축과 너트 사이에 강재볼을 넣어 힘을 전달 -마찰과 백래시가 적음 -정밀 공작 기계의 이송 장치에 사용 -정밀도와 효율이 가장 좋음

[4] 나사의 종류 및 기호

구분	나사의 종류		나사의 종류 기호	나사의 호칭에 대한 표시법
일반용	ISO 규격에 있는 것	미터 보통나사	M	M8
		미터 가는나사		M8×1
		미니어처 나사	S	S05
		유니파이 보통나사	UNC	3/8-16UNC
		유니파이 가는나사	UNF	No. 8-36UNF
		미터 사다리꼴나사	Tr	Tr102
		관용 테이퍼 나사 / 테이퍼 수나사	R	R3/4
		테이퍼 암나사	Rc	Rc3/4
		평행 암나사	Rp	Rp3/4
		관용 평행나사	G	G1/2
	ISO 규격에 없는 것	30° 사다리꼴나사	TM	TM18
		관용 테이퍼 나사 / 테이퍼 나사	PT	PT7
		평행 암나사	PS	PS7
		관용 평행나사	PF	PF7

[5] 나사의 표시방법

① 피치를 mm로 표시하는 나사의 경우

〈사용 예〉 미터 가는 나사로 호칭 지름 10mm, 피치는 1mm일 때

> M10×1

단, 미터 보통 나사 및 미니어처 나사처럼 같은 호칭 지름에 대하여 피치가 한 가지로 규정된 나사에서는 원칙적으로 피치의 기입을 생략한다. (예 미터 보통 나사는 피치가 2.5mm 하나로 규정되어 있어서 피치를 생략하고 M20으로 기입한다.)

② 피치를 산의 수로 표시하는 경우

〈사용 예〉 29° 사다리꼴 나사로 호칭 지름이 20mm, 산의 수가 6일 때

> TW20산 6 또는 TW20-6

관용 나사와 같이 동일한 지름에 대하여 산의 수가 하나만 규정되어 있을 경우에는 원칙적으로 산의 수를 생략한다.

③ 유니파이 나사의 경우

〈사용 예〉 나사의 호칭 지름이 3/8 inch, 1 inch 내의 산의 수가 16인 유니파이 보통나사 일 때

> 3/8-16UNC

④ 미터 사다리꼴 나사의 경우

〈사용 예1〉 미터 사다리꼴 나사, 호칭 지름 40mm, 피치 7mm일 때

> Tr40×7

〈사용 예2〉 미터 사다리꼴 나사, 호칭 지름 40mm, 리드 14mm, 피치 7mm일 때, 피치는 숫자 앞에 P를 붙이고 ( )안에 기입한다.

> Tr40×14(P7)

〈사용 예3〉 왼 미터 사다리꼴 나사의 경우 호칭 뒤에 LH 기호를 붙여 기입한다.

> Tr40×7LH, Tr40×14(P7)LH

단원 핵심 기출 문제

01

나사에 대한 설명으로 틀린 것은?

① 나사산의 모양에 따라 삼각, 사각, 둥근 것 등으로 분류 한다.

② 체결용 나사는 기계 부품의 접합 또는 위치 조정에 사용 된다.

③ 나사를 1회전하여 축 방향으로 이동한 거리를 "리드"라 한다.

④ 힘을 전달하거나 물체를 움직이게 할 목적으로 사용하는 나사는 주로 삼각나사 이다.

02

미터 보통 나사에서 수나사의 호칭 지름은 무엇을 기준으로 하는가?

① 유효 지름   ② 골지름

③ 바깥 지름   ④ 피치원 지름

03

미터나사에 관한 설명으로 틀린 것은?

① 기호는 M으로 표기한다.

② 나사산의 각도는 55° 이다.

③ 나사의 지름 및 피치를 mm로 표시한다.

④ 부품의 결합 및 위치의 조정 등에 사용된다.

해 삼각나사의 종류

나사의 종류	미터 나사	유니파이 나사 (ABC 나사)	관용 나사 (관나사)
단위	mm	inch	inch
호칭 기호	M	UNC:보통 나사 UNF:가는 나사	R:테이퍼 수나사 Rc:테이퍼 암나사 Rt:평행 암나사
나사산의 크기 표시	피치	산수/인치	산수/인치
나사산의 각도	60°	60°	55°

04

나사에서 리드(lead)의 정의를 가장 옳게 설명한 것은?

① 나사가 1회전 했을 때 축 방향으로 이동한 거리

② 나사가 1회전 했을 때 나사산상의 1점이 이동한 원주거리

③ 암나사가 2회전 했을 때 축 방향으로 이동한 거리

④ 나사가 1회전 했을 때 나사산상의 1점이 이동한 원주각

05

나사가 축을 중심으로 한 바퀴 회전할 때 축 방향으로 이동한 거리는?

① 피치   ② 리드

③ 리드각   ④ 백래쉬

06

나사의 용어 중 리드에 대한 설명으로 맞는 것은?

① 1회전시 작용되는 토크

② 1회전시 이동한 거리

③ 나사산과 나사산의 거리

④ 1회전시 원주의 길이

07

나사의 피치와 리드가 같다면 몇 줄 나사에 해당이 되는가?

① 1줄 나사   ② 2줄 나사

③ 3줄 나사   ④ 4줄 나사

08

3줄 나사에서 피치가 2 mm일 때 나사를 6회 전시키면 이동하는 거리는 몇 mm인가?

① 6   ② 12

③ 18   ④ 36

09

나사의 피치가 일정할 때 리드(lead)가 가장 큰 것은?

① 4줄 나사   ② 3줄 나사

③ 2줄 나사   ④ 1줄 나사

10

피치 4mm인 3줄 나사를 1회전 시켰을 때의 리드는 얼마인가?

① 6mm   ② 12mm

③ 16mm   ④ 18mm

11

나사의 제도방법을 바르게 설명한 것은?

① 암나사의 골지름은 가는 실선으로 표현한다.

② 암나사의 안지름은 가는 실선으로 표현한다.

③ 수나사의 바깥지름은 가는 실선으로 표현한다.

④ 수나사의 골지름은 굵은 실선으로 표현한다.

12

나사의 도시방법에 관한 설명 중 틀린 것은?

① 수나사와 암나사의 골 밑을 표시하는 선은 가는 실선으로 그린다.

② 완전 나사부와 불완전 나사부의 경계선은 가는 실선으로 그린다.

③ 불완전 나사부는 기능상 필요한 경우 혹은 치수 지시를 하기 위해 필요한 경우 경사된 가는 실선으로 표시한다.

④ 수나사와 암나사의 측면도시에서 각각의 골지름은 가는 실선으로 약 3/4에 거의 같은 원의 일부로 그린다.

13

나사 제도에 관한 설명으로 틀린 것은?

① 측면에서 본 그림 및 단면도에서 나사산의 봉우리는 굵은실선으로 골 밑은 가는 실선으로 그린다.

② 나사의 끝면에서 본 그림에서 나사의 골 밑은 가는 실선으로 그린 원주의 3/4에 가까운 원의 일부로 나타낸다.

③ 숨겨진 나사를 표시할 때는 나사산의 봉우리는 굵은 파선, 골 밑은 가는 파선으로 그린다.

④ 나사부의 길이 경계는 보이는 굵은 실선으로 나타낸다.

14

나사의 도시에 관한 내용 중 나사 각부를 표시하는 선의 종류가 틀린 것은?

① 수나사의 골 지름과 암나사의 골 지름은 가는 실선으로 그린다.

② 가려서 보이지 않은 나사부는 파선으로 그린다.

③ 완전 나사부와 불완전 나사부의 경계는 가는 실선으로 그린다.

④ 수나사의 바깥지름과 암나사의 안지름은 굵은 실선으로 그린다.

15

나사를 도면에 그리는 방법에 대한 설명으로 틀린 것은?

① 나사의 골 밑은 가는 실선으로 나타낸다.

② 나사의 감긴 방향이 오른쪽이면 도면에 별도 표기할 필요가 없다.

③ 수나사와 암나사가 결합되어 있는 나사를 그릴 때에는 암나사 위주로 그린다.

④ 나사의 불완전 나사부는 필요한 경우 중심축선으로부터 경사 가는 실선으로 표시한다.

16

나사의 제도시 불완전 나사부와 완전 나사부의 경계를 나타내는 선을 그릴 때 사용하는 선의 종류는?

① 굵은 파선　　　　② 굵은 1점 쇄선

③ 가는 실선　　　　④ 굵은 실선

17

인치계 사다리꼴 나사의 나사산 각도는?

① 29°　　　　　　② 30°

③ 55°　　　　　　④ 60°

해 나사산이 사다리꼴 모양으로 나사산의 각도가 30°미터계와 29°인치계가 있다. 공작 기계의 이송용으로 많이 사용한다.

18

나사 표시 기호 중 틀린 것은?

① M : 미터 가는 나사

② R : 관용 테이퍼 암나사

③ E : 전구 나사

④ G : 관용 평행 나사

19

관용 테이퍼 나사 중 테이퍼 수나사를 표시하는 기호는?

① M　　　　　　② Tr

③ R　　　　　　④ S

20

나사의 호칭에 대한 표시 방법 중 틀린 것은?

① 미터 사다리꼴 나사 : R3/4

② 미터 가는 나사 : M8×1

③ 유니파이 가는 나사 : No.8-36UNF

④ 관용 평행나사 : G1/2

21

ISO 규격에 있는 관용 테이퍼 나사로 테이퍼 수나사를 표시하는 기호는?

① R
② Rc
③ PS
④ Tr

22

나사 표기가 다음과 같이 나타날 때 설명으로 틀린 것은?

$$Tr40 \times 14 \ (P7) \ LH$$

① 호칭지름이 40mm 이다.
② 피치는 14mm 이다.
③ 왼 나사이다.
④ 미터 사다리꼴 나사이다.

23

미터 보통나사 M50×2 의 설명으로 맞는 것은?

① 호칭지름이 50mm이며, 나사 등급이
  2급이다.
② 호칭지름이 50mm이며, 나사 피치가
  2mm이다.
③ 유효지름이 50mm이며, 나사 등급이
  2급이다.
④ 유효지름이 50mm이며, 나사 피치가
  2mm이다.

24

<보기>의 설명을 나사표시 방법으로 옳게 나타낸 것은?

- 왼줄나사이며 두줄 나사이다.
- 미터 가는 나사로 호칭지름이 50mm, 피치가 2mm이다.
- 수나사 등급이 4h 정밀급 나사이다.

① L 2줄 M50×2-4h
② 왼 2N TM50×2-4h
③ 2N M50×2-4h
④ 왼 2줄 M2×50-4h

25

"왼 2줄 M50×2 6H"로 표시된 나사의 설명으로 틀린 것은?

① 왼 : 나사산의 감는 방향
② 2줄 : 나사산의 줄 수
③ M50×2 : 나사의 호칭지름 및 피치
④ 6H : 수나사의 등급

🗹 암나사 : 6H, 수나사 : 6h, 암나사와 수나사를 조합한 것 : 6H/6h

26

미터 사다리꼴나사 [Tr 40×7 LH]에서 'LH' 가 뜻하는 것은?

① 피치
② 나사의 등급
③ 리드
④ 왼나사

2. 볼트

볼트와 너트는 기계 부품의 결합용으로 사용하는 기계요소이다. 조립과 분해가 쉬워 가장 많이 사용하며, 그 종류는 모양과 용도에 따라 매우 다양하다.

볼트는 일반적으로 머리 모양과 고정하는 방법에 따라 분류하고, 너트는 머리 모양에 따라 분류한다.

(1) 볼트 머리 모양에 따른 분류

구분		용도
육각 볼트		여러가지 부품을 결합하는 데 쓰이는 대표적인 볼트
육각 구멍 붙이 볼트		둥근머리에 육각 홈을 파 놓은 것으로, 볼트의 머리가 밖으로 나오지 않아야 하는 곳에 사용
나비 볼트		머리 부분을 나비의 날개 모양으로 만들어, 손으로 쉽게 돌릴 수 있도록 한 볼트
기초 볼트		기계 구조물의 콘크리트 기초 위에 고정시키도록 한 볼트
접시 머리 볼트		볼트의 머리가 밖으로 나오지 않아야 하는 곳에 사용
아이 볼트		나사의 머리부를 고리 모양으로 만들어, 체인 또는 훅 등을 걸 때에 사용

(2) 고정하는 방법에 따른 분류

구분		용도
관통 볼트		결합하고자 하는 두 물체에 구멍을 뚫고 여기에 볼트를 관통시킨 다음, 반대쪽에서 너트로 죈다.
탭 볼트		물체의 한쪽에 암나사를 깎은 다음 나사박기를 하여 죄며, 너트는 사용하지 않는다. 결합하려고 하는 부분이 너무 두꺼워 관통 구멍을 뚫을 수 없을 경우에 사용한다.
스터드 볼트		양 끝에 나사를 깎은 머리 없는 볼트로서, 한 끝은 본체에 박고, 다른 끝에는 너트를 끼워 죈다.

01

6각 구멍붙이 볼트 M50×2-6g에서 6g가 나타내는 것은?

① 다듬질 정도　　　② 나사의 호칭지름
③ 나사의 등급　　　④ 강도 구분

02

볼트 너트의 풀림 방지 방법 중 틀린 것은?

① 로크 너트에 의한 방법
② 스프링 와셔에 의한 방법
③ 플라스틱 플러그에 의한 방법
④ 아이 볼트에 의한 방법

03

볼트와 볼트 구멍 사이에 틈새가 있어 전단응력과 휨 응력이 동시에 발생하는 현상을 방지하기 위한 가장 올바른 방법은?

① 와셔를 사용한다.
② 로크너트를 사용한다.
③ 멈춤 나사를 사용한다.
④ 링이나 봉을 끼워 사용한다.

04

양쪽 끝 모두 수나사로 되어있으며, 한쪽 끝에 상대 쪽에 암나사를 만들어 미리 반영구적 나사 박음하고, 다른쪽 끝에 너트를 끼워 죄도록 하는 볼트는 무엇인가?

① 스테이 볼트　　　② 아이 볼트
③ 탭 볼트　　　　　④ 스터드 볼트

05

수나사 막대의 양 끝에 나사를 깎은 머리 없는 볼트로서, 한끝은 본체에 박고 다른 끝은 너트로 죌 때 쓰이는 것은?

① 관통 볼트　　　　② 미니추어 볼트
③ 스터드 볼트　　　④ 탭 볼트

06

볼트의 골 지름을 제도할 때 사용하는 선의 종류로 옳은 것은?

① 굵은 실선　　　　② 가는 실선
③ 숨은선　　　　　④ 가는 2점쇄선

3. 너트

볼트는 일반적으로 머리 모양과 고정하는 방법에 따라 분류하고, 너트는 머리 모양에 따라 분류한다.

(1) 너트의 종류

구분		용도
육각 너트		육각 모양이며, 대표적인 너트이다.
사각 너트		사각 모양이며, 주로 목재 결합에 많이 사용되고 기계류의 결합에도 사용된다.
둥근 너트		둥근 모양이며, 회전체의 균형을 좋게 할때 주로 사용한다.
와셔 붙이 너트		너트의 밑면에 넓은 원형 플랜지가 붙어 있는 모양이며, 너트 하나로 와셔의 역할을 겸한 너트이다.
캡 너트		너트의 한쪽을 관통하지 않도록 만든 것으로, 먼지 등의 오염물 침입을 막는 데 사용한다.

(2) 너트의 풀림 방지 방법

① 와셔에 의한 방법

② 핀 또는 작은 나사에 의한 방법

③ 로크너트에 의한 방법

④ 철사로 묶어 매는 방법

⑤ 자동 죔 너트에 의한 방법

01

회전체의 균형을 좋게 하거나 너트를 외부에 돌출시키지 않으려고 할 때 주로 사용하는 너트는?

① 캡 너트　　　　② 둥근 너트

③ 육각 너트　　　④ 와셔붙이 너트

02

외부 이물질이 나사의 접촉면 사이의 틈새나 볼트의 구멍으로 흘러나오는 것을 방지할 필요가 있을 때 사용하는 너트는?

① 홈붙이 너트　　② 플랜지 너트

③ 슬리브 너트　　④ 캡 너트

03

한쪽은 오른나사, 다른 한쪽은 왼나사로 되어 양끝을 서로 당기거나 밀거나 할 때 사용하는 기계요소는?

① 아이 볼트　　　② 세트 스크루

③ 플레이트 너트　④ 턴 버클

우나사　　　　　　　　좌나사

이것을 돌리면 양쪽 나사가 어지거나 풀어지거나 한다.

4. 키

키는 축에 풀리, 커플링, 기어 등의 회전체를 고정시켜 축과 회전체가 미끄러지지 않고 회전력을 전달하도록 하는 기계 요소이다.

(1) 키의 종류

구분		용도
묻힘 키 (평행 키)		• 축과 회전체에 키 홈을 파서 그 사이에 • 키를 넣어서 사용
안장 키 (새들 키)		• 축에 홈을 파지 않고 회전체에만 키 홈을 파서 사용 • 큰 힘의 전달은 부적합
평 키 (납작 키)		• 축에 키가 접촉하는 부분을 평평하게 가공하여 사용 • 안장 키 보다 큰 힘 전달 가능
반달 키		• 키 홈을 반달모양으로 판 키 • 길이가 작은 축이나 테이퍼 축에 사용
접선 키		• 한 곳에 두 개씩의 키가 서로 반대 방향으로 기울어 져 있는 키 • 전달 토크가 큰 축에 사용
스플라인		• 축 둘레에 여러 줄의 키를 직접 절삭하여 사용 • 축과 보스에 큰 동력을 전달할 수 있도록 한 키
세레이션		• 축과 보스에 작은 삼각형의 이를 만들어 조립시킨 키 • 키 중에서 가장 큰 힘을 전달하는 키

(2) 키의 호칭 방법

규격 번호	종류 및 호칭 치수 (폭×높이)		길이	끝 모양의 특별 지정	재료
KS B 1311	평행 키 10×8	×	25	양 끝 둥글기	SM 45C

(3) 키의 끝부

평행키의 끝부는 그 모양에 따라 3종류로 한다.

모양	기 호	명칭
	A	양쪽 둥근형
	B	양쪽 네모형
	C	한쪽 둥근형

01

축에 키(key) 홈을 가공하지 않고 사용하는 것은?

① 묻힘(sunk) 키 　　② 안장(saddle) 키
③ 반달 키 　　④ 스플라인

02

일반적으로 가장 널리 사용되며 축과 보스에 모두 홈을 가공하여 사용하는 키는?

① 접선 키 　　② 안장 키
③ 묻힘 키 　　④ 원뿔 키

03

가장 널리 쓰이는 키(key)로 축과 보스 양쪽에 키 홈을 파서 동력을 전달하는 것은?

① 성크 키 　　② 반달 키
③ 접선 키 　　④ 원뿔 키

04

큰 토크를 전달시키기 위해 같은 모양의 키 홈을 등 간격으로 파서 축과 보스를 잘 미끄러질 수 있도록 만든 기계 요소는?

① 코터 　　② 묻힘 키
③ 스플라인 　　④ 테이퍼 키

05

축의 원주에 많은 키를 깎은 것으로 큰 토크를 전달시킬 수 있고, 내구력이 크며 보스와의 중심축을 정확하게 맞출 수 있는 것은?

① 성크 키 　　② 반달 키
③ 접선 키 　　④ 스플라인

06

다음 그림은 어떤 기계요소를 나타낸 것인가?

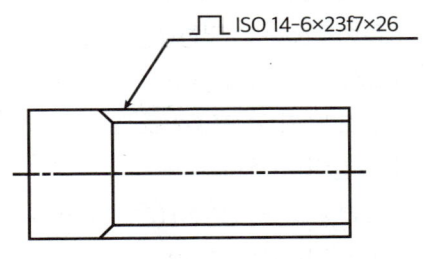

① 성크 키 　　② 반달 키
③ 접선 키 　　④ 스플라인

07

그림에서 도시된 기호는 무엇을 나타낸 것인가?

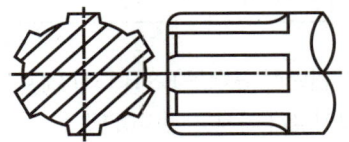

ISO 14-6×23f7×26

① 사다리꼴나사 　　② 스플라인
③ 사각나사 　　④ 세레이션

08

일반적으로 키의 호칭방법에 포함되지 않은 것은?

① 키의 종류
② 길이
③ 인장강도
④ 호칭 치수

09

키의 호칭이 다음과 같이 나타날 때 설명으로 틀린 것은?

> KS B 1311 PS - B 25×14×90

① 키에 관련한 규격은 KS B 1311 에 따른다.
② 평행키로서 나사용 구멍이 있다.
③ 키의 끝부가 양쪽 둥근형이다.
④ 키의 높이는 14mm 이다.

10

다음 중 키의 호칭 방법을 옳게 나타낸 것은?

① (종류 또는 기호) (표준번호 또는 키 명칭)(호칭치수)×(길이)
② (표준번호 또는 키 명칭) (종류 또는 기호)(호칭치수)×(길이)
③ (종류 또는 기호) (표준번호 또는 키 명칭)(길이)×(호칭치수)
④ (표준번호 또는 키 명칭) (종류 또는 기호)(길이)×(호칭치수)

11

평행키의 호칭 표기 방법으로 맞는 것은?

① KS B 1311 평행키 10×8×25
② KS B 1311 10×8×25 평행키
③ 평행키 10×8×25 양 끝 둥금 KS B 1311
④ 평행키 10×8×25 KS B 1311 양 끝 둥금

12

나사용 구멍이 없는 평행키의 기호는?

① P
② PS
③ T
④ TG

해

종류	구분	모양	기호
평행키	나사용 구멍 없음		P
	나사용 구멍 있음		PS

13

평행키 끝부분의 형식에 대한 설명으로 틀린 것은?

① 끝부분 형식에 대한 지정이 없는 경우는 양쪽 네모형으로 본다.
② 양쪽 둥근형은 기호 A를 사용한다.
③ 양쪽 네모형은 기호 S를 사용한다.
④ 한쪽 둥근형은 기호 C를 사용한다.

14

나사용 구멍이 없고 양쪽 둥근 형 평행 키의 호칭으로 옳은 것은?

① P‑A 25 × 90

② TG 20 × 12 × 70

③ WA 23 × 16

④ T‑C 22 × 12 × 60

15

지름이 50mm 축에 10mm인 성크 키를 설치했을 때, 일반적으로 전단하중만을 받을 경우 키가 파손되지 않으려면 키의 길이는 몇 mm인가?

① 25mm
② 75mm
③ 150mm
④ 200mm

해 일반적으로 키가 파손되지 않으려면 키의 길이
$L = 1.5d$ 가 된다. 그러므로 키의 길이는 75mm이다.

5. 핀

핀은 기계의 부품을 고정하거나 부품의 위치를 결정하는 용도로 사용되며, 접촉면의 미끄럼 방지나 나사의 풀림 방지용으로도 많이 사용되고 있다.

(1) 핀의 종류

종류	모양	용도
평행핀	호칭 지름 / 호칭 길이	기계부품조립, 고정 및 위치 결정용으로 사용
테이퍼핀	호칭 지름 / 호칭 길이	축에 보스를 고정 시킬 때 주로 사용
분할핀	호칭 지름 / 호칭 길이	너트나 축의 가공한 구멍에 끼운 뒤, 끝을 벌려서 풀림이나 이완을 방지하는 데 사용

(2) 핀의 호칭 방법

종류	모양	호칭 방법	핀의 호칭
평행핀		표준 번호 또는 명칭, 종류, 형식, 호칭 지름×길이, 재료	KS B 1320 m6A-6×45 SB41 평행 핀 h7B-5×32 SM45C
테이퍼핀		명칭, 등급, 호칭 지름×길이, 재료	테이퍼 핀 1급 2×10 SM50C
분할핀		표준 번호 또는 명칭, 호칭 지름×길이, 재료	분할 핀 3×40 SWRM 12

① 평행 핀의 호칭 방법

표준 번호 또는 표준 명칭	호칭 지름	공차	×	호칭 길이	재료
KS B ISO 2338	6	m6		30	St

표준 번호 또는 표준 명칭	호칭 지름× 호칭 길이	재료 및 재질	×	지정 사항
KS B 1323	6×7	St		분할 길이 25
분할 테이퍼 핀	10×80	STS 303		분할 길이 25

② 분할 테이퍼 핀의 호칭 방법

코터(cotter)는 평평한 쐐기 모양의 부품이며, 축 방향으로 하중이 작용하는 축과 여기에 조립되는 소켓을 연결하는 데 사용한다.

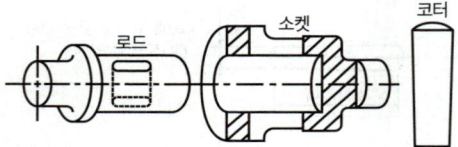

(a) 코터 이음의 부품

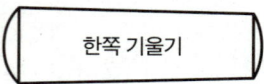

(b) 코터

01

핀(pin)의 종류에 대한 설명으로 틀린 것은?

① 테이퍼 핀은 보통 1/50 정도의 테이퍼를 가지며, 축에 보스를 고정시킬 때 사용할 수 있다.

② 평행핀은 분해·조립하는 부품의 맞춤면의 관계 위치를 일정하게 할 필요가 있을 때 주로 사용된다.

③ 분할핀은 한쪽 끝이 2가닥으로 갈라진 핀으로 축에 끼워진 부품이 빠지는 것을 막는데 사용할 수 있다.

④ 스프링 핀은 2개의 봉을 연결하기 위해 구멍에 수직으로 핀을 끼워 2개의 봉이 상대각운동을 할 수 있도록 연결한 것이다.

02

테이퍼 핀 1급 4×30 SM50C" 의 설명으로 맞는 것은?

① 테이퍼 핀으로 호칭 지름이 4 mm, 길이가 30 mm, 재료가 SM50C 이다.

② 테이퍼 핀으로 최대 지름이 4 mm, 길이가 30 mm, 재료가 SM50C 이다.

③ 테이퍼 핀으로 핀의 평균 지름이 40 mm, 길이가 30 mm, 재료가 SM50C 이다.

④ 테이퍼 핀으로 구멍의 지름이 4 mm, 길이가 30 mm, 재료가 SM50C 이다.

03

분할핀에 관한 설명이 아닌 것은?

① 테이퍼 핀의 일종이다.

② 너트의 풀림을 방지하는데 사용된다.

③ 핀 한쪽 끝이 두 갈래로 되어 있다.

④ 축에 끼워진 부품의 빠짐을 방지하는데 사용된다.

04

호칭지름 6㎜, 호칭길이 30㎜, 공차 m6 인 비경화강 평행핀의 호칭 방법이 옳게 표현된 것은?

① 평행핀 - 6×30 - m6 - St

② 평행핀 - 6×30 - m6 - A1

③ 평행핀 - 6m6×30 - St

④ 평행핀 - 6m6×30 – A1

05

테이퍼 핀의 테이퍼 값과 호칭지름을 나타내는 부분은?

① 1/100, 큰 부분의 지름

② 1/100, 작은 부분의 지름

③ 1/50, 큰 부분의 지름

④ 1/50, 작은 부분의 지름

06

평행 핀의 호칭이 다음과 같이 나타났을 때 이 핀의 호칭지름은 몇 mm 인가?

KS B ISO 2338 - 8 m6×30 - A1

① 1 mm   ② 6 mm

③ 8 mm   ④ 30 mm

07

평판 모양의 쐐기를 이용하여 인장력이나 압축력을 받는 2개의 축을 연결하는 결합용 기계요소는?

① 코터   ② 커플링

③ 아이볼트   ④ 테이퍼 키

08

리베팅이 끝난 뒤에 리벳머리의 주위 또는 강판의 가장자리를 정으로 때려 그 부분을 밀착시켜 틈을 없애는 작업은?

① 시밍   ② 코킹

③ 커플링   ④ 해머링

02 전달용 기계요소
(축, 베어링, 기어, 벨트풀리, 스프로킷휠, 마찰차)

▶ https://url.kr/wfnshj

1. 축

축(shaft)은 일반적으로 회전력을 전달하거나 하중을 지지하는 역할을 하는 기계요소이다. 2개 이상의 베어링으로 지지하며, 바퀴나 기어, 플리 등을 끼워서 사용한다.

(1) 축의 종류

키의 명칭	형상	특징
차축		주로 휨 하중을 받는 축
스핀들		주로 비틀림 하중을 받는 회전축
전동축	주축 중간축 전동기 선축 기계	비틀림과 휨 하중을 동시에 받는 회전축으로 동력전달에 주로 사용
직선축		직선 형태의 축으로 가장 일반적으로 사용하는 곧은 축

크랭크축		직선 운동과 회전 운동을 상호 변환시키는 축으로 자동차 엔진에 주로 사용
유연축/플렉시블축		자유롭게 휠 수 있도록 감은 밧줄 모양의 축이며 일직선 형태의 축을 사용할 수 없을 때 사용

(2) 축의 제도법

축의 제도 예	제도 방법
	축은 중심선을 수평으로 하여 길게 놓인 상태로 그린다.
	축의 가공 방향을 고려하여 그린다.
1×45°	축의 끝은 조립이 쉽고 정확하게 하기 위하여 모따기를 하고, 치수를 기입한다.
	길이 방향으로 전단면도를 나타내지 않으나, 키 홈 등과 같이 나타낼 필요가 있으면 부분 단면으로 나타낸다.

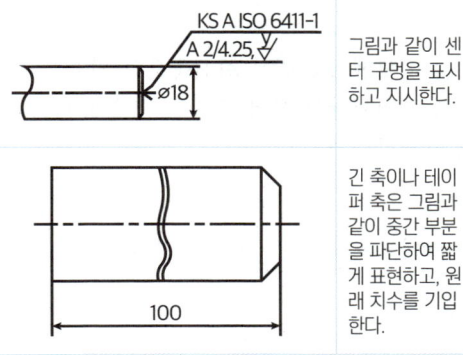

KS A ISO 6411-1 A 2/4.25 Ø18	그림과 같이 센터 구멍을 표시하고 지시한다.
100	긴 축이나 테이퍼 축은 그림과 같이 중간 부분을 파단하여 짧게 표현하고, 원래 치수를 기입한다.

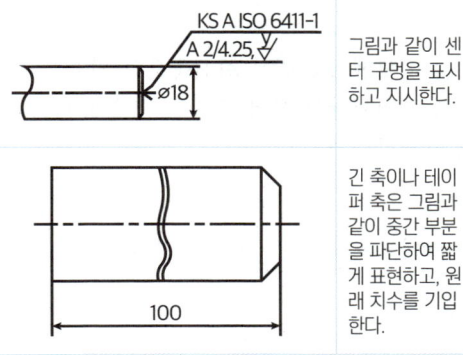

유니버셜조인트		-두 축이 같은 평면 내에 있으면서 중심선이 서로 30° 이내일 경우에 사용한다. -두 축이 이루는 각도는 운전 중 어느정도 변해도 상관없는 곳에 널리 쓰인다.
플렉시블커플링		두 축의 중심은 완전히 일치시키기 어렵기 때문에 편심이 있는 두 축이나, 고속회전으로 진동이 있는 두축을 연결하는 사용한다.

[3] 축 이음

축이음은 회전하면서 동력을 전달하는 원동축과 종동축을 연결하는 데 쓰이는 기계요소로서, 커플링과 클러치가 있다.

① 커플링

커플링(coupling)은 축이 회전하는 동안에는 두 축의 연결 상태를 분리시킬 수 없고, 축이 정지된 상태에서만 분리시킬 수 있는 축이음이다.

종류	모양	특징 및 용도
슬리브커플링		-원통속에서 두 축을 맞대고 키로 고정한 것. -축 지름과 동력이 아주 작을 때 사용하는 축이음
올덤커플링		-두 축이 평행하지만 축의 중심이 약간 떨어져 있을 때 사용한다. -고속 회전의 이음으로는 적당하지 않다.
플랜지커플링		-플랜지 끝을 맞대고 볼트로 고정한 축이음이다. -축지름이 매우 클때는 축과 플랜지를 주조하거나 단조한 커플링을 사용한다.

② 클러치

클러치(clutch)는 축이 회전하는 상태에서 원동축과 종동축의 연결을 수시로 끊거나 연결하기를 반복할 때 사용하는 축이음이다.

종류	모양	특징
맞물림클러치		서로 맞물리는 턱(jaw)을 가진 플랜지를 축의 끝에 끼우고, 종동축을 원동축 방향으로 이동시켜 턱이 맞물리거나 떨어질 수 있게 만든 클러치
마찰클러치		플라이휠(flywheel)과 클러치 판(cluch disc)의 마찰력에 의해 동력을 전달하거나 차단하는 클러치

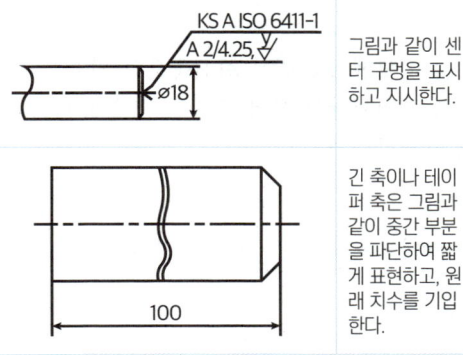

01

동력을 전달하거나 작용 하중을 지지하는 기능을 하는 기계요소는?

① 스프링   ② 축
③ 키   ④ 리벳

02

축의 설계시 고려해야할 사항으로 거리가 먼 것은?

① 강도   ② 제동장치
③ 부식   ④ 변형

03

축을 설계할 때 고려하지 않아도 되는 것은?

① 축의 강도   ② 피로 충격
③ 응력 집중의 영향   ④ 축의 표면조도

04

축이음 설계시 고려사항으로 틀린 것은?

① 충분한 강도가 있을 것
② 진동에 강할 것
③ 비틀림각의 제한을 받지 않을 것
④ 부식에 강할 것

05

왕복운동 기관에서 직선운동과 회전운동을 상호 전달할 수 있는 축은?

① 직선 축   ② 크랭크 축
③ 중공 축   ④ 플렉시블 축

06

비틀림 모멘트를 받는 회전축으로 치수가 정밀하고 변형량이 적어 주로 공작기계의 주축에 사용하는 축은?

① 차축   ② 스핀들
③ 플랙시블축   ④ 크랭크축

07

다음 중 축의 도시방법에 대한 설명으로 틀린 것은?

① 축은 길이 방향으로 절단하여 단면 도시하지 않는다.
② 긴 축은 중간 부분을 생략해서 그릴 수 있다.
③ 축에 널링을 도시할 때 빗줄인 경우는 축선에 대하여 45°로 엇갈리게 그린다.
④ 축은 일반적으로 중심선을 수평 방향으로 놓고 그린다.

08

축을 제도하는 방법에 관한 설명으로 틀린 것은?

① 긴 축은 단축하여 그릴 수 있으나 길이는 실제 길이를 기입한다.
② 축은 일반적으로 길이 방향으로 절단하여 단면을 표시한다.
③ 구석 라운드 가공부는 필요에 따라 확대하여 기입할 수 있다.
④ 필요에 따라 부분 단면은 가능하다

09

축의 도시방법에 대한 설명 중 잘못된 것은?

① 모떼기는 길이 치수와 각도로 나타낼 수 있다.

② 축은 주로 길이방향으로 단면도시를 한다.

③ 긴 축은 중간을 파단하여 짧게 그릴 수 있다.

④ 45° 모떼기의 경우 C로 그 의미를 나타낼 수 있다.

10

축의 도시 방법에 대한 설명으로 틀린 것은?

① 가공 방향을 고려하여 도시하는 것이 좋다.

② 축은 길이 방향으로 절단하여 온 단면도를 표현하지 않는다.

③ 빗줄 널링의 경우에는 축선에 대하여 30°로 엇갈리게 그린다.

④ 긴 축은 중간을 파단하여 짧게 표현하고, 치수 기입은 도면상에 그려진 길이로 나타낸다.

11

다음 중 센터 구멍이 필요하지 않은 경우를 나타낸 기호는?

① 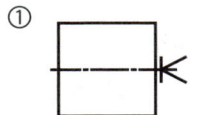 ②

③ 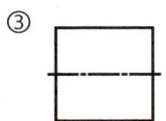 ④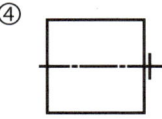

해

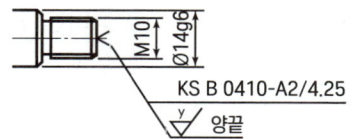

센터 구멍	반드시 남겨둔다	남아 있어도 좋다	남아 있어서는 안 된다
도시 기호	<	없음	K
도시 방법	규격 번호, 호칭 방법	규격 번호, 호칭 방법	규격 번호, 호칭 방법

M10
Ø14g6
KS B 0410-A2/4.25
y 양끝

센터 구멍의 제도

12

다음 중 센터구멍의 간략도시 기호로서 옳지 않은 것은?

① 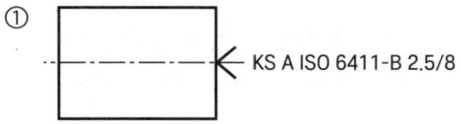 KS A ISO 6411-B 2.5/8

② 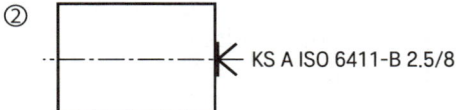 KS A ISO 6411-B 2.5/8

③ 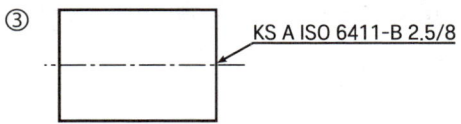 KS A ISO 6411-B 2.5/8

④ 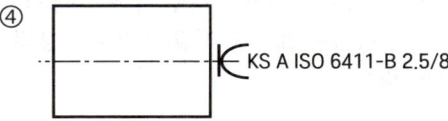 KS A ISO 6411-B 2.5/8

13

축에서 도형 내의 특정 부분이 평면 또는 구멍의 일부가 평면임을 나타낼 때의 도시 방법은?

① "평면"이라고 표시한다.
② 가는 파선을 사각형으로 나타낸다.
③ 굵은 실선을 대각선으로 나타낸다.
④ 가는 실선을 대각선으로 나타낸다.

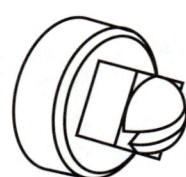 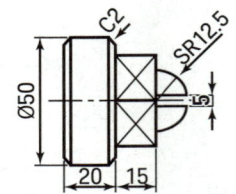

14

운전 중 결합을 끊을 수 없는 영구적인 축이음을 아래 단어중에서 모두 고른 것은?

> 커플링, 유니버설 조인트, 클러치

① 커플링, 유니버설 조인트
② 커플링, 클러치
③ 유니버설 조인트, 클러치
④ 커플링, 유니버설 조인트 클러치

15

두 축이 평행하고 거리가 아주 가까울 때 각속도의 변동없이 토크를 전달할 경우 사용되는 커플링은?

① 고정 커플링(fixed coupling)
② 플랙시블 커플링(flexible coupling)
③ 올덤 커플링(Oldham's coupling)
④ 유니버설 커플링(universal coupling)

16

축이 회전하는 중에 임의로 회전력을 차단할 수 있는 것은?

① 커플링   ② 스플라인
③ 크랭크   ④클러치

17

운전 중 또는 정지 중에 운동을 전달하거나 차단하기에 적절한 축이음은?

① 외접기어   ② 클러치
③ 올덤 커플링   ④ 유니버설 조인트

18

다음 중 운전 중에 두 축을 결합하거나 떼어 놓을 수 있는 것은?

① 플렉시블 커플링   ② 플랜지 커플링
③ 유니버설 조인트   ④ 맞물림 클러치

19

축이음을 차단시킬 수 있는 장치인 클러치의 종류가 아닌 것은?

① 맞물림 클러치   ② 마찰 클러치
③ 유체 클러치   ④유니버설 클러치

2. 베어링

베어링 (bearing)은 회전하는 축을 지지하면서 마찰을 최소화시켜 소음과 발열을 줄이고, 원활한 상대 운동을 유지하기 위한 축용 기계요소이다.

(1) 베어링의 종류

종류		모양	특징
작용하는 하중의 방향	레이디얼베어링	하중	축의 직각 방향으로 작용하는 하중을 지지
	스러스트베어링	하중	축에 평행한 방향으로 작용하는 하중을 지지
축을 지지하는 방식	미끄럼베어링		축과 받침 사이에 원통형 또는 반원형의 금속 부시를 끼워 미끄럼 운동을 하는 베어링
	구름베어링		볼 또는 롤러 등 회전체의 구름 운동으로 마찰을 줄이고 회전을 원활하게 하는 베어링

(2) 베어링의 호칭 기입

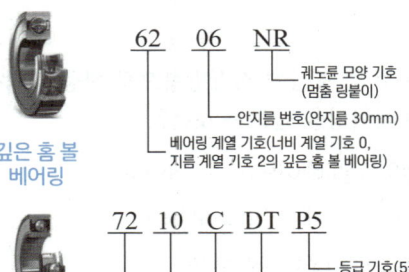

깊은 홈 볼 베어링

62　06　NR
└ 궤도륜 모양 기호 (멈춤 링붙이)
└ 안지름 번호(안지름 30mm)
└ 베어링 계열 기호(너비 계열 기호 0, 지름 계열 기호 2의 깊은 홈 볼 베어링)

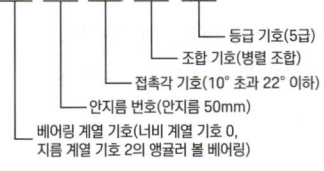

깊은 홈 볼 베어링

72　10　C　DT　P5
└ 등급 기호(5급)
└ 조합 기호(병렬 조합)
└ 접촉각 기호(10° 초과 22° 이하)
└ 안지름 번호(안지름 50mm)
└ 베어링 계열 기호(너비 계열 기호 0, 지름 계열 기호 2의 앵귤러 볼 베어링)

케어링 호칭 기입의 예

(3) 베어링의 안지름 번호

번호	1	2	3	4	5	6	7	8	9	00	01	02	03
안지름	1	2	3	4	5	6	7	8	9	10	12	15	17

번호	04 /22	05 /28	06 /32	07	08	09	10	11	12	13
안지름	20 22	25 28	30 32	35	40	45	50	55	60	65

> ☑ **주의**
> - 번호 앞에 /가 붙으면 안지름 수치가 일치한다.
> - 번호가 04 이상이면 번호에 5를 곱한 것이 베어링의 안지름 치수이다.

01

다음 중 축 중심에 직각방향으로 하중이 작용하는 베어링을 말하는 것은?

① 레이디얼 베어링(radial bearing)
② 스러스트 베어링(thrust bearing)
③ 원뿔 베어링(cone bearing)
④ 피벗 베어링(pivot bearing)

02

축에 작용하는 하중의 방향이 축 직각 방향과 축 방향에 동시에 작용하는 곳에 가장 적합한 베어링은?

① 니들 롤러 베어링
② 레이디얼 볼 베어링
③ 스러스트 볼 베어링
④ 테이퍼 롤러 베어링

03

다음 중 구름 베어링의 특성이 아닌 것은?

① 감쇠력이 작아 충격 흡수력이 작다.
② 축심의 변동이 작다.
③ 표준형 양산품으로 호환성이 높다.
④ 일반적으로 소음이 작다.

04

롤링 베어링의 내륜이 고정되는 곳은?

① 저널   ② 하우징
③ 궤도면   ④ 리테이너

05

구름베어링 중에서 볼베어링의 구성요소와 관련이 없는 것은?

① 외륜   ② 내륜
③ 니들   ④ 리테이너

06

다음 중 복렬 앵귤러 콘택트 고정형 볼 베어링의 도시 기호는?

① 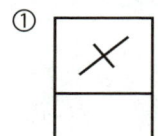   ②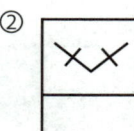

③ 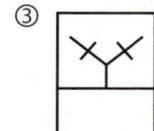   ④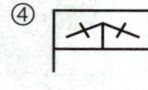

해

| 구름 베어링 | 깊은 홈 볼 베어링 | 앵귤러 볼 베어링 | 자동 조심 볼 베어링 |

| 원통 롤러 베어링 | 니들 롤러 베어링 | 자동 조심 롤러 베어링 | 단식 스러스트 볼 베어링 |

회정륜 고정륜

07

다음 중 베어링의 안지름이 17mm인 베어링은?

① 6303   ② 32307K
③ 6317   ④ 607U

08

롤러 베어링의 안지름 번호가 03일 때 안지름은 몇 mm인가?

① 15　　　　　　　② 17
③ 3　　　　　　　　④ 12

09

구름 베어링의 호칭번호가 "6203 ZZ"이면 이 베어링의 안지름은 몇 ㎜ 인가?

① 15　　　　　　　② 17
③ 60　　　　　　　④ 62

10

구름 베어링의 호칭기호가 다음과 같이 나타날 때 이 베어링의 안지름은 몇 mm 인가?

(6026 P6)

① 26　　　　　　　② 60
③ 130　　　　　　　④ 300

11

베어링의 호칭번호가 6308 일 때 베어링의 안지름은 몇 mm인가?

① 35　　　　　　　② 40
③ 45　　　　　　　④ 50

12

"6208 ZZ"로 표시된 베어링에 결합되는 축의 지름은?

① 10 mm　　　　　② 20 mm
③ 30 mm　　　　　④ 40 mm

13

깊은 홈 베어링의 호칭번호가 6208 일 때 안지름은 얼마인가?

① 10 mm　　　　　② 20 mm
③ 30 mm　　　　　④ 40 mm

14

베어링의 안지름 번호를 부여하는 방법 중 틀린 것은?

① 안지름 치수가 1, 2, 3, 4mm 인 경우 안지름 번호는 1, 2, 3, 4 이다.
② 안지름 치수가 10, 12, 15, 17mm 인 경우 안지름 번호는 01, 02, 03, 04 이다.
③ 안지름 치수가 20mm 이상 480mm 이하인 경우 5로 나눈값을 안지름 번호로 사용한다.
④ 안지름 치수가 500mm 이상인 경우 "/안지름 치수"를 안지름 번호로 사용한다.

15

구름 베어링 호칭 번호 "6203 ZZ P6"의 설명 중 틀린 것은?

① 62 : 베어링 계열 번호
② 03 : 안지름 번호
③ ZZ : 실드 기호
④ P6 : 내부 틈새 기호

16

베어링 호칭번호가 "7210CDTP5" 다음과 같을 때 이에 대한 설명으로 틀린 것은?

① 베어링 계열 기호는 "72" 이다.
② 안지름 번호는 "10"으로 호칭 베어링의 안지름이 50 mm 이다.
③ 접촉각 기호는 "C" 이다.
④ 정밀도 등급은 "DT" 이다.

17

구름 베어링 호칭 번호의 순서가 올바르게 나열된 것은?

① 형식기호 - 치수계열기호 - 안지름번호 - 접촉각기호
② 치수계열기호 - 형식기호 - 안지름번호 - 접촉각기호
③ 형식기호 - 안지름번호 - 치수계열기호 - 틈새기호
④ 치수계열기호 - 안지름번호 - 형식기호 - 접촉각기호

18

볼 베어링 6203 ZZ에서 ZZ는 무엇을 나타내는가?

① 실드 기호   ② 내부 틈새 기호
③ 등급 기호   ④ 안지름 기호

19

베어링 호칭 번호 NA 4916 V의 설명 중 틀린 것은?

① NA 49는 니들 롤러 베어링, 치수 계열 49
② V는 리테이너 기호로서 리테이너가 없음
③ 베어링 안지름은 80mm
④ A는 실드 기호

해

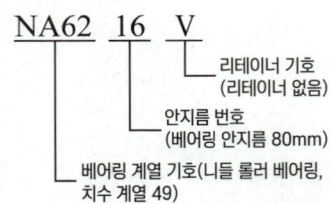

3. 기어

기어는 한 쌍이 서로 맞물려 회전하는 것으로 원판 모양의 접촉면에 이를 만들어 미끄러지지 않게 동력을 전달하는 기계요소이다. 기어는 두 축 사이의 거리가 가까울 때 사용하며, 동력 손실이 적어 큰 동력을 일정한 속도비로 정확하게 전달할 수 있기 때문에 널리 사용한다.

(1) 기어의 종류

축의 상태	명칭	특징
두 축이 평행한 기어	스퍼 기어	-이 끝이 직선인 보통 기어 -제작이 용이하여 동력 전달용으로 널리 사용
	헬리컬 기어	-이 끝이 헬리컬 곡선인 원통 기어 -스퍼 기어보다 맞물림이 우수하고 정숙함
	더블 헬리컬 기어	-2개의 헬리컬 기어를 대칭으로 조합한 형태 -축 방향의 추진력이 작아 균일한 회전
	래크와 피니언	-래크:반지름이 무한히 큰 직선 기어 -회전 운동을 직선 운동으로 변환
두 축이 서로 교차되는 기어	베벨 기어	-교차되는 두 축 간에 운동을 전달하는 원추형 기어 -일반적으로 직각 방향의 동력 전달
	스파이럴 베벨 기어	-이 끝이 곡선인 베벨 기어 -물림이 좋고 정숙하여 큰 하중과 고속 전달용에 사용

축이 평행 하지도 교차 하지도 않는 경우	**웜 기어** -웜과 웜 기어로 이루어진 한 쌍의 기어 -두 축이 직각이며 큰 감속비를 얻을 수 있음
	하이포이드 기어 -두 축이 어긋나 있는 원추형 기어 -소음이 적고 효율이 좋아 자동차 차동 기어 장치의 감속 기어로 사용

(2) 이의 크기

① 모듈 : 미터식 기어의 크기를 나타내는 것이다. 모듈은 피치원지름(D)을 기어의 잇수(Z)로 나눈 값이다.

$$m = \frac{D}{Z}$$

m : 모듈, D : 피치원 지름(mm), Z : 잇수

암기법 $D=MZ$(비무장지대)

② 원주피치 : 피치원의 원주(D)를 기어의 잇수(Z)로 나눈 값

$$p = \frac{\pi D}{Z}, \ p = \pi m$$

p : 원주 피치, D : 피치원 지름(mm), Z : 잇수

(3) 기어 각부 명칭

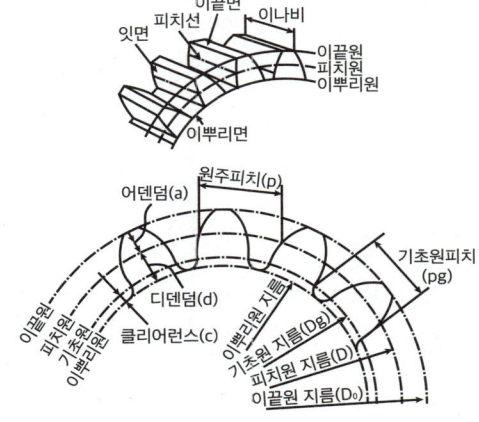

① 피치원 : 피치면과 축에 수직인 평면에 의해 이루어진 원
② 기초원 : 인벌류트 기어 이의 모양 곡선을 만드는 원
③ 이끝원 : 기어에서 모든 이끝을 연결하여 이루어진 원
④ 이뿌리원 : 기어에서 모든 이뿌리를 연결한 원

(4) 기어의 제도법

① 이봉우리원(이끝원)은 굵은 실선으로 그린다.
② 피치원은 가는 1점 쇄선으로 그린다.
③ 이골원(이뿌리원)은 가는 실선으로 그린다. 단, 주 투상도를 단면으로 도시한 경우에는 굵은 실선으로 그린다.
④ 기어 치형, 기준 랙, 다듬질 방법 등을 요목표를 만들어 나타낸다.

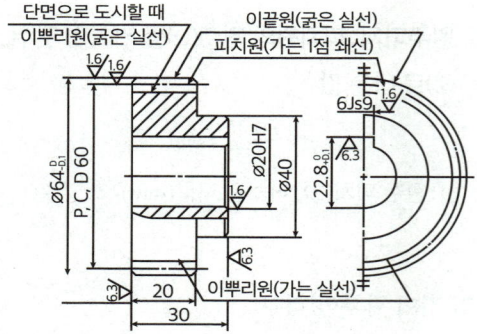

01

기어 전동의 특징에 대한 설명으로 가장 거리가 먼 것은?

① 큰 동력을 전달한다.
② 큰 감속을 할 수 있다.
③ 넓은 설치장소가 필요하다.
④ 소음과 진동이 발생한다.

02

교차하는 두 축의 운동을 전달하기 위하여 원추형으로 만든 기어는?

① 스퍼 기어
② 헬리컬 기어
③ 웜 기어
④ 베벨 기어

03

기어의 종류 중 피치원 지름이 무한대인 기어는?

① 스퍼기어
② 래크
③ 피니언
④ 베벨기어

04

웜 기어의 특징으로 가장 거리가 먼 것은?

① 큰 감속비를 얻을 수 있다.
② 중심거리에 오차가 있을 때는 마멸이 심하다.
③ 소음이 작고 역회전 방지를 할 수 있다.
④ 웜 휠의 정밀측정이 쉽다.

05

기어에서 이(tooth)의 간섭을 막는 방법으로 틀린 것은?

① 이의 높이를 높인다.
② 압력각을 증가시킨다.
③ 치형의 이끝면을 깎아낸다.
④ 피니언의 반경 방향의 이뿌리면을 파낸다.

06

간헐운동(intermittent motion)을 제공하기 위해서 사용되는 기어는?

① 베벨 기어
② 헬리컬 기어
③ 웜 기어
④ 제네바 기어

07

모듈이 2, 잇수가 30인 표준 스퍼기어의 이끝원의 지름은 몇 mm인가?

① 56
② 60
③ 64
④ 68

해 $D = m \times Z$
$D = 2 \times 30 = 60mm$

08

기어의 잇수는 31개, 피치원 지름은 62mm 인 표준 스퍼기어의 모듈은 얼마인가?

① 1
② 2
③ 4
④ 8

해 $D = m \times Z, m = \dfrac{D}{Z}$
$m = \dfrac{62}{31} = 2$

09

표준 스퍼 기어에서 모듈이 4이고, 피치원지름이 160mm일 때, 기어의 잇수는?

① 20
② 30
③ 40
④ 50

해 $D = m \times Z, m = \dfrac{D}{m}$
$Z = \dfrac{160}{4} = 40$

10

기어의 잇수가 40개고, 피치원의 지름이 320㎜일 때 모듈의 값은?

① 4
② 6
③ 8
④ 12

해 $D = m \times Z, m = \dfrac{D}{Z}$
$m = \dfrac{320}{40} = 8$

11

스퍼 기어에서 Z는 잇수(개)이고, P가 지름피치(인치) 일 때 피치원 지름(D mm)를 구하는 공식은?

① $D = \dfrac{PZ}{25.4}$
② $D = \dfrac{25.4}{PZ}$
③ $D = \dfrac{P}{25.4Z}$
④ $D = \dfrac{25.4Z}{P}$

12

스퍼기어의 요목표에서 잇수는?

스퍼기어 요목표		
기어 치형		표준
공구	치형	보통이
	모듈	2
	압력각	20°
전체 이 높이		4.5
피치원 지름		40
잇수		(?)
다듬질 방법		호브 절삭
정밀도		KS B ISO 1328-1, 4급

① 5 ② 10
③ 15 ④ 20

해 $D = m \times Z,\ m = \dfrac{D}{m}$

$Z = \dfrac{40}{2} = 20$

13

모듈 5, 잇수가 40인 표준 평기어의 이끝원 지름은 몇 mm인가?

① 200mm ② 210mm
③ 220mm ④ 240mm

해 $D_0 = m \times (Z + 2)$
$D = 5 \times (40 + 2) = 210mm$

14

아래는 표준 스퍼기어 요목표이다. (1), (2)에 들어 갈 숫자로 옳은 것은?

스퍼기어 요목표		
기어 치형		표준
공구	치형	보통이
	모듈	2
	압력각	20°
잇수		32
피치원 지름		(1)
전체 이 높이		(2)
다듬질 방법		호브 절삭
정밀도		KS B ISO 1405, 5급

① (1) : ø64 , (2) : 4.5 ② (1) : ø40 , (2) : 4
③ (1) : ø40 , (2) : 4.5 ④ (1) : ø64 , (2) : 4

해 $D = m \times Z,\ D = 2 \times 32 = 64mm$
$H = m + 1.25 \times m = 2.25 \times m = 2.25 \times 2 = 4.5$

15

모듈이 m인 표준 스퍼기어(미터식)에서 총 이 높이는?

① 1.25m ② 1.5708m
③ 2.25m ④ 3.2504m

해 $H = m + 1.25 \times m = 2.25 \times m$

16

일반적으로 스퍼 기어의 요목표에 기입하는 사항이 아닌 것은?

① 치형 ② 잇수
③ 피치원 지름 ④ 비틀림 각

17

모듈 m인 한 상의 외접 스퍼기어가 맞물려 있을 때에 각각의 잇수를 Z1, Z2라면 두 기어의 중심거리를 구하는 계산식은?

① $\dfrac{(Z_1+Z_2) \times m}{2}$

② $m \times (Z_1+Z_2)$

③ $\dfrac{m}{2 \times (Z_1+Z_2)}$

④ $2 \times m \times (Z_1+Z_2)$

18

모듈 2인 한 쌍의 스퍼기어가 맞물려 있을 때에 감각의 잇수를 20개와 30개라고 하면, 두 기어의 중심 거리는?

① 20

② 30

③ 50

④ 100

해 외접중심거리 $C = \dfrac{D_1+D_2}{2} = \dfrac{m(Z_1+Z_2)}{2}$

$C = \dfrac{2 \times (20+30)}{2} = \dfrac{2 \times 50}{2} = 50mm$

19

스퍼기어 표준 치형에서 맞물림 기어의 피니언 잇수가 16, 기어 잇수가 44 일 때 축 중심 간의 거리로 옳은 것은?(단, 모듈이 5 이다)?

① 120 mm

② 150 mm

③ 200 mm

④ 300 mm

해 외접중심거리 $C = \dfrac{D_1+D_2}{2} = \dfrac{m(Z_1+Z_2)}{2}$

$C = \dfrac{5 \times (16+44)}{2} = \dfrac{5 \times 60}{2} = 150mm$

20

모듈이 2 이고 잇수가 각각 36, 74 개인 두 기어가 맞물려 있을 때 축간 거리는 약 몇 mm 인가?

① 100mm

② 110mm

③ 120mm

④ 130mm

해 외접중심거리 $C = \dfrac{D_1+D_2}{2} = \dfrac{m(Z_1+Z_2)}{2}$

$C = \dfrac{2 \times (36+74)}{2} = \dfrac{2 \times 110}{2} = 110mm$

21

스퍼기어의 도시법에 관한 설명으로 옳은 것은?

① 피치원은 가는 실선으로 그린다.

② 잇봉우리원은 가는 실선으로 그린다.

③ 축에 직각인 방향에서 본 그림은 단면으로 도시할 때 이골의 선은 가는 실선으로 표시한다.

④ 축방향에서 본 이골원은 가는 실선으로 표시한다.

22

기어의 도시 방법으로 옳은 것은?(단, 단면도가 아닌 일반 투상도로 나타낼 때로 가정한다)

① 잇봉우리원은 가는 실선으로 그린다.

② 피치원을 가는 1점 쇄선으로 그린다.

③ 이골원은 가는 2점 쇄선으로 그린다.

④ 잇줄 방향은 보통 2개의 굵은 실선으로 그린다.

23

기어의 제도방법 중 틀린 것은?

① 축 방향에서 본 이끝원은 굵은 실선으로
표시한다.

② 축 방향에서 본 피치원은 가는 1점 쇄선으로
표시한다.

③ 서로 물려 있는 한 쌍의 기어에서
맞물림부의 이끝원은 가는 실선으로
표시한다.

④ 베벨 기어 및 웜 휠의 축 방향에서 본
그림에서 이뿌리원은 생략하는 것이
보통이다.

24

기어제도 시 잇봉우리원에 사용하는 선의
종류는?

① 가는 실선　　　② 굵은 실선

③ 가는 1점 쇄선　　④ 가는 2점 쇄선

25

스퍼기어 제도 시 축 방향에서 본 그림에서
이골원은 어느선으로 나타내는가?

① 가는 실선　　　② 가는 파선

③ 가는 1점 쇄선　　④ 가는 2점 쇄선

26

스퍼기어 도시법에서 잇봉우리원을 나타내는
선의 종류는?

① 가는 실선　　　② 굵은실선

③ 가는 1점 쇄선　　④ 가는 2점 쇄선

27

웜의 제도 시 피치원 도시방법으로 옳은 것은?

① 가는 1점 쇄선으로 도시한다.

② 가는 파선으로 도시한다.

③ 굵은 실선으로 도시한다.

④ 굵은 1점 쇄선으로 도시한다.

28

헬리컬 기어, 나사 기어, 하이포이드 기어의
잇줄 방향의 표시 방법은?

① 2개의 가는 실선으로 표시

② 2개의 가는 2점 쇄선으로 표시

③ 3개의 가는 실선으로 표시

④ 3개의 굵은 2점 쇄선으로 표시

4. 벨트풀리와 스프로킷 휠

벨트 풀리 전동 장치는 가죽이나 고무, 직물 등으로 만든 벨트로, 2개의 풀리에 적당한 장력을 걸어서 동력을 전달시키는 기계요소이다.

(1) 벨트풀리의 종류

규격표시	M A B C D E
V벨트 크기	작아짐← →커짐

(2) 벨트풀리의 제도법

① V 벨트 풀리는 축 직각 방향의 투상을 정면도로 한다.

② 모양이 대칭형인 벨트 플리는 그 일부분만을 투상한다.

③ 방사형의 암(arm)은 수직 중심선이나 수평 중심선까지 회전하여 투상한다.

④ 암은 길이 방향으로 절단하여 투상하지 않는다.

⑤ 암의 단면은 도형의 안이나 밖에 회전 단면으로 도시하며, 도형의 안에 도시할 때에는 가는 실선으로, 도형의 밖에 표현할 때에는 굵은 실선으로 그린다.

(3) 체인과 스프로킷 휠

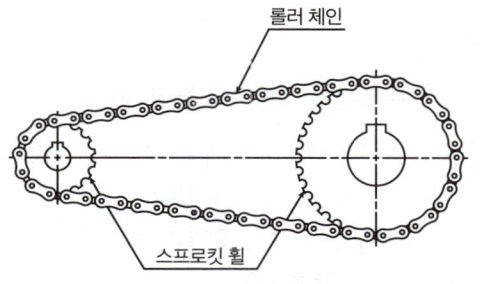

롤러 체인 및 스프로킷 휠

> **☑ 체인 전동 장치**
>
> 체인을 스프로킷 휠에 걸어서 체인과 휠의 이가 서로 물리게 하는 동력 전달 장치

(4) 스프로킷 휠의 제도법

① 스프로킷 부품도에는 그림 및 요목표를 병기한다.

② 바깥지름은 굵은 실선, 피치원은 가는 1점 쇄선, 이뿌리원은 가는 실선, 또는 가는 파선으로 표시한다. 이뿌리원은 기입을 생략할 수 있다.

③ 축에 직각인 방향에서 본 그림을 단면으로 도시할 때는 이뿌리원은 굵은실선으로 그린다.

01

벨트전동에 관한 설명으로 틀린 것은?

① 벨트풀리에 벨트를 감는 방식은 크로스벨트 방식과 오픈벨트 방식이 있다.
② 오픈벨트 방식에서는 양 벨트 풀 리가 반대방향으로 회전한다.
③ 벨트가 원동차에 들어가는 측을 인(긴)장측이라 한다.
④ 벨트가 원동차로부터 풀려 나오는 측을 이완측이라 한다.

02

V 벨트의 형별 중 단면의 폭 치수가 가장 큰 것은?

① A형　　　　　② D형
③ E형　　　　　④ M형

03

평벨트의 이용방법 중 효율이 가장 높은 것은?

① 이음쇠 이름　　② 가죽 끈 이름
③ 관자 볼트 이음　④ 접착제 이음

04

다음 벨트 중에서 인장강도가 대단히 크고 수명이 가장 긴 벨트는?

① 가죽 벨트　　　② 강철 벨트
③ 고무 벨트　　　④ 섬유 벨트

05

다음 중 평 벨트 장치의 도시방법에 관한 설명으로 틀린 것은?

① 암은 길이 방향으로 절단하여 도시하는 것이 좋다.
② 벨트 풀리와 같이 대칭형인 것은 그 일부만을 도시할 수 있다.
③ 암과 같은 방사형의 것은 회전도시 단면도로 나타낼 수 있다.
④ 벨트 풀리는 축직각 방향의 투상을 주 투상도로 할 수 있다.

06

평 벨트 풀리의 도시방법으로 틀린 것은?

① 벨트 풀리는 축직각 방향의 투상을 주투상도로 할 수 있다.
② 암은 길이 방향으로 절단하여 단면을 도시하지 않는다.
③ 대칭형인 벨트 풀리는 생략하지 않고 되도록 전체를 그려야 한다.
④ 암의 테이퍼 부분 치수를 기입할 때 치수 보조선은 경사선에 그어서 치수를 나타낼 수 있다.

07

평벨트 풀리의 도시방법이 아닌 것은?

① 암의 단면형은 도형의 안이나 밖에 회전 도시 단면도로 도시한다.
② 풀리는 축직각 방향의 투상을 주투상도로 도시할 수 있다.
③ 풀리와 같이 대칭인 것은 그 일부만을 도시할 수 있다.
④ 암은 길이방향으로 절단하여 단면을 도시한다.

08

체인 전동의 일반적인 특징으로 거리가 먼 것은?

① 속도비가 일정하다.
② 유지 및 보수가 용이하다.
③ 내열, 내유, 내습성이 강하다.
④ 진동과 소음이 없다.

09

다음 중 전동용 기계요소에 해당하는 것은?

① 볼트와 너트   ② 리벳
③ 체인   ④ 핀

10

원주에 톱니형상의 이가 달려 있으며 폴 (pawl)과 결합하여 한쪽 방향으로 간헐적인 회전운동을 주고 역회전을 방지하기 위하여 사용되는 것은?

① 래칫 휠
② 플라이 휠
③ 원심 브레이크
④ 자동하중 브레이크

11

스프로킷 휠의 피치원을 표시하는 선의 종류는?

① 굵은 실선   ② 가는 실선
③ 가는 1점 쇄선   ④ 가는 2점 쇄선

12

스프로킷 휠의 도시방법에서 단면으로 도시할 때 이뿌리원은 어떤선으로 표시하는가?

① 가는 1점 쇄선   ② 가는 실선
③ 가는 2점 쇄선   ④ 굵은 실선

13

다음 중 스프로킷 휠의 도시방법으로 틀린 것은?(단, 축방향에서 본 경우를 기준으로 한다)

① 항목표에는 톱니의 특성을 나타내는 사항을 기입한다.
② 바깥지름은 굵은 실선으로 그린다.
③ 피치원은 가는 2점 쇄선으로 그린다.
④ 이뿌리원을 나타내는 선은 생략 가능하다.

14

스프로킷 휠의 도시방법에 대한 설명 중 옳은 것은?

① 스프로킷의 이끝원은 가는 실선으로 그린다.
② 스프로킷의 피치원은 가는 2점 쇄선으로 그린다.
③ 스프로킷의 이뿌리원은 가는 실선으로 그린다.
④ 축의 직각 방향에서 단면도를 도시할 때 이뿌리선은 가는 실선으로 그린다.

15

스프로킷 휠의 도시법에 대한 설명으로 틀린 것은?

① 바깥지름은 굵은 실선, 피치원은 가는 1점 쇄선으로 도시한다.
② 이뿌리원을 축에 직각인 방향에서 단면 도시할 경우에는 가는 실선으로 도시한다.
③ 이뿌리원은 가는 실선 또는 가는 파선으로 도시하나 기입을 생략해도 좋다.
④ 항목표에는 원칙적으로 톱니의 특성을 나타내는 사항을 기입한다.

5. 마찰차

2개의 바퀴를 직접 접촉시켜, 이것을 서로 밀어 붙일 때 생기는 마찰력으로 두 축 사이에 동력을 전달하는 장치이다.

(1) 마찰차의 응용 범위

① 전달해야 하는 힘이 크지 않을 때
② 속도비가 중요하지 않을 때
③ 회전속도가 커서 보통의 기어를 사용할 수 없을 때
④ 양 축 사이를 빈번하게 단속해야 할 때

(2) 마찰차의 중심거리 및 속도비

① 중심거리 $C = \dfrac{D_1 + D_2}{2}$ (외접할 때)

$$C = \dfrac{D_2 - D_1}{2}$$ (내접할 때)

② 속도비 $i = \dfrac{N_2}{N_1} = \dfrac{D_1}{D_2}$

- D_1 : 원동차의 지름
- D_2 : 종동차의 지름
- N_1 : 원동차의 회전수
- N_2 : 종동차의 회전수

01

사용 기능에 따라 분류한 기계요소에서 직접 전동 기계요소는?

① 마찰차　　　　　② 로프
③ 체인　　　　　　④ 벨트

02

직접전동 기계요소인 홈 마찰차에서 홈의 각도(2α)는?

① $2\alpha = 10 \sim 20°$　　　② $2\alpha = 20 \sim 30°$
③ $2\alpha = 30 \sim 40°$　　　④ $2\alpha = 40 \sim 50°$

03

유니버셜 조인트의 허용 축 각도는 몇 도(°) 이내 인가?

① $10°$　　　　　　② $20°$
③ $30°$　　　　　　④ $60°$

04

외접하고 있는 원통마찰차의 지름이 각각 240mm, 360mm일 때, 마찰차의 중심거리는 얼마인가?

① 60mm   ② 300mm

③ 400mm   ④ 600mm

해 외접중심거리 $C = \dfrac{D_1 + D_2}{2} = \dfrac{240 + 360}{2} = 300mm$

05

지름 D1=200mm, D2=300mm의 내접 마찰차에서 그 중심 거리는 몇 mm인가?

① 50   ② 100

③ 125   ④ 250

해 내접중심거리 $C = \dfrac{D_2 - D_1}{2} = \dfrac{300 - 200}{2} = 50mm$

03 제어용 기계요소
(스프링, 브레이크, 캠)

▶ https://url.kr/me5n3i

1. 스프링

스프링은 재료의 탄성을 이용하여 충격과 진동의 완화, 에너지의 축적, 힘의 측정, 운동과 압력의 억제 등에 활용되고 있다.

(1) 스프링의 종류

종류	모양	특징 및 용도
압축 코일 스프링		코일 중심선 방향으로 압축 하중을 받는 코일 스프링으로 충격 및 진동 완화용으로 사용
인장 코일 스프링		코일 중심선의 방향으로 인장 하중을 받는 코일 스프링으로 스프링 저울에 측정용으로 사용
비틀림 코일 스프링		코일 중심선의 주위에 비틀림 힘을 받는 코일 스프링으로 재봉틀의 실걸이 스프링, 자전거의 앞 브레이크 스프링 등에 사용
판 스프링		하중을 받칠 수 있는 가늘고 긴 판 모양의 스프링 판을 여러 개 겹친 것을 겹판 스프링이라 한다.
벌류트 스프링		코일 중심선에 평행하게 감아 원뿔 형태로 만든 스프링

(2) 스프링의 제도법

① 스프링은 무하중 상태에서 그린다.

② 하중과 높이(길이) 또는 처짐과의 관계를 표시할 필요가 있을 때에는 요목표에 나타낸다.

③ 요목표 단서가 없는 코일 스프링 및 벌류트 스프링은 모두 오른쪽으로 감은 것으로 나타낸다. 왼쪽으로 감은 경우에는 '감긴 방향 왼쪽'이라고 표시한다.

④ 그림에 기입하기 힘든 사항은 요목표에 일괄하여 기입한다.

⑤ 단면 모양의 치수 표시가 필요한 경우 및 외관도에서 나타내기 어려운 경우에는 단면도에서 나타낼 수도 있다.

⑥ 조립도, 설명도 등에서 코일 스프링을 도시하는 경우에는 그 단면만을 나타낼 수도 있다.

(3) 스프링 지수 및 상수

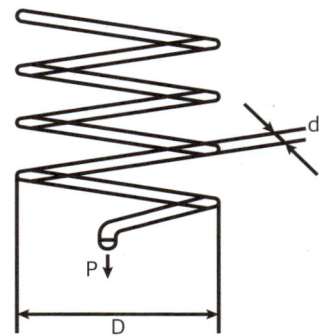

① 스프링 지수(C) : 코일의 평균 지름과 소선 지름과의 비

$$C = \frac{D}{d}$$

D = 코일의 평균지름, d = 소선의 지름

② 스프링 상수(k) : 스프링의 세기를 나타내며 상수가 크면 잘 늘어나지 않는다.

$$k = \frac{W}{\delta}$$

W = 하중(kg 혹은 N), δ = 처짐량(mm)

(4) 상당 스프링 상수

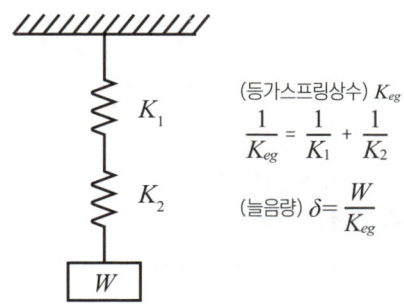

(등가스프링상수) K_{eg}

$$\frac{1}{K_{eg}} = \frac{1}{K_1} + \frac{1}{K_2}$$

(늘음량) $\delta = \dfrac{W}{K_{eg}}$

직렬연결

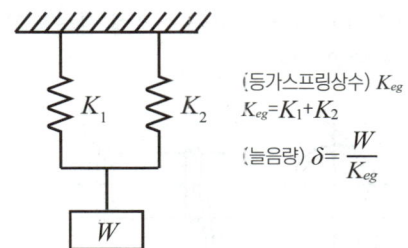

(등가스프링상수) K_{eg}
$$K_{eg} = K_1 + K_2$$

(늘음량) $\delta = \dfrac{W}{K_{eg}}$

병렬연결

01

스프링의 용도에 대한 설명 중 틀린 것은?

① 힘의 측정에 사용된다.
② 마찰력 증가에 이용한다.
③ 일정한 압력을 가할 때 사용된다.
④ 에너지 저축하여 동력원으로 작동시킨다.

02

다음 그림이 나타내는 코일 스프링 간략도의 종류로 알맞은 것은?

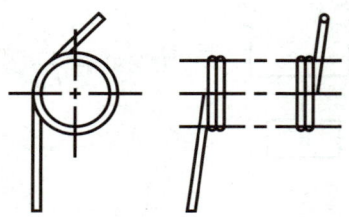

① 벌류트 코일 스프링
② 압축 코일 스프링
③ 비틀림 코일 스프링
④ 인장 코일 스프링

03

압축 하중을 받는 곳에 사용되며, 주로 자동차의 현가장치, 자전거의 안장 등 충격이나 진동 완화용으로 사용되는 스프링은?

① 압축 코일 스프링
② 판 스프링
③ 인장 코일 스프링
④ 비틀림 코일 스프링

04

볼트의 머리와 중간재 사이 또는 너트와 중간재 사이에 사용하여 충격을 흡수하는 작용을 하는 것은?

① 와셔 스프링　　② 토션바
③ 벌류트 스프링　　④ 코일 스프링

05

스프링의 길이가 100mm인 한 끝을 고정하고, 다른 끝에 무게 40N의 추를 달았더니 스프링의 전체 길이가 120mm로 늘어났을 때 스프링 상수는 몇 N/mm 인가?

① 8　　　　　　　② 4
③ 2　　　　　　　④ 1

해 $W = k \times \delta$(W=하중, k=스프링 상수, δ=변형량)
$$k = \frac{W}{\delta} = \frac{40N}{120mm - 100mm} = 2N/mm^2$$

06

원통형 코일의 스프링 지수가 9이고, 코일의 평균 지름이 180mm 이면 소선의 지름은 몇 mm 인가?

① 9　　　　　　　② 18
③ 20　　　　　　④ 27

해 $C = \frac{D}{d}$
(C : 스프링지수, d : 선 지름, D : 코일의 평균 지름)
$9 = \frac{180}{d}$　∴$d = 20mm$

07

압축 코일스프링에서 코일의 평균지름이 50mm, 감김수가 10회, 스프링 지수가 5일 때, 스프링 재료의 지름은 약 몇 mm인가?

① 5 ② 10
③ 15 ④ 20

해 $C = \dfrac{D}{d}$

(C : 스프링지수, d : 선 지름, D : 코일의 평균 지름)

$5 = \dfrac{50}{d}$ $\therefore d = 10mm$

08

스프링 제도에서 스프링 종류와 모양만을 도시하는 경우 스프링 재료의 중심선은 어느 선으로 나타내야 하는가?

① 굵은 실선 ② 가는 1점 쇄선
③ 굵은 파선 ④ 가는 실선

09

스프링의 종류 및 모양만으로 간략도로 도시하는 경우 표시 방법으로 옳은 것은?

① 재료의 중심선을 굵은 실선으로 그린다.
② 재료의 중심선을 가는 2점 쇄선으로 그린다.
③ 재료의 중심선을 가는 실선으로 그린다.
④ 재료의 중심선을 굵은 1점 쇄선으로 그린다.

10

스프링의 제도에 관한 설명으로 틀린 것은?

① 코일 스프링은 일반적으로 하중이 걸리지 않은 상태로 그린다.
② 코일 스프링에서 특별한 단서가 없으면 오른쪽으로 감은 스프링을 의미한다.
③ 코일 스프링에서 양끝을 제외한 동일 모양 부분의 일부를 생략할 때는 생략하는 부분의 선지름의 중심선을 가는 1점 쇄선으로 나타낸다.
④ 스프링의 종류와 모양만을 간략도로 나타내는 경우에는 스프링 재료의 중심선만을 가는실선으로 그린다.

11

스프링 도시의 일반 사항이 아닌 것은?

① 코일 스프링은 일반적으로 무 하중 상태에서 그린다.
② 그림 안에 기입하기 힘든 사항은 일괄하여 요목표에 기입한다.
③ 하중이 걸린 상태에서 그린 경우에는 치수를 기입할 때, 그 때의 하중을 기입한다.
④ 단서가 없는 코일 스프링이나 벌류트 스프링은 모두 왼쪽으로 감은 것을 나타낸다.

2. 브레이크

브레이크(break)는 마찰 저항이나 전자력 등에 의해 기계의 운동 에너지를 흡수하여 그 운동을 감소시키거나 정지시키는 장치이다.

① 블록 브레이크 : 회전하는 브레이크 드럼의 외면을 브레이크 블록으로 눌러서 마찰을 일으켜 에너지를 흡수하여 제동 작용을 하는 것이다. 블록의 수에 따라 단식 브레이크와 복식 브레이크로 나누어진다.

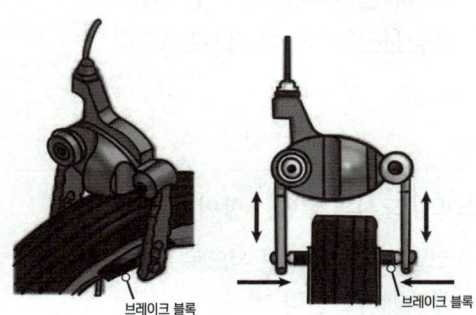

브레이크 블록   브레이크 블록

② 밴드 브레이크 : 브레이크 드럼의 외면에 강철밴드를 감아 놓고 레버로 당겨서 밴드와 브레이크 드럼 사이의 마찰로 제동 작용 하는 것

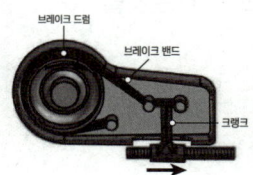
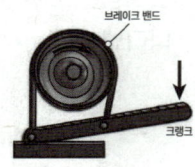

브레이크 드럼
브레이크 밴드   브레이크 밴드
크랭크   크랭크

01

기계의 운동에너지를 흡수하여 운동속도를 감속 또는 정지시키는 장치는?

① 기어   ② 커플링
③ 마찰차   ④ 브레이크

02

전자력을 이용하여 제동력을 주는 브레이크는?

① 블록 브에이크   ② 밴드 브레이크
③ 디스크 브레이크   ④ 전자 브레이크

03

제도장치를 작동부분의 구조에 따라 분류할 때 이에 해당되지 않는 것은?

① 유압 브레이크   ② 밴드 브레이크
③ 디스크 브레이크   ④ 블록 브레이크

04

브레이크 슈를 바깥쪽으로 확장하여 밀어 붙이는데 캠이나 유압장치를 사용하는 브레이크는?

① 드럼 브레이크   ② 원판 브레이크
③ 원추 브레이크   ④ 밴드 브레이크

05

다음 중 하물을 감아올릴 때는 제동 작용은 하지 않고 클러치 작용을 하며, 내릴 때는 하물 자중에 의해 브레이크 작용을 하는 것은?

① 블록 브레이크　　　② 밴드 브레이크
③ 자동하중 브레이크　④ 축압 브레이크

06

다음 중 자동하중 브레이크에 속하지 않는 것은?

① 원추 브레이크　　　② 웜 브레이크
③ 캠 브레이크　　　　④ 원심 브레이크

07

브레이크 드럼에서 브레이크 블록에 수직으로 밀어 붙이는 힘이 1000N 이고 마찰계수가 0.45 일 때 드럼의 접선방향 제동력은 몇 N 인가?

① 150　　　　　　　② 250
③ 350　　　　　　　④ 450

3. 캠

캠 기구는 다양한 모양의 원동절에 의하여 회전 운동을 직선 운동 또는 왕복운동으로 변환하는 장치이다. 캠 기구는 주로 자동차 엔진의 밸브 개폐 장치, 자동 공작 기계, 인쇄기 등 여러 기계 장치에 널리 사용된다.

(1) 캠 기구의 구성

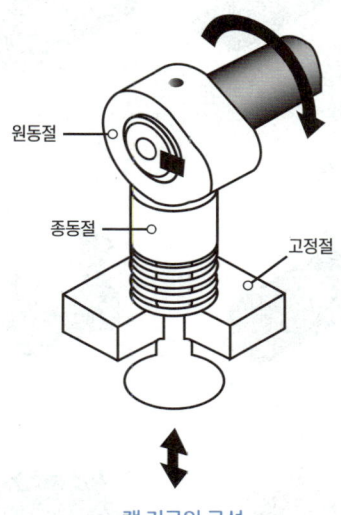

원동절
종동절
고정절

캠 기구의 구성

(2) 캠의 종류

종류		특징
평면 캠	판 캠	가장 많이 쓰이는 판 모양 캠이다.
	정면 캠	종동절은 왕복 운동을 한다.
	직선 운동 캠	종동절이 상하 왕복 운동을 하는 캠이다.
	삼각 캠	원동절을 움직여 캠으로 작동시키는 형태이다.
입체 캠	원통 캠	종동절은 직선 왕복 운동을 한다.
	원뿔 캠	원뿔형의 통을 사용한 형태이다.
	구형 캠	종동절은 좌우로 직선 또는 상하 운동을 한다.
	빗판 캠	종동절의 롤러 붙임티가 상하 운동을 한다.

① 평면 캠

판 캠

정면 캠

직선 운동 캠

삼각 캠

② 입체 캠

원통 캠

원뿔 캠

구형 캠

빗판 캠

01

다양한 형태를 가진 면, 또는 홈에 의하여 회전운동 또는 왕복운동을 발생시키는 기구는?

① 캠 ② 스프링
③ 베어링 ④ 링크

02

기계요소 중 캠에 대한 설명으로 맞는 것은?

① 평면 캠에는 판 캠, 원뿔 캠, 빗판 캠이 있다.
② 입체 캠에는 원통 캠, 정면 캠, 직선운동 캠이 있다.
③ 캠 기구는 원동절(캠), 종동절, 고정절로 구성되어 있다.
④ 캠을 작도할 때는 캠 윤곽, 기초원, 캠 선도 순으로 완성한다.

03

기계요소 중 캠에 대한 설명으로 맞는 것은?

• 원동절의 회전 운동을 종동절의 직선운동으로 바꾼다.
• 내연기관의 흡배기 밸브를 개폐하는데 많이 사용한다.

① 판 캠 ② 원통 캠
③ 구면 캠 ④ 경사판 캠

04

다음 중 캠을 평면 캠과 입체 캠으로 구분할 때 입체 캠의 종류로 틀린 것은?

① 원통 캠   ② 삼각 캠

③ 원뿔 캠   ④ 빗판 캠

05

다음 중 평면 캠의 종류가 아닌 것은?

① 판 캠   ② 정면 캠

③ 구형 캠   ④ 직선운동 캠

1. 배관

관은 속이 비어 있는 긴 모양의 기계요소를 의미한다. 관은 파이프(pipe) 또는 튜브(tube)라고도 한다. 단면의 형상은 보통 원형이지만, 각형 등의 다른 모양도 있다.

(1) 배관제도 법

① 관의 표시는 원칙적으로 1줄의 굵은 실선으로 한다.
② 관의 상태, 목적을 표시하기 위해 선의 종류를 바꾸어 도시하여도 되며, 각각의 선의 종류의 뜻을 도면상의 보기 쉬운 위치에 표시한다.
③ 관을 파단하여 표시하는 경우는 파단선으로 표시한다.
④ 관내를 흐르는 유체는 글자나 기호를 나타내고, 관내 흐름의 방향은 관을 표시하는 선에 붙인 화살표의 방향으료 표시한다.
⑤ 관을 선위 위쪽에 선을 따라서 도면의 밑면 또는 우변으로부터 읽을 수 있도록 기입한다.

(2) 관 연결 방법 도시 기호

이음 종류	연결 방법	도시 기호
관이음	나사형	
	용접형	
	플랜지형	
	턱걸이형	
	납땜형	
	유니언형	
신축이음	루프형	
	슬리브형	
	벨로스형	
	스위블형	

(3) 밸브 및 콕 몸체의 표시 방법

종류	기호
글로브 밸브	
체크 밸브(게이트 밸브)	
콕 일반	
슬루스 밸브	
안전 밸브(스프링식)	
밸브 일반	
앵글 밸브	
안전 밸브(추식)	
전자 밸브	

01

관의 결합방식 표현에서 유니언식을 나타내는 것은?

① ② ③ ④

02

관이음 기호 중 유니언 나사이음 기호는?

① ② ③ ④

03

다음 중 파이프의 끝 부분을 표시하는 그림기호가 아닌 것은?

① ② ③ ④

04

다음은 어떤 밸브에 대한 도시 기호인가?

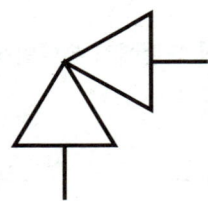

① 글로브 밸브   ② 앵글 밸브

③ 체크 밸브   ④ 게이트 밸브

05

유체를 한 방향으로 흐르게 하기위해 역류를 방지하는데 사용되는 체크 밸브의 도시 기호는?

① 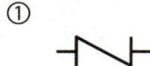   ②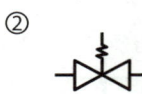

③    ④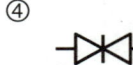

06

다음과 같은 배관설비도면에서 체크 밸브를 나타내는 기호는?

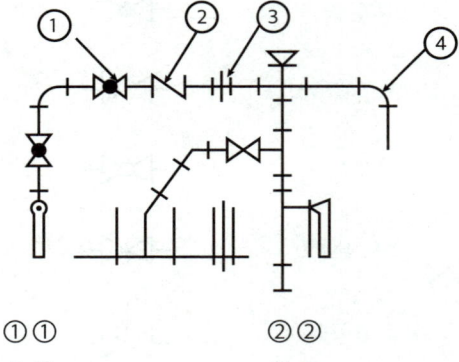

① ①   ② ②

③ ③   ④ ④

07

배관 작업에서 관과 관을 이을 때 이음 방식이 아닌 것은?

① 나사 이음   ② 플랜지 이음

③ 용접 이음   ④ 클러치 이음

08

보일러 또는 압력 용기에서 실제 사용 압력이 설계된 규정 압력보다 높아졌을 때, 밸브가 열려 사용 압력을 조정하는 장치는?

① 콕   ② 체크 밸브

③ 스톱 밸브   ④ 안전 밸브

09

배관을 도시할 때 관의 접속 상태에서 '접속하고 있을 때-분기 상태'를 도시하는 방법으로 옳은 것은?

①

②

③

④

해

접속 상태	실제 모양	도시 기호
관과 관이 접속하고 있을 때	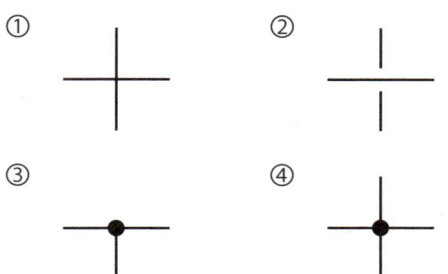	
관과 관이 분기하고 있을 때		
관과 관이 접속하지 않고 교차하고 있을 때		
관 A가 도면에 직각으로 앞으로 구부러져 있을 때	본다 A	A
관 A가 뒤쪽으로 구부러져 있을 때	A	A
관 A가 앞쪽에서 뒤쪽으로 90° 구부러져 B관에 접속할 때	본다 A	A B

10

배관제도에서 관의 끝부분이 용접식 캡의 경우를 나타내는 그림 기호는?

①

②

③

④

11

배관기호에서 온도계의 표시방법으로 바른 것은?

① P

② T

③ F

④ W

2. 용접

용접 이음이란 접합하고자 하는 2개 이상의 철강, 비철 금속을 용융 또는 반 용융 상태로 하여 직접 접합시키거나 또는 접합하고자 하는 소재 사이에 용융된 용가재를 이용하여 간접적으로 접합시키는 것을 말한다.

(1) 용접 이름의 종류

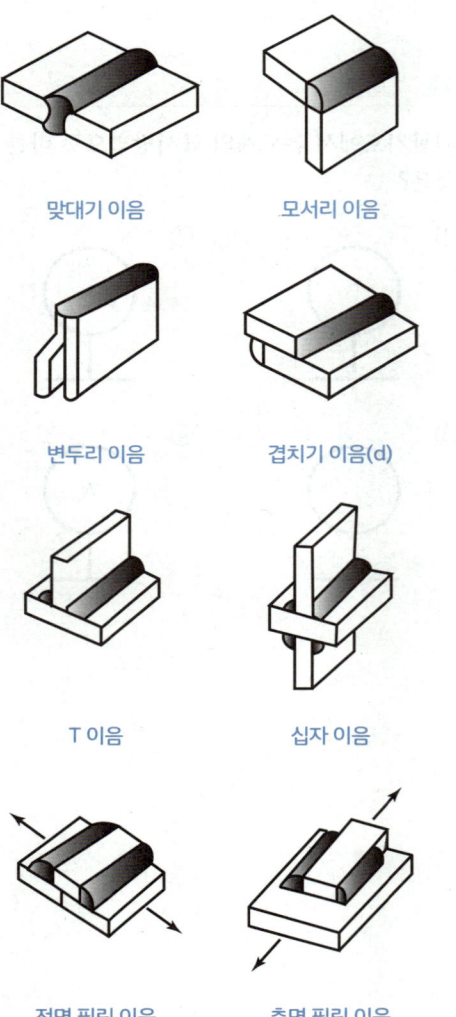

맞대기 이음   모서리 이음

변두리 이음   겹치기 이음(d)

T 이음   십자 이음

전면 필릿 이음   측면 필릿 이음

양면 덮개판 이음

(2) 용접 홈의 형상

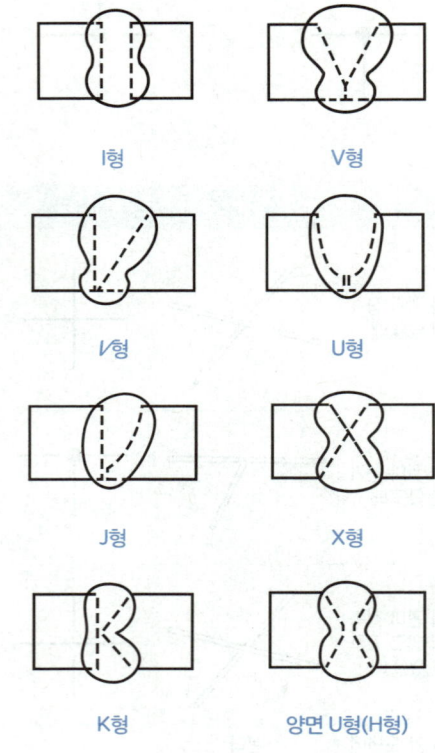

I형   V형

V형   U형

J형   X형

K형   양면 U형(H형)

(3) 용접부의 모양과 용접 자세

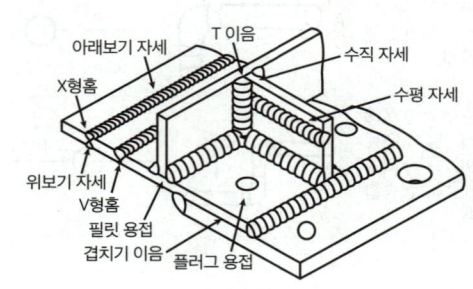

(4) 용접부의 기본 기호

번호	접속 상태	실제 모양	도시 기호
1	돌출된 모서리를 가진 평판 사이 맞대기 용접		⋀
2	평행 맞대기 용접		‖
3	V형 맞대기 용접		⋁
4	넓은 루트면이 있는 V형 맞대기 용접		Y
5	U형 맞대기 용접		⋃
6	필렛 용접		◺
7	플러그 용접		⊓
8	점 용접		◯
9	심(seam)용접		⊖
10	겹침 접합부		乙

(5) 용접부의 보조기호

구분		보조기호	비고
용접부 표면 모양	평탄	—	
	볼록	⌒	기선의 밖으로 향하여 볼록하게 한다.
	오목	⌣	기선의 밖으로 향하여 오목하게 한다.
용접부 다듬질 방법	치핑	C	
	연삭	G	그라인더 다듬질일 경우
	절삭	M	기계 다듬질일 경우
	지정 없음	F	다듬질 방법을 지정하지 않을 경우
현장 용접		▶	
온 둘레 용접		◯	온 둘레 용접이 분명할 때에는 생략해도 좋다.
온 둘레 현장 용접		⚑	

01

전체 둘레 현장 용접을 나타내는 보조 기호는?

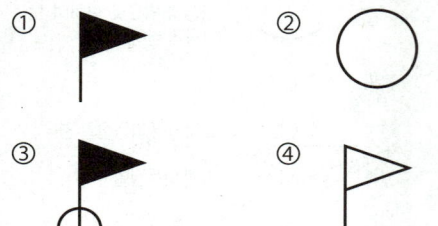

02

용접기호에서 그림과 같은 표시가 있을 때 그 의미는?

① 현장 용접
② 일주 용접
③ 매끄럽게 처리한 용접
④ 이면판재 사용한 용접

03

그림과 같은 용접부의 용접 지시기호로 옳은 것은?

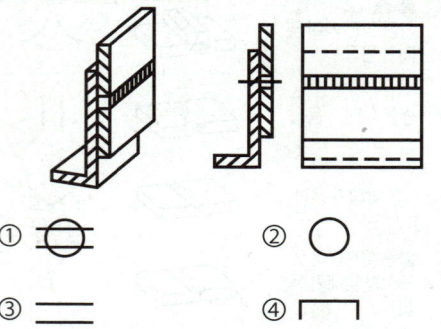

04

다음 중 나사의 유효지름을 측정할 때 가장 정밀도가 높은 직접측정법은?

① 삼침법에 의한 측정
② 투영기에 의한 측정
③ 공구현미경에 의한 측정
④ 나사 마이크로미터에 의한 측정

05

그림과 같이 가장자리(edge) 용접을 했을 때 용접 기호로 옳은 것은?

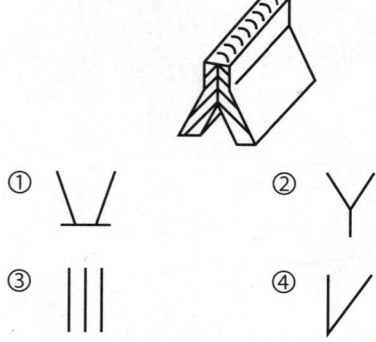

06

다음 용접 이음의 용접기호로 옳은 것은?

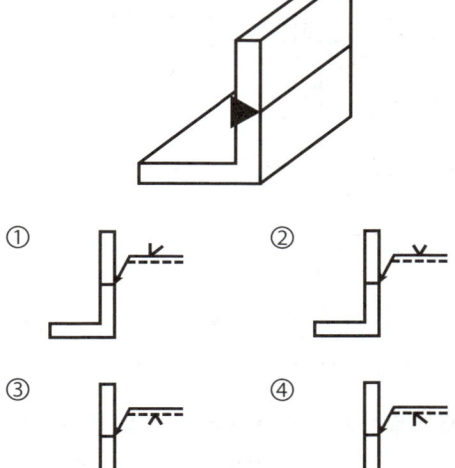

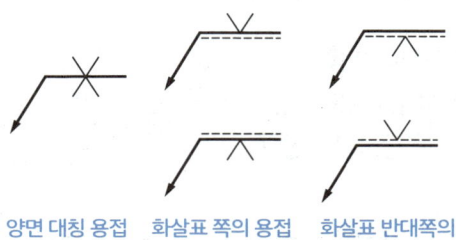

기준선에 따른 기호의 위치

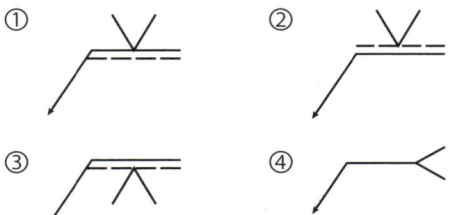

양면 대칭 용접　　화살표 쪽의 용접　　화살표 반대쪽의
　　　　　　　　　　　　　　　　　　　　　 용접

07

다음 기호 중 화살표 쪽의 표면에 V형 홈 맞
대기 용접을 하라고 지시하는 것은?

① ②

③ ④

08

용접 지시기호가 나타내는 용접부위의 형상
으로 가장 옳은 것은?

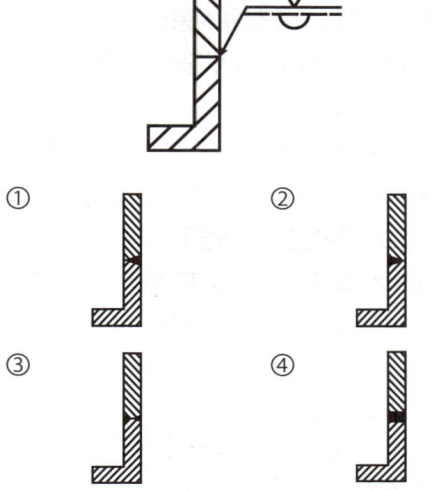

09

다음 그림과 같은 용접점을 용접기호로 바르
게 나타낸 것은?

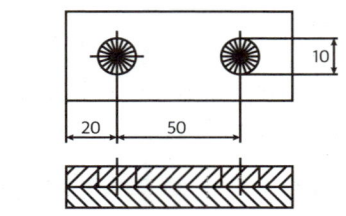

① 10○2(50)

② 10□2(50)

③ 20○10(50)

④ 50○10(2)

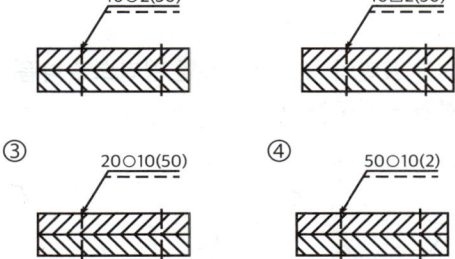

10

용접부의 기호 도시 방법에 대한 설명 중 잘못된 것은?

① 용접부 도시를 위해서는 일반적으로 실선과 점선의 2개의 기준선을 사용한다.

② 기준선에서 경우에 따라 점선은 나타내지 않을 수 도 있다.

③ 기준선은 우선적으로는 도면 아래 모서리에 평행하도록 표시하고, 여의치 않을 경우 수직으로 표시할 수도 있다.

④ 용접부가 접합부의 화살표쪽에 있다면 용접 기호는 기준선의 점선쪽에 표시한다.

11

다음 중 플러그 용접 기호는?

① 심 용접

② 플러그용접(슬롯용접)

③ 스폿용접

④ 평행맞대기용접

해 ① 심 용접
② 플러그용접(슬롯용접)
③ 스폿용접
④ 평행맞대기용접

12

용접부 표면의 형상에서 동일 평면으로 다음 질함을 표시하는 보조 기호는?

13

다음 용접이음의 기본 기호 중에서 잘못 도시된 것은?

① v형 맞대기 용접 :

② 필릿 용접 :

③ 플러그 용접 :

④ 심 용접 :

14

아래 그림이 나타내는 용접 이음의 종류는?

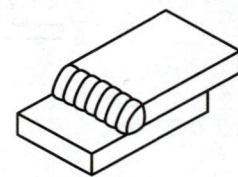

① 모서리 이음   ② 겹치기 이음

③ 맞대기 이음   ④ 플랜지 이음

15

그림은 필릿 용접 부위를 나타낸 것이다. 필릿 용접의 목 두께를 나타내는 치수는?

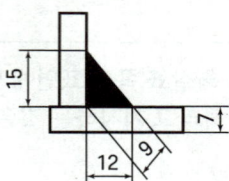

① 7   ② 9

③ 12   ④ 15

해 목 길이 : 15mm, 목 두께 : 9mm

16

다음은 단속필릿 용접부의 주요 치수를 나타낸 기호이다. 기호에 대한 설명으로 틀린 것은?

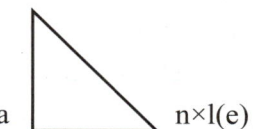

① a : 목 두께
② n : 용접부의 개수
③ l : 목 길이
④ e : 인접한 용접부간의 간격

3. 공유압

공·유압 장치는 여러 가지 제어 밸브 및 부속 기기로 구성되어 있으며 산업계 전반에 걸쳐 자동화 장치, 산업용 기계 및 로봇 등에 널리 사용되고 있다.

(1) 동력원의 기호

명칭	기호	비고
유압(동력)원	▶—	일반 기호
공기압(동력)원	▷—	일반 기호
전동기	Ⓜ—	
원동기	‹ M —	(전동기 제외)

(2) 조작 방식의 기호

	종류	그림 기호
인력 조작	푸시 버튼	
	당김 버튼	
	레버	
기계 조작	플런져	
	스프링	
	롤러	
전기 조작	단동 솔레노이드	
	복동 솔레노이드	

(3) 실린더의 기호

명칭	상세 기호	간략 기호
단동 실린더	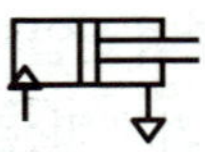	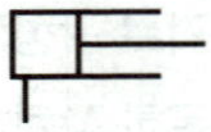
단동 실린더 (스프링붙이)		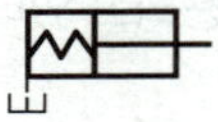
복동 실린더		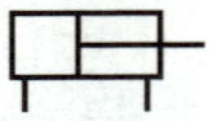
복동 실린더 (쿠션붙이)	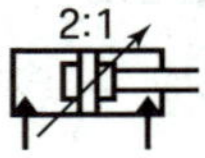	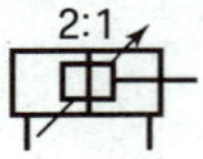

(4) 밸브의 기호

0.35	상세 기호	간략 기호
2포트 수동 전환 밸브	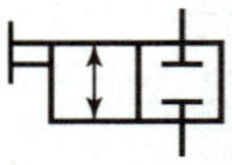	
체크 밸브	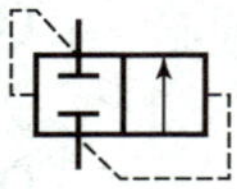	
릴리프 밸브	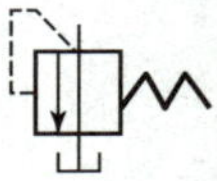	
가변 교축 밸브	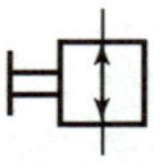	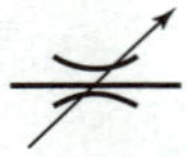

01

역류를 방지하여 유체를 한쪽 방향으로만 흘러가게 하는 밸브는 무슨 밸브라 하는가?

① 콕 밸브   ② 체크 밸브

③ 게이트 밸브   ④ 안전 밸브

05 기계설계

▶ https://url.kr/5i6swx

1. 기계설계 기초

(1) 국제단위계 (SI 단위)

각 국가별로 상이하게 적용하는 단위를 미터법을 기준으로 국제적으로 통일시킨 체계

	양	단위의 명칭	단위 기호
1	길이	미터(meter)	m
2	질량	킬로그램(kilogram)	kg
3	시간	초(second)	s
4	전류	암페어(ampere)	A
5	열역학온도	켈빈(kelvin)	K
6	물질량	몰(mole)	mol
7	광도	칸델라(candela)	cd

(2) 하중의 종류

① 작용속도에 따른 분류

   ㄱ. 정하중 : 정지상태에서 가해지는 하중

   ㄴ. 동하중 : 움직이면서 가해지는 하중

     a. 반복하중 : 한쪽방향으로 일정한 하중이 반복되는 하중

     b. 교번하중 : 하중의 크기와 방향이 교대로 변화하는 하중

     c. 충격하중 : 짧은 시간에 순간적으로 작용하는 하중

작용하는 하중에 따른 재료의 강도

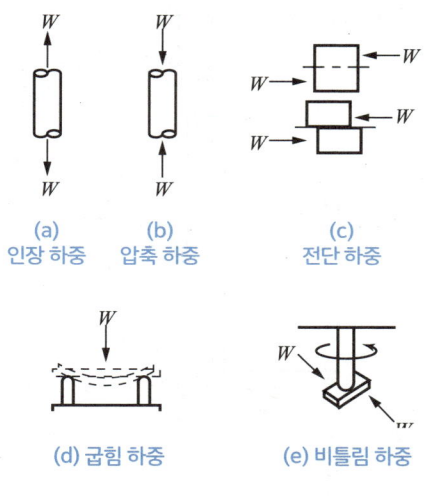

(a) 인장 하중
(b) 압축 하중
(c) 전단 하중

(d) 굽힘 하중
(e) 비틀림 하중

(3) 분포상태 따른 분류

① 집중하중 : 한 지점에 집중적으로 작용하는 하중

② 분포하중 : 어느 구간에 걸쳐서 작용하는 하중

   ㄱ. 균일분포하중 : 어느 구간에 걸쳐서 하중이 균일하게 작용하는 하중

   ㄴ. 비균일분포하중 : 어느 구간 걸쳐서 하중이 불규칙하게 작용하는 하중

| 집중하중 | 균일분포하중 | 비균일분포하중 |

2. 재료의 강도와 변형

(1) 응력 (Stress)

재료에 압축, 인장, 굽힘, 비틀림 등의 하중(외력)을 가했을 때, 그 크기에 대응하여 재료 내에 생기는 저항력을 응력이라 한다.

$$응력 = \frac{하중}{단면적} , \quad \sigma = \frac{F}{A}$$

여기서 $A = \text{mm}^2$, $F(W) = N(\text{kg}_f)$

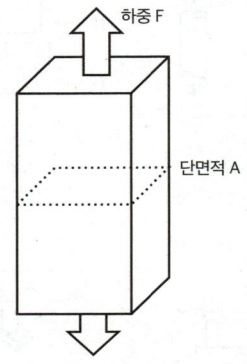

(2) 변형률(Strain)

재료가 힘을 받을 때 늘어나거나 줄어드는 비율, 단위 길이당 변형량이라 한다.

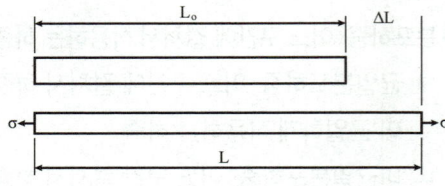

$$\varepsilon = \frac{L - L_o}{L_o} = \frac{\Delta L}{L_o}$$

- L_o : 초기길이
- ΔL : σ의 작용으로 발생한 길이 변화

01

하중의 작용 상태에 따른 분류에서 재료의 축선 방향으로 늘어나게 하는 하중은?

① 굽힘하중 ② 전단하중
③ 인장하중 ④ 압축하중

02

재료의 안전성을 고려하여 허용할 수 있는 최대응력을 무엇이라 하는가?

① 주 응력 ② 사용 응력
③ 수직 응력 ④ 허용 응력

03

물체의 일정 부분에 걸쳐 균일하게 분포하여 작용하는 하중은?

① 집중하중 ② 분포하중
③ 반복하중 ④ 교번하중

04

전단하중에 대한 설명으로 옳은 것은?

① 재료를 축 방향으로 잡아당기도록 작용하는 하중이다.
② 재료를 축 방향으로 누르도록 작용하는 하중이다.
③ 재료를 가로 방향으로 자르도록 작용하는 하중이다.
④ 재료가 비틀어지도록 작용하는 하중이다.

05

다음 중 하중의 크기 및 방향이 주기적으로 변화하는 하중으로서 양진하중을 말하는 것은?

① 집중하중　　　② 분포하중
③ 교번하중　　　④ 반복하중

06

[그림]에 응력집중 현상이 일어나지 않는 것은?

① 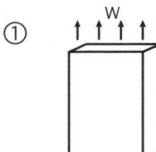　②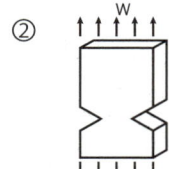

③ 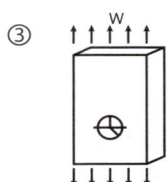　④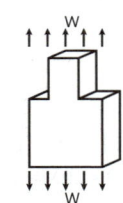

07

인장응력을 구하는 식으로 옳은 것은?(단, A는 단면적, W는 인장하중이다)

① $A \times W$　　　② $A+W$
③ A/W　　　④ W/A

08

단면적이 $100mm^2$인 강재에 $300N$ 의 전단하중이 작용할 때 전단응력(N/mm^2)은?

① 1　　　② 2
③ 3　　　④ 4

해 $\tau = \dfrac{F}{A} = \dfrac{300N}{100mm^2} = 3N/mm^2$

09

8KN의 인장하중을 받는 정사각봉의 단면에 발생하는 인장응력이 5 MPa이다. 이 정사각봉의 한 변의 길이는 약 몇 mm인가?

① 40　　　② 60
③ 80　　　④ 100

해 $1 Mpa = 1N/mm^2$

응력 $= \dfrac{하중}{단면적}$, $\sigma = \dfrac{F}{A}$

$5 Mpa = \dfrac{8000N}{x^2}$　$x = 40mm$

10

축에 작용하는 비틀림 토크가 2.5 kN 이고 축의 허용전단응력이 49 MPa 일 때 축 지름은 약 몇 mm 이상이어야 하는가?

① 24　　　② 36
③ 48　　　④ 64

해 $\tau = \dfrac{T}{Z_p} = \dfrac{16 \times T}{\pi \times d^3}$

$d = \sqrt[3]{\dfrac{16 \times T}{\pi \times \tau}} = \sqrt[3]{\dfrac{16 \times 2.5 N/mm}{3.14 \times 49 Mpa}} = 0.64mm$

11

전달마력 30kW, 회전수 200rpm인 전동축에서 토크 T는 약 몇N·m인가?

① 107　　　② 146
③ 1070　　　④ 1430

해 $T = 974000 \dfrac{H_{kW}}{N} = 974000 \times \dfrac{30}{200}$

$= 146,100 Nmm$

$1 kg_f = 9.8N/1M = 1000mm$ 이므로 SI단위계로 변환하면

$T = 146,100 \times 9.8 \times 0.001 = 1431.78 Nm$

기계설계

12

각속도(ω, rad/s)를 구하는 식 중 옳은 것은?
(단, N:회전수(rpm), H:전달마력(PS)이다)

① $\omega = (2\pi N)/60$ ② $\omega = 60/(2\pi N)$

③ $\omega = (2\pi N)/(60H)$ ④ $\omega = (60H)/(2\pi N)$

13

한 변의 길이가 20 mm인 정사각형 단면에 4kN의 압축하중이 작용할 때 내부에 발생하는 압축응력은 얼마인가?

① 10 N/mm^2 ② 20 N/mm^2

③ 100 N/mm^2 ④ 200 N/mm^2

해 $\sigma = \dfrac{F}{A} = \dfrac{F}{x^2}$

$\sigma = \dfrac{4000N}{20^2 mm} = 10 N/mm^2$

14

하중 3000N이 작용할 때, 정사각형 단면에 응력 30N/cm^2이 발생했다면 정사각형 단면 한 변의 길이는 몇 ㎜ 인가?

① 10   ② 22

③ 100   ④ 200

해 $\sigma = \dfrac{F}{A} = \dfrac{F}{x^2}$

$\therefore x = \sqrt{\dfrac{F}{\sigma}} = \sqrt{\dfrac{3000N}{30N/mm^2}} = \sqrt{10000} = 100\text{mm}$

15

전단하중 W(N)를 받는 볼트에 생기는 전단응력 T(N/㎟)를 구하는 식으로 옳은 것은?
(단, 볼트 전단면적을 A ㎟이라고 한다)

① $T = \dfrac{\pi A^2/4}{W}$ ② $T = \dfrac{A}{W}$

③ $T = \dfrac{W}{\pi A^2/4}$ ④ $T = \dfrac{W}{A}$

16

축 방향으로 인장하중만을 받는 수나사의 바깥지름(d)과 볼트재료의 허용인장응력(δ_a) 및 인장하중(W)과의 관계가 옳은 것은?(단, 일반적으로 지름 3mm 이상인 미터나사이다)

① $d = \sqrt{\dfrac{2W}{\sigma_a}}$ ② $d = \sqrt{\dfrac{3W}{8\sigma_a}}$

③ $d = \sqrt{\dfrac{8W}{3\sigma_a}}$ ④ $d = \sqrt{\dfrac{10W}{3\sigma_a}}$

해 $\sigma = \dfrac{W}{A} = \dfrac{4 \times W}{\pi \times d^2} \quad \therefore d_i = \sqrt{\dfrac{4 \times W}{\pi \times \sigma}}$

이때의 d_i는 볼트의 내경이므로 일반적 실험식에 의해
$d_i = d_0 \times$내경(d_i=내경, d_0=외경)

$d_0 = \sqrt{\dfrac{4 \times W}{0.8^2 \times \pi \times \sigma}} \fallingdotseq \sqrt{\dfrac{2 \times W}{\sigma}}$

17

2KN의 짐을 들어 올리는 데 필요한 볼트의 바깥지름은 몇 mm 이상 이어야 하는가? (단, 볼트 재료의 허용인장응력은 400N/㎠이다)

① 20.2   ② 31.6

③ 36.5   ④ 42.2

해 $d_0 = \sqrt{\dfrac{2 \times 2000N}{4N/mm^2}} = 31.6 mm$

18

축방향으로만 정하중을 받는 경우 50kN을 지탱할 수 있는 혹 나사부의 바깥지름은 약 몇 ㎜인가? (허용응력 50N/mm²)

① 40㎜   ② 45㎜

③ 50㎜   ④ 55㎜

해 $d_0 = \sqrt{\dfrac{2 \times 50000N}{50N/mm^2}} = 44,721 mm$

19

다음 중 후크의 법칙에서 늘어난 길이를 구하는 공식은? (단, λ:변형량, W:인장하중, A:단면적, E:탄성계수, l:길이 이다)

① $\lambda = \dfrac{Wl}{AE}$ ② $\lambda = \dfrac{AE}{W}$

③ $\lambda = \dfrac{AE}{Wl}$ ④ $\lambda = \dfrac{Al}{WE}$

20

길이 100cm의 봉이 압축력을 받고 3mm만큼 줄어들었다. 이때, 압축 변형률은 얼마인가?

① 0.001   ② 0.003

③ 0.005   ④ 0.007

해 변형률 $= \dfrac{변한길이}{전체길이} = \dfrac{\Delta l}{l}$

변한길이 $= 3mm$

$\therefore \dfrac{3}{1000} = 0.003$

21

표점거리 110mm, 지름 20mm의 인장시편에 최대하중 50kN이 작용하여 늘어난 길이 $\triangle l = 22mm$일 때, 연신율은?

① 10%   ② 15%

③ 20%   ④ 25%

해 $\delta = \dfrac{\Delta l}{l} = \dfrac{22}{110} = 0.2$

$\therefore$ 연실율 $= 20\%$

22

시편의 표준거리가 40mm이고 지름이 15mm일 때 최대하중이 6kN에서 시편이 파단 되었다면 연신율은 몇 %인가? (단, 연산된 길이는 10mm이다)

① 10   ② 12.5

③ 25   ④ 30

해 $\delta = \dfrac{\Delta l}{l} = \dfrac{10}{40} = 0.25$

$\therefore$ 연실율 $= 25\%$

23

길이가 1m 이고 지름이 30mm 인 둥근 막대에 30000N 의 인장하중을 작용하면 얼마 정도 늘어나는가?(단, 세로탄성계수는 2.1×105 N/mm^2 이다)

① 0.102mm   ② 0.202mm

③ 0.302mm   ④ 0.402mm

해 $\sigma = E \times \epsilon$ 에서 $\dfrac{P}{A} = E \times \dfrac{\Delta l}{l}$

$\therefore \Delta l = \dfrac{Pl}{AE}$

$\Delta l = \dfrac{30000N \times 1000mm}{\dfrac{\pi \times 30^2}{4}mm^2 \times 2.1 \times 10^5 N/mm^2}$

$= 0.202mm$

NOTES

PART 03
기계재료

01 기계재료

▶ https://url.kr/cafkoa

1. 재료의 성질

(1) 기계재료의 분류

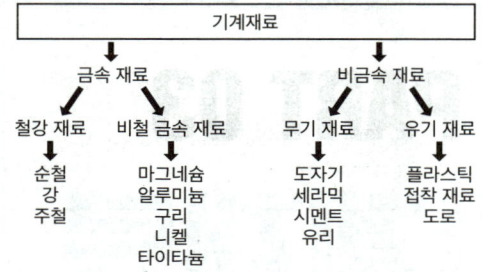

(2) 금속재료의 공통된 성질

① 빛을 반사하며 금속 고유의 광택이 있다.
② 고체 상태에서 결정구조를 갖는다.
③ 상온에서 고체이다. 수은(Hg)은 액체이다.
④ 전기와 열의 양도체이다.
⑤ 연성 및 전성이 좋다.
⑥ 소성변형하여 가공할 수 있다.

(3) 금속재료의 기계적 특성

① 강도 : 외부 힘에 의하여 변형이나 파괴되지
   않고 견디어 낼 수 있는 성질을 나타내는 값
② 경도 : 재료의 표면이 외부 힘에 저항하는 성
   질, 즉 단단한 정도를 나타내는 값

③ 인성 : 재료에 작용하는 외부 힘에 의하여 파
   괴되지 않고 견디는 질긴 성질의 정도
④ 취성 : 유리와 같이 잘 부서지고 깨지는 성질
   을 취성이라 하며, 연성의 반대되는 성질
⑤ 연성 : 외부 힘에 의하여 금속 재료를 잡아당
   기면 가늘게 늘어나는 성질
⑥ 전성 : 금속 재료를 두드리거나 누를 때 넓게
   퍼지는 성질
⑦ 피로 : 항복강도 보다 작은 응력을 반복적
   으로 받을 때 변형되는 성질
⑧ 크리프 : 하중이 가해진 상태에서 시간의
   경과에 따라 재료의 변형이 계속되는 성질

(4) 금속재료의 물리적 특성

비중, 비열, 녹는점, 전기 전도도 등

[5] 금속의 결정구조

종류	형태	특징
체심입방격자 (BCC)		• 정육면체의 각 꼭지점에 8개의 원자가 있고 중심에 1개의 원자가 배치된 결정구조 • 단위 격자 내 원자수 : 2개 • α-Fe, Li, Mo 등
면심입방격자 (FCC)		• 정육면체의 각 꼭지점에 8개의 원자가 있고 면 중심에 1개의 원자가 배치된 결정구조 • 단위 격자 내 원자수 : 4개 • γ-Fe, Al, Cu, Au 등
조밀육방격자 (HCP)		• 육각기둥 각 모서리점과 그 중심에 1개씩의 원자가 있고, 삼각기둥의 중심에 1개씩의 원자가 배치된 결정구조 • 단위 격자 내 원자수 : 2개 • Co, Mg, Zn 등

[6] 기계적 시험 방법

① 인장 시험 : 일정한 속도로 서로 반대 방향으로 잡아당기는 힘에 대한 재료의 저항성을 측정하는 시험

② 압축 시험 : 재료에 누르는 하중을 가하여 파괴에 견디는 힘을 측정하는 시험이다.

③ 굽힘 시험 : 시험편의 길이 방향에 수직으로 하중을 가하여 재료의 기계적 성질을 알아보고자 할 때 실시하는 시험

④ 경도 시험

ㄱ. 로크웰 경도 시험 : 재료의 표면에 강구(B스케일), 다이아몬드 원뿔(C스케일)을 일정 압력으로 누른 후 압흔의 면적으로 경도를 측정
- 기호 : HRB, HRC

ㄴ. 브리넬 경도 시험 : 재료의 표면에 강구를 일정 압력으로 누른 후 압흔의 면적으로 경도를 측정
- 기호 : HB

ㄷ. 비커스 경도 시험 : 꼭지각 $136°$ 다이아몬드 사국뿔을 일정 압력으로 누른 후 압흔의 면적으로 경도를 측정
- 기호 : HV

ㄹ. 쇼어 강도 시험 : 다이아몬드 해머를 일정 높이에서 재료의 표면에 낙하시켜 반발 높이로 경도를 측정
- 기호 : HS

⑤ 충격 시험

ㄱ. 샤르피 충격 시험 : V자 형태의 노치를 가진 시험편에 해머로 충격을 가하여 파괴시키는 시험

ㄴ. 아이조드 충격 시험 : 충격면과 같은 쪽에 노치부가 오도록 고정후 해머로 충격을 가하여 파괴시키는 시험

01

금속의 일반적인 특성이 아닌 것은?

① 연성 및 전성이 좋다.
② 열과 전기의 부도체이다.
③ 금속 광택을 가지고 있다.
④ 고체 상태에서 결정 구조를 갖는다.

02

일반적으로 경금속과 중금속을 구분하는 비중의 경계는?

① 1.6
② 2.6
③ 3.6
④ 4.5

해 비중은 어떤 물질의 밀도를 기준 물질(보통 물)의 밀도로 나눈 값

비중 = $\dfrac{물의 밀도}{기준 물질의 밀도}$

경금속(Al, Mg, Ti 등), 중금속(Fe, Cu, Zn, Ni, Sn 등)

03

기계재료의 단단한 정도를 측정하는 가장 적합한 시험법은?

① 경도시험
② 수축시험
③ 파괴시험
④ 굽힘시험

해

경도시험(재료의 단단한 정도를 측정하는 시험)	
① 브리넬 경도	② 비커스 경도
압입자에 하중을 걸어 자국의 크기로 경도를 측정	압입자에 하중을 작용시켜 자국의 대각선 길이로서 측정
$H_B = \dfrac{P}{\pi D t}$ $= \dfrac{2P}{\pi D(D - \sqrt{D^2 - d^2})}$ $\therefore P =$ 하중 $D =$ 강구의 지름 $d =$ 압입자국의 지름 $t =$ 압입 깊이	$HV = \dfrac{하중}{표면적} = \dfrac{1.8544P}{d^2}$
③ 로크웰 경도	④ 쇼어 경도
압입자에 하중을 걸어 홈의 깊이로 측정. B스케일은 1.588mm강구 C스케일은 120° 다이아몬드	추를 일정한 높이에서 낙하시켜 반발한 높이로 측정
$H_R B = 130 - 500h$ $H_R C = 100 - 500h$	$H_S = \dfrac{10000}{65} \times \dfrac{h}{h_0}$ $\therefore h:$ 반발 높이 $h_0:$ 낙하 높이

04

다음 중 로크웰경도를 표시하는 기호는?

① HBS
② HS
③ HV
④ HRC

05

강재의 크기에 따라 표면이 급랭되어 경화하기 쉬우나 중심부에 갈수록 냉각속도가 늦어져 경화량이 적어지는 현상은?

① 경화능
② 잔류응력
③ 질량효과
④ 노치효과

06

인장시험에서 시험편의 절단부 단면적이 14 ㎟이고, 시험 전 시험편의 초기단면적이 20㎟ 일 때 단면수축률은?

① 70%
② 80%
③ 30%
④ 20%

해 단면수축량 = $\dfrac{변형된 \ 단면적}{초기 \ 단면적}$

$= \dfrac{20-14}{20} \times 100 = 30\%$

07

금속의 결정구조에서 체심입방격자의 금속으로만 이루어진 것은?

① Au, Pb, Ni
② Zn, Ti, Mg
③ Sb, Ag, Sn
④ Na, V, Mo

08

고용체에서 공간격자의 종류가 아닌 것은?

① 치환형
② 침입형
③ 규칙 격자형
④ 연심 입방 격자형

해 고용체(solid solution) : 불순물 원자를 고체에 첨가할 때, 고체의 결정 구조가 변하지 않고 새로운 상의 생성이 없으며 불순물 원자가 균일하게 분포하는 고체

09

금속재료를 고온에서 오랜 시간 외력을 걸어 놓으면 시간의 경과에 따라 서서히 그 변형이 증가하는 현상은?

① 크리프
② 스트레스
③ 스트레인
④ 템퍼링

2. 철강재료

[1] 철강의 분류

구분	성분	성질
순철	-탄소 0.02% 이하 -기타 불순물 원소가 매우 적음	-강도가 낮음 -용접, 단접성이 우수함
강	탄소 0.02~약 2%	-강도 및 인성이 우수함 -가공성이 좋음
주철 (선철)	탄소 약2~6.67%	-인성이 낮아 단조가 곤란함 -녹는점이 낮고 유동성이 좋음

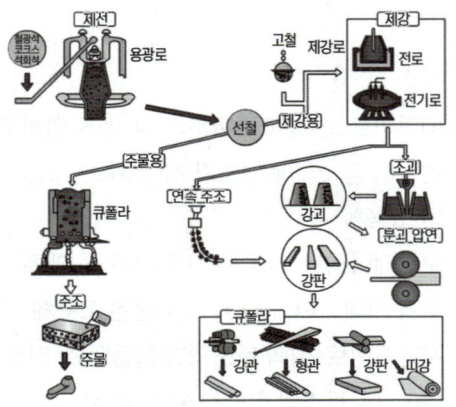

철강 재료의 제조 과정

[2] 탄소강에 함유된 원소의 영향

철강의 5대 원소 : 탄소(C), 규소(Si), 망간(Mn), 인(P), 황(S)

종류	영향
황(S)	적열취성의 원인 강도, 연율, 충격치 감소, 절삭성 향상
인(P)	상온취성의 원인 (상온에서 충격치가 현저히 저하됨)
망간(Mn)	S의 해를 방지 (적열취성 방지) 담금질성 향상
규소(Si)	강도, 경도 증가 연신율과 충격치 감소, 냉간 가공성, 용접성 저하
수고(H)	헤어크랙의 원인 (강재의 다듬질면에 있어서 미세한 균열로 크기는 모발 정도)

기계재료

(3) 탄소강의 취성

종류	온도	특징
저온 취성	-200℃ ~-300℃	저온에서 강의 충격량이 급격히 저하되어 깨지는 현상
상온 취성	상온	인(P)을 함유한 재료가 상온에서 충격치가 낮아지는 성질
청열 취성	200℃ ~300℃	탄소강이 200℃~300℃에서 경도가 커져 취성이 나타나는 성질
뜨임 취성	900℃ 이상	황(S)을 함유한 강이 900~1000℃에서 취성이 나타나는 성질
적열 취성	500℃ ~650℃	담금질 뜨임 후 재료에 취성이 나타나는 성질

(4) 탄소강의 미세 조직

① 페라이트 : 순철에 가까운 조직, 매우 연하고 연성이 큼, α철에 탄소가 최대 0.02% 고용된 고용체

② 오스테나이트 : FCC 구조를 가진 γ철에 탄소가 최대 2.14%(1,147℃) 고용된 고용체

③ 시멘타이트 : 철과 탄소의 화합물인 철 탄화물(Fe_3C), 탄소의 함량은 6.7%. 매우 단단하고 부스러지기 쉬운 조직이다.

④ 펄라이트 : 페라이트와 시멘타이트의 혼합 조직, 오스테나이트를 냉가시키면 페라이트와 시멘타이트가 층상으로 나타난다.

(5) 철 - 철 탄화물($Fe-Fe_3C$) 상태도

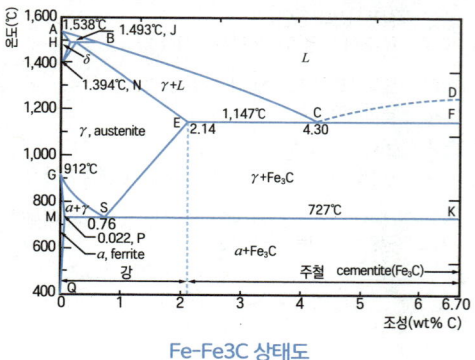

Fe-Fe3C 상태도

표시	철-철 탄화물 상태도에서 점 및 선의 의미
점 A	순철의 용융점(1,538℃)
점 C	공정점(4.3 wt% C, 1,147℃), γ와 Fe3C가 동시에 정출하는 점. 이때의 상을 레데부라이트라고 함
점 M	A2 변태점(자기 변태온도, 큐리점, 768℃)
점 E	γ고용체에서 탄소의 최대 용해도를 나타내는 조성 (2.14 wt% C)
점 G	A3 변태점(순철의 α↔γ 상변태 온도, 912℃)
점 J	포정점(0.18 wt% C, 1,493℃)
점 N	A4 변태점(순철의 γ↔δ 상변태 온도, 1,394℃)
점 P	α 고용체에서 탄소의 최대 용해도를 나타내는 조성 (0.022 wt% C)
점 S	공석점(0.76 wt% C, 727℃), α와 Fe3C가 동시에 석출하는 점. 이때의 상을 펄라이트라고 함

Fe-Fe3C 에서 기호 및 명칭

기호	명칭
α	페라이트(ferrite)
γ	오스테나이트(austenite)
δ	-
Fe_3C	시멘타이트(cementite)
L	액상
$γ + Fe_3C$	레데부라이트(ledeburite)
$α + Fe_3C$	펄라이트(perlite)

- Fe의 변태점, 변태온도

  A_0 : 시멘타이트의 자기변태온도 (210 ℃)

  A_1 : 공석반응이 일어나는 온도 (723 ℃)

  A_2 : 철의 자기변태온도 (768 ℃, 큐리점)

  A_3 : α (BCC) → γ (FCC), 912 ℃

  A_4 : γ (FCC) → δ (BCC), 1400 ℃

- 상태 변화

  한 결정 구조에서 다른 결정 구조로의 고체 상태 변화, 액상에서 고상으로 변환 또는 상의 개수 변화 등을 상태 변태라고 한다.

① 공석 반응 (Eutectoid Reaction)

한 개의 고상이 두 개의 다른 고상으로 변하는 반응.

$$\gamma\text{(고용체)} \xrightleftharpoons[\text{가열}]{\text{냉각}} \alpha\text{(고용체)}+\text{Fe}_3\text{C(시멘타이트)}$$

② 공정 반응 (Peritectic Reaction)

특정 온도와 조성에서 한 개의 액상과 한 개의 고상이 서로 다른 고상으로 바뀌는 반응.

$$L\text{(액상)} \xrightleftharpoons[\text{가열}]{\text{냉각}} \gamma\text{(고용체)}+\text{Fe}_3\text{C(시멘타이트)}$$

③ 포정 반응 (Eutectic Reaction)

특정 온도와 조성에서 하나의 고상과 하나의 액상이 서로 다른 고상으로 변하는 반응.

$$\delta\text{(고용체)}+L\text{(액상)} \xrightleftharpoons[\text{가열}]{\text{냉각}} \gamma\text{(고용체)}$$

- 탄소강의 조직

탄소를 함유한 오스테나이트를 727℃ 이하로 서서히 냉각시키면, 탄소가 고용된 정도에 따라 아공석강, 공석강, 과공석강으로 나뉜다.

아공석강 : 페라이트 + 펄라이트 조직

공석강 : 100% 펄라이트 조직

과공석강 : 펄라이트 + 시멘타이트 조직

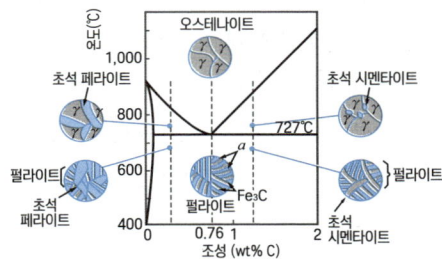

[6] 순철의 상태 변화

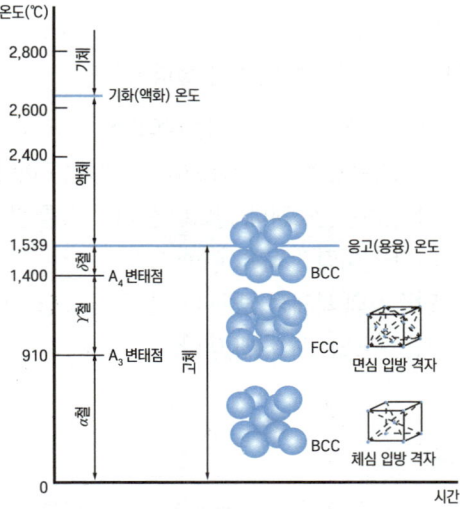

순철의 동소 변태

01

철강 재료에 관한 올바른 설명은?

① 용광로에서 생산된 철은 강이다.
② 탄소강은 탄소함유량이 3.0%~4.3% 정도이다.
③ 합금강은 탄소강에 필요한 합금 원소를 첨가한 것이다.
④ 탄소강의 기계적 성질에 가장 큰 영향을 끼치는 원소는 규소(Si)이다.

02

탄소강에 함유된 원소 중 백점이나 헤어크랙의 원인이 되는 원소는?

① 황　　　　　　② 인
③ 수소　　　　　④ 구리

03

탄소강에 함유되는 원소 중 강도, 연신율, 충격치를 감소시키며 적열취성의 원인이 되는 것은?

① Mn　　　　　② Si
③ P　　　　　　④ S

04

Fe-C 상태도에서 온도가 낮은 것부터 일어나는 순서가 옳은 것은?

① 포정점 → A2변태점 → 공식점 → 공정점
② 공석점 → A2변태점 → 공정점 → 포정점
③ 공석점 → 공정점 → A2변태점 → 포정점
④ 공정점 → 공석점 → A2변태점 → 포정점

05

탄소강에 첨가하는 합금원소와 특성과의 관계가 틀린 것은?

① Ni - 인성 증가
② Cr - 내식성 향상
③ Si - 전자기적 특성 개선
④ Mo - 뜨임취성 촉진

06

킬드강에는 어떤 결함이 주로 생기는가?

① 편석증가　　　　② 내부에 기포
③ 외부에 기포　　　④ 상부중앙에 수축공

07

탄소강에 함유된 5대 원소는?

① 황, 망간, 탄소, 규소, 인
② 탄소, 규소, 인, 망간, 니켈
③ 규소, 탄소, 니켈, 크롬, 인
④ 인, 규소, 황, 망간, 텅스텐

08

황이 함유된 탄소강에 적열취성을 감소시키기 위해 첨가하는 원소는?

① 망간　　　　　② 규소
③ 구리　　　　　④ 인

09

철과 탄소는 약 6.68% 탄소에서 탄화철이라는 화합물질을 만드는데 이 탄소강의 표준조직은 무엇인가?

① 펄라이트　　　　② 오스테나이트
③ 시멘타이트　　　④ 솔바이트

10

일반적으로 탄소강에서 탄소함유량이 증가하면 용해 온도는?

① 낮아진다. ② 높아진다.
③ 불변이다. ④ 불규칙적이다.

11

탄소강의 가공에 있어서 고온가공의 장점 중 틀린 것은?

① 강괴 중의 기공이 압착된다.
② 결정립이 미세화 되어 강의 성질을 개선시킬 수 있다.
③ 편석에 의한 불균일 부분이 확산되어서 균일한 재질을 얻을 수 있다.
④ 상온가공에 비해 큰 힘으로 가공을 높일 수 있다.

12

강괴를 탈산정도에 따라 분류할 때 이에 속하지 않는 것은?

① 림드강 ② 세미 림드강
③ 킬드강 ④ 세미 킬드강

13

강을 절삭할 때 쇳밥(chip)을 잘게 하고 피삭성을 좋게 하기 위해 황, 납 등의 득수원소를 첨가하는 강은?

① 레일강 ② 쾌삭강
③ 다이스강 ④ 스테인레스강

14

철-탄소(Fe-C) 평형 상태도에 대한 설명으로 틀린 것은?

① 강의 A_2 변태점은 약 768℃이다.
② 탄소량이 0.8% 이하의 경우 아공석강이라 한다.
③ 탄소량이 0.8% 이상의 경우 시멘타이트 양이 적어진다.
④ α-고용체와 시멘타이트의 혼합물을 펄라이트라고 한다.

해 탄소량이 0.8% 이상인 경우 시멘타이트 양이 많아진다.

15

순철의 성질을 설명한 것으로 틀린 것은?

① 융점은 1539℃ 정도이다.
② 비중은 7.86 정도이다.
③ 인장 강도는 2028kgf/㎟이다.
④ 연신율은 12~14%이다.

해 순철의 연실율을 80~85%로 연성이 높다.

16

철의 동소체로 A_3 변태와 A_4 변태 사이에 있는 철의 조직은?

① α–Fe ② β–Fe
③ γ–Fe ④ δ–Fe

17

탄소강이 공석 변태할 때 펄라이트 조직량이 최대가 되는 탄소 함량(%)은?

① 0.2 ② 0.5
③ 0.8 ④ 1.2

https://url.kr/fj7ytm

18

탄소강의 상태도에서 공정점에서 발생하는 조직은?

① pearlite, cementite   ② cementite, austenite

③ ferrite, cementite   ④ austenite, pearlite

19

철-탄소 상태도에서 γ고용체 ↔ α고용체 + Fe₃C 형태로 일어나는 반응은?

① 공석 변태   ② 공정 변태

③ 포정 변태   ④ 포석 변태

20

순철에서 나타나는 변태가 아닌 것은?

① A₁   ② A₂

③ A₃   ④ A₄

21

순철의 변태에서 α–Fe이 γ–Fe로 변화하는 변태는?

① A₁ 변태   ② A₂ 변태

③ A₃ 변태   ④ A₄ 변태

해 A₃ 변태점은 체심입방격자(BCC, α-Fe)에서 면심입방격자(FCC, γ-Fe)로 변태하는 점이다.

22

탄소강 조직 중 브리넬 경도가 가장 높은 것은?

① 페라이트   ② 시멘타이트

③ 오스테나이트   ④ 펄라이트

해 탄소강 중에서 브리넬 경도가 가장 높은 것은 탄소 함유량이 6.67%로 가장 많은 시멘타이트이다.

3. 합금강

1) 합금강의 특성

합금강은 탄소강에 다른 원소를 첨가하여 강의 기계적 성질을 개선한 강을 말하며, 특수한 성질을 부여하여 준 강

분류	종류
구조용 합금강	강인강, 표면 경화용 강(침탄강, 질화강), 스프링강, 쾌삭강
공구용 합금강(공구강)	합금 공구강, 고속도강, 다이스강, 비철 합금 공구 재료
특수 용도 합금강	내식용 합금강, 내열용 합금강, 자성용 합금강, 전기용 합금강, 베어링 강, 불변강

첨가 원소 / 효과
① Ni : 강인성, 내식, 내마멸성 증가
② Si : 내열성 증가, 전자기적 특성
③ Mn : Ni와 비슷, 내마멸성 증가, 황(S)의 매짐 방지
④ Cr : 탄화물 생성(경화능력 향상), 내식, 내마멸성 증가
⑤ W : Cr과 유사하고, 고온 강도, 경도 증가
⑥ Mo : W효과와 유사, 뜨임 메짐 방지, 담금질 깊이 증가
⑦ V : Mo과 비슷, 경화성은 더욱 커지나 단독으로 사용 안됨

2) 구조용 합금강

(1) 강인강

① Ni강(1.5~5% Ni 첨가) : 표준 상태에서 펄라이트 조직이며 자경성, 강인성이 목적

② Cr강(1~2% Cr 첨가) : 상온에서 펄라이트 조직이며 자경성, 내마모성이 목적

③ Ni-Cr강(SNC) : 가장 널리 쓰이는 구조용 강으로, Ni강에 1% 이하의 Cr을 첨가하여 경도를 보충한 강

④ Ni-Cr-Mo강 : SNC에 0.15~0.3% Mo를 첨가하여 내열성, 담금질성을 증가시킨 것으로, 가장 우수한 구조용강

⑤ Mn-Cr강 : Ni-Cr강의 Ni 대신 Mn을 넣은 강

⑥ Cr-Mn-Si강 : 차축에 사용하며 값이 저렴

⑦ Mn강 : 내마멸성, 경도가 커서 광산 기계, 레일 교차점, 철도 롤러, 불도저 앞판에 사용 1000~1100℃에서 유입 또는 수랭하여 완전 오스테나이트 조직으로 만든다.

ㄱ. 저 Mn강(1~2% Mn) : 펄라이트 Mn강, 듀콜강

ㄴ. 고 Mn강(10~14% Mn) : 오스테나이트 Mn강, 하드필드강, 수인강

(2) 표면 경화용강

① 침탄강 : Ni, Cr, Mo 함유강
② 질화강 : Al, Cr, Mo 함유강

(3) 스프링강

탄성 한계나 항복점이 높은 Si-Mn강이 사용되며, 정밀품이나 고급품에는 Cr-V강이 사용된다.

3) 공구용 합금강(공구강)

(1) 합금 공구강(STS)

탄소 공구강의 결점인 담금질 효과와 고온 경도를 개선하기 위해 Cr, W, Mo, V를 첨가한 강

(2) 고속도강(SKH)

절삭용 공구 재료로 하이스(HSS)라고 하며, 표준형 고속도강은 18W-4Cr-1V이고, 탄소량은 0.8%.

- 600℃까지 경도 유지되므로 고속 절삭이 가능하다.

(3) 주조 경질 합금

Co-Cr-W(Mo)를 금형에 주조 연마한 합금

- 스텔라이트(Stellite)는 Co-Cr-W의 합금으로 Co가 주성분(약 40%)

(4) 초경합금

금속 탄화물을 프레스 성형 및 소결시킨 합금으로, 분말 야금 합금. 절삭용으로 사용

- WC, TiC, TaC, 결합제 : Co
- 열처리가 불필요, 고온 경도가 가장 우수

(5) 세라믹 공구

산화물 Al_2O_3를 1600℃ 이상에서 소결 성형

- 고온 경도, 내열성, 내마모성이 크고, 비자성, 비전도체이며 충격에 약함

4) 특수 용도 합금강

(1) 스테인리스강(STS)

강에 Cr, Ni 등을 첨가하여 내식성을 갖게 한 강
① 13Cr 스테인리스 : 페라이트계 스테인리스강
  - 담금질로 마텐자이트 조직을 얻음
② 18Cr-8Ni 스테인리스 : 오스테나이트계 스테인리스강
  - 담금질이 되지 않음. 연성이 크고 비자성체이며, 13Cr보다 내식성과 내열성이 우수

(2) 내열강

고온에서 조직되고 기계적·화학적 성질이 안정
- Si-Cr강 : 내연기관의 밸브 재료로 사용
- 초내열 합금 : 하스텔로이, 인코넬, 서밋 등

(3) 베어링강

일반적으로 C 1%, Cr 1.2%가 함유된 고탄소 크롬강을 사용
– 내구성이 크고, 담금질 후 반드시 뜨임이 필요

(4) 불변강

① 인바 : Ni 36%, 줄자나 정밀 기계 부품으로 사용 (길이 불변)
② 슈퍼인바 : Ni 29~40%, Co 5% 이하, 인바보다 열팽창률이 작다
③ 엘린바 : Ni 36%, Cr 12%, 전기 부품이나 정밀 계측기 부품에 사용 (탄성 불변)
④ 코엘린바 : 엘린바에 Co 첨가
⑤ 퍼멀로이 : Ni 75~80%, 장하코일용
⑥ 플래티나이트 : Ni 42~46%, Cr 18%의 Fe-Ni-Co 합금, 전구나 진공관 도선용

01

합금강을 제조하는 목적으로 적당하지 않은 것은?

① 내식성을 증대시키기 위하여
② 단접 및 용접성 향상을 위하여
③ 결정 입자의 크기를 성장시키기 위하여
④ 고온에서의 기계적 성질 저하를 방지하기 위하여

02

비자성체로서 Cr과 Ni를 함유하며 일반적으로 18-8 스테인리스강이라 부르는 것은?

① 페라이트계 스테인리스강
② 오스테나이트계 스테인리스강
③ 마텐자이트계 스테인리스강
④ 펄라이트계 스테인리스강

> 해 18-8형 스테인리스 강(18% Cr – 8% Ni)
> 오스테나이트계로 열처리가 안된다.
> Cr, Ni이 많은 것은 내부식성이 크다.
> 티탄은 부식성을 저하시키는 크롬, 탄화물의 형성을 막는다. 몰리브덴은 내황산성을 높인다.

03

특수강에 포함되는 특수원소의 주요 역할 중 틀린 것은?

① 변태속도의 변화
② 기계적, 물리적 성질의 개선
③ 소성 가공성의 개량
④ 탈산, 탈황의 방지

04

합금의 종류 중 고용융점 합금에 해당하는 것은?

① 티탄 합금　　② 텅스텐 합금
③ 마그네슘 합금　④ 알루미늄 합금

05

주조경질합금의 대표적인 스텔라이트의 주성분을 올바르게 나타낸 것은?

① 몰리브덴-크롬-바나듐-탄소-티탄

② 크롬-탄소-니켈-마그네슘

③ 탄소-텅스텐-크롬-알루미늄

④ 코발트-크롬-텅스텐-탄소

06

Cr 10~11%, Co 26~58%, Ni 10~16% 함유하는 철합금으로 온도변화에 대한 탄성율의 변화가 극히 적고 공기 중이나 수중에서 부식되지 않고, 스프링, 태엽 기상관측용 기구의 부품에 사용되는 불변강은?

① 인바(invar)

② 코엘린바(coelinvar)

③ 퍼멀로이(permalloy)

④ 플래티나이트(platinite)

07

특수강을 제조하는 목적으로 적합하지 않는 것은?

① 기계적 성질을 향상시키기 위하여

② 내마멸성을 증대시키기 위하여

③ 취성을 증가시키기 위하여

④ 내식성을 증대시키기 위하여

08

공구 재료로서 구비해야 할 조건들 중 틀린 것은?

① 내마멸성과 강인성이 클 것

② 가열에 의한 경도 변화가 클 것

③ 상온 및 고온에서 경도가 높을 것

④ 열처리와 공작이 용이할 것

09

탄화텅스텐(WC)을 소결한 합금으로 내마모성이 우수하여 대량 생산을 위한 다이 제작용으로 사용되는 재료는?

① 주철   ② 초경합금

③ 합금 공구강   ④ 다이스강

해 초경합금 : 탄화텅스텐(WC)을 성형·소결시킨 분말 야금 합금으로, 내마모성이 우수하여 절삭 공구로 사용

10

탄소 공구강 및 일반 공구 재료의 구비 조건으로 틀린 것은?

① 내마모성이 클 것

② 강인성 및 내충격성이 우수할 것

③ 가공이 어려울 것

④ 가격이 저렴할 것

해 탄소 공구강이나 일반 공구 재료는 가공하기 쉬워야 한다.

11

Ni-Fe계 실용 합금이 아닌 것은?

① 엘리나   ② 인바

③ 미하나이트   ④ 플래티나이트

해 미하나이트는 주철의 한 종류

12

내식성과 내산화성이 크고 성형성이 다른 것에 비해 좋은 비자성 스테인리스강은?

① 페라이트계   ② 마텐자이트계

③ 오스테나이트계   ④ 석출 경화형

해 오스테나이트계 스테인리스강은 18 - 8 스테인리스계로, 담금질이 안 된다. 연전성이 크고 비자성체이며 13Cr 보다 내식성, 내열성, 내산화성이 크다.

4. 주철

(1) 주철의 특징

주철은 2 ~ 6.67%의 C와 소량의 Si, <Mn, P, S 등을 함유하고있는 철 합금

장점	단점
• 마찰 저항이 좋고 압축 강도가 크다.	• 충격값이 작다.
• 절삭성이 우수하고 주조성이 양호하다.	• 인장 강도가 작다.
• 용융점이 낮고 유동성이 좋다.	• 소성 가공이 안 된다.

(2) 주철의 조직

- 주철이 응고될 때 급랭하면 시멘타이트 (Fe3C)로, 서랭하면 흑연으로 정출된다. 유리 탄소(흑연) - Si가 많고 냉각 속도가 느릴 때 : 회주철 화합 탄소(Fe3C) - Mn이 많고 냉각 속도가 빠를 때 : 백주철
- 주철은 파단면의 색에 따라 백주철, 회주철, 반주철의 3가지로구분하며 흑연이 많으면 파단면이 회색을 띤다.

백주철   회주철   반주철

- 마우러 조직도 : 주철 중 C, Si의 양, 냉각 속도에 따른 조직의 변화를 나타낸 것

1) 마우러 조직도 설명

① I 구역 : 백주철(펄라이트 + 시멘타이트)
② IIa 구역 : 펄라이트 주철(펄라이트 + 흑연)
③ II 구역 : 반주철(펄라이트 + 시멘타이트 + 흑연)
④ IIb구역 : 회주철(펄라이트 + 페라이트 + 흑연)
⑤ III 구역 : 페라이트 주철(페라이트 + 흑연)

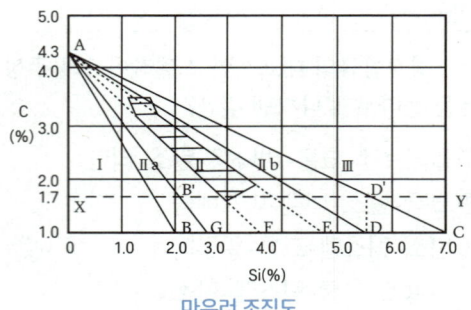

마우러 조직도

(3) 주철의 성장

주철을 600℃ 이상의 온도에서 가열과 냉각을 반복하면 부피가 증가하여 파열되는 현상

주철 성장의 원인
① 시멘타이트의 흑연화에 의한 팽창
② 페라이트 중에 고용되어 있는 규소의 산화에 의한 팽창
③ 변태점(727℃) 이상의 온도에서 부피 변화로 인한 팽창

주철 성장 방지법
① 주철의 조직을 치밀하게 한다.
② 탄소, 규소의 양을 줄이고 니켈을 첨가한다.
③ 편상화 흑연을 구상 흑연화 한다.

(4) 주철의 종류

① 보통 주철(회주철) : 경도가 높고 압축 강도가 큼
    - 용도 : 주물 및 일반 기계 부품 (주조성이 좋고 값이 저렴)
② 고급 주철(펄라이트주철) : 인장 강도가 250MPa 이상으로 (펄라이트 + 흑연) 조직, 미하나이트 주철
③ 칠드 주철 : Si가 적은 용선에 Mn을 첨가하여 용융 상태에서 금형에 주입하여 접촉면을 백주철로 만든 것

④ 가단주철 : 백주철의 주물을 만든 후 장시간 열처리하여 탈탄과 시멘타이트에 의한 흑연화에 의하여 연성을 가지게 한 것
  - 백심 가단주철 : 백선의 표면을 탈탄하고 구상화한 주철
  - 흑심 가단주철 : 백주철을 풀림 열처리한 주철
⑤ 구상 흑연 주철 : 용융 상태에서 Mg, Ce, Mg-Cu 등을 첨가하여 흑연을 구상으로 석출시킨 것

(5) 주강

주강은 주조할 수 있는 강을 말하는데, 단조강보다 가공 공정을 감소시킬 수 있으며 균일한 재질을 얻을 수 있다.
- 대량 생산에 적합하지만 주철에 비하여 용융점이 낮아 주조하기 힘들다.

🗂 단원 핵심 기출 문제

01

주철의 특성에 대한 설명으로 틀린 것은?

① 주조성이 우수하다.
② 내마모성이 우수하다.
③ 강보다 인성이 크다.
④ 인장강도보다 압축강도가 크다.

해

주철의특징	• 주조성이 우수하여 크고 복잡한 것도 제작이 가능 • 단위 무게당 값이 싸다. • 표면은 굳고 녹슬지 않으며 칠이 잘 된다. • 마찰저항 우수 • 절삭가공 우수 • 인장강도, 휨강도는 작으나 압축강도는 크다. • 인장강도가 큰 것도 있다. • 용도:수도관, 피스톤 링, 크랭크 샤프트, 클러치 판, 브레이크 드럼, 실린더 라이너 등

02

주철의 성질을 가장 올바르게 설명한 것은?

① 탄소의 함유량이 2.0% 이하이다.
② 인장강도가 강에 비하여 크다.
③ 소성변형이 잘된다.
④ 주조성이 우수하다.

03

주철의 장점이 아닌 것은?

① 압축 강도가 작다.
② 절삭 가공이 쉽다.
③ 주조성이 우수하다.
④ 마찰 저항이 우수하다.

04

주철에 대한 설명 중 틀린 것은?

① 강에 비하여 인장강도가 낮다.
② 강에 비하여 연신율이 작고, 메짐이 있어서 충격에 약하다.
③ 상온에서 소성 변형이 잘된다.
④ 절삭가공이 가능하며 주조성이 우수하다.

05

주철의 결점인 여리고 약한 인성을 개선하기 위하여 먼저 백주철의 주물을 만들고, 이것을 장시간 열처리하여 탄소의 상태를 분해 또는 소실시켜 인성 또는 연성을 증가시킨 주철은?

① 보통 주철　　　　② 합금 주철
③ 고급 주철　　　　④ 가단 주철

06

철-탄소계 상태도에서 공정 주철은?

① 4.3%C　　　　② 2.1%C
③ 1.3%C　　　　④ 0.86%C

07

마우러조직도에 대한 설명으로 옳은 것은?

① 탄소와 규소량에 따른 주철의 조직 관계를 표시한 것
② 탄소와 흑연량에 따른 주철의 조직 관계를 표시한 것
③ 규소와 망간량에 따른 주철의 조직 관계를 표시한 것
④ 규소와 Fe_2C량에 따른 주철의 조직 관계를 표시한 것

08

가단주철의 종류에 해당하지 않는 것은?

① 흑심 가단주철
② 백심 가단주철
③ 오스테나이트 가단주철
④ 펄라이트 가단주철

09

주철의 여러 성질을 개선하기 위하여 합금 주철에 첨가하는 특수원소 중 크롬(Cr)이 미치는 영향이 아닌 것은?

① 경도를 증가시킨다.
② 흑연화를 촉진시킨다.
③ 탄화물을 안정시킨다.
④ 내열성과 내식성을 향상 시킨다.

10

합금주철에서 0.2~1.5% 첨가로 흑연화를 방지하고 탄화물을 안정시키는 원소는 무엇인가?

① Cr　　　　② Ti
③ Ni　　　　④ Mo

11

구상 흑연주철을 조직에 따라 분류했을 때 이에 해당하지 않는 것은 ?

① 마르텐자이트 형　　　② 페라이트 형
③ 펄라이트 형　　　　　④ 시멘타이트 형

12

주철의 성장 원인 중 틀린 것은?

① 펄라이트 조직 중의 Fe_3C 분해에 따른 흑연화

② 페라이트 조직 중의 Si의 산화

③ A1 변태의 반복과정중에서 오는 체적변화에 기인되는 미세한 균열의 발생

④ 흡수된 가스의 팽창에 따른 부피의 감소

13

주철의 흑연화를 촉진시키는 원소가 아닌 것은?

① Al   ② Mn

③ Ni   ④ Si

14

주철의 성장원인이 아닌 것은?

① 흡수한 가스에 의한 팽창

② Fe_3C의 흑연화에 의한 팽창

③ 고용 원소인 Sn의 산화에 의한 팽창

④ 불균일한 가열에 의해 생기는 파열 팽창

15

인장강도가 255~340MPa로 Ca-Si나 Fe-Si 등의 접종제로 접종 처리한 것으로 바탕조직은 펄라이트이며 내마멸성이 요구되는 공작기계의 안내면이나 강도를 요하는 기관의 실린더 등에 사용되는 주철은?

① 칠드 주철   ② 미하나이트 주철

③ 흑심가단 주철   ④ 구상흑연 주철

해

고급 주철(인장강도 245MPa 또는 25kgf/mm2 이상인 주철)
미하나이트 주철

Fe-Si, 또는 Ca-Si 등의 분말을 첨가하여 접종시켜 흑연의 핵 형성을 촉진시켜, 흑연의 형상을 미세화, 균일화하여 연성과 인성을 크게하고 담금질이 가능하며, 두께의 차에 의한 성질의 변화가 아주 적어 내연기관 실린더, 피스톤 링에 이용

특수 주철		
가단주철	칠드주철	구상흑연주철 (노듈러, 덕타일 주철)
단조가 가능한 주철 종류 : 백심가단주철(WMC), 흑심가단주철(BMC), 펄라이트 가단주철(PMC)	경도가 필요한 부분만 칠 메탈을 이용하여 급랭	흑연을 구상화시킨 주철, 조직이 황소눈(불스아이)처럼 보인다.

16

다음 설명 중 옳지 않은 것은?

① A_1 변태는 강에서 일어나는 변태이다.

② 펄라이트는 주철의 일종이다.

③ 오스테나이트의 최대 탄소 고용량은 1130℃에서 약 2.0%이다.

④ 시멘타이트는 철과 탄소의 화합물이다.

17

주철의 성장을 방지하는 방법이 아닌 것은?

① 흑연의 미세화로 조직을 치밀하게 한다.

② C와 Si의 양을 많게 한다.

③ 편상 흑연을 구상 흑연화시킨다.

④ Cr, Mn, Mo 등을 첨가하여 펄라이트 중 분해를 방지한다.

18

다음 주철 중 인장 강도가 가장 낮은 것은?

① 백심 가단주철　　② 구상 흑연 주철
③ 보통 주철　　　　④ 흑심 가단주철

해　주철의 인장 강도 : 구상 흑연 주철 > 펄라이트 가단
　주철 > 백심 가단주철 > 흑심 가단주철 > 미하나이
　트 주철 > 칠드 주철

19

백주철을 고온에서 장시간 열처리하여 시멘타
이트 조직을 분해하거나 소실시켜 인성 또는
연성을 개선한 주철은?

① 가단주철　　　　② 칠드 주철
③ 합금 주철　　　　④ 구상 흑연 주철

20

주조 시 주형에 냉금(冷金)을 삽입하여 주물
표면을 급랭시킴으로써 백선화하고 경도를
증가시킨 내마모성 주철은?

① 가단(malleable)주철
② 구상 흑연 주철
③ 칠드(chilled) 주철
④ 미하나이트(meehanite) 주철

해　칠드 된 부분은 시멘타이트 조직으로 되어 경도가 높
　아지고 내마멸성과 압축 강도가 커서 기차 바퀴나 분
　쇄기 롤러에 사용된다.

21

주강과 주철의 설명으로 바르지 못한 것은?

① 주강의 종류에는 저탄소 주강, 중탄소 주강,
　고탄소 주강이 있다.
② 주강은 주철에 비해 용융점이 높다.
③ 주철 중에 함유되는 탄소량은 보통
　2.5~4.5% 정도이다.
④ 주철은 주강에 비해 기계적 성질이 월등히
　좋고 용접에 의한 보수가 용이하다.

해　주철은 담금질 열처리가 불가능하며 주강에 비해 기계적
　성질이 좋다고 볼 수 없다.

☑ **주강**

1. 주조용 강재로서 용융된 탄소강 또는 합금강
　을 주형에 주입하여 만든 제품
2. 크거나 모양이 복잡하여 단조 가공이 곤란하
　거나 강도가 큰 기계 재료에 사용된다.
3. 주철에 비하여 녹는 온도가 높기때문에 주조
　하기가 어렵고 비용이 많이 드는 단점이 있다.

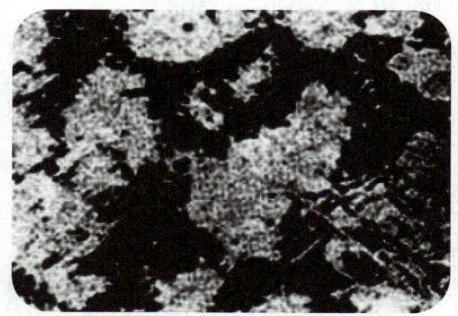

주강의 조직

5. 비철금속 재료

1) 구리와 그 합금

[1] 구리(Cu)의 성질

① 비중 8.96, 용용점 1,083℃, 결정격자가 면심
   입방격자(FCC)
② 비자성체이며 내식성이 좋다.
③ 전기전도율이 우수하며 전연성 및 가공성
   이 우수하다.

[2] 황동(Cu＋Zn)

① 구리(Cu)와 아연(Zn)의 합금으로 흔히 놋쇠
   라고도 불린다.
② 아연(Zn)의 함유량이 30% 일 때 7-3황동이
   라 하며, 연신율이 최대이다.
③ 아연(Zn)의 함유량이 40% 일 때 6-4황동이
   라 하며, 인장강도가 최대이다.

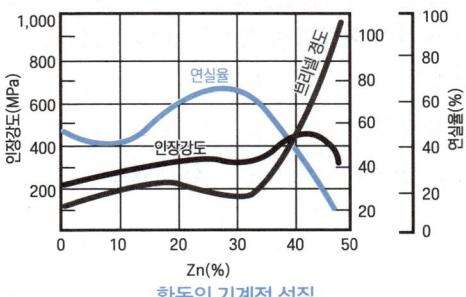

황동의 기계적 성질

종류	주요 특징 및 용도
톰백	- 8~20% 아연을 함유한 황동 - 강도는 낮으나 전연성이 좋아 모조 금이나 금박으로 사용
7-3황동	- 아연의 함유량이 30% - 연신율이 크고 냉간가공성이 좋음 - 자동차 방열기 부품, 장식품, 탄피 등에 사용
6-4황동	- 아연의 함유량이 40% - 전연성이 낮고 인장강도가 최대 - 강도를 요하는 기계구조용으로 사용

애드미럴티 황동	-7-3황동어 주석(Sn) 1% 첨가 -스프링용 및 선반용에 사용
네이벌 황동	6-4황동에 주석(Sn) 1% 첨가
델타메탈	-6-4황동어 1~2%의 철(Fe) 첨가 -부식에 강해 기계나 선박용 재료로 사용

[3] 청동(Cu＋Sn)

① 구리(Cu)와 주석(Sn)의 합금을 말하며, 넓은
   의미에서는 황동이 아닌 구리 합금을 말한다.
② 고대의 가구, 장신구, 무기, 불상 등 금속재
   료에 사용

종류	주요 특징 및 용도
포금	- 8~12% 주석과 1~2% 아연을 넣은 것 - 포신 재료, 프로펠러, 피스톤으로 많이 사용
베어링용 청동	- 4~20% 납(Pb)을 함유한 청동 - 켈밋이라고도 부르며 고속 회전용 베어링으로 항공기, 자동차 등에 사용

01

구리의 성질을 설명한 것으로 틀린 것은?

① 전기 및 열전도가 우수하다.
② 합금으로 제조하기 곤란하다.
③ 구리는 비자성체로 전기전도율이 크다.
④ 구리는 공기 중에서는 표면이 산화되어 암적색으로 된다.

02

구리의 일반적인 특성에 관한 설명으로 틀린 것은?

① 전연성이 좋아 가공이 용이하다.
② 전기 및 열의 전도성이 우수하다.
③ 화학적 저항력이 작아 부식이 잘된다.
④ Zn, Sn, Ni, Ag 등과는 합금이 잘된다.

03

비철금속 구리(Cu)가 다른 금속 재료와 비교해 우수한 것 중 틀린 것은?

① 연하고 전연성이 좋아 가공하기 쉽다.
② 전기 및 열전도율이 낮다.
③ 아름다운 색을 띠고 있다.
④ 구리합금은 철강 재료에 비하여 내식성이 좋다.

04

원자기호와 비중과의 관계가 옳은 것은? (단, 비중은 20℃, 무산소동이다)

① Al - 6.86
② Ag - 6.96
③ Mg - 9.86
④ Cu – 8.96

05

황동은 어떤 원소의 2원 합금인가?

① 구리와 주석
② 구리와 망간
③ 구리와 납
④ 구리와 아연

06

황동의 합금 원소는 무엇인가?

① Cu - Sn
② Cu - Zn
③ Cu - Al
④ Cu – Ni

07

다음 중 청동의 합금 원소는?

① Cu+Fe
② Cu+Sn
③ Cu+Zn
④ Cu+Mg

08

구리에 아연이 5~20% 첨가되어 전연성이 좋고 색깔이 아름다워 장식품에 많이 쓰이는 황동은?

① 포금
② 톰백
③ 문쯔메탈
④ 7:3황동

해

철황동 (델타 메탈)	6:4 황동 +1~2%Fe	내식성 우수, 강도 우수	광산기계, 선박, 화학기계용
네이벌 황동	6:4 황동 +1%Sn	내식성 우수	선박용기계, 파이프, 용접봉
고강도 황동	6:4 황동+Al, Re, Mn, Ni등	내식성, 내해수성 우수, 여리지 않고 강함	선박용 프로펠러
애드미럴티 황동	7:3 황동 +1%Sn	내식성 우수	열교환기, 관, 증발기

두라나 메탈	7:3 황동 +2%Fe			
쾌삭 황동	황동+Pb	절삭성 우수		대량생산용 부품, 시계기어용
문쯔 메탈	Zn40% 내외의 황동을 통칭			
톰백	황동 +8~20%Zn	냉간가공성 우수		단추, 금박, 금 모조품
양백 (니켈실버, 양은)	황동 +10~20%Ni	탄성, 내식성 우수		장식, 식기, 악기용

09

6-4 황동에 철 1~2%를 첨가함으로써 강도와 내식성이 향상되어 광산기계, 선박용 기계, 화학기계 등에 사용되는 특수 황동은?

① 쾌삭 메탈
② 델타 메탈
③ 네이벌 황동
④ 애드머럴티 황동

10

구리 합금 중 6:4 황동에 약 0.8% 정도의 주석을 첨가하여 내해수성이 강하 기 때문에 선박용 부품에 사용하는 특수 황동은?

① 네이벌 황동
② 납 황동
③ 강력 황동
④ 애드미럴티 황동

11

애드미럴티(admiralty) 황동의 조성은?

① 7:3 황동 + Sn(1% 정도)
② 6:4 황동 + Sn(1% 정도)
③ 7:3 황동 + Pb(1% 정도)
④ 6:4 황동 + Pb(1% 정도)

12

상온이나 고온에서 단조성이 좋아지므로 고온가공이 용이하며 강도를 요하는 부분에 사용하는 황동은?

① 톰백
② 6-4황동
③ 7-3황동
④ 함석황동

13

구리에 니켈 40~50% 정도를 함유하는 합금으로서 통신기, 전열선 등의 전기저항 재료로 이용되는 것은?

① 인바
② 엘린바
③ 콘스탄탄
④ 모넬메탈

14

구리에 아연이 5~20% 첨가되어 전연성이 좋고 색깔이 아름다워 장식품에 많이 쓰이는 황동은?

① 포금
② 톰백
③ 문쯔메탈
④ 7:3황동

15

5~20% Zn의 황동으로 강도는 낮으나 전연성이 좋고 황금색에 가까우며 금박대용, 황동단추 등에 사용되는 구리 합금은?

① 톰백
② 문쯔메탈
③ 텔터 메탈
④ 주석황동

16

황동의 연신율이 가장 클 때 아연(Zn)의 함유량은 몇 % 정도인가?

① 30   ② 40
③ 50   ④ 60

해 (Cu + Zn, 구리 + 아연)의 합금에서 Zn의 함유량이 40% 일때 인장강도가 최대여서 구조용으로 사용하며 Zn의 함유량이 30% 일때 연신율이 최대여서 가공용으로 사용한다.

17

베릴륨 청동 합금에 대한 설명으로 옳지 않는 것은?

① 구리에 2~3%의 Be를 첨가한 석출경화성 합금이다.
② 피로한도, 내열성, 내식성이 우수하다.
③ 베어링, 고급 스프링 재료에 이용된다.
④ 가공이 쉽게 되고 가격이 싸다.

18

냉간 가공된 황동제품들이 공기 중의 암모니아 및 염류로 인하여 입간부식에 의한 균열이 생기는 것은?

① 저장균열   ② 냉간균열
③ 자연균열   ④ 열간균열

해 - 자연 균열 : 냉간 가공에 의한 내부 응력이 공기 중의 NH_3, 염류로 인하여 입간 부식을 일으켜 균열이 발생하는 현상 (방지책 : 도금법, 저온 풀림 (200~300℃, 20~30분간)
- 탈아연 현상 : 해수에 침식되어 Zn이 용해 부식되는 현상. ZnCl이 원인 (방지책 : Zn판을 연결)
- 경년 변화 : 상온 가공한 황동 스프링이 사용 시간의 경과와 더불어 스프링의 특성을 잃는 현상

19

황동의 자연균열 방지책이 아닌 것은?

① 온도 180~260℃에서 응력제거 풀링처리
② 도료나 안료를 이용하여 표면처리
③ Zn 도금으로 표면처리
④ 물에 침전처리

20

Cu 와 Pb 합금으로 항공기 및 자동차의 베어링 메탈로 사용되는 것은?

① 양은(nickel silver)
② 켈밋(kelmet)
③ 배빗 메탈(babbit metal)
④ 애드미럴티 포금(admiralty gun metal)

해

베어링 합금

베어링 메탈 구비조건	
• 열전도가 좋을 것	• 피로 강도가 클 것
• 마찰계수가 적을 것	• 마멸이 적을 것
• 내식성이 클 것	

대표종류		
화이트 메탈(White metal)		구리(Cu)계 베어링 합금
주석(Sn)계 화이트 메탈	납(Pb)계 화이트 메탈	
배빗메탈 :Sn-Sb-Cu	러지메탈 :Pb-Sb-Sn 바훈메탈 :Pb-Ca-Ba-Na	켈밋:Cu-Pb 연천동 알루미늄 청동

21

베어링으로 사용되는 구리계 합금으로 거리가 먼 것은?

① 켈밋(kelmet)

② 연청동(lead bronze)

③ 문쯔 메탈(muntz metal)

④ 알루미늄 청동(Al bronze)

22

청동의 특성을 황동과 비교하여 나타낸 것으로 틀린 것은?

① 구리(Cu)와 주석(Sn)의 합금이다.

② 내식성이 양호하다.

③ 마찰 저항이 작고 광택이 있다.

④ 주조하기 쉬워 선박용 부품이나 밸브류, 동상, 베어링 등에 사용된다.

2) 알루미늄과 그 합금

① 알루미늄의 특성

ㄱ. 비중 2.7, 용융점 660℃, 결정구조 면심입방격자(FCC)

ㄴ. 전기와 열의 양도체이며 용접성과 가공이 쉽다.

ㄷ. 내식성이 우수하나 염산, 질산에 쉽게 용해한다.

② 알루미늄 합금의 종류

분류	종류	주요 특징 및 용도
주조용	실루민	- 11~14% 규소(Si) 함유 - 복잡한 사형 주물에 이용
	라우탈	- 4% 구리(Cu), 5% 규소(Si) 함유 - 금형 주조에 적합하여 자동차 및 선박용 피스톤에 사용
	Y합금	- Al-Cu-Ni-Mg계 합금 - 내열성이 좋아 실린더 헤드와 피스톤 등에 사용
	로엑스	- 12% Si, 1% Cu, 1% Mg, 1.8% Ni 함유 - 열팽창 계수가 작아 엔진, 피스톤용 재료로 사용
가공용	두랄루민	- Al-Cu-Mg-Mn계 합금 - 고강도로 항공기나 자동차용 재료로 사용
	초두랄루민	- 두랄루민에 Mg을 증가시킨 합금 - 인장강도가 매우 높아 항공기 부품 재료로 사용
내식성	하이드로날륨	- 6~10% Mg 첨가 합금 - 바닷물에 강하고 용접성이 우수해 선박용 부품으로 사용

01

비중이 2.7로써 가볍고 은백색의 금속으로 내식성이 좋으며, 전기전도율이 구리의 60% 이상인 금속은?

① 알루미늄(Al)　　② 마그네슘(Mg)

③ 바나듐(V)　　　④ 안티몬(Sb)

02

알루미늄의 특성에 대한 설명 중 틀린 것은?

① 내식성이 좋다.

② 열전도성이 좋다.

③ 순도가 높을수록 강하다.

④ 가볍고 전연성이 우수하다.

03

항공기 재료로 가장 적합한 것은 무엇인가?

① 파인 세라믹　　② 복합 조직강

③ 고강도 저합금강　④ 초두랄루민

성질	
• 비중 2.7	• 융융점 660℃
• 열 및 전기의 양도체	• 내식성 우수
• 가공성 우수	• 산이나 알칼리에 취약

주조용 Al 합금
• Al-Cu계
• Al-Si계(실루민)
• Al-Mg(하이드로날륨)
• Al-Cu-Si계(라우탈)
• Y합금(Al+Cu+Ni+Mg)
• 로우엑스(Al+Si+Cu+Mg)

가공용 Al 합금		
고강도 Al 합금	내식용 Al 합금	내열용 Al 합금
두랄루민 :Al+4%Cu+0.5% Mg+0.5%Mn	하이드로날륨 :Al-Mg계	Y합금 (Al-Cu-Ni-Mg)
초두랄루민	알민:Al+Mn	Al 분말 소결체
초초두랄루민	알드리:Al-Mg-Si계	로우엑스(Lo-Ex): 열팽창계수 적음, 피스톤재료

04

다음 중 두랄루민 합금과 관계없는 것은?

① Al-Cu-Mg-Mn계 합금이다.

② 시효 경화 처리하면 인장 강도가 연강과 같은 정도가 된다.

③ 가볍고 강인하여 단조용으로 사용된다.

④ Y-합금이라고도 한다.

05

내열용 알루미늄합금 중에 Y합금의 성분은?

① 구리, 납, 아연, 주석

② 구리, 니켈, 망간, 주석

③ 구리, 알루미늄, 납, 아연

④ 구리, 알루미늄, 니켈, 마그네슘

해 Y합금의 성분은 Al-Cu-Ni-Mg이다.

06

알루미늄 합금 중 내열성이 있는 주물로 공랭 실린더 헤드 및 피스톤 등에 널리 사용되는 것은?

① Y 합금　　　　② 라우탈

③ 하이드로날륨　④ 고력 Al 합금

07

주물에 널리 쓰이는 Al-Cu-Si계 합금을 무엇이라 하는가?

① 라우탈(lautal)

② 알민(almin) 합금

③ 로엑스(Lo-Ex) 합금

④ 하이드로날륨(hydronalium)

08

주조용 알루미늄 합금이 아닌 것은?

① Al-Cu계   ② Al-Si계

③ Al-Zn-Mg계   ④ Al-Cu-Si계

09

다음 중 알루미늄 합금이 아닌 것은?

① Y 합금

② 실루민

③ 톰백(tombac)

④ 로엑스(Lo-Ex) 합금

10

내식용 Al 합금이 아닌 것은?

① 알민(Almin)

② 알드레이(Aldrey)

③ 하이드로날륨(hydronalium)

④ 코비탈륨(cobitalium)

11

다이캐스팅용 알루미늄(Al)합금이 갖추어야 할 성질로 틀린 것은?

① 유동성이 좋을 것

② 열간취성이 적을 것

③ 금형에 대한 점착성이 좋을 것

④ 응고수축에 대한 용탕 보급성이 좋을 것

12

두랄루민은 기계적 성질이 탄소강과 비슷하며 비중이 1/3 정도로 가벼워 항공기 재료로 많이 사용된다. 두랄루민의 성분을 바르게 나타낸 것은?

① Al–Mg–Pb–Ni   ② Al–Fe–Mg–Cu

③ Al–Cu–Mg–Mn   ④ Al–Mn–Co–Mg

13

알루미늄(Al)에 마그네슘(Mg)을 약 10%까지 첨가한 합금으로 내식성, 강도, 연신율이 우수하며 비중이 작은 합금은?

① 실루민   ② 하이드로날륨

③ 톰백   ④ 스텔라이트

6. 기타 비철금속 재료

(1) 마그네슘(Mg)

① 비중 1.74으로 실용 금속 중에서 가장 가볍다.

② 용융점 650℃, 열전도율과 전기 전도율이
 낮다.

③ 강도는 작지만 절삭성이 좋다.

④ 항공기, 자동차 부품에 주로 사용된다.

(2) 니켈(Ni)

① 비중 8.9, 용융점 1,455℃, 결정구조 면심입
 방결자(FCC)

② 은백색의 금속으로 전연성이 뛰어나 소성
 가공이 용이

③ 내식성이 좋아 대기중에는 부식이 되지 않
 고, 아황산가스에 심하게 부식

종류	주요 특징 및 용도
콘스탄탄	-40~45% Ni을 함유한 합금 -전기저항률이 높아 열전쌍으로 사용
모네 메탈	-50~75% Ni을 함유한 합금. -내식성, 내열성이 우수하여 펌프, 증기판에 사용
퍼멀로이	-70~90% Ni, 10~30% Fe 합금 -투자율이 높아 자기재료로 사용
니칼로이	-50% Ni, 50% Fe -초투자유일 높아 저주파 변경이의 자심으로 사용
니크롬	-15~20% Cr 합금 -저항성이 있어서 전열선으로 쓰인다.

(3) 티타늄(Ti)

① 비중 4.5, 용융점 1800℃, 인장 강도 490MPa
 이며 비강도가 가장 크다.

② 고온 강도, 내식성, 내열성이 우수

③ 절삭성과 주조성이 나쁨

④ 용도 : 비강도가 크므로 초음속 항공기의
 외판, 송풍기의 프로펠러 등에 사용한다.

(4) 납(Pb)

① 비중 11.35, 용융점 327℃, 연신율 50%,
 면심입방격자, 가공 경화가 안 된다.

② 수도관(피막 형성), 내산용 기구, 방사선 방
 어용, 땜납, 활자 합금 등에 사용

📁 단원 핵심 기출 문제

01

마그네슘(Mg)에 대한 설명으로 틀린 것은?

① 비중은 상온에서 1.74이다.

② 열전도율과 전기전도율은 Cu, Al보다 낮다.

③ 해수에 대해 내식성이 풍부하다.

④ 절삭성이 풍부하다.

02

다음 비철 재료 중 비중이 가장 가벼운 것은?

① Cu   ② Ni

③ Al   ④ Mg

03

니켈강을 가공 후 공기 중에 방치하여도 담금질 효과를 나타내는 현상은 무엇인가?

① 질량 효과   ② 자경성

③ 시기 균열   ④ 가공 경화

04

구리에 니켈 40~50% 정도를 함유하는 합금으로서 통신기, 전열선 등의 전기저항 재료로 이용되는 것은?

① 인바   ② 엘린바

③ 콘스탄탄   ④ 모넬메탈

> 📘 콘스탄탄 : Cu에 Ni을 40~50% 합금한 재료, 전기저항률이 높아 열전쌍으로 사용 - 40~45% Ni을 함유한 합금

불변강
주위의 온도가 변하더라도 재료가 가지고있는 열팽창계수 및 탄성계수 등의 특성이 변하지 않는 강

① 인바(invar)	② 초인바(super invar)
Fe-Ni(36%)계 합금, 선팽창계수가 극히 적음. 줄자, 시계추, 표준자, 바이메탈	Fe-Ni-Co계 합금
③ 엘린바(elinvar)	④ 코엘린바(coelinvar)
Fe(52%)-Ni(36%)-Cr(12%)계 합금. 탄성계수가 거의 변화 없음. 정밀기계, 고급시계, 정밀저울의 스프링	엘린바에 첨가하여 탄성 계수가 매우 작고 공기 중이나 수중에서 부식되지 않음. 기상관측용, 스프링
⑤ 플래티나이(platinite)	⑥ 퍼멀로이(permalloy)
열팽창계수가 유리나 백금과 동일. 전구의 도입선에 사용	투자율이 높아 전기통신재료

05

티타늄의 일반적인 성질에 속하지 않는 것은?

① 비교적 비중이 작다.

② 용융점이 낮다.

③ 열전도율이 낮다.

④ 산화성 수용액 중 내식성이 크다.

06

특수강에 들어가는 합금 원소 중 탄화물 형성과 결정립을 미세화하는 것은?

① P   ② Mn

③ Si   ④ Ti

07

마그네슘(Mg)에 대한 설명으로 틀린 것은?

① 비중은 상온에서 1.74이다.

② 열전도율과 전기전도율은 Cu, Al보다 낮다.

③ 해수에 대해 내식성이 풍부하다.

④ 절삭성이 풍부하다.

해 마그네슘은 대기 중에서 내식성이 양호하나 산이나 염류에 침식되기 쉽다.

08

아연에 대한 설명 중 틀린 것은?

① 조밀육방격자형이며 회백색의 연한 금속이다.

② 비중이 7.1이고 용융점이 420°C이다.

③ 산, 알칼리, 해수 등에 부식되지 않는다.

④ 철판, 철선의 도금에 사용된다.

09

금반지를 18K 금으로 만들었다. 순금(Au)은 몇 %가 함유된 것인가?

① 18   ② 34

③ 75   ④ 100

해 18K의 순도 = $\dfrac{18K}{24K} \times 100 = 75\%$

---

7. 비금속 재료

(1) 합성수지재료

① 플라스틱(plastic)이라 하며 가볍고 튼튼하다.

② 큰 충격에 약하며 열에 약하다.

③ 가공성이 크고 성형이 간단하다.

ㄱ. 열가소성 수지 : 열을 가하여 성형한 뒤에도 다시 열을 가하면 형태를 변형시킬 수 있는 수지

예 폴리 에틸렌, 폴리 프로필렌, 폴리 염화비닐, 폴리아미드(나일론), 아크릴 수지 등

ㄴ. 열경화성 수지 : 열을 가하여 성형하면 다시 열을 가해도 형태가 변하지 않는 수지

예 요수 수지, 페놀 수지, 멜라민 수지, 에폭시 수지, 폴리 에스테르 등

📁 단원 핵심 기출 문제

01

열가소성 수지가 아닌 재료는?

① 멜라민 수지   ② 초산비닐 수지

③ 폴리에틸렌 수지   ④ 폴리염화비닐 수지

해

① 열경화성 수지	② 열가소성 수지
열을 가하면 딱딱하게 경화되는 물질	열을 가하면 부드러워지는 물질
페놀수지, 요소수지, 멜라민 수지, 실리콘 수지, 에폭시 수지	폴리에틸렌수지, 폴리스텔렌, 아크릴 수지, 스티렌 수지

02

접착제, 껌, 전기 절연재료에 이용되는 플라스틱의 종류는?

① 폴리초산비닐계   ② 셀룰로오스계

③ 아크릴계   ④ 불소계

03

일반적인 합성수지의 공통된 성질로 가장 거리가 먼 것은?

① 가볍다.   ② 착색이 자유롭다.

③ 전기절연성이 좋다.   ④ 열에 강하다.

04

경질이고 내열성이 있는 열경화성 수지로서 전기기구, 기어 및 프로펠러 등에 사용되는 것은?

① 아크릴수지   ② 페놀수지

③ 스티렌수지   ④ 폴리에틸렌

05

다음 중 플라스틱 재료로서 동일 중량으로 기계적 강도가 강철보다 강력한 재질은?

① 글라스 섬유   ② 폴리카보네이트

③ 나일론   ④ FRP

06

열가소성 수지가 아닌 재료는?

① 멜라민 수지   ② 초산비닐 수지

③ 폴리에틸렌 수지   ④ 폴리염화비닐 수지

07

유리섬유에 합침(習浸) 시키는 것이 가능하기 때문에 FRP(fiber reinforced plastic)용으로 사용되는 열경화성 플라스틱은?

① 폴리에틸렌계

② 불포화 폴리에스테르계

③ 아크릴계

④ 폴리염화비닐계

08

열경화성 수지가 아닌 것은?

① 아크릴수지   ② 멜라민수지

③ 페놀수지   ④ 규소수지

8. 신소재

종류	주요 특징 및 용도
형상기억합금	상온에서 다른 형상으로 변형시킨 후 원래 모양으로 회복되는 온도로 가열하면 원래의 모양으로 되돌아 오는 신소재
클래드 재료	- 2종 이상의 금속 재료를 조합하여 각각의 소재가 가진 특성을 복합적으로 얻을 수 있는 재료 - 온도 조절용 바이메탈, 장식품 등에 사용
비정질 재료	- 원자나 분자의 배열 상태가 불규칙한 상태의 무정형 물질 - 골프 클럽의 샤프트 등에 사용
초소성 재료	특정 온도에서 인장력을 받을 때 끊어지지 않고 많은 연신율을 나타내는 금속 재료

📁 단원 핵심 기출 문제

01

형상기억합금의 종류에 해당되지 않는 것은?

① 니켈-티타늄계 합금

② 구리-알루미늄-니켈계 합금

③ 니켈-티타늄-구리계 합금

④ 니켈-크롬-철계 합금

해

합금에 외부 응력을 가하여 영구 변형을 시킨 후 재료를 특정 온도 이상으로 가열하면 변형되기 이전의 형상으로 회복되는 현상을 형상 기억 효과라고 하며 이 효과를 나타내는 합금을 형상기억합금이라 한다.

형상기억합금의 종류	Ni-Ti합금, Ni-Al합금, Ni-Al-Cu합금, Al-Zn-Cu합금, Fe-Mn-Si-Cr-Ni합금, Fe-Cr-Ni-Mn-Si-Co합금

02

형상 기억 합금의 내용과 관계가 먼 것은?

① 형상 기억 효과를 나타내는 합금은 오스테나이트 변태를 한다.

② 어떠한 모양을 기억할 수 있는 합금이다.

③ 소성 변형된 것이 특정 온도 이상으로 가열되면 변형되기 이전의 원래 상태로 돌아가는 합금이다.

④ 형상 기억 합금의 대표적인 것은 Ni-Ti 합금이다.

03

기능성 신소재의 종류가 아닌 것은?

① 형상 기억 합금　　② 수소 저장 합금

③ 주조용 합금　　　④ 비정질 합금

04

어떤 종류의 금속이나 합금을 0℃ 가까이 냉각하였을 때 전기 저항이 완전히 소멸되어 전류가 감소하지 않는 상태는?

① 초소성　　　　② 초전도

③ 감소성　　　　④ 고상 접합

05

탄성 한도를 넘어서 소성 변형을 시킨 경우에도 하중을 제거하면 원래 상태로 돌아가는 성질은?

① 신소재 효과　　② 초탄성 효과

③ 초소성 효과　　④ 시효 경화 효과

9. 열처리

금속 또는 합금에 요구되는 기계적 성질을 개선하거나 원하는 특성을 부여하기 위한 목적으로 가열과 냉각하여 성질을 개선하는 기술

1) 일반 열처리

(1) 담금질(Quenching)

① 강의 강도나 경도를 높이기 위하여 A_1 – A_3 변태점보다 30 ~ 50℃ 높은 온도로 가열한 후 물이나 기름에 급랭하여 마르텐사이트 변태가 생기도록 하는 조직

② 담금질한 상태는 단단하기만 할 뿐 응력이 많고 매우 불안정하여 반드시 뜨임 처리를 하여 내부 응력을 감소시켜야 한다.

③ 탄소량이 많거나 냉각 속도가 빠를수록 담금질 효과가 크다.

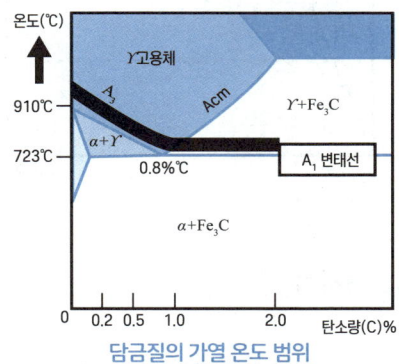

담금질의 가열 온도 범위

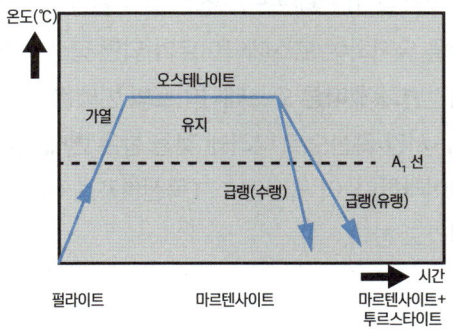

담금질의 조작과 조직

(2) 뜨임(Tempering)

① 담금질한 강에 적당한 강인성을 주기 위해서 A_1 변태점 이하의 온도에서 재가열하는 열처리를 뜨임이라고 한다.

② 뜨임하는 목적은 다음과 같다.

　ㄱ. 조직 및 기계적 성질을 안정화시키기 위함이다.

　ㄴ. 경도는 조금 낮아지나 인성을 좋게 함이다.

　ㄷ. 잔류 응력을 감소시키거나 제거하고 탄성 한계, 항복 강도가 향상시키기 위함이다.

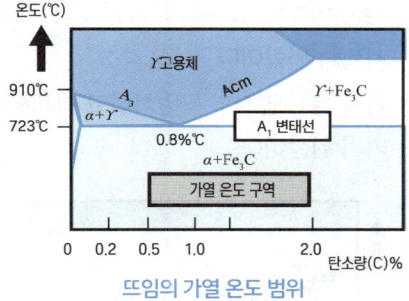

뜨임의 가열 온도 범위

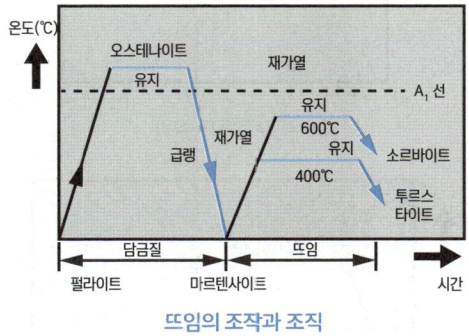

뜨임의 조작과 조직

(3) 풀림(Annealing)

① 재료를 기계 가공하기 위해서는 단단한 재료를 연하게 하거나 내부 응력을 제거해야 한다. 그렇게 하기 위해 강을 A_1 - A_3 변태점보다 30 ~ 50℃ 높은 온도로 가열하여 오스테나이트로 변환시킨다. 그 다음에 노나 재 속에서 서서히 냉각시켜 연화시키는데, 이 작업이 풀림이다.

② 풀림 처리하는 목적

ㄱ. 주조, 단조, 기계 가공에서 생긴 내부 응력을 제거하기 위함이다.

ㄴ. 열처리로 말미암아 경화된 재료를 연화시키기 위함이다.

ㄷ. 금속 결정 입자의 균일화하고 미세화시키기 위함이다.

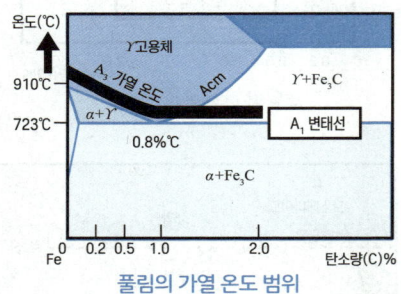

풀림의 가열 온도 범위

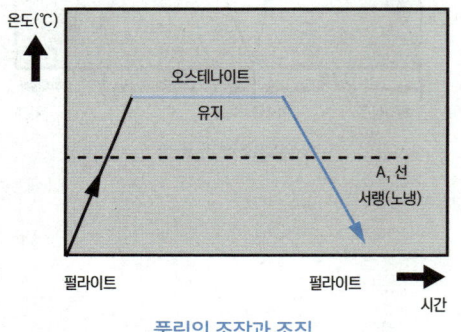

풀림의 조작과 조직

(4) 불림(Normailizing)

① 강을 A_1 - A_{cm} 변태점보다 40 ~ 60℃ 정도의 높은 온도로 가열하여 균일한 오스테나이트 조직으로 개선한 후에 공기 중에서 냉각시키는 작업을 말한다.

② 단조된 재료나 주조된 재료 내부에 생긴 내부 응력을 제거하거나 결정 조직을 균일화시키는 데 있다.

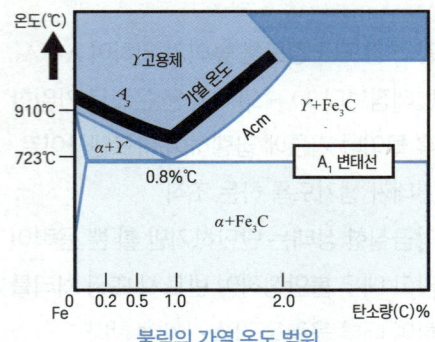

불림의 가열 온도 범위

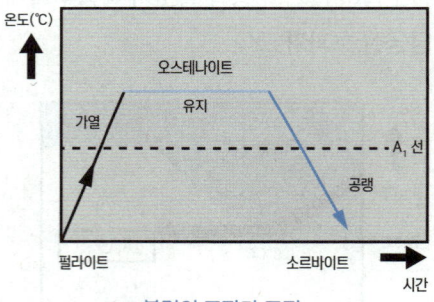

불림의 조작과 조직

2) 항온열처리

공석강을 Al 변태온도 이상으로 가열한 후 시간을 유지하여 오스테나이트가 되면 급랭시켜 시간변화에 따른 오스테나이트의 변태를 온도 - 시간 곡선으로 나타낸 것을 항온 변태 곡선이라한다. 이 곡선을 TTT곡선(S곡선, C곡선)이라고 한다.

종류	
오스템퍼링	350~550°C 온도의 염욕에 넣어 항온변태를 끝낸 열처리, 베이나이트 조직이 된다. 연신율과 충격치가 크며, 강인성이 풍부하고 비틀림이 없는 재료를 얻을 수 있다.
마템퍼링	Ms점 이하의 염욕에 담금질하여 항온유지한 후 냉각시킨 것으로 마르텐사이트와 베이나이트의 혼합조직이 얻어진다.
마퀜칭	Ms 온도의 염욕에서 담금질한 것을 마르텐사이트로 변태시켜 급랭할 때 재료 내외부의 온도차에 의한 균열과 변형을 방지하는 방법

3) 표면경화 열처리

종류	특징
침탄법	표면에 탄소를 침투시키는 방법 고체 침탄법과 가스 침탄법이 있다.
질화법	강철을 질소를 함유한 물질 속에서 가열하여 질소화합물을 만들어 표면을 경화하는 방법
청화법	시안화나트륨 (NaCN), 시안화칼슘 (KCN) 을 용융시킨 고온의 염욕로에 넣어 침탄과 질화를 동시에 하는 방법
화염경화법	탄소강이나 합금강을 산소와 아세틸렌가스 등의 화염으로 가열한 뒤에 공기 제트나 물로 냉각시키는 방법
고주파경화법	고주파 유도 전류를 이용하여 표면층을 가열한 뒤에 급랭하는 방법 담금질 시간이 짧고, 복잡한 형상에 이용하기 좋다.

4) 금속침투법

금속 표면을 가열하여 다른 종류의 금속을 피복시키는 합금층을 만드는 방법

종류	열처리 특징
세라다이징	아연(Zn) 침투
크로다이징	크롬(Cr) 침투
칼로다이징	알루미늄(Al) 침투
보로나이징	붕소(B) 침투
실리코나이징	규소(Si) 침투

🗀 단원 핵심 기출 문제

01

철강의 열처리 목적으로 틀린 것은?

① 내부의 응력과 변형을 증가시킨다.
② 강도, 연성, 내마모성 등을 향상시킨다.
③ 표면을 강화시키는 등의 성질을 변화시킨다.
④ 조직을 미세화하고 기계적 특성을 향상시킨다.

02

열처리란 탄소강을 기본으로 하는 철강으로 매우 중요한 작업이다. 열처리의 특성으로 잘못 설명한 것은?

① 내부의 응력과 변형을 감소시킨다.
② 표면을 연화시키는 등의 성질을 변화시킨다.
③ 기계적 성질을 향상시킨다.
④ 강의 전기적/자기적 성질을 향상시킨다.

03

열처리의 방법 중 강을 경화시킬 목적으로 실시하는 열처리는?

① 담금질   ② 뜨임
③ 불림   ④ 풀림

04

담금질한 탄소강을 뜨임 처리하면 어떤 성질이 증가되는가?

① 강도   ② 경도
③ 인성   ④ 취성

05

다음 중 표면을 경화시키기 위한 열처리 방법이 아닌 것은?

① 풀림
② 침탄법
③ 질화법
④ 고주파 경화법

06

열처리 방법 및 목적으로 틀린 것은?

① 불림 - 소재를 일정온도에 가열 후 공냉시킨다.
② 풀림 - 재질을 단단하고 균일하게 한다.
③ 담금질 - 급냉시켜 재질을 경화시킨다.
④ 뜨임 - 담금질된 것에 인성을 부여한다.

07

탄소강의 경도를 높이기 위하여 실시하는 열처리는?

① 불림
② 풀림
③ 담금질
④ 뜨임

08

마텐자이트와 베이나이트의 혼합조직으로 Ms와 Mf점 사이의 염욕에 담금질하여 과냉 오스테나이트의 변태가 완료할 때까지 항온 유지한 후에 꺼내어 공랭하는 열처리는 무엇인가?

① 오스템퍼(Austemper)
② 마템퍼(Martemper)
③ 마퀜칭(Marquenching)
④ 패턴팅(Patenting)

09

열처리방법 중에서 표면경화법에 속하지 않는 것은?

① 침탄법
② 질화법
③ 고주파경화법
④ 항온열처리법

해

표면경화법

① 화학적 표면경화법		
침탄법	질화법	금속침투법(시멘테이션)
고체침탄법, 액체침탄법, 기체침탄법	암모니아 가스 중에서 가열	세라다이징(Zn), 크로마이징(Cr), 칼로라이징(Al), 실리코나이징(Si), 보로나이징(B)

② 물리적 표면경화법			
화염경화법	고주파경화법	하드페이싱	쇼트피닝

10

강의 표면 경화법으로 금속 표면에 탄소(C)를 침입 고용 시키는 방법은?

① 질화법
② 침탄법
③ 화염경화법
④ 숏피닝

11

다음 중 표면 경화법의 종류가 아닌 것은?

① 침탄법
② 질화법
③ 고주파 경화법
④ 심냉 처리법

12

금속으로 만든 작은 덩어리를 가공물 표면에 투사하여 피로강도를 증가시키기 위한 냉간 가공법은?

① 숏 피닝
② 액체호닝
③ 수퍼피니싱
④ 버핑

13

풀림의 목적을 설명한 것 중 틀린 것은?

① 강의 경도가 낮아져서 연화된다.

② 담금질된 강의 취성을 부여한다.

③ 조직이 균일화, 미세화, 표준화된다.

④ 가스 및 불순물의 방출과 확산을 일으키고 내부 응력을 저하시킨다.

해 풀림은 경도는 낮아지고 연화되며, 내부 응력을 제거하기 위한 열처리로서 취성을 부여하는 것이 아니라 줄이는 것이 목적

14

열처리 방법 중 풀림의 목적이 아닌 것은?

① 기계 가공성 개선 ② 냉간 가공성 향상
③ 잔류 응력 제거 ④ 재질의 경화

15

냉간 가공한 재료를 풀림 처리했을 때 나타나는 현상으로 틀린 것은?

① 회복 ② 재결정
③ 결정립 성장 ④ 응고

해 냉간 가공 후 풀림 처리하면 회복, 재결정, 결정립 성장이 일어나며, 응고는 가열과 무관하게 액체 상태에서 고체로 변할 때 일어나는 현상

16

열처리 목적을 설명한 것으로 옳은 것은?

① 담금질: 강을 A1 변태점까지 가열하여 연성을 증가시킨다.

② 뜨임: 소성 가공에 의한 내부 응력을 증가시켜 절삭성을 향상시킨다.

③ 풀림: 강의 강도, 경도를 증가시키고 조직을 마텐자이트 조직으로 변태시킨다.

④ 불림: 재료의 결정 조직을 미세화하고 기계적 성질을 개량하여 조직을 표준화 한다.

17

담금질한 강재의 잔류 오스테나이트를 제거하고 치수 변화 등을 방지하는 목적으로 0℃ 이하에서 열처리하는 방법은?

① 저온 뜨임 ② 심랭 처리
③ 마템퍼링 ④ 용체화 처리

18

항온 열처리의 종류가 아닌 것은?

① 마퀜칭 ② 마템퍼링
③ 오스템퍼링 ④ 오스드로잉

해 오스드로잉(Ostdrawing)은 냉간가공 후의 열처리로, 항온 열처리와는 구분. 항온 열처리란 특정 온도에서 일정 시간 유지하면서 수행하는 열처리로, 대표적으로 마퀜칭, 마템퍼링, 오스템퍼링이 있다.

19

공석강을 오스템퍼링 하였을 때 나타나는 조직은?

① 베이나이트　　　② 소르바이트
③ 오스테나이트　　④ 시멘타이트

해 오스템퍼링은 강을 오스테나이트 상태로 가열한 후 300 ~ 350℃에서 항온 처리하여 베이나이트 조직을 형성하는 열처리

20

오스테나이트를 일정한 냉각 속도로 연속 냉각하여 변태 개시점과 종료점을 측정하여 표시한 것은?

① 항온 변태도　　　② TTT 곡선
③ CCT 곡선　　　　④ S 곡선

해 - CCT 곡선(Continuous Cooling Transformation)
은 연속 냉각 시의 변태를 나타내는 곡선입니다.
- TTT 곡선(Time Temperature Transformation)
은 항온 유지 시 변태를 나타냅니다.

21

금속 침투법에서 Zn을 침투시키는 것은?

① 크로마이징　　　② 세라다이징
③ 칼로라이징　　　④ 실리코나이징

22

강의 표면에 붕소(B)를 침투시키는 처리 방법은?

① 세라다이징　　　② 칼로라이징
③ 크로마이징　　　④ 보로나이징

23

금속 침투법 중에서 Al을 침투시키는 것은?

① 세라다이징　　　② 알마이징
③ 실리코나이징　　④ 칼로라이징

24

내연기관의 실린더 내벽이나 고압 터빈 날개 등과 같은 제품의 표면 경화법으로 가장 적합한 것은?

① 질화법　　　　　② 침탄법
③ 화염 경화법　　　④ 고주파 경화법

PART 04
기계
공작법

▶ https://url.kr/93a44z

---

1. 기계공작과 공작기계

1) 기계공작과 공작기계

(1) 기계공작의 범위

① 절삭 가공 : 절삭 공구를 사용하여 칩을 발생시키며 필요로 하는 모양으로 가공하는 방법이다.

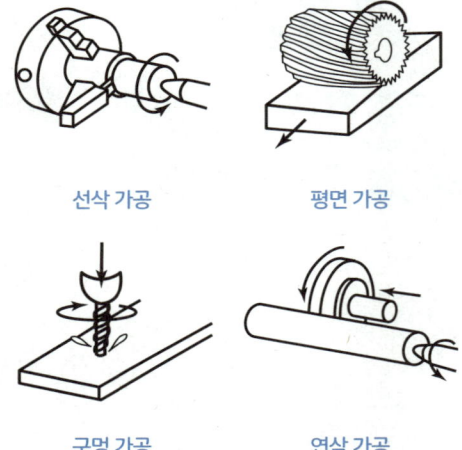

선삭 가공   평면 가공

구멍 가공   연삭 가공

② 비절삭 가공 : 소재와 제품의 형태는 변하여도 체적이 심하게 변하지 않는 가공을 좁은 의미에서 소성가공이라 부르며, 주조, 용접 등이 있다.

소성 가공의 종류

단조   압연

드로잉

종류	특징
범용 공작 기계	- 가공할 수 있는 기능이 다양하고, 절삭 및 이송 속도도 빠름 - 공작물이 소량일 경우 능률적 - 동일 부품의 양산에는 적당하지 않다.
전용 공작 기계	- 특정 모양이나 치수의 모양을 대량 생산하는데 적합하도록 만든 공작 기계 - 구조가 간단하며 조작이 쉽다 - 소량생산에는 적합하지 않고, 사용범위가 한정적
단능 공작 기계	단순하게 한 가지의 가공만을 할 수 있는 공작 기계
만능 공작 기계	다양한 가공을 할 수 있도록 제작된 공작 기계

2) 칩의 생성과 구성인선

① 절삭 속도 : 절삭 작용이 이루어지는 공구와 공작물의 상대 속도로 1분 동안 이동한 거리로 표시 (mm/min)

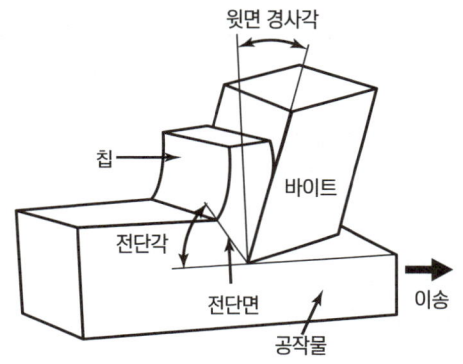
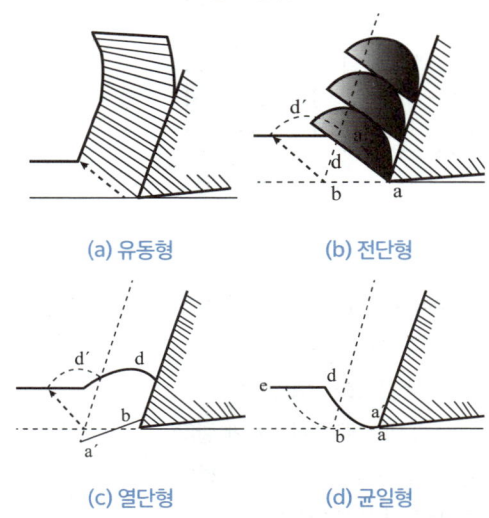

② 이송(feed) : 회전 운동시키며 가공하는 경우에, 공작물이 1회전 할 때마다 공구가 이동하는 거리를 피드(feed)라 하며, 직선 운동에 의한 절삭에서는 공구가 1분간 이동한 거리

③ 절삭깊이 : 공작물을 1회에 깎아 내는 깊이

[1] 칩의 종류와 특징

절삭 작용은 경도가 높은 소재인 절삭 공구의 힘과 절삭 날에 의해 공작물에서 분리된 부분을 칩(chip)이라 한다.

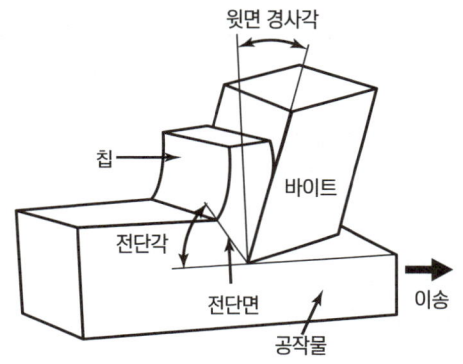

① 유동형 칩 : 칩이 끊어지지 않고 연속적으로 발생하는 칩으로 절삭 저항과 절삭 온도의 변동이 적고 가공면이 양호하다. 유동형 칩(flow type chip)은 일반적으로 연성 재료를 경사각이 큰 절삭 공구를 사용하여 절삭 깊이를 얕게 하고, 고속 절삭할 때 발생하기 쉽다.

② 전단형 칩 : 전단 현상에서 슬립 변형의 간격이 큰것으로서, 공구가 진행하면 공작물이 압축되면서 변형하여, 어느 정도까지 이르면 날 끝부터 어떤 면에 연하여 전단을 일으키고 칩이 분리된다. 절삭 깊이가 크고 경사각이 작으면 발생되기 쉬운 칩이다.

③ 열단형 칩 : 바이트가 진행함에 따라 절삭 날 전방의 공작물이 강하게 압축되어 날 끝부터 전방에 균열이 나타나면서 절삭이 이루어진다. 연성이 매우 큰 재료를 절삭할 때 경사면의 마찰이 심하여 칩이 응착하기 쉬운 조건에서 발생하는 칩으로 가공면의 상태가 불량하다.

④ 균열형 칩 : 주철과 같은 단단하고 부스러지기 쉬운 재료를 저속으로 절삭할 때 순간적으로 공구 날끝의 앞에서 균열이 발생한다. 균열형 칩은 열단형과 같으나 공구가 진행하면 균열의 방향이 비스듬히 위를 향하여 칩이 발생하는 것이 열단형과 다른 점이다.

칩의 종류

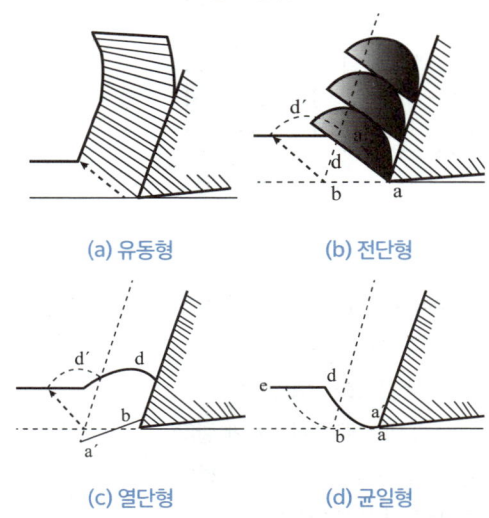

(a) 유동형   (b) 전단형

(c) 열단형   (d) 균일형

3) 구성인선(Built-up Edge)

재질이 연한 공작물을 가공할 때, 칩과 공구의 윗면 경사면 사이에는 압력과 마찰 저항으로 말미암아 높은 절삭열이 발생하고, 칩의 일부가 매우 단단하게 변질된다. 이 칩이 공구 날끝 앞에 달라붙어 마치 절삭날과 같은 작용을 하면서 공작물을 절삭는데, 이것을 구성인선이라고 한다.

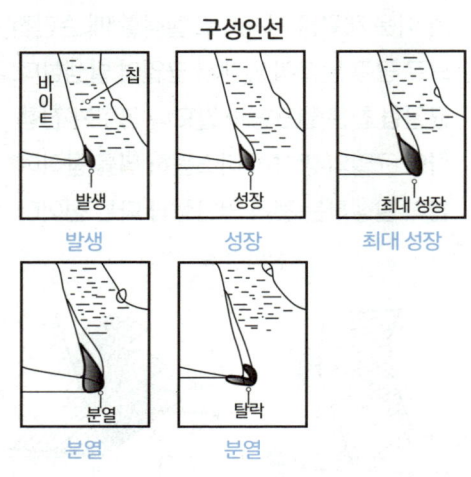

구성인선

☑ 구성인선의 방지대책

① 공구의 윗면 경사각을 크게 한다.
② 절삭 속도를 크게 한다.
③ 절삭 깊이를 작게 한다.
④ 공구의 날끝을 예리하게 한다.
⑤ 가공 중에 절삭유를 사용한다.
⑥ 재결정 온도 이상에서 가공한다.

4) 절삭저항의 3분력

절삭 공구로 공작물을 가공할 때 공구에 작용하는 힘을 절삭 저항이라 한다. 절삭가공을 할 때 공구는 큰 절삭 저항을 받게 되는데 절삭 저항의 크기와 방향은 가공 방법이나 절삭 조건, 공작물의 재질 등에 따라 달라진다.

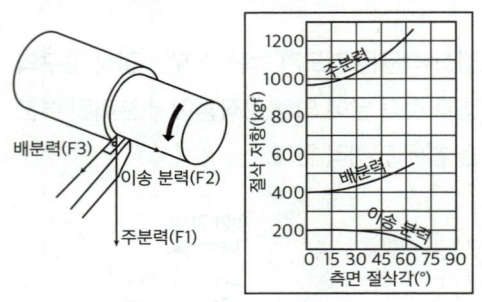

주분력 : 이송분력 : 배분력
= (10) : (1~2) : (2~4)

5) 절삭조건

① 절삭속도

가공물과 절삭공구 사이에 발생하는 상대적인 속도이며, 단위 시간에 가공물이 바이트날 끝(인선)을 통과하는 거리(m)로 나타낸다.

$$v = \frac{\pi dn}{1000} \ , \ n = \frac{1000\,v}{\pi d}$$

- v = 절삭속도(m/min)
- d = 공작물 지름(mm)
- n = 분당 회전수(rpm)

단원 핵심 기출 문제

01

여러가지 종류의 공작기계에서 할 수 있는 가공을 1대의 기계에서 가능하도록 만든 것은?

① 단능 공작기계   ② 만능 공작기계
③ 전용 공작기계   ④ 표준 공작기계

02

그림의 (A), (B), (C) 에 해당하는 공작기계로 적당한 것은?

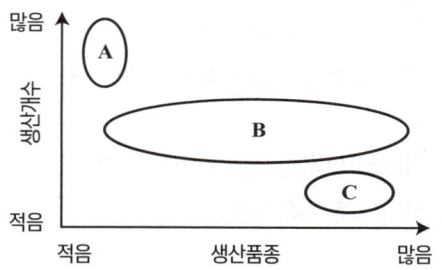

① (A):범용기계, (B):전용기계, (C):CNC 공작기계
② (A):범용기계, (B):CNC 공작기계, (C):전용기계
③ (A):전용기계, (B):범용기계, (C):CNC 공작기계
④ (A):전용기계, (B):CNC 공작기계, (C):범용기계

03

구성인선(built-up edge)의 방지 대책으로 틀린 것은?

① 경사각(rake angle)을 크게 할 것
② 절삭 깊이를 크게 할 것
③ 윤활성이 좋은 절삭유를 사용할 것
④ 절삭 속도를 크게 할 것

04

구성인선의 방지 방법이 아닌 것은?

① 절삭 깊이를 크게 한다.
② 경사각을 크게 한다.
③ 윤활성이 있는 절삭유제를 사용한다.
④ 절삭 속도를 크게 한다.

05

공구 날 끝의 구성인선 발생을 방지하는 절삭 조건으로 틀린 것은?

① 절삭 깊이를 작게 한다.
② 절삭 속도를 가능한 빠르게 한다.
③ 윤활성이 좋은 절삭 유제를 사용한다.
④ 경사각을 작게 한다.

06

빌트업 에지(built-up edge)의 발생을 감소시키기 위한 방법으로 옳은 것은?

① 날끝을 둔하게 한다.
② 절삭 깊이를 크게 한다.
③ 절삭 속도를 느리게 한다.
④ 공구의 경사각을 크게 한다.

2. 절삭유

절삭 가공을 할 때에는 열이 많이 발생한다. 이때 발생하는 마찰과 열은 가공면과 공구의 수명에 나쁜 영향을 미친다. 이를 방지할 목적으로 절삭 및 연삭 가공에 사용하는 기름 또는 액체를 절삭유라고 한다. 절삭유는 원액을 그대로 사용하는 비수용성과 물을 섞어서 사용하는 수용성으로 나뉘어 진다.

[1] 절삭유의 작용

① 냉각작용 : 공구와 일감의 온도 증가 방지
② 윤활작용 : 공구의 윗면과 칩 사이의 마찰 감소
③ 세척작용 : 칩을 씻어내는 작용

[2] 절삭유 사용의 효과

① 절삭 저항이 감소하고, 공구의 수명을 연장한다.
② 다듬질면의 상처를 방지하므로 다듬질면이 좋아진다.
③ 일감의 열 팽창 방지로 가공물의 치수 정밀도가 좋아진다.
④ 칩의 흐름이 좋아지기 때문에 절삭 작용을 쉽게 한다.

[3] 윤활제 급유 방법

종류	특징
핸드급유법 (손급유법)	작업자가 직접 급유하며 윤활이 불완전 하고 불균일한 경우가 많다.
적하급유법	급유되어야 하는 마찰면이 넓은 경우, 윤활유를 연속적으로 공급하기 위해 사용하는 방법
패드급유법	패드의 모세관 현상을 이용하며 경하중용 베어링에 많이 사용한다.
분무급유법	소량의 기름을 압축공기와 함께 뿜듯이 내보내는 급유법
강제급유법	저속 및 중속용 베어링에서 많이 사용되고 있는 윤활 방법. 마찰부위가 오일 속에 잠겨 윤활이 이루어지는 방식이다.

[4] 절삭온도 측정 방법

① 칩의 색깔에 의한 방법
② 가공물과 절삭 공구를 열전대로 사용하는 방법
③ 칼로리미터(열량계)에 의한 방법
④ 복사 고온계에 의한 방법

☑ **절삭유**

절삭유는 원액과 물을 흡합해 사용하는 수용성 절삭유와 광유, 동식물유, 첨가제등과 같은 비수용성 절삭유로 나뉜다.

절삭유 사용의 효과

1. 가공면의 녹 방지(방청)
2. 마찰이나 공구의 마모 저감
3. 가공부분의 치수 정밀도 향상
4. 구성인선의 억제작용 칩 배제
5. 공구나 피절삭재의 냉각작용에 의한 공구수명의 연장

☑ **윤활제**

서로 접촉하며 상대 운동을 하는 접촉면의 마찰을 감소시켜 원활하게 상대 운동을 하게 만들기 위해 사용한다. 온도변화에 따라 점도의 변화가 적은 윤활유를 사용해야 한다.

📂 단원 핵심 기출 문제

01

미끄럼 베어링의 윤활 방법이 아닌 것은?

① 적하 급유법 ② 패드 급유법
③ 오일링 급유법 ④ 충격 급유법

02

윤활의 목적과 가장 거리가 먼 것은?

① 냉각 작용 ② 방청 작용
③ 청정 작용 ④ 용해 작용

03

윤활제의 급유 방법이 아닌 것은?

① 핸드 급유법 ② 적하 급유법
③ 냉각 급유법 ④ 분무 급유법

04

윤활제의 급유 방법에서 작업자가 급유 위치에 급유하는 방법은?

① 컵 급유법 ② 분무 급유법
③ 충진 급유법 ④ 핸드 급유법

05

절삭제의 사용하는 목적과 관계가 없는 것은?

① 공구의 경도 저하를 방지한다.
② 가공물의 정밀도 저하를 방지한다.
③ 윤활 및 세척작용을 한다.
④ 절삭작용을 어렵게 한다.

06

절삭유제의 3가지 주된 작용에 속하지 않는 것은?

① 냉각작용 ② 세척작용
③ 윤활작용 ④ 마모작용

3. 절삭 공구 재료

(1) 절삭 공구 재료의 구비조건

① 일감보다 굳고 인성이 있을 것
② 절삭 가공 중 온도 상승에 따른 경도 저하가
   적을 것
③ 내마멸성이 높을 것
④ 쉽게 원하는 모양으로 만들 수 있을 것
⑤ 값이 쌀 것

(2) 각종 절삭 공구 재료

공구재료	특징
탄소 공구강	- 가장 오래 된 공구 재료 - 300℃ 정도 온도에서 경도가 급격히 낮아짐 - 쇠톱날, 줄 등의 재료에 사용
합금 공구강	- 탄소 공구강에 합금 성분을 첨가하여 마멸에 잘 견딜 수 있도록 한 것 - 450℃ 정도 절삭온도에도 경도가 낮아지지 않는다.
고속도강 공구	- 600℃에서도 경도를 유지하는 것 - 합금비율은 W:Cr:V - 18:4:1 - 탄소 공구강보다 2배 이상의 절삭 속도로 가공할 수 있다. - 드릴, 밀링 커터, 바이트 등의 공구로 널리 사용되었다.
주조 합금	- Co, W, Cr, C 등을 주조하여 만든 것 - 단조나 열처리가 되지 않으면서도 경도가 매우 높다. - 대표적인 주조 합금으로는 스텔라이트가 있다.
초경 합금	- Wc, Ti, Ta 등의 분말을 Co, Ni 분말과 섞어 서 프레스로 눌러 모양을 만든 후, 1400℃ 이상의 높은 온도에서 소결한 것 - 800℃ 정도의 고온에서도 경도가 쉽게 낮아 지지 않는다. - 공구 팁, 인서트 날 형식으로 사용
세라믹	- 알루미나를 주성분으로 하고 첨가 원소를 가하여 고온에서 소결시킨 것 - 초경합금 보다 더욱 높은 속도로 절삭할 수 있으나 충격이나 진동에 약하다.
다이아몬드	- 경도가 매우 높고 값이 비싸다. - 메짐이 있어 Al 같이 재질이 연한 공질물을 정밀 다듬질할 때에 쓴다.

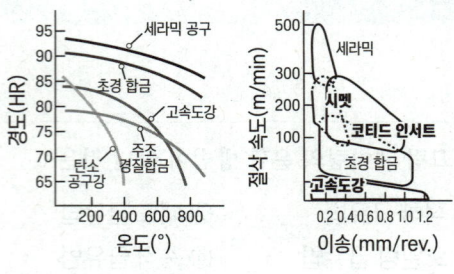

절삭 공구 재료별 온도와   공구 재료별 절삭 속도와
    경도의 관계   이송 적용 영역

(3) 공구의 마모

공구 마모의 형태는 다음의 3가지의 종류로 나
누어 생각할 수 있다.

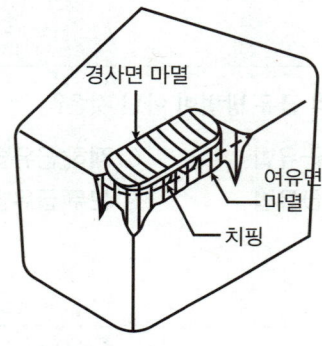

(a) 공구의 마멸

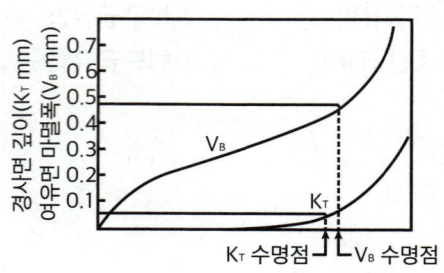

(b) 공구의 수명

공구재료	특징
경사면 마모 (크레이터 마멸)	- 유동형 칩이 공구 경사면 위를 미끄러질 때에 공구 윗면에 오목하게 파진 부분이 생기는 것 - 공구의 경사각을 크게 하면 칩이 공구날 윗면을 누르는 압력이 작아지므로 경사면 마멸의 발생과 성장을 줄일 수 있다.
여유면 마모 (플랭크 마멸)	- 공구의 여유면이 절삭면에 평행하게 마멸 되는 것 - 주철과 같이 메짐이 있는 재료를 절삭할 때에 발생한다.
치핑	경도가 매우 높고 인성이 작은 공구를 사용할 때, 공구의 날이 모서리를 따라 작은 조각으로 떨어져 나가는 것

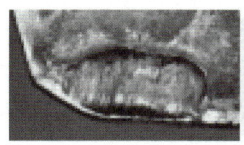

(a) 경사면 마모

(b) 여유면 마모

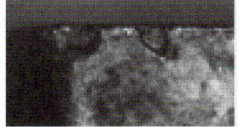

(c) 치핑

01

절삭공구에 치핑이 발생하는 원인으로 가장 거리가 먼 것은?

① 충격에 약한 절삭공구를 사용할 때
② 절삭공구 인선에 강한 충격을 받을 경우
③ 절삭공구 인선에 절삭저항의 변화가 큰 경우
④ 고속도강 같이 점성이 큰 재질의 절삭공구를 사용할 경우

02

절삭공구의 옆면과 가공물의 마찰에 의하여 절삭공구의 옆면이 평행하게 마모되는 것은?

① 크레이터 마모　　　② 치핑
③ 플랭크 마모　　　　④ 온도 파손

해

날 손상의 분류	날의 선단 그림
날의 결손(치핑)	
여유면 마모(플랭크 마모)	
경사면 마모 (크레이터 마모)	

03

공구 마멸의 형태에서 윗면 경사각과 가장 밀접한 관계를 가지고 있는 것은?

① 플랭크 마멸(flank wear)

② 크레이터 마멸(crater wear)

③ 치핑(chipping)

④ 생크 마멸(shank wear)

04

절삭작업에서 충격에 의해 급속히 공구인선이 파손되는 현상은?

① 치핑

② 플랭크 마모

③ 크레이터 마모

④ 온도에 의한 파손

05

절삭 저항의 3분력 중 절삭 깊이 방향(절삭 공구 축 방향)의 분력에 해당하는 것은?

① 종분력   ② 배분력

③ 이송분력   ④ 주분력

06

절삭공구 인선의 마모에 해당되지 않는 것은?

① 크레이터(crater)

② 플랭크(flank)

③ 치핑(chipping)

④ 드래싱(dressing)

07

연한 재질의 일감을 고속 회전하면서 가공할 때 생기는 칩으로 가공면이 가장 깨끗한 칩의 형태는?

① 전단형   ② 경작형

③ 균열형   ④ 유동형

08

점성이 큰 재질을 작은 경사각의 공구로 절삭할 때, 절삭 깊이가 클 때 생기기 쉬운 그림과 같은 칩의 형태는?

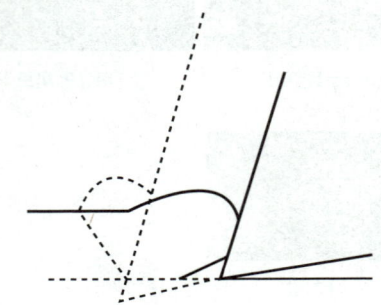

① 유동형 칩   ② 전단형 칩

③ 경작형 칩   ④ 균열형 칩

09

주철과 같이 메진 재료를 지속적으로 절삭할 때 발생하는 칩의 형태는 어느 것인가?

① 전단형 칩   ② 경작형 칩

③ 균열형 칩   ④ 유동형 칩

10

선반에서 절삭저항의 분력 중 탄소강을 가공할 때 가장 큰 절삭저항은?

① 배분력　　　　　② 주분력
③ 횡분력　　　　　④ 이송분력

11

절삭 공구로 사용되는 재료가 아닌 것은?

① 페놀　　　　　② 서멧
③ 세라믹　　　　④ 초경합금

12

소결 초경합금 공구강을 구성하는 탄화물이 아닌 것은?

① WC　　　　　② TiC
③ TaC　　　　　④ TMo

13

탄소 공구강의 구비 조건으로 거리가 먼 것은?

① 내마모성이 클 것
② 저온에서의 경도가 클 것
③ 가공 및 열처리성이 양호할 것
④ 강인성 및 내충격성이 우수할 것

14

초경합금의 주요 성분으로 거리가 먼 것은?

① 황　　　　　② 니켈
③ 코발트　　　④ 텅스텐

15

수기가공에서 사용하는 줄, 쇠톱날, 정 등의 절삭가공용 공구에 가장 적합한 금속재료는?

① 주강　　　　　② 스프링강
③ 탄소공구강　　④ 쾌삭강

16

탄소공구강의 단점을 보강하기 위해 Cr, W, Mn, Ni, V 등을 첨가하여 경도, 절삭성, 주조성을 개선한 강은?

① 주조경질합금　　② 초경합금
③ 합금공구강　　　④ 스테인리스강

17

고속도 공구강 강재의 표준형으로 널리 사용되고 있는 18-4-1형에서 텅스텐 함유량은?

① 1%　　　　　② 4%
③ 18%　　　　　④ 23%

18

공구용으로 사용되는 비금속 재료로 초내열성 재료, 내마멸성 및 내열성이 높은 세라믹과 강한 금속의 분말을 배열 소결하여 만든 것은?

① 다이아몬드　　② 고속도강

③ 서멧　　④ 석영

19

다음 중 고온경도가 높으나 취성이 커서 충격이나 진동에 약한 절삭공구는?

① 고속도강　　② 탄소공구강

③ 초경합금　　④ 세라믹

20

초경합금에 대한 설명 중 틀린 것은?

① 경도가 HRC 50 이하로 낮다.

② 고온경도 및 강도가 양호하다.

③ 내마모성과 압축강도가 높다.

④ 사용목적, 용도에 따라 재질의 종류가 다양하다.

21

절삭 공구재료 중에서 가장 경도가 높은 재질은?

① 고속도강　　② 세라믹

③ 스텔라이트　　④ 입방정 질화붕소

22

공구재료의 필요조건이 아닌 것은?

① 열처리가 쉬울 것

② 내마멸성이 작을 것

③ 강인성이 클 것

④ 고온 경도가 클 것

23

초경공구와 비교한 세라믹공구의 장점 중 옳지 않은 것은?

① 고속 절삭 가공성이 우수하다.

② 고온 경도가 높다

③ 내마멸성이 높다.

④ 충격강도가 높다.

24

내열성과 내마모성이 크고 온도가 600℃ 정도까지 열을 주어도 연화되지 않은 특징이 있으며, 대표적인 것으로 텅스텐(18%), 크롬(4%), 바나듐(1%)로 조성된 강은?

① 합금공구강　　② 다이스강

③ 고속도공구강　　④ 탄소공구강

25

공구의 합금강을 담금질 및 뜨임처리하여 개선되는 재질의 특성이 아닌 것은?

① 조직의 균질화　　② 경도 조절

③ 가공성 향상　　④ 취성 증가

26

절삭공구류에서 초경 합금의 특성이 아닌 것은?

① 경도가 높다
② 마모성이 좋다.
③ 압축 강도가 높다.
④ 고온 경도가 양호하다.

27

초경합금의 주성분은?

① W, Cr, V
② WC, Co
③ TiC, TiN
④ Al_2O_3

28

초경합금의 특성에 대한 설명 중 올바른 것은?

① 고온경도 및 내마멸성이 우수하다.
② 내마모성 및 압축강도가 낮다.
③ 고온에서 변형이 많다.
④ 상온의 경도가 고온에서 크게 저하된다.

29

WC를 주성분으로 TiC 등의 고융점 경질타화물 분말과 Co, Ni 등의 인성이 우수한 분말을 결합재로 하여 소결성형한 절삭 공구는?

① 세라믹
② 서멧
③ 주조경질합금
④ 소결초경합금

30

광물섬유 또는 혼합유의 극압 첨가제로 쓰이는 것은?

① 염소
② 수소
③ 니켈
④ 크롬

31

탄소 공구강의 구비 조건으로 틀린 것은?

① 내마모성이 클 것
② 가공 및 열처리성이 양호할 것
③ 저온에서의 경도가 클 것
④ 강인성 및 내충격성이 우수할 것롬

02 선반 가공

▶ https://url.kr/ycyp9j

1. 선반의 구조 및 종류

선반은 공작물을 회전시키고, 절삭 공구를 고정한 공구대를 전후, 좌우로 이동하면서 공작물의 내·외경 및 단면을 회전체 형태로 가공하는 공작 기계이다.

(1) 선반의 구조

선반에서의 가공을 선반 가공 또는 선삭 (turning) 가공이라고 한다.

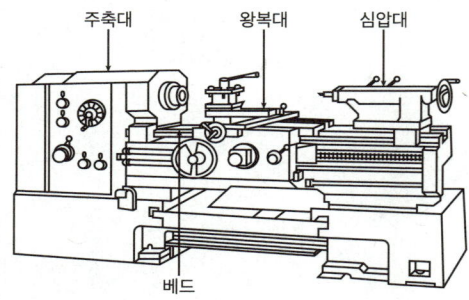

주축대　왕복대　심압대

베드

선반의 주요부 명칭

① 주축대 : 베드 윗면에 고정되어 있으며, 주축, 베어링 및 주축 속도 변환장치 등으로 이루어져 있다.
② 왕복대 : 주축대와 심압대 사이에 위치하고 있다. 왕복대에 달려 있는 손잡이를 돌려서 베드 윗면을 따라 좌우로 움직일 수 있다.

③ 심압대 : 베드 위의 주축 맞은편에 설치하여 공작물을 지지하거나 드릴 등의 공구를 고정할 때에 사용한다.
④ 베드 : 선반의 몸체로서 주축대, 심압대, 왕복대 등을 올려놓을 수 있는 구조로 되어 있다.

(2) 선반의 종류

① 보통 선반 : 선반의 기본적인 구조와 기능을 가지고 있기 때문에 가장 많이 사용된다.
② 탁상 선반 : 부시, 핀 등과 같이 소형 기계 부품을 다량 가공할 때 유리한 선반으로 탁상에 설치하기도 하는 소형의 선반이다.
③ 정면 선반 : 디스크나 플랜지 같이 길이가 짧고 지름이 큰 공작물의 가공에 유리한 선반으로 베드의 길이가 짧고, 대부분 심압대가 없다.
④ 수직 선반 : 주축이 수직으로 되어 있어 테이블이 주축의 상단에 고정되어 회전한다. 기차의 차륜이나 대형 구조물 등의 강력절삭에도 유용하다.
⑤ 터릿 선반 : 동일 치수의 제품을 다수 제작할 때 유리하다. 터릿에 여러 종류의 절삭 공구를 설치하고, 터릿을 회전시켜 여러 가지 가공을 할 수 있다.
⑥ 차축 선반 : 철도 차량용 차축을 주로 가공하는 선반이다.

(a) 보통 선반

(b) 탁상 선반

(c) 수직 선반

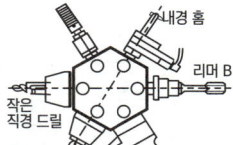

(d) 터릿 공구의 설치

📁 단원 핵심 기출 문제(길이 측정)

01

가공물의 회전운동과 절삭공구의 직선운동에 의하여 내·외경 및 나사가공 등을 하는 가공 방법은?

① 밀링작업　　　　　② 연삭작업
③ 선반작업　　　　　④ 드릴작업

02

선반을 설계할 때 고려할 사항으로 틀린 것은?

① 고장이 적고 기계효율이 좋을 것
② 취급이 간단하고 수리가 용이할 것
③ 강력 절삭이 되고 절삭 능률이 클 것
④ 기계적 마모가 크고 가격이 저렴할 것

03

선반의 규격을 가장 잘 나타낸 것은?

① 선반의 총 중량과 원동기의 마력
② 깎을 수 있는 일감의 최대 지름
③ 선반의 높이와 베드의 길이
④ 주축대의 구조와 베드의 길이

🔠 선반의 규격은 깎을 수 있는 일감의 최대 지름이고, 양 센터 사이의 최대 거리는 깎을 수 있는 공작물의 최대 거리이다.

04

직경이 크고 길이가 짧은 공작물을 가공할 때, 사용하는 선반은?

① 보통선반　　　　　② 정면선반
③ 탁상선반　　　　　④ 터릿선반

05

선반의 종류 중 볼트, 작은 나사 등을 능률적으로 가공하기 위하여 보통 선반의 심압대 대신에 회전공구대를 설치하여 여러 가지 절삭 공구를 공정에 맞게 설치한 선반은?

① 자동선반(automatic lathe)

② 터릿선반(turret lathe)

③ 모방선반(copying lathe)

④ 정면선반((face lathe)

06

선반의 종류별 용도에 대한 설명 중 틀린 것은?

① 정면 선반 : 길이가 짧고 지름이 큰 공작물 절삭에 사용

② 보통 선반 : 공작 기계 중에서 가장 많이 사용되는 범용 선반

③ 탁상 선반 : 대형 공작물의 절삭에 사용

④ 수직 선반 : 주축이 수직으로 되어 있으면 중량이 큰 공작물 가공에 사용

07

선반을 구성하는 4대 주요부로 짝지어진 것은?

① 주축대, 심압대, 왕복대, 베드

② 회전센터, 면판, 심압축, 정지센터

③ 복식공구대, 공구대, 새들, 에이프런

④ 리드스크루, 이송축, 기어상자, 다리

08

선반의 주요 구성 부분이 아닌 것은?

① 주축대   ② 회전 테이블

③ 심압대   ④ 왕복대

09

선반 왕복대의 구성요소로 거리가 먼 것은?

① 공구대   ② 새들

③ 에이프런   ④ 베드

해

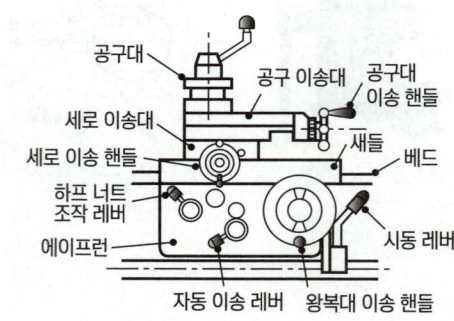

왕복대의 구성

10

선반 주축대에 대한 설명으로 틀린 것은?

① 주축과 변속장치를 내장하고 있다.

② 주축 내부는 모스 테이퍼로 되어 있다.

③ 절삭저항이나 진동에 견딜 수 있는 특수강을 사용한다.

④ 주축은 강도와 경도를 높이기 위하여 중실 축으로 만든다.

11

범용 선반에서 새들과 에이프런으로 구성되어 있는 부분은?

① 주축대   ② 심압대

③ 왕복대   ④ 베드

12

선반에서 나사 가공을 위해 분할 너트(half nut)는 어느 부분에 부착되어 사용하는가?

① 주축대
② 심압대
③ 왕복대
④ 베드

13

다음 중 왕복대를 이루고 있는 것은?

① 공구대와 심압대
② 새들과 에이프런
③ 주축과 공구대
④ 주축과 새들

14

보통 선반에서 왕복대의 구성부품이 아닌 것은?

① 에이프런
② 새들
③ 공구대
④ 베드

15

선반의 베드를 주조한 후 수행하는 시즈닝의 목적으로 가장 적절한 것은?

① 내부 응력 제거
② 내열성 부여
③ 내식성 향상
④ 표면 경도 향상

16

선반 주축대 내부의 테이퍼로 적합한 것은?

① 모스 테이퍼(Morse taper)
② 내셔널 테이퍼(National taper)
③ 바틀그립 테이퍼(Bottle grip taper)
④ 브라운샤프 테이퍼(Brown &Sharpe taper)

17

선반 심압대 축 구멍의 테이퍼 형태는?

① 쟈르노 테이퍼
② 브라노샤프형 테이퍼
③ 쟈급스 테이퍼
④ 모스 테이퍼

18

선반의 주축에 대한 설명으로 틀린 것은?

① 합금강(Ni-Cr강)을 사용하여 제작한다.
② 무게를 감소시키기 위하여 속이 빈 축으로 한다.
③ 끝부분은 자콥스 테이퍼(jacobs taper) 구멍으로 되어 있다.
④ 주축 회전 속도의 변환은 보통 계단식 변속으로 등비급수 속도열을 이용한다.

19

선반의 주축을 중공으로 한 이유로 틀린 것은?

① 굽힘과 비틀림 응역의 강화를 위하여
② 긴 가공물의 고정이 편리하게 하기 위하여
③ 지름이 큰 재료의 테이퍼를 깎기 위하여
④ 무게를 감소하여 베어링에 작용하는 하중을 줄이기 위하여

해 선반이 주축을 중공축으로 한 이유는 긴 공작물을 고정시켜 가공하기 위해서이다.

2. 선반 가공의 종류

선반 가공의 종류

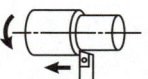
(a) 원통 가공

(b) 단면 가공

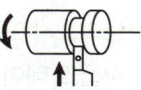
(c) 홈 가공

(d) 구멍 가공

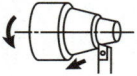
(e) 테이퍼 가공

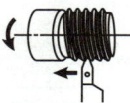
(f) 나사 가공

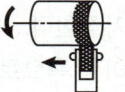
(g) 널링 가공

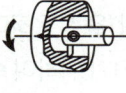
(h) 보링 가공

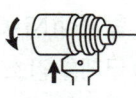
(i) 총형 가공

01

선반을 이용한 가공의 종류 중 거리가 먼 것은?

① 널링 가공　　　　② 원통 가공

③ 더브테일 가공　　④ 테이퍼 가공

02

보통선반에서 할 수 없는 작업은?

① 드릴링 작업　　　② 보링 작업

③ 인덱싱 작업　　　④ 널링 작업

03

일반적으로 선반작업에서 가공할 수 없는 가공법은?

① 외경 가공　　　　② 테이퍼 가공

③ 나사 가공　　　　④ 기어 가공

04

선반가공에서 가공면의 미끄러짐을 방지하기 위하여 요철형태로 가공하는 것은?

① 내경 절삭가공　　② 외경 절삭가공

③ 널링 가공　　　　④ 보링 가공

해 널링(knurling) 작업은 공작물 표면에 널(knurl)을 눌러서 다이아몬드 형상 등의 자국을 내는 가공이다.

널링 공구

3. 선반용 절삭 공구

1) 바이트의 형상

선반용 절삭 공구를 바이트(bite)라고 하며 바이트는 자루와 날 부분으로 구성되어 있고, 일반적으로 바이트의 크기는 폭×높이×길이로 나타낸다.

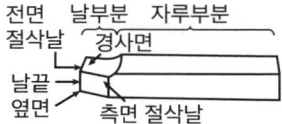

2) 바이트의 주요 각도

(1) 윗면 경사각

절삭력에 영향을 준다. 윗면 경사각이 크면 절삭성이 좋고 공작물의 표면을 매끈하게 가공할 수 있으나, 날끝이 약해진다.

(2) 여유각

공구의 앞면이나 옆면이 공작물과 마찰을 일으키지 않도록 하는 구실을 하며, 여유각이 너무 크면 역시 날이 약해진다. 따라서, 경사각과 여유각은 공작물의 재질과 절삭 조건에 따라 적절히 선택하여야 한다.

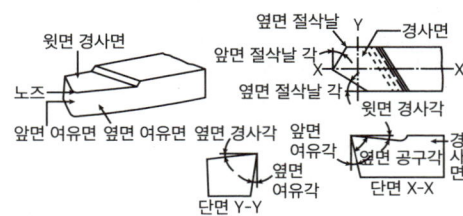

(a) 바이트 주요 명칭   (b) 바이트 주요각

(3) 바이트의 종류

① 단체 바이트 : 절삭날 부분과 자루 부분이 같은 재질로 이루어져 있다.

② 납땜 바이트 : 탄소강으로 만든 자루에 초경합금 등을 경납으로 접합하여 사용하는 것이다.

③ 클램프 바이트 : 공구 자루에 절삭날을 작은 나사로 고정한 것으로, 사용 중에 절삭날이 무디어지면 날 부분만 새 것으로 교환하여 사용할 수 있다.

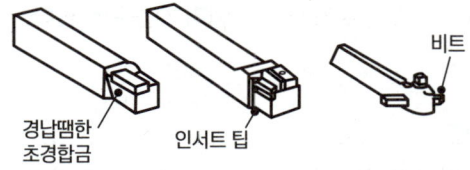

바이트의 구조에 따른 분류

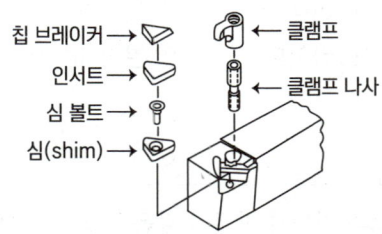

클램프 바이트의 고정

④ 칩 브레이커 : 칩을 적당한 길이로 잘라 주거나 칩이 흐르는 방향을 바꾸어 주기 위하여 바이트에 칩브레이커 (chip breaker) 를 두어야 한다. 칩 브레이커는 절삭가공 중에 흘러나오는 칩의 곡률 반지름을 변화시켜 칩이 끊어지도록 한다.

여러가지 칩 브레이커

01

선반 바이트의 설치 요령이다. 적합하지 않는 것은?

① 바이트 자루는 수평으로 고정한다.
② 바이트의 돌출 거리는 작업에 지장이 없는 한 길게 고정한다.
③ 받침(shim)은 바이트 자루의 전체 면이 닿도록 한다.
④ 높이를 정확하게 맞추기 위해서는 받침을 1개 또는 두께가 다른 여러 개를 준비한다.

02

선반가공에서 바이트를 구조에 따라 분류할 때 틀린 것은?

① 단체 바이트　　　　② 팁 바이트
③ 클램프 바이트　　　④ 분리 바이트

03

바이트의 인선과 자루가 같은 재질로 구성된 바이트는?

① 단체 바이트　　　　② 클램프 바이트
③ 팁 바이트　　　　　④ 인서트 바이트

04

선반가공에서 바이트날 부분과 공작물의 가공면 사이에 마찰로 인한 열이 많이 발생되어 정밀가공에 어려움이 생긴다. 이 때 생기는 열을 측정하는 방법으로 거리가 먼 것은?

① 발생되는 칩의 색깔에 의한 측정 방법
② 칼로리미터에 의한 측정 방법
③ 열전대에 의한 측정 방법
④ 수은 온도계에 의한 측정 방법

05

다음 바이트에 관한 설명 중 틀린 것은?

① 윗면 경사각이 크면 절삭성이 좋다.
② 여유각은 공구의 앞면이나 옆면이 공작물과 마찰을 줄이기 위한 각이다.
③ 칩(chip)을 연속적으로 길게 흐르게 하기 위해 칩브레이커를 붙인다.
④ 바이트의 종류에는 단체 바이트와 클램프 바이트 등이 있다.

06

선반용 바이트의 주요 각도 중 바이트의 옆면 및 앞면과 가공물과의 마찰을 줄이기 위한 각은?

① 경사각　　　　　　② 여유각
③ 공구각　　　　　　④ 절삭각

07

바이트의 여유각을 주는 가장 큰 이유는?

① 바이트의 날끝과 공작물 사이의 마찰을 줄이기 위하여

② 공작물이 깎이는 깊이를 적게 하고 바이트의 날끝이 부러지지 않게 하기 위하여

③ 바이트가 공작물을 깎는 쇳가루의 흐름을 좋게 하기 위하여

④ 바이트의 재질이 강한 것이기 때문에

08

선반 작업 중 선단에서 바이트 밑면에 평행한 수평면과 경사면이 형성하는 각도는?

① 여유각   ② 측면 절인각

③ 측면 여유각   ④ 경사각

09

공작물의 표면 거칠기와 치수 정밀도에 영향을 미치는 요소로 거리가 먼 것은?

① 절삭유   ② 절삭 깊이

③ 절삭 속도   ④ 칩 브레이커

10

다음 중 연강과 같은 연질의 공작물을 초경합금바이트로써 고속 절삭을 할 때에는 칩(chip)이 연속적으로 흘러나오게 되어 위험하므로 칩을 짧게 끊기 위한 방법으로 가장 적합한 것은?

① 절삭유를 주입한다.

② 절삭속도를 높인다.

③ 칩을 손으로 긁어낸다.

④ 칩 브레이커를 사용한다.

4. 테이퍼 가공 방법

(1) 심압대 편위에 의한 가공

테이퍼 길이가 길고 테이퍼 각이 작은 공작물 가공에 적합하다. 공작물의 일부가 테이퍼인 경우에 심압대의 편위량 e는 다음과 같다.

$$e = \frac{L(D-d)}{2\ell}$$

여기서,

- D : 테이퍼에서 큰 지름(mm)
- d : 테이퍼에서 작은 지름(mm)
- ℓ : 테이퍼 부분의 길이(mm)
- L : 공작물 전체의 길이(mm)

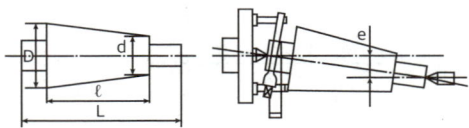

(2) 복식 공구대에를 경사시키는 방법

척 작업에서 길이가 짧고 테이퍼 각이 큰 공작물의 가공에는 주로 복식 공구대를 회전시켜 가공한다.

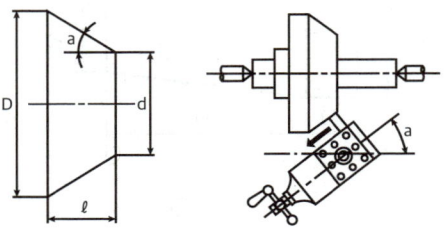

$$\tan a = \frac{D-d}{2\ell}$$

여기서,

- D : 테이퍼에서 큰 지름(mm)
- d : 테이퍼에서 작은 지름(mm)
- ℓ : 테이퍼 부분의 길이(mm)

선반 가공

01

다음과 같은 테이퍼를 절삭하고자 할 때 심압대의 편위량은 약 몇 mm 인가?

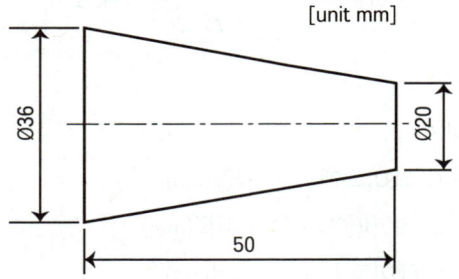

[unit mm]

① 8mm

② 10mm

③ 16mm

④ 18mm

해 $e = \dfrac{L(D-d)}{2\ell} = \dfrac{50 \times (36-20)}{2 \times 50} = 8mm$

02

선반에서 그림과 같이 테이퍼 가공을 하려 할 때, 필요한 심압대의 편위량은 몇 mm인가?

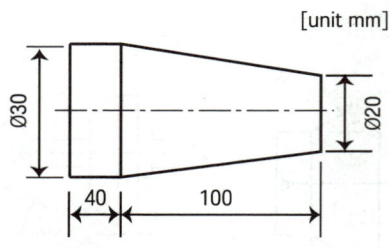

[unit mm]

① 4

② 7

③ 12

④ 15

해 $e = \dfrac{L(D-d)}{2\ell} = \dfrac{140 \times (30-20)}{2 \times 100} = 7mm$

03

다음 [그림]과 같은 테이퍼를 선반에서 가공하려고 한다. 심압대를 편위시켜 가공하려면 심압대를 몇 mm 이동시켜야 하는가?(단, 단위는 mm 이다)

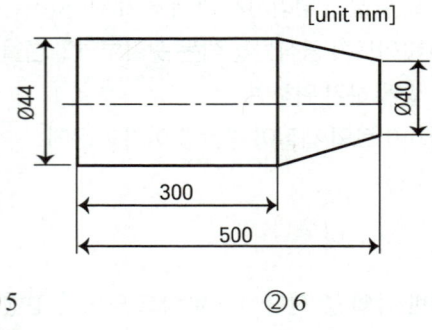

[unit mm]

① 5

② 6

③ 8

④ 10

해 $e = \dfrac{L(D-d)}{2\ell} = \dfrac{500 \times (44-40)}{2 \times 200} = 5mm$

04

그림과 같이 테이퍼를 가공할 때 심압대의 편위량은 몇 mm 인가?

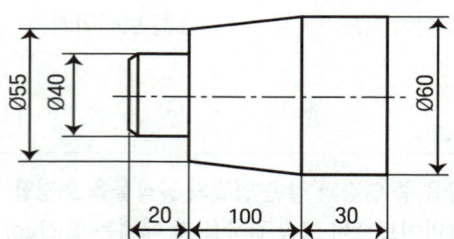

① 3.0

② 3.25

③ 3.75

④ 5.25

해 $e = \dfrac{L(D-d)}{2\ell} = \dfrac{150 \times (60-55)}{2 \times 100} = 3.75mm$

05

다음 그림과 같은 공작물의 테이퍼를 심압대를 이용하여 가공할 때 편위량은 몇 mm인가?

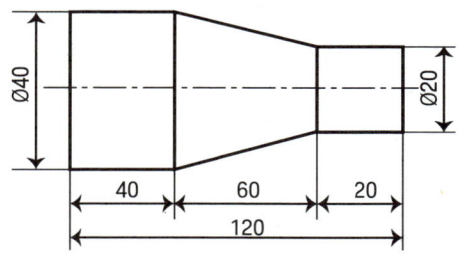

① 20

② 30

③ 40

④ 60

해 $e = \dfrac{L(D-d)}{2\ell} = \dfrac{120 \times (40-20)}{2 \times 60} = 20mm$

06

그림과 같은 환봉의 테이퍼를 선반에서 복식 공구대를 회전시켜 공하려 할 때 공구대를 회전시켜야 할 각도는? (단, 각도는 아래 표를 참고한다)

tanθ	0.052	0.104	0.208	0.416
각도	3°	5°5'	11°45'	23°35'

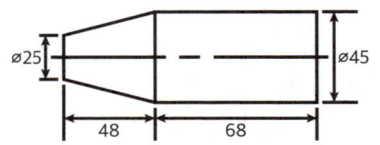

① 3

② 5°5'

③ 11°45'

④ 23°35'

해 $\tan a = \dfrac{D-d}{2\ell} = \dfrac{45-25}{2 \times 48} = 0.208$

∴ 주어진 표에 따라 $a = 11°45'$

07

선반에서 테이퍼 절삭 방법이 아닌 것은?

① 리드 스크류에 의한 방법

② 복식 공구대에 의한 방법

③ 심압대 편위에 의한 방법

④ 테이퍼 절삭장치에 의한 방법

08

선반작업에서 테이퍼 부분의 길이가 짧고 경사각이 큰 일감의 테이퍼 가공에 사용되는 방법은?

① 심압대 편위에 의한 방법

② 복식 공구대에 의한 방법

③ 체이싱 다이얼에 의한 방법

④ 방진구에 의한 방법

09

선반가공 중 테이퍼를 가공하는 방법이 아닌 것은?

① 회전 센터에 의한 방법

② 심압대 편위에 의한 방법

③ 테이퍼 절삭 장치에 의한 방법

④ 복식 공구대를 선회시켜 가공하는 방법

5. 선반의 부속 장치

(1) 척 (Chuck)

주축의 끝에 설치하고, 공작물을 고정하여 사용하는 부속 장치이다. 척에는 몇 개의 조(jaw)가 설치되어 있으며, 공작물을 단단하게 고정하는 역할을 한다.

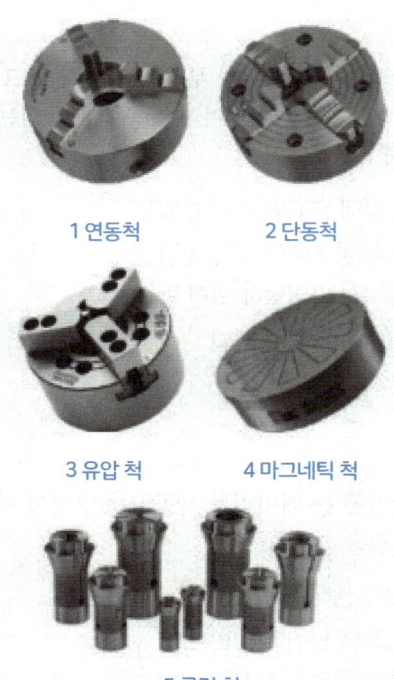

1 연동척   2 단동척

3 유압 척   4 마그네틱 척

5 콜릿 척

① 연동 척 : 3개의 조가 방사형으로 같은 거리를 동시에 움직이므로 원형, 정삼각형, 정육각형의 단면을 가진 공작물을 고정하는 데 편리하다.

② 단동 척 : 4개의 조가 각각 단독으로 움직일 수 있으므로 불규칙한 모양의 공작물을 고정하는 데 편리하다.

③ 유압 척 : 유압에 따라서 열고 닫을 수 있는 척으로 별도의 유압 장치가 필요하다. 유압 척은 최근에 CNC 선반용으로 많이 쓰인다.

④ 콜릿 척 : 스핀들 테이퍼 구멍에 콜릿 슬리브를 꽂고 여기에 설치한다. 콜릿 척은 지름이 작은 원형 봉이나 각 봉재를 빠르고 간편하게 고정할 수 있다.

(2) 센터 작업용 부속 장치

① 센터 : 공작물을 지지하는 부속 장치이며, 주축과 심압대축에 끼워서 사용한다.

센터의 종류

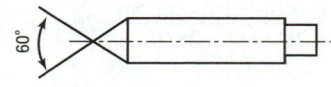

(a) 보통 센터

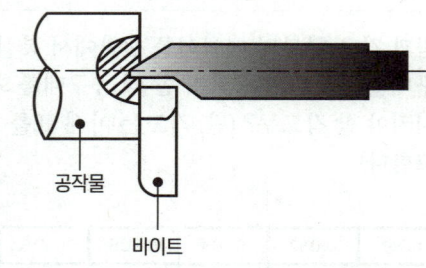

공작물

바이트

(b) 하프 센터

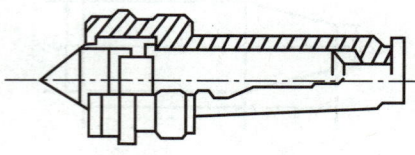

베어링 센터

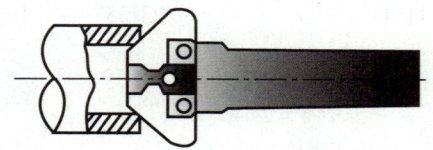

베벨 파이프 센터

② 돌림판과 돌리개: 주축의 회전력을 공작물에 전달하는 장치이다. 돌림판은 스핀들 끝에 설치하며, 돌리개를 통하여 공작물에 회전력을 전달한다.

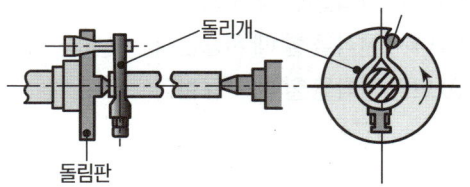

돌림판과 돌리개를 이용한 고정

③ 면판: 척으로 고정할 수 없는 불규칙한 형상이나 대형의 공작물을 고정하기 위해 사용한다. 척을 떼어 내고 주축에 고정하여 사용한다.

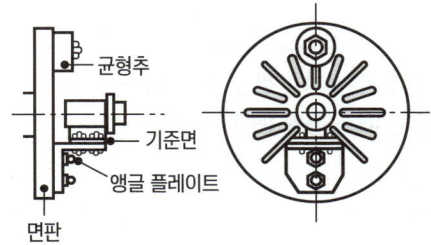

면판과 면판 사용법

④ 방진구: 가늘고 긴 공작물을 가공할 때에 발생하는 미세한 떨림을 방지하기 위하여 사용하는 부속 장치이다. 고정식 방진구는 선반의 베드에 이동식 방진구는 왕복대 위에 설치하여 사용한다.

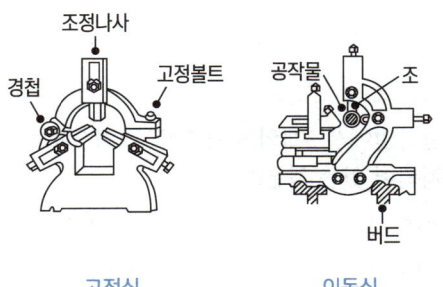

고정식   이동식

⑤ 맨드릴(심봉): 가운데에 구멍이 뚫린 공작물을 안지름과 바깥지름이 동심원을 이루도록 가공할 때에는 사용한다.

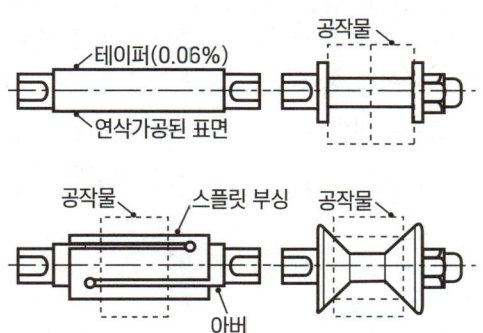

심봉의 종류

01

선반 바이트 팁을 사용 중에 절삭날이 무디어지면 날 부분을 새것으로 교환하여 날을 순차로 사용하는 것은?

① 클램프 바이트   ② 단체 바이트
③ 경납땜 바이트   ④ 용접 바이트

02

선반가공에서 사용되는 칩 브레이커에 대한 설명으로 옳은 것은?

① 바이트 날 끝각이다.
② 칩의 절단장치이다.
③ 바이트 여유각이다.
④ 칩의 한 종류이다.

03

선반으로 기어절삭용 밀링커터를 제작하려고 할 때 전면 여유각을 가공하기에 가장 적합한 작업은?

① 모방절삭(copying) 작업
② 릴리빙(relieving) 작업
③ 널링(knurling) 작업
④ 터렛(turret) 작업

04

드릴, 탭, 호브 등의 날 여유면을 절삭할 수 있는 선반의 부속장치는?

① 이송 장치
② 릴리빙 장치
③ 총형 바이트 장치
④ 테이퍼 절삭 장치

05

선반에 부착된 체이싱 다이얼(chasing dial)의 용도는?

① 드릴링 할 때 사용한다.
② 널링 작업을 할 때 사용한다.
③ 나사 절삭을 할 때 사용한다.
④ 모방 절삭을 할 때 사용한다.

06

선반가공에서 이동식 방진구를 사용할 때 어느 부분에 설치하는가?

① 심압대   ② 에이프런
③ 왕복대의 새들   ④ 베드

07

구멍이 있는 원통형 소재의 외경을 선반으로 가공할 때 사용하는 부속장치는?

① 면판   ② 돌리개
③ 맨드릴   ④ 방진구

08

선반의 척 중 불규칙한 모양의 공작물을 고정하기에 가장 적합한 것은?

① 압축공기 척   ② 연동 척
③ 마그네틱 척   ④ 단동 척

09

선반작업에서 3개의 조가 120° 간격으로 구성 배치되어 있는 척은?

① 단동척   ② 콜릿척
③ 연동척   ④ 마그네틱척

10

4개의 조(jaw)가 각각 단독으로 움직이도록 되어 있어 불규칙한 모양의 일감을 고정하는데 편리한 척은?

① 단동척   ② 연동척
③ 마그네틱척   ④ 콜릿척

11

선반에서 단동척에 대한 설명으로 틀린 것은?

① 연동척보다 강력하게 고정한다.
② 무거운 공작물이나 중절삭을 할 수 있다.
③ 불규칙한 공작물의 고정이 가능하다.
④ 3개의 조가 있으므로 원통형 공작물 고정이 쉽다.

12

선반의 부속장치가 아닌 것은?

① 방진구   ② 면판
③ 분할대   ④ 돌림판

13

보통 센터의 선단 일부를 가공하여, 단면가공이 가능한 센터는?

① 세공 센터   ② 베어링 센터
③ 하프 센터   ④ 평 센터

14

선반에서 척에 고정할 수 없는 불규칙하거나 대형의 가공물 또는 복잡한 가공물을 고정할 때 사용하는 것은?

① 연동척   ② 콜릿척
③ 벨척   ④ 면판

15

선반에서 척에 고정할 수 없는 대형 공작물 또는 복잡한 형상의 공작물을 고정할 때 사용하는 부속장치는?

① 센터   ② 면판
③ 바이트   ④ 맨드릴

16

선반에서 맨드릴의 종류에 속하지 않는 것은?

① 표준 맨드릴   ② 팽창식 맨드릴
③ 수축식 맨드릴   ④ 조립식 맨드릴

17

표준 맨드릴(mandrel)의 테이퍼값으로 적합한 것은?

① $\dfrac{1}{10} \sim \dfrac{1}{20}$ 정도   ② $\dfrac{1}{50} \sim \dfrac{1}{100}$ 정도

③ $\dfrac{1}{100} \sim \dfrac{1}{1000}$ 정도   ④ $\dfrac{1}{200} \sim \dfrac{1}{400}$ 정도

18

선반에서 이동용 방진구를 설치하는 곳은?

① 새들   ② 주축대
③ 심압대   ④ 베드

해 고정식 방진구는 베드위에 설치하고, 이동식 방진구는 왕복대의 새들위에 설치한다.

19

선반에서 사용하는 부속장치는?

① 방진구   ② 아버
③ 분할대   ④ 스로팅 장치

20

방진구의 조(Jaw)는 몇 개 인가?

① 5개   ② 4개

③ 2개   ④ 1개

21

선반가공에서 방진구의 주된 사용목적으로 가장 적합한 것은?

① 소재의 중심을 잡기 위해 사용한다.

② 소재의 회전을 원활하게 하기위해 사용한다.

③ 척에 소재의 고정을 단단히 하기위해 사용 한다.

④ 지름이 작고 길이가 긴 소재를 가공할 때 소 재의 휨이나 떨림을 방지하기 위해 사용한다.

22

선반의 가늘고 긴 공작물은 절삭력과 자중에 의하여 휘거나 처짐이 일어나기 쉬워 정확한 치수로 가공하기 어렵다. 이와 같은 처짐이나 휨을 방지하는 부속장치는?

① 면판   ② 돌림판과 돌리개

③ 맨드릴   ④ 방진구

6. 선반의 절삭 조건

선반의 절삭 조건에는 절삭 속도, 이송 속도, 절삭 깊이 등이 있으며, 절삭 조건은 가공 능률, 공구의 수명, 가공 정밀도에 영향을 준다.

[1] 절삭 속도

공작물의 회전 속도를 말하며, 절삭 속도가 빨라지면 절삭 능률이 향상되고 가공 표면은 매끈해지지만 공구는 쉽게 마모된다.

절삭속도 $V = \dfrac{\pi dn}{1000}$ 따라서,

주축 회전수 $n = \dfrac{1000V}{\pi d}$

여기서,

- V : 절삭 속도(m/min)
- d : 공작물의 지름(mm)
- n : 주축 회전수(rpm)

[2] 이송 속도

이송(feed)은 공작물이 1회전 할 때 바이트가 직선으로 이동하는 거리를 말하며, 단위는 공작물 회전당 이송 거리(mm/rev)로 나타낸다.

[3] 절삭 깊이

바이트가 1회에 깎아 내는 깊이를 절삭 깊이라 하며, 절삭 깊이가 클수록 절삭저항이 커져서 기계와 공구, 공작물에 무리한 힘을 주게 된다.

01

선반에서 고속절삭을 할 때의 장점이 아닌 것은?

① 구성인선이 억제된다.
② 절삭 능률이 향상된다.
③ 표면 조도가 감소된다.
④ 가공 변질층이 감소된다.

02

선반의 이송단위 중에서 1회전당 이송량의 단위는?

① mm/s
② mm/rev
③ mm/min
④ mm/stroke

03

선반가공에서 회전수를 구하는 공식이 N=1000V/πD라 할 때 이 공식의 표기가 틀린 것은?

① N=회전수(r/min=rpm)
② π=원주율
③ D=공작물의 반지름(mm)
④ V=절삭속도(m/min)

04

선반작업에서 주축의 회전수(rpm)를 구하는 공식으로 맞는 것은?

① $\dfrac{\text{절삭속도(m/min)}}{\text{원주율} \times \text{공작물의 지름(m)}}$

② $\dfrac{\text{절삭속도(m/min)} \times \text{원주율}}{\text{공작물의 지름(m)}} \times 1000$

③ $\dfrac{\text{공작물의 지름(m)} \times \text{원주율}}{\text{절삭속도(m/min)}}$

④ $\dfrac{\text{공작물의 지름(m)}}{\text{절삭속도(m/min)} \times \text{원주율}} \times 1000$

05

지름이 30 mm인 연강을 선반에서 절삭할 때, 주축을 200 rpm으로 회전시키면 절삭속도는 약 몇 m/min인가?

① 10.54
② 15.48
③ 18.84
④ 21.54

해 $V = \dfrac{\pi d N}{1000} \, m/min$

$V = \dfrac{3.14 \times 30 \times 200}{1000} = 18.84 m/min$

06

지름이 50 mm인 연강을 선반에서 절삭할 때, 주축을 200 rpm으로 회전시키면 절삭 속도는 약 몇 m/min 인가?

① 21.4
② 31.4
③ 41.4
④ 51.4

해 $V = \dfrac{\pi d N}{1000} \, m/min$

$V = \dfrac{3.14 \times 50 \times 200}{1000} = 31.4 m/min$

07

지름 30mm인 환봉을 318rpm으로 선반가공할 때, 절삭속도는 약 몇 m/min인가?

① 30 ② 40
③ 50 ④ 60

해 $V = \dfrac{\pi dN}{1000} m/min$

$V = \dfrac{3.14 \times 30 \times 318}{1000} = 29.9556 m/min$

08

지름이 40mm인 연강을 주축 회전수가 500rpm인 선반으로 절삭할 때, 절삭속도는 약 몇 m/min 인가?

① 12.5 ② 20.0
③ 31.4 ④ 62.8

해 $V = \dfrac{\pi dN}{1000} m/min$

$V = \dfrac{3.14 \times 40 \times 500}{1000} = 62.8 m/min$

09

지름이 120mm, 길이 340mm 인 탄소강 둥근 막대를 초경 합금 바이트를 사용하여 절삭속도 150m/min으로 절삭하고자 할 때 회전수는 약 rpm 인가?

① 398 ② 498
③ 598 ④ 698

해 $V = \dfrac{\pi dN}{1000} m/min$

$N = \dfrac{1000V}{\pi d} rpm = \dfrac{1000 \times 150}{3.14 \times 120} = 398.089 rpm$

10

선반에서 ø40mm의 환봉을 120m/min의 절삭속도로 절삭가공을 하려고 할 경우, 2분 동안의 주축 총 회전수는?

① 650 rpm ② 960 rpm
③ 1720 rpm ④ 1910 rpm

해 $V = \dfrac{\pi dN}{1000} m/min$

$N = \dfrac{1000V}{\pi d} rpm = \dfrac{1000 \times 120}{3.14 \times 40} = 955.414 rpm$

rpm은 1분당 회전수이므로 2분 동안의 회전수는
$955.414 \times 2 = 1910$

11

선반 가공의 경우 절삭 속도가 120m/min 이고 공작물의 지름이 60 mm일 경우, 회전수는 약 몇 rpm 인가?

① 637 ② 1637
③ 64 ④ 164

해 $V = \dfrac{\pi dN}{1000} m/min$

$N = \dfrac{1000V}{\pi d} rpm = \dfrac{1000 \times 120}{3.14 \times 60} = 636.942 rpm$

12

선반에서 일감이 1회전 하는 동안, 바이트가 길이 방향으로 이동하는 거리는?

① 회전력 ② 주분력
③ 피치 ④ 이송

13

바이트의 날끝 반지름이 1.2㎜인 바이트로 이송을 0.05㎜/rev로 깎을 때 이론상의 최대 높이 거칠기는 몇 ㎛인가?

① 0.57   ② 0.45

③ 0.33   ④ 0.26

해 $H = \dfrac{s^2}{8r}$

여기서,
H : 공작물의 표면 거칠기[mm]
s : 이송[mm/rev]
r : 바이트의 노즈 반지름[mm]
$H = \dfrac{s^2}{8r} = \dfrac{0.05^2}{8 \times 1.2} = 2.604 \times 10^{-4} mm = 0.26 \mu m$

14

선반가공에서 외경을 절삭할 경우, 절삭가공 길이 100mm를 1회 가공하려고 한다. 회전수 1000rpm, 이송속도 0.15mm/rev이면 가공시간은 약 몇 분(min)인가?

① 0.5   ② 0.67

③ 1.33   ④ 1.48

해 $T[mm] = \dfrac{L}{n \times s} \times i$

여기서,
n : 회전수[mm]
s : 이송[mm/rev]
i : 가공횟수
$T = \dfrac{i}{n \times s} = \dfrac{100}{1000 \times 0.15} = 0.06666 min$

03 밀링 가공

 ▶ https://url.kr/mcjljo

1. 밀링의 구조 및 종류

원통 형상의 제품은 선반에서 가공하고, 밀링 머신(milling machine)에서는 평면이나 홈가공과 같이 다양한 윤곽을 가공하는 기계이다.

(1) 밀링의 구조

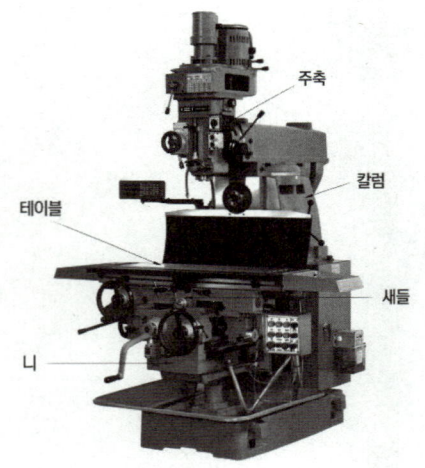

주축

칼럼

테이블

새들

니

수직 밀링 머신의 각 부 명칭

① 주축 : 밀링 커터가 고정되며 회전하는 부분이다.
② 칼럼 : 밀링 머신의 몸체로 절삭 가공 시 진동이 적고 하중을 충분히 견딜 수 있는 구조로 설계되어야 한다.

③ 테이블 : 테이블 위에 밀링 바이스가 설치되어 공작물을 고정하고 테이블이 좌우 이송하며 가공이 이루어진다.
④ 새들 : 공작물을 전후 이송시키는 부분이다.
⑤ 니 : 공작물을 상하 이송시키는 부분으로 가공 시 절삭 깊이를 결정한다.

(2) 밀링의 종류

① 수직 밀링 머신 : 컬럼의 상부에 수직 방향으로 주축 헤드가있고 이곳에 내장된 주축의 끝단에 정면 밀링 커터나 엔드밀 등을 설치하여 회전시켜 가공한다.
② 수평 밀링 머신 : 컬럼의 상부에 주축이 수평 상태로 있어, 여기에 아버를 수평으로 설치하고, 밀링 커터가 회전하게 된다. 커터의 회전 운동으로 절삭 가공이 이루어진다.
③ 만능 밀링 머신 : 새들 위에 테이블을 일정 각도로 선회할 수있는 선회대가 있어 기울어진 각도를 가진 공작물의 가공이 가능하다.
④ 특수 밀링 머신 : 플레이너와 같은 외형을 갖고 있으며 대형의 공작물이나 중량물의 대형 평면이나 홈 등을 가공하는 데 사용된다.

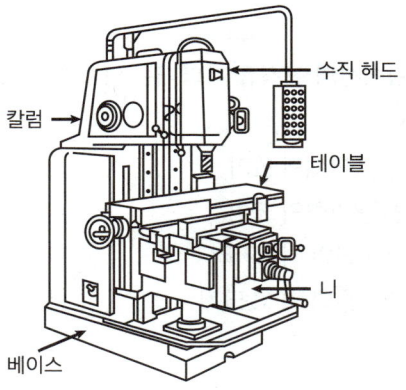

수직형 밀링 머신

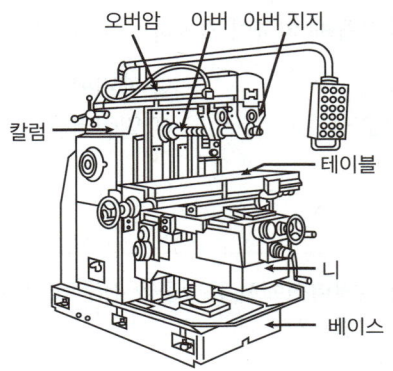

수평형 밀링 머신

(3) 밀링의 크기

테이블의 작업 면적의 크기(길이×폭), 테이블의 이송량, 즉 전후, 좌우, 상하의 최대 이송 거리로 나타내며, 이들의 크기에 따라 번호를 붙여 사용한다.

호칭번호	0호기 (No.0)	1호기	2호기	3호기	4호기	5호기
테이블의 좌우 이동 거리	450	550	700	850	1,050	1,250
새들의 전후 이동 거리	150	200	250	300	350	400
니의 상하 이동 거리	300	400	400	450	450	500

📁 단원 핵심 기출 문제

01

절삭공구가 회전운동을 하며 절삭하는 공작 기계는?

① 선반 ② 셰이퍼
③ 밀링머신 ④ 브로칭머신

02

밀링 머신의 일반적인 크기 표시는?

① 밀링 머신의 최고 회전수로 한다.
② 밀링 머신의 높이로 한다.
③ 테이블의 이송거리로 한다.
④ 깎을 수 있는 공작물의 최대 길이로 한다.

03

밀링 작업에서 일감의 가공면에 떨림이 나타날 경우 그 방지책으로 적합하지 않은 것은?

① 밀링 커터의 정밀도를 좋게 한다.
② 일감의 고정을 확실히 한다.
③ 절삭 조건을 개선한다.
④ 회전 속도를 빠르게 한다.

04

다음 중 테이블이 일정한 각도로 선회할 수 있는 구조로 기어 등 복잡한 제품을 가공할 수 있는 것은?

① 플레인 밀링 머신(plain milling machine)
② 만능 밀링 머신(universal milling machine)
③ 생산형 밀링 머신(production milling machine)
④ 플라노 밀러(plano miller)

05

새들 위에 선회대가 있어 테이블을 일정한 각도로 회전시키거나 테이블 상·하로 경사시킬 수 있는 밀링 머신은?

① 수직밀링 머신 ② 수평밀링 머신
③ 만능 밀링 머신 ④ 램형밀링 머신

06

공작물을 테이블에 고정하고, 절삭 공구를 회전 운동시키면서 적당한 이송을 주면서 평면을 가공하는 공작기계는?

① 선반 ② 밀링머신
③ 보링머신 ④ 드릴링머신

07

수평 밀링머신과 비교한 수직 밀링머신에 관한 설명으로 틀린 것은?

① 공구는 주로 정면 밀링커터와 엔드밀을 사용한다.
② 평면가공이나 홈 가공, T홈 가공, 더브테일 등을 주로 가공한다.
③ 주축헤드는 고정형, 상하 이동형, 경사형 등이 있다.
④ 공구는 아버를 이용하여 고정한다.

08

수직 밀링머신의 장치 중 일반적인 운동 관계가 옳지 않은 것은?

① 테이블-수직 이동
② 주축 스핀들-회전
③ 니-상하 이동
④ 새들-전후 이동

09

밀링머신의 규격을 나타내는 방법으로 옳은 것은?

① 밀링 본체의 크기
② 전동 마력의 크기
③ 테이블의 이송거리
④ 스핀들의 RPM 크기

10

일반적으로 공구의 회전 운동과 가공물의 직선 운동에 의하여 가공하는 공작기계는?

① 선반 ② 셰이퍼
③ 슬로터 ④ 밀링머신

11

수직 밀링머신에서 공작물을 전후로 이송시키는 부위는?

① 테이블 ② 새들
③ 니이 ④ 컬럼

2. 밀링 가공의 종류

수평 밀링 머신 가공

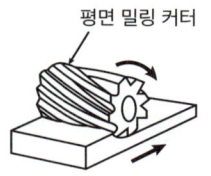

(a) 평면 가공

평면 밀링 커터

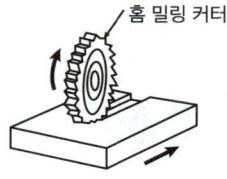

(b) 홈 가공

홈 밀링 커터

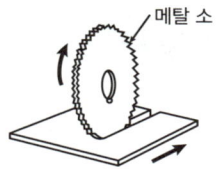

메탈 소

(c) 절단 가공

수직 밀링 머신 가공

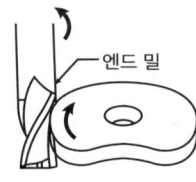

엔드 밀

(e) 윤곽 가공

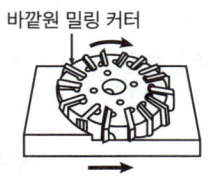

바깥원 밀링 커터

(f) 정면 가공

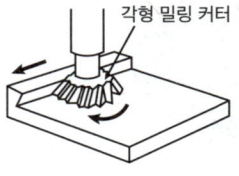

각형 밀링 커터

(d) 각도 가공

📁 **단원 핵심 기출 문제**

01

다음 중 밀링머신에서 할 수 없는 작업은?

① 널링 가공　　　　② T홈 가공
③ 베벨기어 가공　　④ 나선 홈 가공

02

밀링머신에서 하지 않는 가공은?

① 홈 가공　　　　② 평면 가공
③ 널링 가공　　　④ 각도 가공

3. 밀링 머신용 절삭 공구

(1) 수직 밀링 머신용 밀링 커터

① 정면 밀링 커터

정면 밀링 커터는 원주면에 여러 개의 날 끝이 있어 평면을 가공하는 데 사용한다.

인서트식 정면 밀링 커터

② 엔드밀

엔드밀은 밑면과 옆면에 날이 있어 홈 가공, 좁은 평면 가공, 윤곽가공 등에 사용한다. 엔드밀은 자루와 같이 일체형으로 되어 있는 것을 많이 사용하며 지름에 맞추어 콜릿을 이용하여 콜릿 척에 고정한다.

엔드밀

③ T홈 커터

T홈 가공에 사용하는 커터로 밀링 테이블의 T홈, 원형 테이블의 T홈을 가공하는 데 사용된다.

④ 더브테일 커터

선반 왕복대의 가로 이송대 및 세로 이송대와 같이 슬라이딩 되는 부분의 더브테일 홈을 가공하는 데 사용된다.

T홈 커터

더브테일 커터

(2) 수평 밀링 머신용 밀링 커터

수평 밀링 머신용 밀링 커터는 주축의 아버에 칼라와 너트를 사용하여 고정하며 평면 밀링 커터, 홈 밀링 커터, 각형 밀링 커터 등이 있다.

수평 밀링 머신

🗁 단원 핵심 기출 문제

01

밀링 머신에서 공구의 떨림 현상을 발생하게 하는 요소와 가장 관련이 없는 것은?

① 가공의 절삭조건
② 밀링 커터의 정밀도
③ 공작물의 고정 방법
④ 밀링 머신의 크기

02

수직 밀링머신에서 넓은 평면을 능률적으로 가공하는데 적합한 커터는?

① 더브테일 커터　　② 사이트밀링 커터
③ 정면 커터　　　　④ T 커터

03

다음 밀링 커터 형상에 대한 설명 중 옳은 것은?

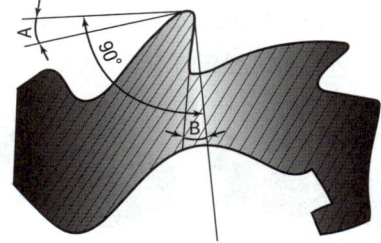

밀링 커터의 각도

① A각을 크게 하면 마멸은 감소한다.
② B각을 크게 하면 날이 강하게 된다.
③ B각을 크게 하면 절삭 저항은 증가한다.
④ A각은 단단한 일감은 크게 하고, 연한 일감은 작게 한다.

04

밀링 커터의 주요 공구각 중에서 공구와 공작물이 서로 접촉하여 마찰이 일어나는 것을 방지하는 역할을 하는 것은?

① 여유각　　　　　② 경사각
③ 날끝각　　　　　④ 비틀림각

05

평면 밀링 커터(plane milling cutter)의 설명으로 틀린 것은?

① 원통의 원주에 절삭날이 있다.
② 비틀림 날의 나선각은 보통 1~3° 정도 경사져 있다.
③ 직선인 절삭날과 비틀림 형상의 절삭날이 있다.
④ 밀링 커터 축과 평행한 평면을 절삭한다.

06

외주와 정면에 절삭 날이 있고 주로 수직밀링에서 사용하는 커터로 절삭능력과 가공면의 표면거칠기가 우수한 초경 밀링커터는?

① 슬래브 밀링커터　　② 총형 밀링커터
③ 더브 테일 커터　　　④ 정면 밀링커터

07

주로 수직 밀링에서 사용하는 커터로 바깥지름과 정면에 절삭 날이 있으며, 밀링 커터 축에 수직인 평면을 가공할 때 편리한 커터는?

① 정면 밀링커터
② 슬래브 밀링커터
③ T홈 밀링커터
④ 측면 밀링커터

08

다음 재질 중 밀링커터의 절삭속도를 가장 빠르게 할 수 있는 것은?

① 주철
② 황동
③ 저탄소강
④ 고탄소강

4. 밀링 머신의 부속 장치

① 수평 밀링 머신용 커터 고정 공구

수평 밀링 머신이나 만능 밀링 머신의 평면 밀링 커터와 측면 밀링 커터는 아버를 이용하여 고정한다.

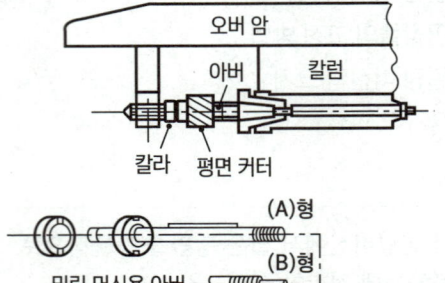

아버를 이용한 밀링 커너의 고정

② 밀링 바이스

밀링 바이스는 공작물을 고정시키는 데 사용되며 수평 바이스, 회전 바이스, 유압 바이스, 만능 바이스 등의 종류가 있다.

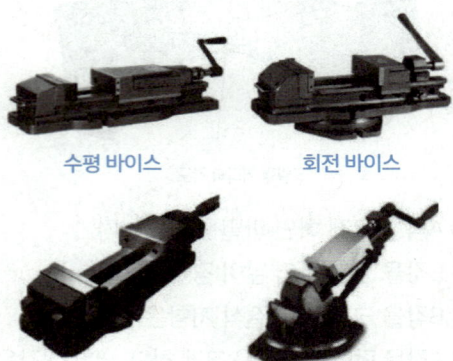

수평 바이스   회전 바이스

유압 바이스   만능 바이스

③ 원형 테이블

주로 수직 밀링 머신에 사용되는 부속 장치로 수동 또는 자동이송으로 회전시킬 수 있어서 원형의 홈이나 바깥 둘레 부분을 가공하는 데 이용한다.

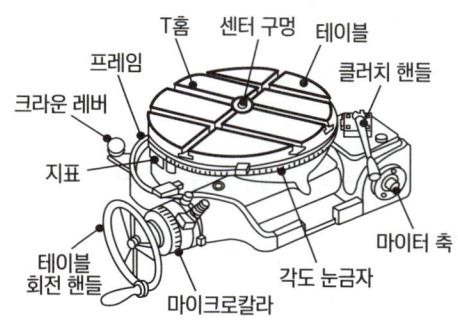

T홈 센터 구멍 테이블
프레임 클러치 핸들
크라운 레버
지표
마이터 축
테이블 회전 핸들 각도 눈금자
마이크로칼라

원형 테이블의 각 부 명칭

④ 분할대

밀링 머신에서 둥근 단면의 공작물을 사각, 육각 등으로 가공할 때는 분할대를 사용하면 편리하다.

분할대 및 분할판

01

밀링머신의 부속 장치가 아닌 것은?

① 아버　　　　　　② 래크 절삭 장치
③ 회전 테이블　　　④ 에이프런

02

밀링에서 테이블의 좌우 및 전후이송을 사용한 윤곽가공과 간단한 분할작업도 가능한 부속장치는?

① 슬로팅 장치　　　② 분할대
③ 유압 밀링 바이스　④ 회전 테이블 장치

03

밀링 머신의 부속 장치가 아닌 것은?

① 아버　　　　　　② 에이프런
③ 슬로팅 장치　　　④ 회전 테이블

04

밀링 머신의 부속 장치가 아닌 것은?

① 분할대　　　　　② 크로스 레일
③ 래크 절삭 장치　　④ 회전 테이블

05

밀링머신에서 소형공작물을 고정할 때 주로 사용하는 부속품은?

① 바이스　　　　　② 어댑터
③ 마그네틱 척　　　④ 슬로팅 장치

06

밀링머신의 부속장치에 속하는 것은?

① 돌리개　　　　　② 맨드릴
③ 방진구　　　　　④ 분할대

07

밀링 머신에서 둥근 단면의 공작물을 사각, 육각 등으로 가공할 때에 편리하게 사용되는 부속 장치는?

① 분할대
② 릴리빙 장치
③ 슬로팅 장치
④ 래크 절삭 장치

08

밀링머신의 부속장치로 가공물을 필요한 각도로 등분할 수 있는 장치는?

① 슬로팅장치
② 래크밀링장치
③ 분할대
④ 아버

09

밀링의 부속장치 중 분할작업과 비틀림 홈 가공을 할 수 있는 장치는?

① 테이블
② 분할대
③ 슬로팅 장치
④ 랙밀링 장치

10

테이블 위에 설치하며 원형이나 윤곽 가공, 간단한 등분을 할 때 사용하는 밀링 부속장치는?

① 슬로팅 장치
② 회전 테이블
③ 밀링 바이스
④ 래크 절삭 장치

11

밀링 작업시 공작물을 고정할 때 사용되는 부속 장치로 틀린 것은?

① 마그네틱 척
② 수평 바이스
③ 앵글 플레이트
④ 공구대

12

주축의 회전운동을 직선 왕복운동으로 변화시키고, 바이트를 사용하여 가공물의 안지름에 키(key)홈, 스플라인, 세레이션 등을 가공할 수 있는 밀링 부속장치는?

① 분할대
② 슬로팅 장치
③ 수직 밀링 장치
④ 래크 절삭 장치

13

밀링머신의 부속장치가 아닌 것은?

① 분할대
② 회전테이블
③ 슬로팅 장치
④ 면판

14

수평 밀링머신에서 밀링커터를 고정하는 곳은?

① 아버
② 컬럼
③ 바이스
④ 테이블

15

밀링 공작기계에서 스핀들의 회전 운동을 수직 왕복 운동으로 변환시켜주는 부속 장치는?

① 수직 밀링 장치
② 슬로팅 장치
③ 만능 밀링 장치
④ 레크 밀링 장치

16

밀링머신의 부속장치에 해당하는 것은?

① 맨드릴
② 돌리개
③ 슬리브
④ 분할대

5. 상향 절삭과 하향 절삭

① 상향 절삭 : 밀링 커터의 회전 방향이 공작물의 이송 방향과 반대 방향으로 절삭하는 방법

② 하향 절삭 : 이들 방향이 서로 같은 방향으로 절삭하는 방법

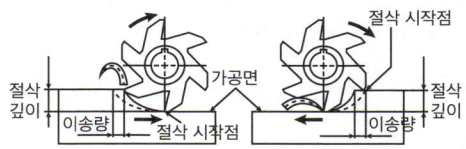

수평형 밀링머신의 상향 절삭과 하향 절삭

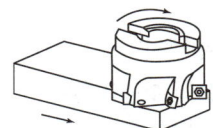 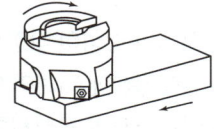

상향 절삭　　　　하향 절삭

수평형 밀링머신의 상향 절삭과 하향 절삭

③ 상향 절삭과 하향 절삭의 특징 비교

구분	상향 절삭	하향 절삭
백래시	백래시는 생기지 않는다.	백래시가 발생한다.
기계에 미치는 영향	밀링 커터가 공작물을 들어 올리는 방향으로 하중이 가해지므로 기계에 무리를 주지 않는다.	밀링 커터가 공작물을 누르는 방향으로 작용하여 기계에 무리를 준다.
공작물 고정	공작물 고정이 불안하고 떨림이 일어날 수 있다.	공작물 고정이 안정적이다.
공구의 수명	마찰이 커서 마찰열이 발생하며 공구 수명이 짧다.	마찰 작용이 적어 공구의 마모가 적고 수명이 길다.
칩의 영향	칩이 가공할 면 위에 쌓이므로 시야가 좋지 않으나 칩이 커터 날을 방해하지 않고 절삭열에 의한 치수 정밀도 변화가 작다.	칩이 가공된 면에 쌓여 가공할 면의 시야는 좋으나 절삭열로 인한 치수 정밀도의 영향을 줄 수 있다.
가공면의 거칠기	광택이 있고, 절삭 자취의 피치가 길며 마찰이 커서 가공면이 거칠다.	광택은 적고 저속 이송 시 회전 저항이 발생하지 않아 가공면이 깨끗하다.

01

밀링 머신에서 테이블 백래시(back lash) 제거 장치를 설치하는 위치로 적합한 곳은?

① 변속 기어　　　　② 자동 이송 레버
③ 테이블 이송 나사　④ 테이블 이송 핸들

해 밀링 머신에서 백래시 제거 장치는 테이블 이송 나사에 장착하여 나사의 피치 간 간격을 줄인다.

02

밀링작업에서 하향절삭과 비교한 상향절삭의 특징으로 옳은 것은?

① 백래시를 제거하여야 한다.
② 절삭날의 마멸이 적고 공구수명이 길다.
③ 가공할 때 충격이 있어 높은 강성이 필요하다.
④ 절삭력이 상향으로 작용하여 고정이 불리하다.

03

밀링 절삭 방법에 하향 절삭에 대한 설명이 아닌 것은?

① 백래시를 제거해야 한다.
② 기계의 강성이 낮아도 무방하다.
③ 상향 절삭에 비하여 공구의 수명이 길다.
④ 상향 절삭에 비하여 가공면의 표면 거칠기가 좋다.

04

밀링 머신에서 상향 절삭과 비교한 하향 절삭의 특징으로 옳은 것은?

① 이송 나사의 백래시는 큰 영향이 없다.
② 기계의 강성이 낮아도 무방하다.
③ 절삭 날에 마찰이 적어 수명이 길다.
④ 표면 거칠기가 상향 절삭보다 거칠다.

05

밀링가공에서 상향절삭과 비교한 하향절삭의 특성 중 틀린 것은?

① 기계의 강성이 낮아도 무방하다.
② 공구의 수명이 길다.
③ 가공표면의 광택이 적다.
④ 백래시를 제거하여야 한다.

06

밀링 머신에 의한 가공에서 상향 절삭과 하향 절삭을 비교한 설명으로 옳은 것은?

① 상향 절삭 시 가공면이 하향 절삭 가공면보다 깨끗하다.
② 상향 절삭 시 커터 날이 공작물을 향하여 누르므로 고정이 쉽다.
③ 하향 절삭 시 커터 날의 마찰 작용이 적으므로 날의 마멸이 적고 수명이 길다.
④ 하향 절삭은 커터 날의 절삭 방향과 공작물의 이송방향의 관계상 이송기구의 백래시가 자연히 제거된다.

07

밀링 절삭방법에서 상향 절삭과 비교한 하향 절삭에 대한 설명으로 틀린 것은?

① 날 자리의 길이가 짧아 커터의 마모가 적다.
② 절삭된 칩이 이미 가공된 면 위에 쌓인다.
③ 이송기구의 백래시가 자연히 제거된다.
④ 커터 날이 공작물을 누르며 절삭하므로 공작물 고정이 용이하다.

08

상향절삭과 비교한 하향절삭의 특징으로 틀린 것은?

① 기계의 강성이 낮아도 무방하다.
② 상향절삭에 비하여 인선의 수명이 길다.
③ 이송나사의 백래시를 완전히 제거하여야 한다.
④ 절삭력이 하향으로 작용하여 가공물 고정이 유리하다.

6. 밀링 머신을 이용한 분할 방법

① 직접 분할법 : 비교적 단순한 분할 가공을 할 때에 사용한다. 24의 약수인 2, 3, 4, 6, 8, 12, 24의 6가지 분할 작업이 가능하다.

$$x = \frac{24}{n}$$

n = 공작물(분할대의 주축)의 분할 수

x = 분할판에서 회전시키려는 구멍 간격 수

② 단식 분할법 : 작은 수에서부터 매우 큰 수까지 정밀한 분할이 가능하다. 단식 분할법으로는 2 ~ 60의 수, 60 ~ 120의 2와 5의 배수 및 120 이상의 수 중에서 40/N에서 분모가 분할판의 구멍 수가 될수 있는 수를 분할할 수 있다.

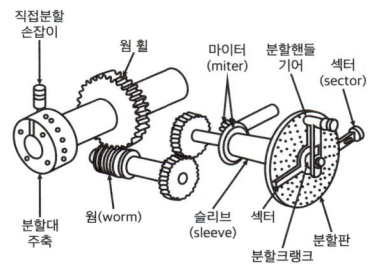

직접분할 손잡이 · 웜 휠 · 마이터(miter) · 분할핸들 기어 · 섹터(sector) · 분할대 주축 · 웜(worm) · 슬리브(sleeve) · 섹터 · 분할크랭크 · 분할판

단식 분할 기구

$$n = \frac{40}{N} = \frac{h}{H}$$

n = 공작물(분할대의 주축)의 분할 수

N = 크랭크축의 회전수

③ 차동 분할법 : 단식 분할이 불가능한 경우 차동 장치를 사용하여 분할하는 방법이다. 67, 97, 121 등 특정한 수를 분할할 때에 사용한다.

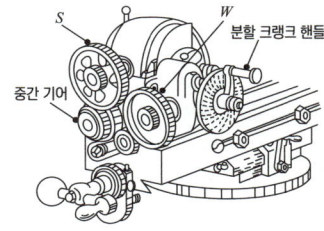

S · W · 분할 크랭크 핸들 · 중간 기어

차동 분할 기구

📁 단원 핵심 기출 문제

01

밀링 분할법의 종류에 해당되지 않은 것은?

① 단식 분할법　　　　② 미분 분할법
③ 직접 분할법　　　　④ 차동 분할법

02

직접 분할법으로 6등분을 할 때, 직접 분할판의 크랭크 회전수는?

① 1회전　　　　　　② 2회전
③ 3회전　　　　　　④ 4회전

03

밀링 분할대의 종류가 아닌 것은?

① 신시내티형　　　　② 브라운 샤프트형
③ 모르스형　　　　　④ 밀워키형

04

다음 중 밀링작업에서 분할대를 이용하여 직접 분할이 가능한 가장 큰 분할수는?

① 40　　　　　　　② 32
③ 24　　　　　　　④ 15

05

밀링 가공에서 분할대를 이용하여 원주면을 등분하려고 한다. 직접 분할법에서 직접 분할 핀의 구멍수는?

① 12개　　　　　　② 24개
③ 30개　　　　　　④ 36개

06

밀링 머신에서 직접 분할법으로 8등분을 하고자 한다. 직접 분한판에서 몇 구멍씩 이동시키면 되는가?

① 3구멍　　　　　② 5구멍
③ 8구멍　　　　　④ 12구멍

07

밀링머신의 분할 가공방법 중에서 분할 크랭크를 40회전하면, 주축이 1회전하는 방법을 이용한 분할법은?

① 직접 분할법　　　② 단식 분할법
③ 차동 분할법　　　④ 각도 분할법

08

밀링머신에서 분할대를 이용하여 분할하는 방법이 아닌 것은?

① 직접 분할 방법　　② 차동 분할 방법
③ 단식 분할 방법　　④ 복합 분할 방법

09

밀링에서 브라운 샤프형의 21구멍 분할판을 사용하여 7등분 하고자 한다. 맞는 것은?

① 7회전하고 40구멍씩 돌린다.
② 5회전하고 15구멍씩 돌린다.
③ 7회전하고 21구멍씩 돌린다.
④ 15회전하고 5무어씩 돌린다.

해 $n = \dfrac{40}{N} = \dfrac{40}{7} = 5\dfrac{5}{7}$ 이므로 브라운샤프형 분할판

(NO.2) 분할에서 21구멍의 분할판을 써서 7의 3배인 21이 있으므로 $\dfrac{5}{7} = \dfrac{5 \times 3}{7 \times 3} = \dfrac{15}{21}$ 가 된다.

∴ 21구멍의 분할판을 써서 크랭크를 5회전 15구멍씩 돌리면 7등분이 된다.

10

신시내티 밀링 분할대로 13등분을 단식 분할할 경우는?

① 26구멍줄에서 크랭크가 3회전하고 2구멍씩 이동시킨다.
② 39구멍줄에서 크랭크가 3회전하고 3구멍씩 이동시킨다.
③ 52구멍줄에서 크랭크가 3회전하고 4구멍씩 이동시킨다.
④ 75구멍줄에서 크랭크가 3회전하고 5구멍씩 이동시킨다.

해 $n = \dfrac{40}{N} = \dfrac{40}{13} = 3\dfrac{1}{13}$ 이므로 브라운샤프형 분할판

분할에서 39구멍의 분할판을 써서 7의 3배인 21이 있으므로 $\dfrac{1}{13} = \dfrac{1 \times 3}{13 \times 3} = \dfrac{3}{39}$ 가 된다.

∴ 39구멍의 분할판을 써서 크랭크를 3회전 3구멍씩 이동시킨다.

7. 밀링 머신의 절삭 조건

(1) 절삭 속도

절삭 속도 $v = \dfrac{\pi d n}{1,000}$

주축의 회전수 $n = \dfrac{1,000 v'}{\pi d}$

여기서,

v = 절삭 속도(m/min)

d = 밀링 커터의 지름(mm)

n : 주축 회전수(rpm)

(2) 이송 속도

이송 속도 $f = f_z \times z \times n$(mm/min)

여기서,

f : 테이블 이송 속도(mm/min)

f_z : 밀링 커터 날 1개마다의 이송(mm)

z : 밀링 커터 날 수

n : 밀링 커터의 1분 당 회전수

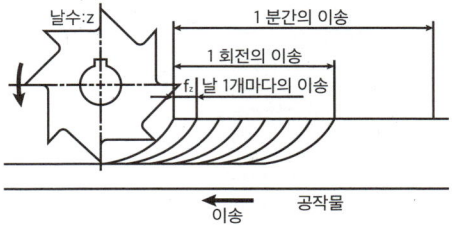

01

커터의 날 수가 10개, 1날당 이송량 0.14㎜, 커터의 회전수는 715rpm으로 연강을 밀링에서 가공할 때 테이블의 이송 속도는 약 몇 mm/min 인가?

① 715 　　　　　　② 1000
③ 5100 　　　　　　④ 7150

[해] $f = f_z \times Z \times N$
　　$f = 0.14 \times 10 \times 715 = 1001 \text{mm/min}$

02

밀링 커터의 지름이 100㎜, 한날 당 이송이 0.2㎜, 커터의 날수는 10개, 커터의 회전수가 520rpm일 때, 테이블의 이송속도는 약 몇 ㎜/min인가?

① 640 　　　　　　② 840
③ 940 　　　　　　④ 1040

[해] $f = f_z \times Z \times N$
　　$f = 0.2 \times 10 \times 520 = 1040 \text{mm/min}$

03

밀링에서 절삭속도 20 m/min, 커터 지름 50 mm, 날수 12개, 1날당 이송을 0.2mm로 할 때 1분간 테이블 이송량은 약 몇 mm인가?

① 120 　　　　　　② 220
③ 306 　　　　　　④ 404

[해] $f = f_z \times Z \times N$
　　$N = \dfrac{1000V}{\pi d} = \dfrac{1000 \times 20}{3.14 \times 50} = 127.388 \text{rpm}$
　　$f = 0.2 \times 12 \times 127.388 = 305.732 \text{mm/min}$

04

절삭속도 70m/min, 밀링 커터의 날 수 10, 커터의 지름 140㎜, 1날 당 이송 0.15㎜로 밀링 가공할 때, 테이블의 이송속도는 약 얼마인가?

① 144m/min   ② 144㎜/min

③ 200m/min   ④ 239㎜/min

해 $f = f_z \times Z \times N$

$N = \dfrac{1000V}{\pi d} = \dfrac{1000 \times 70}{3.14 \times 140} = 159.235\text{rpm}$

$f = 0.15 \times 10 \times 159.235 = 238.853\text{mm/min}$

05

밀링에서 커터의 지름이 100mm, 한날당 이송이 0.2mm, 커터의 날수 10개, 회전수가 478rpm일 때, 절삭속도는 약 m/min 인가?

① 100   ② 150

③ 200   ④ 250

해 $V = \dfrac{\pi d N}{1000} = \dfrac{3.14 \times 100 \times 478}{1000} = 150.092\text{m/min}$

06

200mm×200mm×40mm인 알루미늄 판을 ø20mm인 밀링커터를 사용하여 가공하고자 한다. 이때 절삭속도가 62.8m/min이면 밀링의 회전수는 약 몇 rpm인가?

① 1000   ② 1200

③ 1400   ④ 2000

해 $N = \dfrac{1000V}{\pi d} = \dfrac{1000 \times 62.8}{3.14 \times 20} = 1000\text{rpm}$

07

밀링 머신에서 이송의 단위는?

① F=mm/stroke   ② F=rpm

③ F=mm/min   ④ F=rpm·mm

04 연삭 가공

🔴 https://url.kr/aeycy5

1. 연삭기의 개요 및 구조

연삭 가공이란 단단하고 미세한 입자로 만든 연삭숫돌(grindstone)을 고속 회전시켜 공작물의 원통 면이나 평면을 극히 소량씩 깎아내는 가공법을 말한다.

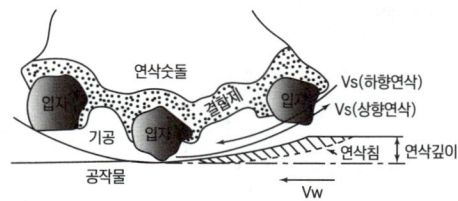

연삭 가공

연삭 가공의 종류	연삭기의 종류
원통 연삭	바깥지름 연삭기, 안지름 연삭기, 센터리스 연삭기
평면 연삭	수평형 평면 연삭기, 수직형 평면 연삭기
공구 연삭	드릴 연삭기, 커터 연삭기, 만능 공구 연삭기

(1) 원통 연삭

① 바깥지름 연삭 : 주축대를 이용하여 공작물을 회전시키고, 심압대로 다른 한 쪽을 지지하여 공작물의 바깥면을 연삭하는 것

② 안지름 연삭 : 숫돌 바퀴의 바깥지름이 공작물의 지름보다 작으며, 숫돌 바퀴의 회전수는 비교적 빠른 특징을 가진다.

③ 센터리스 연삭 : 센터나 척 등으로 공작물을 지지하지 않고, 공작물의 바깥지름, 안지름을 연삭하는 가공이다.

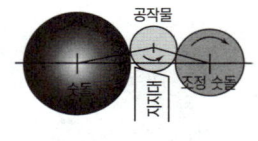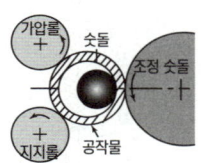

센터리스 연삭 방식

☑ 센터리스 연삭의 특징

센터리스 연삭의 장점

- 센터 구멍을 가공할 필요가 없고 중공축을 연삭할 때 편리하다.
- 가늘고 긴 공작물의 연삭에 적합하다.
- 연속 작업을 할 수 있어 대량 생산이 가능하다.
- 연삭 여유가 작아도 된다.
- 연삭숫돌의 폭이 커서 마모가 적고 수명이 길다.
- 작업자의 숙련도를 요구하지 않는다.

센터리스 연삭의 단점

- 긴 홈이 있는 공작물은 연삭할 수 없다.
- 대형 중량물은 연삭할 수 없다.
- 연삭숫돌 폭보다 긴 공작물은 플런지 컷형 방식으로 연삭할 수 없다.

☑ **공작물의 이송**

① **통과 이송 방법**: 느리게 회전하는 조정 숫돌로 공작물을 회전시키며 숫돌 바퀴로 연삭하는 방식이다. 이 방법은 지름이 같은 긴 공작물을 자동으로 이송시키면서 연삭할 때 적합하다.

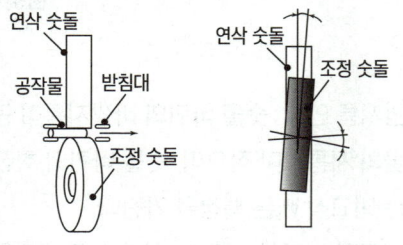

통과 이송 방법

② **전후 이송 방법**: 공작물을 이송시켜 가공하는 방법으로 공작물의 길이가 연삭 숫돌의 폭보다 짧거나, 단이 있어 통과이송을 할 수 없는 때 이용한다.

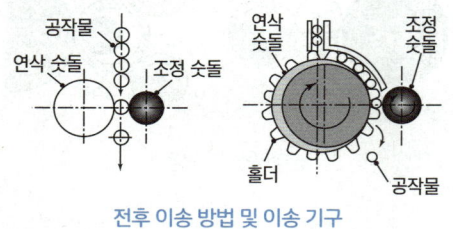

전후 이송 방법 및 이송 기구

(2) 평면 연삭

① **수평 평면 연삭**: 연삭 숫돌의 축이 수평이고 공작물을 보통 전자석 척에 고정된다. 연삭 숫돌의 바깥둘레를 사용하므로 절삭날이 공작물과 접촉하는 길이는 작아 절삭 능률은 떨어지나 정밀도는 우수하다.

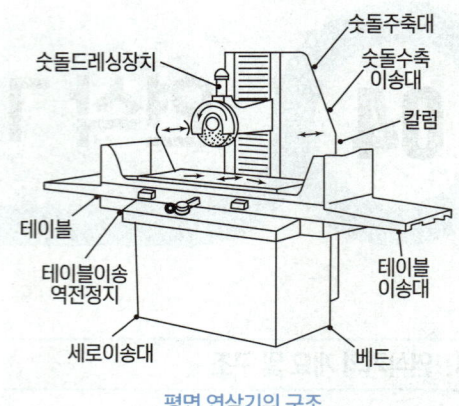

평면 연삭기의 구조

② **수직 평면 연삭**: 연삭 숫돌의 옆면을 사용하는 수직 연삭은 공작물과의 접촉 면적이 넓다. 따라서 절삭 능률이 높지만, 연삭열이 발생하기 쉽다.

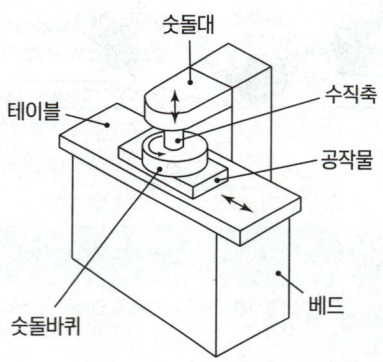

수직 평면 연삭기(테이블 왕복형)

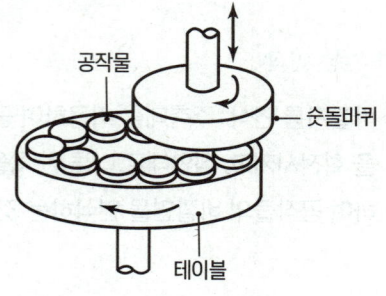

수직 평면 연삭기(테이블 회전형)

(3) 공구 연삭

바이트, 밀링 커터, 드릴 등의 절삭 공구를 연삭하는 것이다. 절삭 공구는 종류가 많고, 형상이 복잡하기 때문에 일반적으로 높은 정밀도가 필요하므로 전용의 공구 연삭기가 사용된다.

2. 연삭 숫돌

> **☑ 연삭 숫돌의 3요소**
>
> 입자, 결합제, 기공

연삭 가공은 연삭 숫돌의 표면에 다수 존재하는 입자가 각각의 절삭날이 되어 공작물을 깎고, 결합제는 입자들을 결합시켜 지지하는 역할을 하며, 기공은 입자가 생성한 절삭 칩이 들어갈 수 있는 곳이 된다.

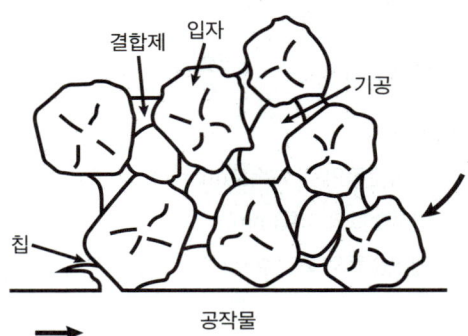

공작물

> **☑ 연삭 숫돌의 표시법**
>
> 연삭숫돌을 표시할 때는 연삭숫돌의 성능을 좌우하는 요소 및 모양, 치수 등을 나열하여 다음과 같이 표시한다.

WA · 60 · K · m · V ·1호· A ·						203×16×19.1
숫돌 입자	입도	결합도	조직	결합제	숫돌 모양	연삭 면 모양	연삭숫돌 치수 (바깥지름×두께×구멍 지름)

이외에(회전 시험 원주 속도 / 사용 원주 속도 범위 / 제조 회사명 / 제조 일자 / 제조 연월일)을 추가로 표시하는 경우도 있다.

표시 **예** A · 36 · M · m · V
알루미나계, 입도36(중간), 결합도 - 중간, 조직 - 중간, 결합제 - 비트리파이드계

① 숫돌 입자

숫돌 입자는 매우 단단해야 하고, 절삭날을 자생시키는 적당한 파쇄성과, 고온에서의 화학적 안정성 및 내마멸성이 있어야 한다.

숫돌입자	기호	공작물의 특성	용도
알루미나 (Al₂O₃)	A	인장 강도 30kg/mm² 이상 HRC25 이하의 연강	탄소강(연), 가단 주철, 반도체연마, 내화물 등
	WA	인장 강도 50kg/mm² 이상 HRC25 이상의 연강	탄소강(경), 합금 강, 스테인리스 강, 공구강
탄화규소 (SiC)	C	인장 강도 30kg/mm² 이하이며 비교적 깨지기 쉬운 공작물	주철, 비철금속, 내화물, 알루미늄 합금
공구 연삭	GC	초경합금으로 대단히 단단하고 열적 변질이 되기 쉬운 공작물	특수주철, 초경합금, 내화물

② 입도(grain size)

입자의 크기를 나타내는 것으로 기호 #는 메시라 하며 이것은 1인치(inch) 내의 입자 수를 나타낸다.

연삭 숫돌의 입도

구분	거친 것	중간 것	고운 것	매우 고운 것
입도	8, 10, 12, 14, 16, 20, 24	30, 36, 46, 54, 60	70, 80, 90, 100, 120, 150, 180, 220	240, 280, 320, 400, 500, 600, 700, 800, 1,000, 1,200, 1,500, 2,000, 2500

(단위:메시)

③ 결합도(grade)

숫돌 입자를 고정하고 있는 결합력의 강도를 나타낸다. KS에서는 알파벳의 대문자로 나타내며, E에서 Z로 갈수록 결합력이 강하다. 결합도가 단단한 것은 숫돌 입자가 숫돌 표면에서 쉽게 이탈하지 않는다는 의미이다.

구분	매우 연한 것	연한 것	중간 것	단단한 것	매우 단단한 것
결합도	E, F, G	H, I, J, K	L, M, N, O	P, Q, R, S	T, U, V, W, X, Y, Z

④ 조직(structure)

숫돌 입자의 밀도를 나타내는 것으로, 밀도가 낮은 것은 거친 조직, 밀도가 높은 것은 치밀한 조직이라 한다. 조직은 연삭된 칩이 연삭 숫돌에서 분리되는 정도에 영향을 미친다.

입자의 밀도	조직	기호	가공 특성
치밀한 것	0, 1, 2, 3	C	• 굳고 메진 재료 • 다듬질 연삭 • 접촉 면적이 작을 때
중간 것	4, 5, 6	M	
거친 것	7, 8, 9, 10, 11, 12	W	• 연질이며 인성이 큰 재료 • 거친 연삭 • 접촉 면적이 클 때

⑤ 결합제

결합제는 숫돌 입자를 결합시켜서 숫돌을 형성하는 재료이다. 숫돌 입자의 지지력은 결합제의 종류에 따라 다르며 동일한 입자의 연삭숫돌이라도 결합제의 종류에 따라 성능이 달라지게 된다.

결합제의 종류		기호
비트리파이드		V
실리케이트		S
탄성 숫돌	셸락	E
	고무	R
	레지노이드	B
금속 결합제		M

✓ **연삭 조건**

연삭 숫돌의 원주 속도

원주 속도 $V = \dfrac{\pi dn}{1000}$ …(식 V-1)

연삭 숫돌의 회전수 $n = \dfrac{1000V}{\pi d}$ …(식 V-2)

여기서,

V : 연삭숫돌의 원주 속도(m/min)

d : 연삭숫돌의 지름(mm)

V : 연삭숫돌의 회전수(rpm)

☑ 연삭 숫돌의 수정 요인

연삭 가공이 진행되면서 숫돌 입자의 끝이 무디게 되면 숫돌의 자생 작용에 의해 둔화된 숫돌 입자가 탈락되고 새로운 입자가 표면에 나타나 연삭 작업을 계속할 수 있다. 그러나 여러 가지 작업 조건이 맞지 않으면 눈메움, 눈무딤, 입자 탈락 등이 발생하여 연삭성이 나빠질 수 있다

① **눈메움** : 결합도가 높은 숫돌로 알루미늄이나 구리 등과 같이 연한 금속을 연삭하면 연삭숫돌 표면의 기공이 메워져 연삭 성능이 떨어지는 현상

② **눈무딤** : 연삭숫돌의 결합도가 필요 이상으로 높을 경우에는 숫돌 입자가 마모되어도 탈락되지 않고 둔화되는 현상

③ **입자탈락** : 결합도가 낮은 경우 숫돌이 너무 연하여 숫돌 입자가 마모되기 전에 입자가 탈락하는 현상

연삭숫돌의 수정 요인

☑ 연삭 숫돌의 수정

① **드레싱** : 연삭 가공이 진행되면서 눈메움, 눈무딤이 생긴 입자를 제거하여 새로운 입자가 표면에 생성되도록 하는 것을 드레싱(dressing)이라 하고, 이때 사용하는 공구를 드레서(dresser)라고 한다. 드레서는 강철 막대 끝에 다이아몬드를 끼운 다이아몬드 드레서가 주로 사용된다.

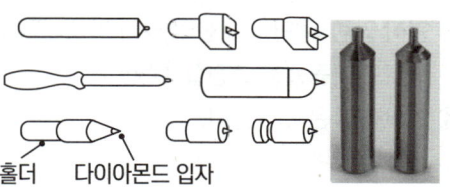

홀더   다이아몬드 입자

다이아몬드 드레서의 종류

드레서 사용 방법

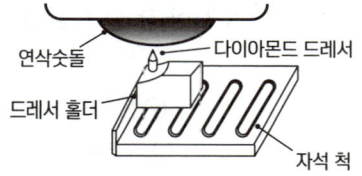

연삭숫돌
다이아몬드 드레서
드레서 홀더
자석 척

평면 연삭기

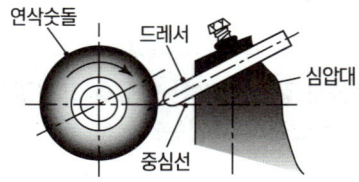

연삭숫돌
드레서
심압대
중심선

원통 연삭기

② **트루잉** : 연삭숫돌의 질이 균일하지 못하거나 연삭 가공 중 공작물의 영향으로 숫돌의 모양이 변한 경우에 숫돌을 정확한 모양으로 깎아내는 작업을 트루잉(truing)이라고 한다. 트루잉을 할 때에도 드레서를 사용하며 트루잉을 하면 동시에 드레싱도 된다.

트루잉

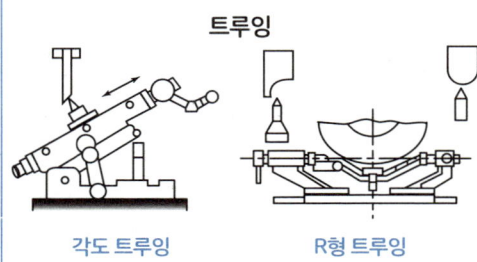

각도 트루잉   R형 트루잉

01

연삭가공의 특징을 설명한 내용으로 올바르지 않은 것은?

① 단단한 재료는 가공이 곤란하다.
② 정밀도가 높고 표면 거칠기가 우수하다.
③ 연삭 압력 및 연삭 저항이 적어 마그네틱 척으로도 가공물을 고정할 수 있다.
④ 연삭점의 온도가 높다.

02

다음 기계가공 중 일반적으로 표면을 가장 매끄럽게(표면 거칠기 값이 작게) 가공 할 수 있는 것은?

① 연삭기   ② 드릴링 머신
③ 선반   ④ 밀링

03

금형부품과 같은 복잡한 형상을 고정밀도로 가공할 수 있는 연삭기는?

① 성형 연삭기   ② 평면 연삭기
③ 센터리스 연삭기   ④ 만능 공구 연삭기

04

센터리스 연삭에서 조정 숫돌의 역할로 옳은 것은?

① 연삭숫돌의 이송과 회전
② 일감의 고정기능
③ 일감의 탈착기능
④ 일감의 회전과 이송

해

센터리스 연삭방법	
통과 이송법	전후 이송법
일감을 숫돌차의 축방향으로 송입하여 양 숫돌차 사이를 통과하는 동안에 연삭, 조정 숫돌은 연삭숫돌 축에 대하여 일반적으로 2~8°로 경사시킨다.	연삭 숫돌바퀴와 조정 숫돌바퀴 사이에 송입하여 플런지 컷 연삭과 같은 방법으로 연삭, 롤러베어링의 롤러, 핀 등의 연삭

연삭숫돌   공작물   조정숫돌

이송속도

$$V = \frac{\pi dn \times \sin a}{1000} [m/min]$$

- V:공작물의 이송속도
- d:조정숫돌의 지름[mm]
- n:조정숫돌의 회전수
- a:경사각(°)

센터리스 연삭기 장단점	
장점	단점
• 센터나 척으로 장착하기 곤란한 중공의 일감을 연삭하는데 편리 • 일감을 연속적으로 송입하여 연속작업을 할 수 있어 대량생산에 적합 • 연삭여유가 작아도 된다 • 센터를 낼 수 없는 작은 지름의 일감연삭에 적합 • 작업이 자동적으로 이루어져 숙련이 불필요	• 축방향에 키홈, 기름홈 등이 있는 일감은 연삭하기 어렵다. • 지름이 크고 길이가 긴 대형 일감은 연삭하기 어렵다. • 숫돌의 폭보다 긴 일감은 전후이송법으로 연삭 할 수 없다.

05

센터리스 연삭에서 조정숫돌의 역할로 옳은 것은?

① 연삭숫돌의 이송과 회전
② 일감의 고정기능
③ 일감의 탈착기능
④ 일감의 회전과 이송

해

연삭숫돌의 3요소

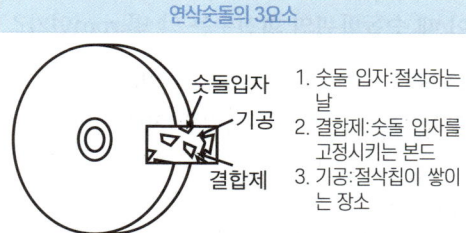

1. 숫돌 입자:절삭하는 날
2. 결합제:숫돌 입자를 고정시키는 본드
3. 기공:절삭칩이 쌓이는 장소

06

아래 숫돌바퀴 표시방법에서 60 이 나타내는 것은?

WA 60 K 5 V

① 입도　　　　② 조직
③ 결합도　　　④ 숫돌 입자

해 숫돌바퀴의 표시 방법

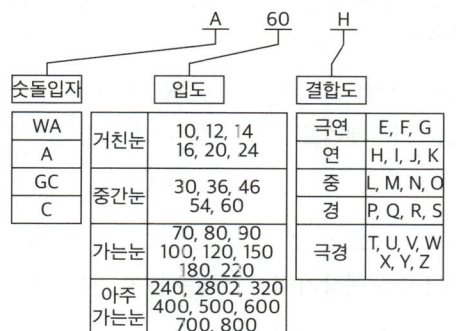

숫돌입자	입도		결합도	
WA	거친눈	10, 12, 14 16, 20, 24	극연	E, F, G
A			연	H, I, J, K
GC	중간눈	30, 36, 46 54, 60	중	L, M, N, O
C			경	P, Q, R, S
	가는눈	70, 80, 90 100, 120, 150 180, 220	극경	T, U, V, W X, Y, Z
	아주 가는눈	240, 2802, 320 400, 500, 600 700, 800		

조직		결합제	형상	
W	0, 1, 2, 3 4, 5, 6	V-비트리파이드	1호	평면
m	7, 8, 9 10	S-실리게이트	2호	링형
		B-레지노이드	3호	한면테이퍼형
C	11, 12	R-지우개	4호	양면페이퍼형
		E-셀락	5호	한면플랜지형
		PVC-비닐	6호	컵형
		M-메탈	7호	양면플랜지형
			8호	세이프티형
			9호	양면원통컵형
			10호	더브테일형
			11호	대접형
			12호	접시형
			13호	원형톱날접시형

250×25×25.40

치수

직경×두께×숫돌 축 구멍지름

07

연삭숫돌의 결합제 표시기호와 그 내용이 틀린 것은?

① B:비닐
② R:고무
③ S:실리케이트
④ V:비트리파이드

08

센터리스 연삭기에서 조정숫돌의 기능은?

① 가공물의 회전과 이송
② 가공물의 지지와 이송
③ 가공물의 지지와 조절
④ 가공물의 회전과지지

09

일반적으로 래핑작업 시 사용하는 랩제로 거리가 먼 것은 ?

① 탄화규소
② 산화 알루미나
③ 산화크롬
④ 흑연가루

10

연삭에서 결합도에 따른 경도의 선정기준 중 결합도가 높은 숫돌(단단한 숫돌)을 사용해야 할 때는?

① 연삭 깊이가 클 때
② 접촉 면적이 작을 때
③ 경도가 큰 가공물을 연삭할 때
④ 숫돌차의 원주 속도가 빠를 때

11

연삭가공에서 결합제의 기호 중 틀린 것은?

① 비트리파이드 - V
② 금속결합제 - M
③ 셸락 - E
④ 레지노이드 – R

12

원통연삭 작업에서 지름이 300mm인 연삭숫돌로 지름이 200mm인 공작물을 연삭할 때에 숫돌바퀴의 원주 속도는 1500m/min이다. 이 때 숫돌바퀴의 회전수는 약 몇 rpm인가?

① 1492
② 1592
③ 1692
④ 1792

13

그림과 같이 일감은 제자리에서 회전하고 숫돌이 회전과 전후 이송을 주어 원통의 외경을 연삭하는 방식은?

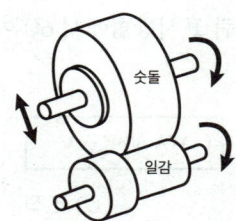

① 연삭 숫돌대 방식
② 플랜지 컷 방식
③ 센터리스 방식
④ 테이블 왕복식

14

일반적인 연삭숫돌 검사 방법의 종류가 아닌 것은?

① 초음파 검사　　　② 음향 검사
③ 회전 검사　　　④ 균형 검사

15

연삭 숫돌의 구성 3요소가 아닌 것은?

① 입자　　　② 결합제
③ 절삭유　　　④ 기공

16

내면 연삭 작업 시 가공물은 고정시키고 연삭 숫돌이 회전운동 및 공전운동을 동시에 진행하는 연삭방법은?

① 유성형　　　② 보통형
③ 센터리스형　　　④ 만능형

17

연삭숫돌의 기호 WA 60 K m V 에서 '60'은 무엇을 나타내는가?

① 숫돌입자　　　② 입도
③ 조직　　　④ 결합도

18

연삭숫돌의 단위 체적당 연삭 입자의 수, 즉 입자의 조밀정도를 무엇이라 하는가?

① 입도　　　② 결합도
③ 조직　　　④ 입자

▶ https://url.kr/aeycy5

드릴링 머신은 주축에 드릴을 고정하여 회전 시키면서 이송을 주어 일감에 구멍을 뚫은 공 작기계이다.

1. 드릴링 머신에 의한 가공 종류

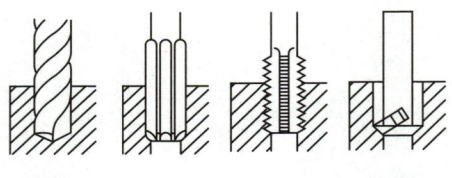

| 드릴 가공 | 리머 가공 | 탭 가공 | 보링 |

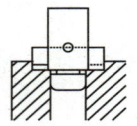  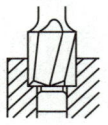

스폿 페이싱　　카운터 싱킹　　카운터 보링

① 드릴링 : 드릴로 구멍을 뚫는 작업
② 리밍 : 드릴로 뚫은 구멍을 리머로 정밀하게 다듬는 작업
③ 태핑 : 드릴로 뚫은 구멍에 탭을 이용해 암나 사를 내는 작업
④ 보링 : 주조된 구멍이나 이미 뚫은 구멍을 필 요한 크기나 정밀한 치수로 넓히는 작업

⑤ 스폿 페이싱 : 볼트, 너트 등이 닿는 머리 부 분을 깎아서 자리를 만드는 작업
⑥ 카운터 보링 : 고정한 볼트의 머리 부분이 묻 힐 수 있는 구멍을 뚫는 작업
⑦ 카운터 싱킹 : 접시 머리 나사의 머리 부분이 묻힐 수 있는 원뿔 자리를 만드는 작업

2. 드릴링 머신의 종류

① 탁상 드릴링 머신 : 소형 드릴링 머신으로 13mm 이하의 작고 깊이가 얕은 구멍을 가공하기에 적합하다.
② 직립 드릴링 머신 : 비교적 대형 공작물을 가공하기에 적합하다.
③ 레이디얼 드릴링 머신 : 수직 기둥을 중심으로 암을 회전시킬 수 있고, 대형 공작물의 구멍 가공에 적합하다.
④ 다축 드릴링 머신 : 1대의 기계에 여러 개의 스핀들이 있으며, 여러 개의 구멍을 동시에 가공할 수 있다.

직립 드릴링 머신

레이디얼 드릴링 머신

다축 드릴링 머신의 주축

다두 드릴링 머신

3. 드릴링 머신용 공구

드릴의 날끝각의 표준은 118°, 연한 재료를 가공할 때에는 60~90°, 단단한 재료를 가공할 때에는 135~150°가 알맞다.

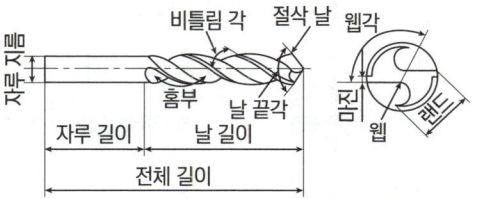
드릴의 각부 명칭

① 드릴의 절삭 조건

$$절삭 속도\ v = \frac{\pi dn}{1000} \cdots (식\ IV-10)$$

$$드릴의 회전수\ n = \frac{1000v}{\pi d} \cdots (식\ IV-11)$$

여기서,
- v : 절삭속도(m/min)
- d : 드릴의 지름(mm)
- n : 드릴의 회전수(rpm)

② 탭 가공

탭을 이용하여 암나사 가공을 한다. 탭 가공 시, 나사 절삭을 할 때는 정회전하지만 복귀 시에는 역회전하므로 태핑 머신을 사용하거나 수가공을 한다. 드릴 구멍의 크기는 나사의 바깥지름에서 나사 피치를 뺀 만큼 작게 뚫는다.

드릴 구멍의 지름 $d = D - p$

여기서,
- D : 나사의 지름
- p : 나사의 피치

탭

4. 보링 머신

보링(boring)은 드릴링, 단조, 주조 등으로 1차 가공된 구멍을 좀 더 넓혀주거나 표면 거칠기나 진원도를 높게 해 주는 가공이다.

보링 머신의 가공 원리

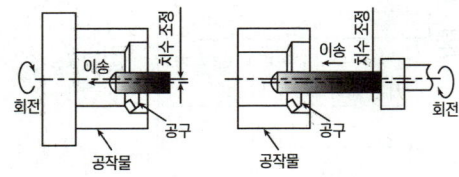

공작물 회전과 공구의 이송   공작물 고정과 공구의 회전 및 이송

01

미터나사에서 지름이 14mm, 피치가 2mm의 나사를 태핑하기 위한 드릴구멍의 지름은 보통 몇 mm로 하는가?

① 16   ② 14
③ 12   ④ 10

해   드릴 지름(d) = 호칭지름(D) - 피치(p)
               = 14 - 2 = 12mm

02

M10×1.5 탭을 가공하기 위한 드릴링 작업 기초구멍으로 다음 중 가장 적합한 것은?

① 6.0mm   ② 7.5mm
③ 8.5mm   ④ 9.0mm

03

가공할 구멍이 매우 클 때, 구멍 전체를 절삭하지 않고 내부에는 심재가 남도록 환형의 홈으로 가공하는 방식으로 판재에 큰 구멍을 가공하거나 포신 등의 가공에 적합한 보링 머신은?

① 보통 보링머신   ② 수직 보링머신
③ 지그 보링머신   ④ 코어 보링머신

04

고속회전 및 정밀한 이송기구를 갖추고 있어 정밀도가 높고 표면 거칠기가 우수한 실린더나 커넥팅 로드 등을 가공하며, 진원도 및 진직도가 높은 제품을 가공하기에 가장 적합한 보링머신은?

① 수직 보링머신   ② 수평 보링머신
③ 정밀 보링머신   ④ 코어 보링머신

05

수나사를 가공하는 공구는?

① 정   ② 탭
③ 다이스   ④ 스크레이퍼

06

작업대 위에 설치하여 사용하는 소형의 드릴링 머신은?

① 다축 드릴링 머신
② 직립 드릴링 머신
③ 탁상 드릴링 머신
④ 레이디얼 드릴링 머신

07

일반적인 보링머신에서 작업할 수 없는 것은?

① 널링 작업   ② 리밍 작업
③ 탭핑 작업   ④ 드릴링 작업

08

볼트의 머리가 조립부분에서 밖으로 나오지 않아야 할 때, 사용하는 볼트는?

① 아이 볼트
② 나비 볼트
③ 기초 볼트
④ 육각 구멍붙이 볼트

09

드릴링 머신 가공의 종류로 틀린 것은?

① 슬로팅   ② 리밍
③ 탭핑   ④ 스폿 페이싱

10

드릴의 구조 중 드릴가공을 할 때 가공물과 접촉에 의한 마찰을 줄이기 위하여 절삭날 면에 부여하는 각은?

① 나선각   ② 선단각
③ 경사각   ④ 날 여유각

11

보통 보링머신을 분류한 것으로 틀린 것은?

① 테이블형   ② 플레이너형
③ 플로우형   ④ 코어형

12

정밀 보링머신의 특성에 대한 설명으로 틀린 것은?

① 고속회전 및 정밀한 이송기구를 갖추고 있다.
② 다이아몬드 또는 초경합금 공구를 사용한다.
③ 진직도는 높으나 진원도가 낮다.
④ 실린더나 베어링면 등을 가공한다.

13

보링머신에서 이미 뚫은 구멍을 필요한 크기나 정밀한 치수로 넓히는 작업에 사용되는 공구는?

① 면 판   ② 돌리개
③ 방진구   ④ 보링 바

14

높은 정밀도를 요구하는 가공물, 정밀기계의 구멍 가공 등에 사용하는 것으로 외부환경 변화에 따른 영향을 받지 않도록, 항온, 항습실에 설치하는 보링머신은 무엇 인가?

① 수평형 보링머신

② 수직형 보링머신

③ 지그(Jig) 보링머신

④ 코어(Core) 보링머신

15

드릴링 머신에서 볼트나 너트를 체결하기 곤란한 표면을 평탄하게 가공하여 체결이 잘되도록 하는 것은?

① 리밍
② 태핑
③ 카운터 싱킹
④ 스폿 페이싱

16

지름이 100mm 인 연강을 회전수 300r/min(=rpm), 이송 0.3mm/rev, 길이 50mm를 1회 가공할 때 소요되는 시간은 약 몇 초인가?

① 약 20초
② 약 33초
③ 약 40초
④ 약 56초

해 이송량을 보면 1회전당 0.3mm가 이송되므로 50mm를 가공하려면 167회전을 해야한다. 선반의 회전수는 300 rev/1min = 300rev/60s = 5rev/s 이것을 계산해보면 167rev/5rev = 33.4s가 된다.

17

두께 30mm의 탄소강판에 절삭속도 20m/min, 드릴의 지름 10mm, 이송 0.2mm/rev로 구멍을 뚫을 때 절삭 소요시간은 약 몇 분인가?(단, 드릴의 원추 높이는 5.8mm, 구멍은 관통하는 것으로 한다)

① 0.11
② 0.28
③ 0.75
④ 1.11

해

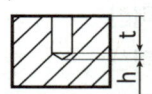

$$T[min] = \frac{t+h}{nf} = \frac{\pi D(t+h)}{1000vf}$$

$$\therefore n = \frac{1000V}{\pi D}$$

t: 드릴의 깊이[mm]
h: 드릴의 원뿔 높이[mm]
n: 드릴의 회전수[rpm]
D: 드릴의 지름[mm]
f: 드릴의 이송속[mm/rev]

※ 이 때, 가공시간은 가공준비시간, 여유시간, 드릴 준비, 교체시간 등을 제외한 오직 가공에만 소요되는 시간을 의미한다.

18

드릴가공의 불량 또는 파손원인이 아닌 것은?

① 구멍에서 절삭 칩이 배출되지 못하고 가득 차 있을 때

② 이송이 너무 커서 절삭저항이 증가할 때

③ 디닝(thinning)이 너무 커서 드릴이 약해졌을 때

④ 드릴의 날 끝 각도가 표준으로 되어 있을 때

19

보링 머신에서 할 수 없는 작업은?

① 태핑
② 구멍뚫기
③ 기어가공
④ 나사깎기

20

작업대 위에 설치하여 사용하는 소형의 드릴링 머신은?

① 다축 드릴링 머신

② 직립 드릴링 머신

③ 탁상 드릴링 머신

④ 레이디얼 드릴링 머신

21

드릴링 머신 1대에 여러 개의 스핀들을 설치하고 1개의 구동축으로 유니버셜 조인트를 이용하여 여러 개의 드릴을 동시에 구동시키는 드릴링 머신은?

① 직접 드릴링 머신

② 레이디얼 드릴링 머신

③ 다축 드릴링 머신

④ 다두 드릴링 머신

22

드릴 가공방법에서 구멍에 암나사를 가공하는 작업은?

① 다이스 작업　　　② 탭핑 작업

③ 리밍 작업　　　　④ 보링 작업

23

단단한 재료일수록 드릴의 선단 각도는 어떻게 해주어야 하는가?

① 일정하게 한다.

② 크게 한다.

③ 작게 한다.

④ 시작점에서는 작은 각도, 끝점에서는 큰 각도로 한다.

1) 브로칭 가공

가늘고 긴 일정한 단면 모양을 가진 공구면에 많은 날을 가진 공구면에 많은 날를 가진 브로치라는 절삭공구를 사용하여 공작물을 내면이나 외경에 필요한 형상의 부품을 가공하는 절삭방법

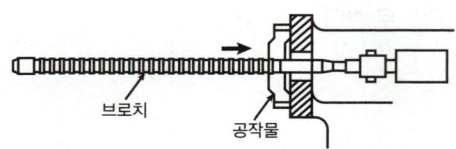

인발식 브로치 절삭

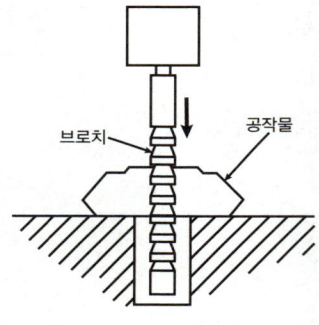

압입식 브로치 절삭

2) 세이퍼 및 플레이너

① 세이퍼 : 왕복 운동을 하는 절삭 공구를 이용해 평면을 가공하는 공작 기계로, 구조가 간단하여 사용이 편리하다. 절삭 행정 시에는 공구가 천천히 움직이지만 되돌아올 때는 빨리 움직이는 급속 귀환 장치로 되어 있다.

② 플레이너 : 세이퍼와는 반대로 테이블이 수평 길이 방향으로 왕복 운동을 하고, 공구는 테이블의 가로 방향으로 이송을 하며 주로 평면을 가공하는 공작기계이다.

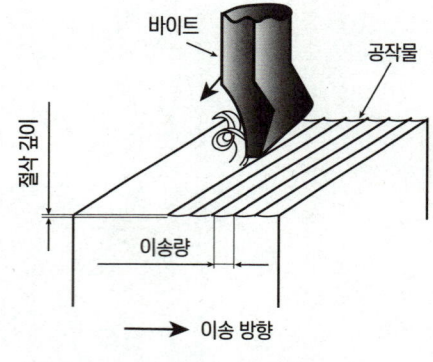

세이퍼의 가공 원리

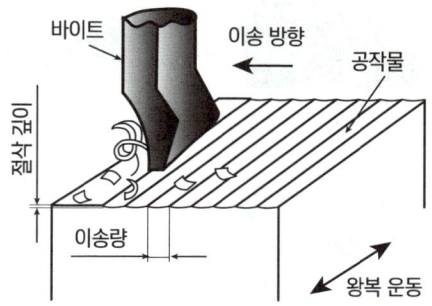

플레이너의 가공 원리

3) 기어 가공기

(1) 기어 절삭 방법

① 총형 커터에 의한 방법 : 기어의 치형과 같은 총형 커터를 사용하여 공작물을 1피치씩 회전시키며 가공한다. 정밀도가 좋지 못하고 생산 능률이 낮아 소량의 기어 생산에만 사용된다.

② 형판에 의한 방법 : 이의 모양과 같은 곡선으로 만든 형판을 따라 바이트가 모방 절삭하여 기어를 가공할 수 있다. 저속용 대형 스퍼 기어나 직선 베벨 기어 가공 등에 사용된다.

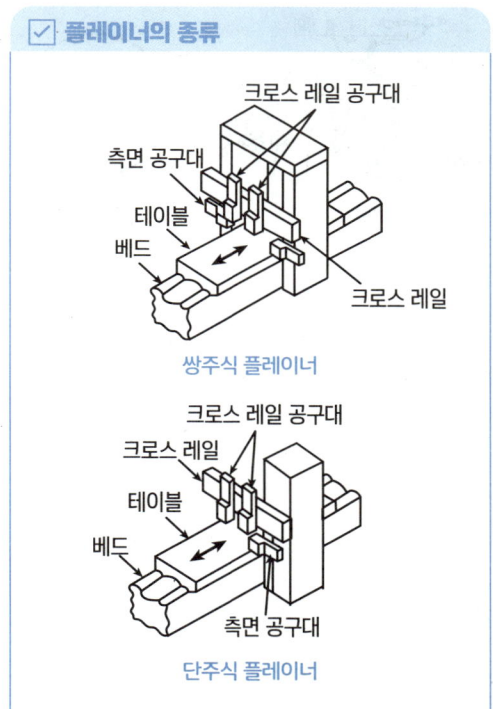

쌍주식 플레이너

단주식 플레이너

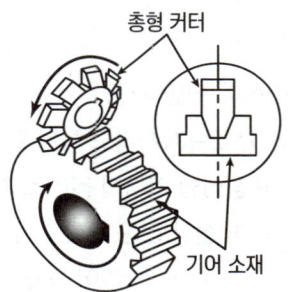

총형 커터에 의한 기어 절삭

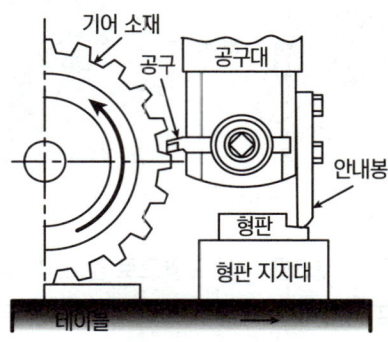

형판에 의한 기어 절삭

③ 창성법에 의한 방법 : 절삭 공구와 기어 소재를 서로 상대 운동시키고 공구에 축 방향의 왕복 운동을 주어 기어를 가공하는 방법을 창성법이라 한다. 능률적이며, 절삭 공구로 호브를 사용하는 가공을 기어 호빙이라 하고 래크나 피니언형 공구를 사용하는 가공을 기어 셰이핑이라 한다.

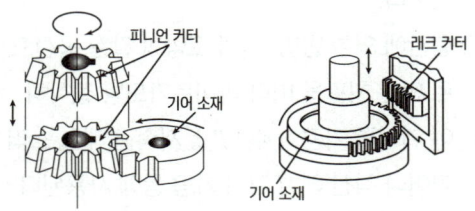

창성법에 의한 기어 절삭

4) 호빙 머신에 의한 가공

① 호빙 머신 : 호브(hob)라고 하는 절삭 공구를 사용하여 창성법 가공의 원리로 기어를 가공하는 기어 절삭 전용 공작 기계이며, 스퍼 기어, 헬리컬 기어, 웜 기어 등을 가공할 수 있다.

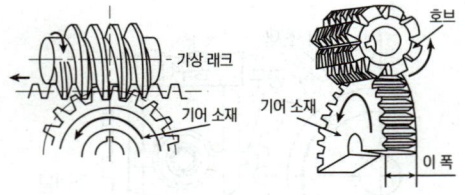

호브에 의한 기어 가공

② 호브 : 래크를 나선 모양으로 감고, 축 방향으로 여러 개의 홈을 파서 절삭 날을 만든 회전 공구이다. 호브를 회전시키면 래크의 치형이 축 방향으로 이동하면서 호브의 날로 인벌류트 기어가 창성되며 절삭한 기어의 정밀도는 호브의 정밀도에 따라 결정된다.

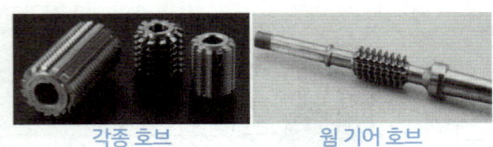

각종 호브   웜 기어 호브

5) 기어 셰이퍼에 의한 가공

커터와 공작물이 구름접촉을 하도록 상대 운동을 시키면서 커터를 왕복 절삭 운동시켜 기어를 가공하는 기어 전용 공작 기계이다.

기어 셰이빙

기어 셰이빙   셰이빙 커터

📁 단원 핵심 기출 문제

01

다수의 절삭날을 직렬로 나열된 공구를 가지고 1회 행정으로 공작물의 구멍 내면 혹은 외측표면을 가공하는 절삭방법은?

① 호닝　　　　② 래핑
③ 브로칭　　　④ 액체 호닝

02

공구와 가공물의 상대운동이 웜과 웜기어의 관계로 기어를 절삭할 수 있는 공작기계는?

① 펠로스 기어 셰이퍼
② 마그 기어 셰이퍼
③ 라이네케르 베벨기어 셰이퍼
④ 기어 호빙 머신

03

가형 구멍, 키 홈, 스플라인 홈 등을 가공하는 데 사용되는 공작기계로 제품 형상에 맞는 단면모양과 동일한 공구를 통과시켜 필요한 부품을 가공하는 기계는?

① 호빙 머신　　　② 기어 셰이퍼
③ 보링 머신　　　④ 브로칭 머신

04

브로칭 머신을 설치 시 면적을 많이 차지하지만 기계의 조작이 쉽고, 가동 및 안전성이 우수한 브로칭 머신은?

① 수평 브로칭 머신
② 자동형 브로칭 머신
③ 수동형 브로칭 머신
④ 직립형 브로칭 머신

05

밀링 부속장치 중 주축의 회전운동을 왕복운동으로 변환시키고 바이트를 사용해서 스플라인, 세레이션, 내경키(key)홈 등을 가공하는 부속장치는?

① 수직 밀링 장치　　② 슬로팅 장치
③ 래크 절삭 장치　　④ 회전 테이블

06

기어절삭기로 가공된 기어의 면을 매끄럽고 정밀하게 다듬질하기 위해 홈붙이날을 가진 커터로 다듬는 가공방법은?

① 호빙　　　　② 호닝
③ 기어셰이빙　④ 래핑

정밀 입자 가공은 매우 작은 단단한 알갱이나, 입도가 작은 숫돌을 이용하여 높은 정밀도를 꾀하고 거울면과 같이 매끈한 표면으로 다듬 가공하는 것이다.

(1) 래핑(lapping)

공작물과 랩(lap) 사이에 미세한 분말 상태의 랩제(lapping powder)를 넣고 적당한 압력을 가하면서 상대 운동을 시켜 표면거칠기가 매우 우수한 가공면을 얻을 수 있는 가공법이다.

☑ 래핑 방식

래핑액(lapping oil)을 사용하는 습식 래핑과 래핑액을 사용하지 않는 건식 래핑이 있다. 일반적으로 습식 래핑으로 거친 가공을 한 후 건식 래핑으로 다듬 가공을 한다.

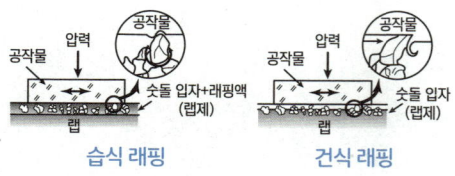

습식 래핑   건식 래핑

(2) 호닝(honing)

보링이나 리밍, 연삭 가공한 원통 내면의 진원도 및 표면 거칠기를 더 향상시키고자 하는 가공으로, 혼(hone)이라고 하는 공구를 구멍에 넣고 직선 운동이나 회전 운동시켜 가공한다.

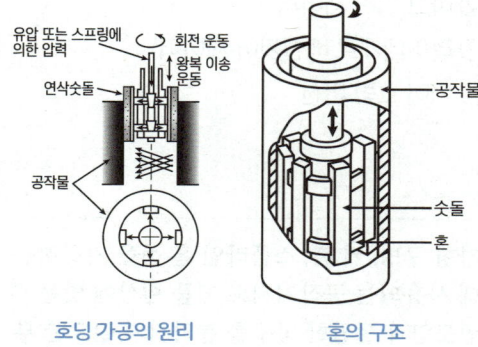

호닝 가공의 원리   혼의 구조

☑ 액체 호닝

연삭 입자와 가공액을 혼합하고, 압축 공기를 이용하여 공작물 표면에 고압, 고속으로 분사시켜 금속, 플라스틱, 고무 및 유리 등의 표면을 다듬질하는 가공 방법으로 다음과 같은 장점이 있다.

① 가공 시간이 짧게 걸린다.

② 복잡한 형상의 제품을 가공할 수 있다.

③ 공작물 표면의 산화막이나 거스러미(burr)를 제거하기 쉽다.

④ 피닝(peering) 효과가 있어 공작물 피로 강도를 10 % 정도 향상시킨다.

(3) 슈퍼 피니싱(super finishing)

입도가 작고 연한 숫돌 입자를 공작물 표면에 접촉시킨 후 낮은 압력과 미세한 진동을 주어 고정밀도의 표면으로 다듬질하는 가공을 말한다.

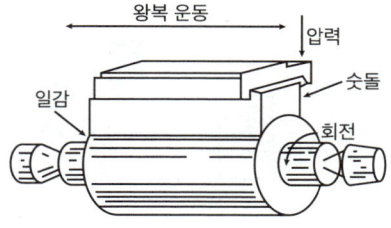

원통 슈퍼 피니싱

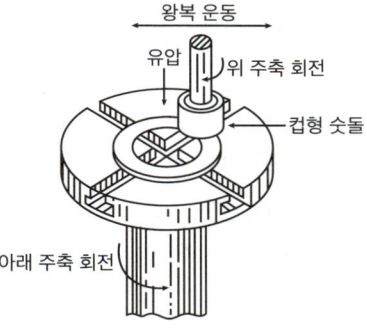

평면 슈퍼 피니싱

(4) 방전가공(EDM : electrical discharge machining)

전극을 음극(-)으로 하고 공작물을 양극(+)으로 하여 전극에 전기를 통전시켜 발생하는 불꽃 방전에 의해 재료를 용해하여 가공하는 것이다.

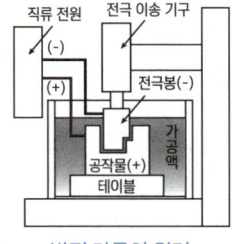

방전 가공의 원리

① 특징

ㄱ. 공작물의 재질, 경도와 관계없이 전기가 통하는 재료는 모두 가공이 가능하다.

ㄴ. 숙련도를 많이 요하지 않으며 무인 가공이 가능하다.

ㄷ. 전극의 형상대로 복잡한 형상을 정밀하게 가공할 수 있다.

ㄹ. 전극과 공작물에 큰 힘이 가해지지 않는다.

ㅁ. 시간이 오래 걸리고 가공물에 변질층이 남는다.

(5) 초음파 가공

초음파 가공은 초음파를 이용하여 전기적 에너지를 기계적 에너지로 변환시켜 공작물 표면을 미세하게 다듬는 정밀 가공을 말한다.

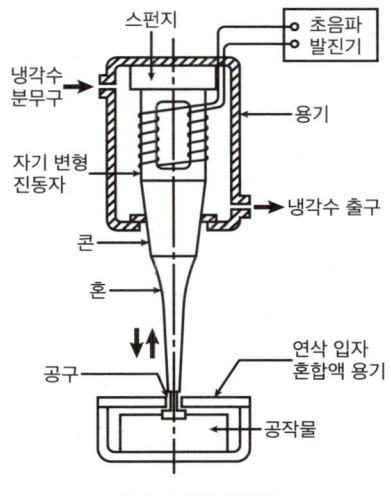

초음파 가공의 원리

① 특징

ㄱ. 가공 물체에 가공 변형이 남지 않는다.

ㄴ. 간단한 조작으로 숙련을 요하지 않는다.

ㄷ. 공구 이외에는 거의 마모되는 부품이 없다.

(6) 전해연마

공작물을 양극(+)으로 하고 전기 저항이
적은 아연, 구리 등을 음극(-)으로 연결하
여, 양극의 용해 작용을 이용해서 공작물 표
면의 돌기 부분을 선택적으로 용해해서 매
끄러운 표면을 얻고자 하는 것이 전해 연마
이다.

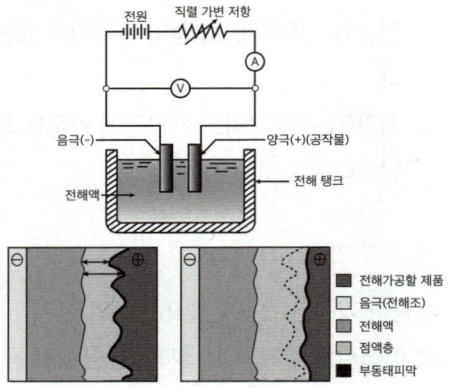

전해 연마의 원리

(7) 전해가공

공구와 일감을 전극으로 하여 전해액 속에
넣고 전류를 통하면 전기에 의해 화학적 용
해 작용이 일어나 일감이 원하는 모양과 치
수로 가공되는 방법이다.

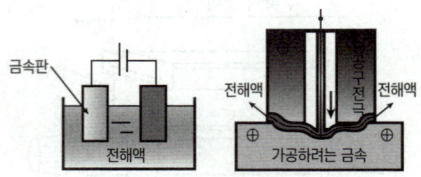

전해 가공의 원리

① 특징

ㄱ. 가공 속도가 빠르고, 넓은 면적의 동시
   가공이 가능하다.
ㄴ. 가공물 재질의 경도나 인성이 커도 용이
   하게 가공된다.
ㄷ. 복잡한 3차원 형상도 쉽게 가공할 수 있다.
ㄹ. 열 변형이 생기지 않는다.

단원 핵심 기출 문제

01

일반적으로 래핑작업 시 사용하는 랩제로 거리가 먼 것은?

① 탄화규소 ② 산화 알루미나
③ 산화크롬 ④ 흑연가루

해

장점	단점
래핑(Lapping)	

랩(Lap)이라는 공구와 다듬질하려고 하는 일감 사이에 랩제를 넣고 양자를 상대운동 시킴으로 매끈한 다듬질을 얻는 가공 방법

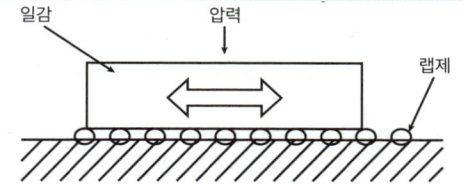

용도	
블록게이지, 스냅게이지, 플러그게이지, 렌즈, 프리즘, 볼(ball), 롤러, 내연기관 연료 부사 펌프, 제어기기 부품 등	

장점	단점
① 다듬질 면이 매끈하고 경면을 얻을 수 있다. ② 정밀도가 높은 이상적인 제품을 얻을 수 있다. ③ 자동화하기 쉽고, 대량생산을 할 수 있다. ④ 작업방법 및 설비가 간단하다. ⑤ 가공면은 내식성, 내마멸성이 좋다.	① 작업이 깨끗하지 못하고 작업자의 손과 옷을 더럽힌다. ② 비산하는 래핑입자에 다른 기계나 제품이 손상을 입을 수 있다. ③ 가공면에 랩제가 잔류하기 쉽고, 제품 사용시 마멸을 촉진시킨다. ④ 높은 정밀도의 제품생산시 많은 숙련이 요구된다.

랩제의 종류	랩의 종류(Lap Materrial)
알루미나, 산화크롬, 탄화규소, 산화철, 다이아몬드	주철, 연강, 동, 황동, 알루미늄

02

래핑의 설명으로 옳은 것은?

① 건식은 랩과 일감사이에 랩재와 래핑액을 공급하며 가공하는 방식이다.
② 건식래핑 뒤에 습식래핑을 한다.
③ 일감은 랩재질 보다 연해야 한다.
④ 랩재로 탄화규소(SiC), 산화알루미나(Al2O3)가 주로 쓰인다.

03

연한 숫돌에 적은 압력으로 가압하면서 가공물에 회전운동과 이송을 주며, 숫돌을 다듬질할 면에 따라 매우 작고 빠른 진동을 주는 가공법은?

① 래핑 ② 배럴
③ 액체호닝 ④ 슈퍼 피니싱

04

연삭숫돌에 눈 메움이나 무딤 현상이 발생하였을 때 숫돌을 수정하는 작업은?

① 래핑 ② 드레싱
③ 글레이징 ④ 덮개 설치

05

숫돌입자와 공작물이 접촉하여 가공하는 연삭작용과 전해작용을 동시에 이용하는 특수가공법은?

① 전주 연삭 ② 전해 연삭
③ 모방 연삭 ④ 방전 가공

06

입도가 작고 연한 숫돌에 적은 압력으로 가압하면서 가공물에 이송을 주고, 동시에 숫돌에 진동을 주어 표면 거칠기를 향상시키는 가공법은?

① 배럴(barrel)
② 수퍼피니싱(superfinishing)
③ 버니싱(burnishing)
④ 래핑(lapping)

슈퍼 피니싱	가공물 표면에 미세하고 연한 숫돌을 낮은 압력으로 접촉시키면서 진동을 주는 고정밀 가공

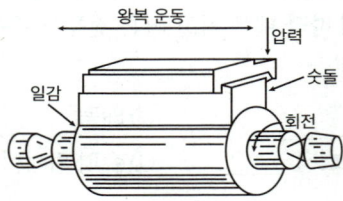

원통면의 슈퍼피니싱

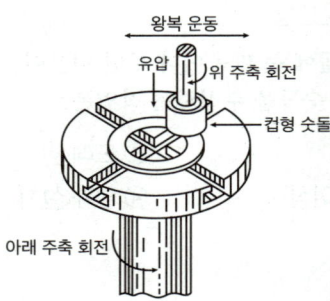

평면 슈퍼피니싱

숫돌 재료	알루미나, 탄화규소, 탄화붕소, 다이아몬드
가공액	석유, 경유, 머신유

- 배럴가공 : 배럴(나무 또는 금속으로 만든 각이 진 통) 속에 가공물과 물, 연마제 및 컴파운드를 넣고 여러 시간 계속해서 통을 회전시키거나 진동시켜 공작물의 표면을 연마하거나 광택을 내는 가공법
- 버니싱 : 원통내면의 표면다듬질에 가압법을 응용한 것
- 래핑 : 랩이라는 공구와 랩제를 사용하여 마모와 연삭작용에 의해 공작물을 다듬질하는 정밀가공법

07

다음 중 가공물을 양극으로 전해핵에 담그고 전기저항이 적은 구리, 아연을 음극으로 하여 전류를 흘려서 전기에 의한 용해작용을 이용하여 가공하는 가공법은?

① 전해연마
② 전해연삭
③ 전해가공
④ 전주가공

① 전해연마 : 전기분해할 때 양극의 금속 표면에 미세한 볼록 부분이 다른 표면 부분에 비해 선택적으로 용해하는 것을 이용한 금속연마법
② 전해연삭 : 고속도로 회전하는 다이아몬드 숫돌과 가공물 사이의 전해질 수용액에 전류를 통하게 하여 가공하는 방법
③ 전해가공 : ECM이라고도 한다. 금속재료의 전기화학적 용해를 할때, 그 진행을 방해하는 양극 생성물인 금속산화물막이 생기는데, 이를 제거하면서 가공하는 것
④ 전주가공 : 전착층을 두껍게 해서 원화과 반대 형상의 제품을 만드는 측수가공법의 한가지

08

전해 연마의 특징에 대한 설명으로 틀린 것은?

① 가공면에 방향성이 없다.
② 복잡한 형상의 제품은 가공할 수 없다.
③ 가공 변질층이 없고 평활한 가공면을 얻을 수 있다.
④ 연질의 알루미늄, 구리 등도 쉽게 광택면을 가공할 수 있다.

09

금속선의 전극을 이용하여 NC로 필요한 형상을 가공하는 방법은?

① 전주 가공
② 레이저 가공
③ 전자 빔 가공
④ 와이어 컷 방전가공

10

다음 중 와이어 컷 방전가공에서 전극재질로 일반적으로 사용하지 않는 것은?

① 동
② 황동
③ 텅스텐
④ 고속도강

11

전기 도금과는 반대로 일감을 양극으로 하여 전기에 의한 화학적 용해작용을 이용하고 가공물의 표면을 다듬질하여 광택이 나게 하는 가공법은?

① 기계 연마
② 전해 연마
③ 초음파 가공
④ 방전 가공

12

방전가공에서 가공 전극의 구비조건으로 틀린 것은?

① 전기 저항이 크다.
② 전극의 소모가 적다.
③ 기계가공이 용이하다.
④ 가격이 저렴해야 한다.

13

호빙머신으로 가공할 수 없는 기어는?

① 웜기어
② 스퍼기어
③ 스파이럴 베벨기어
④ 헬리컬기어

14

와이어 컷 방전가공에 대한 설명으로 틀린 것은?

① 복잡한 형상의 절단 작업이 가능하다.
② 장시간 동안 무인으로 작동할 수 있다.
③ 경도가 높은 금속도 절단이 가능하다.
④ 방전 후 사용한 와이어는 재사용이 가능하다.

15

다음 중 비절삭작업에 속하지 않는 가공법은?

① 단조
② 호빙
③ 압연
④ 주조

16

다음 중 가공물을 양극으로 전해핵에 담그고 전기저항이 적은 구리, 아연을 음극으로 하여 전류를 흘려서 전기에 의한 용해작용을 이용하여 가공하는 가공법은?

① 전해연마
② 전해연삭
③ 전해가공
④ 전주가공

17

호닝에서 금속가공시 가공액으로 사용하는 것은?

① 등유
② 휘발유
③ 수용성 절삭유
④ 유화유

18

공작물, 미디어(media), 공작액, 콤파운드를 상자 속에 넣고 회전 또는 진동시키면 공작물과 연삭입자가 충돌하여 공작물 표면에 요철을 없애고 매끈한 다듬질 면을 얻는 가공방법은?

① 브로칭
② 배럴가공
③ 숏피닝
④ 래핑

NOTES

PART 05
측정

01 측정의 개요

▶ https://url.kr/6kny87

1. 측정의 종류

정밀 측정이란 부품의 호환성을 위하여 기계 가공된 부품의 치수, 형상, 표면의 상태를 가공 중이거나 가공 후에 측정 또는 검사하는 것을 의미한다. 측정 방법에는 직접측정, 간접측정, 비교측정 방법이 있다.

① 직접 측정 : 측정기를 직접 제품에 접촉 또는 비접촉 방식으로 이루어지며, 눈금을 읽음으로 측정값을 얻는 방법이다.

　예 강철 자, 버니어캘리퍼스, 외측 마이크로미터, 베벨 각도기등을 이용한 길이 측정

② 간접 측정 : 직접 눈금을 읽음으로 측정값을 얻지 못하며, 측정으로 얻어진 데이터를 계산을 통하여 측정값을 얻는 방법이다.

　예 사인 바를 이용한 각도 측정, 롤러를 이용한 경사각 측정, 3침게이지를 이용한 나사의 유효지름 측

③ 비교 측정 : 기준이 되는 게이지 블록을 이용하여 그 차이 값을 서로 비교하는 방식으로 측정값을 얻을 수 있으며 측정값이 매우 정확한 값을 얻을 수 있다.

　예 게이지 블록을 이용한 길이 측정, 높이 마이크로미터를 이용한 높이 측정, 다이얼 게이지를 이용한 단차 측정

2. 측정 오차

① 개인 오차 : 측정하는 사람의 습관이나 숙련도에 따른 오차로 사람에 따라 한 눈금 사이를 다르게 읽을 수 있고, 눈의 위치에 따라서 오차가 생길 수 있다.

② 측정기 오차 : 측정기의 구조와 마모 등 측정기 자체가 가지고 있는 오차로, 아무리 정밀한 측정기도 다소의 오차가 있으며 백래시, 흔들림 등으로 오차가 생길 수 있다.

③ 우연 오차 : 온도, 습도 및 소음 진동 등 주위 환경 요인이나 측정하는 사람의 심리적 영향 등 여러 가지 요인이 복합적으로 작용하여 오차가 생기기도 한다.

단원 핵심 기출 문제

01

부품 측정의 일반적인 사항을 설명한 것으로 틀린 것은?

① 제품의 평면도는 정반과 다이얼 게이지나 다이얼 테스트 인디케이터를 이용하여 측정할 수 있다.

② 제품의 진원도는 V블록 위나 암 센터 사이에 설치한 후 회전시켜 다이얼 테스트 인디케이터를 이용하여 측정할 수 있다.

③ 3차원 측정기는 몸체 및 스케일, 측정침, 구동장치, 컴퓨터 등으로 구성되어 있다.

④ 우연 오차는 측정기의 구조, 측정압력, 측정온도 등에 의하여 생기는 오차이다.

02

오차의 종류에서 계기오차에 대한 설명으로 옳은 것은?

① 측정자의 눈의 위치에 따른 눈금의 읽음 값에 의해 생기는 오차

② 기계에서 발생하는 소음이나 진동 등과 같은 주위 환경에서 오는 오차

③ 측정기의 구조, 측정 압력, 측정 온도, 측정기의 마모 등에 따른 오차

④ 가늘고 긴 모양의 측정기 또는 피측정물을 정반 위에 놓으면 접촉하는 면의 형상 때문에 생기는 오차

03

측정량이 증가 또는 감소하는 방향이 다름으로써 생기는 동일치수에 대한 지시량의 차를 무엇이라 하는가?

① 개인 오차　　　　② 우연 오차

③ 후퇴 오차　　　　④ 접촉 오차

04

측정 오차의 종류에 해당하지 않는 것은?

① 측정기의 오차　　② 자동 오차

③ 개인 오차　　　　④ 우연 오차

02 길이 측정하기

▶ https://url.kr/wmujsd

1. 도면의 크기, 양식, 척도

① 버니어 캘리퍼스 : 는 어미자 눈금과 아들자 눈금을 가지고있으며, 보통 정밀도는 0.05mm이며 외측, 내측, 깊이, 단차 등을 측정할 수 있다.

내측용 측정면   내측용 조   고정 나사   깊이 바

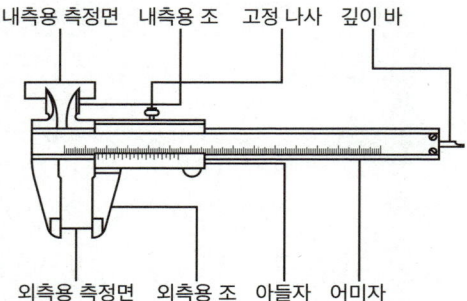

외측용 측정면   외측용 조   아들자   어미자

☑ 버니어 캘리퍼스의 눈금 읽기

어미자 눈금에서 1mm 단위를 읽고, 소주점 이후는 아들자의눈금과 어미자의 눈금이 일치한 곳을 읽는다.

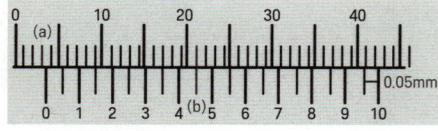

(a) : 3.0mm

(b) : 0.45mm (+

(c) : 3.45mm

☑ 아베의 원리

표준자와 피측정물은 동일 출선 상에 있어야 한다.

☑ 아베의 원리에 맞지 않는 측정기

버니어 캘리퍼스, 캘리퍼형 내측 마이크로미터, 하이트 게이지 등이 있다.

② 마이크로미터 : 나사의 확대를 이용한 길이 측정기이며 , 정밀한 측정을 필요로할 때 사용하는 측정기이다. 아베의 원리에 잘 맞는다.

앤빌   스핀들

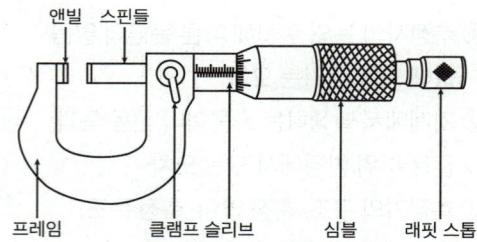

프레임   클램프 슬리브   심블   래핏 스톱

외측 마이크로미터의 구조

측정자

심블

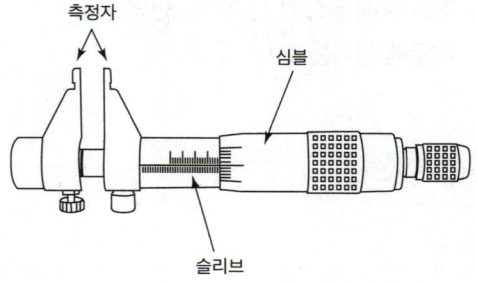

슬리브

내측 마이크로미터의 구조

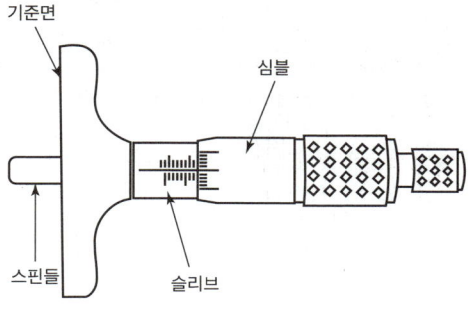

깊이 마이크로미터의 구조

길이 측정하기

☑ **마이크로미터 눈금 읽기**

슬리브에서는 눈금 0.5mm 간격으로 읽을 수 있고, 심블 눈금에서 0.01mm 간격으로 읽을 수 있다.

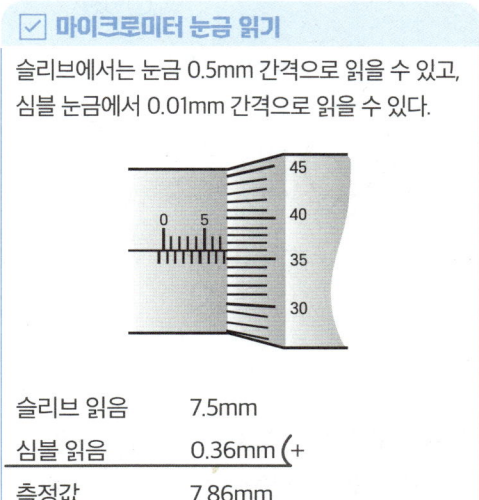

슬리브 읽음	7.5mm
심블 읽음	0.36mm (+
측정값	7.86mm

③ 다이얼게이지 : 측정자의 직선 운동을 지침의 회전 운동으로 변화시켜 눈금으로 읽을 수 있는 길이 측정기이다. 길이의 비교 측정 외에 평행도와 흔들림 등을 측정하는 데 널리 사용한다.

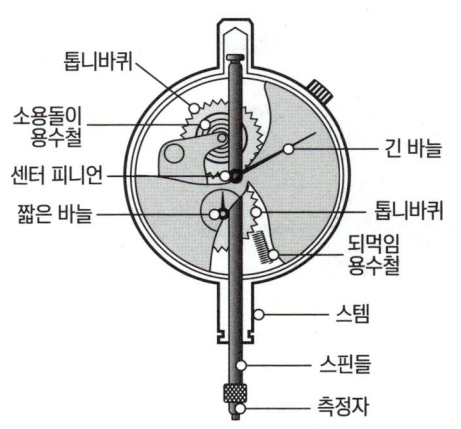

④ 하이트 게이지 : 각종 부품을 정반 위에 올려 놓고 정반 면을 기준으로 높이를 측정하거나 스크라이버 끝으로 금긋기 작업을 하는 데 사용된다.

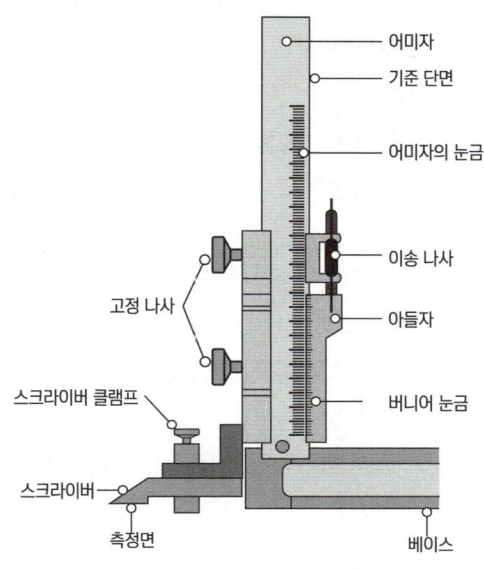

하이트 게이지(높이 게이지)의 구조

⑤ 게이지 블록 : 길이의 기준으로 사용되고 있는 평행 단도기로서 1개 또는 몇 개를 조합하여 정밀도가 높은 치수를 얻을 수 있다. 모양에 따라 직사각형 단면을 가진 요한슨형, 정사각형 단면에 구멍이 뚫린 호크형, 둥근형으로 중앙에 구멍이 뚫린 캐리형이 있다. KS 표준에서 규정된 종류는 요한슨형이다.

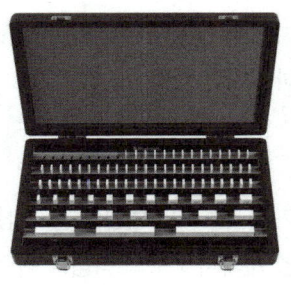

게이지 블록

⑥ 한계 게이지 : 기계 부품의 치수가 허용 범위 내에 있는지를 간단히 검사하는 도구로, 대량 생산 시 효율성과 호환성을 확보하는 데 사용됨. 두 개의 게이지(최대/최소)를 조합해 사용하며, 통과측(Go)과 정지측(Not Go)으로 구분된다.

- 장점
  - ㄱ. 검사 시간이 짧고 미숙련자도 사용 가능.
  - ㄴ. 불량품을 조기에 발견해 원가 절감에 유리.
  - ㄷ. 구조가 단순해 취급이 용이.
- 단점
  - ㄱ. 실제 치수를 직접 측정하지 못해 정밀도가 낮음.
  - ㄴ. 특정 치수에만 적용 가능해 범용성이 떨어짐.
- 한계 게이지 종류
  한계 게이지는 주로 구멍용로 축용으로 나뉨.

(1) 구멍용 게이지

1) 플러그 게이지 : 구멍의 내경을 검사하는 데 사용
2) 평 플러그 게이지 : 구멍의 평면적 치수를 검사하는 데 사용
3) 봉 게이지 : 특정 구멍의 직경을 검사할 때 쓰이는 간단한 게이지
4) 테보 게이지 : 복작합 형상의 구멍을 검사하는데 사용

(2) 축용 게이지

1) 링 게이지 : 축의 외경을 검사하는 데 사용
2) 스냅 게이지 : 축의 직경을 빠르고 간단하게 검사할 수 있는 게이지

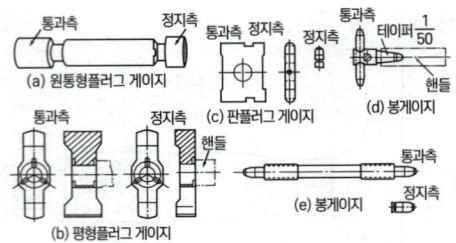

구멍용 한계 게이지 종류

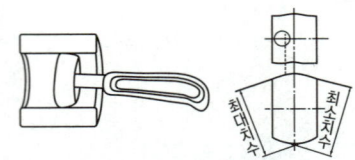

테보(Tebo) 게이지

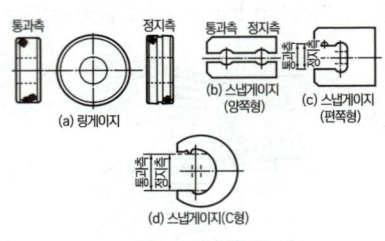

축용 한계 게이지

⑦ 측정 보조 기구 : 정밀 측정기기의 측정을 보조하거나, 정확한 측정 자세를 유지하기 위해 사용하는 보조 장치나 도구

명칭		기능 설명
마그네틱 스탠드		다이얼 게이지 등을 안정적으로 고정해 측정 정확성 확보
정반 (Surface Plate)		매우 평평한 면을 기준으로 정밀 측정 수행
V블록 (V-Block)		원통형 부품을 중심축 정렬 상태로 고정
센터 (Center)		회전체 양 끝을 맞춰 축 중심 정렬 유지

01

측정기에 대한 설명으로 옳은 것은?

① 일반적으로 버니어 캘리퍼스가
　 마이크로미터보다 측정 정밀도가 높다.
② 사인 바는 공작물의 안지름을 측정한다.
③ 다이얼 게이지는 각도 측정기이다.
④ 하이트 게이지는 공작물의 높이를 측정한다.

02

측정기에서 읽을 수 있는 측정값의 범위를
무엇이라 하는가?

① 지시 범위　　　　② 지시 한계
③ 측정 범위　　　　④ 측정 한계

03

직접 측정기의 장점에 해당되지 않는 것은?

① 측정기의 측정 범위가 다른 측정법에 비해 넓다.
② 측정물의 실제 치수를 직접 읽을 수 있다.
③ 수량이 적고 많은 종류의 제품 측정에 적합하다.
④ 측정자의 숙련과 경험이 필요 없다.

04

길이 측정에 적합하지 않은 것은?

① 버니어 캘리퍼스　　② 마이크로미터
③ 하이트게이지　　　　④ 수준기

🔟 수준기는 수직, 수평의 기울기를 측정하는 것으로
　 길이 측정용으로 사용되지 않는다.

05

다음 중 눈금이 없는 측정 공구는?

① 마이크로미터　　　　② 버니어 켈리퍼스
③ 다이얼 게이지　　　　④ 게이지 블록

06

길이 측정에 사용되는 공구가 아닌 것은?

① 버니어 캘리퍼스　　　② 사인바
③ 마이크로미터　　　　　④ 측장기

07

보통 버니어캘리퍼스로 측정할 수 없는 것은?

① 외측 측정　　　　　② 나사 유효경 측정
③ 좁은 폭 측정　　　　④ 내측 측정

08

일반적인 버니어 켈리퍼스로 측정할 수 없는
것은?

① 나사의 유효지름
② 지름이 30mm인 둥근 봉의 바깥지름
③ 지름이 35mm인 파이프이 안지름
④ 두께가 10mm인 철판의 두께

09

버니어 캘리퍼스의 크기를 나타낼 때 기준이
되는 것은?

① 아들자의 크기
② 어미자의 크기
③ 고정나사의 피치
④ 측정 가능한 치수의 최대 크기

10

어미자의 눈금이 0.5mm이며, 아들자의 눈금이 12mm를 25등분한 버니어 캘리퍼스이 최소 측정값은?

① 0.01mm

② 0.02mm

③ 0.05mm

④ 0.025mm

해 최소측정값 $= \dfrac{\text{어미자의 최소 눈금}}{\text{등분수}} = \dfrac{0.5}{25} = 0.02mm$

버니어 캘리퍼스는 자와 캘리퍼스를 조합한 측정기로 어미자와 아들자를 이용하여 1/20mm, 1/50mm까지 측정할 수 있다. 어미자의 눈금 간격이 0.5mm이고 아들자를 25등분한 것이므로 0.5/25 = 0.02가 된다.

11

버니어 캘리퍼스의 측정 시 주의사항 중 잘못된 것은?

① M형 버니어 캘리퍼스로 특히 작은 구멍의 안지름을 측정할 때는 실제 치수보다 작게 측정됨을 유의 해야한다.

② 사용하기 전 각 부분을 깨끗이 닦아서 먼지, 기름 등을 제거한다.

③ 측정 시 공작물을 가능한 힘 있게 밀어붙여 측정한다.

④ 눈금을 읽을 때는 시차를 없애기 위해 눈금면의 직각 방향에서 읽는다.

12

버니어 캘리퍼스의 종류가 아닌 것은?

① B형

② M형

③ CB형

④ CM형

해
- M1형 : 일반적으로 가장 많이 사용하는 형태의 버니어캘리퍼스로서 슬라이더에 미세조정장치가 없다.
- M2형 : M1과 거의 동일하나 슬라이더에 미세조정 장치가 있는 것이 특정이다.
- CB형 : 내측 측정용 조가 없고, 슬라이드 박스에 미동장치가 있는 것이 특징이다.
- CM형 : CB형과 같으며, 홈형 슬라이드에 미세조절 장치가 있다.

13

마이크로미터의 구조에서 구성부품에 속하지 않는 것은?

① 앤빌

② 스핀들

③ 슬리브

④ 스크라이버

14

마이크로미터의 스핀들 나사의 피치가 0.5mm이고 딤블의 원주 눈금이 50등분 되어 있다면 최소 측정값은?

① 2um

② 5um

③ 10um

④ 15um

해 최소측정값 $= \dfrac{\text{피치}}{\text{원주눈금수}} = \dfrac{0.5}{50} = 0.01mm = 10um$

15

마이크로미터 사용 시 일반적인 주의사항이 아닌 것은?

① 측정 시 래칫 스톱은 1회전 반 또는 2회전을 돌려 측정력을 가한다.
② 눈금을 읽을 때는 기선의 수직위치에서 읽는다.
③ 사용 후에는 각 부분을 깨끗이 닦아 진동이 없고 직사광선을 잘 받는 곳에 보관하여야 한다.
④ 대형 외측 마이크로미터는 실제로 측정하기 전에 영점 조정을 한다.

16

오차가 +20 μm인 마이크로미터로 측정한 결과 55.25mm의 측정값을 얻었다면 실제값은?

① 55.18mm ② 55.23mm
③ 55.25mm ④ 55.27mm

해 오차 = 측정값 - 실제값
실제값 = 측정값 - 오차
= 55.25mm - 0.02mm(20um) = 55.23mm

17

-18um의 오차가 있는 블록 게이지에 다이얼 게이지를 영점 세팅하여 공작물을 측정하였더니 측정값이 46.78mm이었다면 참값 (mm)은?

① 46.960 ② 46.798
③ 463762 ④ 463603

해 참값 = 측정값 + 오차 = 46.78 + (- 0.018)
= 46.762mm

18

드릴의 홈, 나사의 골지름, 곡면 형상의 두께를 측정하는 마이크로미터는?

① 외경 마이크로미터
② 캘리퍼형 마이크로미터
③ 나사 마이크로미터
④ 포인트 마이크로미터

해 포인트 마이크로미터는 두 측면면이 뾰족하기 때문의 드릴의 홈이나 나사의 골지름의 측정이 가능하다.

19

공기 마이크로미터에 대한 설명으로 틀린 것은?

① 압축 공기원이 필요하다.
② 비교 측정기로서 1개의 마스터로 측정이 가능하다.
③ 타원, 테이퍼, 편심 등의 측정을 간단히 할 수 있다.
④ 확대 기구에 기계적 요소가 없기 때문에 장시간 고정도를 유지할 수 있다.

20

마이크로미터에서 측정압을 일정하게 하기 위한 장치는?

① 스핀들 ② 프레임
③ 딤블 ④ 랫치스톱

21

측정의 종류에서 비교측정 방법을 이용한 측정기는?

① 전기 마이크로미터 　　② 버니어 켈리퍼스
③ 측정기 　　　　　　 ④ 사인 바

22

다음 측정기 중 스크라이버 (scriber)를 사용하여 금긋기 작업을 할 수 있는 것은?

① 한계 게이지 　　　 ② 마이크로미터
③ 다이얼 게이지 　　 ④ 하이트 게이지

해
- 다이얼게이지 - 변위를 톱니바퀴에 의해 길이의 변화 변위 등을 정밀하게 측정하기 위한 계기. 다이얼 인디케이터(dial indicator)라고도 한다.
- 마이크로미터 - 마이크로미터는 물체의 외경, 두께, 내경, 깊이 등을 마이크로미터(μm) 정도까지 측정할 수 있는 기구
- 만능투영기 - 고정밀광학영상투영기로광학, 정밀기계, 전자측정방식을 일체화한 정밀측정기
- 3차원측정기 - 대상물의 가로, 세로, 높이의 3차원 좌표가 디지털로 표시되는 측정기

23

견고하게 금긋기에 적당하며, 비교적 대형으로 영점 조정이 불가능한 하이트 게이지로 옳은 것은?

① HT형 　　　　　　 ② HB형
③ HM형 　　　　　　 ④ HC형

해
- HT형 : 표준형이며 척의 이동이 가능하다.
- HB형 : 경량 측정에 적당하나 금긋기용으로는 부적당하다.

24

측정 대상 부품은 측정기의 측정 축과 일직선 위에 놓여 있으면 측정 오차가 적어진다는 원리는?

① 윌라스톤의 원리
② 아베의 원리
③ 아보트 부하곡선의 원리
④ 히스테리시스차의 원리

해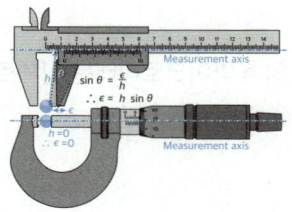

25

아베의 원리에 맞는 측정기는?

① 외경 마이크로미터
② 내경 마이크로미터
③ 나사 마이크로미터
④ V홈 마이크로미터

26

일반적으로 오토 콜리메이터를 이용하여 측정하는 것으로 거리가 먼 것은?

① 진직도 　　　　　　 ② 직각도
③ 평행도 　　　　　　 ④ 구멍의 위치

27

절삭 저항의 크기를 측정하는 것은?

① 다이얼 게이지(dial gauge)
② 서피스 게이지(surface gauge)
③ 스트레인 게이지(strain gauge)
④ 게이지 블록(gauge block)

해 스트레인게이지는 물체가 외력으로 변형될 때 등에 변형을 측정하는 측정기를 말하며, 물체에 부착시켜 측정한다. 합금선은 인장방향의 변형을 받으면 길이가 증가하여 단면적이 감소되어 전기저항이 증가하며, 그 증가분을 측정한다. 저항측정은 원리적으로는 전기저항 측정기(Wheatstone Bridge)를 사용한다.

28

게이지 종류에 대한 설명 중 틀린 것은?

① pitch 게이지 : 나사 피치 측정
② thickness 게이지 : 미세한 간격(두께) 측정
③ radius 게이지 : 기울기 측정
④ center 게이지 : 선반의 나사 바이트 각도 측정

해 radius 게이지 : 곡면 둥글기의 반지름 측정

29

측정자의 직선 또는 원호 운동을 기계적으로 확대하여 그 움직임을 지침의 회전 변위로 변환시켜 눈금을 읽을 수 있는 측정기는?

① 다이얼게이지   ② 마이크로미터
③ 만능 투영기   ④ 3차원 측정기

30

측정자의 직선운동을 지침의 회전 운동으로 변화시켜 눈금으로 읽을 수 있는 길이 측정기는?

① 드릴 게이지   ② 마이크로미터
③ 다이얼 게이지   ④ 와이어 게이지

31

다음 중 비교 측정기에 해당하는 것은?

① 버니어 캘리퍼스   ② 마이크로미터
③ 다이얼 게이지   ④ 하이트 게이지

32

다음 중 한계 게이지의 특징이 아닌 것은?

① 제품 사이의 호환성이 있다.
② 조작이 다소 복잡하므로 숙련된 경험이 필요하다.
③ 제품의 실제 치수를 읽을 수 없다.
④ 대량 생산시 측정이 간편하다.

33

다음 중 한계 게이지의 종류에 해당되지 않는 것은?

① 봉 게이지   ② 스냅 게이지
③ 다이얼 게이지   ④ 플러그 게이지

해 • 구멍용 한계 게이지 : 플러그 게이지, 봉 게이지, 테보 게이지
• 축용 한계 게이지 : 스냅 게이지, 링 게이지

34

다음 중 한계 게이지에 속하는 것은?

① 사인바   ② 마이크로미터
③ 플러그 게이지   ④ 버니어 캘리퍼스

35

일반적인 한계 게이지 방식의 특징에 대한 설명으로 틀린 것은?

① 대량 측정에 적당하다.
② 합격, 불합격의 판정이 용이하다.
③ 조작이 복잡하므로 경험이 필요하다.
④ 측정 치수에 따라 각각의 게이지가 필요하다.

36

측정자의 직선 또는 원호 운동을 기계적으로 확대하여 그 움직임을 지침의 회전 변위로 변환시켜 눈금으로 읽는 게이지는?

① 한계 게이지
② 게이지 블록
③ 하이트 게이지
④ 다이얼 게이지

37

다이얼 게이지의 사용상 주의사항이 아닌 것은?

① 스핀들이 원활하게 움직이는지 확인한다.
② 스탠드를 앞뒤로 움직여 지시값의 차를 확인한다.
③ 스핀들을 갑자기 작동시켜 반복 정밀도를 본다.
④ 다이얼 게이지의 편차가 클 때는 교환 또는 수리가 불가능하므로 무조건 폐기시킨다.

38

비교 측정에 사용되는 측정기기는?

① 투영기
② 마이크로미터
③ 다이얼 게이지
④ 버니어 캘리퍼스

39

다이얼 게이지 기어의 백래시(backlash)로 인해 발생하는 오차는?

① 인접 오차
② 진동 오차
③ 지시오 차
④ 되돌림 오차

40

다이얼 게이지에 대한 설명으로 틀린 것은?

① 소형이고 가벼워서 취급이 쉽다.
② 외경, 내경, 깊이 등의 측정이 가능하다.
③ 연속된 변위량의 측정이 가능하다.
④ 어태치먼트의 사용방법에 따라 측정범위가 넓어진다.

41

다음은 어떤 측정기의 특징들에 대한 설명인가?

- 소형, 경량으로 취급이 용이하다.
- 다이얼 테스트인디케이터와 비교할 때 측정 범위가 넓다.
- 눈금과 지침에 의해서 읽기 때문에 읽음 오차가 적다.
- 연속된 변위량의 측정이 가능하다.

① 버니어 캘리퍼스
② 마이크로미터
③ 한계 게이지
④ 다이얼 게이지

42

부품의 길이 측정에 쓰이는 측정기 중 이미 알고 있는 표준치수와 비교하여 실제 치수를 도출하는 방식의 측정기는?

① 버니어 켈리퍼스
② 측장기
③ 마이크로미터
④ 다이얼 테스트 인디케이터

43

게이지 블록의 부속품 중 내측 및 외측을
측정할 때 홀더에 끼워 사용하는 부속품은?

① 둥근형 조　　　　② 센터 포인트
③ 베이스 블록　　　④ 나이프 에지

44

다음 끼워맞춤에서 요철틈새 0.1mm를 측정
할 경우 가장 적당한 것은?

① 내경 마이크로미터　② 다이얼게이지
③ 버니어 캘리퍼스　　④ 틈새게이지

해

45

다음 중 텔리스코핑 게이지로 측정할 수 있는
것은?

① 진원도 측정　　　② 안지름 측정
③ 높이 측정　　　　④ 깊이 측정

46

공기 마이크로미터를 원리에 따라 분류할 경우
이에 속하지 않는 것은?

① 유량식　　　　　② 배압식
③ 유속식　　　　　④ 전기식

47

축을 가공한 후 일정한 치수 내에 들어있는지
를 검사하고자 한다. 가장 적당한 게이지는?

① 스냅 게이지　　　② 플러그 게이지
③ 테보 게이지　　　④ 센터 게이지

48

구멍용 한계 게이지가 아닌 것은?

① 원통형 플러그 게이지　② 봉 게이지
③ 터보 게이지　　　　　④ 스냅 게이지

49

지름이 다른 여러 종류의 환봉에 중심선을
긋고자 한다 다음 중 가장 적합한 공구는?

① 사인바　　　　　② 직각자
③ 조절 각도기　　　④ 콤비네이션 세트

50

블록 게이지의 부속 부품이 아닌 것은?

① 홀더　　　　　　② 스크레이퍼
③ 스크라이버 포인트　④ 베이스 블록

해 스크레이퍼 작업이란 기계가 가공된 면을 더욱
　정밀하게 다듬질하는 것을 말하며, 이때 사용하는
　공구를 스크레이퍼라고 한다. 공작 기계의 베드,
　미끄럼면, 측정용 정밀 정반 등의 최종 마무리 가공에
　사용된다.

51

테이퍼 플러그 게이지(taper plug gage)의 측정에서 그림과 같이 정반 위에 높고 핀을 이용해서 측정을 하려고 한다. M을 구하는 식은?

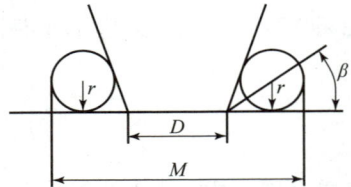

① $M=D+r+r\times\cot\beta$ ② $M=D+r+r\times\tan\beta$

③ $M=D+2r+2r\times\cot\beta$ ④ $M=D+2r+2r\times\tan\beta$

해 $M=D+2r+2r\times\tan(90°-\beta)=D=2r+2r\times\cot\beta$

52

그림과 같이 더브테일 홈 가공을 하려고 할 때 X의 값은 약 얼마인가? (단, $\tan60°=1.7321$, $\tan30°=0.5774$이다)

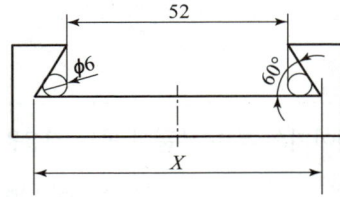

① 60.26   ② 68.39

③ 82.04   ④ 84.86

해 $X=52+(\dfrac{2}{\tan30°}+r)=52+2(\dfrac{2}{\tan30°}+3)$

     $\fallingdotseq52+16.392\fallingdotseq68.39$

53

외측 마이크로미터 "0"점 조정시 기준이 되는 것은?

① 블록게이지   ② 다이얼 게이지

③ 오토콜리메이터   ④ 레이저 측정기

해
- 블록게이지 : 길이의기준으로서사용되는기계이며생산공장의현장에서공작용·검사용으로도사용된다.
- 다이얼게이지 : 접촉단의변위를톱니바퀴에의해길이의변화변위등을정밀하게측정하기위한계기
- 오토콜리메이터 : 거울등의평면법선방향을광학적으로구하는방법인오토콜리메이션을이용하여미소각의차이, 변화또는진동등을측정하는광학기계
- 레이저측정기 : 레이져를 발사한 후 반사되는 레이저를 검축하여 정확한 거리를 측정하는 측정기

54

1. 20℃에서 20mm인 게이지 블록이 손과 접촉 후 온도가 36℃가 되었을 때 게이지 블록에 생긴 오차는 몇 mm인가? (단, 선팽창 계수는 $1.0\times10-6/$℃이다)

① 3.2×10^{-4} ② 3.2×10^{-3}

③ 6.4×10^{-4} ④ 6.4×10^{-3}

해 $\delta l=a\times1\times\Delta t=(1.0\times10-6)\times20\times(36-20)$

     $=3.2\times10-4mm$

03 각도 측정하기

▶ https://url.kr/kgbsi3

① 각도 게이지 : 블록 게이지와 비슷한 형상을 서로 조합하여 임의의 각을 만들어 사용한 다.

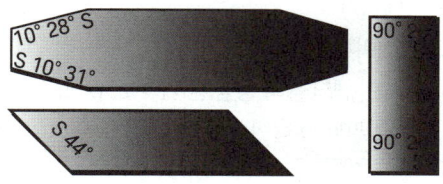

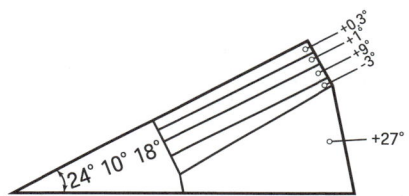

② 사인 바 : 공작물의 기울기를 삼각법을 이용 하여 측정할 때에는 사인바와 탄젠트바를 이용한다.

☑ **사인 바의 원리**

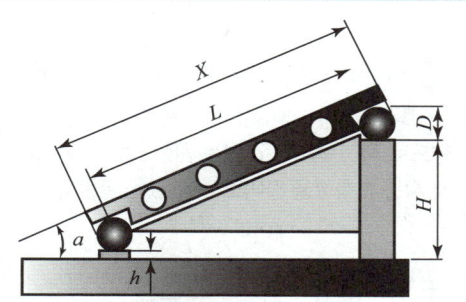

- L = 사인 바 롤러의 중심 간 거리(100mm, 200mm를 많이 사용)
- H = 게이지 블록의 높이
- h = 게이지 블록의 높이
- a = 경사각

③ 만능 베벨 각도기 : 블레이드와 고정 다리가 이루는 각에 의해 각도를 측정하는 측정기 이다. 보통 각도기보다 넓ㅂ은 각도(360°)를 측정할 수 있다.

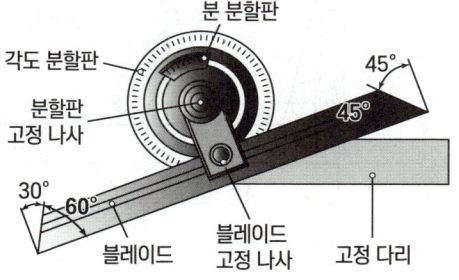

④ 수준기 : 액체와 기포가 들어 있는 유리관 속에 있는 기포 위치에 의하여 수평면에서 기울기를 측정하는 액체식 각도 측정기이다.

☑ 테이퍼 측정하기

테이퍼의 정의 : 테이퍼(taper)는 지름이 길이 방향으로 직선 변화하고 있는 원형 단면의 봉재에서 지름 변화량을 길이로 나눈 값을 말한다.

$$테이퍼 = \frac{D-d}{L}$$

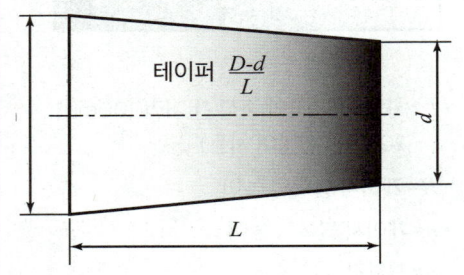

☑ 핀 게이지를 이용한 테이퍼 측정

핀 게이지와 게이지 블록을 이용하여 측정한다.

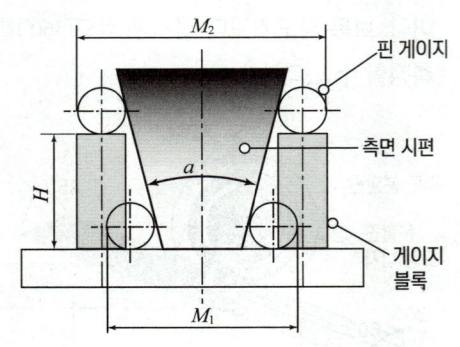

☑ 사인 센터를 이용한 테이퍼 측정

사인 바와 같은 구조로 되어 있으며, 측정면에 양 센터가 부착되어 있다.

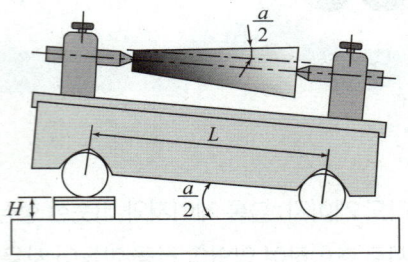

$$테이퍼 \ 각 \left(\frac{a}{2} \right) = \sin^{-1} \frac{H}{L}$$

- a : 테이퍼 각
- H : 게이지 블록 치수
- L : 사인 센터 롤러 중심 간 거리(200mm, 300mm를 많이 사용한다)

단원 핵심 기출 문제(각도 측정)

01

각도 측정용 게이지들로 조합된 것은?

① 오토 콜리메이터, 사인 바, 콤비네이션 세트

② 사인 바, 오토 콜리메이터, 옵티컬 플랫

③ 직각자, 만능 분도기, 옵티컬 패러렐

④ 만능 분도기, 옵티컬 플랫, 콤비네이션 세트

02

다음 중 각도측정에 적합하지 않은 측정기는?

① 사인바

② 수준기

③ 오토 콜리메이터

④ 삼점식 마이크로미터

03

각도를 측정하는 기기가 아닌 것은?

① 사인바
② 분도기
③ 각도 게이지
④ 하이트 게이지

04

각도 측정용 게이지가 아닌 것은?

① 옵티컬 플랫
② 사인바
③ 콤비네이션 세트
④ 오토 콜리메이터

05

시준기와 망원경을 조합한 것으로 미소 각도를 측정하는 광학적 측정기는?

① 오토 콜리메이터
② 콤비네이션 세트
③ 사인 바
④ 측장기

해 오토 콜리메이터

06

각도 측정기에 해당하지 않는 것은?

① 사인바
② 각도 게이지
③ 서피스 게이지
④ 콤비네이션 세트

07

주로 각도 측정에 사용되는 측정기는?

① 측장기
② 사인바
③ 직선자
④ 지침 측미기

08

다음 중 일반적으로 각도 측정에 사용되는 측정기는?

① 사인 바(sine bar)

② 공기 마이크로미터(air micrometer)

③ 하이트 게이지(height gauge)

④ 다이얼 게이지(dial gauge)

09

각도 측정을 할 수 있는 사인 바(sine bar)의 설명으로 틀린 것은?

① 정밀한 각도 측정을 하기 위해서는 평면도가 높은 평면에서 사용해야 한다.

② 롤러 중심 거리는 보통 100mm, 200mm로 만든다.

③ 45° 이상의 큰 각도를 측정하는 데 유리하다.

④ 사인 바는 길이를 측정하여 직각 삼각형의 삼각함수를 이용한 계산에 의해 임의각의 측정 또는 임의각을 만드는 기구이다.

해 사인 바는 45° 이상에서는 오차가 급격히 커지므로 45° 이하의 각도 측정에 사용한다.

10

사인바의 사용 용도로 가장 적합한 것은?

① 게이지블록을 이용하여 각도 측정

② 게이지블록을 이용하여 진원도 측정

③ 게이지블록을 이용하여 유효경 측정

④ 표면거칠기 측정

11

사인바를 사용할 때 각도가 몇도 이상이 되면 오차가 커지는가?

① 30°   ② 35°

③ 40°   ④ 45°

12

다음 중 게이지 블록과 함께 사용하여 삼각함수 계산식을 이용하여 각도를 구하는 것은?

① 수준기   ② 사인바

③ 요한슨식 각도게이지   ④ 콤비네이션 세트

13

각도를 측정할 수 없는 측정기는?

① 사인 바   ② 수준기

③ 콤비네이션 세트   ④ 와이어 게이지

14

그림에서 정반면과 사인바의 윗면이 이루는 각(sinθ)를 구하는 식은?

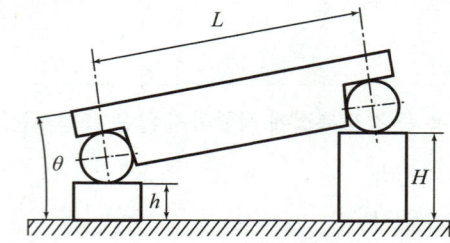

① $\sin\theta = \dfrac{H-h}{L}$ ② $\sin\theta = \dfrac{H+h}{L}$

③ $\sin\theta = \dfrac{L-h}{H}$ ④ $\sin\theta = \dfrac{L-H}{h}$

15

투영기에 의해 측정을 할 수 있는 것은?

① 진원도 측정   ② 진직도 측정

③ 각도 측정   ④ 원주 흔들림 측정

해 투영기는 물체의 형상이나 치수를 측정 및 검사하는 광학기기로 각도, 나사 유효 지름, 나사산의 반각 등을 측정한다.

04 나사 및 기어 측정하기

▶ https://url.kr/fmskrh

1. 나사 측정

나사에 오차가 있으면 정밀도에 미치는 영향이 크므로, 나사의 유효 지름, 피치, 나사산의 각도 등을 정확하게 측정하여 나사의 오차를 줄이는 것이 필요하다. 나사 측정에는 나사 마이크로미터, 삼침법, 공구 현미경, 투영기 등을 사용한다.

나사 마이크로미터에 의한 나사 측정 방법

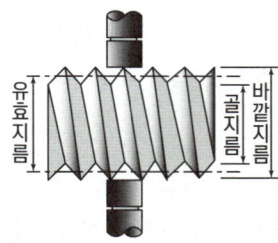

(a) 바깥지름 측정

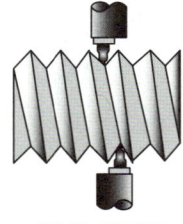

(b) 골지름 측정

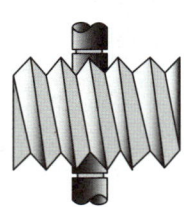

(c) 유효 지름 측정

✓ **삼침법**

나사산의 골에 핀 게이지 3개를 끼우고 외측 마이크로미터나 만능 측정기로 측정하여 유효 지름을 계산하는 방법으로 정밀도가 높은 나사의 유효 지름을 측정할 때 적합하다.

2. 기어 측정

기어를 측정할 때는 이 두께, 치형 오차, 피치, 편심 오차 등을 측정한다. 일반적인 이 두께 측정은 디스크 마이크로미터를 이용하여 측정하며, 치형은 기초 원판식, 기초 원조절 방식 등의 원리를 이용한 치형 측정기나 컴퓨터를 이용한 치형 측정기를 사용하여 측정한다.

그 외에도 원주 피치 측정기, 형상 투영기, 삼차원 측정기 등을 사용하여 정밀한 기어 측정을 할 수 있다.

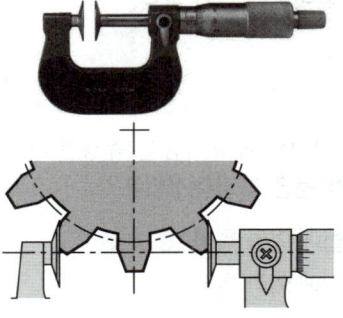

디스크 마이크로미터에 의한 이 두께 측정

01

나사의 유효지름 측정방법에 해당하지 않는 것은?

① 나사마이크로미터에 의한 유효지름 측정 방법

② 삼침법에 의한 유효지름 측정 방법

③ 공구현미경에 의한 유효지름 측정 방법

④ 사인바에 의한 유효지름 측정 방법

02

나사의 유효지름 측정과 관계 없는 것은?

① 삼침법

② 피치게이지

③ 공구현미경

④ 나사 마이크로미터

03

수나사 측정법 중 유효 지름을 측정하는 방법이 아닌 것은?

① 나사 마이크로미터에 의한 방법

② 삼침법에 의한 방법

③ 스크린에 의한 방법

④ 공구 현미경에 의한 방법

04

다음 중 나사의 유효지름을 측정할 때 가장 정밀도가 높은 직접측정법은?

① 삼침법에 의한 측정

② 투영기에 의한 측정

③ 공구현미경에 의한 측정

④ 나사 마이크로미터에 의한 측정

05

나사 마이크로미터는 앤빌이 나사의 산과 골 사이에 끼워지도록 되어 있으며 나사에 알맞게 끼워 넣어서 나사의 어느 부분을 측정하는가?

① 바깥 지름

② 골 지름

③ 유효 지름

④ 안지름

06

수나사의 유효지름 측정 방법이 아닌 것은?

① 콤비네이션 세트에 의한 방법

② 삼침법에 의한 방법

③ 공구 현미경에 의한 방법

④ 나사 마이크로미터에 의한 방법

07

다음 중 나사의 피치를 측정할 수 있는 것은?

① 사인 바

② 게이지 블록

③ 공구 현미경

④ 서피스 게이지

08

일반적으로 나사의 피치 측정에 사용되는 측정기기는?

① 오토 콜리메이터

② 옵티컬 플랫

③ 공구 현미경

④ 사인 바

09

나사의 유효지름을 측정하는 가장 정밀한 방법은?

① 삼침법
② 광학적인 방법
③ 센터 게이지의 의한 방법
④ 나사 마이크로미터에 의한 방법

10

지름이 같은 3개의 와이어를 나사산에 대고 와이어의 바깥쪽을 마이크로미터로 측정하여 계산식에 의해 나사의 유효 지름을 구하는 측정 방법은?

① 나사 마이크로미터에 의한 방법
② 삼침법에 의한 방법
③ 공구 현미경에 의한 방법
④ 3차원 측정기에 의한 방법

11

나사의 광학적 측정시 측정 대상이 아닌 것은?

① 유효 지름
② 피치
③ 산의 각도
④ 리드각

12

평행 나사 측정 방법이 아닌 것은?

① 공구 현미경에 의한 유효 지름 측정
② 사인바에 의한 피치 측정
③ 삼침법에 의한 유효 지름 측정
④ 나사 마이크로미터에 의한 방법

05 기하공차 측정하기

https://url.kr/ggclog

기하 공차란 치수 공차나 표면 거칠기 공차와는 별개로 제품의 이상적인 모양을 규제하는 공차를 말한다. 제품의 조립 및 성능에 중요한 영향을 미친다.

공차의 종류		기호
모양 공차	진직도 공차	—
	평면도 공차	▱
	진원도 공차	○
	원통도 공차	⌭
	선의 윤곽도 공차	⌒
	면의 윤곽도 공차	⌓
자세 공차	평행도 공차	//
	직각도 공차	⊥
	경사도 공차	∠
위치 공차	위치 공차	⌖
	동축도 공차 또는 동심도 공차	◎
	대칭도 공차	⌯
흔들림 공차	원주 흔들림 공차	↗
	온 흔들림 공차	⌰

1. 모양 공차

① 진직도 : 진직도는 부품의 직선 부분이 기준 직선으로부터 벗어나 있는 크기를 말한다. 진직도의 측정에는 직선자, 다이얼 게이지, 오토콜리메이터, 진직도 측정기를 이용하고 있다.

오토 콜리메이터

양 센터에 의한 진직도 측정

② 진원도 : 진원도는 원의 중심에서 반지름이 이상적인 진원으로부터 벗어난 크기를 말한다. 진원도를 측정하는 가장 기본적인 방법은 공작물을 V블록 위나 양 센터 사이에 설치하고 공작물이 1회전되는 동안 공작물에 접촉된 다이얼 게이지가 나타내는 최대값과 최소값의 차이에 의해 구한다.

☑ 지름법

원통 부분의 한 단면의 지름을 여러 방향으로 측정하여 최대치와 최소치의 차를 측정한다.

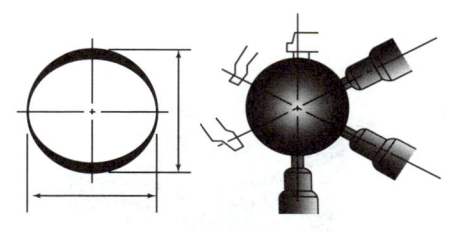

☑ 반지름법

공작물을 양센터에 지지하고 회전시켜 반지름의 최대치와 최소치의 차를 측정한다.

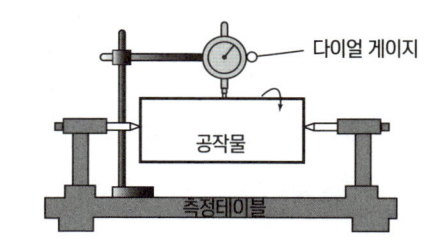

☑ 3점법

그림과 같이 원통 부분을 2점 지지하고 2점의 수직 이등분 위치에 1점, 3점을 위치시켜 공작물을 360° 회전시켰을 때의 최대 변위량을 측정한다.

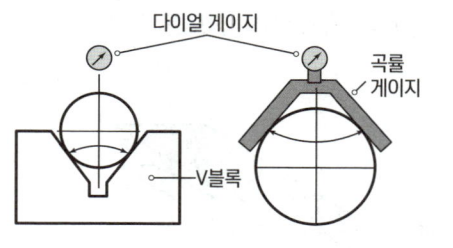

③ 평면도 : 평면도는 부품의 평면 부분이 기준 평면으로부터 벗어나 있는 크기를 말한다. 평면도의 측정에는 정반과 다이얼 게이지나 다이얼 인디케이터를 사용하는 방법이 주로 이용되고 있다.

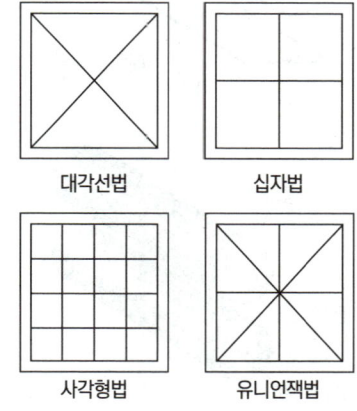

대각선법   십자법

사각형법   유니언잭법

나이프 에지에 의한 평면도 측정

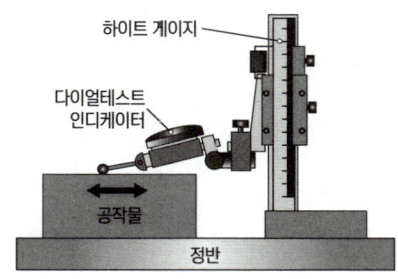

다이얼 테스트 인디케이터를 이용한 평면도 측정

2. 자세 공차

① 평행도 : 평행도는 기차 레일과 같이 두 개의
레일 중 하나를 데이텀으로 하여 두 레일이
얼마나 나란한가의 정도를 말한다.

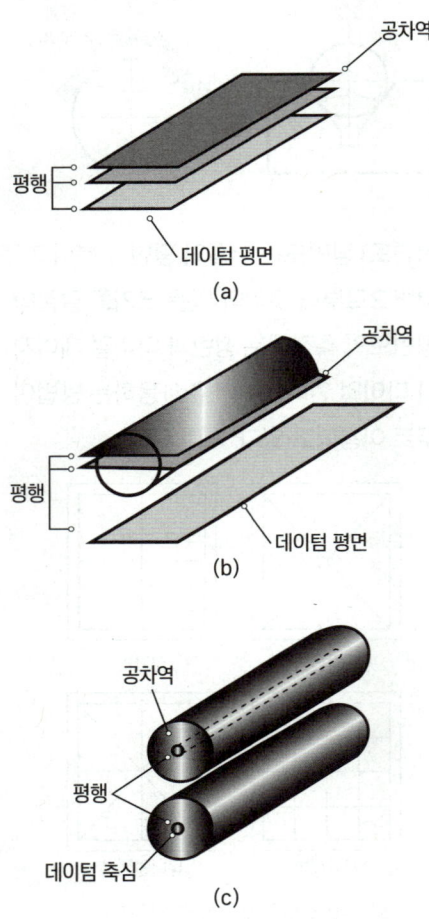

평행도 공차 정의

② 직각도 : 데이텀 평면이나 축심이 90°를
기준으로 한 완전한 직각으로부터 벗어난
크기를 말한다. 일반적으로 직각자로 측정
한다.

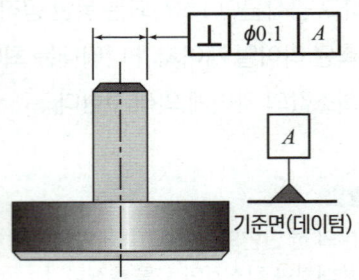

직각도 공차 정의

직각도 측정

3. 위치 공차

① 동축도 : 동축도는 데이텀 축직선(축심)을 기준으로 규제 형체를 회전시키면서 규제 형체의 표면에서 다이얼 인디케이터를 축 방향으로 이동시켜 데이텀 축직선에 편위된 측정값으로 동축도를 측정한다.

② 동심도 : 평면 도형의 경우 에는 데이텀 원의 중심에 대한 기타의 원형 형체의 중심 위치의 어긋남의 크기를 말한다.

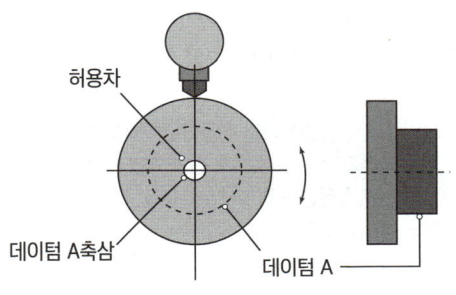

동심도 측정

☑ **위치도 측정**

위치도 공차는 복합 공차로서 진직도, 평행도, 진원도 및 직각도 오차와 아울러 정확한 위치로부터의 허용 가능한 오차를 말한다.

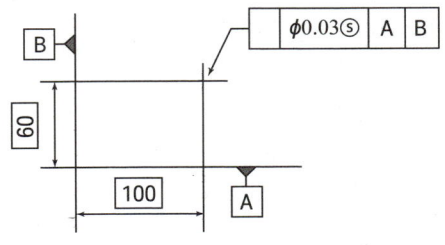

위치도 측정 방법과 위치도 공차 표시 예

4. 흔들림 공차

데이터 축심을 기준으로 규제 형체가 완전한 형상으로부터 벗어난 크기를 말한다. 진원도, 진직도, 직각도, 동심도 등을 포함하는 복합 공차이다. 원주 흔들림과 온 흔들림 공차가 있다.

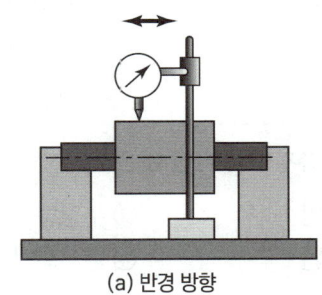

(a) 반경 방향

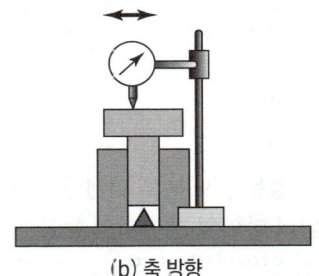

(b) 축 방향

온 흔들림 측정

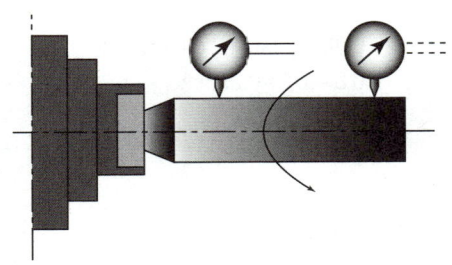

공작 기계 주축의 흔들림 검사

01

다음 중 진원도를 측정할 때 가장 적당한 측정기는?

① 게이지 블록　　　② 한계 게이지
③ 다이얼 게이지　　④ 오토 콜리미터

02

진원도 측정법이 아닌 것은?

① 지름법　　　　　② 수평법
③ 삼점법　　　　　④ 반지름법

해 진원도 측정방법에는 3점법, 직경법(지름법),
반경법(반지름법)이 있다.

03

원형의 측정물을 V 블록 위에 올려놓은 뒤 회전하였더니 다이얼 게이지의 눈금에 0.5mm의 차이가 있었다면 그 진원도는 얼마인가?

① 0.125mm　　　　② 0.25mm
③ 0.5mm　　　　　④ 1.0mm

해 진원도 = 다이얼게이지 눈금 이동량 × 1/2
　　　 = 0.5 × 1/2 = 0.25mm

04

진원도란 원형부분의 기하학적 원으로부터 벗어난 크기를 말한다. 진원도 측정방법이 아닌 것은?

① 직경법　　　　　② 3점법
③ 반경법　　　　　④ 대칭법

05

다듬질의 평면도를 측정하는데 사용되는 측정기는 무엇인가?

① 옵티컬 플랫　　　② 한계 게이지
③ 공기 마이크로미터　④ 사인바

해 옵티컬 플랫은 광학적인 측정기로, 매끈하게 래핑된 블록 게이지면, 각종 측정자 등의 평면 측정에 사용하며, 측정면에 접촉시켰을 때 생기는 간섭 무늬의 수로 측정한다.

06 3차원 측정하기

▶ https://url.kr/dh7iw1

측정점 검출기가 서로 X, Y, Z축의 3차원 공간을 이동하면서 각 측정점의 좌표를 검출하고, 그 데이터를 컴퓨터가 처리하여 측정하는 만능 측정기이다.

(1) 장점

① 복잡한 모양도 매우 짧은 시간에 높은 정밀도로 측정할 수 있다.

② 각종 옵션 소프트웨어를 이용하여 응용 범위가 넓다.

③ 다른 시스템과 데이터 통신이 편리하고 실시간 품질 관리가 가능하다.

(2) 단점

① 시스템이 복잡하기 때문에 유지, 보수를 위한 노력이 필요하다.

② 정상적으로 활용하기까지 시간과 관련 분야 전문 지식이 필요하다.

③ 온도나 진동 등에 민감하여 주변 환경을 잘 관리해야 한다.

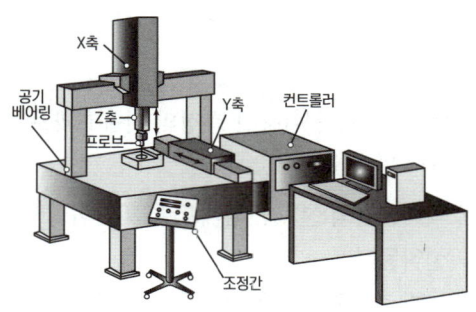

접촉식 3차원 측정기의 구조

01

물체의 길이, 각도, 형상 측정이 가능한 측정기는?

① 표면 거칠기 측정기 ② 3차원 측정기
③ 사인 센터 ④ 다이얼 게이지

02

3차원 측정기를 이용한 측정의 사용효과로 거리가 먼 것은?

① 피측정물의 설치 변경에 따른 시간이 절약된다.
② 보조 측정기구가 거의 필요하지 않다.
③ 측정점의 데이터는 컴퓨터에 의해 처리가 신속 정확하다.
④ 단순한 부품의 길이측정으로 생산성이 향상된다.

03

3차원 측정기에서 피측정물의 측정면에 접촉하여 그 지점의 좌표를 검출하고 컴퓨터에 지시하는 것은?

① 기준구 ② 서브모터
③ 프로브 ④ 데이텀

04

구동 방법에 의한 3차원 측정기의 분류가 아닌 것은?

① 래핑형 ② 수동형
③ 자동형 ④ 조이스틱형

PART 06
CAD일반

01 CAD 일반

1. CAD의 개요

1 CAD의 정의와 특징

[1] CAD의 정의

CAD란 Computer Aided Design의 약자로 컴퓨터를 이용해서 각종의 설계 계산을 행하고 자동적으로 도면을 작성하는 시스템

[2] CAD의 특징

설계 분야에서 CAD가 도입됨에 따라 설계시간 단축으로 생산성이 향상되었고 도면이 정밀하게 작성되면서 제품의 품질이 더욱 향상되었다.

[3] CAD의 장점

① 제품 설계시 비용이 많이 드는 기초 설계자의 요구 사항을 최소화한다.
② CNC 기계의 절삭 데이터를 생성하기 위해 직접 사용될 수 있다.
③ 도면 및 모델에서 크기 조정, 크기 조정 수정이 더 쉽고 자동 및 정확하다.
④ 모델 저장 및 검색이 더 쉽다.
⑤ 설계 데이터는 컴퓨터 제조 관리 시스템에서 공유 할 수 있다.

⑥ 값 비싼 재료를 만들기 전에 정밀한 3D 모델을 검사 할 수 있다.
⑦ 생산 속도가 빨라지고 노동력도 적게든다.

[4] CAD 적용

① 개념 설계 : 스케치도, 초기 설계 계산 등
② 기본 설계 : 기기나 부품의 형상 정의, 크기, 해석 계산, 구조 계산 등
③ 상세 설계 : 조립 설계, 해석, 작도, 상세도 등
④ 생산 설계 : 계획 설계, 치공구 설계, NC 프로그램 설계 등
⑤ 품질 관리 : 자료 집계, 설계 표준화, 성능 특성 등
⑥ 생산 보조 : 부품 교환, 기술 데이터 변경 등

2 CAD 시스템의 구성

CAD 시스템(system)의 주요 구성은 크게 중앙처리장치(CPU), 보조기억장치 및 입·출력장치로 구분할 수 있다.

입·출력장치 ─ 중앙처리장치(CPU) ─ 기억장치
│
연산장치
제어장치
주기억장치

(1) 중앙처리장치(CPU)

명령어의 해석과 자료의 연산, 비교 등의 처리를 제어하는 컴퓨터시스템의 핵심적인 장치이다.

① 논리(연산)장치 : 연산장치는 제어장치의 신호에 따라 덧셈이나 뺄셈, 곱셈, 나눗셈 등의 산술 연산과 AND, OR, NOT 등의 논리 연산 등의 명령을 수행한다.

② 제어장치 : 제어장치는 컴퓨터를 구성하는 모든 장치가 효율적으로 운영되도록 통제하는 장치이다. 즉 주기억 장치에 기억되어 있는 프로그램의 명령을 해독하여 입출력 장치, 주기억 장치, 연산 장치 등 컴퓨터를 구성하는 장치에 신호를 보내 어 각 장치의 동작을 제어한다.

③ 주기억장치

　ㄱ. ROM : Read Only Memory로 읽을 수만 있는 메모리이기 때문에 전원이 없어 도 내용이 지워지지 않는다.

　ㄴ. RAM : Random Access Memory로 읽고 쓸 수도 있는 대신 전원이 나가버리면 모든 내용이 지워진다.

(2) 보조기억장치

컴퓨터의 중앙처리장치가 아닌 외부에서 프로그램이나 데이터를 보관하기 위한 기억장치를 말한다. 주기억장치보다 속도는 느리지만 많은 자료를 영구적으로 보관할 수 있다.

⇒ 보조기억장치 : 하드 디스크, CD-ROM, USB 등

(3) Cache Memory

컴퓨터에서 CPU와 주변기기 간의 속도 차이를 극복하기 위하여 두 장치 사이에 존재하는 보조기억장치이다.

(4) 입력장치와 출력장치

분류	종류	용도
입력 장치	마우스, 키보드, 태블릿, 조이스틱, 트랙볼, 터치스크린, 라이트 펜, 조이스틱 등	CPU에 여러 가지 데이터를 입력하는 장치
출력 장치	디스플레이장치(CRT, PDP, LCD, LED 등), 플로터, 프린터 등	중앙처리장치에서 처리된 결과를 종이 도면이나 모니터에 이미지로 나타내는 장치

3 컴퓨터 처리속도와 기억 용량

(1) 컴퓨터의 기억 용량 단위(1byte)

① 1bit : 정보를 나타내는 최소 단위

② 1B = 1byte = 8bit

③ $1KB = 2^{15}byte$, $1MB = 2^{20}byte$, $1GB = 2^{30}byte$

(2) 컴퓨터 처리 속도 단위

① 밀리초(ms) : $1ms = 10^{-3}$초

② 마이크로초(μs) : $1\mu s = 10^{-6}$초

③ 나노초(ns) : $1ns = 10^{-9}$초

④ 피코초(ps) : $1ps = 10^{-12}$초, 처리 속도가 가장 빠르다.

(3) 자료의 표현 단위

① 비트(bit) : 2진수 한자리(0 또는 1)를 표현(정보 표현의 최소 단위)

② 니블(Nibble) : 4개의 비트가 모여 1Nibble을 구성

✓ 16진수 한 자리를 나타낸다.

③ 바이트(Byte) : 8개의 비트가 모여 1Byte를 구성
④ 워드(Word) : 컴퓨터가 한 번에 처리할 수 있는 명령 단위
   ✓ 하프워드 : 2Byte / 풀워드 : 4Byte / 더블워드 : 8Byte
⑤ 필드(Field) : 파일 구성의 최소 단위
⑥ 레코드(Record) : 1개 이상의 관련된 필드가 모여서 구성
   ✓ 프로그램 내 입·출력 단위
⑦ 블록(Block) : 한 개 이상의 논리 레코드가 모여서 구성
   ✓ 물리 레코드(Physical Record)라고도 한다.
⑧ 파일(file) : 같은 종류의 여러 레코드가 모여서 구성
   ✓ 프로그램 구성의 기본 단위
⑨ 데이터베이스(Database) : 1개 이상의 관련된 파일의 집합

4 2D 좌표계

[1] 2D 좌표계

① 절대 좌표 : 원점(0,0)으로부터의 좌표값을 입력하는 방법으로 (X,Y)로 표시한다. (X : 원점으로부터의 X값, Y : 원점으로부터의 Y값)
② 상대 좌표 : 현 지점의 상대적 증분 거리를 입력하는 방법으로 (@X,Y)로 표시한다. (@ : 상대좌표를 의미, X : X축 증분값, Y : Y축 증분값)
③ 극 좌표 : 현 지점에서의 거리와 각도를 입력하는 방식으로 (@거리<각도)로 표시한다 (@ : 상대 좌표를 의미, 거리 : 선의 거리값, 각도 : 현재 점의 기준선으로부터의 각도)

01

일반적으로 CAD 작업에서 사용되는 좌표계와 거리가 먼 것은?

① 상대좌표   ② 절대좌표
③ 극좌표   ④ 원점좌표

🔳 **좌표계의 종류**
   • 2D : 절대좌표 상대좌표, 상대극좌표
   • 3D : 원통형 좌표, 구형좌표(구면좌표)

02

CAD의 좌표 표현방식 중 임의의 점을 지정할 때 원점을 기준으로 좌표를 지정하는 방법은?

① 상대좌표   ② 절대좌표
③ 상대극좌표   ④ 혼합좌표

🔳 절대좌표계는 도면상 임의의 점을 입력할 때 변하지 않는 원점(0.0)을 기준으로 좌표를 지정한다.

03

중앙처리장치(CPU)와 주기억장치 사이에서 원활한 정보 교환을 위하여 주기억장치의 정보를 일시적으로 저장하는 고속 기억장치는?

① Floppy Disk   ② CD-ROM
③ Cache Memory   ④ Coprocessor

🔳 **캐시 메모리(Cache Memory)**
   중앙처리장치(CPU)와 주기억장치 사이에서 원활한 정보 교환을 위하여 주기억장치의 정보를 일시적으로 저장하는 고속의 보조기억장치로 사용되며, CPU 내에 내장되어 있다.

04

CAD 시스템의 입력장치 중에서 광점자 센서가 붙어 있어 화면에 접촉하여 명령어 선택이나 좌표 입력이 가능한 것은?

① 조이스틱　　　　② 마우스
③ 라이트 펜　　　　④ 태블릿

해 **라이트**
　　점자센서가 부착되어 그래픽 스크린 상 에 접촉하여 특정의 위치나 도형을 지정하거나 명령 어 선택이나 좌표 입력이 가능하다.

05

다음 입·출력장치의 연결이 잘못된 것은?

① 입력장치 - 키보드 라이트 펜
② 출력장치 - 프린터, COM
③ 입력장치 - 트랙볼, 태블릿
④ 출력장치 - 디지타이저, 플로터

해 • 입력장치 : 키보드 디지타이저, 태블릿, 마우스, 조이스틱, 컨트롤 다이얼, 기능키, 트랙, 라이트 펜
　　• 출력장치 : 프린터, 플로터, 디스플레이, 모니터, 하드카피장치

06

컬러 디스플레이(color display)에 의해서 표현할 수 있는 색들은 어떤 3색의 혼합에 의해서인가?

① 빨강, 파랑, 초록
② 빨강, 하얀, 노랑
③ 파랑, 검정, 하얀
④ 하얀, 검정, 노랑

해 **컬러 디스플레이에 의해서 표현할 수 있는 색**
　　3가지(빨강, 파랑, 초록색의 혼합비에 의해 약 4,100가지의 색이 정해진다.

07

화면표시장치에 나타난 모양을 확대 축소 등의 다른 조작 없이 그대로 종이 등의 물리적 요소에 출력시키는 장치를 무엇이라 하는가?

① 스캐너　　　　② 라이트 펜
③ 모니터　　　　④ 화면복사장치

해 **화면복사장치**
　　화면에 나타난 상태 그대로를 출력 시키는 것

08

컴퓨터 처리 속도의 단위(second)로 올바른 것은?

① 1ps = 10 - 12초　　② 1ns = 10 - 6초
③ 1μs = 10 - 9초　　　④ 1ms = 10 - 2초

해 **컴퓨터 처리속도 단위**
　　- 밀리초(ms) : 1ms = 10 - 3초
　　- 마이크로초(μs) : 1 = 10 - 6초
　　- 나노초(ns) : 1ns = 10 - 9초
　　- 피코초(ps) : 1ps = 10 - 12초 , 처리속도가 가장 빠르다.

09

CAD 소프트웨어의 도입 효과로 가장 거리가 먼 것은?

① 제품 개발 기간 단축
② 설계 생산성 향상
③ 업무 표준화 촉진
④ 부서 간 의사소통 최소화

10

컴퓨터에서 최소의 입출력 단위로, 물리적으로 읽기를 할 수 있는 레코드에 해당하는 것은?

① block   ② field

③ word   ④ bit

11

잉크젯 프린터 등의 해상도를 나타내는 단위는?

① LPM   ② PPM

③ DPI   ④ CPM

해
- LPM : 분당 인쇄 라인 수
- PPM : 1분 동안 출력 가능한 컬러(흑백 인쇄의 최대 매수)
- DPI : 출력 밀도(해상도)
- CPM : 출력 속도(분당 카드)

12

데이터 표시 방법 중 3개의 zone bit와 4개의 digit bit를 기본으로 하며, parity bit 적용 여부에 따라 총 7bit 또는 8bit로 한 문자를 표현하는 코드 체계는?

① FPDF   ② EBCDIC

③ ASCII   ④ BCD

해 ASCII : 미국 정보 교환 표준 부호로, 소형 컴퓨터에서 문자 데이터(문자, 숫자, 부호)와 제어 문자를 나타내는 데 사용되는 표준 데이터 전송 부호

13

다음 중 데이터의 전송 속도를 나타내는 단위는?

① BPS   ② MIPS

③ DPI   ④ RPM

해 BPS(Bits Per Second) : 통신 속도의 단위로, 1초간 송수신할 수 있는 비트 수를 나타낸다.

02 2D 도면 작업

디자인 개념을 시각적으로 구현하는 데 컴퓨터를 이용하는 창의적인 작업 방법을 CAD(Computer Aided Design)라 하며, 컴퓨터를 이용한 제조(CAM : Computer - Aided Manufacturing)와 대비를 이룬다. CAD/CAM 기술은 기계 설계, Bio/Nano/Medical CAD. 선박 설계, 건축 설계, 토목 설계, 플랜트 설계 등 매우 다양한 분야에서 활용된다.

1 그리기 보조도구

① 그리드(grid) 명령 : 도면 영역에 직사각형 격자(grid)를 표시하는 기능
② 스냅(snap) : 사용되는 마우스 포인트를 일정한 간격으로 이동하도록 제어하는 기능
③ OSNAP : 캐드에서 효율적 명령어로 Object에서 정확한 점을 찾아주는 기능
④ 동적 입력 : 도면 작업 영역에서 설계 작업에 집중하는 데 도움을 주기 위해서 마우스 포인터 주위에 명령 프롬프트 인터페이스를 제공하는 기능
⑤ 직교 모드 : 도면 작업 영역에서 설계 작업에 도움을 주기 위해서 마우스 포인터 주위에 명령 프롬프트 인터페이스를 제공하는 기능

2 도면 작업

[1] 도면 공통 작업

① 도면 규격 한계(limits)를 설정한다. 도면의 크기에 맞게 설정한다. (A1, A2, As 등)
② 척도(scale)를 설정한다. 가능하다면 척도는 1 : 1을 사용하는 것을 원칙으로 하고 축적과 배척은 정해진 척도의 기준에 맞게 적용한다.
③ 단위(units) 및 정밀도(precision)를 설정한다.
④ 윤곽선을 설정한다.

[2] 도면층(layer) 작업

여러 장의 투명한 필름에 각각의 형상을 그리고 이것을 모두 겹쳐서 보더라도 한 장의 필름이 그런 형상으로 보이게 된다. 이때 각각의 낱장 필름 역할을 하는 것을 도면층이라고 한다.
① 도면 자체는 물론이고 다양한 객체들의 관리가 용이하다.
② 매우 복잡한 도면을 작업하는 경우, 화면에 객체를 일시적으로 숨기거나 필요시 다시 표시할 수 있다.
③ 객체가 화면에 표시되지만 선택 불가능(잠금)으로 설정하면 편집 작업을 좀 더 쉽고 빠르게 수행할 수 있다.
④ 객체의 선 가중치와 지정된 색상에 따라 최종 도면을 인쇄할 수 있다.

⑤ 네트워크 설계 환경에서 프로젝트를 수행하는 경우, 외부 참조한 도면의 잠긴 도면층 객체들은 수정할 수 없어 자동으로 보호되어 동시 공동 작업을 수행할 수 있다.

3 도면 작성하기

[1] 도면 요소 그리기 명령

① 선 그리기 : 마우스로 시작점과 다음 점으로 연결하여 그린다.

② 원 그리기
- 원의 중심점. 반지름(지름)을 지정하여 원 그리기를 한다.
- 3P 옵션으로 세 점을 지나는 원 그리기를 한다.
- 2P 옵션으로 두 점을 지나는 원 그리기를 한다.
- Ttr(tangent - tangent - radius) 옵션으로 접선과 반지름을 이용한 원 그리기를 한다.

③ 호 그리기
- 3점 옵션의 3개의 점을 지정하여 그리기를 한다.
- 시작점(S), 중심점(C), 끝점(E)을 지정하여 그리기를 한다.
- 시작점(S), 중심점(C). 각도(A)를 지정하여 그리기를 한다.
- 시작점(S), 중심점(C), 현의 길이(L)를 지정하여 그리기를 한다.
- 시작점(S), 끝점(E), 각도(A)를 지정하여 그리기를 한다.
- 시작점(S), 끝점(E), 호의 시작 방향(D)을 지정하여 그리기를 한다.
- 시작점(S), 끝점(E), 반지름(R)을 지정하여 그리기를 한다.

- 중심점(C), 시작점(S), 끝점(E)을 지정하여 그리기를 한다.
- 중심점(C), 시작점(S), 각도(A)를 지정하여 그리기를 한다.
- 중심점(C), 시작점(S), 현의 길이(L)를 지정하여 그리기를 한다.

④ 다각형(polygon)그리기 : 꼭짓점 수를 입력하여 다각형을 만든다(3각형, 4각형, 5각형 등)

[2] 도면 요소 편집 명령 명령어 종류

① 객체 간격 띄우기(offset) : 도면 영역에 도형 작도 시 가장 빈번하고 유용하게 사용하는 요소로 서 명령 옵션으로는 간격 띄우기 거리, 통과점(T), 지우기(E) 등이 사용된다.

② 자르기(trim) : 명령 옵션으로 도면에 따라 자르는 데 편리한 옵션(울타리(F), 걸치기(C), 프로젝트(P), 모서리(E), 지우기(R) 등)이 사용된다. 다른 객체의 선이나 경계 모서리와 만나도록 연장하는 기능이다. 원본 객체로부터 지정된 거리 및 방향 객체의 복사본을 만드는 기능 이다.

③ 연장(extend) : 다른 객체의 선이나 경계모서리와 만나도록 연장하는 기능이다.

④ 복사(copy) : 원본 객체로부터 지정된 거리 및 방향 객체의 복사본을 만드는 기능이다.

⑤ 이동(move) : 객체를 지정된 방향 및 지정된 거리만큼 이동하는 기능이다. 선택한 객체를 확대 또는 축소할 수 있는 기능이다

⑥ 스케일(scale) : 선택한 객체를 확대 또는 축소할 수 있는 기능이다.

⑦ 배열(array) : 규칙적인 매트릭스(열과 행) 패턴으로 선택된 객체들의 다중 복사를 만드는 기능으로 다음과 같은 세 가지 유형의 배열이 있다.

✔ 직사각형(rectangle), 경로(path), 원형(circular) 배열 모서리 처리 방법으로 둥근 모서리를 만드는 기능

⑧ 모깎기(fillet) : 모서리 처리 방법으로 둥근 모서리를 만드는 기능

⑨ 모따기(chamfer) : 모서리 처리 방법으로 각진 모서리를 만드는 기능

⑩ 대칭(mirror) : 원본 객체로부터 중심선을 기준으로 같은 거리로 대칭하는 기능

📁 단원 핵심 기출 문제

01

CAD의 디스플레이 기능 중 줌(ZOOM) 기능 사용 시 화면에서 나타나는 현상으로 옳은 것은?

① 도형 요소의 치수가 변화한다.
② 도형 형상의 방향이 반대로 바뀌어서 출력된다.
③ 도형 요소가 시각적으로 확대, 축소된다.
④ 도형 요소가 회전한다.

해 ZOOM 기능은 도형 요소의 특성이 변화는 것이 아니라 작업을 위해 모니터에 시각적으로만 확대·축소된다.

02

CAD 작업에서 제공되는 객체(object)를 정확하게 선정할 수 있도록 하는 방법이 아닌 것은?

① 원이나 원호의 중심
② 직선 원호, 원의 교차점
③ 직선, 원호의 끝점
④ 점, 선, 원 등에서 가장 먼 점

03

모든 유형의 곡선(직선, 스플라인, 원호 등) 사이를 경사지게 자른 코너를 말하는 것으로 각진 모서리나 꼭짓점을 경사 있게 깎아 내리는 작업은?

① Hatch   ② Rounding
③ Fillet   ④ Chamfer

해 Chamfer : 거리1. 거리2 각도로 결정된다.

04

CAD 시스템에서 일반적인 선의 속성 (attribute)으로 거리가 먼 것은?

① 선의 굵기(line thickness)

② 선의 색상(line color)

③ 선의 밝기(line brightness)

④ 선의 종류(line type)

해 레이어 명령에서 선의 속성 중 선의 굵기, 색상, 선의 종류를 설정한다.

05

양궁 과녁과 같이 일정 간격을 가진 여러개의 동심원으로 구성되는 형상을 만들려고 한다. 다음 중 가장 적절하게 사용될 수 있는 기능은?

① zoom   ② move

③ offset   ④ trim

06

곡면 편집 기법 중 인접한 두 선을 둥근 모양으로 부드럽게 연결하도록 처리하는 것은?

① fillet   ② smooth

③ mesh   ④ trim

07

3D CAD 데이터를 사용하여 레이아웃이나 조립성 등을 평가하기 위하여 컴퓨터상에서 부품을 설계하고 조립체를 생성하는 것은?

① rapid prototyping   ② part programming

③ reverse engineering   ④ digital mock - up

08

일반적인 CAD 시스템의 2차원 평면에서 정해진 하나의 원을 그리는 방법이 아닌 것은?

① 원주상의 세 점을 알 경우

② 원의 반지름과 중심점을 알 경우

③ 원주상의 한 점과 원의 반지름을 알 경우

④ 원의 반지름과 2개의 접선을 알 경우

09

지정된 모든 점을 통과하면서 부드럽게 연결이 필요한 자동차나 항공기와 같은 자유 곡선 또는 곡면을 설계할 때 부드럽게 곡선을 그리기 위하여 사용되는 것은?

① 베지어 곡선 　　　② 스플라인 곡선
③ B-스플라인 곡선 　④ NURBS 곡선

10

Bezier 곡선에 관한 특징으로 잘못된 것은?

① 곡선을 국부적으로 수정하기 용이하다.
② 생성되는 곡선은 다각형의 시작점과 끝점을 통과한다.
③ 곡선은 주어진 조정점들에 의해 만들어지는 볼록 껍질(convex hull) 내부에 존재한다.
④ 다각형 꼭짓점의 순서를 거꾸로 하여 곡선을 생성해도 동일한 곡선이 생성된다.

해　Bezier 곡선은 한 개의 조정점을 움직이면 곡선 전체의 모양에 영향을 주므로 국부적으로 수정하기 곤란하다.

11

B-spline 곡선이 Bezier 곡선에 비해서 갖는 특징을 설명한 것으로 옳은 것은?

① 곡선을 국소적으로 변형할 수 있다.
② 한 조정점을 이동하면 모든 곡선의 형상에 영향을 준다.
③ 자유 곡선을 표현할 수 있다.
④ 곡선은 반드시 첫 번째 조정점과 마지막 조정점을 통과한다.

해　B-spline 곡선은 곡선의 차수가 조정점의 개수와 관계없이 연속성에 따라 결정되며, 국부적으로 변형 가능하다.

12

다음과 같은 특징을 가진 곡선은?

- 조정점의 양 끝점을 통과한다.
- 국부적인 곡선 조정이 가능하다.
- 원이나 타원 등의 원활 곡선은 근사적으로만 나타낼 수 있다.

① Bezier 곡선 　　　② Ferguson 곡선
③ NURBS 곡선 　　　④ B-spline 곡선

03 3D 형상 모델링

일반적으로 많이 사용되고 있는 3D 형상 모델링에는 CATIA, SolidWorks, UG-NX, Inventor, Solidedge 등이 있다. 형상 디자인과 부품 설계, 조립품, 조립 유효성 검사 및 시뮬레이션을 통해 디지털 프로토타입을 실현할 수 있으며, 제품의 오류를 최소화할 수 있다.

1. 3D 좌표계

1 3D 좌표계

① 직교좌표계 : x, y, z 방향의 축을 기준으로 공간상의 하나의 교점을 나타낸다. → x_1, y_1, z_1

② 구면좌표계 : 기준점을 중심으로 2개의 각도 데이터와 1개의 길이 데이터로 해당 점의 좌표를 나타내는 좌표계 → $(r_1, \varnothing, \theta)$

③ 원기둥좌표계 : 3D 원통형 좌표는 XY 평면에서 UCS 원점과의 거리, XY 평면에서 X축 과의 각도 및 Z값으로 정확한 위치를 나타낸다. → (r, θ, z_1)

2. 3D 형상 모델링 종류

유형		표현 방식	특징
와이어프레임		점을 연결하여 선분으로 표현	소요 시간이 적게 들고 용량이 적다. 최소의 정보만으로 원하는 형상을 구현한다. 도면 출력을 위한 용도와 평면 가공에 적합하다.
서피스		선분을 연결하여 면으로 표현	고체의 부피, 관성 모멘트를 계산할 정보가 없음 표면 렌더링이나 화면용으로 데이터를 출력하는 용도로 쓰인다.
솔리드		면을 연결하여 체적으로 표현	형태, 속성에 대한 다양한 정보 분석이 가능하다.

3. 3D 형상 모델링 작업

[1] 3D 형상 모델링 기본 기능

- 파트 작성 : 3D 소프트웨어에서 파트는 하나의 부품 형상을 모델링 하는 곳으로, 3D 소프 트웨어에서 파트는 형상을 표현하는 가장 기본적이고 중요한 요소이다. 보편적으로 3차 원형상 모델링하는 곳이 바로 파트이다.

- 조립품 작성 : 파트 작성에서 생성된 부품을 조립하는 것으로, 3D 소프트웨어를 통해 부품 간 간섭 및 조립 유효성 검사 및 시뮬레이션 등 의도한 디자인대로 동작하는지 체크할 수 있는 요소이다.

① 2차원 기본요소의 정의 : 점. 선원 원호, 스플라인 등에 의한 기본 요소들을 수정 편집 및 결합하여 형상을 표현하여 만들어진 모델은 면, 모서리, 꼭짓점으로 이루어지게 된다.

② 3차원 기본 형상의 정의 : 기본 요소의 조합으로 구. 원봉, 원뿔, 원추, 삼각기둥 등 3차원 기본 형상을 이루고 소프트웨어에 따라 프리미티브(Primitive), 오브젝트(Object). 엘리먼트 (Element), 엔티티(Entity) 등으로 명명한다.

[2] 특징 형상 모델링(Feature Based Modeling)

① 데이터 변환 기능 : 스케일링(Scaling), 이동(Translation), 회전(Rotation) 등의 수정 및 편집에 사용되는 기능으로 2차원 기본 요소를 이용하여 만들어진 스케치를 3차원 모델화

피쳐 유형	피쳐 설명	피쳐 형상
돌출 (Extrude)	하나의 2차원 단면형상을 돌출시켜 3차원 솔리드 모델을 생성하는 기법이다.	
회전 (Revolve)	부품의 형상이 중심축에 대해 회전 대칭인 경우 사용되는 기법이다. 이것은 하나의 기준선을 가지고 그에 상응하는 단면을 회전시켜 3차원 솔리드를 만드는 방법이다.	
스윕 (Sweep)	2차원 단면을 기준 궤적을 따라 이동시켰을 때 생성되는 궤적으로 3차원 솔리드를 생성하는 기법이다.	
로프트 (Loft)	여러 개의 단면 데이터를 가지고 하나의 3차원 형상을 만드는 기법이다.	
셸(Shell)	두께를 주고 내부를 비우는 기법이다.	
모깍이 (Fillet)	부품의 각이 있는 곳을 둥글게 만드는 기법이다.	
모따기 (Chamfer)	부품의 모서리 혹은 구석을 비스듬하게 만드는 기법이다.	
대칭 복사 (Mirror)	대칭적인 모양에 대한 복사 기법이다.	

(3) 부품(파트) 조립

① 탄젠트 : 선택한 항목을 인접 메이트로 배치
② 잠금 : 두 부품 간의 위치와 방향을 유지(모든 부품 가능)
③ 거리 : 선택한 항목 간에 특정 거리 유지
④ 각도 : 선택한 항목이 서로 특정 각도를 이루게 배치

---

4. 형상 모델링 검토

1 구속 조건

각각의 부품들이 조립되어 제 기능을 할 수 있도록 어떤 부품들은 회전이나 일정 각도로 움직이고, 볼트와 너트를 통한 체결이 이루어지는 등 다양한 결합 방식이 존재한다. 부품의 기능을 만족하기 위하여 구속 조건을 설정한다.

[1] 구속 조건의 의미

① 스케치 요소와 요소 사이 또는 스케치 요소와 모델 사이의 자세를 흐트러짐 없이 잡아주는 기능
② 차후 디자인 변경이나 수정 시 편리하고 직관적으로 업무를 수행하기 위하여 필요한 기능
③ 형상구속과 치수구속으로 구분
④ 디자인을 형상화하기 위한 모델링 스케치(2D) 시 형상구속이나 치수구속의 조건을 만족해야 한다.
　ㄱ. 형상구속 : 드로잉된 스케치 객체들 간의 자세를 맞추는 구속
　ㄴ. 치수구속 : 스케치의 값을 정해서 크기를 맞추는 구속을 설정하는 기능

(2) 형상구속

① 스케치 객체들의 자세가 자유롭게 변형되는 것을 방지
② 설계자가 의도한 대로 스케치 형상을 유지할 수 있도록 설정
③ 스케치 요소와 요소 사이 또는 스케치 요소와 모델 사이의 자세를 흐트러짐 없이 잡아주는 기능
④ 차후 디자인 변경이나 수정 시 편리하고 직관적으로 업무를 수행하기 위해 필요한 기능
⑤ 형상구속(2D)의 종류
　ㄱ. 수평구속 : 선택한 선분이 수평(가로선)이 되도록 구속한다.
　ㄴ. 수직구속 : 선택한 선분이 수직(세로선)이 되도록 구속한다.
　ㄷ. 동일구속 : 두 개 이상 선택된 스케치의 크기를 똑같이 구속한다.
　ㄹ. 동일선상 : 구속 : 두 개 이상 선택된 스케치 선을 동일한 위치로 선을 구속한다.
　ㅁ. 평행구속 : 두 개 이상 선택된 선을 평행하게 구속한다.
　ㅂ. 직각구속 : 선택된 두 개의 스케치선을 직각으로 구속한다.
　ㅅ. 동심구속 : 두 개 이상 선택된 원호의 중심을 정확하게 구속한다.
　ㅇ. 접선구속 : 선택된 두 개의 원호 또는 원과 선을 접선이 되도록 구속한다.
　ㅈ. 일치구속 : 떨어져 있는 점과 선을 정확하게 붙이거나 떨어져 있는 두 끝점을 정확하게 연결시키는 구속이다.

(3) 치수구속

3D스케치 요소에 대한 치수(길이, 원호, 지름, 각도 등)를 지정할 수 있다. 항상 조건이 부여된 뒤 치수구속을 통하여 길이, 각도, 지름, 현, 원호 등의 크기, 각도, 위치, 방향을 정의함으로써 형상을 완전히 구속한다.

① 치수구속의 종류
- ㄱ. 모따기 치수 : 선이나 모서리 선 길이
- ㄴ. 기준선 치수 : 두 선 사이 각도
- ㄷ. 각도 치수 : 세 점 사이 각도
- ㄹ. 두 선 사이 거리점에서 선까지의 수직 거리
- ㅁ. 두 점 사이 거리 호와 반경 호의 실제 길이
- ㅂ. 원의 지름
- ㅅ. 두 원호 또는 원의 중심 거리
- ㅇ. 직선 모서리의 중간점
- ㅈ. 스케치 요소와 중심선 간의 두 배 거리

(4) 완전 정의

① 형상구속 조건이 부여된 뒤 치수구속을 통하여 길이, 각도, 지름, 현, 원호 등의 치수를 기입함으로써 크기, 위치, 방향 등이 완전히 결정된 상태
② 색상을 통해 각 스케치 요소의 구속상태가 표시된다.
③ 완전구속(보라색) : Inventor
- ㄱ. 직사각형의 윗변과 오른쪽 변에 치수를 부가하면 두 변 사이의 동등 조건으로 인해 사면의 크기가 함께 정해진다.
- ㄴ. 직사각형 자체가 원점에 고정된다면 모든 선이 보라색으로 표시되어 직사각형이 완전 정의가 된다.

④ 불완전 정의(초록색)) : Inventor
- ㄱ. 직사각형일 경우 치수구속을 하지 않으면 선은 요소가 아직 구속되지 않아 초록색으로 표시 상태
- ㄴ. 구속 조건 및 치수 기입을 통하여 완전 정의가 필요한 상태

5. 조립구속

1 조립구속 조건의 종류

✓ **조립품 작성**

어셈블리 디자인, 파트 작성을 통해 부품을 조립하는 공간으로 3D 형상 모델링을 통해 부품 간 간섭 및 조립 유효성 검사 및 시뮬레이션 등 의도한 디자인대로 동작하는지 체크할 수 있는 요소이다.

① 일치 제약조건 : 일치시키고자 하는 면과 면, 선과 선, 축과 축 등을 선택하면 일치시켜주는 제약조건
② 접촉 제약조건 : 선택한 면과 면, 선과 선을 접촉하도록 하는 제약조건
③ 오프셋 제약조건 : 선택한 면과 면, 선과 선 사이에 오프셋으로 거리를 주는 제약조건
④ 각도 제약조건 : 면과 면, 선과 선을 선택해 각도로 제약을 주는 조건
⑤ 고정 컴포넌트 : 선택한 파트를 고정시켜주는 기능

01

다음 설명에 해당하는 3차원 모델링에 해당하는 것은?

> • 데이터의 구조가 간단하다.
> • 처리 속도가 빠르다.
> • 단면도 작성이 불가능하다.
> • 윤선 제거가 불가능하다.

① 와이어프레임 모델링

② 서피스 모델링

③ 솔리드 모델링

④ 시스템 모델링

02

3차원 물체를 외부 형상뿐만 아니라 내부 구조의 정보까지도 표현하여 물리적 성질 등의 계산까지 가능한 모델은?

① 와이어 프레임

② 서피스 모델링

③ 솔리드 모델링

④ 파라메틱 모델링

03

3차원 형상을 솔리드 모델링하기 위한 기본 요소를 프리미티브라고 한다. 이 프리미티브가 아닌 것은?

① 박스(box)

② 원뿔(cone)

③ 실린더(cylinder)

④ 퓨전(fusion)

🖥 **프리미티브(3D 기본 요소)**
원뿔, 박스, 육면체, 원 기둥, 구, 원추, 회전체 프리즘 스윕

04

설계에서 제조, 출하에 이르는 모든 기능과 공정을 컴퓨터를 통하여 통합 관리하는 시스템의 용어는?

① CAE

② PMS

③ CIM

④ CAD/CAM

🖥 **CIM(Computer IntegratedManufacturing)**
컴퓨터 를 이용, 기술개발, 설계, 생산, 판매에 이르기까지 하나 의 통합된 체제를 구축하는 것을 말한다.

05

모떼기(chamter), 구멍(hole), 필릿(lillet) 등의 존재 여부, 크기 및 위치에 대한 정보가 있어 솔리드 모델로부터 공정계획을 자동으 로 생성시키는 것이 용이한 모델링 방법은 무엇인가?

① 특징형상 모델링

② 파라메트릭 모델링

③ 비다양체 모델링

④ CSG 모델링

🖥 **특징형상 모델링**
모떼기(chamfer), 구멍(hole), 필 릿(nllet) 등의 존재 여부, 크기 및 위치에 대한 정보 가 있어 솔리드 모델로부터 공정계획을 자동으로 생성 시키는 것이 용이한 모델링 방법

06

점, 선, 프로파일(윤곽선)을 경로에 따라 이동하여 베이스, 보스, 자르기 또는 곡면 형상 을 생성하는 모델링 기법은?

① 스키닝(skinning)

② 리프팅(lifting)

③ 스윕(sweep)

④ 특징형상 모델링(feature - based modeling)

해 • 스키닝 : 여러 개의 단면형상을 생성하고 이들을 덮어나는 곡면을 생성하는 모델링 방법
• 리프팅 : 면의 일부 혹은 전부를 원하는 방향으로 당겨서 물체를 늘어나도록 하는 모델링 기능

07

기존에 생성된 솔리드모델에서 프로파일 모양으로 홈을 파거나 뚫을 때 사용하는 기능으로서 돌출명령어의 진행과정과 옵션은 동일하나 돌출형상으로 제거하는 명령어를 뜻하는 것은?

① 합지기(합집합)

② 교차하기(교집합)

③ 빼기(차집합)

④ 생성하기(신규 생성)

해 • 합지기(합집합) : 두 객체를 합쳐서 하나의 객체로 만드는 것
• 교차하기(교집합) : 두 객체의 겹치는 부분만 남기는 것
• 빼기(차집합) : 한 객체에서 다른 한 객체의 부분을 빼는 것

08

서로 만나는 2개의 평면 또는 곡면에서 서로 만나는 모서리를 곡면으로 바꾸는 작업을 무엇이라 하는가?

① blending

② sweeping

③ remeshing

④ trimming

09

CAD 시스템의 3차원 공간에서 평면을 정의할 때 입력 조건으로 충분하지 않은 것은?

① 한 개의 직선과 이 직선의 연장선 위에 있지 않은 한 개의 점

② 일직선상에 있지 않은 세 점

③ 평면의 수직벡터와 그 평면 위의 한 개의 점

④ 두 개의 직선

10

CAD 시스템에서 두 개의 곡선을 연결하여 복잡한 형태의 곡선을 만들 때, 양쪽 곡선의 연결점에서 2차 미분까지 연속하게 구속조건을 줄 수 있는 최소 차수의 곡선은?

① 2차 곡선

② 3차 곡선

③ 4차 곡선

④ 5차 곡선

11

다음 모델링 기법 중에서 은선 제거가 불가능한 모델링 기법은?

① CSG 모델링

② B - rep 모델링

③ surface 모델링

④ wire frame 모델링

해 솔리드 모델링과 서피스 모델링은 은선 제거가 가능하지만, 와이어 프레임 모델링은 은선 제거가 불가능하다.

12

공학적 해석(부피, 무게중심, 관성 모멘트 등의 계산)을 적용할 때 쓰는 가장 적합한 모델은?

① 솔리드 모델

② 서피스 모델

③ 와이어 프레임 모델

④ 데이터 모델

13

솔리드 모델링에 있어서 사각 블록, 정육면체, 구, 원통, 피라미드 등과 같은 기본 입체를 사용하여 이들 형상을 불 연산에 따라 일정한 순서로 조합하는 방식은?

① CSG 방식　　　　② B-rep 방식

③ NURBS 방식　　　④ assembly 방식

해 • CSG 방식 : 복잡한 형상을 단순한 형상(구, 실린더, 직육면체, 원뿔 등)의 조합으로 표현하며, 불 연산을 사용하는 방식
　• B-rep 방식 : 기하 요소와 위상 요소의 관계에 따라 표현하는 방식
　• NURBS 방식 : 3차원 곡면으로 이루어진 비정형적인 3차원 입체를 모델링하는 방식
　• B-spline 방식 : 베지어 곡선과 같이 곡선을 근사화하는 조정점을 통과하는 혼합된 다항 곡선 방식

14

형상 구축 조건과 치수 조건을 입력하여 모델링하는 기법으로 옳은 것은?

① 파라메트릭 모델링

② wire frame 모델링

③ B-rep (Boundary representation)

④ CSG (Constructive Solid Geometry)

해 파라메트릭 모델링 : 사용자가 형상 구축 조건과 치수 조건을 입력하여 형상을 모델링하는 방식이다.

15

솔리드 모델링(solid modeling)에서 면의 일부 혹은 전부를 원하는 방향으로 당겨서 물체를 늘어나도록 하는 모델링 기능은?

① 트위킹(tweaking)　　② 리프팅(lifting)

③ 스위핑(sweeping)　　④ 스키닝(skinning)

16

CAD 데이터 교환 규격인 IGES에 대한 설명으로 틀린 것은?

① CAD/CAM/CAE 시스템 사이의 데이터 교환을 위한 최초의 표준이다.
② 1개의 IGES 파일은 6개의 섹션(section)으로 구성되어 있다.
③ directory entry 섹션은 파일에서 정의한 모든 요소(entity)의 목록을 저장한다.
④ 제품 데이터 교환을 위한 표준으로서 CALS에서 채택되어 주목받고 있다.

해 IGES는 서로 다른 CAD/CAM 시스템에서 설계와 가공 정보를 교환하기 위한 표준으로, 현재 ISO의 표준 규격으로 제정되어 사용된다.

17

CAD 데이터의 교환 표준 중 하나로 국제표준화기구(ISO)가 국제 표준으로 지정하고 있으며, CAD의 형상 데이터뿐만 아니라 NC 데이터나 부품표, 재료 등도 표준 대상이 되는 규격은?

① IGES
② DXF
③ STEP
④ GKS

18

기존의 제품에 대한 치수를 측정하여 도면을 만드는 작업을 부르는 말로 적절한 것은?

① RE(Reverse Engineering)
② FMS(Flexible Manufacturing System)
③ EDP(Electronic Data Processing)
④ ERP(Enterprise Resource Planning)

해 역설계(Reverse Engineering) : 실제 부품의 표면을 3차원으로 측정한 정보로 부품 형상 데이터를 얻어 모델을 만드는 방법이다.

19

각 도형 요소를 하나씩 지정하거나 하나의 폐다각형을 지정하여 안쪽이나 바깥쪽에 있는 모든 도형요소를 하나의 단위로 묶어서 한 번에 조작할 수 있는 기능은?

① 그룹(group)화 기능
② 데이터베이스 기능
③ 다층 구조(layer) 기능
④ 라이브러리(library) 기능

04 3D 형상 모델링 데이터 및 출력

1. 3D 형상 모델링 데이터

1 3D 형상데이터 형식 변환

- 각각의 3D CAD 프로그램은 프로그램별 전용 확장자명을 가지는 파일로 저장 · 다른 3D CAD 프로그램과의 호환이 불가능하다.
- 서로 다른 CAD 프로그램에서 작업 파일을 열어봐야 하는 경우가 자주 발생하므로 이를 위해 3D 데이터의 경우 특별한 프로그램의 특성에 따르지 않는 일반적인 중립 확장자 (STEP, IGES 등)가 필요하다.

[1] STEP(STandard for the Exchange of Product model data)

① 제품설계부터 생산에 이르는 모든 데이터를 포함하기 위해서 가장 최근에 개발된 표준이다.
② 솔리드모델 정보만 받는다.
③ 지오메트릭 형상, 토폴로지, 특징, 마테리얼 성질 등을 저장한다.
④ 파일은 점뿐만 아니라 선, 원, 자유곡선, 자유곡면, 트림 곡면, 색상, 글자 등 CAD/CAM 소프트웨어에서 3차원 모델의 거의 모든 정보를 포함한다.

(2) IGES(Initial Graphics Exchange Specification)

① 그래픽 정보의 교환을 위해 미국 상무부의 국가표준국에서 제정한 최초의 표준포맷이다.
② 점뿐만 아니라 선, 원, 자유곡선, 자유곡면, 트림 곡면, 색상, 글자 등 CAD/CAM 소프트웨어에서 3차원 모델의 거의 모든 정보를 포함할 수 있다.
③ 파일 포맷에는 아스키(ASCII) 포맷과 바이너리(Binary) 포맷으로 분류한다.

> ☑ **아스키(ASCII)**
>
> 미국 표준협회에서 제정한 코드로 '미국정보교환표준부호'라는 의미를 지니고 있으며 7비트 혹은 8비트로 한 문자를 표시하는 코드

④ 형상 데이터를 나타내는 엔티티로 이루어진다.
⑤ 서피스모델의 정보를 받는다.
⑥ 한 개의 IGES 파일은 다섯 개의 섹션(section)으로 구성되어 있다.
　ㄱ. 개시부 (start section)
　ㄴ. 글로벌 섹션(global section)
　ㄷ. 디렉터리 엔트리 섹션(directory entry section) : 파일에서 정의한 모든 요소(entity)의 목록을 저장

ㄹ. 파라미터 데이터 섹션(parameter section) : 엔터티들에 관한 실제 데이터가 기록되어 있는 부분

ㅁ. 종료부(terminate section)

(3) STL(표준 삼각형 언어 또는 표준 테셀레이션 언어)

① 모든 CAD 시스템으로부터 쉽게 생성되도록 단순하게 설계하였다(색상, 질감 또는 모델 특성을 제외한 3차원 객체의 표면 형상만을 나타내는 것.

② 3D프린팅 시스템 제작 판매사들에 인정되어 3D 프린팅의 표준입력파일 포맷으로 사용 되고 있다.

③ STL 포맷은 삼각형의 세 꼭짓점이 나열된 순서에 따라 오른손법칙을 사용한다.

④ 3D 시스템사가 Albert Consulting Group에 의뢰해 쉽게 사용할 수 있게 만들어졌다.

⑤ STL파일은 아스키(ASC11)코드(문자열을 사용하여 형상을 표현)와 바이너리코드 형식(좌표정보로 표현)이 있다.

⑥ 동일한 Vertax (꼭짓점 또는 정점)가 반복된 법칙으로 인해 파일의 크기가 매우 커지게 되어 전송시간이 길고 저장공간을 많이 차지한다. 전송시간도 느리고 정보를 처리하는 데 비효율적인 것이 단점이다.

⑦ 메시데이터로 변환되어 저장(표면 메시에 대한 정보만 포함)

(4) AMF(Additive Manufacturing File)

① 3D프린팅과 같은 적층 제조 프로세스를 위한 객체를 표현하기 위한 공개 표준이다.

② 3D프린터에서 제작될 3D 모델의 모양과 구성을 설명할 수 있도록 설계된 XML 기반 파일 형식이다.

☑ **XML(Extensible Markup Language)**
인터넷 웹페이지를 만드는 HTM

③ STL 형식의 단점을 보완하여 용량이 적고 색상, 재료, 표면 윤곽을 기본적으로 표현한다.

(5) OBJ(Object File)

① 3D프린터의 표준 입력 파일 포맷으로 많이 사용한다.

② 3D 애니메이션 프로그램 개발사인 Wavefront사에서 개발한 3D 모델링 데이터 형식이다.

③ 기하학적 정점, 텍스처 좌표, 정점 법선과 다각형 면들을 포함한다.

④ 호환성이 매우 뛰어나지만 용량이 크다.

⑤ 베터형식을 기반으로 아스키나 바이너리 형식으로 저장 가능하다.

⑥ 색상과 질감 정보를 갖는 파일 형식이다.

2. 3D프린터 출력 원리

SD프린터에서의 출력은 3D 프로그램에서 모델링된 부품 파일을 일반 2D 프린터처럼 인쇄 버튼을 눌러 바로 출력할 수 있는 것이 아니라, 3D프린터가 인식할 수 있는 동작 코드와 좌표가 있는 파일, 즉 슬라이싱 프로그램에서 G코드라는 파일로 변환해서 저장하여 3D프린터기에 파일을 전송해야만 출력이 되는 장비이다.

1 모델링 데이터 변환 저장하기

파일 형식 변환파일 형식을 변경하기 위해서는 저장 또는 내보내기 기능에 있는 파일 형식을 통해 3D프린터 슬라이싱 프로그램에서 불러올 수 있는 파일(*.STL 형식과 *.OBI 형식)로 변경할 수 있다)

① STL 형식 : 주로 3D 형상 모델링에서 생성
② *.OBJ 형식
- ㄱ. 3D 데이터 포맷 중 3차원 형상의 맵핑 이미지 정보를 포함하고 있다.
- ㄴ. 그래픽 프로그램에서 많이 사용된다.
- ㄷ. 기하학적 정점, 텍스처 좌표, 정점법선과 다각형 면들을 표현한다.
- ㄹ. 2매 프레임에 하나의 파일이 필요하고 많은 용량이 필요하다.
- ㅁ. OBJ 파일로 내보내고 불러오는 데 오랜 시간이 걸리는 단점이 있다.

2 G코드 파일 생성

- 3D 프린터기에 맞는 슬라이싱 프로그램에서 *.STL 파일을 G코드로 저장한다.
- 3D형상 모델링→*.STL 파일로 저장→슬라이싱 프로그램→G코드로 저장→3D출력

3. 3D 형상 모델링 출력

1 3D 출력장치

(1) 재료압출 방식(Material Extrusion)

① FDM(Fused Deposition Modeling)
- ㄱ. 가장 일반화된 방식
- ㄴ. 오픈소스 기반의 FFF(Fused Filament Fabrication)와 유사
- ㄷ. 열가소성 플라스틱 재료를 가열된 압출기에서 반응응 상태로 녹인 후 G코드의 좌표 경로에 따라 압출조형

(2) 재료분사 방식(Material Jetting)

① MJM(Multi Jet Modeling)
- ㄱ. 폴리젯(PolyJet)과 유사하며 MJP(Multi Jet Printing)라고도 한다.
- ㄴ. 잉크젯프린터의 원리를 이용한 프린팅 방식
- ㄷ. 미세노즐을 이용하여 원하는 패턴에만 분사한 뒤 자외선(UV) 캠프를 작동시켜 포토큐어링 후 반복적 조형
- ㄹ. 아크릴 계열은 투명도 조절 가능(내부 육안 확인
- ㅁ. 정밀도가 우수하고 표면 조도가 양호
- ㅂ. 조형물이 고온(65℃ 이상)에서 열 변형 가능성 우려
- ㅅ. 조형물의 강도 취약

(3) 광중합방식(Photo Polymerization)

① SLA(Stereo Lithography Apparatus)
- ㄱ. 광경화성 수지를 수조 등에 준비한 뒤 자외선 또는 레이저빔 등을 조사하여 한 층 씩 경화시켜 조형

ㄴ. 최초로 상용화된 프린팅 방식

ㄷ. 레이저빔 등의 광원을 거울(디지털스캔 미러)을 이용하여 정밀하게 조사하거나 자외선 램프 등을 이용하여 레이어 전체에 빔을 조사

ㄹ. 수조의 일부 수지만을 사용하므로 재료 소모가 심한 편

② DLP(Digital Light Processing)

ㄱ. SLA 방식과 기술적으로 유사

ㄴ. 빔프로젝터를 이용하여 광경화성 수지를 경화 조형

ㄷ. 단면층 전체 이미지를 한 번에 조사하여 경화하므로 출력속도 우수

(4) 분말적층 용융 결합방식(Powder Bed Fusion)

① SLS(Selective Laser Sintering)

ㄱ. 선택적 레이저 소결 방식

ㄴ. 분말 재료를 롤러 등을 이용하여 베드에 얇게 깔아준 뒤 레이저를 선택적으로 조사하여 소결 조형

ㄷ. 레이저빔, 전자빔 등의 에너지원 사용

ㄹ. 조형물의 내구성이 우수하여 시제품이 아닌 최종제품 생산 가능

ㅁ. 소결된 분말 이외 분말이 서포트 역할을 하므로 별도의 서포트 불필요 서포트가 없으므로

ㅂ. 복잡한 형상 조형 용이

ㅅ. 분말 재료의 재사용 가능

📂 단원 핵심 기출 문제

01

국제표준화기구(ISO)에서 제정한 제품 모델의 교환과 표현의 표준에 관한 줄인 이름으로 형상정보뿐 아니라 제품의 가공, 재료, 공정, 수리 등 수명주기 정보의 교환을 지원하는 것은?

① STEP   ② DXF

③ IGES   ④ SAT

🟦 **STEP**

- 제품설계부터 생산에 이르는 모든 데이터를 포함하기 위해서 가장 최근에 개발된 표준
- 지오메트리 형상, 토폴로지, 특징, 마테리얼 성질 등을 저장
- 파일은 점뿐만 아니라 선, 원, 자유곡선, 자유곡면 드림 곡면, 색상, 글자 등 CAD/CAM 소프트웨어에서 3차원 모델의 거의 모든 정보를 포함

02

회사들 간에 컴퓨터를 이용한 데이터 저장과 산업표준이 되고 있는 CALS에서 채택하고 있는 제품 데이터 교환 표준은?

① CAT   ② XML

③ STEP   ④ DXF

03

IGES 용어에 대한 설명으로 옳은 것은?

① 널리 쓰이는 자동 프로그래밍 시스템의
   일종이다.
② Wireframe 모델에 면의 개념을 추가한
   데이터 포맷이다.
③ 서로 다른 CAD 시스템 간의 데이터의
   호환성을 갖기 위한 표준 데이터 포맷이다.
④ CAD와 CAM을 종합한 전문가 시스템이다.

04

서로 다른 CAD/CAM 시스템 간에 도면 및
기하학적 형상데이터를 교환하기 위한 데이
터형식을 정한 표준규격은?

① STL   ② ISO
③ SML   ④ IGES

05

다음 중 도면 및 형상자료를 서로 다른 CAD/
CAM 시스템에서 호환하여 사용할 수 있도록
정의된 표준체가 아닌 것은?

① GKS   ② IGES
③ STEP   ④ DXF

해 GKS
   2차원 컴퓨터 그래픽을 위한 표준규격으로, 데이터 간
   자료 교환을 위한 표준과는 거리가 멀다

06

다음 중 데이터의 전송속도를 나타내는 단위
는?

① BPS   ② MIPS
③ DPI   ④ RPM

해 BPS(bit per second)
   1초 동안 전송할 수 있는 모 돈 비트의 수

07

IGES(Initial Graphics Exchange Specill-
cation)를 설명한 것으로 옳은 것은?

① 그래픽 정보 교환용 기계장치
② 초기 생성된 그래픽을 수정하기 위한 기능
③ 장기에서 그래픽 정보를 생성하기 위한
   초기화 상태에 관한 규칙
④ 서로 다른 시스템 간의 그래픽 정보를
   상호교류하기 위한 파일 구조

해 각각의 3D CAD 프로그램에서 저장된 작업 파일을
   다 큰 프로그램에서도 열어봐야 하는 경우가 자주
   발생하므로 이를 위해 3D 데이터의 경우 특별한
   프로그램의 특성에 따르지 않고 어디에서나 열어볼
   수 있는 일반적인 중립 확장자(STEP, IGES 등)가
   필요하다.

08

데이터 변환 파일 중 대표적인 표준 파일 형식이 아닌 것은?

① IGES
② DXF
③ ASCII
④ STEP

해 ASCII

미국의 표준코드로 컴퓨터와 주변장치 간의 데이터 입·출력에 주로 사용하는 데이터 표현 규칙

09

IGES 파일 구조가 가지는 section이 아닌 것은?

① directory section
② global section
③ start section
④ local section

해 ASCII

• 개시부(start section)
• 글로벌 섹션(global section)
• 디렉터리 엔트리 섹션(directory entry section) 파라미터 데이터 섹션
• 종료부(terminate section)

10

제품의 모델(model)과 그와 관련된 데이터 교환에 관한 표준 데이터 형식이 아닌 것은?

① STEP
② DXF
③ IGES
④ DWGn

해 3D 형상 모델링 데이터 교환 형식 : STEP, IGES, DXF

NOTES

PART 07
기출예상
문제

📁 모의고사

01

치수 보조 기호와 의미가 잘못 연결된 것은?

① R-반지름
② C-45° 모떼기
③ SR-구의 지름
④ (50) - 참고치수

해 치수 보조 기호

기호	이름
Ø	지름
R	반지름
SØ	구의 지름
SR	구의 반지름
□	정사각형 변
t=	핀의두께
⌒	원호의 길이
C	45° 모따기
▢	이론적으로 정확한 치수
( )	참고 치수

02

다음 해칭에 대한 설명 중 틀린 것은?

① 해칭선은 수직 또는 수평의 중심선에 대하여 45°로 경사지게 긋는 것이 좋다.
② 인접한 단면의 해칭은 선의 방향 또는 각도를 변경 하거나 해칭 간격을 달리하여 긋는다.
③ 단면 면적이 넓은 경우에는 그 외형선에 따라 적절한범위에 해칭 또는 스머징을 한다.
④ 해칭 또는 스머징하는 부분 안에 문자나 기호를 절대로 기입해서는 안 된다.

해 해칭 또는 스머징을 하는 부분 안에 숫자, 문자 등을 기입하기 위해서는 해칭 또는 스머징을 중단하여 표시한다.

03

그림과 같은 단면도(빗금친 부분)을 무엇이라 하는가?

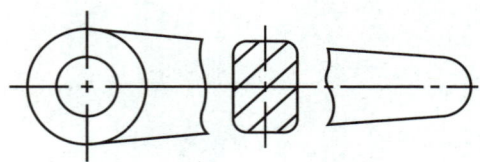

① 회전 도시 단면도　　② 부분 단면도
③ 온 단면도　　④ 한쪽 단면도

해 단면도의 종류 및 특징

단면도명	특징
온단면도 (전단면도)	물체를 특징을 가장 잘 나타낼 수 있도록 1/2을 절단
한쪽 단면도 (반단면도)	대칭인 물체를 내부와 외부 모양을 동시에 나타내도록 물체의 1/4을 절단
부분 단면도	필요한 내부 모양을 그리기 위해 파단선을 그어서 단면 부분의 경계를 표시
회전 도시 단면도	수직으로 절단한 단면을 90° 회전시킨 후 투상도의 안이나 밖에 그리는 단면도. 기어,리브,축,암 등의 단면도에 사용
계단 단면도	단면도에 표시하고 싶은 부분이 일직선상에 있지 않을 때 계단 형태도 절단하여 그리는 단면도

04

반복도형의 피치를 잡은 기준이 되는 선은?

① 가는 실선   ② 가는 파선

③ 가는 1점 쇄선   ④ 가는 2점 쇄선

해 가는 1점 쇄선은 중심선, 기준선, 피치선을 나타낼 때 사용한다.

05

기차바퀴처럼 지름이 크고, 길이가 짧은 가공물을 깎는데 가장 적당한 선반은?

① 터릿선반   ② 모방선반

③ 공구선반   ④ 정면선반

해
- 터릿선반(turret lathe) : 보통선반의 심압대 대신에 터릿으로 불리우는 회전공구대를 설치하여 여러 가지 절삭공구를 공정에 맞게 설치하여, 간단한 부품을 대량생산하는 방식이다.
- 모방선반(copy lathe) : 자동모방장치를 이용하여 모형이나 형판(template) 외형에 트레이서(tracer)가 설치되고 트레이서가 움직이면, 바이트가 함께 움직여 모형이나 형판의 외형과 동일하게 형상의 부품을 자동으로(계단모양, 테이퍼, 곡면) 가공하는 선반이다.
- 공구선반(tool lathe) : 보통선반과 같은 구조이나 정밀한 형식으로 되어 있다. 주축은 기어 변속장치를 이용하여 여러 가지의 회전수로 변환을 할 수 있으며, 릴리빙(relieving) 장치와 테이퍼 절삭장치, 모방 절삭장치 등이 부속되어 있다. 주로 밀링 커터(cutter), 탭(tap), 드릴(drill) 등의 공구를 가공한다.
- 정면선반(face lathe) : 기차바퀴처럼 지름이 크고, 길이가 짧은 가공물을 절삭하기에 편리한 선반이며, 베드의 길이가 짧고, 심압대가 없는 경우도 많다.

06

제품의 표면 거칠기를 나타낼 때 표면 조직의 파라미터를 "평가된 프로파일의 산술 평균 높이"로 사용하고자 한다면 그 기호로 옳은 것은?

① Rt ② Rq
③ Rz ④ Ra

해 **표면거칠기의 종류**

기호	특징
Ra (중심선 평균 거칠기)	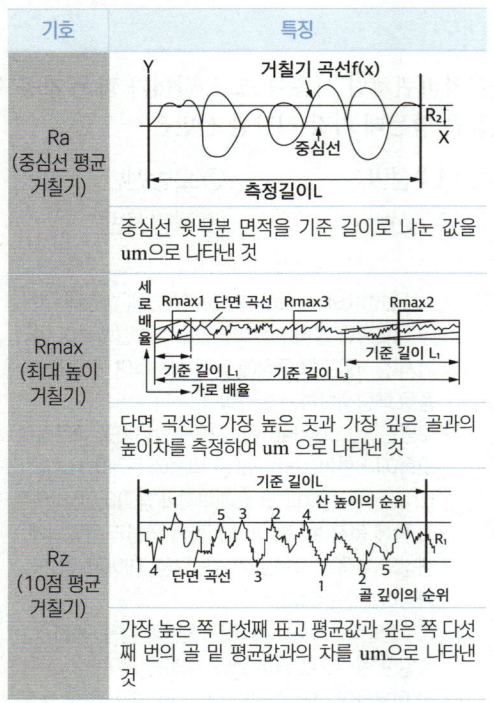 중심선 윗부분 면적을 기준 길이로 나눈 값을 um으로 나타낸 것
Rmax (최대 높이 거칠기)	단면 곡선의 가장 높은 곳과 가장 깊은 골과의 높이차를 측정하여 um 으로 나타낸 것
Rz (10점 평균 거칠기)	가장 높은 쪽 다섯째 표고 평균값과 깊은 쪽 다섯째 번의 골 밑 평균값과의 차를 um으로 나타낸 것

07

측정기, 피측정물, 자연환경 등 측정자가 파악할 수 없는 변화에 의해 발생하는 오차는 어느 것인가?

① 시차 ② 우연 오차
③ 계통 오차 ④ 후퇴 오차

해 우연 오차는 확인될 수 없는 원인으로 생기는 오차로, 측정치를 분산시키는 원인이 된다.

08

왼쪽 입체도 형상을 오른쪽과 같이 도시할 때 표제란에 기입해야 할 각법 기호로 옳은 것은?

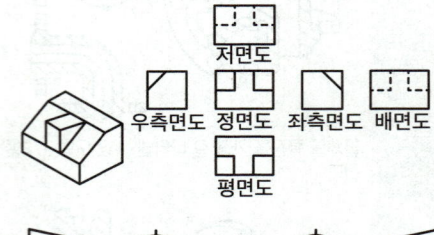

① 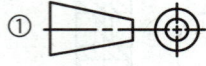 ②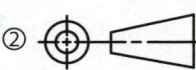

③ 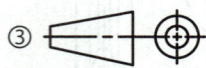 ④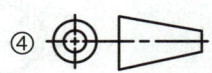

해 도면의 정면도를 기준으로 우측면도가 왼쪽 평면도가 아래쪽에 위치하므로 제 1각법에 해당한다.

09

다음 기하공차 종류 중 단독형체가 아닌 것은?

① 진직도 ② 진원도
③ 경사도 ④ 평면도

해 단독형체는 모양공차로 데이텀을 지시하지 않는다.

기하공차 종류

	공차의 종류	기호
모양 공차	진직도 공차	─
	평면도 공차	▱
	진원도 공차	○
	원통도 공차	⌀
	선의 윤곽도 공차	⌒
	면의 윤곽도 공차	⌓
자세 공차	평행도 공차	//
	직각도 공차	⊥
	경사도 공차	∠

공차의 종류		기호
위치 공차	위치 공차	⊕
	동축도 공차 또는 동심도 공차	◎
	대칭도 공차	⹀
흔들림 공차	원주 흔들림 공차	↗
	온 흔들림 공차	⟋↗

10

다음 중 치수기입 원칙에 어긋나는 것은?

① 중복된 치수 기입을 피한다.

② 관련되는 치수는 되도록 한곳에 모아서 기입한다.

③ 치수는 되도록 공정마다 배열을 분리하여 기입한다.

④ 치수는 각 투상도에 고르게 분배 되도록 한다.

해 치수기입의 원칙은 치수는 주 투상도에 집중하여 관련되는 치수는 한 곳에 모아서 기입하도록 한다.

11

정투상도 1각법과 3각법을 비교 설명한 것으로 틀린 것은?

① 3각법에서는 저면도는 정면도의 아래에 나타낸다.

② 1각법은 평면도를 정면도의 바로 아래에 나타낸다.

③ 1각법에서는 정면도 아래에서 본 저면도를 정면도 아래에 나타낸다.

④ 3각법에서 측면도는 오른쪽에서 본 것을 정면도의 바로 오른쪽에 나타낸다.

해 제1각법과 제3각법

1각법	3각법
물체를 제1각에 놓고 정투상하는 방법	물체를 제3각에 놓는 정투상하는 방법

1각법	3각법
눈→물체→투상면	눈→물체→투상면

12

선반 바이트의 윗면 경사각에 대한 설명으로 틀린 것은?

① 직접 절삭저항에 영향을 준다.

② 윗면 경사각이 크면 절삭성이 좋다.

③ 공구의 끝과 일감의 마찰을 줄이기 위한 것이다.

④ 윗면 경사각이 크면 일감 표면이 깨끗하게 다듬어지지만 날 끝은 약하게 된다.

해 윗면 경사각(상면 경사각, back rake angle) : 절인의 임의점(일반적인 선단)을 지나는 bite 저면 및 가공물의 축선에 직각인 평면에서 측정한 경사각이다. 윗면 경사각이 크면 칩(chip)의 유동이 원활하고, 균일하며, 가공면의 정밀도가 높다. 특히 연성 재료의 절삭에서 이 각을 크게 한다.

13

줄무늬 방향의 기호에서 가공에 의한 컷의 줄무늬가 여러방향으로 교차 또는 무방향을 나타내는 것은?

① M   ② C

③ R   ④ X

해 가공 줄무늬 방향의 기호

기호	의미	그림
=	가공에 의한 컷의 줄무늬 방향이 기호를 기입한 그림의 투영면에 평행	
⊥	가공에 의한 컷의 줄무늬 방향이 기호를 기입한 그림의 투영면에 직각	
X	가공에 의한 컷의 줄무늬 방향이 기호를 기입한 그림의 투영면에 비스듬하게 두 방향으로 교차	
M	가공에 의한 컷의 줄무늬가 여러 방향으로 교차 또는 무방향	
C	가공에 의한 컷의 줄무늬가 기호를 기입한 면의 중심에 대하여 거의 동심원 모양	
R	가공에 의한 컷의 줄무늬가 기호를 기입한 면의 중심에 대하여 거의 방사 모양	

주) 위의 기호로 분명히 정의되지 않는 표면의 줄무늬를 규정할 때에는 도면에 적당한 주서를 추가하여 지시할 수 있다.

14

구멍의 최대허용치수가 50.025, 최소허용치수가 50.000이고, 축의 최대허용치수가 50.050, 최소허용치수가 50.034 일 때 최소 죔새는 얼마인가?

① 0.009   ② 0.050

③ 0.025   ④ 0.034

해 최소 죔새 = 축의 최소 허용치수 - 구멍의 최대 허용치수 최소죔새 = 0.034 - 0.025 = 0.009

용어	설명
최대 틈새	구멍 최대 허용 치수 - 축 최소 허용 치수
최소 틈새	구멍 최소 허용 치수 - 축 최소 허용 치수
최대 죔새	축 최대 허용 치수 - 구멍 최소 허용 치수
최소 죔새	축 최소 허용 치수 - 구멍 최대 허용 치수

15

연한 재질의 일감을 고속 회전하면서 가공할 때 생기는 칩으로 가공면이 가장 깨끗한 칩의 형태는?

① 전단형   ② 경작형

③ 균열형   ④ 유동형

해 유동형 칩(flow type chip)의 발생조건
1) 연성의 재료(연강, 구리, 알루미늄 등)를 가공할 때
2) 절삭 깊이가 적을 때
3) 경사각이 클 때
4) 윤활성이 좋은 절삭 유제를 사용할 때

16

그림과 같은 입체도에서 화살표 방향이 정면일 때 정투상법으로 나타낸 투상도 중 잘못된 도면은?

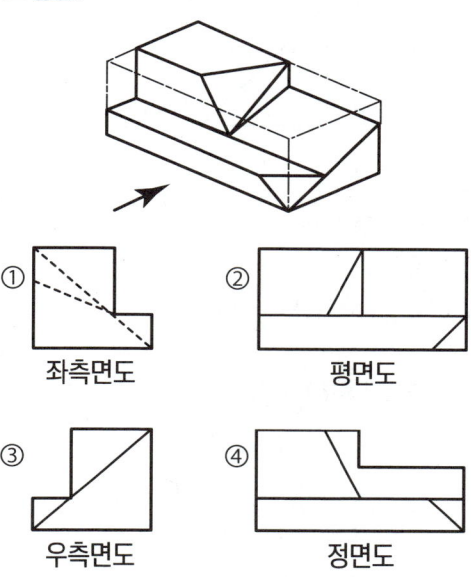

① 좌측면도

② 평면도

③ 우측면도

④ 정면도

17

끼워맞춤의 표시 방법을 설명한 것 중 틀린 것은?

① Ø20H7 : 지름이 20인 구멍으로 7등급의 IT공차를 가짐

② Ø20h6 : 지름이 20인 축으로 6등급의 IT공차를 가짐

③ Ø20H7/g6 : 지름이 20인 H7 구멍과 g6 축이 헐거운 끼워맞춤으로 결합되어 있음을 나타냄

④ Ø20H7/f6 : 지름이 20인 H7 구멍과 f6 축이 중간 끼워맞춤으로 결합되어 있음을 나타냄

18

가공 방법에 대한 기호가 잘못 짝지어진 것은?

① 용접 : W

② 단조 : F

③ 압연 : G

④ 드릴 : D

🖩 **가공 방법의 기호**

L : 선반가공, M : 밀링가공, D : 드릴가공, P : 평면가공, B : 보링, G : 연삭, GH : 호닝, W : 용접

표면거칠기 기입법

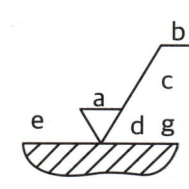

a : 중심선 평균 거칠기값
b : 가공 방법
c : 컷오프값
c´ : 기준 길이
d : 줄무늬 방향 기호
e : 다듬질 여유
f : 중심선 평균 거칠기 이외에 표면거칠기값
g : 표면 파상도(KS B 0610에 따른다.)
※ a b c d e 5개 값만 나타나면 됨

19

IT공차 등급에 대한 설명 중 틀린 것은?

① 공차등급은 IT기호 뒤에 등급을 표시하는 숫자를 붙여 사용한다.

② 공차역의 위치에 사용하는 알파벳은 모든 알파벳을 사용할 수 있다.

③ 공차역의 위치는 구멍인 경우 알파벳 대문자, 축인 경우 알파벳 소문자를 사용한다.

④ 공차등급은 IT01부터 IT18까지 20등급으로 구분한다.

🖩 공차역의 위치에 사용하는 알파벳은 구멍일 경우 대문자 A~AZ, 축인 경우는 소문자 a~az의 범위 내에서만 사용해야 한다.

20

일반적으로 스퍼 기어의 요목표에 기입하는 사항이 아닌 것은?

① 치형 ② 잇수
③ 피치원 지름 ④ 비틀림 각

해 스퍼기어 요목표에는 치형, 모듈, 압력각, 이 높이, 피치원지름, 잇수 등을 기입한다.

21

볼 베어링 6203 ZZ에서 ZZ는 무엇을 나타내는가?

① 실드 기호 ② 내부 틈새 기호
③ 등급 기호 ④ 안지름 기호

해 베어링의 호칭지름
베어링의 안지름번호는 1자리일때 1~9는 그대로 1~9mm를 의미하고, 00은 10mm, 01은 12mm, 02는 15mm, 03은 17mm이고, 04에서 부터는 5를 곱하여 나온 숫자가 안지름이다. 또한 5의 배수가 아닌 경우는 /를 붙여 표시한다.

안지름 범위 (mm)	안지름 치수	안지름 기호	예
10(mm) 미만	안지름이 정수인 경우 안지름이 정수아닌 경우	안지름 /안지름	2(mm)이면 2 2.5(mm)이면 /2.5
10(mm) 이상 20(mm) 미만	10(mm) 12(mm) 15(mm) 17(mm)	00 01 02 03	
20(mm) 이상 500(mm) 미만	5의 배수인 경우	안지름을 5로 나눈 수	40(mm)이면 08 2.5(mm)이면 /2.5
	5의 배수가 아닌 경우	/안지름	28(mm)이면 /2828(mm)이면 /28
500(mm) 이상		/안지름	560(mm)이면/560

22

다음은 단속필릿 용접부의 주요 치수를 나타낸 기호이다. 기호에 대한 설명으로 틀린 것은?

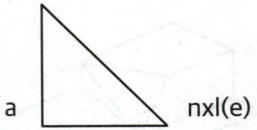

① a : 목 두께
② n : 용접부의 개수
③ l : 목 길이
④ e : 인접한 용접부간의 간격

해 단속 필릿 용접에서 목길이는 a부분에 Z로 나타낸다.

단속필릿용접		
(e)	• *l*: 용접 길이(크레이터 제외) • (e) 인접한 용접부 간격(피치) • n : 용접부의 개수 • a, z는 3번 참조	a △ n×l(e) a ◣ n×l(e)

23

리벳이음의 도시방법에 대한 설명 중 옳은 것은?

① 리벳은 길이 방향으로 절단하여 도시한다.
② 구조물에 쓰이는 리벳은 약도로 표시할 수 있다.
③ 얇은 판, 형강 등의 단면은 가는실선으로 도시한다.
④ 리벳의 위치만을 표시할 때는 굵은실선으로 그린다.

해 ① 리벳은 길이 방향으로 절단하여 도시하지 않는다.
③ 얇은판, 형강등의 단면은 굵은 실선으로 도시한다.
④ 리벳의 위치만을 표시할 때는 중심선만으로 그린다.

24

도면에 3/8-16UNC-2A로 표시되어있다. 이에 대한 설명 중 틀린 것은?

① 3/8은 나사의 지름을 표시하는 숫자이다.
② 16은 1인치 내의 나사산의 수를 표시한 것이다.
③ UNC는 유니파이 보통나사를 의미한다.
④ 2A는 수량을 의미한다.

해 3/8 - 16UNC - 2A 에서 오른나사(표시하지 않음), 한줄 나사 (표시하지 않음), 유니파이 보통나사(나사 지름 3/8인치, 나사산수 16개), 나사의 등급(2A - 보통급)을 의미한다.

25

마지막 입력 점으로부터 다음 점까지의 거리와 각도를 입력하는 좌표 입력 방법은?

① 절대 좌표 입력
② 상대 좌표 입력
③ 상대 극좌표 입력
④ 요소 투영점 입력

해 **cad 시스템 좌표계의 종류**
① 절대좌표계 : 도면상임의의점을 입력할때 변하지 않는 원점(0, 0)을 기준으로 정한 좌표계
② 상대좌표계 : 임의의점을 지정할때 현재의 위치를 기준으로 정해서 사용하는 좌표계
③ 극좌표계 : 마지막 입력점을 기준으로 다음점까지의 직선거리와 각도로 입력하는 좌표계

26

3차원 형상을 솔리드 모델링하기 위한 기본 요소로 프리미티브라고 한다. 이 프리미티브가 아닌 것은?

① 박스(box)
② 실린더(cylinder)
③ 원뿔(cone)
④ 퓨전(fusion)

해 퓨전(fusion)은 인벤터 보다 기능의 제약이 많은 맛보기 형태의 설계프로그램이다.

27

스퍼 기어의 모듈이 2이고, 잇수가 56개 일 때 이 기어의 이끝원 지름은 몇 ㎜인가?

① 56
② 112
③ 114
④ 116

해 $Do = m \times (z+2) = 2 \times (56+2) = 116mm$

28

밀링머신의 분할 가공방법 중에서 분할 크랭크를 40회전하면, 주축이 1회전하는 방법을 이용한 분할법은?

① 직접 분할법
② 단식 분할법
③ 차동 분할법
④ 각도 분할법

해 • 직접 분할법(direct dividing method) : 분할대 주축 앞면에 있는 직접 분할판을 이용하여, 정밀도를 요구하지 않는 볼트, 너트, 키 홈 등의 단순한 분할을 할 때 사용하는 방법이다. 직접 분할 판의 구멍수가 24개이므로 24의 약수 즉 24, 12, 8, 6, 4, 3, 2 등분이 가능하다.
• 단식 분할법(simple indexing) : 직접 분할법으로 불가능하거나 또는 분할이 정밀해야할 경우에 사용한다. 단식 분할법은 분할 크랭크와 분할판을 사용하여 분할하는 방법으로 분할 크랭크를 40회전 시키면 주축은 1회전하므로 주축을 회전 시키려면 분할 크랭크를 40/N번을 시키면 가능하게 된다.
• 차동 분할법(differential indexing) : 직접 분할법이나 단식 분할법으로 분할할 수 없는 61 이상의 소수나 특수한 수의 분할을 2종 운동의 복합운동으로 분할하는 방법이다.
• 각도 분할 : 도면에 각도로 분할이 표시되어 있을 때, 등분수를 별도로 계산할 필요 없이 각도를 분할하여 가공하는 방법이다.

29

주어진 테이퍼 핀의 호칭지름으로 맞는 부위는?

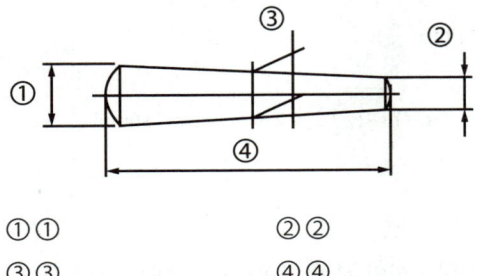

① ①   ② ②
③ ③   ④ ④

🔵 테이퍼 핀의 호칭지름은 직경이 작은 부분의 지름을 d로 표시하고 테이퍼 값은 1/50이다.

핀의 종류와 용도

종류	평행 핀	테이퍼 핀	분할 핀
형상	평행 핀	테이퍼 핀 핀	분할핀
특징 및 용도	• 작은 하중이 작용하는 곳에 사용힌다. • 기계의 부품을 고정 • 기계부품의 위치를 결정 • 접촉면의 미끄럼 방지 • 나사의 풀림 방지		

30

다음 그림의 치수 기입에 대한 설명으로 틀린 것은?

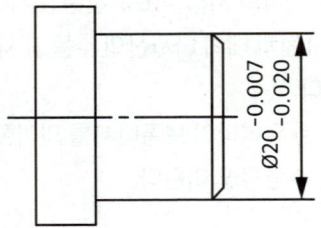

① 기준 치수는 지름 20 이다.
② 공차는 0.013 이다.
③ 최대 허용치수는 19.93 이다.
④ 최소 허용치수는 19.98 이다.

🔵 최대허용치수는 기준치수 - 위 치수 허용차 이므로 20 - 0.007 = 19.993이다.

31

제3각법으로 그린 투상도에서 우측면도로 옳은 것은?

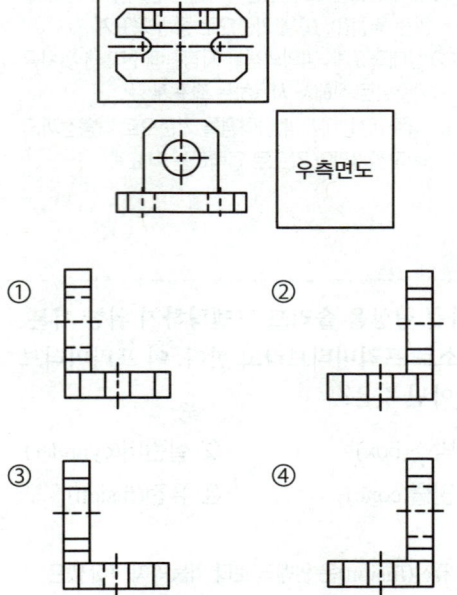

①   ②

③   ④

32

제작 도면으로 완성된 도면에서 문자, 선 등이 겹칠 때 우선순위로 맞는 것은?

① 외형선 → 숨은선 → 중심선 → 숫자, 문자
② 숫자, 문자 → 외형선 → 숨은선 → 중심선
③ 외형선 → 숫자, 문자 → 중심선 → 숨은선
④ 숫자, 문자 → 숨은선 → 외형선 → 중심선

🄷 제도할 때 용도에 적합한 선을 선택하여야 혼선을 줄이고, 원하는 대로 정확히 그릴 수 있다. 두 종류 이상의 선이 겹치게 될 때에는 다음 순서에 따라 그린다.
① 외형선 ② 숨은선 ③ 절단선 ④ 중심선 ⑤ 무게중심선 ⑥ 치수보조선
단, 숫자나 문자는 모든 선에 우선하여 표시한다.

33

다음 나사의 종류와 기호 표시로 틀린 것은?

① 미터보통 나사 : M   ② 관용평행 나사 : G
③ 미니추어 나사 : S   ④ 전구 나사 : R

🄷 **나사 종류 및 기호**

구분	나사의 종류		나사의 종류 기호
ISO 규격에 있는 것	미터 보통나사		M
	미터 가는나사		
	미니어처 나사		S
	유니파이 보통나사		UNC
	유니파이 가는나사		UNF
	미터 사다리꼴나사		Tr
	관용 테이퍼 나사	테이퍼 수나사	R
		테이퍼 암나사	Rc
		평행 암나사	Rp
	관용 평행나사		G
ISO 규격에 없는 것	30°사다리꼴나사		TM
	관용 테이퍼 나사	테이퍼 나사	PT
		평행 암나사	PS
	관용 평행나사		PF

34

알루미늄(Al) 합금의 특징을 잘못 설명한 것은?

① 가볍고 전연성이 좋아 성형 가공이 용이하다.
② 우수한 전기 및 열의 양도체이다.
③ 용융점이 1083°C로 고온 가공성이 높다.
④ 대기 중에서는 일반적으로 내식성이 양호하다.

🄷 **알루미늄의 특징 및 합금**

성질	
• 비중 2.7	• 용융점 660°C
• 열 및 전기의 양도체	• 내식성 우수
• 가공성 우수	• 산이나 알칼리에 취약

주조용 Al 합금
• Al-Cu계
• Al-Si계(실루민)
• Al-Mg(하이드로날륨)
• Al-Cu-Si계(라우탈)
• Y합금(Al+Cu+Ni+Mg)
• 로우엑스(Al+Si+Cu+Mg)

가공용 Al 합금		
고강도 Al 합금	내식용 Al 합금	내열용 Al 합금
두랄루민 :Al+4%Cu+0.5% Mg+0.5%Mn	하이드로날륨 :Al-Mg계	Y합금 (Al-Cu-Ni-Mg)
초두랄루민	알민:Al+Mn	Al 분말 소결체
초초두랄루민	알드리 :Al-Mg-Si계	로우엑스(Lo-Ex): 열팽창계수 적음, 피스톤재료

35

다음 중 서피스 모델링의 특징으로 틀린 것은?

① NC 가공정보를 얻기가 용이하다.

② 복잡한 형상표현이 가능하다.

③ 구성된 형상에 대한 중량계산이 용이하다.

④ 은선 제거가 가능하다.

해

종류	형상	특징
와이어 프레임 모델링	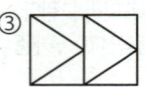선에 의한 그림	- 데이터 구조가 간단하다. - 모델 작성이 용이하다. - 처리속도가 빠르다. - 물리적 성질의 계산이 불가능하다. - 해석용 모델로 부적합하다.
서피스 모델링	면에 의한 그림	- 은선 제거가 가능하다. - 단면도 작성이 가능하다. - NC 형상과 가공 데이터를 얻을수 있다. - 물리적 성질 계산이 힘들다.
솔리드 모델링	3차원 물체의 그림	- 물리적 성질의 계산이 가능하다. - 간섭체크가 용이하다. - 복잡한 형상의 표현이 가능하다. - 메모리 및 데이터의 처리가 크다.

36

다음 정면도와 우측면도에 가장 적합한 평면도는?

 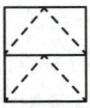

(정면도)　　　　(우측면도)

① 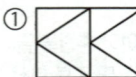　　②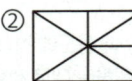

③ 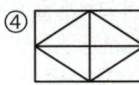　　④

해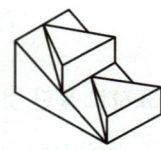

37

마이크로미터의 스핀들 나사의 피치가 0.5mm 이고 딤블의 원주 눈금이 50등분 되어 있다면 최소 측정값은?

① 2um　　　② 5um

② 10um　　④ 15um

해 최소측정값 $= \dfrac{피치}{원주눈금수} = \dfrac{0.5}{50} = 0.01\text{mm} = 10um$

38

버니어 캘리퍼스의 종류가 아닌 것은?

① B형 ② M형
③ CB형 ④ CM형

📘 버니어 캘리퍼스의 종류
   1. M1형 : 일반적으로 가장 많이 사용하는 형태의 버니어캘리퍼스로서 슬라이더에 미세조정장치가 없다.
   2. M2형 : M1과 거의 동일하나 슬라이더에 미세조정장치가 있는 것이 특정이다.
   3. CB형 : 내측 측정용 조가 없고, 슬라이드 박스에 미동장치가 있는 것이 특징이다
   4. CM형 : CB형과 같으며, 홈형 슬라이드에 미세조절 장치가 있다.

39

다이얼 게이지(dial gauge)의 특징이 아닌 것은?

① 다원 측정 검출기로 이용할 수 있다.
② 눈금과 지침에 의해 읽기 때문에 오차가 적다.
③ 연속된 변위량의 측정이 가능하다.
④ 측정 범위가 넓고 직접 제품의 치수를 읽을 수 있다.

40

시준기와 망원경을 조합한 것으로 미소 각도를 측정하는 광학적 측정기는?

① 오토 콜리메이터 ② 콤비네이션 세트
③ 사인 바 ④ 측장기

📘 오토 콜리메이터(auto collimator)
   오토 콜리메이터는 시준기와 망원경을 조합한 것으로 미소 각도를 측정하는 광학적 측정기로서 평면경 프리즘 등을 이용한 정밀 정반의 평면도, 마이크로미터의 측정면 직각도, 평행도, 공작기계 안내면의 진직도, 직각도, 안내면의 평행도, 그 밖에 작은 각도의 변화 차이 및 흔들림 등의 측정에 사용된다.

41

베어링으로 사용되는 구리계 합금이 아닌 것은?

① 문쯔 메탈(muntz metal)
② 켈밋(kelmet)
③ 연청동(lead bronze)
④ 알루미늄 청동

📘 문쯔메탈(Muntz Metal)은 베어링용으로는 사용하지 않고 강도가 필요한 단조제품이나 볼트, 리벳 등의 재료로 사용한다.

42

탄소 공구강의 구비 조건으로 틀린 것은?

① 내마모성이 클 것
② 가공 및 열처리성이 양호할 것
③ 저온에서의 경도가 클 것
④ 강인성 및 내충격성이 우수할 것

📘 탄소 공구강은 약 300℃의 절삭열에서 경도 변화가 작도 열 처리가 쉽다. 가격이 저렴하나 강도가 부족해서 고속 절삭용 공구재료로는 사용이 부적합하다. 절삭공구는 강인성이 필요하고, 내마모성이 커야하며 성형이 쉽고, 값이 저렴해야 한다.

43

인장강도가 255~340MPa로 Ca-Si나 Fe-Si 등의 접종제로 접종 처리한 것으로 바탕조직은 펄라이트이며 내마멸성이 요구되는 공작기계의 안내면이나 강도를 요하는 기관의 실린더 등에 사용되는 주철은?

① 칠드 주철
② 미하나이트 주철
③ 흑심가단 주철
④ 구상흑연 주철

해 **주철(탄소함유량: 2.11 ~ 6.67%)**

주철의 특성
• 주조성이 우수하여 복잡한 형상도 생산가능 • 절삭성 우수 • 값이 저렴 • 녹이 잘 생기지 않음 • 압축 강도가 큼(인장강도의 3~4배) • 인장강도와 충격값이 작고 메짐

고급 주철(인장강도 245MPa 또는 25kgf/mm² 이상인 주철)
미하나이트 주철
Fe-Si, 또는 Ca-Si 등의 분말을 첨가하여 접종시켜 흑연의 핵 형성성을 촉진시켜, 흑연의 형상을 미세화, 균일화하여 연성과 인성을 크게하고 담금질이 가능하며, 두께의 차에 의한 성질의 변화가 아주 적어 내연기관 실린더, 피스톤 링에 이용

특수 주철		
가단주철	칠드주철	구상흑연주철 (노듈러, 덕타일 주철)
단조가 가능한 주철 종류·백심가단주철(WMC), 흑심가단주철(BMC), 펄라이트 가단주철(PMC)	경도가 필요한 부분만 칠 메탈을 이용하여 급랭	흑연을 구상화시킨 주철, 조직이 황소 눈(불스아이)처럼 보인다.

흑연화 촉진원소	C, P, Co, Ni, Ti, Si, Al
흑연화 방지원소	W, Mn, Mo, Cr, Sn, V, S

44

철강의 열처리 목적으로 틀린 것은?

① 내부의 응력과 변형을 증가시킨다.
② 강도, 연성, 내마모성 등을 향상시킨다.
③ 표면을 강화시키는 등의 성질을 변화시킨다.
④ 조직을 미세화하고 기계적 특성을 향상시킨다.

해 열 처리는 재료를 적당한 온도로 가열하거나 냉각하여 사용하는 목적에 적합한 성질로 개선시키는 일을 말한다. 강의 열처리는 일반 열처리와 표면 경화 열처리가 있다. 열처리를 하면 내부의 응력과 변형을 감소시킨다

45

구리에 아연이 5~20% 첨가되어 전연성이 좋고 색깔이 아름다워 장식품에 많이 쓰이는 황동은?

① 포금
② 톰백
③ 문쯔메탈
④ 7:3황동

해 **특수황동의 종류**

철황동 (델타 메탈)	6:4황동 +1~2%Fe	내식성우수, 강도우수	광산기계, 선박, 화학기계용
네이벌황동	6:4황동+1%Sn	내식성우수	선박용기계, 파이프, 용접봉
고강도 황동	6:4황동+Al, Re, Mn, Ni등	내식성, 내해수성우수, 여리지않고 강함	선박용 프로펠러
애드미럴티 황동	7:3황동+1%Sn	내식성우수	열교환기, 관, 증발기
두라나 메탈	7:3황동+2%Fe		
쾌삭 황동	황동+Pb	절삭성 우수	대량생산용 부품, 시계기어용
문쯔 메탈	Zn 40% 내외의 황동을 통칭		
톰백	황동 +8~20%Zn	냉간가공성 우수	단추, 금박, 금 모조품
양백 (니켈실버, 양은)	황동 +10~20%Ni	탄성, 내식성 우수	장식, 식기, 악기용

46

다음 중 하중의 크기 및 방향이 주기적으로 변화하는 하중으로서 양진하중을 말하는 것은?

① 집중하중　　　　② 분포하중
③ 교번하중　　　　④ 반복하중

해 하중의 종류

	1) 하중이 걸리는 속도에 의한 분류	
정하중		시간에 따라서 크기가 변하지 않거나 변화를 무시할 수 있는 하중
동하중	반복하중	계속적으로 반복되는 하중, 차축의 압축 스프링
	교번하중	하중의 크기가 방향이 바뀌는 하중, 피스톤 로드
	충격하중	순간적으로 짧은 시간(갑작스럽게) 작용하는 하중, 망치로 때리는 하중
	이동하중	이동하면서 작용하는 하중, 기차 철교
	2) 하중이 작용하는 방향에 의한 분류	
인장하중		재료를 축선 방향으로 늘어나게 작용하는 하중
압축하중		재료를 축 방향으로 수축(압축)되게 작용하는 하중
전단하중		재료를 가위로 자르려는 것 같은 하중으로 단면에 평행하게 작용되는 하중
비틀림하중		재료를 비트는 하중
굽힘하중		재료를 구부려 휘어지게 하는 하중

47

Fe-C 상태도에서 온도가 낮은 것부터 일어나는 순서가 옳은 것은?

① 포정점 → A2변태점 → 공식점 → 공정점
② 공석점 → A2변태점 → 공정점 → 포정점
③ 공석점 → 공정점 → A2변태점 → 포정점
④ 공정점 → 공석점 → A2변태점 → 포정점

해 공석점(723℃) → A2변태점(768℃) → 공정점(1147℃) → 포정점(1494℃)
　• 공석반응 : 한 개의 고상이 두 개의 서로 다른 고상으로바뀌는 것

$$r(\text{고용체}) \underset{\text{가열}}{\overset{\text{냉각}}{\rightleftarrows}} \alpha(\text{고용체}) + Fe_3C(\text{시멘타이트})$$

하나의 고용체에서 두 가지 이상의 서로 다른 결정을 분석하여 분리해 내는 일
　• 자기변태 : 상자성 상태의 물질에서 온도를 내리면 768℃ 이하에서 강자성 상태나 반강자성 상태 따위로 바뀌는 현상
　• 공정반응 : 공정반응은 특정온도와 조성에서 한개의 액상이 두 개의 서로 다른고상으로 바뀌는 것

$$L(\text{액상}) \underset{\text{가열}}{\overset{\text{냉각}}{\rightleftarrows}} r(\text{고용체}) + Fe_3C(\text{시멘타이트})$$

　• 포정반응 : 포정반응은 특정온도와 조성에서 하나의 고상과 하나의 액상이 다른 하나의 고상으로 바뀌는 것

$$\delta(\text{고용체}) + L(\text{액상}) \underset{\text{가열}}{\overset{\text{냉각}}{\rightleftarrows}} r(\text{고용체})$$

48

접착제, 껌, 전기 절연재료에 이용되는 플라스틱의 종류는?

① 폴리초산비닐계　　　② 셀룰로오스계
③ 아크릴계　　　　　　④ 불소계

해 폴리초산비닐계(Polyvinyl Acetate)은 접착성이 매우 우수 하고 값이 싸기 때문에 도료나 접착제, 껌, 전기 절연용 재료로 사용된다.

49

인장시험에서 시험편의 절단부 단면적이 14㎟이고, 시험전 시험편의 초기단면적이 20㎟일 때 단면수축률은?

① 70%　　　　　② 80%
③ 30%　　　　　④ 20%

해 $\epsilon' = \dfrac{\Delta A}{A} \times 100\%$

$\epsilon' = \dfrac{A^1 - A^2}{A^1} = \dfrac{20mm^2 - 14\,mm^2}{20mm^2} \times 100\% = 30\%$

단면수축률

$\epsilon' = \dfrac{\text{단면적인 변화량}}{\text{초기단면적}} = \dfrac{\Delta A}{A} \times 100\% = \dfrac{A^1 - A^2}{A^1}$

50

순철의 성질을 설명한 것으로 틀린 것은?

① 용점은 1539℃ 정도이다.

② 비중은 7.86 정도이다.

③ 인장 강도는 20~28kgf/mm²이다.

④ 연신율은 12~14%이다.

해 순철의 연신율은 80~85%이다.

51

2KN의 짐을 들어 올리는 데 필요한 볼트의 바깥지름은 몇 mm 이상 이어야 하는가?(단, 볼트 재료의 허용인장 응력은 400N/㎠이다.)

① 20.2   ② 31.6

③ 36.5   ④ 42.2

해 **축하중을 받을 경우 볼트의 지름(d)를 구하는 공식**

골지름

$$d_1 = \sqrt{\frac{4W}{\pi\sigma_\alpha}} = \sqrt{\frac{4Q}{\pi\sigma_\alpha}}$$

바깥지름(호칭지름)

$$d_2 = \frac{1}{0.8^2}\frac{4W}{\pi\sigma_\alpha} ≒ \sqrt{\frac{2W}{\sigma_\alpha}}$$

참고) $d_1 = 0.8d_2$(실험식)

$$d = \sqrt{\frac{2\times2.000N}{400\times10^{-2}N/mm^2}} = \sqrt{\frac{400.000}{400}}$$

$$= \sqrt{1,000} = 31.62$$

52

2차원 평면에서 두 개의 점이 정의되었을때, 이 두 점을 포함하는 원은 몇 개로 정의 할 수 있는가?

① 1개   ② 2개

③ 3개   ④ 무수히 많다.

해 두 개의 점으로 무수히 많은 원을 정의할 수 있다.

53

전달마력 30kW, 회전수 200rpm인 전동축에서 토크 T는 약 몇 N·m인가?

① 107   ② 146

③ 1070   ④ 1430

해 $$T = 974,000\frac{H_{RW}}{N}\ Rgf·mm$$

$$T = 974,000\frac{30}{200}\ Rgf·mm$$

$$T = 146,000 Rgf·mm$$

여기서 $1Rgf = 9.8N$ 이고 $1m = 1,000mm$ 이므로

$$T = 1,430.8N·m$$

54

단면이 50mm×50mm이고 길이가 100mm인 탄소 강재가 있다. 여기에 10kN의 인장역을 길이 방향으로 주었을때 0.4mm가 늘어났다면 이때 변형률은 얼마인가?

① 0.0025   ② 0.004

③ 0.0125   ④ 0.025

해 $$\varepsilon = \frac{\lambda}{l} = \frac{0.4}{100} = 0.004$$

55

외접하고 있는 원통마찰차의 지름이 각각 240mm, 360mm일 때, 마찰차의 중심거리는 얼마인가?

① 60mm   ② 300mm

③ 400mm   ④ 600mm

해 $C = (D2 + D1)/2 = (360 + 240)/2 = 600/2 = 300$ mm 마찰차는 2개의 바퀴를 직접 접촉시켜, 이것을 서로 밀어 붙일 때 생기는 마찰력으로 두 축 사이에 동력을 전달하는 장치이다.

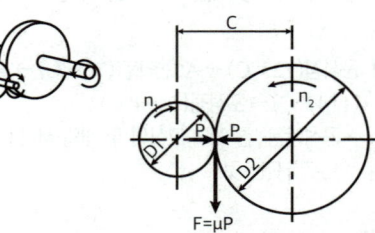

56

축을 설계할 때 고려하지 않아도 되는 것은?

① 축의 강도
② 피로 충격
③ 응력 집중의 영향
④ 축의 표면조도

💬 축을 설계할 때 외부에 견디는 힘과 충격값 응력등을 고려해야 하지만 표면 조도는 설계 단계에서는 상대적으로 덜 중요하다.

57

견고하고 금긋기에 적당하며, 비교적 대형으로 영점 조정이 불가능한 하이트게이지로 옳은 것은?

① HT형
② HB형
③ HM형
④ HC형

💬 HM형은 견고하며 금긋기에 적당하며 HB형은 경량 측정에 적당하나 금긋기용으로는 부적당하다.

58

기어 전동의 특징에 대한 설명으로 가장 거리가 먼 것은?

① 큰 동력을 전달한다.
② 큰 감속을 할 수 있다.
③ 넓은 설치장소가 필요하다.
④ 소음과 진동이 발생한다.

💬 기어 전동은 좁은 장소에도 설치가 가능하다.

59

그림과 같이 사인 바의 높이(H)를 구하는 공식은?

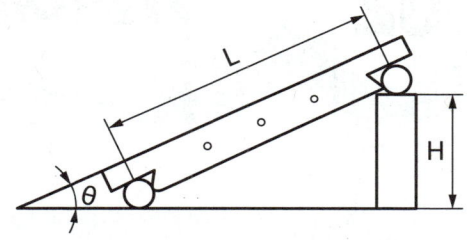

① $H = \dfrac{L}{\sin\theta}$
② $H = \dfrac{L \cdot \sin\theta}{2}$
③ $H = L \cdot \sin\theta$
④ $H = 2(L \cdot \sin\theta)$

60

다음 도면에 대한 설명으로 옳은 것은?

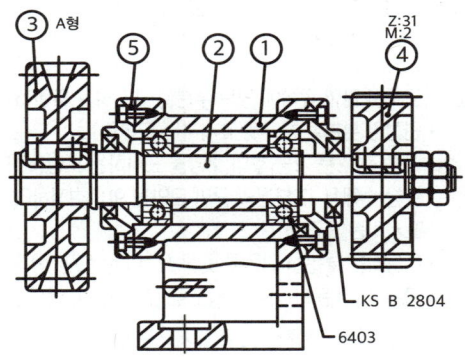

① 품번 ③에서 사용하는 V벨트는 KS 규격품 중에서 그 두께가 가장 작은 것이다.
② 품번 ④는 스퍼기어로서 피치원 지름은 62mm이다.
③ 롤러베어링이 사용되었으며 안지름치수는 15mm이다.
④ 축과 스퍼기어는 묻힘 핀으로 고정되어 있다.

💬 ① V벨트풀리의 형별의 크기는 M < A < B < C < D < E 순서이다.
② 피치원 지름 = 모듈 × 잇수 = 2 × 31 = 62
③ 베어링 호칭 번호가 6403이므로 축의 안지름 치수는 20mm이다
④ 축과 기어는 평행키로 고정되어 있다. 외형선 > 숨은선 > 절단선 > 중심선 > 무게중심선 > 치수 보조선

📁 모의고사

01

되풀이 되는 도형을 도시할 때 적용하는 가상선의 종류는?

① 가는 2점 쇄선　　② 가는 1점 쇄선

③ 가는 실선　　　　④ 가는 파선

해 • 도시된 단면 앞쪽에 있는 부분을 표시하는 도면(a)
　• 인접한 부분을 참고로 표시하는 도면(b)
　• 가공 전 또는 가공 후의 모양을 표시하는 도면(c)
　• 도형 속에서 그 부분의 단면 모양을 90° 회전하여 표시하는 도면(d)
　• 이동하는 부분을 이동한 곳에 표시하는 도면(e)
　• 공구, 지그 등의 위치를 참고로 표시하는 도면(f)

가상선(가는2점쇄선)으로 표시되는 선의 용도

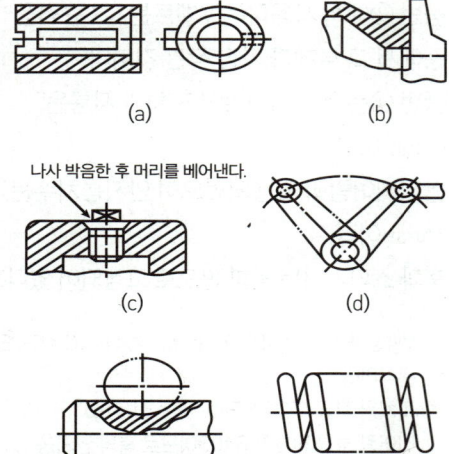

(a)　　　　　　　　　(b)

나사 박음한 후 머리를 베어낸다.

(c)　　　　　　　　　(d)

(e)　　　　　　　　　(f)

02

테이블의 전후 및 좌우 이송으로 원형, 윤곽 가공 및 분할 작업에 적합한 밀링머신의 부속장치는?

① 회전 바이스　　　② 회전 테이블

③ 분할대　　　　　④ 슬로팅 장치

해 **회전 테이블(circular table)**
　　회전 테이블은 테이블 위에 설치하며, 수동 또는 자동으로 회전시킬 수 있어, 밀링에서 바깥부분을 원형이나 윤곽가공, 간단한 등분을 할 때 사용하는 밀링 머신의 부속품이다. 핸들에는 마이크로 칼라가 부착되어 간단한 각도 분할에도 사용한다.
　　분할대(indexing head)
　　분할대는 테이블에 분할대와 심압대로 가공물을 지지하거나, 분할대의 척에 가공물을 고정하여 사용하며, 필요한 등분이나, 필요한 각도로 분할할 때 사용하는 밀링 부속품이다. 변환기어를 테이블과 연결하면 비틀림 홈 등을 가공할 수 있다.

03

단면도를 나타낼 때 길이 방향으로 절단하여 도시할 수 있는 것은?

① 볼트　　　　　　② 기어의 이

③ 바퀴 암　　　　　④ 풀리의 보스

해 형상이 단순하여 단면을 할 필요가 없는 부품 : 축, 키, 암, 핀, 볼트, 너트, 리벳, 코너, 기어의 이, 베어링의 볼과 롤러 등

04

선의 종류에서 용도에 의한 명칭과 선의 종류를 바르게 연결한 것은?

① 외형선 - 굵은 1점 쇄선

② 중심선 - 가는 2점쇄선

③ 치수보조선 - 굵은 실선

④ 지시선 - 가는 실선

해 ① 외형선 - 굵은실선
　② 중심선 - 가는1점쇄선
　③ 치수보조선 - 가는실선
　④ 지시선 - 가는실선

05

치수 공차 및 끼워 맞춤에 관한 용어의 설명으로 옳지 않은 것은?

① 허용한계치수 : 형체의 실 치수가 그 사이에 들어가도록 정한, 허용할 수 있는 대소 2개의 극한의 치수

② 기준치수 : 위 치수허용차 및 아래 치수허용차를 적용하는데 따라 허용한계치수가 주어지는 기준이 되는 치수

③ 치수허용차 : 실제 치수와 대응하는 기준치수와의 대수차

④ 기준선 : 허용한계치수 또는 끼워맞춤을 도시할 때 치수 허용차의 기준이 되는 직선

해 공차 용어

용어	의미
실치수	가공이 완료되어 실제로 측정했을 때의 치수
허용 한계 치수	허용할 수 있는 실 치수의 범위
최대 허용 치수	허용할 수 있는 실 치수의 범위
최소 허용 치수	허용할 수 있는 가장 작은 실 치수
기준 치수	치수 공차를 정할 때 기준이 되는 치수
치수 공차	최대 허용 한계 치수와 최소 허용 한계 치수의 차
기준선	허용 한계 치 수 또는 끼워맞춤을 표시할 때의 기준 치수
치수 허용차	허용 한계 치 수와 기준 치수와의 차
위 치수 허용차	최대 허용 치 수와 기준 치수와의 차
아래 치수 허용차	최소 허용 치 수와 기준 치수와의 차

06

특별히 연장한 크기가 아닌 일반 A 계열 제도 용지의 세로:가로의 비는 얼마인가?(단, 가로가 긴 용지를 기준으로 한다)

① $1:1$

② $1:\sqrt{2}$

③ $1:\sqrt{3}$

④ $1:2$

해 도면 용지 크기

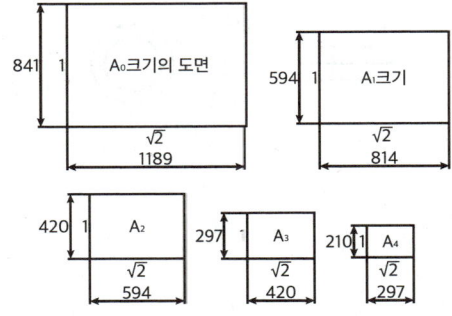

07

다음과 같은 정면도와 우측면도가 주어졌을 때 평면도로 알맞은 것은?(단, 제3각법의 경우)

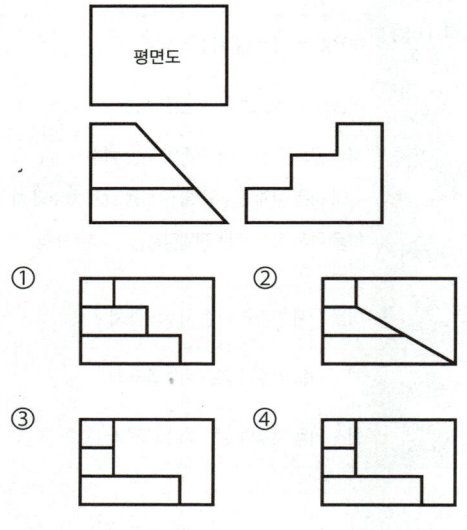

08

다음 기하공차의 종류 중 위치공차 기호가 아닌 것은?

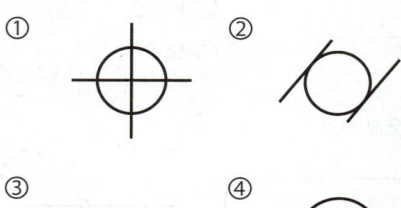

해 기하 공차의 종류 및 기호

적용하는 모양	공차의 종류		기호
단독 모양	모양 공차	진직도 공차	—
		평면도 공차	▱
		진원도 공차	○
		원통도 공차	⌀
단독 모양 또는 관련 모양		선의 윤곽도 공차	⌒
		면의 윤곽도 공차	⌓
관련 모양	자세 공차	평행도 공차	//
		직각도 공차	⊥
		경사도 공차	∠
	위치 공차	위치 공차	⌖
		동축도 공차 또는 동심도 공차	◎
		대칭도 공차	⚌
	흔들림 공차	원주 흔들림 공차	↗
		온 흔들림 공차	⟋⟍

09

게이지 종류에 대한 설명 중 틀린 것은?

① Pitch 게이지 : 나사 피치 측정
② thickness 게이지 : 미세한 간격(두께)측정
③ radius 게이지 : 기울기 측정
④ center 게이지 : 선반의 나사 바이트 각도 측정

해 radius 게이지 : 반지름 측정

10

지름 4cm인 봉재에 인장 하중이1000N으로 작용할 때 발생하는 인장 응력은 약 얼마인가?

① 127.3N/cm^2　　② 127.3N/mm^2
③ 80N/cm^2　　④ 80N/cm^2

해 $\sigma = \dfrac{W}{A} = \dfrac{W}{\dfrac{\pi d^2}{4}} = \dfrac{1000}{\dfrac{\pi \times 4^2}{4}} \fallingdotseq 80\text{N/cm}^2$

11

다음 그림과 같은 리브 둥글기 반지름이 현저하게 다른 리브를 그릴 때 평면도로 옳은 것은?

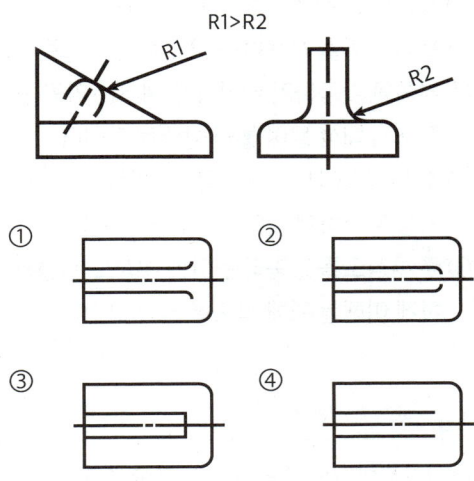

R1>R2

① ② ③ ④

해 R1이 R2보다 크다. 그럴때는 ②번 처럼 제도한다.
④ R1 = R2
① R1 < R2
② R1 > R2

12

중간 끼워맞춤에서 구멍의 치수는 $50^{+0.035}_{0}$, 축의 치수가 $50^{+0.042}_{+0.017}$ 일 때 최대 죔새는?

① 0.033　　　　② 0.008
③ 0.018　　　　④ 0.042

해 최대 죔새 = 축의 최대 허용치수 - 구멍의 최소 허용치수
최대죔새 = 0.042 - 0 = 0.042

용어	설명
최대 틈새	구멍 최대 허용 치수 - 축 최소 허용 치수
최소 틈새	구멍 최소 허용 치수 - 축 최소 허용 치수
최대 죔새	축 최대 허용 치수 - 구멍 최소 허용 치수
최소 죔새	축 최소 허용 치수 - 구멍 최대 허용 치수

13

가늘고 긴 공작물을 센터나 척을 사용하지 않고 원통형 공작물의 바깥지름을 연삭하는데 편리한 연삭기는?

① 모방연삭기
② 유성형 연삭기
③ 센터리스 연삭기
④ 회전 테이블 연삭기

해 센터리스 연삭기(centerless grinding machine) : 센터, 척, 자석척을 사용하지 않고 가공물의 표면을 조정하는 조정숫돌(regulationg wheel)과 지지대를 이용하여 가공물을 연삭한다.

14

<보기>의 설명을 나사표시 방법으로 옳게 나타낸 것은?

- 왼줄나사이며 두줄 나사이다.
- 미터 가는나사로 호칭지름이 50mm, 피치가 2mm이다.
- 수나사 등급이 4h 정밀급 나사이다.

① L 2줄 M50 × 2 - 4h
② 왼 2N TM50 × 2 - 4h
③ 2N M50 × 2 - 4
④ 왼 2줄 M2 × 50 - 4h

해 예 좌 2줄 M50 × 2 - 4h

왼나사, 두줄나사, 미터나사(바깥지름50mm, 피치 2mm), 수나사등급(정밀급)

15

수나사 막대의 양 끝에 나사를 깍은 머리 없는 볼트로서, 한끝은 본체에 박고 다른 끝은 너트로 죌 때 쓰이는 것은?

① 관통 볼트   ② 미니추어 볼트
③ 스터드 볼트   ④ 탭 볼트

해 **고정 방법에 따른 볼트의 종류**

볼트의 용도
① 관통볼트:볼트가 고정하는 두 물체에 구멍을 관통시켜 너트로 조인다. ② 탭 볼트:너트를 사용할 수 없을 때 부재에 암나사를 내고 볼트로 고정 ③ 스터드 볼트:죔 부재 하나에 암나사를 내어 볼트를 꽂고 다른 부재를 조립한 후 너트로 고정

   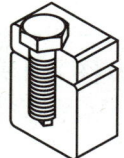   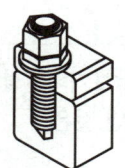

   (a) 관통볼트   (b) 탭 볼트   (c) 스터드 볼트

16

주물품에서 볼트, 너트 등이 닿는 부분을 가공하여 자리를 만드는 작업은?

① 보링   ② 스폿 페이싱
③ 카운터 싱킹   ④ 리밍

17

투상도의 선택방법에 대한 설명으로 틀린 것은?

① 조립도 등 주로 기능을 나타내는 도면에서는 대상물을 사용하는 상태로 놓고 그린다.
② 부품을 가공하기 위한 도면에서는 가공 공정에서 대상 물이 놓인 상태로 그린다.
③ 주 투상도에서는 대상물의 모양이나 기능을 가장 뚜렷하게 나타내는 면을 그린다.
④ 주 투상도를 보충하는 다른 투상도는 명확하게 이해를 위해 되도록 많이 그린다.

18

마이크로미터의 구조에서 부품에 속하지 않는 것은?

① 앤빌   ② 스핀들
③ 슬리브   ④ 스크라이버

해 마이크로미터 : 나사의 확대를 이용한 길이 측정기이며, 정밀한 측정을 필요로 할 때 사용하는 측정기이다. 아베의 원리에 잘 맞는다.

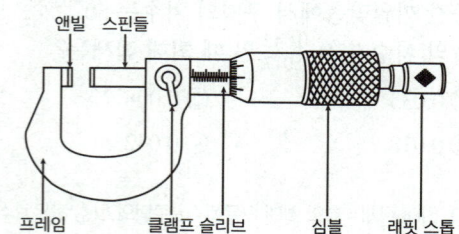

19

모듈이 m인 표준 스퍼기어(미터식)에서 총 이 높이는?

① 1.25m ② 1.5708m

③ 2.25m ④ 3.2504m

해 전체 이높이 $H = 2.25*m$

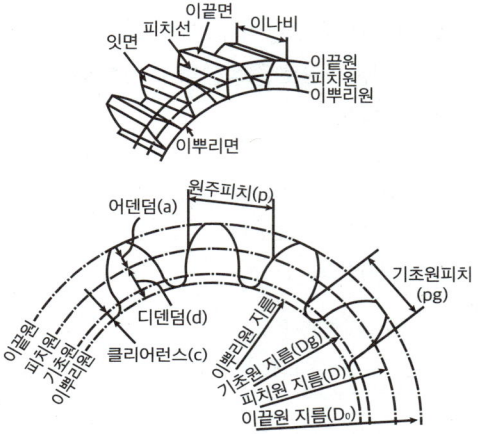

20

드릴의 표준 날끝 선단각은 몇 도(°)인가?

① 118° ② 135°

③ 163° ④ 181°

해 드릴의 선단은 원추형이고, 선단에서 트위스트 홈이 만나는 부분에 2개의 날이 있는 데, 이 때 드릴의 표준 각은 118°이다.

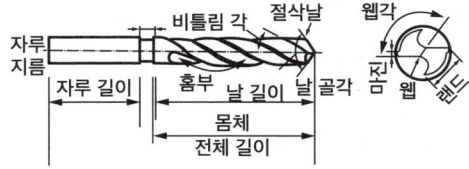

21

다음은 3각법으로 정투상한 도면이다. 등각 투상도로 맞는 것은 어느 것인가?

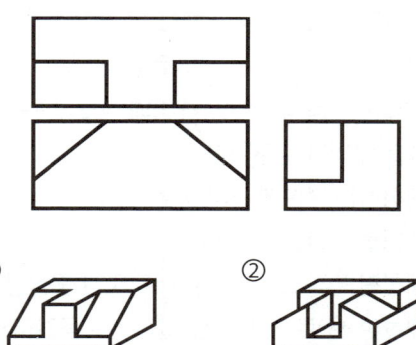

① ②

③ ④

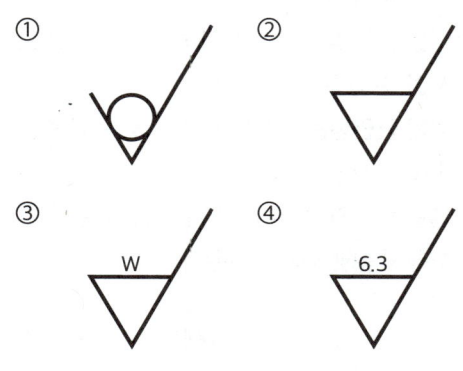

22

다음 중에서 '제거 가공을 허용하지 않는다'는 것을 지시하는 기호는?

① ②

③ ④

해 **제거 가공의 도시 기호** 308p

23

단면의 표시와 단면도의 해칭에 관한 설명 중 틀린 것은?

① 일반적으로 단면부의 해칭은 생략하여 도시하고 특별한 경우는 예외로 한다.

② 인접한 부품의 단면은 해칭의 각도 또는 간격을 달리하여 구별할 수있다.

③ 해칭하는 부분에 글자 등을 기입하는 경우, 해칭을 중단할 수 있다.

④ 해칭선의 각도는 일반적으로 주된 중심선에 대하여 45°로 하여 가는 실선으로 등간격으로 그린다.

해 단면을 나타내는 해칭의 표현에는 단면 부분에 가는 실선으로 빗금선을 긋는 방법이며, 스머징은 단면 주의를 색연필로 엷게 칠하는 방법이다.

24

벨트 풀리의 도시방법 설명으로 틀린 것은?

① 모양이 대칭형인 벨트 풀리는 그 일부분만을 도시할 수 있다.

② 암은 길이 방향으로 절단하여 그 단면을 도시할 수 있다.

③ 암은 단면형은 도형의 안이나 밖에 회전 단면을 도시할 수 있다.

④ 벨트 풀리의 홈 부분 치수는 해당하는 형별, 호칭지름에 따라 결정된다.

해 평벨트 및 V벨트 풀리의 도시에서 암은 길이 방향으로 절단하여 도시하지 않는다.

25

다음 중 축의 도시방법에 대한 설명으로 틀린 것은?

① 축은 길이 방향으로 절단하여 단면 도시하지 않는다.

② 긴 축은 중간 부분을 생략해서 그릴 수 있다.

③ 축에 널링을 도시할 때 빗줄인 경우는 축선에 대하여 45°로 엇갈리게 그린다.

④ 축은 일반적으로 중심선을 수평 방향으로 놓고 그린다.

해 축에 빗줄 널링을 표시 할 경우에는 축선에 대하여 30°로 엇갈리게 표현한다.

축의 도시방법

1	축은 길이 방향으로 도시하지 않는다.
2	긴축은 중간을 파단하여 짧게 그린다. 이때 치수는 실제 길이를 기입한다.
3	축 끝에는 모따기를 하고 모따기 치수를 기입한다.
4	축에 널링을 할 경우, 빗줄 널링의 경우에는 30° 엇갈리게 그린다.
5	축의 가공방향을 고려하여 도시한다.
6	축에 여유홈을 주는 부분의 치수를 기입한다.

26

-18μm의 오차가 있는 다이얼 게이지를 영점 세팅하여 공작물을 측정하였더니 측정값이 46.78mm이였다면 참값(mm)은?

① 46.960

② 46.798

③ 46.762

④ 46.60

해 $18\mu m = 18 \times 10^{-6} mm = 18 \times 10^{-3} mm = 0.018mm$

∴ 참값 = 측정값 + 오차

　　　$= 46.78 + (-0.018) = 46.762mm$

27

밀링커터를 매분 220rpm으로 회전시켜 절삭 속도 110m/min로 공작물을 절삭하려 할 때 밀링커터의 직경은 약 몇 mm인가?

① 150
② 160
③ 170
④ 180

해 $V = \dfrac{\pi dn}{1000}$ 에서

$d = \dfrac{1000V}{\pi n} = \dfrac{1000 \times 110}{\pi \times 220} = 157.80 \fallingdotseq 160mm$

28

다음 중 치수 기입 방법으로 맞는 것은?

① 길이의 치수는 원칙적으로 밀리미터의 단위로 기입하고, 단위 기호를 붙인다.
② 각도의 치수는 일반적으로 도, 분, 초 등의 단위를 기입한다.
③ 관련되는 치수는 나누어서 기입한다.
④ 가공이나 조립할 때, 기준으로 하는 곳이 있더라도 상관없이 기입한다.

해 각도 치수는 일반적으로 도의 단위로 기입하고, 필요한 경우에는 분 및 초를 병용 할 수 있다. 도, 분, 초를 표시할 때는 숫자의 오른쪽 위에 각각 도(°), 분('), 초('')를 기입한다. 또 각도를 라디안의 단위로 기입하는 경우에는 그 단위 기호 rad를 기입한다

29

용접부 표면의 형상에서 동일 평면으로 다듬질함을 표시하는 보조 기호는?

①

②

③

④

해 용접부 형상에 따른 도시 및 기호 표시(KS B 0052)

용접부 표면의 형상	기호	적용 예		
		명칭	도시	기호
평면(동일 평면으로 다듬질)	—	한쪽 면 V형 맞대기 용접		▽
볼록형	⌢	양면 V형 볼록형 맞대기 용접		⋈
오목형	⌣	필릿 용접		
끝단부를 매끄럽게	⌣	필릿 용접 끝단부를 매끄럽게 다듬질		

30

볼트의 규격 M12×80의 설명으로 맞는 것은?

① 미터나사 호칭지름이 12mm이다.
② 미터나사 골지름이 12mm이다.
③ 미터나사 피치가 80mm이다.
④ 미터나사 바깥지름이 80mm이다.

해 볼트의 호칭 M12×80 에서 M12는 육각 볼트를 의미하고 80은 볼트의 호칭길이를 나타낸다.

31

구름 베어링의 호칭 번호가 6204일 때 베어링 안지름은 얼마인가?

① 62mm
② 31mm
③ 20mm
④ 15mm

해 베어링의 호칭지름

베어링의 안지름번호는 1자리일때 1~9는 그대로 1~9mm 를 의미하고, 00은 10mm, 01은 12mm, 02는 15mm, 03은 17mm이고, 04에서 부터는 5를 곱하여 나온 숫자가 안지름이다. 또한 5의 배수가 아닌 경우는 /를 붙여 표시한다.

32

CAD 시스템에서 사용되는 입력 장치의 종류가 아닌 것은?

① 키보드　　　　　② 마우스
③ 디지타이저　　　④ 플로터

🔲 **CAD 입력장치, 출력장치**

분류	종류	용도
입력 장치	마우스, 키보드, 태블릿, 조이스틱, 트랙볼, 터치스크린, 라이트 펜, 조이스틱 등	CPU에 여러 가지 데이터를 입력하는 장치
중앙처리장치 (CPU)	연산장치, 제어장치, 주기억장치	입력장치로부터 입력받은 데이터를 처리하는 곳
출력 장치	디스플레이장치(CRT, PDP, LCD, LED등), 플로터, 프린터 등	중앙처리장치에서 처리된 결과를 종이 도면이나 모니터에 이미지로 나타내는 장치
보조 기억 장치	USB메모리, 하드디스크, 외장하드, CD, DVD 등	데이터를 임시 또는 영구적으로 저장해 놓는 곳

33

컴퓨터의 처리 속도의 단위(second)로 올바른 것은?

① 1ps = 10^{-12}초　　② 1ns = 10^{-6}초
③ 1μs = 10^{-9}초　　④ 1ms = 10^{-2}초

🔲 **컴퓨터의 처리속도 단위**
 - 밀리초(ms) (1ms = 10^{-3}초)
 - 마이크로초(μs) (1μs = 10^{-6}초)
 - 나노초(ns) (1ns = 10^{-9}초)
 - 피코초(ps) (1ps = 10^{-12}초)

34

곡면 편집 기법 중 인접한 두 선을 둥근 모양으로 부드럽게 연결하도록 처리하는 것은?

① fillet　　　　　② smooth
③ mesh　　　　　④ trim

🔲 Fillet : 반지름의 크기에 따라 모서리의 곡선 크기가 달라지는 명령어

35

베벨기어 제도시 피치원을 나타내는 선의 종류는?

① 굵은 실선　　　　② 가는 1점 쇄선
③ 가는 실선　　　　④ 가는 2점 쇄선

🔲 **기어 제도시**
 - 바깥지름(이끝원지름) = 굵은실선
 - 피치원지름 = 가는1점쇄선
 - 이뿌리원지름 = 가는실선

36

각도 측정을 할 수 있는 사인 바(sine bar)의 설명으로 틀린 것은?

① 정밀한 각도 측정을 하기 위해서는 평면도가 높은 평면에서 사용해야 한다.
② 룰러 중심 거리는 보통 100mm, 200mm로 만든다.
③ 45° 이상의 큰 각도를 측정하는데 유리하다.
④ 사인 바는 길이를 측정하여 직각 삼각형의 삼각함수를 이용한 계산에 의해 임의각의 측정 또는 임의각을 만드는 기구이다.

🔲 사인 바는 45° 이상에서는 오차가 급격히 커지므로 45° 이하의 각도 측정에 사용한다.

37

각도를 측정할 수 없는 측정기는?

① 사인 바 ② 수준기
③ 콤비네이션 세트 ④ 와이어 게이지

해 기타 게이지류

틈새 게이지

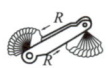
반지름 게이지

와이어 게이지

센터 게이지

피치 게이지

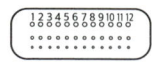
드릴 게이지

38

1줄 겹치기 리벳 이음에서 리벳 구멍의 지름은 12mm이고, 리벳의 피치는 45mm일 때 판의 효율은 약 몇 %인가?

① 80 ② 73
② 55 ④ 42

해 $\eta = \dfrac{p-d}{p} = \dfrac{45-12}{45} \fallingdotseq 0.73 = 73\%$

39

다음 중 진원도를 측정할 때 가장 적당한 측정기는?

① 게이지 블록 ② 한계 게이지
③ 틈새 게이지 ④ 오토 콜리미터

40

3차원 측정기에서 피측정물의 측정면에 접촉하여 그 지점의 좌표를 검출하고 컴퓨터에 지시하는 것은?

① 기준구 ② 서브모터
③ 프로브 ④ 데이텀

41

주조경질합금의 대표적인 스텔라이트의 주성분을 올바르게 나타낸 것은?

① 몰리브덴-크롬-바나듐-탄소-티탄
② 크롬 -탄소-니켈-마그네슘
③ 탄소 -텅스텐-크롬-알루미늄
④ 코발트-크롬-텅스텐-탄소

해 스텔라이트는 코발트에 크로뮴·텅스텐 등을 섞은 내열성 합금으로, 항공기용 가솔린기관의 배기밸브, 각종 바이트나 착암용 드릴 등의 공구, 의료기구 등에 사용된다.

42

설계도면에 SM40C로 표시된 부품이 있다. 어떤 재료를 사용해야 하는가?

① 인장강도가 40MPa인 일반구조용 탄소강
② 인장강도가 40MPa인 기계구조용 탄소강
③ 탄소를 0.37%~0.43% 함유한 일반구조용 탄소강
④ 탄소를 0.37%~0.43% 함유한 기계구조용 탄소강

해 기계재료 표시법의 의미

기계 구조용 탄소 강재→SM20C			
Ⓐ	Ⓑ	Ⓒ	표시 내용
S	M	20C	Ⓐ 재질 기호: 강(Steel) Ⓑ 제품명:기계(Machine) Ⓒ 재료의 종류:탄소 함유량(탄소 함유량 0.15~0.25의 중간 값)

탄소용 주강품→SC360			
Ⓐ	Ⓑ	Ⓒ	표시 내용
S	C	360	Ⓐ 재질 기호: 강(Steel) Ⓑ 제품명:주강품(Casting) Ⓒ 재료의 종류: 최저 인장 강도(N/㎟)

43

강괴를 탈산정도에 따라 분류할 때 이에 속하지 않는 것은?

① 림드강   ② 세미 림드강

③ 킬드강   ④ 세미 킬드강

⊞ 강괴의 종류

림드강 (rimmed steel)	Fe-Mn으로 가볍게 탈산(불완전 탈산)
킬드강 (killed steel)	Fe-Si, Fe-Mn, Al으로 완전탈산
세미킬드강 (semi- killed steel)	킬드강괴와 림드강괴의 중간 정도
캡드강 (capped steel)	림드강을 변형, 주입 후 뚜껑을 씌움

44

주철의 성장 원인이 아닌 것은?

① 흡수한 가스에 의한 팽창

② Fe_3C의 흑연화에 의한 팽창

③ 고용 원소인 Sn의 산화에 의한 팽창

④ 불균일한 가열에 의해 생기는 파열 팽창

⊞ 주철의 성장

주철은 고온에서 가열과 냉각을 반복하면 부피가 커져서 변형이나 균열이 발생하고 강도와 수명이 감소

주철의 성장 원인

① 불균일한 가열레 의한 팽창과 시멘타이트의 흑연화에 의한 팽창

② 흡수된 가스에 의한 팽창과 고용원소인 Si의 산화에 의한 팽창

③ 흑연과 페라이트 기지의 열팽창 계수의 차이에 의거 그 경계에 생기는 틈새

④ Ar1변태에 의해 체적 변화가 일어날 때 미세한 균열이 형성되어 생기는 팽창

45

열경화성 수지가 아닌 것은?

① 아크릴수지   ② 멜라민수지

③ 페놀수지   ④ 규소수지

⊞ 합성수지의 종류

① 열경화성 수지	② 열가소성 수지
열을 가하면 딱딱하게 경화되는 물질	열을 가하면 부드러워지는 물질
페놀수지, 요소수지, 멜라민 수지, 실리콘 수지, 에폭시 수지	폴리에틸렌수지, 폴리스텔렌, 아크릴 수지, 스티렌 수지

46

알루미늄의 특성에 대한 설명 중 틀린 것은?

① 내식성이 좋다.

② 열전도성이 좋다.

③ 순도가 높을수록 강하다.

④ 가볍고 전연성이 우수하다.

⊞ 알루미늄의 특징 및 합금 313p

47

초경합금의 특성에 대한 설명 중 올바른 것은?

① 고온경도 및 내마멸성이 우수하다.

② 내마모성 및 압축강도가 낮다.

③ 고온에서 변형이 많다.

④ 상온의 경도가 고온에서 크게 저하된다.

⊞ 초경합금은 Wc, Ti, Ta 등의 분말을 Co, Ni 분말과 섞어서 프레스로 눌러 모양을 만든 후, 1400℃ 이상의 높은 온도에서 소결한 것. -800℃ 정도의 고온에서도 경도가 쉽게 낮아지지 않는다. 공구 팁, 인서트 날 형식으로 사용한다.

48

특수강을 제조하는 목적으로 적합하지 않는 것은?

① 기계적 성질을 향상시키기 위하여
② 내마멸성을 증대시키기 위하여
③ 취성을 증가시키기 위하여
④ 내식성을 증대시키기 위하여

해 합금강은 탄소강에 특수 원소인 Ni, Mo, Mn, Si, W, Co, V 등의 원소를 첨가하여 강의 기계적 성질을 개선하거나 강의 특성을 개량하기 위한 것이다.

49

주철에 대한 설명 중 틀린 것은?

① 강에 비하여 인장강도가 낮다.
② 강에 비하여 연신율이 작고, 메짐이 있어서 충격에 약하다.
③ 상온에서 소성 변형이 잘된다.
④ 절삭가공이 가능하며 주조성이 우수하다.

해 주철(탄소함유량: 2.11 ~ 6.67%)

주철의 특성
• 주조성이 우수하여 복잡한 형상도 생산가능 • 절삭성 우수 • 값이 저렴 • 녹이 잘 생기지 않음 • 압축 강도가 큼(인장강도의 3~4배) • 인장강도와 충격값이 작고 메짐

50

황동은 어떤 원소의 2원 합금인가?

① 구리와 주석 ② 구리와 망간
③ 구리와 납   ④ 구리와 아연

해 구리의 합금으로 황동(Cu+Zn, 구리+아연), 청동(Cu+Sn, 구리+주석)이 있다

51

다음 중 후크의 법칙에서 늘어난 길이를 구하는 공식은?(단, λ: 변형량, W: 인장하중, A: 단면적, E:탄성계수, ι: 길이 이다.)

① $\lambda = \dfrac{Wl}{AE}$ ② $\lambda = \dfrac{AE}{W}$

③ $\lambda = \dfrac{AE}{Wl}$ ④ $\lambda = \dfrac{Al}{WE}$

해 Hook's 의 법칙≒응력과 변형률의 법칙

수직응력을 받는 경우

$$\sigma = E \cdot \varepsilon = E \times \dfrac{\Delta\ell}{\ell}, \ (변형량)\Delta\ell = \dfrac{\sigma\ell}{E} = \dfrac{W\cdot\ell}{A\cdot E}$$

여기서, E = 비례계수 = 종탄성계수 = 세로탄성계수 = 영계수 (Young's modulds)

52

엔드 저널로서 지름이 50㎜의 전동축을 받치고 허용 최대 베어링 압력을 6N/㎟, 저널길이를 80㎜라 할 때 최대 베어링 하중은 몇 kN인가?

① 3.64kN   ② 6.4kN
③ 24kN   ④ 30kN

해 베어링 하중

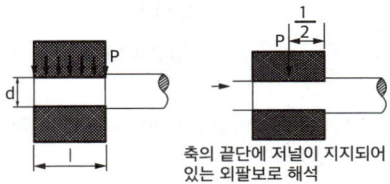

축의 끝단에 저널이 지지되어 있는 외팔보로 해석

$M_{\text{max}} = P \times \dfrac{l}{2}$

$P = pdl$

① 베어링 평균 압력

$P \times \dfrac{P}{dl}$

p : 베어링 압력, P : 베어링 하중, d : 저널의 지름, l : 저널부의 길이

베어링 하중

$P = 60 \dfrac{N}{mm^2} \times 50mm \times 80mm = 24,000N = 24kN$

53

동력의 단위에 해당하지 않는 것은?

① erg/s   ② N·m

③ PS   ④ J/s

해 N·m : 일의 단위

54

지름이 50mm 축에 10mm인 성크 키를 설치했을 때, 일반적으로 전단하중만을 받을 경우 키가 파손되지 않으려면 키의 길이는 몇 mm 인가?

① 25mm   ② 75mm

③ 150mm   ④ 200mm

해 전단하중만 받을 때 파손되지 않는 키의 길이
$$L = 1.5d$$

55

모듈이 3이고 잇수가 30과 90인 한쌍의 표준 평기어의 중심 거리는?

① 150mm   ② 180mm

③ 200mm   ④ 250mm

해 $C = ((3 \times 30) + (3 \times 90))/2 = (90 + 270)/2 = 180$
두 기어의 중심거리

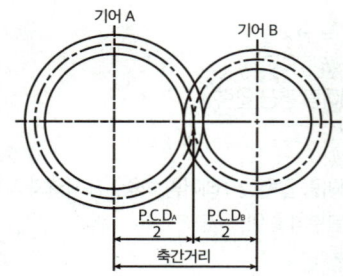

$$\therefore 중심거리\ C = \frac{P.C.D_A}{2} + \frac{P.C.D_B}{2}$$
$$= \frac{M \cdot Z_A + MZ_B}{2} = \frac{M(Z_A + Z_B)}{2}$$

56

지름 5mm 이하의 바늘 모양의 롤러를 사용하는 베어링은?

① 니들 롤러 베어링

② 원통 롤러 베어링

③ 자동 조심형 롤러 베어링

④ 테이퍼 롤러 베어링

해 니들 롤러 베어링은 바늘과 같이 가늘고 긴 원통형 롤러를 사용한 베어링을 말한다. 변속기 및 자재이음에 사용되고 있다.

57

인장응력을 구하는 식으로 옳은 것은?(단, A는 단면적, W는 인장하중이다.)

① A×W   ② A+W

③ A/W   ④ W/A

해 응력을 구하는 식
$$응력 = \frac{하중}{단면적},\ \sigma = \frac{F}{A}$$
여기서 $A = mm^2$, $F(W) = N(kg)$

58

분할핀에 관한 설명이 아닌 것은?

① 테이퍼 핀의 일종이다.

② 너트의 풀림을 방지하는데 사용된다.

③ 핀 한쪽 끝이 두 갈래로 되어 있다.

④ 축에 끼워진 부품의 빠짐을 방지하는데 사용된다.

해 **핀의 종류와 용도** 312p

59

동력 전달용 기계요소가 아닌 것은?

① 기어　　　　　② 체인

③ 마찰차　　　　④ 유압 댐퍼

60

평판 모양의 쐐기를 이용하여 인장력이나 압축력을 받는 2개의 축을 연결하는 결합용 기계요소는?

① 코터　　　　　② 커플링

③ 아이볼트　　　④ 테이퍼 키

해 코터는 축과 축 등을 결합시키는 데 사용하는 쐐기이다. 축의 길이 방향에 직각으로 끼워서 축을 결합시킨다. 구조가 간단하고 해체하기도 쉬우며 조절이 가능하므로 두 축의 간이 연결용으로 많이 사용된다.

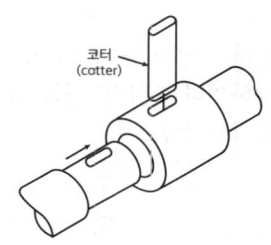

코터
(cotter)

03 기출예상문제 3회

📁 모의고사

01

도면에 마련하는 양식 중에서 마이크로 필름 등으로 촬영하거나 복사 및 철할 때 편의를 위하여 마련하는 것은?

① 윤곽선　　　　　② 표제란
③ 중심마크　　　　④ 비교눈금

해 **도면에 마련되는 양식** 334p

윤곽선	도면에 그려지는 영역을 명확히 하며, 도면 용지의 가장자리가 찢어졌을 때 도면의 내용이 훼손되지 않도록 하기위해 굵은 실선으로 표시한다.
중심마크	도면을 보관하기 위해 마이크로필름으로 촬영하거 복사할 때 편리하도록 굵은실선으로 표시한다.
표제란	도면 관리에 필요한 사항과 중요한 사항을 정리하여 기입한 것이다. 도명, 도면 번호, 척도, 투상법, 작선일자 등을 표시한다.
비교눈금	도면을 마이크로필름으로 촬영하고, 확대 축소할 경우에 실제 도면의 크기와 비교할 수 있기 때문에 편리하다.
재단마크	인쇄, 복사 또는 플로터로 출력된 도면을 규격에서 정한 크기로 자르기에 편리 하도록 하기 위해 사용한다.

- 반드시 그려야 하는 사항(양식) : 윤곽선, 중심마크, 표제란
- 도면에 마련하는 것이 바람직한 사항(양식) : 비교눈금, 재단 마크

02

구멍의 최소치수가 축의 최대치수보다 큰 경우는 무슨 끼워맞춤인가?

① 헐거운 끼워맞춤　　② 중간 끼워맞춤
③ 억지 끼워맞춤　　　④ 강한 억지 끼워맞춤

해 ① 헐거움 끼워맞춤 : 구멍과 축 사이에 항상 틈새
② 억지끼워맞춤 : 구멍과 축 사이에 항상 죔쇄
③ 중간끼워맞춤 : 실제치수에 따라 틈새나 죔새가 있음

03

치수의 허용 한계를 기입할 때 일반사항에 대한 설명으로 틀린 것은?

① 기능에 관련되는 치수와 허용 한계는 기능을 요구하는 부위에 직접 기입하는 것이 좋다.
② 직렬 치수 기입법으로 치수를 기입할 때는 치수 공차가 누적되므로 공차의 누적이 기능에 관계가 없는 경우에만 사용하는 것이 좋다.
③ 병렬 치수 기입법으로 치수를 기입할 때 치수 공차는 다른 치수의 공차에 영향을 주기 때문에 기능 조건을 고려하여 공차를 적용한다.
④ 축과 같이 직렬 치수는 괄호를 붙여서 참고 치수로 기입하는 것이 좋다.

해 병렬 치수 기입법은 기준면을 설정하여 개개별로 기입되는방법이다. 그러므로 일반공차는 다른 치수의 일반공차에 영향을 주지 않는다.

04

KS 부문별 분류 기호에서 기계를 나타내는 것은?

① KS A   ② KS B

③ KS K   ④ KS H

해 우리나라 산업의 여러부분에 따른 KS의 부문별 기호

분류기호	KS A	KS B	KS C	KS D	KS E
부문	기본	기계	전기	금속	광산

05

1줄 겹치기 리벳 이음에서 리벳 구멍의 지름은 12mm이고, 리벳의 피치는 45mm일 때 판의 효율을 약 몇 % 인가?

① 80   ② 73

③ 55   ④ 42

해 $\eta = \dfrac{p-d}{p} = \dfrac{45-12}{45} \fallingdotseq 0.73 = 73\%$

06

배관기호에서 온도계의 표시방법으로 바른 것은?

①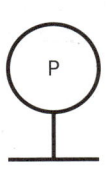

②

③

④

해 계기의 도시기호

- T : Temperature 온도계
- F : FlowRate 유량계
- V : Vaccum 진공계
- P : Pressure 압력계

07

스프로킷 휠의 도시방법으로 틀린 것은?

① 바깥지름 - 굵은 실선

② 피치원 - 가는 1점 쇄선

③ 이뿌리원 - 가는 1점 쇄선

④ 축 직각 단면으로 도시할 때 이뿌리선 - 굵은 실선

해 스프로킷 휠은 체인을 감아 물고 돌아가는 바퀴이다. 스프로킷 휠의 제도시에 바깥지름은 굵은실선, 피원지름은 가는1점쇄선, 이뿌리원은 가는실선이나 굵은파선으로 그리며 생략도가능하다.

08

M22볼트(골지름 19.294mm)가 그림과 같이 2장의 강판을 고정하고 있다. 체결 볼트의 허용 전단 응력이 39.25MPa라고 하면 최대 몇 kN까지의 하중을 받을 수 있는가?

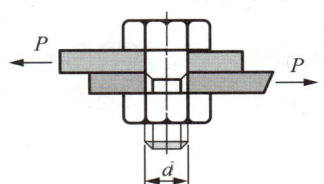

① 3.21   ② 7.54

③ 11.48   ④ 22.96

해 $\tau = \dfrac{P}{A} = \dfrac{p}{\frac{\pi d^2}{4}} = \dfrac{4P}{\pi d^2}$

$\therefore P = \dfrac{\pi d^2 \tau}{4} = \dfrac{\pi \times 19.294^2 \times 39.25}{4}$

$\fallingdotseq 11480N \fallingdotseq 11.48kN$

09

연삭가공 중 숫돌바퀴의 질이 균일하지 못하거나, 일감의 영향을 받아 숫돌바퀴의 모양이 점차 변한다. 이렇게 변형된 숫돌을 정확한 모양으로 바르게 고치는 작업을 무엇이라 하는가?

① 드레싱
② 밸런싱
③ 채터링
④ 트루잉

해 • 트루잉(truing) : 모양 고치기라고도 하며, 연삭조건이 좋더라도 숫돌바퀴의 질이 균일하지 못하거나 공작물의 영향을 받아 모양이 좋지 못할 때 일정한 모양으로 고치는 방법이다.
• 드레싱(dressing) : 글레이징(glazing)이나 로딩 현상이 생길 때 강판 드레서 또는 다이아몬드 드레서(dresser)로 숫돌 표면을 정형하거나 칩을 제거하는 작업을 드레싱이라고 하며, 절삭성이 나빠진 숫돌의 면에 새롭고 날카롭게 입자를 발생시키는 것이다.
• 글레이징(glazing) : 자생 작용이 잘 되지 않아 입자가 납작해지는 현상을 말하며, 이로 인하여 연삭열과 균열이 생긴다.

10

기하공차 기호에서 다음 중 자세 공차를 나타내는 것이 아닌 것은?

① 대칭도 공차
② 직각도 공차
③ 경사도 공차
④ 평행도 공차

해 기하 공차 종류 및 기호 **322p**

11

마이크로미터의 스핀들 나사의 피치가 0.5mm 이고 딤블의 원주 눈금이 50등분되어 있다면 최소 측정값은?

① $2\mu m$
② $5\mu m$
③ $10\mu m$
④ $15\mu m$

해 딤블의 1눈금 $= 0.5 \times \dfrac{1}{50} = \dfrac{1}{100}$mm

$\therefore \dfrac{1}{100} \times 1000 = 10\mu m$

12

다음은 제 3각법으로 정투상한 도면이다. 등각투상도로 적합한 것은?

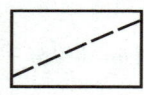

(정면도)

①
②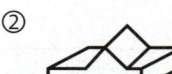
③
④

13

벨트 풀리의 도시법에 대한 설명으로 틀린 것은?

① 벨트 풀리는 축 직각 방향의 투상을 주투상도로 할 수 있다.

② 벨트 풀리는 모양이 대칭형이므로 그 일부분만을 도시할 수 있다.

③ 암은 길이 방향으로 절단하여 도시한다.

④ 암의 단면형은 도형의 안이나 밖에 회전 단면을 도시한다.

해 평 벨트 및 V벨트 풀리의 도시에서 암은 길이 방향으로 절단하여 도시하지 않는다.

14

다음 기호 중 화살표 쪽의 표면에 V형 홈 맞대기 용접을 하라고 지시하는 것은?

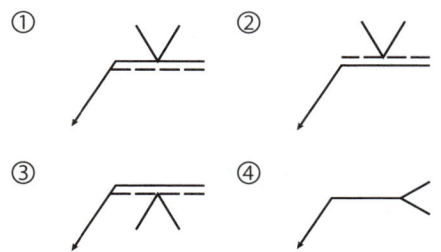

해 투상법에 따른 용접 기호의 위치

각법	(a) 화살표 쪽의 용접	(b) 화살표 반대쪽의 용접

15

나사의 종류를 표시하는 기호로 틀린 것은?

① S0.5 : 미니추어나사

② Tr 10×2 : 미터 사다리꼴나사

③ Rc 3/4 : 관용 테이퍼 암나사

④ E10 : 미싱나사

해 나사 종류 및 기호 313p

16

선반작업에서 3개의 조가 120° 간격으로 구성 배치되어 있는 척은?

① 단동척   ② 콜릿척

③ 연동척   ④ 마그네틱척

해 척(chuck)

선반작업에서 가장 많이 사용하는 부속품 중의 하나로서, 가공물을 고정하는 역할을 하며, 스핀들의 끝단에 부착하여 가공물에 회전력을 전달하는 부속품이다.

1. 연동척(universal chuck) : 3개의 조가 120°간격으로 구성 배치되어 있으며, 3번척 또는 연동척, 만능척이라고 한다.
2. 단동척(independent chuck) : 4개의 조가 90° 간격으로 구성 배치되어 있으며, 4번 척이라고도 부른다. 4개의 조가 각각 단독으로 이동하며, 고정력이 크고, 불규칙한 가공물, 편심, 중량(重量)의 가공물 등을 정밀하게 고정하여 가공할 수 있다.
3. 마그네틱척(magnetic chuck) : 전자석을 이용하여 얇은 판, 피스톤 링과 같은 가공물을 변형시키지 않고, 고정시켜 가공할 수 있는 자성체 척이다.
4. 콜릿척(collet chuck) : 지름이 작은 가공물이나, 각 봉재를 가공할 때 편리하며, 터릿선반이나 자동선반에 주로 사용한다.

17

제도시 선의 굵기에 대한 설명으로 틀린 것은?

① 선은 굵기 비율에 따라 표시하고 3종류로 한다.

② 선의 최대 굵기는 0.5㎜로 한다.

③ 동일 도면에서는 선의 종류마다 굵기를 일정하게 한다.

④ 선의 최소 굵기는 0.18㎜로 한다.

해 도면에서 윤곽선의 굵기는 0.7mm로 나타내며 하늘색으로 나타낸다.

18

기준 치수가 ϕ50인 구멍 기준식 끼워맞춤에서 구멍과 축의 공차값이 다음과 같을때 맞는 것은?

> 구멍 : 위 치수 허용차 + 0.025
> 　　　아래 치수 허용차 0.000
> 축 : 위 치수 허용차 + 0.050
> 　　　아래 치수 허용차 +0.034

① 축의 최대 허용 치수 : 49.975

② 구멍의 최소 허용 치수 : 50.000

③ 최대 틈새 : 0.075

④ 최소 틈새 : 0.025

해 축의 치수가 구멍의 치수보다 크기 때문에 틈새가 아니라 죔새가 일어난다.

19

치수의 위치와 기입 방향에 대한 설명 중 틀린 것은?

① 치수는 투상도와 모양 및 치수의 대조 비교가 쉽도록 관련 투상도 쪽으로 기입한다.

② 하나의 투상도인 경우, 길이 치수 위치는 수평 방향의 치수선에 대해서는 투상도의 위쪽에서 수직 방향의 치수선에 대해서는 투상도의 오른쪽에서 읽을 수 있도록 기입한다.

③ 각도치수는 기울어진 각도 방향에 관계없이 읽기 쉽게 수평 방향으로만 기입한다.

④ 치수는 수평 방향의 치수선에는 위쪽, 수직 방향의 치수선에는 왼쪽으로 약 0.5㎜ 정도 띄어서 중앙에 치수를 기입한다.

해 각도가 30도 이하인 방향에는 치수를 기입하지 않도록 한다. 또한 도면에 표시되는 치수는 도면을 보는 사람이 정확하게 읽을 수 있도록 표시해야 한다.

20

그림과 같이 축의 홈이나 구멍 등과 같이 부분적인 모양을 도시하는 것으로 충분한 경우의 투상도는?

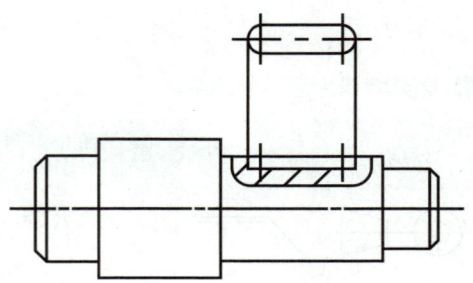

① 회전 투상도　　　② 부분 확대도
③ 국부 투상도　　　④ 보조 투상도

21

다음 재료 기호 중 기계구조용 탄소강재는?

① SM 45C 　　　② SPS 1

③ STC 3 　　　④ SKH 2

해 기계재료 표시법의 의미 329p

22

이론적으로 정확한 치수를 나타내는 치수 보조 기호는?

① 50 　　　② [50]

③ 5̶0̶ 　　　④ (50)

해 치수 보조 기호 304p

23

모듈 6, 잇수 Z1=45, Z2=85, 압력각 14.5°의 한 쌍의 표준기어를 그리려고 할 때, 기어의 바깥지름 D1, D2를 얼마로 그리면 되는가?

① 282mm, 522mm 　　　② 270mm, 510mm

③ 382mm, 622mm 　　　④ 280mm, 610mm

해 $D1 = m \times (z1+2) = 6 \times (45+2) = 282mm$
　$D2 = m \times (z2+2) = 6 \times (85+2) = 522mm$

24

다음 용접이음의 기본 기호 중에서 잘못 도시된 것은?

① v형 맞대기 용접: ∨ 　② 필릿 용접: ◿

③ 플러그 용접: ⊓ 　④ 심 용접: ○

해 나사 종류 및 기호

용접부 명칭에 따른 도시 및 기본 기호(KS B 052)		
점 용접		○
심(seam) 용접		⊖

25

다음 나사의 도시방법으로 틀린 것은?

① 암나사의 안지름은 굵은 실선으로 그린다.

② 완전 나사부와 불완전 나사부의 경계선은 굵은 실선으로 그린다.

③ 수나사의 바깥지름은 굵은 실선으로 그린다.

④ 수나사와 암나사의 측면도시에서 골지름은 굵은 실선으로 그린다.

해 수나사와 암나사의 측면도시에서 골지름은 가는실선으로 그린다.

26

다음 표기는 무엇을 나타낸 것인가?

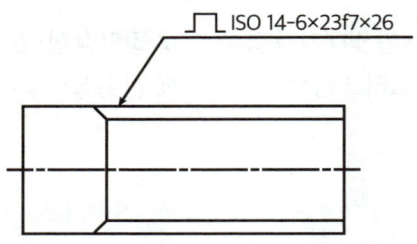

ISO 14-6×23f7×26

① 사다리꼴나사   ② 스플라인

③ 사각나사   ④ 세레이션

🔲 그림의 기호는 스플라인 키를 형상화 한 것으로, 축에 여러줄의 key 를 절삭 가공하여 축과 보스가 슬립 운동을 할 수 있도록 제작된 것이다.

27

도형의 좌표변환 행렬과 관계가 먼 것은?

① 미러(mirror)   ② 회전(rotate)

③ 스케일(scale)   ④ 트림(trim)

🔲 Auto Cad 명령어 중에서 미러(mirror)는 대칭복사, 회전(rotate)는 회전, 스케일(scale)은 축척변경 으로 좌표를 변환하지만 트림(trim)은 도면 작성시 선을 일부 삭제하는 기능으로 좌표 변환과 관계가 없다.

28

나사의 피치와 리드가 같다면 몇 줄 나사에 해당이 되는가?

① 1줄 나사   ② 2줄 나사

③ 3줄 나사   ④ 4줄 나사

🔲 $L = n \times P$ 에서
나사의 피치와 리드가 같다면 $L = P$이므로 줄수(n)은 1줄 나사가 되어야 한다.

리드(나사가 1회전 했을 때 축방향으로 나아간 거리)
- 피치(P) : 나사의 산과 산사이의 거리
- 리이드(L) : 나사가 1회전 했을 때 축방향으로 나아간 거리

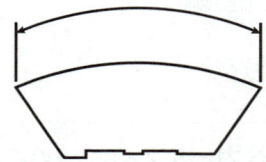

1줄 나사(L=P)   2줄 나사(L=2P)

리이드(L) = 줄수(n)×피치(p)

29

그림에서 나타난 치수선은 어떤 치수를 나타내는가?

① 변의 길이   ② 호의 길이

③ 현의 길이   ④ 각도

30

다음 중 공차의 종류와 기호가 잘못 연결된 것은?

① 진원도 공차- ○   ② 경사도 공차- ∠

③ 직각도 공차- ⊥   ④ 대칭도 공차- ∥

31

도면 작성 시 가는 2점 쇄선을 사용하는 용도로 틀린 것은?

① 인접한 다른 부품을 참고로 나타낼 때
② 길이가 긴 물체의 생략된 부분의 경계선을 나타낼 때
③ 축 제도 시 키 홈 가공에 사용되는 공구의 모양을 나타낼 때
④ 가공 전 또는 후의 모양을 나타낼 때

해 길이가 긴 물체의 생략된 부분의 경계선을 나타내는 선은 파단선인 가는실선으로 나타낸다.
  - 도시된 단면 앞쪽에 있는 부분을 표시하는 도면
  - 인접한 부분을 참고로 표시하는 도면
  - 가공 전 또는 가공 후의 모양을 표시하는 도면
  - 도형 속에서 그 부분의 단면 모양을 90° 회전하여 표시하는 도면
  - 이동하는 부분을 이동한 곳에 표시하는 도면
  - 공구, 지그 등의 위치를 참고로 표시하는 도면
  - 반복된 모양을 표시하는 도면

  가상선(가는2점쇄선)으로 표시되는 선의 용도 **320p**

32

선반에서 그림과 같은 가공물의 테이퍼를 가공하려고 한다. 심압대의 편위량(e)은 몇 mm인가?(단, D=35mm, d=25mm, L=400mm, ℓ=200mm)?

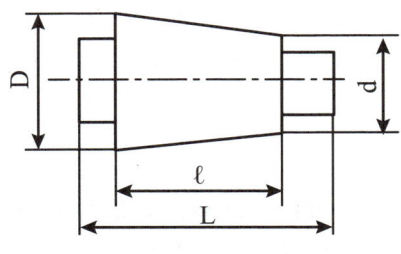

① 2.5
② 5
③ 10
④ 20

33

최대 틈새가 0.075mm이고, 축의 최소 허용 치수가 49.950mm일 때 구멍의 최대 허용 치수는?

① 50.075mm
② 49.875mm
③ 49.975mm
④ 50.025mm

해 **구멍의 최대 허용 치수**
  = 최대 틈새 + 축의 최소 허용치수
  = 0.075 + 49.950 = 50.025mm

해 심압대의 편위량 e는 다음식에 의해 구할 수 있다.
  L : 가공물의 전체길이
  e : 심압대의 편위량
  D : 테이퍼의 큰 지름
  d : 테이퍼의 작은 지름
  $ℓ$: 테이퍼의 길이
  $$e = \frac{(D-d) \times L}{2ℓ} = \frac{(35-25) \times 400}{2 \times 200} = 10mm$$

34

치수선에서는 치수의 끝을 의미하는 기호로 단말 기호와 기점 기호를 사용하는데 다음 중 단말 기호에 속하지 않는 것은?

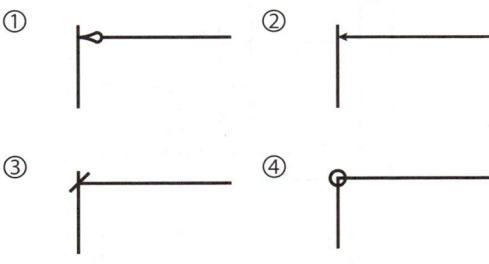

해 치수선에서 치수의 끝을 의미하는 기점 기호는 원(O)이 있는 부분으로 정한다.

35

그림에서 ㉮부와 ㉯부에 두 개의 베어링을 같은 축선에 조립하고자 한다. 이때 ㉮부의 데이텀을 기준으로 ㉯부 기하공차를 적용하고자 할 때 올바른 기하공차 기호는?

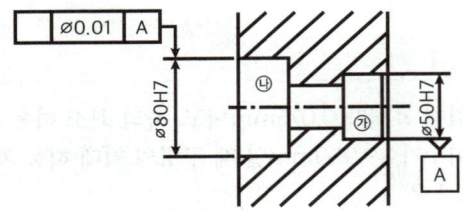

① ◎　　　　　　　② ▱

③ ⟋　　　　　　　④ ⊕

해 가와 나 부분에 끼워질 베어링은 같은 축선상에 있으므로 동축도 또는 동심도 공차를 적용하여야 한다.

36

다음과 같이 제3각법으로 그린 정투상도를 등각투상도로 바르게 표현한 것은?

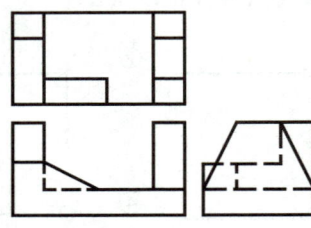

 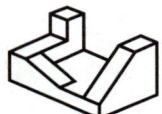 　　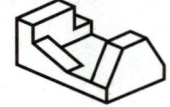

37

3차원 측정기를 이용한 측정의 사용효과로 거리가 먼 것은?

① 피측정물의 설치 변경에 따른 시간이 절약된다.

② 보조 측정기구가 거의 필요하지 않다.

③ 측정점의 데이터는 컴퓨터에 의해 처리가 신속 정확하다.

④ 단순한 부품의 길이측정으로 생산성이 향상된다.

38

구동 방법에 의한 3차원 측정기의 분류가 아닌 것은?

① 래핑형　　　　　② 수동형

③ 자동형　　　　　④ 조이스틱형

39

원형의 측정물을 V 블록 위에 올려놓은 뒤 회전하였던 다이얼 게이지의 눈금에 0.5mm 의 차이가 있었다면 그 진원도는 얼마인가?

① 0.125mm　　　　② 0.25mm

③ 0.5mm　　　　　④ 1.0mm

해 진원도 = 다이얼게이지 눈금 이동량 × 1/2
= 0.5 × 1/2 = 0.25mm

40

다음 중 나사의 유효지름을 측정할 때 가장 정밀도가 높은 직접측정방법은?

① 삼침법에 의한 측정

② 투영기에 의한 측정

③ 공구현미경에 의한 측정

④ 나사 마이크로미터에 의한 측정

41

간헐운동(intermittent motion)을 제공하기
위해서 사용되는 기어는?

① 베벨 기어 　　　 ② 헬리컬 기어
③ 웜 기어 　　　　 ④ 제네바 기어

> 해 제네바 기어는 간헐 기어 일종. 투영기나 인쇄기 등에
> 이용된다. 원동차가 회전하면 핀이 종동차의 홈에 점
> 차적으로 맞물려 간헐 운동을 한다.

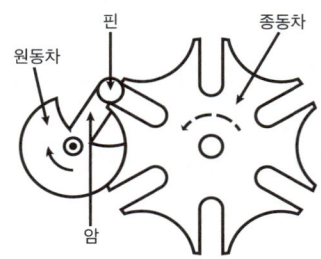

42

철-탄소계 상태도에서 공정 주철은?

① 4.3%C 　　　　 ② 2.1%C
③ 1.3%C 　　　　 ④ 0.86%C

> 해 Fe-Fe_3C 평형상태도에서 공정 주철은 C의 함유량
> 이 4.3% 함유된 주철이다.

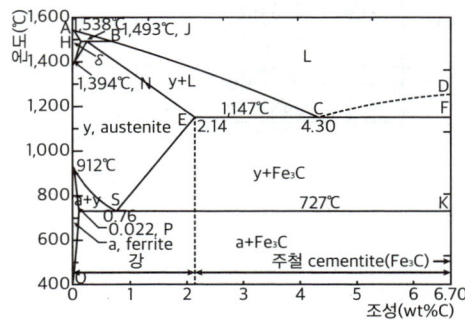

43

탄소공구강의 단점을 보강하기 위해 Cr, W,
Mn, Ni, V 등을 첨가하여 경도, 절삭성, 주조
성을 개선한 강?

① 주조경질합금 　　 ② 초경합금
③ 합금공구강 　　　 ④ 스테인리스강

> 해 합금공구강(STS)은 탄소강(0.8~1.5% C)에 특수
> 한 합금 원소(Cr, W, Mn, Ni, V 등)를 한가지 이상
> 첨가하여 450℃의 열에도 경도 변화가 작아서 바이
> 트, 다이스, 탭, 띠톱용 재료로 사용한다.

44

다음 중 청동의 합금 원소는?

① Cu+Fe 　　　　 ② Cu+Sn
③ Cu+Zn 　　　　 ④ Cu+Mg

> 해 구리의 합금으로 황동(Cu+Zn, 구리+아연), 청동
> (Cu+Sn, 구리+ 주석)이 있다.

45

공구 재료가 갖추어야 할 일반적 성질 중 틀린
것은?

① 인성이 클 것 　　 ② 취성이 클 것
③ 고온 경도가 클 것 　 ④ 내마멸성이 클 것

> 해 취성이 크면 충격에 의해 재료가 깨지기 쉬우므로
> 취성은 작아야 한다.

46

다음과 같이 연삭숫돌의 표시방법 중 "K"는 무엇을 나타내는가?

WA 60 K 5 V

① 숫돌입자　　　　② 조직결합제
③ 결합제　　　　　④ 결합도

해 • WA : 숫돌입자
　• 60 : 입도
　• K : 결합도
　• 5 : 조직
　• V : 결합제

47

알루미늄 합금으로 피스톤 재료에 사용하는 Y- 합금의 성분으로 바르게 표현한것은?

① Al-Cu-Ni-Mg　　② Al-Mg-Fe
③ Al-Cu-Mo-Mn　　④ Al-Si-Mn-Mg

해 **알루미늄의 특징 및 합금** 313p

48

열처리의 방법 중 강을 경화시킬 목적으로 실시하는 열처리는?

① 담금질　　　　　② 뜨임
③ 불림　　　　　　④ 풀림

해 강의 열처리는 재료를 적당한 온도로 가열하거나 냉각하여 사용하는 목적에 적합한 성질로 개선시는 일을 말한다.
　① 풀림 : 강의조직을 개선 시키거나 연화 시키기 위하여 A1 ~ A3 변태점보다 30 ~ 50℃ 높은 온도로 가열하여 서서히 냉각시켜 연화 시키는 작업이다.
　② 담금질 : 변태점 이상으로 가열한 강을 물이나 기름속에 급랭시켜 경도가 증가하게 하는 열처리이다.
　③ 뜨임 : 강인성을 주기 위하여 Ai변태점 이하의 온도에서 가열 조작하는 열처리이다.

④ 불림 : A3 또는 Acm변태보다 약30 ~ 50℃ 높은 온도에서 가열 조작하여, 미세하고 균일한 표준 조직을 얻는 열처리이다.

49

마우러조직도에 대한 설명으로 옳은 것은?

① 탄소와 규소량에 따른 주철의 조직 관계를 표시한 것
② 탄소와 흑연량에 따른 주철의 조직 관계를 표시한 것
③ 규소와 망간량에 따른 주철의 조직 관계를 표시한 것
④ 규소와 Fe_2C량에 따른 주철의 조직 관계를 표시한 것

해 **마우러 조직도 설명**
　① Ⅰ구역 백(극경) 주철($P+Fe3C$)
　② Ⅰa구역 (경질) 주철($P+Fe3C+$ 흑연)
　③ Ⅱ구역 펄라이트(강력) 주철($P+$ 흑연)
　④ Ⅱa구역 회(보통) 주철($Pearlite+F+$ 흑연)
　⑤ Ⅲ구역 페라이트(연질) 주철($Ferrite+$ 흑연)

주철의 조직을 탄소와 규소의 함유량에 따라서 분류한 조직도

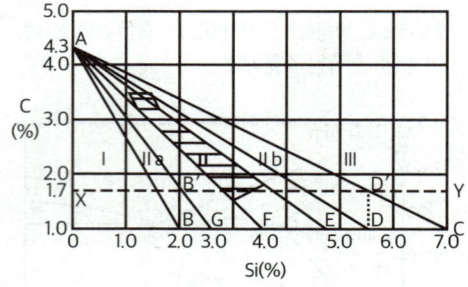

50

기어에서 이(tooth)의 간섭을 막는 방법으로 틀린 것은?

① 이의 높이를 높인다.
② 압력각을 증가시킨다.
③ 치형의 이끝면을 깎아낸다.
④ 피니언의 반경 방향의 이뿌리면을 파낸다.

해 한 쌍의 기어가 맞물려 회전할 때, 이의 간섭이란 한 쪽 기어의 이끝이 상대쪽 기어의 이뿌리에 부딪혀서 회전할 수 없게 되는 현상을 말한다. 이의 간섭을 막기 위해서는 압력각을 크게 하고, 기어 이 높이를 줄이고, 치형을 수정하고, 기어의 잇수를 한계치수 이하로 한다.

51

표점거리 110mm, 지름 20mm의 인장시편에 최대하중 50kN이 작용하여 늘어난 길이 $\triangle \ell$ =22mm일 때, 연신율은?

① 10%　　　　② 15%
③ 20%　　　　④ 25%

해 변형율 = $\dfrac{\ell' - \ell}{\ell}$

연신율 = $\dfrac{\ell' - \ell}{\ell} \times 100 = (\dfrac{\ell'}{\ell} - 1) \times 100$

여기서,
- ℓ : 재료의 원래 길이
- ℓ' : 재료의 늘어난 길이

$e = 22/110 \times 100\% = 0.2 \times 100\% = 20\%$

52

길이 100㎝의 봉이 압축력을 받고 3mm만큼 줄어들었다. 이때, 압축 변형률은 얼마인가?

① 0.001　　　　② 0.003
③ 0.005　　　　④ 0.007

해 e = 변형량/초기값 = 3mm/10,000mm = 0.003

53

각속도(ω, rad/s)를 구하는 식 중 옳은 것은? (단, N: 회전수(rpm), H:전달마력(PS)이다)

① $\omega = (2\pi N)/60$　　② $\omega = 60/(2\pi N)$
③ $\omega = (2\pi N)/(60H)$　　④ $\omega = (60H)/(2\pi N)$

해 각속도 $\omega = (2\pi N)/60 (rad/s)$
　* 60으로 나누는 이유는 rpn의 분당 회전수를 초로 변환하기 위해서이다.

54

국제단위계(SI)의 기본단위에 해당되지 않는 것은?

① 길이 : m　　　　② 질량 : kg
③ 광도 : mol　　　　④ 열역학 온도 : K

해 SI단위

양	단위의 명칭	단위 기호
1 길이	미터(meter)	m
2 질량	킬로그램(kilogram)	kg
3 시간	초(second)	s
4 전류	암페어(ampere)	A
5 열역학온도	켈빈(kelvin)	K
6 물질량	몰(mole)	mol
7 광도	칸델라(candela)	cd

55

물체의 일정 부분에 걸쳐 균일하게 분포하여 작용하는 하중은?

① 집중하중　　　　② 분포하중
③ 반복하중　　　　④ 교번하중

56

리벳 이음의 장점에 해당하지 않는 것은?

① 열응력에 의한 잔류 응력이 생기지 않는다.
② 경합금과 같이 용접이 곤란한 재료의 결합에 적합하다.
③ 리벳 이음한 구조물에 대한 분해 조립이 간편하다.
④ 구조물 등에 사용할 때 현장 조립의 경우 용접 작업보다 용이하다.

해 리벳 이음은 조립이 간편하지만 분해하기 어려운 단점이 있다.

57

탄소강에 함유된 5대 원소는?

① 황, 망간, 탄소, 규소, 인
② 탄소, 규소, 인, 망간, 니켈
③ 규소, 탄소, 니켈, 크롬, 인
④ 인, 규소, 황, 망간, 텅스텐

58

지름이 30㎜인 연강을 선반에서 절삭할 때, 주축을 200rpm으로 회전시키면 절삭속도는 약 몇 m/min인가?

① 10.54 ② 15.48
③ 18.84 ④ 21.54

해 **선반가공에서 절삭속도**
$$V = \frac{\pi \times d \times n}{1000}, \ n = \frac{1000 \times v}{\pi \times d}$$
여기에서
· V : 절삭속도(m/min)
· d : 공작물 지름㎜)
· n : 분당 회전수(rpm)

59

주어진 절삭속도가 40 m/min이고, 주축 회전수가 70 rpm이면 절삭되는 일감의 지름은 약 몇 mm인가?

① 82 ② 182
③ 282 ④ 383

해 절삭속도 $V = \frac{\pi D N}{1000}$

여기서,
V : 절삭속도(m/min)
D : 공작물 지름(mm)
N : 회전수(rpm)
이 공식으로부터 지름을 구하면
$D = \frac{1000V}{\pi D N} = \frac{1000 \times 40}{\pi \times 70} = 181.98 ≒ 182mm$

60

다음 도면에서 X부분의 치수는 얼마인가?

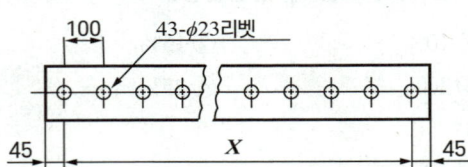

① 2200 ② 2300
③ 4200 ④ 4300

해 $100 \times (43 - 1) = 4200$

모의고사

01

그림과 같이 두께 4mm 인 강판을 한쪽 길이가 25mm 인 정사각형 구멍을 뚫기 위한 펀치의 전단 하중은 몇 kN인가?(단, 강판은 전단 응력이 300N/㎟ 이상이면 전단된다)

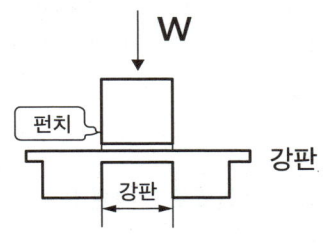

① 3　　　　　② 12

③ 30　　　　　④ 120

해　$\tau = \dfrac{P_s}{A} \, [N/mm^2]$

$A = (25 \times 4) \times 4 = 400 mm^2$

$\therefore P_s = \tau \times A = 300 \times 400 = 120000N$

킬로뉴터(kN)으로 변환하면 120kN

02

다음 입체도를 제3각법에 의해 3면도로 옳게 투상한 것은?(단, 화살표 방향을 정면으로 한다)

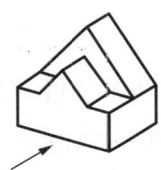

①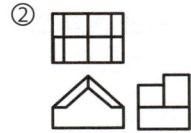

②

③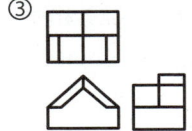

④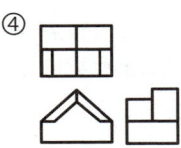

03

가는 실선으로만 사용하지 않는 선은?

① 지시선　　　　② 절단선
③ 해칭선　　　　④ 치수선

해 절단선은 단면도에서 절단 위치를 표시하는 선으로 가는 일점 쇄선으로 끝부분 및 방향이 변하는 부분을 굵게 표시한다.

04

도면이 구비하여야 할 구비 조건이 아닌 것은?

① 무역 및 기술의 국제적인 통용성
② 제도자의 독창적인 제도법에 대한 창의성
③ 면의 표면, 재료, 가공 방법 등의 정보성
④ 대상물의 도형, 크기, 모양, 자세, 위치 등의 정보성

해 제도 : 일정한 규칙에 따라 선, 문자 및 기호를 사용하여 도면에 작성하는 과정

05

투상도를 표시하는 방법에 관한 설명으로 가장 옳지 않은 것은?

① 조립도 등 주로 기능을 나타내는 도면에서는 대상물을 사용하는 상태로 표시한다.
② 물체의 중요한 면은 가급적 투상면에 평행하거나 수직이 되도록 표시한다.
③ 물품의 형상이나 기능을 가장 명료하게 나타내는 면을 주 투상도가 아닌 보조 투상도로 선정한다.
④ 가공을 위한 도면은 가공량이 많은 공정을 기준으로 가공할 때 놓여진 상태와 같은 방향으로 표시한다.

해 물품의 형상이나 기능을 가장 명료하게 나타내는 면을 주 투상도로 정하고 정면도로 나타낸다.

06

그림에서 기하공차 기호로 기입할 수 없는 것은?

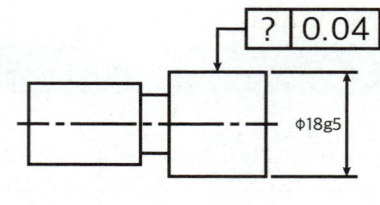

① ∠　　　　② ○
③ ⹀　　　　④ —

해 기하공차 중에서 데이텀을 표시하지 않아도 되는 공차는 모양공차이다. 보기에서 ③번은 대칭도로 자세공차이므로 반드시 데이텀을 지정해야 한다.

07

그림과 같은 단면도로 표시된 물체의 부품은 모두 몇 개인가?

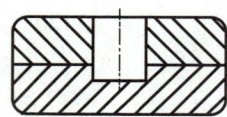

① 1개　　　　② 2개
③ 3개　　　　④ 4개

해 해칭 각도가 2개이므로 물체의 부품은 2개이다

08

KS규격에서 규정하고 있는 단면도의 종류가 아닌 것은?

① 온 단면도　　　　② 한쪽 단면도
③ 부분 단면도　　　　④ 복각 단면도

09

선반 가공의 경우 절삭 속도가 120 m/min 이고 공작물의 지름이 60 mm 일 경우 회전 수는 약 몇 rpm 으로 하여야 하는가?

① 637
② 1637
③ 64
④ 164

해 $N = \dfrac{1000v}{\pi d} = \dfrac{1000 \times 120}{\pi \times 60} = 636.942 \fallingdotseq 637 rpm$

10

열처리, 도금 등 특별한 요구사항을 적용할 수 있는 범위를 표시하는 데 사용하는 특수 지정선은?

① 굵은 실선
② 가는 실선
③ 굵은 파선
④ 굵은 1점 쇄선

해 열처리, 도금 등즉수한 가공, 특별한 요구 사항을 적용하는 범위를 표시하는 선은 굵은 1점 쇄선으로 표시한다.

11

밀링가공에서 상향절삭과 비교한 하향절삭의 특성 중 틀린 것은?

① 기계의 강성이 낮아도 무방하다.
② 공구의 수명이 길다.
③ 가공표면의 광택이 적다.
④ 백래시를 제거하여야 한다.

해 **상향절삭과 하향절삭의 차이점**

구분	상향 절삭	하향 절삭
백래쉬 (back lash)	절삭에 별 지장이 없다.	백 래시를 제거하여야 한다.
기계의 강성	강성이 낮아도 무방하다.	가공할 때, 충격이 있어 높은 강성이 필요하다.
가공물의 고정	절삭력이 상향으로 작용하여 고정이 불리하다.	절삭력이 하향으로 작용하여 가공물 고정이 유리하다.
인선의 수명	절입할 때, 마찰열로 마모가 빠르고 공구 수명이 짧다.	상향 절삭에 비하여 공구 수명이 길다.
마찰 저항	마찰저항이 커서 절삭공구를 위로 들어 올리는 힘이 작용한다.	절입할 때, 마찰력은 적으나 하향으로 충격력이 작용한다.
가공면의 표면 거칠기	광택은 있으나, 상향에 의한 회전저항으로 전체적으로 하향 절삭보다 나쁘다.	가공 표면에 광택은 적으나, 저속 이송에서는 회전저항이 발생하지 않아 표면 거칠기가 좋아진다.

12

도면을 작성할 때 쓰이는 문자의 크기를 나타내는 기준은?

① 문자의 폭
② 문자의 높이
③ 문자의 굵기
④ 문자의 경사도

해 도면 작성시 문자의 크기는 문자의 높이로 나타낸다.

13

다음 중 억지 끼워맞춤에 속하는 것은?

① H8/e8
② H7/t6
③ H8/f8
④ H6/k6

해 **구멍 기준식 축의 끼워맞춤**

	축의 공차 등급
헐거운 끼워맞춤	b, c, d, e, f, g
중간 끼워맞춤	h, js, k, m, n
억지 끼워맞춤	p, r, s, t, u, x

14

다음 그림의 치수 기입에 대한 설명으로 틀린 것은?

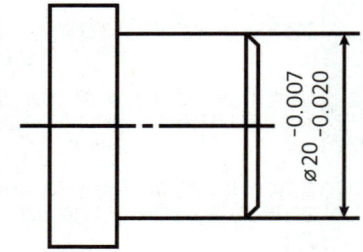

① 기준 치수는 지름 20 이다.

② 공차는 0.013 이다.

③ 최대 허용치수는 19.93 이다.

④ 최소 허용치수는 19.98 이다.

해 최대 허용치수 = 20 - 0.007 = 19.993

15

제도 표시를 단순화하기 위해 공차 표시가 없는 선형 치수에 대해 일반 공차를 4개의 등급으로 나타낼 수 있다. 이 중 공차 등급이 "거침"에 해당하는 호칭 기호는?

① c   ② f

③ m   ④ v

해 일반공차의 공차등급(KS B ISO 2786 - 1)
정밀(f), 중간(m), 거침(c), 매우거침(v)

16

그림과 같이 표면의 결 도시기호가 지시되었을 때 표면의 줄무늬 방향은?

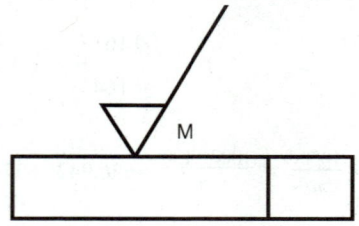

① 가공으로 생긴 선이 거의 동심원

② 가공으로 생긴 선이 여러 방향

③ 가공으로 생긴 선이 방향이 없거나 돌출됨

④ 가공으로 생긴 선이 투상면에 직각

해 가공 줄무늬 방향의 기호 308p

17

다음 기호가 나타내는 각법은?

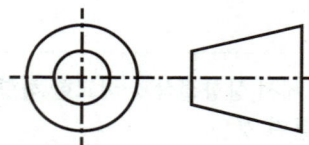

① 제 1 각법   ② 제 2 각법

③ 제 3 각법   ④ 제 4 각법

18

구멍 Ø55H7, 축 Ø55g6인 끼워맞춤에서 최대틈새는 몇 μm 인가?(단, 기준치수 Ø55에 대하여 H7의 위치수 허용차는+0.030, 아래치수는 허용차는 0이고, g6의 위 치수 허용차는-0.010, 아래치수 허용차는-0.029이다)

① 40μm   ② 59μm

③ 29μm   ④ 10μm

해 최대 틈새 = 구멍의 최대 허용치수 - 축의 최소 허용치수
최대 틈새 = 0.030 - (0.029) = 0.059mm = 59um

용어	설명
최대 틈새	구멍 최대 허용 치수 - 축 최소 허용 치수
최소 틈새	구멍 최소 허용 치수 - 축 최소 허용 치수
최대 죔새	축 최대 허용 치수 - 구멍 최소 허용 치수
최소 죔새	축 최소 허용 치수 - 구멍 최대 허용 치수

19

도면 작성 시 선이 한 장소에 겹쳐서 그려야 할 경우 나타내야 할 우선 순위로 옳은 것은?

① 외형선 > 숨은선 > 중심선 > 무게 중심선 > 치수선

② 외형선 > 중심선 > 무게 중심선 > 치수선 > 숨은선

③ 중심선 > 무게 중심선 > 치수선 > 외형선 > 숨은선

④ 중심선 > 치수선 > 외형선 > 숨은선 > 무게 중심선

해 제도할 때 용도에 적합한 선을 선택하여야 혼선을 줄이고, 원하는 대로 정확히 그릴 수 있다. 두 종류 이상의 선이 겹치게 될 때에는 다음 순서에 따라 그린다. ① 외형선 ② 숨은선 ③ 절단선 ④ 중심선 ⑤ 무게중심선 ⑥ 치수보조선 단, 숫자나 문자는 모든 선에 우선하여 표시한다

20

M10X1.0의 탭(tap)의 가공시 드릴 구멍의 직경으로 적당한 것은?

① Ø7.0 ② Ø9.0
③ Ø10 ④ Ø11

해 탭 가공 시 가장 적합한 드릴 지름
D = 나사의 호칭지름 - 피치 = 10 - 1 = 9mm

21

다음 도면의 제도방법에 관한 설명 중 옳은 것은?

① 도면에는 어떠한 경우에도 단위를 표시할 수 없다.

② 척도를 기입할 때 A : B로 표기하며, A는 물체의 실제 크기, B는 도면에 그려지는 크기를 표시한다.

③ 축척, 배척으로 제도했더라도 도면의 치수는 실제치수를 기입해야 한다.

④ 각도 표시는 항상 도, 분, 초(°, ', ") 단위로 나타내야 한다.

22

다음 중 도면에 기입되는 치수에 대한 설명으로 옳은 것은?

① 재료 치수는 재료를 구입하는데 필요한 치수로 잘림 여유나 다듬질 여유가 포함되어 있지 않다.

② 소재 치수는 주물 공장이나 단조 공장에서 만들어진 그대로의 치수를 말하며 가공할 여유가 없는 치수이다.

③ 마무리 치수는 가공 여유를 포함하지 않은 치수로 가공 후 최종으로 검사할 완성된 제품의 치수를 말한다.

④ 도면에 기입되는 치수는 특별히 명시하지 않는 한 소재치수를 기입한다.

해 마무리 치수는 가공 후 연삭작업까지 마무리한 최종 치수로 허용공차를 벗어나는 치수는 불량품으로 처리하므로 정밀해야 한다.

23

스프로킷 휠의 도시방법에서 단면으로 도시할 때 이뿌리원은 어떤선으로 표시하는가?

① 가는 1점 쇄선　　② 가는 실선
③ 가는 2점 쇄선　　④ 굵은 실선

해 스프로킷 휠의 도시방법에서 단면으로 도시할 때 이뿌리원은 굵은 실선으로 표시한다. 스프로킷 휠은 체인을 감아 물고 돌아가는 바퀴이다. 스프로킷 휠의 제도시에 바깥 지름은 굵은 실선, 피원 지름은 가는1점쇄선, 이뿌리원은 가는 실선이나 굵은 파선으로 그리며 생략도 가능하다.

24

미터 보통 나사에서 수나사의 호칭 지름은 무엇을 기준으로 하는가?

① 유효 지름　　　　② 골지름
③ 바깥 지름　　　　④ 피치원 지름

해 나사의 호칭지름은 수나사의 바깥지름을 기준으로 나타낸다.

25

구름 베어링의 호칭기호가 다음과 같이 나타날 때 이 베어링의 안지름은 몇 mm 인가?

(6026 P6)

① 26　　　　　　　② 60
③ 130　　　　　　　④ 300

해 **베어링의 호칭지름**
베어링의 안지름번호는 1자리일때 1~9는 그대로 1~9mm를 의미하고, 00은 10mm, 01은 12mm, 02는 15mm, 03은 17mm이고, 04에서 부터는 5를 곱하여 나온 숫자가 안지름이다. 또한 5의 배수가 아닌 경우는 /를 붙여 표시한다.

안지름 범위 (mm)	안지름 치수	안지름 기호	예
10(mm) 미만	안지름이 정수인 경우 안지름이 정수아닌 경우	안지름 /안지름	2(mm) 이면 2 2.5(mm) 이면 /2.5
10(mm) 이상 20(mm) 미만	10(mm) 12(mm) 15(mm) 17(mm)	00 01 02 03	
20(mm) 이상 500(mm) 미만	5의 배수인 경우	안지름을 5로 나눈 수	40(mm) 이면 08
	5의 배수가 아닌 경우	/안지름	28(mm) 이면 /28
500(mm) 이상		/안지름	560(mm) 이면/560

26

스퍼기어의 도시법에 관한 설명으로 옳은 것은?

① 피치원은 가는 실선으로 그린다.
② 잇봉우리원은 가는 실선으로 그린다.
③ 축에 직각인 방향에서 본 그림은 단면으로 도시할 때 이 골의 선은 가는 실선으로 표시한다.
④ 축방향에서 본 이골원은 가는 실선으로 표시한다.

해 **기어 제도시**
• 바깥지름(이끝원지름) = 굵은실선
• 피치원지름 = 가는1점쇄선
• 이뿌리원(이골원)지름 = 가는실선

27

좌표 방식 중 원점이 아닌 현재 위치, 즉 출발점을 기준으로 하여 해당 위치까지의 거리로 그 좌표를 나타내는 방식은?

① 절대 좌표 방식 ② 상대 좌표 방식
③ 직교 좌표 방식 ④ 원통 좌표 방식

해 cad 시스템 좌표계의 종류
① 절대좌표계 : 도면상임의의점을 입력할때 변하지 않는 원점(0,0)을 기준으로 정한 좌표계
② 상대좌표계 : 임의의점을 지정할때 현재의 위치를 기준으로 정해서 사용하는 좌표계
③ 극좌표계 : 마지막 입력점을 기준으로 다음점까지의 직선거리와 각도로 입력하는 좌표계

28

모델링과 관계된 용어의 설명으로 잘못된 것은?

① 스위핑(sweeping) : 하나의 2차원 단면 형상을 입력하고, 이를 안내 곡선에 따라 이동시켜 입체를 생성하는 것
② 스키닝(skinning) : 원하는 경로에 여러개의 단면 형상의 위치시키고, 이를 덮는 입체를 생성하는 것
③ 리프팅(lifting) : 원하는 경로에 여러개의 단면 형상을 위치시키고, 이를 덮는 입체를 생성하는 것
④ 블렌딩(blending) : 주어진 형상을 국부적으로 변화시키는 방법으로, 접하는 곡면을 예리한 모서리로 처리하는 것

해 블렌딩 : 주어진 형상을 국부적으로 변화시키는 방법으로, 서로 만나는 모서리를 부드럽게 곡면 모서리로 연결되게 하는 곡면 처리를 말한다.
※참고 ④는 모따기에 관한 설명이다.

29

투상도의 선택방법에 관한 설명으로 옳지 않은 것은?

① 대상물의 모양 및 기능을 가장 명확하게 표시하는 면을 주투상도로 한다.
② 조립도 등 주로 기능을 표시하는 도면에서는 대상물을 사용하는 상태로 투상도를 그린다.
③ 특별한 이유가 없는 경우는 대상물을 가로 길이로 놓은 상태로 그린다.
④ 대상물의 명확한 이해를 위해 주투상도를 보충하는 다른 투상도를 되도록 많이 그린다.

해 투상도를 나타낼때 형상의 이해를 위해 주투상도를 보충하는 보조 투상도는 가능하면 최소로 사용해야 한다.

30

제도의 목적을 달성하기 위하여 도면이 구비하여야 할 기본 요건이 아닌 것은?

① 면의 표면거칠기, 재료선택, 가공방법 등의 정보
② 도면 작성방법에 있어서 설계자 임의의 창의성
③ 무역 및 기술의 국제 교류를 위한 국제적 통용성
④ 대상물의 도형, 크기, 모양, 자세, 위치의 정보

해 도면의 작성방법은 설계자가 임의의 창의성으로 작성하는 것이 아닌 규격에 맞게 작성하여야 한다.

31

다음 투상도에서 A-A와 같이 단면했을 때 가장 올바르게 나타낸 단면도는?

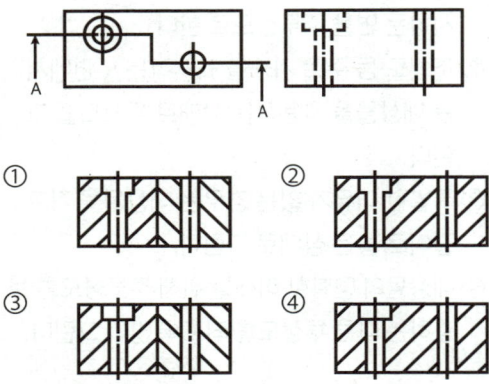

①
②
③
④

해 문제의 단면도는 계단단면도로 하나의 부품을 단면 했으므로 단면 해칭선의 각도는 모두 같아야 한다. 6각 구멍붙이 볼트가 묻히는 부분의 선도 표시가 되어야 한다.

32

단면을 나타내는 방법에 대한 설명으로 옳지 않은 것은?

① 단면임을 나타내기 위해 사용하는 해칭선은 동일 부분의 단면인 경우 같은 방식으로 도시되어야 한다.

② 해칭 부위가 넓은 경우 해칭을 할 범위의 외형 부분에 해칭을 제한할 수 있다.

③ 경우에 따라 단면 범위를 매우 굵은 실선으로 강조할 수있다.

④ 인접하는 얇은 부분의 단면을 나타낼 때는 0.7mm 이상의 간격을 가진 완전한 검은색으로 도시할 수 있다. 단 이 경우 실제 기하학적 형상을 나타내어야 한다.

해 인접하는 얇은 부분의 단면을 나타낼 때는 1개의 굵은 실선으로 표시한다

33

다음 그림과 같은 입체도에서 화살표방향을 정면도로 할 경우 우측면도로 가장 적절한 것은?

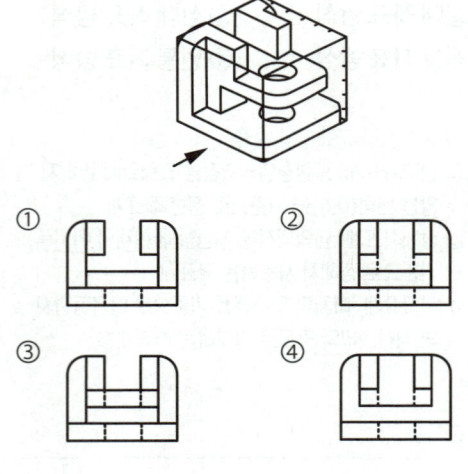

① ② ③ ④

34

"가"부분에 나타날 보조 투상도를 가장 적절하게 나타낸 것은?

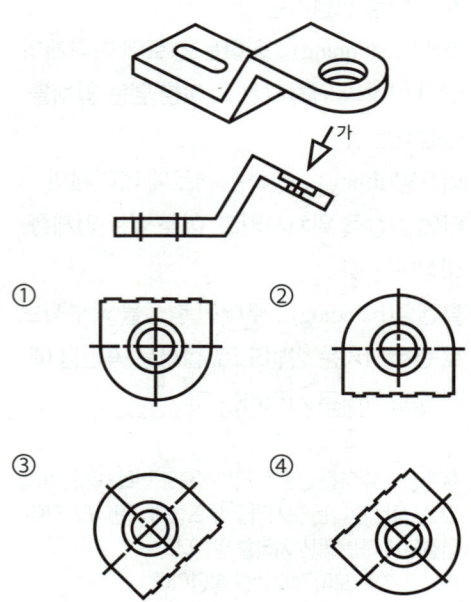

① ② ③ ④

35

각도 측정용 게이지가 아닌 것은?

① 옵티컬 플랫   ② 사인바
③ 콤비네이션 세트   ④ 오토 콜리메이터

36

시준기와 망원경을 조합한 것으로 미소 각도를 측정하는 광학적 측정기는?

① 오토 콜리메이터   ② 콤비네이션 세트
③ 사인 바   ④ 측장기

37

외측 마이크로미터 "0"점 조정시 기준이 되는 것은?

① 블록게이지   ② 다이얼 게이지
③ 오토콜리메이터   ④ 레이저 측정기

해
- 블록게이지 : 길이의 기준으로서 사용되는 기계이며 생산공장의 현장에서 공작용·검사용으로도 사용된다.
- 다이얼게이지 : 접촉 단의 변위를 톱니바퀴에 의해 길이의 변화 변위 등을 정밀하게 측정하기 위한 계기
- 오토콜리메이터 : 거울등의 평면법선 방향을 광학적으로 구하는 방법인 오토콜리메이션을 이용하여 미소각의 차이, 변화 또는 진동 등을 측정하는 광학기계
- 레이저측정기 : 레이저를 발사한 후 반사되는 레이저를 검축하여 정확한 거리를 측정하는 측정기

38

다음 중 비교 측정기에 해당하는 것은?

① 버니어 캘리퍼스   ② 마이크로미터
③ 다이얼 게이지   ④ 하이트 게이지

39

어미자의 눈금이 0.5mm이며, 아들자의 눈금이 12mm를 25등분한 버니어 캘리퍼스이 최소 측정값은?

① 0.01mm   ② 0.02mm
③ 0.05mm   ④ 0.025mm

해 최소측정값 = $\dfrac{\text{어미자의 최소 눈금}}{\text{등분수}}$ = $\dfrac{0.2}{25}$ = 0.02mm

버니어 캘리퍼스는 자와 칼리퍼스를 조합한 측정기로 어미자와 아들자를 이용하여 1/20mm, 1/50mm까지 측정할 수 있다. 어미자의 눈금 간격이 0.5mm이고 아들자를 25등분한 것이므로 0.5/25 = 0.02가 된다.

40

6-4 황동에 철 1~2%를 첨가함으로써 강도와 내식성이 향상되어 광산기계, 선박용 기계, 화학기계 등에 사용되는 특수 황동은?

① 쾌삭 메탈   ② 델타 메탈
③ 네이벌 황동   ④ 애드머럴티 황동

해 특수황동의 종류 **316p**

41

냉간 가공된 황동제품들이 공기 중의 암모니아 및 염류로 인하여 입간부식에 의한 균열이 생기는 것은?

① 저장균열   ② 냉간균열
③ 자연균열   ④ 열간균열

해 황동의 자연균열은 공기 중의 암모니아, 염류에 의해 입간 부식을 일으켜 상온 가공에 의한 내부 응력 때문에 생긴다. 방지책으로는 수분에 노출시키지 않도록 하고, 온도 180~260℃에서 응력 제거 풀림하고, 도료나 안료를 이용하여 표면 처리하고, Zn(아연)도금으로 표면 처리한다.

해 헬리컬 기어는 진동가 소음이 적으나 나선각 때문에 축 방향으로 스러스트 하중이 발생한다.

42

탄소가 0.25%인 탄소강의 기계적 성질을 0~500°C에서 조사하면 200~300°C에서 인장 강도가 최대치를, 연신율이 최저치를 나타내며 가장 취약하게 되는 현상은?

① 고온 취성 ② 상온 충격치
③ 청열 취성 ④ 탄소강 충격값

43

절삭 공구로 사용되는 재료가 아닌 것은?

① 페놀 ② 서멧
③ 세라믹 ④ 초경합금

해 페놀은 플라스틱 원료의 일종으로 강도가 필요한 절삭 공구용 재료로 사용되지 않는다.

44

상온이나 고온에서 단조성이 좋아지므로 고온가공이 용이하며 강도를 요하는 부분에 사용하는 황동은?

① 톰백 ② 6-4황동
③ 7-3황동 ④ 함석황동

해 (Cu+Zn, 구리+아연)의 합금에서 Zn의 함유량이 40% 일때 인장강도가 최대여서 구조용으로 사용하며 Zn의 함유량이 30% 일때 연신율이 최대여서 가공용으로 사용한다.

45

일반 스퍼기어와 비교한 헬리컬 기어의 특징에 대한 설명으로 틀린 것은?

① 임의의 비틀림 각을 선택할 수 있어서 축 중심거리의 조절이 용이하다.
② 물림 길이가 길고 물림률이 크다.
③ 최소 잇수가 적어서 회전비를 크게 할 수가 있다.
④ 추력이 발생하지 않아서 진동과 소음이 적다.

46

소결 초경합금 공구강을 구성하는 탄화물이 아닌 것은?

① WC ② TiC
③ TaC ④ TMo

해 초경합금은 Wc, Ti, Ta 등의 분말을 Co, Ni 분말과 섞어서 프레스로 눌러 모양을 만든 후, 1400°C 이상의 높은 온도에서 소결한 것. - 800°C 정도의 고온에서도 경도가 쉽게 낮아지지 않는다. 공구 팁, 인서트 날 형식으로 사용한다

47

다음 중 표면을 경화시키기 위한 열처리 방법이 아닌 것은?

① 풀림 ② 침탄법
③ 질화법 ④ 고주파 경화법

해 강의 열처리는 재료를 적당한 온도로 가열하거나 냉각하여 사용하는 목적에 적합한 성질로 개선시는 일을 말한다.
　① 풀림 : 강의 조직을 개선 시키거나 연화 시키기 위하여 A1 ~ A3변태점보다 30 ~ 50°C 높은 온도로 가열하여 서서히 냉각시켜 연화 시키는 작업이다.
　② 담금질 : 변태점 이상으로 가열한 강을 물이나 기름 속에 급랭시켜 경도가 증가하게 하는 열처리이다.
　③ 뜨임 : 강인성을 주기 위하여 Ai변태점 이하의 온도에서 가열 조작하는 열처리이다.
　④ 불림 : A3 또는 Acm변태보다 약30 ~ 50°C 높은 온도에서 가열 조작하여, 미세하고 균일한 표준 조직을 얻는 열처리이다.

48

금속이 탄성한계를 초과한 힘을 받고도 파괴되지 않고 늘어나서 소성변형이 되는 성질은?

① 연성 ② 취성
③ 경도 ④ 강도

해 ① 연성 : 재료가 인장, 압축 등의 외력을 받아서 파괴되지 않고 변형되는 정도를 나타내는 변형 한계 능력으로, 길고 가늘게 늘어나는 성질이다.

② 취성 : 인성의 반대되는 성질로 잘 부서지고, 잘 깨지는 성질을 말한다.

③ 경도 : 일반적으로, 다이아몬드와 같은 단단한 물체를 일정한 압력으로 재료 표면에 가압하였을 때, 이 외력에 대한 저항의 크기를 재료의 단단한 정도로 나타낸 것이다.

④ 강도 : 재료의 파괴에 대한 저항이다. 즉, 재료에 외력이 가해질 때, 재료를 파괴하는 힘에 대한 재료 단면에 작용하는 최대 저항력을 말한다. 강도에는 인장강도, 굽힘강도, 전단강도, 압축강도, 비틀림강도 등이 있다.

49

주철의 결점인 여리고 약한 인성을 개선하기 위하여 먼저 백주철의 주물을 만들고, 이것을 장시간 열처리하여탄소의 상태를 분해 또는 소실시켜 인성 또는 연성을 증가시킨 주철은?

① 보통 주철　　　② 합금 주철
③ 고급 주철　　　④ 가단 주철

해 주철(탄소함유량 : 2.11 ~ 6.67%) 316p

50

나사가 축을 중심으로 한 바퀴 회전할 때 축 방향으로 이동한 거리는?

① 피치　　　　　② 리드
③ 리드각　　　　④ 백래쉬

해 리드(나사가 1회전 했을 때 축방향으로 나아간 거리) 340p

51

축의 원주에 많은 키를 깎은 것으로 큰 토크를 전달시킬 수 있고, 내구력이 크며 보스와의 중심축을 정확하게 맞출 수 있는 것은?

① 성크 키　　　　② 반달 키
③ 접선 키　　　　④ 스플라인

해 키(key)는 벨트 풀리나 키어, 차륜을 축과 일체로 하여 회전을 전달시키기 위해 끼우는 것이다.

키의 종류

① 묻힘키(성크키)	② 평키(플랫키)	③ 안장키(새들키)
가장 많이 사용 테이퍼 1/100	축은 자리만 평편, 보스에 홈	축은 절삭하지 않고, 보스에만 홈
④ 반달키 (우드러프 키)	⑤ 페더키(미끄럼 키)	⑥ 접선키
테이퍼 축에 주로 사용, 축이 약해짐	축방향으로 보스 이동가능, 키의 구배없음	2개의 키를 120° 간격으로 조합
⑦ 원뿔키	⑧ 둥근키(핀키)	⑨ 스플라인
갈라진 원뿔통에 끼워넣어 마찰력으로 고정	축과 보스에 드릴로 구멍을 내어 홈을 만듬	축의 둘레에 4~20개의 턱을 만듬
⑩ 세레이션		
축에 작은 삼각형의 작은 이를 만듬, 자동차의 핸들		

전달 회전력이 큰 순서
안장키→평키→반달키→성크키→접선키→스플라인→세레이션

52

교차하는 두 축의 운동을 전달하기 위하여 원추형으로 만든 기어는?

① 스퍼 기어   ② 헬리컬 기어

③ 웜 기어   ④ 베벨 기어

해 기어의 종류

축의 상태	명칭	특징
두 축이 평행한 기어	스퍼 기어	- 이 끝이 직선인 보통 기어 - 제작이 용이하여 동력 전달용으로 널리 사용
	헬리컬 기어	- 이 끝이 헬리컬 곡선인 원통 기어 - 스퍼 기어보다 맞물림이 우수하고 정숙함
	더블 헬리컬 기어	- 2개의 헬리컬 기어를 대칭으로 조합한 형태 - 축 방향의 추진력이 작아 균일한 회전
	래크와 피니언	- 래크:반지름이 무한히 큰 직선 기어 - 회전 운동을 직선 운동으로 변환
두 축이 서로 교차되는 기어	베벨 기어	- 교차되는 두 축 간에 운동을 전달하는 원추형 기어 - 일반적으로 직각 방향의 동력 전달
	스파이럴 베벨 기어	- 이 끝이 곡선인 베벨 기어 - 물림이 좋고 정숙하여 큰 하중과 고속 전달용에 사용

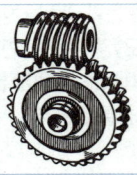

축이 평행하지도 교차하지도 않는 경우	웜 기어
	- 웜과 웜 기어로 이루어진 한 쌍의 기어 - 두 축이 직각이며 큰 감속비를 얻을 수 있음
 하이포이드 기어	
	- 두 축이 어긋나 있는 원추형 기어 - 소음이 적고 효율이 좋아 자동차 차동 기어 장치의 감속 기어로 사용

53

다음 중 전동용 기계요소에 해당하는 것은?

① 볼트와 너트   ② 리벳

③ 체인   ④ 핀

해 ① 볼트와 너트 : 결합용(제결용) 기계요소
② 리벳 : 결합용 기계요소
③ 체인 : 전동용 기계요소
④ 핀 : 고정 및 위치 결정용 기계요소

54

롤러 체인에 대한 설명으로 잘못된 것은?

① 롤러 링크와 판 링크를 서로 교대로 하여 연속적으로 연결한 것을 말한다.

② 링크의 수가 짝수이면 간단히 결합되지만, 홀수이면 오프셋 링크를 사용하여 연결한다.

③ 조립시에는 체인에 초기장력을 가하여 스프로킷 휠과 조립한다.

④ 체인의 링크를 잇는 핀과 핀 사이의 거리를 피치라고 한다.

해 체인전동장치는 초기 장력이 필요하지 않으므로 조립 시에 체인에 초기 장력을 가하지 않고 스프로킷 휠과 결합한다.

55

스프링의 용도에 대한 설명 중 틀린 것은?

① 힘의 측정에 사용된다.

② 마찰력 증가에 이용한다.

③ 일정한 압력을 가할 때 사용된다.

④ 에너지 저축하여 동력원으로 작동시킨다.

해 스프링은 물체의 탄성, 또는 변형에 의한 에너지의 축적 등을 이용하는 것을 주목적으로 하는 기계 요소로 사용 목적은 충격 완화, 진동 흡수, 힘의 축척, 운동과 압력의 억제 등이 있다.

56

다음 도면과 같은 이음의 종류로 가장 적합한 설명은?

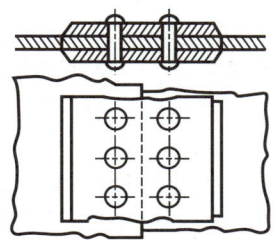

① 2열 겹치기 평행형 둥근머리 리벳 이음

② 양쪽 덮개판 1열 맞대기 둥근머리 리벳 이음

③ 양쪽 덮개판 2열 맞대기 둥근머리 리벳 이음

④ 도면의 구역기호

57

길이가 1m 이고 지름이 30mm 인 둥근 막대에 30000N의 인장하중을 작용하면 얼마 정도 늘어나는가?(단, 세로탄성계수는 $2.1 \times 105/Nmm^2$ 이다.)

① 0.102mm ② 0.202mm

③ 0.302mm ④ 0.402mm

해 $\sigma = E\epsilon = \dfrac{P}{A} = E\dfrac{\lambda}{l}$ 에서

$\lambda = \dfrac{Pl}{AE}$

$\lambda = \dfrac{4 \times 30,000 \times 1,000}{\pi \times 30^2 \times 2.1 \times 10^5} = 0.202mm$

58

다음 중 수나사를 가공하는 공구는?

① 탭 ② 리머

③ 다이스 ④ 스크레이퍼

해 **다이스 가공**(dies working)
다이스는 수나사를 가공하는 공구이다. 내면은 나사로 되어 있고 칩이 빠져 나올 수 있는 홈이 있다.

59

기어의 잇수가 40개고, 피치원의 지름이 320 mm 일 때 모듈의 값은?

① 4 ② 6

③ 8 ④ 12

해 $D = m \times Z$
$320 = m \times 40$
$m = 8$

60

한 번의 길이가 20 mm인 정사각형 단면에 4kN의 압축하중이 작용할 때 내부에 발생하는 압축응력은 얼마인가?

① $10\ N/mm^2$ ② $20\ N/mm^2$

③ $100\ N/mm^2$ ④ $200\ N/mm^2$

해 **응력을 구하는 식**

$$응력 = \dfrac{하중}{단면적}, \sigma = \dfrac{F}{A}$$

여기서 $A = mm^2$, $F(W) = N(kg_f)$

$$\sigma = \dfrac{4,000N}{20mm \times 20mm} = \dfrac{4,000N}{400mm^2} = 10N/mm^2$$

05 예상기출문제 5회

📁 모의고사

01

치수 보조선에 대한 설명으로 옳지 않은 것은?

① 필요한 경우에는 치수선에 대하여 적당한 각도로 평행한 치수 보조선을 그을수 있다.

② 도형을 나타내는 외형선과 치수보조선은 떨어져서는 안된다.

③ 치수보조선은 치수선을 약간 지날 때까지 연장하여 나타낸다.

④ 가는 실선으로 나타낸다.

🗒 도면 제작시 외형선과 치수보조선은 1~2mm 떨어뜨려서 기입하도록 하지만 도면 제작의 여건에 따라 떨어질수도 붙 일수도 있다.

02

다음 그림에서 모떼기가 C2일 때 모떼기의 각도는?

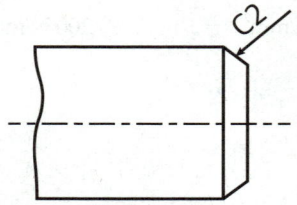

① 15° ② 30°
③ 45° ④ 60°

🗒 모떼기의 각도는 일반적으로 45°이다. 치수기입시 C를 붙이면 모떼기의 각도가 45° 임을 의미한다.

03

특수한 가공을 하는 부분 등 특별한 요구사항을 적용할 수 있는 범위를 표시하는데 사용하는 선은?

① 굵은 1점 쇄선 ② 가는 2점 쇄선
③ 가는 실선 ④ 굵은 실선

🗒 특수 가공 중 특별 요구 사항을 적용할 범위를 표시하는 특수 지정선은 굵은 1점 쇄선으로 나타낸다.

04

경상면부가 있는 대상물에 대해서 그 대상면의 실형을 도시할 필요가 있는 경우 그림과 같이 투상도를 나타낼 수 있는데 이 투상도의 명칭은?

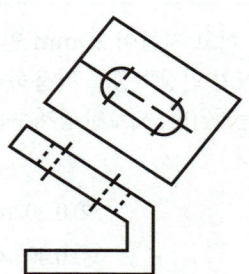

① 부분 투상도 ② 보조 투상도
③ 국부 투상도 ④ 특수 투상

05

다음 중 모양 공차의 종류에 속하지 않는 것은?

① 평면도 공차 　　② 원통도 공차

③ 평행도 공차 　　④ 면의 윤곽도 공차

해 기하 공차 종류 및 기호 322p

06

머시닝센터에서 지름이 100mm인 밀링 커터로 가공물을 절삭하려 할 때, 커터의 회전수는 몇 rpm으로 하여야 하는가?(단, 절삭속도는 100m/min 이다)

① 259 　　② 256

③ 318 　　④ 312

해 $N = \dfrac{1000v}{\pi d} = \dfrac{1000 \times 100}{\pi \times 100} = 318 rpm$

07

인쇄, 복사 또는 플로터로 출력된 도면을 규격에서 정한 크기대로 자르기 위해 마련한 도면의 양식은?

① 비교눈금 　　② 재단마크

③ 윤곽선 　　④ 도면의 구역기호

해 도면에 마련되는 양식 334p

08

다음과 같이 표시된 기하 공차에서 A가 의미하는 것은?

//	0.011	A

① 공차 종류와 기호 　　② 데이텀 기호

③ 공차 등급 기호 　　④ 공차 값

해 아래 그림의 기하공차 해석을 참고한다.

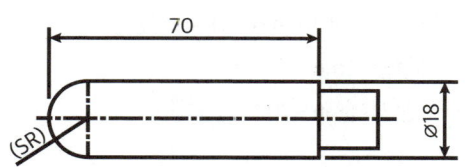

데이텀 A면을 기준으로 평행도를 측정한다.
기준길이 100mm에서 평행도 허용오차는 0.01mm이다.
평행도 공차

전체 길이에 대한 오차 허용치 0.1mm
평행도 공차　　지정길이 100mm에 대해 0.05mm의 오차 허용치

09

다음 중 회전도시 단면도로 나타내기에 가장 부적절한 것은?

① 리브 　　② 기어의 이

③ 훅 　　④ 바퀴의 암

10

다음 투상도에 표시된 "SR" 은 무엇을 의미하는가?

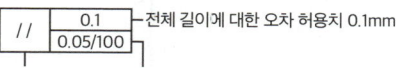

① 원의 반지름 　　② 원호의 지름

③ 구의 반지름 　　④ 구의 지름

해 치수 보조 기호 304p

11

구성인선의 방지 대책과 가장 거리가 먼 것은?

① 윤활성이 좋은 절삭 유제를 사용한다.

② 절삭 깊이를 얕게 한다.

③ 공구의 윗면 경사각을 크게 한다.

④ 이송속도를 높여 전단형 칩이 형성 되도록 한다.

12

롤러 베어링의 안지름 번호가 03일 때 안지름
은 몇 mm인가?

① 15 　　　　　　② 17

③ 3 　　　　　　④ 12

🔷 **베어링의 호칭지름**
　베어링의 안지름번호는 1자리일때 1~9는 그대로
　1~9mm를 의미하고, 00은 10mm, 01은 12mm,
　02는 15mm, 03은 17mm이고, 04에서 부터는 5를
　곱하여 나온 숫자가 안지름이다. 또한 5의 배수가 아
　닌 경우는 /를 붙여 표시한다.

13

호칭지름 6㎜, 호칭길이 30㎜, 공차 m6 인
비경화강 평행핀의 호칭 방법이 옳게 표현된
것은?

① 평행핀 - 6×30 - m6 - St

② 평행핀 - 6×30 - m6 - A1

③ 평행핀 - 6m6×30 - St

④ 평행핀 - 6m6×30 – A1

🔷 **평행 핀 호칭방법**

명칭	종류 (끼워맞춤기호)	형식	호칭지름 ×길이	재료
KS B 1320 평행핀	6	M	6×30	St

14

지름이 2cm인 봉재에 인장하중이 400N 하
중이 400N 작용할 때 발생하는 인장 응력은
약 얼마인가?

① 127.3N/cm^2 　　② 127.3N/cm^2

③ 172.8N/cm^2 　　④ 172.8N/cm^2

🔷 $\sigma = \dfrac{W}{A} = \dfrac{W}{\dfrac{\pi d^2}{4}} = \dfrac{400}{\dfrac{\pi \times 2^2}{4}} ≒ 127.3\text{N/cm}^2$

15

다양한 형태를 가진 면, 또는 홈에 의하여 회
전운동 또는 왕복운동을 발생시키는 기구는?

① 캠 　　　　　　② 스프링

③ 베어링 　　　　④ 링크

🔷 캠 기구는 다양한 형태를 가진 면 또는 홈에 의하여 회
　전 운동이나 왕복 운동을 함으로써 주기적인 운동을
　발생하는 기구를 말하며 내연기관의 밸브 개폐장치 등
　에 이용된다.

16

밀링머신에서 하지 않는 가공은?

① 홈 가공 　　　　② 평면 가공

③ 널링 가공 　　　④ 각도 가공

🔷 널링 가공은 선반에서 하는 작업으로 가공물의 표면에
　널(knurl)을 압입하여, 가공물 원주면에 사각형, 다이
　아몬드 형, 평형 등의 요철 형태로 가공하는 방법이다.
　선반가공법 중에서 절삭가공이 아니고 유일한 소성가
　공법이며, 널링 가공을 하면, 소성가공이기 때문에 가
　공물의 외경이 커진다.

17

나사의 호칭에 대한 표시 방법 중 틀린 것은?

① 미터 사다리꼴 나사 : R3/4

② 미터 가는 나사 : M8×1

③ 유니파이 가는 나사 : No.8 - 36UNF

④ 관용 평행나사 : G1/2

🔷 **나사 종류 및 기호** 313p

18

용접부의 기호 도시 방법에 대한 설명 중 잘못된 것은?

① 용접부 도시를 위해서는 일반적으로 실선과 점선의 2개의 기준선을 사용한다.

② 기준선에서 경우에 따라 점선은 나타내지 않을 수 도 있다.

③ 기준선은 우선적으로는 도면 아래 모서리에 평행하도록 표시하고, 여의치 않을 경우 수직으로 표시할 수 도 있다.

④ 용접부가 접합부의 화살표쪽에 있다면 용접 기호는 기준선의 점선쪽에 표시한다.

해 **투상법에 따른 용접 기호의 위치** 337p

19

다음 스퍼기어 요목표에서 (㉮)의 잇수는?

스퍼기어 요목표	
기어치형	표준
치형	보통이
모듈	2
압력각	20°
잇수	(㉮)
피치원지름	Ø 100
다듬질 방법	호브절삭

① 5　　　　　　　　② 20

③ 40　　　　　　　④ 50

해 D＝m×Z
100＝2 * ㉮
그러므로
㉮＝50개

20

CAD 시스템의 입력장치로 볼 수 있는 것을 모두 고른 것은?

ㄱ. 태블릿　　ㄴ. 플로터　　ㄷ. 마우스　　ㄹ. 라이트펜

① ㄱ, ㄴ　　　　　② ㄴ, ㄷ, ㄹ

③ ㄷ, ㄹ　　　　　④ ㄱ, ㄷ, ㄹ

해 **CAD 입력장치, 출력장치** **328p**

21

기존에 생성된 솔리드모델에서 프로파일 모양으로 홈을 파거나 뚫을 때 사용하는 기능으로서 돌출명령어의 진행과정과 옵션은 동일하나 돌출형상으로 제거하는 명령어를 뜻하는 것은?

① 합치기(합집합)

② 교차하기(교집합)

③ 빼기(차집합)

④ 생성하기(신규 생선)

22

설계에서 제조, 출하에 이르는 모든 기능과 공정을 컴퓨터를 통하여 통합 관리하는 시스템의 용어는?

① CAE　　　　　② CIM

③ FMS　　　　　④ CAD/CAM

23

도면 관리에서 다른 도면과 구별하고 도면 내용을 직접 보지 않고도 제품의 종류 및 형식 등의 도면 내용을 알수 있도록 하기 위해 기입하는 것은?

① 도면 번호　　　② 도면 척도

③ 도면 양식　　　④ 부품 번호

해 도면 번호에 일정한 규칙을 부여하면 도면의 내용을 직접 확인하지 않고도 제품의 종류나 형식 등을 파악할 수 있다.

24

산술 평균 거칠기 표시 기호는?

① Ra　　　② Rs

③ Rz　　　④ Ru

해 **표면거칠기의 종류** 306p

25

도면에 치수를 기입 할 때의 주의사항으로 틀린 것은?

① 치수는 정면도, 측면도, 평면도에 보기 좋게 골고루 배치한다.

② 외형선, 중심선, 혹은 그 연장선을 치수선으로 사용하지 않는다.

③ 치수는 가능한 한 도형의 오른쪽과 윗 쪽에 기입한다.

④ 한 도면 내에서는 같은 크기의 숫자로 치수를 기입한다.

해 치수기입의 일반적인 원칙은 치수는 주 투상도에 집중하여 나타내며 중복을 피하며, 관련되는 치수는 한 곳에 모아서 기입한다.

26

조립한 상태의 치수 허용 한계값을 나타낸 것으로 틀린것은?

① 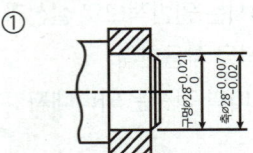　　②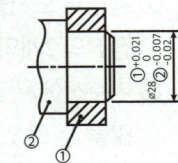

③ 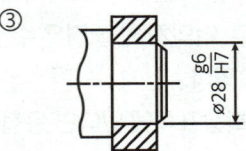　　④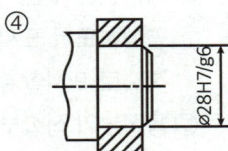

해 치수 허용 값을 분수의 형태로 나타낼 때에는 분자에 구멍의 치수(대문자) 분모에 축의 치수(소문자)로 나타내야 한다. ③은 반대로 표시되어 있으므로 오답이다.

27

투상도법에서 원근감을 갖도록 나타내어 건축물 등의 공사 설명용으로 주로 사용하는 투상도법은?

① 등각투상도　　　② 투시도

③ 정투상도　　　④ 부등각 투상도

해

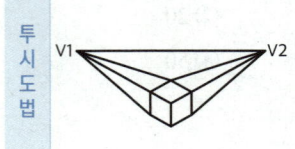

투시도법 | 원근감을 갖게 하기 위해 시점과 물체를 방사선으로 표시하는 방법으로 주로 건축, 도로, 교량의 도면 작성에 사용된다.

28

다음 그림은 어떤 기계요소를 나타낸 것인가?

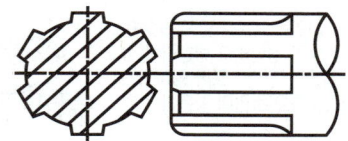

① 원뿔 키　　　　② 접선 키
③ 세레이션　　　　④ 스플라인

 키의 종류 357p

29

다음 중 플러그 용접 기호는?

① 　　②

③ 　　④

 ① 심 용접
　② 플러그용접(슬롯용접)
　③ 스폿용접
　④ 평행맞대기용접

30

평 벨트 풀리의 도시방법으로 틀린 것은?

① 벨트 풀리는 축직각 방향의 투상을 주투상 도로 할 수 있다.
② 암은 길이 방향으로 절단하여 단면을 도시 하지 않는다.
③ 대칭형인 벨트 풀리는 생략하지 않고 되도 록 전체를 그려야 한다.
④ 암의 테이퍼 부분 치수를 기입할 때 치수 보 조선은 경사선에 그어서 치수를 나타낼 수 있다.

 대칭은 벨트 풀리는 부분 단면도법을 활용하여 그 일 부분만을 도시한다.

31

베어링 호칭번호가 "7210CDTP5" 다음과 같 을 때 이에 대한 설명으로 틀린 것은?

① 베어링 계열 기호는 "72" 이다.
② 안지름 번호는 "10"으로 호칭 베어링의 안 지름이 50mm 이다.
③ 접촉각 기호는 "C" 이다.
④ 정밀도 등급은 "DT" 이다.

 DT는 내부틈새 기호이며, 정밀도 등급 기호는 P5이다.
베어링의 호칭 번호의 순서
형식기호 - 치수기호 - 안지름번호 - 접촉각기호 - 실드 기호 - 내부틈새기호 - 등급기호

32

밀링 커터의 공구각 중 날의 윗면과 날 끝을 지나는 중심선 사이의 각으로 크게 하면 절삭 저항은 감소하나 날이 약해지는 단점을 갖는 것은?

① 랜드　　　　　② 경사각
③ 날끝각　　　　④ 여유각

 • 랜드 : 여유각에 의하여 생기는 절삭날 여유면의 일 부로서 랜드의 나비는 작은 커터가 0.5mm 정도이 고 지름이 큰 커터는 1.5mm 정도이다.
　• 경사각 : 절삭날과 커터의 중심선과의 각도를 경사 각이라 한다.
　• 여유각 : 커터의 날 끝이 그리는 원호에 대한 접선과 여유면과의 각을 여유각이라 한다. 일반적으로 재질 이 연한 것은 여유각을 크게, 단단한 것은 작게 한다.

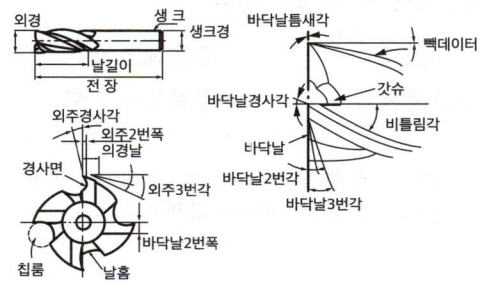

33

모듈 m인 한 상의 외접 스퍼기어가 맞물려 있을 떼에 각각의 잇수를 Z1, Z2라면 두 기어의 중심거리를 구하는 계산식은?

① $\dfrac{(Z_1+Z_2)\times m}{2}$　　　② $m\times(Z_1+Z_2)$

③ $\dfrac{2}{2\times(Z_1+Z_2)}$　　　④ $2\times m\times(Z_1+Z_2)$

🔷 두 기어의 중심거리 **332p**

34

다음 중 센터 구멍이 필요하지 않은 경우를 나타낸 기호는?

①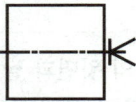
②

③
④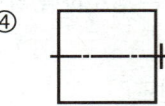

🔷 ① 센터 구멍이 필요하지 않은 경우
　② 센터 구멍이 필요하여 반드시 남겨두는 경우
　③ 센터 구멍이 남아 있어도 좋으나 없어도 상관없는 경우

35

왕복운동 기관에서 직선운동과 회전운동을 상호 전달할 수 있는 축은?

① 직선 축　　　② 크랭크 축
③ 중공 축　　　④ 플렉시블 축

🔷 축이란 주로 베어링에 의해 지지된 상태로 회전력을 전달하는 긴 형태의 기계요소를 말한다.

차축	길다란 축에 충량감이 있게 만들어 자동차나 철도차량 등에 쓰이는 축으로 중량을 차륜에 전달하는 역할을 한다.	
스핀들	주로 비틀림 작용을 받고, 모양이나 치수가 정밀하고 변형량이 작은 짧은 최전축으로써 공작기계 등의 주축으로 많이 사용하는 축이다.	
플랙시블축	고정되지 않는 두 개의 서로 다른 물체 사이에 회전하는 동력을 전달하는 유연한 축으로써 각종 로터리 툴의 유동적인 작업을 위한 축으로도 사용이 된다.	
크랭크축	축으로 전달되는 원형운동을 이용해 상하 피스톤 왕복운동으로 바꾸어 주는 축으로써 증기기관이나 내연기관 등에 주로 많이 사용된다.	

36

스퍼 기어에서 Z는 잇수(개)이고, P가 지름피치(인치) 일 때 피치원 지름(D mm)를 구하는 공식은?

① $D=\dfrac{PZ}{25.4}$　　　② $D=\dfrac{25.4}{PZ}$

③ $D=\dfrac{P}{25.4Z}$　　　④ $D=\dfrac{25.4Z}{P}$

🔷 표준기어의 이의 크기 표시 방법
　① 원주피치

$$\pi D = pZ \rightarrow p = \frac{\pi D}{Z} = \pi m \,[\text{mm}]$$

　② 모듈 : 미터계에서 사용(정의)

$$m = \frac{D}{Z} = a\,[\text{mm}] \rightarrow D = mZ$$

　③ 직경피치 : 인치계에서 사용(정의)

$$p_d = \frac{Z}{D} = \frac{1}{m}\,[\text{inch}] = \frac{25.4}{m}\,[\text{mm}]$$

37

재료의 안전성을 고려하여 허용할 수 있는 최대응력을 무엇이라 하는가?

① 주 응력　　　② 사용 응력
③ 수직 응력　　　④ 허용 응력

해 응력과 변형률의 관계

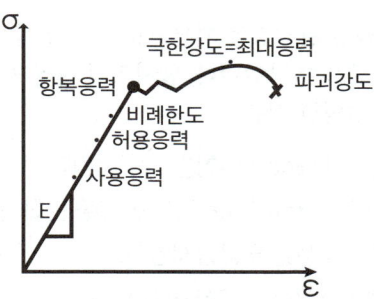

① σ_w : 사용응력(Working Stress) - 사용할 수 있는 응력 = 영구변형없이 구조물을 안전하게 사용할 수 있는 응력
② σ_a : 허용응력(allow stress) - 사용응력으로 선정한 안전한 범위의 응력 = 사용응력의 상한응력
③ σ_u : 극한강도(최대응력)
④ 응력의 관계

$$\sigma_{ws} \leq \sigma_a = \frac{\sigma_u}{S}$$

여기서,
S : 안전율

38

다음 벨트 중에서 인장강도가 대단히 크고 수명이 가장 긴 벨트는?

① 가죽 벨트　　　　② 강철 벨트
③ 고무 벨트　　　　④ 섬유 벨트

해 벨트의 재료 중 강철이 가장 강도가 크다.

39

측정량이 증가 또는 감소하는 방향이 다름으로써 생기는 동일치수에 대한 지시량의 차를 무엇이라 생각하는가?

① 개인오차　　　　② 우연 오차
③ 후퇴 오차　　　　④ 접촉 오차

40

길이 측정에 적합하지 않은 것은?

① 버니어 캘리퍼스　　② 마이크로미터
③ 하이트게이지　　　④ 수준기

해 수준기는 수직, 수평의 기울기를 측정하는 것으로 길이 측정용으로 사용되지 않는다.

41

오차가 +20μm인 마이크로미터로 측정한 결과 55.25mm의 측정값을 얻었다면 실제값은?

① 55.18mm　　　　② 55.23mm
③ 55.25mm　　　　④ 55.27mm

해 오차 = 측정값 - 실제값
실제값 = 측정값 - 오차
= 55.25mm - 0.02mm(20μm) = 55.23mm

42

다음과 같은 특징을 가진 곡선은?

- 조점점의 양 끝점을 통과한다.
- 국부적인 곡선 조정이 가능하다.
- 원이나 타원 등의 원뿔 곡선은 근사적으로만 나타낼 수 있다.

① Bezier 곡선　　　　② Ferguson 곡선
③ NURBS 곡선　　　　④ B-spline 곡선

해 B-spline 곡선의 특징
- 조정점의 양 끝점을 반드시 통과한다.
- 원이나 타원 등의 원뿔 곡선은 근사적으로만 나타낼 수 있다.
- 꼭짓점 수정 시 정해진 구간의 형상만 변경되므로 국부적 조정이 가능하다.
- 꼭짓점을 움직이더라도 조정점의 개수와 관계없이 연속성이 보장된다.
- 다각형이 정해지면 형상 예측이 가능하다.

43

강의 표면 경화법으로 금속 표면에 탄소(C)를 침입 고용시키는 방법은?

① 질화법   ② 침탄법
③ 화염경화법   ④ 숏피닝

해 **표면경화법**

침탄법	질화법	금속침투법(시멘테이션)
고체침탄법, 액체침탄법, 기체침탄법	암모니아 가스 중에서 가열	세라다이징(Zn), 크로마이징(Cr), 칼로라이징(Al), 실리코나이징(Si), 보로나이징(B)

① 화학적 표면경화법			
화염경화법	고주파경화법	하드페이싱	쇼트피닝

44

비철금속 구리(Cu)가 다른 금속 재료와 비교해 우수한 것 중 틀린 것은?

① 연하고 전연성이 좋아 가공하기 쉽다.
② 전기 및 열전도율이 낮다.
③ 아름다운 색을 띠고 있다.
④ 구리합금은 철강 재료에 비하여 내식성이 좋다.

해 구리(Cu)는 비중이 8.96, 용융점 1083℃, 변태점이 없으며 비자성체이다. 전영성이 우수하고 전기 및 열의 양도체이며 부식성이 우수하나 염산에 침식된다.

45

다음 중 플라스틱 재료로서 동일 중량으로 기계적 강도가 강철보다 강력한 재질은?

① 글라스 섬유   ② 폴리카보네이트
③ 나일론   ④ FRP

해 FRP(Fiber Reinforced Plastic) 섬유강화 플라스틱은 플라스틱 재료의 일종으로 동일한 중량으로 기계적 강도가 강철보다 우수한 특징이 있다.

46

열처리란 탄소강을 기본으로 하는 철강으로 매우 중요한 작업이다. 열처리의 특성으로 잘못 설명한 것은?

① 내부의 응력과 변형을 감소시킨다.
② 표면을 연화시키는 등의 성질을 변화시킨다.
③ 기계적 성질을 향상시킨다.
④ 강의 전기적/자기적 성질을 향상시킨다.

해 강의 열처리는 재료를 적당한 온도로 가열하거나 냉각하여 사용하는 목적에 적합한 성질로 개선시는 일을 말한다.
  ① 풀림 : 강의 조직을 개선 시키거나 연화 시키기 위하여 A1 ~ A3변태점보다 30 ~ 50℃높은 온도로 가열하여 서서히 냉각시켜 연화 시키는 작업이다.
  ② 담금질 : 변태점 이상으로 가열한 강을 물이나 기름 속에 급랭시켜 경도가 증가하게 하는 열처리이다.
  ③ 뜨임 : 강인성을 주기 위하여 Ai변태점 이하의 온도에서 가열 조작하는 열처리이다.
  ④ 불림 : A3또는Acm변태보다 약30 ~ 50℃높은 온도에서 가열 조작하여, 미세하고 균일한 표준 조직을 얻는 열처리 이다.

47

회전체의 균형을 좋게 하거나 너트를 외부에 돌출시키지 않으려고 할 때 주로 사용하는 너트는?

① 캡 너트   ② 둥근 너트
③ 육각 너트   ④ 와셔붙이 너트

해 **너트의 종류**

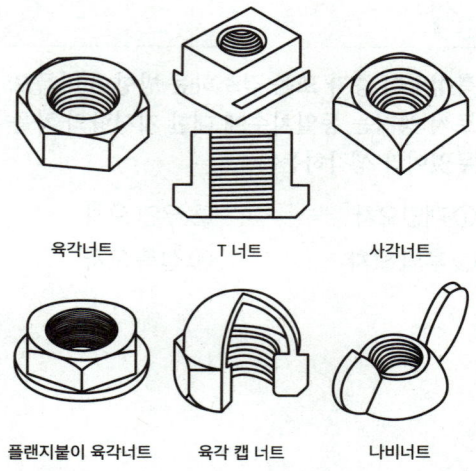

육각너트   T 너트   사각너트

플랜지붙이 육각너트   육각 캡 너트   나비너트

48

그림과 같이 3각법으로 정투상한 도면에서 A의치수는?

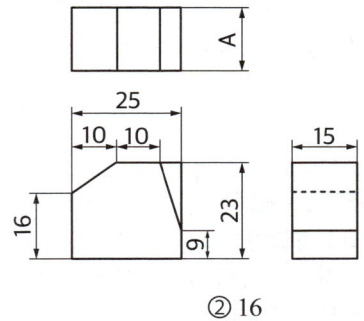

① 15   ② 16

③ 23   ④ 25

해 평면도의 높이는 우측면도 폭의 치수와 동일하다.

49

형상기억합금의 종류에 해당되지 않는 것은?

① 니켈-티타늄계 합금

② 구리-알루미늄-니켈계 합금

③ 니켈-티타늄-구리계 합금

④ 니켈-크롬-철계 합금

해

형상기억합금
합금에 외부 응력을 가하여 영구 변형을 시킨 후 재료를 특정 온도 이상으로 가열하면 변형되기 이전의 형상으로 회복되는 현상을 형상 기억 효과라고 하며 이 효과를 나타내는 합금을 형상기억합금이라 한다.

형상기억합금 의 종류	Ni-Ti합금 Ni-Al합금 Ni-Al-Cu합금 Al-Zn-Cu합금 Fe-Mn-Si-Cr-Ni합금 Fe-Cr-Ni-Mn-Si-Co합금

50

다음 중 로크웰경도를 표시하는 기호는?

① HBS   ② HS

③ HV   ④ HRC

해 경도시험(재료의 단단한 정도를 측정하는 시험)

① 브리넬 경도	② 비커스 경도
압입자에 하중을 걸어 자국의 크기로 경도를 측정 $H_B = \dfrac{P}{\pi Dt}$ $= \dfrac{2P}{\pi D(D - \sqrt{D^2 - d^2})}$ $\therefore P =$ 하중 $D =$ 강구의 지름 $d =$ 압입자국의 지름 $t =$ 압입 깊이	압입자에 하중을 작용시켜 작국의 대각선 길이로서 측정 $HV = \dfrac{\text{하중}}{\text{표면적}} = \dfrac{1.8544P}{d^2}$
③ 로크웰 경도	④ 쇼어 경도
압입자에 하중을 걸어 홈의 깊이로 측정 B스케일은 1.588mm강구 C스케일은 120° 다이아몬드 $H_R B = 130 - 500h$ $H_R C = 100 - 500h$	추를 일정한 높이에서 낙하시켜 반발한 높이로 측정 $H_S = \dfrac{10000}{65} X \dfrac{h}{h_0}$ $\therefore h:$ 반발 높이 $h_0:$ 낙하 높이

51

열가소성 수지가 아닌 재료는?

① 멜라민 수지

② 초산비닐 수지

③ 폴리에틸렌 수지

④ 폴리염화비닐 수지

해 합성수지의 종류 330p

52

그림과 같은 꽃병 도형을 그리기에 가장 적합한 방법은?

① 오프셋 곡면
② 원뿔 곡면
③ 회전 곡면
④ 필렛 곡면

해 꽃병과 같은 형상의 도형은 축을 기준으로 회전하는 모델링이다.

53

분할핀에 관한 설명이 아닌 것은?

① 테이퍼 핀의 일종이다.
② 너트의 풀림을 방지하는데 사용된다.
③ 핀 한쪽 끝이 두 갈래로 되어 있다.
④ 축에 끼워진 부품의 빠짐을 방지하는데 사용된다.

해 핀의 종류와 용도 312p

54

하중 3000N이 작용할 때, 정사각형 단면에 응력 30 N/cm²이 발생했다면 정사각형 단면 한 변의 길이는 몇 ㎜인가?

① 10
② 22
③ 100
④ 200

해 응력을 구하는 식

$$응력 = \frac{하중}{단면적}, \ \sigma = \frac{F}{A}$$

여기서 $A = mm^2$, $F(W) = N(kgf)$

$$30\frac{N}{cm^2} = \frac{3,000N}{xcm \times xcm}$$

$$x^2 = 100cm, \ x = 10cm, \ x = 100cm$$

55

연삭하려는 부품의 형상으로 연삭 숫돌을 성형하거나 성형연삭으로 인하여 숫돌 형상이 변화된 것을 부품의 형상으로 바르게 고치는 작업을 무엇이라고 하는가?

① 무딤
② 눈메움
③ 트루잉
④ 입자탈락

해 숫돌바퀴의 결함 및 수정
1. 눈메움(로딩) : 숫돌 표면의 기공에 칩이 메워지는 현상.
2. 무딤(글레이징) : 숫돌바퀴의 결합도가 지나치게 높아서 숫돌 입자의 날이 마멸되어도 자생 작용으로 입자가 떨어져 나가지 않아 연삭 입자가 무디어지는 현상.
3. 입자 탈락 : 숫돌바퀴의 결합도가 연삭 작업 조건에 비해 지나치게 낮을 경우에 발생.
4. 트루잉 : 숫돌바퀴의 모양이 점차 변형될 때 연삭 초기와 동일한 모양으로 가공하는 것. 동시에 드레싱도 된다.
5. 드레싱 : 숫돌에 눈메임, 무딤 등이 발생했을 때 표면을 깎아내어 새로운 예리한 절삭날을 생성하는 작업

56

다음 중 두랄루민 합금과 관계없는 것은?

① Al-Cu-Mg-Mn계 합금이다.
② 시효 경화 처리하면 인장 강도가 연강과 같은 정도가 된다.
③ 가볍고 강인하여 단조용으로 사용된다.
④ Y-합금이라고도 한다.

57

단면적이 100mm²인 강재에 300N 의 전단
하중이 작용할 때 전단응력(N/mm²)은?

① 1   ② 2
③ 3   ④ 4

해 **허용 전단응력**

(전단응력)$\tau = \dfrac{W_{허용}}{A}$,

$\tau = \dfrac{F}{A} = \dfrac{300N}{100mm^2} = 3N/mm^2$

A = 단면적(mm²)
W = 작용힘(kgf or N)

58

지름이 100mm 인 연강을 회전수 300 r/
min(=rpm), 이송 0.3 mm/rev, 길이 50mm를
1회 가공할 때 소요되는 시간은 약 몇 초인가?

① 약 20초   ② 약 33초
③ 약 40초   ④ 약 56초

해 **가공시간**

$T = \dfrac{l}{N \times f} = \dfrac{50}{300 \times 0.3} = 0.55분 = 33초$

여기서
N : 회전수(m/min)
f : 이동속도(mm/rev)
l : 길이(mm)

59

축에서 도형 내의 특정 부분이 평면 또는 구멍
의 일부가 평면임을 나타낼 때의 도시 방법은?

① "평면"이라고 표시한다.
② 가는 파선을 사각형으로 나타낸다.
③ 굵은 실선을 대각선으로 나타낸다.
④ 가는 실선을 대각선으로 나타낸다.

해 특정 부분이 평면이거나 구멍의 위치가 정사각형일때
해당 부분의 치수 앞에 ㅁ기호를 붙인다. 도시 방법은
가는 실선을 대각선으로 나타낸다.

60

한 변의 길이가 2cm인 정사각형 단면의 주철
제 각봉에 4000N의 중량을 가진 물체를
올려놓았을 때 생기는 압축 응력(N/㎟)은?

① 10 N/㎟   ② 20 N/㎟
③ 30 N/㎟   ④ 4 N/㎟

해 $\sigma_c = \dfrac{P_c}{A} = \dfrac{4000}{20 \times 20} = 10N/mm^2$

📁 모의고사

01

가공 방법의 약호에서 연삭가공의 기호는?

① L 　　　　　② D
③ G 　　　　　④ M

🔠 **가공 방법의 기호**
- L : 선반가공, M : 밀링가공, D : 드릴가공, P : 평면 가공, B : 보링, G : 연삭, GH : 호닝, W : 용접

표면거칠기 기입법 309p

02

절삭공구에 치핑이 발생하는 원인으로 가장 거리가 먼 것은?

① 충격에 약한 절삭공구를 사용할 때
② 절삭공구 인선에 강한 충격을 받을 경우
③ 절삭공구 인선에 절삭저항의 변화가 큰 경우
④ 고속도강 같이 점성이 큰 재질의 절삭공구를 사용할 경우

🔠 치핑(chipping) 절삭공구 인선의 일부가 미세하게 탈락되는 현상을 치핑이라 한다. 치핑은 단속절삭과 같이 절삭공구 인선에 충격을 받거나 또 충격에 약한 절삭공구를 사용할 때, 공작기계의 진동 등에 의해 절삭공구 인선에 가해지는 절삭저항의 변화가 큰 경우에 많이 발생한다.

03

코일 스프링의 도시 방법으로 적합한 것은?

① 모양만을 도시할 때는 스프링의 외형을 가는 파선으로 그린다.
② 특별한 단서가 없는 한 모두 오른쪽 감기로 도시한다.
③ 중간 부분을 생략할 때는 생략한 부분을 파단선을 이용하여 도시한다.
④ 원칙적으로 하중이 걸린 상태에서 도시한다.

🔠 **스프링 도시의 일반사항**
① 무하중 상태에서 그리는 것이 원칙(하중시에는 치수와 하중을 명기)
② 하중과 높이 또는 처짐과의 관계를 표시할 필요가 있을 때에는 선도 또는 표로 표시
③ 특별한 단서가 없는한 모두 오른쪽감기도 도시하고 왼쪽 감기일 경우 "감긴방향왼쪽"이라고 표시한다.
④ 그림안에 기입하기 힘든 사항은 요목표에 기입

04

도면을 그릴 때 가는 2점 쇄선으로 그려야 하는 것은?

① 숨은선 　　　　② 피치선
③ 가상선 　　　　④ 해칭선

🔠 가공 부분을 이동 중의 특정 위치 또는 이동 한계를 표시하는 선을 가상선이라 하며 가는 2점 쇄선으로 나타낸다.

05

다음 그림은 제3각법으로 제도한 것이다. 이 물체의 등각투상도로 알맞은 것은?

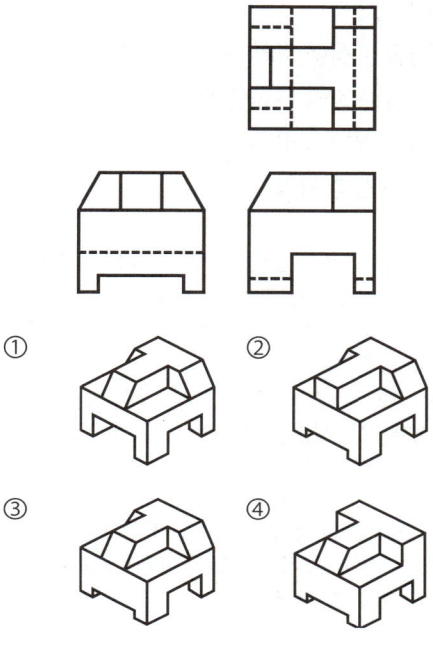

06

구멍의 치수가 $\varnothing 30^{+0.025}_{0}$ 축의 치수가 일 $\varnothing 30^{+0.020}_{-0.005}$ 때 최대 죔새는 얼마인가?

① 0.030

② 0.025

③ 0.020

④ 0.005

해 최대 죔새 = 축의 최대 허용치수 - 구멍의 최소 허용치수

최대죔새 = 30.020 - 30.0 = 0.020

용어	설명
최대 틈새	구멍 최대 허용 치수 - 축 최소 허용 치수
최소 틈새	구멍 최소 허용 치수 - 축 최소 허용 치수
최대 죔새	축 최대 허용 치수 - 구멍 최소 허용 치수
최소 죔새	축 최소 허용 치수 - 구멍 최대 허용 치수

07

다음 등각 투상도에서 화살표 방향을 정면도로 할 경우 평면도로 올바른 것은?

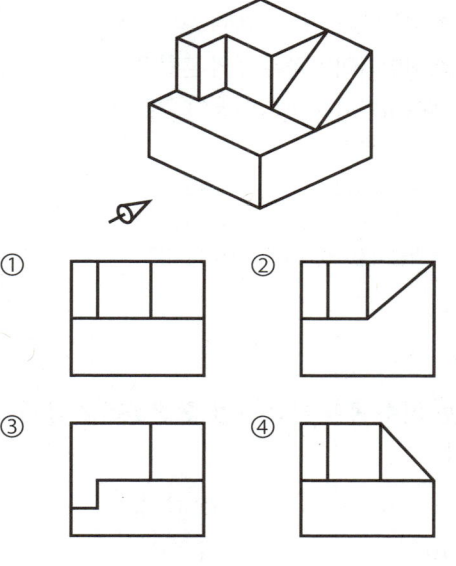

08

기하 공차의 구분 중 모양 공차의 종류에 속하지 않는 것은?

① 진직도 공차

② 평행도 공차

③ 진원도 공차

④ 면의 윤곽도 공차

해 기하 공차 종류 및 기호 322p

09

치수기입의 원칙에 맞지 않는 것은?

① 가공에 필요한 요구사항을 치수와 같이 기입할 수 있다.

② 치수는 주로 주 투상도에 집중시킨다.

③ 치수는 되도록 도면사용자가 계산하도록 기입한다.

④ 공정마다 배열을 나누어서 기입한다.

해 치수는 되도록이면 계산해서 구할 필요가 없도록 기입한다.

10

탄소강에서 공석강의 현미경 조직은?

① 초석페라이트와 레데부라이트

② 초석시멘타이트와 레데부라이트

③ 레데부라이트와 주철의 혼합 조직

④ 페라이트와 시멘타이트의 혼합 조직

해 · 공석강 = 페라이트 + 시멘타이트
　· 아공석강 = 페라이트 + 펄라이트
　· 과공석강 = 펄라이트 + 시멘타이트

11

일반 치수 공차 기입 방법 중 잘못된 기입 방법은?

① 10 ± 0.1

② $10 \, ^{+0.1.}_{0.}$

③ $10 \, ^{+0.2.}_{-0.5.}$

④ $10 \, ^{-0.1}_{0}$

해 치수공차의 기입 방법에서 항상 위치수 허용차가 아래치수 허용차 보다 커야 한다. ④과 같이 위치수 허용차에 - 0.1 이고 아래치수 허용차는 0 이므로 치수공차 기입 방법에 어긋난다.

12

중간 부분을 생략하여 단축해서 그릴 수 없는 것은?

① 관

② 스퍼 기어

③ 래크

④ 교량의 난간

해 중간 부분을 생략하여 그릴 수 있는 것은 재료의 길이가 아주 긴 경우이므로 스퍼기어와 같은 부품은 해당되지 않는다.

13

공구강에서 경도를 증가시키고 시효에 의한 치수 변화를 방지하기 위한 열처리 순서로 가장 적합한 것은?

① 담금질 → 심랭 처리 → 뜨임 처리

② 담금질 → 불림 → 심랭 처리

③ 불림 → 심랭 처리 → 담금질

④ 불림 → 심랭 처리 → 담금질

해 · 담금질 : 경도와 강도를 증가시킬 목적으로 강을 A3 변태 및 A1선 이상(A3 또는 A1 + 30 ~ 50˚C)으로 가열한 다음 물이나 기름에 급랭시킨 열처리
　· 심랭 처리 : 게이지 등 정밀 기계 부품의 조직을 안정화시키고 형상 및 치수 변형(시효 변형)을 방지하는 처리
　· 뜨임 : 담금질한 강을 적당한 온도(A1점 이하, 723˚C 이하)로 재가열하여 담금질로 인한 내부 응력, 취성을 제거하고 경도를 낮추어 인성을 증가시키기 위한 열처리

14

400rpm으로 전동축을 지지하고 있는 미끄럼 베어링에서 저널의 지름은 6cm, 저널의 길이는 10cm이고, 4.2kN의 레이디얼 하중이 작용할 때 베어링 압력은 약 몇 MPa인가?

① 0.5

② 0.6

③ 0.7

④ 0.8

해 $p = \dfrac{W}{dl} = \dfrac{4200}{60 \times 100} = 0.7 \text{MPa}$

15

제3각법에 대한 설명으로 틀린 것은?

① 투상 원리는 눈 → 투상면 → 물체의 관계이다.
② 투상면 앞쪽에 물체를 놓는다.
③ 배면도는 우측면도의 오른쪽에 놓는다.
④ 좌측면도는 정면도의 좌측에 놓는다.

🔲 제1각법과 제3각법 307p

16

척도 기입 방법에 대한 설명으로 틀린 것은?

① 척도는 표제란에 기입하는 것이 원칙이다.
② 같은 도면에서는 서로 다른 척도를 사용할 수 없다.
③ 표제란이 없는 경우에는 도명이나 품번 가까운 곳에 기입한다.
④ 현척의 척도 값은 1 : 1 이다.

🔲 도면의 척도

현척	도형을 실물과 같은 크기로 그리는 도면으로 가장 보편적으로 사용
축척	도형을 실물 크기보다 작게 그리며, 치수 기입은 실물의 치수로 기입
배척	도형을 실물 크기보다 크게 그리며, 치수 기입은 실물의 치수로 기입

A	:	B
도면에서의 길이		대상물의 실제 길이

KS 규격에 의한 척도 표시

척도의 종류	구분	척도 값
현척	-	1:1
축척	1	1:2, 1:5, 1:10, 1:20, 1:50, 1:100, 1:200
	2	1:$\sqrt{2}$, 1: 2.5, 1: 2$\sqrt{2}$, 1: 3, 1: 4, 1: 5$\sqrt{2}$, 1: 25, 1: 250
배척	1	2:1, 5:1, 10:1, 20:1, 50:1
	2	$\sqrt{2}$: 1, 2.5$\sqrt{2}$: 1, 100: 1

• 구분 1의 척도 값을 우선적으로 사용한다.

17

IT 공차에 대한 설명으로 옳은 것은?

① IT 01부터 IT 18까지 20등급으로 구분되어 있다.
② IT 01 ~ IT 4는 구멍 기준공차에서 게이지 제작공차이다.
③ IT 6 ~ IT 10은 축 기준공차에서 끼워맞춤 공차이다.
④ IT 10 ~ IT 18은 구멍 기준공차에서 끼워맞춤 이외의 공차이다.

🔲 ISO에서 정한 국제 표준 공차로서 치수 공차와 끼워맞춤에 관한 사항을 규정, IT00, IT01, IT 1 ~ 18까지 총 20등급으로 구성되어 있다.

용도	게이지 제작 공차	끼워맞춤 공차	끼워맞춤 이외의 공차
구멍	IT 01~IT 5	IT 6~IT 10	IT 11~IT 18
축	IT 01~IT 4	IT 5~IT 9	IT 10~IT 18
가공 방법	초정밀 연삭, 래핑	밀링, 연삭, 리밍	압연, 압출, 프레스
공차 범위	0.001mm	0.01mm	0.1mm-

18

그림과 같이 V벨트 풀리의 일부분을 잘라내고 필요한 내부 모양을 나타내기 위한 단면도는?

① 온 단면도 ② 한쪽 단면도
③ 부분 단면도 ④ 회전도시 단면도

19

V벨트 풀리에 대한 설명으로 올바른 것은?

① A형은 원칙적으로 두 줄만 걸친다.
② 암은 길이 방향으로 절단하여 도시한다.
③ V벨트 풀리는 축 직각 방향의 투상을 정면도로 한다.
④ V벨트 풀리의 홈의 각도는 35°, 38°, 40°, 42° 4종류가 있다.

해 ① A형만 원칙적으로 한 줄만 걸친다.
　② 암은 길이 방향으로 절단하여 도시하지 않는다.
　④ V벨트 풀리의 홈의 각도는 34°, 36°, 38° 3종류가 있다.

20

구름 베어링의 호칭번호가 "6203 ZZ"이면 이 베어링의 안지름은 몇 ㎜ 인가?

① 15　　　　　② 17
③ 60　　　　　④ 62

해 **베어링의 호칭지름** 310p

21

스플릿 테이퍼 핀의 테이퍼 값은?

① 1/20　　　　② 1/25
③ 1/50　　　　④ 1/100

해 테이퍼 핀의 호칭지름은 직경이 작은 부분의 지름을 d로 표시하고 테이퍼 값은 1/50이다.
핀의 종류와 용도 312p

22

브레이크 드럼축에 554N·m의 토크가 작용하면 축을 정지하는데 필요한 제동력은 몇 N인가?

① 1920　　　　② 2770
③ 3310　　　　④ 3660

해 $Q = \dfrac{2T}{D} = \dfrac{2 \times 554}{0.4} = 2770N$

23

다음 중 데이터의 전송속도를 나타내는 단위는?

① BPS　　　　② MIPS
③ DPI　　　　④ RPM

해 BPS(bit per second) : 1초 동안 전송할 수 있는 모든 비트의 수

24

데이터 변환 파일 중 대표적인 표준 파일 형식이 아닌 것은?

① IGES　　　　② ASCII
③ DXF　　　　④ STEP.

해 ASCII : 미국의 표준코드로 컴퓨터와 주변장치 간의 데이터 입출력에 주로 사용하는 데이터 표현 규칙

25

다음 구멍과 축의 끼워맞춤 조합에서 헐거운 끼워맞춤은?

① Ø40H7/g6　　② Ø50H7/k6
③ Ø60H7/p6　　④ Ø40H7/s6

해 구멍의 공차가 H7로 동일할 때, 헐거운 끼워맞춤이 되려면축의 치수가 작아서 틈새가 가장 커야한다. 축의 공차기호가 a쪽으로 갈수록 지름이 작아지므로 H7/g6 일때 헐거운 끼워맞춤이 된다.
구멍 기준식 축의 끼워맞춤 349p

26

KS규격에서 정한 척도 중 우선적으로 사용되지 않는 축척은?

① 1:2　　　　　② 1:3

③ 1:5　　　　　④ 1:10

해 도면의 척도 375p

27

버니어 캘리퍼스의 크기를 나타낼 때 기준이 되는 것은?

① 아들자의 크기

② 어미자의 크기

③ 고정나사의 피치

④ 측정 가능한 치수의 최대 크기

해 버니어 캘리퍼스의 크기는 측정 가능한 치수의 최대 크기로 나타낸다.

28

회전도시 단면도에 대한 설명으로 틀린 것은?

① 회전도시 단면도는 핸들, 벨트 풀리, 기어 등과 같은 바퀴의 암, 림, 리브 등의 절단한 단면의 모양을 90°로 회전하여 표시한 것이다.

② 회전도시 단면도는 투상도의 안이나 밖에 그릴 수 있다.

③ 회전도시 단면도를 투상의 절단한 곳과 겹쳐서 그릴 때에는 가는 2점 쇄선으로 그린다.

④ 회전도시 단면도를 절단할 곳의 전후를 파단하여 그 사이에 그릴 경우에는 굵은 실선으로 그린다.

해 회전 도시 단면도 305p

29

그림은 어느 기어를 도시한 것인가?

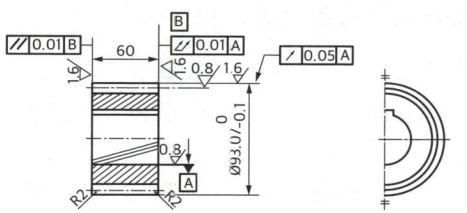

① 스퍼 기어　　　　② 헬리컬 기어

③ 직선 베벨 기어　　④ 웜 기어

30

치수는 물체의 모양을 잘 알아볼 수 는 곳에 기입하고 그곳에 나타낼 수 없는 것만 다른 투상도에 기입하여야 하는데 주로 치수를 기입하여야 하는 치수 기입 장소는?

① 우측면도　　　　② 평면도

③ 좌측면도　　　　④ 정면도

해 치수기입시 그 물체를 가장 잘 나태낼 수 있는 면을 정면도로 하고 관련되는 치수는 한 곳에 모아서 주 투상도에 집중해서 기입하는 것이 바람직하다.

31

도면에서 2종류 이상의 선이 같은 장소에서 중복될 경우 우선순위에 따라 선을 그리는 순서로 맞는 것은?

① 외형선, 절단선, 숨은선, 중심선

② 외형선, 숨은선, 절단선, 중심선

③ 외형선, 무게중심선, 중심선, 치수보조선

④ 외형선, 중심선, 절단선, 치수보조선

해 제도할 때 용도에 적합한 선을 선택하여야 혼선을 줄이고,원하는 대로 정확히 그릴 수 있다. 두 종류 이상의 선이 겹치게 될 때에는 다음 순서에 따라 그린다. ① 외형선 ② 숨은선 ③ 절단선 ④ 중심선 ⑤ 무게중심선 ⑥ 치수보조선 단, 숫자나 문자는 모든 선에 우선하여 표시한다.

32

블록게이지, 한계게이지 등의 게이지류, 렌즈, 유리 기구 등을 다듬질하는 가공법은?

① 래핑   ② 호닝
③ 액체호닝   ④ 평면 그라인딩

🔵 래핑(Lapping)은 랩(Lap)이라는 공구와 다듬질하려고 하는 일감 사이에 랩제를 넣고 양자를 상대운동 시킴으로 매끈한 다듬질을 얻는 가공 방법으로 랩제로는 산화크롬, 탄화규소, 산화철등을 사용한다.

33

그림과 같은 단선도시법이 나타내는 것으로 맞는 것은?

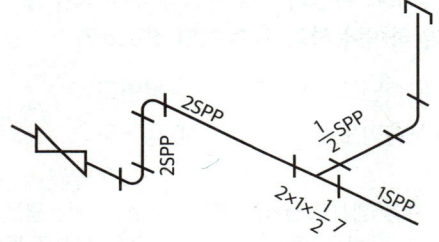

① 스케치 배관도   ② 투상 배관도
③ 평면 배관도   ④ 등각 배관도

🔵 단선도시법은 간단한 수리 작업이나 스케치 배관도르 쓰인다. 그림은 등각 배관도이다.

34

다음 축의 도시방법으로 적당하지 않은 것은?

① 축은 길이 방향으로 단면 도시를 하지 않는다.
② 널링 도시시 빗줄인 경우 축선에 대하여 45° 엇갈리게 그린다.
③ 단면 모양이 같은 긴축은 중간을 파단하여 짧게 그릴 수 있다.
④ 축의 끝에는 주로 모따기를 하고, 모따기 치수를 기입한다.

🔵 축에 빗줄 널링을 표시 할 경우에는 축선에 대하여 30°로 엇갈리게 표현한다.

축의도시방법

1	축은 길이 방향으로 도시하지 않는다.
2	긴축은 중간을 파단하여 짧게 그린다. 이때 치수는 실제 길이를 기입한다.
3	축 끝에는 모따기를 하고 모따기 치수를 기입한다.
4	축에 널링을 할 경우, 빗줄 널링의 경우에는 30° 엇갈리게 그린다.
5	축의 가공방향을 고려하여 도시한다
6	축에 여유홈을 주는 부분의 치수를 기입한다

35

어떤 나사의 표시가 좌2줄 M10-7H/6g이다. 이에 대한 설명으로 틀린 것은?

① 왼나사   ② 2줄 나사
③ 미터 보통나사   ④ 암나사 등급 6g

🔵 나사의 표시에서 7H/6g는 나사의 등급을 나타낸다.
📘 좌2줄M50×2 - 4h 왼나사, 두줄나사, 미터나사
(바깥지름50mm, 피치2mm), 수나사등급(정밀급)

36

나사를 제도하는 방법을 설명한 것 중 틀린 것은?

① 수나사의 바깥지름과 암나사의 안지름을 나타내는 선은 굵은 실선으로 그린다.

② 수나사와 암나사의 골을 표시하는 선은 가는 실선으로 그린다.

③ 완전나사부와 불완전 나사부와의 경계를 나타내는 선은 가는 실선으로 그린다.

④ 불완전 나사부의 골밑을 나타내는 선은 축 선에 대하여 30°의 경사진 가는 실선으로 그린다.

해 완전나사부와 불완전 나사부와의 경계는 굵은 실선으로 그린다.
① **수나사 제도법**

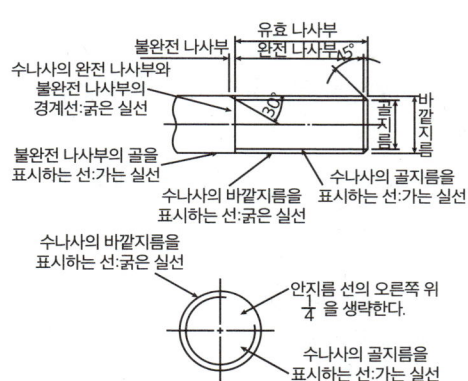

수나사의 겉모양

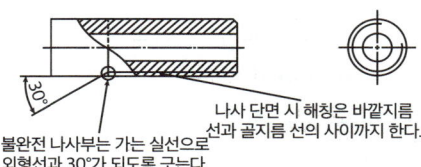

수나사의 단면도

37

오차의 종류에서 계기오차에 대한 설명으로 옳은 것은?

① 측정자의 눈의 위치에 따른 눈금의 읽음 값에 의해 생기는 오차

② 기계에서 발생하는 소음이나 진동 등과 같은 주위 환경에서 오는 오차

③ 측정기의 구조, 측정 압력. 측정 온도, 측정기의 마모 등에 따른 오차

④ 가늘고 긴 모양의 측정기 또는 피측정물을 정반 위에 놓으면 접촉하는 면의 형상 때문에 생는 오차

38

보통 버니어캘리퍼스로 측정할 수 없는 것은?

① 외측 측정　　　② 나사 유효경 측정

③ 좁은 폭 측정　　④ 내측 측정

39

드릴의 홈, 나사의 골지름, 곡면 형상의 두께를 측정하는 마이크로미터는?

① 외경 마이크로미터

② 캘리퍼형 마이크로미터

③ 나사 마이크로미터

④ 포인트 마이크로미터

해 포인트 마이크로미터는 두 측면면이 뾰족하기 때문의 드릴의 홈이나 나사의 골지름의 측정이 가능하다.

40

아베의 원리에 맞지 않는 측정기는?

① 외경 마이크로미터

② 내경 마이크로미터

③ 나사 마이크로미터

④ V홈 마이크로미터

41

일반적으로 오토 콜리메이터를 이용하여 측정하는 것으로 거리가 먼 것은?

① 진직도

② 직각도

③ 평행도

④ 구멍의 위치

42

절삭공구류에서 초경 합금의 특성이 아닌 것은?

① 경도가 높다.

② 마모성이 좋다.

③ 압축 강도가 높다.

④ 고온 경도가 양호하다.

해 초경합금은 Wc, Ti, Ta 등의 분말을 Co, Ni 분말과 섞어서 프레스로 눌러 모양을 만든 후, 1400℃ 이상의 높은 온도에서 소결한 것. -800℃ 정도의 고온에서도 경도가 쉽게 낮아지지 않는다. 공구 팁, 인서트 날 형식으로 사용한다.

43

황동의 연신율이 가장 클 때 아연(Zn)의 함유량은 몇 %정도인가?

① 30

② 40

③ 50

④ 60

해 (Cu＋Zn, 구리＋아연)의 합금에서 Zn의 함유량이 40% 일때 인장강도가 최대여서 구조용으로 사용하며 Zn의 함유량이 30% 일때 연신율이 최대여서 가공용으로 사용한다.

44

구상 흑연주철을 조직에 따라 분류했을 때 이에 해당하지 않는 것은?

① 마르텐자이트 형

② 페라이트 형

③ 펄라이트 형

④ 시멘타이트 형

해 구상 흑연 주철은 페라이트형, 펄라이트형, 시멘타이트형으로 나눌 수 있다. 노듈러, 덕타일 주철이라고도 불리며 내마멸성, 내열성, 내식성이 매우 우수하여 자동차용 주물이나 주조용 재료로 많이 사용된다. 보통 주철에 비해 강력하고 점성이 강하다.

45

합금의 종류 중 고용융점 합금에 해당하는 것은?

① 티탄 합금

② 텅스텐 합금

③ 마그네슘 합금

④ 알루미늄 합금

해 금속 원소의 용융점(℃) 티탄(Ti) : 1668℃, 텅스텐(W) : 3410℃, 마그네슘(Mg) : 650, 알루미늄(Al) : 660℃

46

주철의 장점이 아닌 것은?

① 압축 강도가 작다.

② 절삭 가공이 쉽다.

③ 주조성이 우수하다.

④ 마찰 저항이 우수하다

해 주철(탄소함유량: 2.11 ~ 6.67%) 316p

47

기계재료의 단단한 정도를 측정하는 가장 적합한 시험법은?

① 경도시험 ② 수축시험
③ 파괴시험 ④ 굽힘시험

해 경도시험(재료의 단단한 정도를 측정하는 시험)
369p

48

자동차의 스티어링 장치, 수치제어 공작기계의 공구대, 이송장치 등에 사용되는 나사는?

① 둥근나사 ② 볼나사
③ 유니파이나사 ④ 미터나사

해

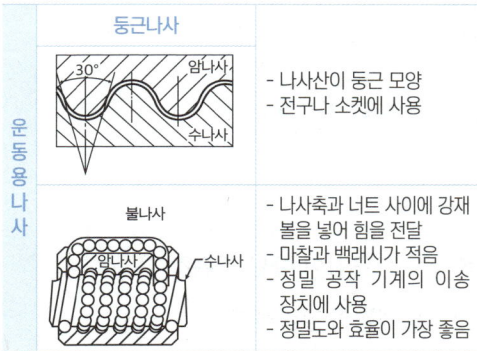

둥근나사	
운동용 나사 (둥근나사)	- 나사산이 둥근 모양 - 전구나 소켓에 사용
볼나사	- 나사축과 너트 사이에 강재 볼을 넣어 힘을 전달 - 마찰과 백래시가 적음 - 정밀 공작 기계의 이송 장치에 사용 - 정밀도와 효율이 가장 좋음

49

비교 측정의 장점이 아닌 것은?

① 측정 범위가 넓고 표준 게이지가 필요 없다.
② 제품의 치수가 고르지 못한 것을 계산하지 않고 알 수 있다.
③ 길이, 면의 각종 형상 측정, 공작 기계의 정밀도 검사 등 사용 범위가 넓다.
④ 높은 정밀도의 측정이 비교적 용이하다.

해 비교 측정이란 피측정물과 표준 게이지를 나란히 설치하고, 다이얼 게이지와 같은 비교 측정기로 그 차를 읽어서 측정하는 방법이므로 반드시 표준 게이지가 필요하다.

50

두 축이 평행하고 거리가 아주 가까울 때 각속도의 변동없이 토크를 전달할 경우 사용되는 커플링은?

① 고정 커플링(fixed coupling)
② 플랙시블 커플링(flexible coupling)
③ 올덤 커플링(Oldham's coupling)
④ 유니버설 커플링(universal coupling

해 **커플링의 종류와 특징**

커플링(coupling)은 축이 회전하는 동안에는 두 축의 연결 상태를 분리시킬 수 없고, 축이 정지된 상태에서만 분리시킬 수 있는 축이음이다.

종류	모양	특징 및 용도
슬리브 커플링		- 원통속에서 두 축을 맞대고 키로 고정한 것. - 축 지름과 동력이 아주 작을 때 사용하는 축이음
올덤 커플링		- 두 축이 평행하지만 축의 중심이 약간 떨어져 있을 때 사용한다. - 고속 회전의 이음으로는 적당하지 않다.
플랜지 커플링		- 플랜지 끝을 맞대고 볼트로 고정한 축이음이다. - 축 지름이 매우 클 때는 축과 플랜지를 주조하거나 단조한 커플링을 사용한다.
유니버설 조인트		- 두 축이 같은 평면 내에 있으면서 그 중심선이 서로 30° 이내일 경우에 사용한다. - 두 축이 이루는 각도는 운전 중 어느정도 변해도 상관없는 곳에 널리 쓰인다.
플렉시블 커플링		두 축의 중심은 완전히 일치시키기 어렵기 때문에 편심이 있는 두 축이나, 고속회전으로 진동이 있는 두축을 연결하는 사용한다.

51

큰 토크를 전달시키기 위해 같은 모양의 키홈을 등 간격으로 파서 축과 보스를 잘 미끄러질 수 있도록 만든 기계 요소는?

① 코터　　　　　　② 묻힘 키
③ 스플라인　　　　④ 테이퍼 키

해 축으로부터 직접 여러 줄의 키(key)를 절삭하여, 축과 보스(boss)가 슬립 운동을 할 수 있도록 한 것. 큰 동력을 전달할 때 사용

52

다음 중 구름 베어링의 특성이 아닌 것은?

① 감쇠력이 작아 충격 흡수력이 작다.
② 축심의 변동이 작다.
③ 표준형 양산품으로 호환성이 높다.
④ 일반적으로 소음이 작다.

해 구름 베어링은 축과 베어링 사이에 볼이나 롤러를 넣어서 이 회전체들의 구름 마찰을 이용한 베어링이다. 진동이나 충격에 약하고 소음이 크다.

53

롤링 베어링의 내륜이 고정되는 곳은?

① 저널　　　　　　② 하우징
③ 궤도면　　　　　④ 리테이너

해 베어링은 회전하고 있는 기계의 축(軸)을 일정한 위치에 고정시키고 축의 자중과 축에 걸리는 하중을 지지하면서 축을 회전시키는 역할을 하는 기계요소. 축받이라고도 한다. 베어링과 접촉하고 있는 축 부분을 저널(journal)이라고 하며, 그 접촉상태에 따라 미끄럼베어링(sliding bearing)과 구름 베어링(rolling bearing)의 두 종류로 분류한다.

54

3줄 나사, 피치가 4㎜ 인 수나사를 1/10 회전시키면 축 방향으로 이동하는 거리는 몇 ㎜ 인가?

① 0.1　　　　　　② 0.4
③ 0.6　　　　　　④ 1.2

해 L＝n×P 에서
　L＝3×4＝12mm
　1/10회전은 12mm×1/10＝1.2mm

　리드(나사가 1회전 했을 때 축방향으로 나아간 거리)
　340p

55

나사 및 너트의 이완을 방지하기 위하여 주로 사용되는 핀은?

① 테이퍼 핀　　　　② 평행 핀
③ 스프링 핀　　　　④ 분할 핀

해 **핀의 종류와 용도** 312p

56

볼나사의 단점이 아닌 것은?

① 자동체결이 곤란하다.
② 피치를 작게 하는데 한계가 있다.
③ 너트의 크기가 크다.
④ 나사의 효율이 떨어진다.

해 볼나사 : 서보 모터와 NC 공작기계의 이송기구를 연결하며, 서보 모터의 회전운동을 직선운동으로 바꿔주는 일종의 운동용 나사. 수나사와 암나사 사이에 강구가 구르기 때문에 마찰계수가 적고 백래시를 제거하는 것이 특징이다.

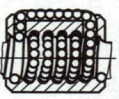

볼 나사의 장·단점

1) 장점
① 나사의 효율이 좋다.
② 백래시를 작게할 수 있다.
③ 윤활에 그다지 주의하지 않아도 된다.
④ 먼지에 의한 마모가 적다.
⑤ 높은 정밀도를 오래 유지할 수가 있다.

2) 단점
① 자동체결이 곤란하다.
② 가격이 비싸다.
③ 피치를 작게 하는데 한계가 있다.
④ 너트의 크기가 크게 된다.
⑤ 고속으로 회전하면 소음이 발생한다.

57

전연성이 좋고 색깔도 아름답기 때문에 장식용 금속잡화, 악기 등에 사용되며, 박(foil)으로 압연하여 금박 대용으로도 사용되는 것은?

① 90% Cu ~ 10% Zn 합금
② 80% Cu ~ 20% Zn 합금
③ 60% Cu ~ 40% Zn 합금
④ 50% Cu ~ 50% Zn 합금

해 톰백 : 8~20% Zn을 함유한 것으로 금에 가까운 색이며 연성이 크다. 금 대용품이나 장식품에 사용한다.

58

그림과 같은 ø를 절단각, α를 윗면 경사각이라 할 때 α가 커지면서 일반적으로 어떤 현상이 발생하는가?

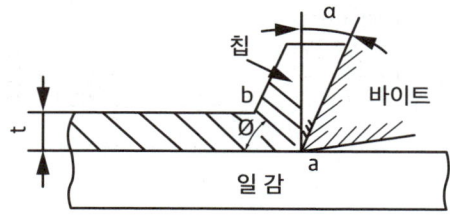

① 칩은 두껍고 짧아지며, 절삭저항이 커진다.
② 칩은 두껍고 짧아지며, 절삭저항이 작아진다.
③ 칩은 얇고 길어지며, 절삭저항이 커진다.
④ 칩은 얇고 길어지며, 절삭저항이 작아진다.

59

측정자의 직선 또는 원호 운동을 기계적으로 확대하여 그 움직임을 지침의 회전 변위로 변환시켜 눈금을 읽을 수 있는 측정기는?

① 다이얼게이지
② 마이크로미터
③ 만능 투영기
④ 3차원 측정기

해 ① 다이얼게이지 - 변위를 톱니바퀴에 의해 길이의 변화 변위 등을 정밀하게 측정하기 위한 계기. 다이얼인디케이터(dial indicator)라고도 한다.
② 마이크로미터 - 마이크로미터는 물체의 외경, 두께, 내경, 깊이등을 마이크로미터(μm) 정도까지 측정할 수 있는 기구
③ 만능투영기 - 고정밀 광학영상투영기로 광학, 정밀기계, 전자 측정 방식을 일체화한 정밀측정기
④ 3차원측정기 - 대상물의 가로, 세로, 높이의 3차원 좌표가 디지털로 표시되는 측정기

60

절삭 가공에서 절삭 유제 사용목적으로 틀린 것은?

① 가공면에 녹이 쉽게 발생되도록 한다.
② 공구의 경도 저하를 방지한다.
③ 절삭열에 의한 공작물의 정밀도 저하를 방지한다.
④ 가공물의 가공표면을 양호하게 한다.

해 **절삭 유제의 사용 목적**
공구의 인선을 냉각시켜 공구의 경도저하를 방지한다. 가공물을 냉각시켜, 절삭열에 의한 정밀도 저하를 방지한다. 공구의 마모를 줄이고 윤활 및 세척작용으로 가공표면을 양호하게 한다. 칩을 씻어주고 절삭부를 깨끗이 닦아 절삭작용을 쉽게 한다.

📁 모의고사

01

다음 도면에서 표현된 단면도로 모두 맞는 것은?

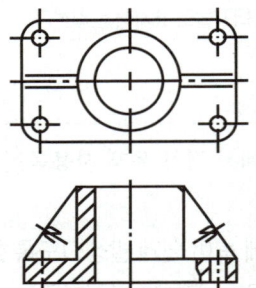

① 전단면도, 한쪽 단면도, 부분 단면도
② 한쪽 단면도, 부분 단면도, 회전도시 단면도
③ 부분 단면도, 회전도시 단면도, 계단 단면도
④ 전단면도, 한쪽 단면도, 회전도시 단면도

🔑 **단면도의 종류 및 특징** 305p

02

치수 배치 방법 중 치수공차가 누적되어도 좋은 경우에 사용하는 방법은?

① 누진치수기입법 ② 직렬치수기입법
③ 병렬치수기입법 ④ 좌표치수기입법

🔑 **치수 배치 방법**

직렬치수기입법	한 방향으로 줄지어 있는 치수를 차례로 기입하는 방법. 각각의 치수에 오차가 있고 누적이 되어도 좋은 경우에 사용	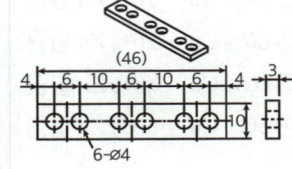
병렬치수기입법	개개의 치수 오차가 다른 치수에 영향을 주지 않을 때 사용	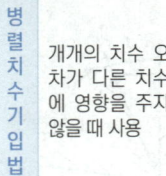 면의 병렬 치수 기입
병렬치수기입법	개개의 치수 오차가 다른 치수에 영향을 주지 않을 때 사용	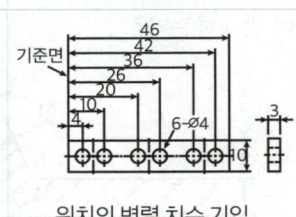 위치의 병렬 치수 기입

누진치수기입법	병렬 치수 기입을 간단히 표현한 것. 치수 공차에 관해서는 병렬 치수와 같은 의미를 가짐.	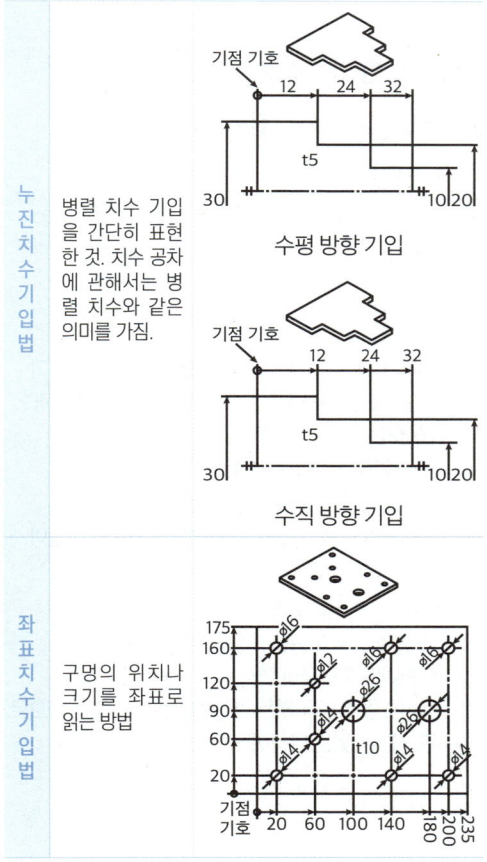 수평 방향 기입 수직 방향 기입
좌표치수기입법	구멍의 위치나 크기를 좌표로 읽는 방법	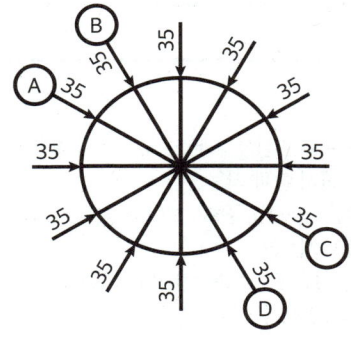

해 각 도에 따른 치수 기입은 아래 그림과 같이 하며, 각 도가 30도 이하인 방향에는 치수를 기입하지 않도록 한다. 또한 도면에 표시되는 치수는 도면을 보는 사람이 정확하게 읽을 수 있도록 표시해야 한다.

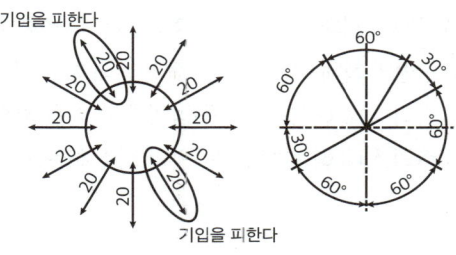

04

대상 면을 지시하는 기호 중 제거 가공을 허락하지 않는 것을 지시하는 것은?

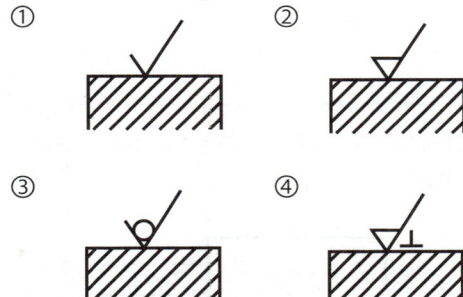

해 제거 가공의 도시기호 308p

03

여러 각도로 기울어진 면의 치수를 기입할 때 일반적으로 잘못 기입된 치수는?

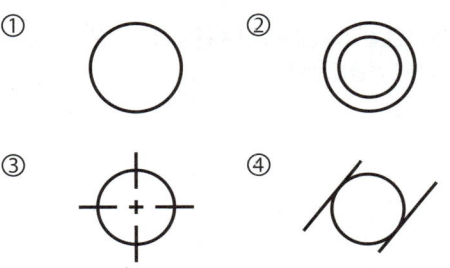

① A
② B
③ C
④ D

05

기하 공차의 기호 중 진원도를 나타낸 것은?

① ② ③ ④

해 기하공차의 종류와 기호 322p

06

다음 중 억지끼워맞춤 또는 중간끼워맞춤에서 최대 죔새를 나타내는 것은?

① 구멍의 최대 허용 치수 - 축의 최소 허용 치수

② 구멍의 최대 허용 치수 - 축의 최대 허용 치수

③ 축의 최소 허용 치수 - 구멍의 최대 허용 치수

④ 축의 최대 허용 치수 - 구멍의 최소 허용 치수

해

용어	설명
최대 틈새	구멍 최대 허용 치수 - 축 최소 허용 치수
최소 틈새	구멍 최소 허용 치수 - 축 최소 허용 치수
최대 죔새	축 최대 허용 치수 - 구멍 최소 허용 치수
최소 죔새	축 최소 허용 치수 - 구멍 최대 허용 치수

07

그림에서 ⊠ 로 표시한 부분의 의미로 올바른 것은?

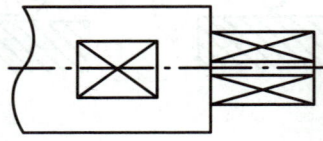

① 정밀 가공 부위를 지시

② 평면임을 지시

③ 가공을 금지함을 지시

④ 구멍임을 지시

해 원통 면을 깎아 평면이 된 부분은 가는 실선을 사용하여 대각선을 그린다.

08

센터리스 연삭의 장점 중 거리가 먼 것은?

① 숙련을 요구하지 않는다.

② 가늘고 긴 가공물의 연삭에 적합하다.

③ 중공의 가공물을 연삭할 때 편리하다.

④ 대형이나 중량물의 연삭이 가능하다

해 **센터리스 연삭의 장점**
- 센터가 필요하지 않아 센터 구멍을 가공할 필요가 없고, 중공(中空)의 가공물을 연삭할 때 편리하다.
- 센터리스연삭은 숙련을 요구하지 않는다.
- 연삭 여유가 작아도 된다.
- 가늘고 긴 가공물의 연삭에 적합하다.
- 연삭숫돌의 폭이 크므로, 연삭숫돌 지름의 마멸이 적고, 수명이 길다.

센터리스 연삭의 단점
- 긴 홈이 있는 가공물의 연삭은 불가능하다.
- 대형이나 중량물의 연삭은 불가능하다.
- 연삭숫돌 폭보다 넓은 가공물을 플랜지 컷 방식으로 연삭할 수 없는 단점이 있다.

09

다음 중 물체의 이동 후의 위치를 가상하여 나타내는 선은?

① ————————

② — — — — — —

③ —— · —— · —— ·

④ —— ·· —— ·· —— ··

해 ① 아주 굵은 실선 : 개스킷과 같은 두께가 얇은 부분을 표시 할 때 사용
② 숨은선(파선) 물체가 보이지 않는 부분의 모양을 표시하는 선
③ 가는1점쇄선 : 중심선 기준선 피치선
④ 가는2점쇄선 : 가상선, 무게중심선 등

10

2개의 면이 교차 부분을 표시할 때 "R1=2×R2"
인 평면도의 모양으로 가장 적합한 것은?

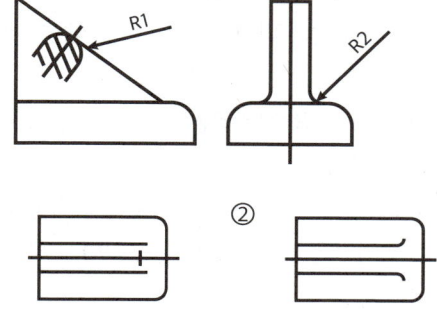

①

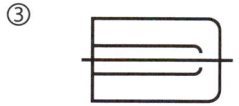

②

④

③

> 해 R1이 R2보다 크다. 그럴때는 ③번 처럼 제도한다.
> ① R1=r2
> ② R1<r2
> ③ R1>r2

11

도면의 양식 중에서 반드시 마련해야 하는
사항이 아닌것은?

① 표제란　　　　　② 중심 마크
③ 윤곽선　　　　　④ 비교 눈금

> 해 **도면에 마련되는 양식 334p**

12

편심량이 2.2mm로 가공된 선반 가공물을
다디얼 게이지로 측정할 때, 다이얼 게이지
눈금의 변위량은 몇 mm인가?

① 1.1　　　　　② 2.2
③ 4.4　　　　　④ 6.6

> 해 다이얼 게이지의 눈금 변위량은 편심량의 2배이다.
> ∴변위량＝2.2×2＝4.4mm

13

도면이 구비하여야 할 요건이 아닌 것은?

① 국제성이 있어야 한다.
② 적합성, 보편성을 가져야 한다.
③ 표현상 명확한 뜻을 가져야 한다.
④ 가격, 유통체제 등의 정보를 포함하여야
　 한다.

> 해 도면에는 가격, 유통체제 등의 정보를 포함하지 않아
> 도 된다.

14

파선의 용도 설명으로 맞는 것은?

① 치수를 기입하는데 사용된다.
② 도형의 주심을 표시하는데 사용된다.
③ 대상물의 보이지 않는 부분의 모양을
　 표시한다.
④ 대상물의 일부를 파단한 경계 또는 일부를
　 떼어낼 경계를 표시한다.

> 해 ① 가는실선
> ② 중심선
> ③ 숨은선(파선)
> ④ 가는실선

15

와이어 컷 방전 가공기의 사용 시 주의 사항으로 틀린 것은?

① 운전 중에는 전극을 만지지 않는다.
② 가공액이 바깥으로 튀어나오지 않도록 안전 커버를 설치한다.
③ 와이어의 지름이 매우 작아서 공구경의 보정을 필요로 하지 않는다.
④ 가공물의 낙하 방지를 위하여 프로그램 끝부분에 정지기능(M00)을 사용한다.

🔲 **와이어컷팅 방전가공(EDM, Wire Electric Discharge Machining)**
주행하는 와이어 전극과 공작물 사이에서 방전을 일으켜 발생하는 스카크를 톱날처럼 이용하여 가공물을 잘라내는 가공 방법이다. 정교한 작업이 가능한데 이는 와이어의 두께와 연관이 있다.
보통 와이어컷팅에 사용되는 와이어는 0.05~0.3mm의 황동, 동, 텅스텐 등의 도선이 사용되며, 레이저나 수압보다 훨씬 정교하다. NC제어에 의하여 복잡한 윤곽 형성을 자동적으로 도려 낼 수가 있으므로 프레스 등의 블랭킹형, 압출다이, 성형용의 금형제작 가공 등에 이용된다.

와이어컷팅 방전가공의 특징
• 재료의 경도에 관계없이 가공할 수 있다.
• 특수한 공구를 필요로 하지 않는다.
• 형상의 제한이 없다.
• 고 정밀도의 가공이 가능하다.
• 와이어 전극의 소모를 대부분 무시할 수 있다.
• 화재발생 위험이 없다.

16

스프로킷 휠의 도시방법에 대한 설명 중 옳은 것은?

① 스프로킷의 이끝원은 가는 실선으로 그린다.
② 스프로킷의 피치원은 가는 2점 쇄선으로 그린다.
③ 스프로킷의 이뿌리원은 가는 실선으로 그린다.
④ 축의 직각 방향에서 단면도를 도시할 때 이 뿌리선은 가는 실선으로 그린다.

🔲 스프로킷 휠은 체인을 감아 물고 돌아가는 바퀴이다. 스프로킷 휠의 제도시에 바깥 지름은 굵은 실선, 피원 지름은 가는1점쇄선, 이뿌리원은 가는 실선이나 굵은 파선으로 그리며 생략도 가능하다.

17

운전 중 결합을 끊을 수 없는 영구적인 축이음을 아래 단어중에서 모두 고른 것은?

커플링, 유니버설, 조인트, 클러치

① 커플링, 유니버설 조인트
② 커플링, 클러치
③ 유니버설 조인트, 클러치
④ 커플링, 유니버설 조인트 클러치

🔲 클러치는 운전 중에 동력을 연결하거나 끊을 수 있다. 커플링과 유니버설 조인트는 축이 회전하는 동안에는 연결상태를 분리시킬 수 없고, 축이 정지된 상태에서만 분리 시킬 수 있는 축이음이다.

18

미터 사다리꼴나사 [Tr40×7LH]에서 'LH'가 뜻하는 것은?

① 피치
② 나사의 등급
③ 리드
④ 왼나사

해 미터사다리꼴 나사에서 LH는 Left Hand Thread 의 약자로 왼나사를 의미한다.

19

볼트의 골 지름을 제도할 때 사용하는 선의 종류로 옳은 것은?

① 굵은 실선
② 가는 실선
③ 숨은선
④ 가는 2점쇄선

해 볼트를 제도할 때 바깥지름은 굵은 실선, 골지름은 가는 실선으로 제도한다.

20

기준치수가 Ø50인 구멍 기준식 끼워맞춤에서 구멍과 축의 공차값이 다음과 같을 때 옳지 않은 것은?

구멍	위 치수 허용차	+0.025
	아래 치수 허용차	+0.000
축	위 치수 허용차	+0.050
	아래 치수 허용차	+0.034

① 최소틈새는 0.0009이다.

② 최대 죔새는 0.050이다.

③ 축의 최소 허용 치수는 50.034이다.

④ 구멍과 축의 조립 상태는 억지 끼워맞음이다.

해 • 최대 죔새＝축의 최대 허용 치수 - 구멍의 최소 허용 치수＝0.050 - 0＝0.050
• 최소 죔새＝축의 최소 허용 치수 - 구멍의 최대 허용 치수＝0.034 - 0.025＝03.00

21

배관을 도시할 때 관의 접속 상태에서 '접속하고 있을 때 - 분기 상태'를 도시하는 방법으로 옳은 것은?

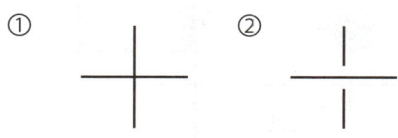

해 ① 접속하지 않을 때
② 접속하지 않을 때
③ 접속하고 있을 때 - 분기상태
④ 접속하고 있을 때 - 접속상태

22

축에 작용하는 하중의 방향이 축 직각 방향과 축 방향에 동시에 작용하는 곳에 가장 적합한 베어링은?

① 니들 롤러 베어링

② 레이디얼 볼 베어링

③ 스러스트 볼 베어링

④ 테이퍼 롤러 베어링

해 테이퍼 롤러 베어링은 롤러가 테이퍼 형상을 가진 것으로 축에 작용하는 하중의 방향이 축 직각 방향과 축 방향의 힘이 동시에 작용하는 곳의 하중을 지지하는 곳에 사용된다.

23

다음 그림과 같은 용접점을 용접기호로 바르게 나타낸 것은?

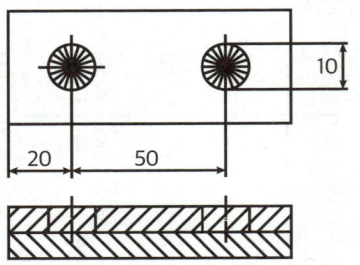

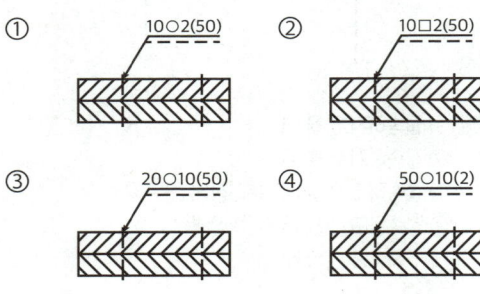

① 10○2(50)

② 10□2(50)

③ 20○10(50)

④ 50○10(2)

해 문제의 그림은 점 용접을 나타내고 있고, 화살표 방향에 용접하려면 기선에서 실선 위에 치수를 기입해야 한다.
10○2(50)
- 10 : 점용접의지름
- ○ : 점용접
- 2 : 2개
- (50) : 중심거리50mm

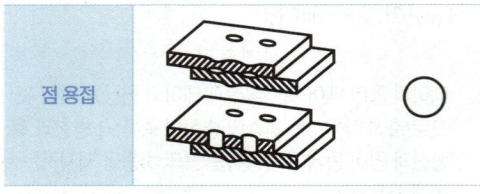

점 용접

24

서피스(surface) 모델링에서 곡면을 절단하였을 때 나타내는 요소는?

① 곡선 ② 곡면
③ 점 ④ 면

해 서피스(surface) 모델링에서 곡면을 절단하였을 때 나타내는 요소는곡선이다.

25

CAD 시스템에서 마지막 입력 점을 기준으로 다음 점까지의 직선거리와 기준 직교축과 그 직선이 이루는 각도를 입력하는 좌표계는?

① 절대 좌표계 ② 구면 좌표계
③ 원통 좌표계 ④ 상대 극좌표계

해 cad 시스템 좌표계의 종류
① 절대좌표계 : 도면상임의의점을 입력할때 변하지 않는 원점(0,0)을 기준으로 정한 좌표계
② 상대좌표계 : 임의의점을 지정할때 현재의 위치를 기준으로 정해서 사용하는 좌표계
③ 극좌표계 : 마지막 입력점을 기준으로 다음점까지의 직선 거리와 각도로 입력하는 좌표계

26

진원도 측정법이 아닌 것은?

① 지름법 ② 수평법
③ 삼점법 ④ 반지름법

해 진원도 측정방법에는 3점법, 직경법(지름법), 반경법(반지름법)이 있다.

27

다음 도면과 같이 치수 25 밑에 그은 선이 의미하는 것은?

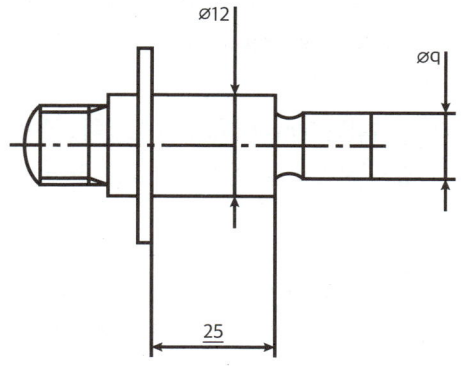

① 다듬질 치수   ② 가공 치수
③ 기준 치수   ④ 비례하지 않는 치수

해

치수의 취소	50	치수를 가로질러 직선을 붙이며, 치수를 수정할 때 사용한다.
비례 적도가 아닌 치수	50	치수 밑에 직선을 붙이며, 투상도의 크기와 치수값이 일치하지 않을 때 사용한다.

28

구멍의 최소치수가 축의 최대치수보다 큰 경우이며, 항상 틈새가 생기는 끼워맞춤으로 직선운동이나 회전운동이 필요한 기계부품의 조립에 적용하는 것은?

① 억지 끼워 맞춤
② 중간 끼워 맞춤
③ 헐거운 끼워 맞춤
④ 구멍기준식 끼워 맞춤

해 ① 헐거움 끼워맞춤 : 구멍과 축 사이에 항상 틈새
     ② 억지 끼워맞춤 : 구멍과 축 사이에 항상 죔쇄
     ③ 중간 끼워맞춤 : 실제 치수에 따라 틈새나 죔쇄가 있음

29

Bezizer 곡선의 설명으로 틀린 것은?

① 곡선은 조정 다각형(control polygon)의 시작점과 끝점을 반드시 통과한다.
② n차 Bezizer 곡선의 조정점(control vertex)들의 개수는 $(n-1)$개이다.
③ 조정 다각형의 첫 번째 선분은 시작점에서의 접선 벡터와 같은 방향이다.
④ 조정 다각형의 꼭지점의 순서가 거꾸로 되어도 같은 Bezizer 곡선이 만들어진다.

해 베지어 곡선에서 n개의 정점에 의해 생성된 곡선은 $(n-1)$차 곡선이다.

30

표면거칠기 기호 중 제거가공을 필요로 하는 경우 지시하는 기호로 맞는 것은?

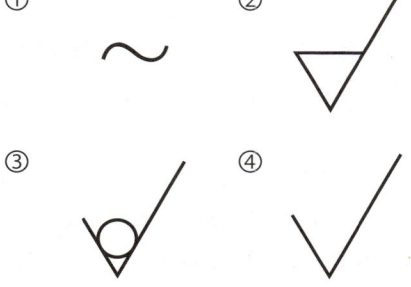

해 **제거 가공의 도시 기호** 308p

31

구멍의 치수 Ø50$^{+0.025}_{+0.005}$ 축의 치수 Ø50$^{+0.033}_{+0.017}$의 끼워맞춤에서 최대 죔새는?

① 0.008   ② 0.028

③ 0.042   ④ 0.050

해 최대 죔새 = 축의 최대 허용치수 - 구멍의 최소 허용치수 최대죔새 = 0.033 - 0.005 = 0.028

용어	설명
최대 틈새	구멍 최대 허용 치수 - 축 최소 허용 치수
최소 틈새	구멍 최소 허용 치수 - 축 최소 허용 치수
최대 죔새	축 최대 허용 치수 - 구멍 최소 허용 치수
최소 죔새	축 최소 허용 치수 - 구멍 최대 허용 치수

32

다음 선의 종류 중 선의 굵기가 다른 것은?

① 해칭선   ② 중심선

③ 치수 보조선   ④ 특수 지정선

해 특수 가공 중 특별 요구 사항을 적용할 범위를 표시하는 특수 지정선은 굵은 1점 쇄선으로 나타낸다.

33

그림과 같은 스프링 장치에서 W=200N의 하중을 매달면 처짐은 몇 cm가 되는가?(단, 스프링 상수 R_1=15N/cm, R_2=35N/cm이다.)

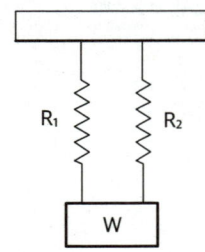

① 1.25   ② 2.50

③ 4.00   ④ 4.50

해 $\delta = \dfrac{W}{R} = \dfrac{200}{15+35} = \dfrac{200}{50} = 4\text{cm}$

34

미터 보통나사 M50×2 의 설명으로 맞는 것은?

① 호칭지름이 50mm이며, 나사 등급이 2급이다.

② 호칭지름이 50mm이며, 나사 피치가 2mm이다.

③ 유효지름이 50mm이며, 나사 등급이 2급이다.

④ 유효지름이 50mm이며, 나사 피치가 2mm이다.

해 M50×2 에서 M은 미터나사를 나타내고, 50은 호칭지름이50mm, 2는 나사의 피치가 2를 의미한다.

35

그림과 같이 작은 나사나 볼트의 머리를 공작물에 묻히게 하기 위하여, 단이 있는 구멍 뚫기를 하는 작업은?

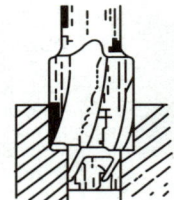

① 카운터 보링   ② 카운터 싱킹

③ 스폿 페이싱   ④ 리밍

해 **카운터 보링(counter boring)**

기계의 부품을 조립할 때, 볼트의 머리 부분이 돌출되면 곤란한 부분이 있다. 이러한 경우에 볼트 또는 너트의 머리 부분이 가공물 안으로 묻히도록 드릴과 동심원의 2단 구멍을 절삭하는 방법을 카운터 보링이라 한다. 절삭공구로는 카운터 보어(counter bor)를 주로 사용하며, 필요에 따라서는 엔드밀을 사용하는 경우도 있다.

36

미끄럼 베어링의 재질로서 구비해야 할 성질이 아닌 것은?

① 눌러 붙지 않아야 한다.
② 마찰에 의한 마멸이 적어야 한다.
③ 마찰계수가 커야 한다.
④ 내식성이 커야 한다.

37

기어의 도시방법에 대한 설명 중 틀린 것은?

① 기어 소재를 제작하는데 필요한 치수를 기입한다.
② 잇봉우리원은 굵은 실선, 피치원은 가는 1점 쇄선으로 그린다.
③ 헬리컬 기어를 도시할 때 잇줄 방향은 보통 3개의 가는 실선으로 그린다.
④ 맞물리는 한쌍의 기어에서 잇봉우리원은 가는 1점 쇄선으로 그린다.

해 **기어 제도시**
- 바깥지름(이끝원지름) = 굵은실선
- 피치원지름 = 가는1점쇄선
- 이뿌리원지름 = 가는실선

38

일반적으로 가장 널리 사용되며 축과 보스에 모두 홈을 가공하여 사용하는 키는?

① 접선 키   ② 안장 키
③ 묻힘 키   ④ 원뿔 키

해 키(key)는 벨트 풀리나 기어, 차륜을 축과 일체로 하여 회전을 전달시키기 위해 끼우는 것이다.

39

마이크로미터의 측정값은?

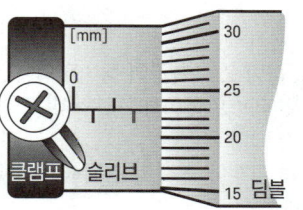

① 1.23mm   ② 1.53mm
③ 1.73mm   ④ 2.23mm

40

다음 측정기 중 스크라이버 (scriber)를 사용하여 금긋기 작업을 할 수 있는 것은?

① 한계 게이지   ② 마이크로미터
③ 다이얼 게이지   ④ 하이트 게이지

해
- 다이얼 게이지 - 변위를 톱니바에 의해 길이의 변화 변위 등을 정밀하게 측정하기 위한 계기 다이얼 인디케이터(dial indicator)라고도 한다.
- 마이크로미터 - 마이크로미터는 물체의 외경, 두께, 내경, 깊이 등을 마이크로미터(μm) 정도까지 측정할 수 있는 기구
- 만능투영기 - 고정밀광학영상투영기로광학, 정밀기계, 전자측정방식을 일체화한 정밀측정기
- 3차원측정기 - 대상물의가로, 세로,높이의 3차원좌표가 디지털로 표시되는 측정기

41

다음은 어떤 측정기의 특징들에 대한 설명인가?

- 소형, 경량으로 취급이 용이하다.
- 다이얼 테스트인디케이터와 비교할 때 측정 범위가 넓다.
- 눈금과 지침에 의해서 읽기 때문에 읽음 오차가 적다.
- 연속된 변위량의 측정이 가능하다.

① 버니어 캘리퍼스　　② 마이크로미터
③ 한계 게이지　　　　④ 다이얼 게이지

42

각도 측정을 할 수 있는 사인 바(sine bar)의 설명으로 틀린것은?

① 정밀한 각도 측정을 하기 위해서는 평면도가 높은 평면에서 사용해야 한다.
② 롤러 중심 거리는 보통 100mm,200mm로 만든다.
③ 45° 이상의 큰 각도를 측정하는데 유리하다.
④ 사인 바는 길이를 측정하여 직각 삼각형의 삼각함수를 이용한 계산의 의해 임의각의 측정 또는 임의각을 만드는 기구이다.

🔲 사인 바는 45° 이상에서는 오차가 급격히 커지므로 45° 이하의 각도 측정에 사용한다.

43

그림에서 정반면과 사인바의 윗면이 이루는 각(sineθ)를 구하는 식은?

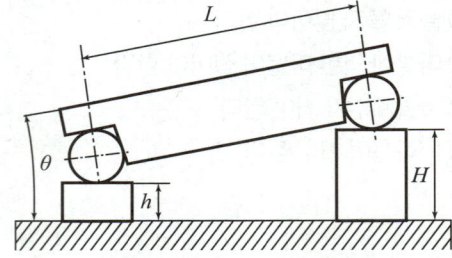

① $\sin\theta = \dfrac{H-h}{L}$　　② $\sin\theta = \dfrac{H+h}{L}$

③ $\sin\theta = \dfrac{L-h}{H}$　　④ $\sin\theta = \dfrac{L-H}{h}$

44

마텐자이트와 베이나이트의 혼합조직으로 Ms와 Mf점 사이의 염욕에 담금질하여 과냉 오스테나이트의 변태가 완료할 때까지 항온 유지 한 후에 꺼내어 공랭하는 열처리는 무엇인가?

① 오스템퍼(Austemper)
② 마템퍼(Martemper)
③ 마퀜칭(Marquenching)
④ 패턴팅(Patenting

🔲

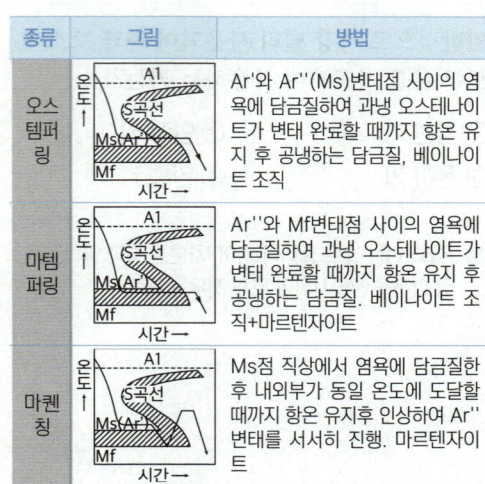

종류	그림	방법
오스템퍼링		Ar'와 Ar''(Ms)변태점 사이의 염욕에 담금질하여 과냉 오스테나이트가 변태 완료할 때까지 항온 유지 후 공냉하는 담금질, 베이나이트 조직
마템퍼링		Ar''와 Mf변태점 사이의 염욕에 담금질하여 과냉 오스테나이트가 변태 완료할 때까지 항온 유지 후 공냉하는 담금질. 베이나이트 조직+마르텐자이트
마퀜칭		Ms점 직상에서 염욕에 담금질한 후 내외부가 동일 온도에 도달할 때까지 항온 유지후 인상하여 Ar''변태를 서서히 진행. 마르텐자이트

45

내열용 알루미늄합금 중에 Y합금의 성분은?

① 구리, 납, 아연, 주석
② 구리, 니켈, 망간, 주석
③ 구리, 알루미늄, 납, 아연
④ 구리, 알루미늄, 니켈, 마그네슘

해 Y합금의 성분은 Al-Cu-Ni-Mg이다.

46

항공기 재료로 가장 적합한 것은 무엇인가?

① 파인 세라믹　　　② 복합 조직강
③ 고강도 저합금강　④ 초두랄루민

해 **알루미늄의 특징 및 합금 313p**

47

선반의 테이퍼 구멍 안에 부속품을 설치하여 가공물 지지, 센터드릴 가공, 드릴 가공 등을 하거나 중심축의 편위를 조정하여 테이퍼 절삭에 사용하는 부분은?

① 심압대　　　② 베드
③ 왕복대　　　④ 주축대

해 선반은 주축대, 심압대, 왕복대, 베드의 4개 주요부로 구성되어있다.

심압대(tail stock)
심압대는 주축대와 마주보는 구조로서, 작업자를 기준으로 오른쪽 베드 위에 위치하며, 심압축을 포함한다. 테이퍼 구멍 안에 부속품을 설치하여 가공물지지, 드릴가공, 리머가공, 센터드릴 가공을 주로 하며, 심압축에 있는 테이퍼도 주축 테이퍼와 마찬가지로 모스 테이퍼로 되어 있다.

48

탄소강에 함유된 5대 원소는?

① 황, 망간, 탄소, 규소, 인
② 탄소, 규소, 인, 망간, 니켈
③ 규소, 탄소, 니켈, 크롬, 인
④ 인, 규소, 황, 망간, 텅스텐

해 **탄소강에 함유된 5대 원소**
　　C(탄소), Si(규소), Mn(망간), P(인), S(황)

49

5~20% Zn의 황동으로 강도는 낮으나 전연성이 좋고 황금색에 가까우며 금박대용, 황동단추 등에 사용되는 구리 합금은?

① 톰백　　　　② 문쯔메탈
③ 텔터 메탈　④ 주석황동

해 **특수황동의 종류 316p**

50

철과 탄소는 약 6.68% 탄소에서 탄화철이라는 화합물질을 만드는데 이 탄소강의 표준조직은 무엇인가?

① 펄라이트　　　② 오스테나이트
③ 시멘타이트　　④ 솔바이트

해 순수한 철(Fe)에 탄소(C)가 6.67% 합금된 금속조직은 시멘타이트(Fe_3C)이다.

51

일반 구조용 압연강재의 KS 기호는?

① SS330　　　　② SM400A

③ SM45C　　　　④ SNC415

해 재료기호의 예시

기호	첫째 자리	둘째 자리	셋째 자리
SS 55 (일반구조용 압연강대)	S(강)	S (일반구조용 압연강재)	55 (최저 인장 강도)

52

공구의 합금강을 담금질 및 뜨임처리하여 개선되는 재질의 특성이 아닌 것은?

① 조직의 균질화　　② 경도 조절

③ 가공성 향상　　　④ 취성 증가

해 공구의 합금강을 담금질 및 뜨임 처리하면 재료의 강도와 경도가 향상되고 조직의 균질화가 되어 절삭성도 증가한다. 오히려 뜨임처리로 인해 취성이 감소한다.

53

금속재료를 고온에서 오랜 시간 외력을 걸어 놓으면 시간의 경과에 따라 서서히 그 변형이 증가하는 현상은?

① 크리프　　　　② 스트레스

③ 스트레인　　　④ 템퍼링

해

크리프(Creep)

재료에 일정하중을 주고 고온에서 일정시간 유지하면 시간의 경과와 함께 변형량이 증가하는 현상

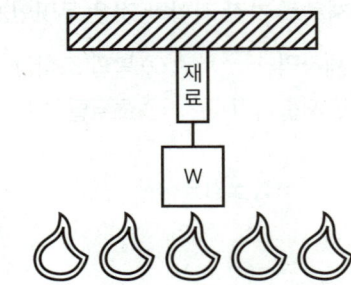

단계	명칭	특성
제1 단계	초기 Creep	변형경화>연화작용 되어 변형속도가 감소하는 단계
제2 단계	정상 Creep	변형이 증가하면서 경화작용이 진행하여 크리프 속도가 일정하게 진행되는 단계
제3 단계	가속 Creep	경화작용은 거의 없고 연화작용만 크게 되어 속도가 증가하면서 파단에 이르는 단계

크리프 3단계

54

WC를 주성분으로 TiC 등의 고융점 경질타화물 분말과Co, Ni 등의 인성이 우수한 분말을 결합재로 하여 소결성형한 절삭 공구는?

① 세라믹
② 서멧
③ 주조경질합금
④ 소결초경합금

해 초경합금은 Wc, Ti, Ta 등의 분말을 Co, Ni 분말과 섞어서 프레스로 눌러 모양을 만든 후, 1400℃ 이상의 높은 온도에서 소결한 것. -800℃ 정도의 고온에서도 경도가 쉽게 낮아지지 않는다. 공구 팁, 인서트 날 형식으로 사용한다.

55

전위기어의 사용 목적으로 가장 옳은 것은?

① 베어링 압력을 증대시키기 위함
② 속도비를 크게 하기 위함
③ 언더컷을 방지하기 위함
④ 전동 효율을 높이기 위함

해 전위기어는 기준래크형의 커터를 전위시켜 이를 절삭하여 만든 기어로서 잇수가 적은 기어의 강도를 증가시킨다.

특징
① 이의 언더컷 현상을 막는다.
② 이의 강도를 증가시킨다.
③ 중심거리를 어떤 범위내에서 자유롭게 선택할 수 있다.

56

선반 가공의 경우 절삭 속도가 100 m/min이고, 공작물 지름이 50 mm일 경우 회전수는 약 몇 rpm으로 하여야 하는가?

① 526
② 534
③ 625
④ 637

해 $N = \dfrac{1000V}{\pi D} = \dfrac{1000 \times 100}{\pi \times 50} = 636.94 ≒ 637\text{rpm}$

57

전단하중 W(N)를 받는 볼트에 생기는 전단응력 T(N/㎟)를 구하는 식으로 옳은 것은?(단, 볼트 전단면적을 A㎟이라고 한다.)

① $T = \dfrac{\pi A^2/4}{W}$
② $T = \dfrac{A}{W}$
③ $T = \dfrac{W}{\pi A^2/4}$
④ $T = \dfrac{W}{A}$

해 허용 전단응력

(전단응력)$\tau = \dfrac{W_{권쳇}}{A}$

(전단응력은 하중이 항상 단면에 평형하게 작용하는 응력)
A = 단면적(mm^2), W = 작용힘(kgf or N)

58

보스와 축의 둘레에 여러 개의 같은 키(key)를 깎아 붙인 모양으로 큰 동력을 전달할 수 있고 내구력이 크며, 축과 보스의 중심을 정확하게 맞출 수 있는 특징을 가지는 것은?

① 반달 키
② 새들 키
③ 원뿔 키
④ 스플라인

해 키(key)는 벨트 풀리나 키어, 차륜을 축과 일체로 하여 회전을 전달시키기 위해 끼우는 것이다.

키의 종류 357p

축방향으로만 정하중을 받는 경우 50kN을 지탱할 수 있는 혹 나사부의 바깥지름은 약 몇 ㎜인가?(허용응력50N/mm²)

① 40㎜

② 45㎜

③ 50㎜

④ 55㎜

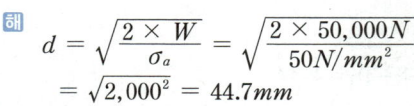
$$d = \sqrt{\frac{2 \times W}{\sigma_a}} = \sqrt{\frac{2 \times 50,000N}{50N/mm^2}}$$
$$= \sqrt{2,000^2} = 44.7mm$$

이므로 나사 바깥지름은 45㎜로 한다.
축방향 하중만 받는 경우

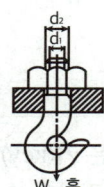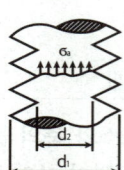

W 혹   W 아이볼트

W: 축방향의 하중

d_1: 나사의 골 지름

$d_2 = d$: 나사의 산지름

σ_a: 나사부의 허용인장응력

σ_u: 극한강도

$$\sigma_a = \frac{\sigma_u}{s} = \frac{W}{A} \rightarrow \sigma_a = \frac{W}{A} = \frac{W}{\frac{\pi d_1^{\,2}}{4}}$$

$$\therefore d_1 = \sqrt{\frac{4W}{\pi \sigma_a}} = \sqrt{\frac{4Q}{\pi \sigma_a}}$$

참고) $d_1 = 0.8d_2$(실험식) 이므로,

$$\therefore d_2 = \sqrt{\frac{1}{0.8^2}\frac{4W}{\pi \sigma_a}} \fallingdotseq \sqrt{\frac{2W}{\sigma_a}}$$

Ø60G7의 공차값을 나타낸 것이다. 치수공차를 바르게 나타낸 것은?(단, Ø60의 IT7급의 공차값은 0.03이며 Ø60G7의 기초가 되는 치수 허용차에서 아래치수 허용차는+0.01이다)

① $\oslash 60 \dfrac{+0.03}{+0.01}$

② $\oslash 60 \dfrac{+0.04}{+0.03}$

③ $\oslash 60 \dfrac{+0.04}{+0.01}$

④ $\oslash 60 \dfrac{+0.02}{+0.01}$

해 KS B 0401(자주 사용하는 끼워맞춤의 구멍의 치수 허용차)를 찾아보면 60mm 구멍의 G7 공차값은 +40, -10(um)임을 알수 있다. 그러므로 위치수 허용차는+0.04, 아래치수 허용차는+0.01이다. 보기의 ③과 일치한다.

📁 모의고사

01

다음 내용이 설명하는 투상법은?

> 투사선이 평행하게 물체를 지나 투상면에 수직으로 닿고 투상된 물체가 투상면에 나란하기 때문에 어떤 물체의 형상도 정확하게 표현할 수 있다. 이 투상법에는 1각과 3각법이 속한다.

① 투시 투상법   ② 등각 투상법

③ 사 투상법   ④ 정 투상법

해

종류	그림	특징
정투상법	평면도 / 정면도 측면도 / 유리 상자	정투상도는 기계제도 분야에서 가장 많이 사용되며, 물체의 위치와 관계없이 실제 형상과 같은 형상, 크기로 표시한 그림

02

서피스 모델에 관한 설명 중 틀린 것은?

① 단면도를 작성할 수 있다.

② 2면의 교선을 구할 수 있다.

③ 질량과 같은 물리적 성질을 구하기 쉽다.

④ NC 데이터를 생성할 수 있다.

해 서피스 모델의 특징
- 은성 제거가 가능하다.
- 단면도를 작성할 수 있다.
- 복잡한 형상 표형이 가능하다.
- 2개의 면의 교선을 구할 수 있다.
- NC 가공 정보를 얻을 수 있다.
- 물리적 성질을 계산하기 곤란하다.
- 유한 요소법(FEM)의 적용을 위한 요소 분할이 어렵다.

03

기계관련 부품에서 Ø80H7/g6로 표기된 것의 설명으로 틀린 것은?

① 구멍 기준식 끼워 맞춤이다.

② 구멍의 끼워 맞춤 공차는 H7이다.

③ 축의 끼워 맞춤 공차는 g6이다.

④ 억지 끼워 맞춤이다.

해 구멍 기준식 축의 끼워맞춤 **349p**

04

그림과 같은 도면에서 치수 20 부분의 "굵은 1점 쇄선 표시"가 의미하는 것으로 가장 적합한 설명은?

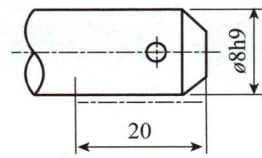

① 공차를 ⌀8h9보다 약간 적게 한다.
② 공차가 ⌀8h9 되게 축 전체 길이 부분에 필요하다.
③ 공차 ⌀8h9 부분은 축 길이 20mm 되는 곳까지만 필요하다.
④ 치수 20 부분을 제외하고 나머지 부분은 공차가 ⌀8h9 되게 가공한다.

해 도면에서 치수 20 부분의 굵은 1점 쇄선은 특수 지시선으로 공차 ⌀8h9 부분은 축 길이 20mm 되는 곳까지만 필요하다는 의미이다.

05

도면관리에 필요한 사항과 도면내용에 관한 중요한 사항이 기입되어 있는 도면 양식으로 도명이나 도면번호와 같은 정보가 있는 것은?

① 재단마크   ② 표제란
③ 비교눈금   ④ 중심마크

해 **도면에 마련되는 양식** 334p

06

기하 공차의 종류와 기호 설명이 잘못된 것은?

① ▱ : 평면도 공차   ② ○ : 원통도 공차
③ ⊕ : 위치도 공차   ④ ⊥ : 직각도 공차

해 **기하공차의 종류와 기호** 322p

07

축을 제도하는 방법에 관한 설명으로 틀린 것은?

① 긴 축은 단축하여 그릴 수 있으나 길이는 실제 길이를 기입한다.
② 축은 일반적으로 길이 방향으로 절단하여 단면을 표시한다.
③ 구석 라운드 가공부는 필요에 따라 확대하여 기입할 수 있다.
④ 필요에 따라 부분 단면은 가능하다.

해 축은 길이 방향으로 절단하여 도시하면 오히려 투상에 방해가 되기에 길이 방향으로 절단하지 않는다.

08

3D CAD 데이터를 사용하여 레이아웃이나 조립성 등을 평가하기 위하여 컴퓨터상에서 부품을 설계하고 조립체를 생성하는 것은?

① rapid prototyping
② part programing
③ revese engineering
④ digital mock - up

해 **디지털 목업의 특징**
• 실물 mock - up의 사용 빈도를 줄일 수 있는 대안이다.
• 간섭 검사, 기구학적 검사, 조립체 속을 걸어 다니는 듯한 효과 등을 낼 수 있다.
• 서피스 모델이나 솔리드 모델로 제품이 모델링되어야 한다.

09

스퍼 기어의 도시방법에 대한 설명으로 틀린 것은?

① 축에 직각인 방향으로 본 투상도를 주 투상 도로 할 수 있다.
② 잇봉우리원은 굵은 실선으로 그린다.
③ 피치원은 가는 1점 쇄선으로 그린다.
④ 축 방향으로 본 투상도에서 이골원은 굵은 실선으로 그린다.

웹 기어 제도시
- 바깥지름(이끝원지름) = 굵은실선
- 피치원지름 = 가는1점쇄선
- 이뿌리원지름 = 가는실선

10

다음 중 베어링의 안지름이 17mm인 베어링은?

① 6303　　　　　　② 32307K
③ 6317　　　　　　④ 607U

웹 베어링의 호칭지름
베어링의 안지름번호는 1자리일때 1~9는 그대로 1~9mm를 의미하고, 00은 10mm, 01은 12mm, 02는 15mm, 03은 17mm이고, 04에서 부터는 5를 곱하여 나온 숫자가 안지름이다. 또한 5의 배수가 아닌 경우는 /를 붙여 표시한다.

11

선반가공에서 외경을 절삭할 경우, 절삭가공 길이 100mm를 1회 가공하려고 한다. 회전수 1000rpm, 이송속도 0.15mm/rev이면 가공 시간은 약 몇 분(min)인가?

① 0.5　　　　　　② 0.67
③ 1.33　　　　　　④ 1.48

웹 $T = \dfrac{L}{ns} \times i = \dfrac{100}{1000 \times 0.15} \times 1 = 0.666 \fallingdotseq 0.67$분

12

키의 호칭이 다음과 같이 나타날 때 설명으로 틀린 것은?

KS B 1311 PS-B 25 × 14 × 90

① 키에 관련한 규격은 KS B 1311 에 따른다.
② 평행키로서 나사용 구멍이 있다.
③ 키의 끝부가 양쪽 둥근형이다.
④ 키의 높이는 14mm 이다.

웹 평행키에서 키의 모양의 기호는
A : 양쪽 둥근형
B : 양쪽 네모형
C : 한쪽 둥근형이다.

키의 호칭 방법

규격 번호	종류 및 호칭 (b×h)	×	길이	끝 모양의 특별 지정	재료
KS B 1311	평행 키 10×8	×	25	양 끝 둥글기	SM45C

KS B 1311	미끄럼 키	10×8×25	양끝 둥금	SM45C
	반달 키 B종	5×5×22		SM45C
	평행키	25×14×80	양끝 모짐	SM45C

13

볼나사(ball screw)의 장점에 해당되지 않는 것은?

① 미끄럼 나사보다 내충격성 및 감쇠성이 우수 하다.
② 예압에 의해 치면 높이(backlash)를 작게 할 수 있다.
③ 마찰이 매우 적고 기계효율이 높다.
④ 시동 토크 또는 작동 토크의 변동이 작다.

웹 볼나사의 특징
- 마찰이 매우 적고 백래시가 작아 정밀하다.
- 미끄럼 나사보다 기계효율이 높다.
- 시동 토크 또는 작동 토크의 변동이 작다.
- 미끄럼 나사에 비해 내충격과 감쇠성이 떨어진다.

14

스프링 제도에서 스프링 종류와 모양만을 도시하는 경우 스프링 재료의 중심선은 어느 선으로 나타내야 하는가?

① 굵은 실선　　　　② 가는 1점 쇄선
③ 굵은 파선　　　　④ 가는 실선

해 스프링 제도에서 스프링 종류와 모양만을 도시하는 경우 스프링 재료의 중심선만을 굵은 실선으로 그린다.

15

다음 표준 스퍼 기어에 대한 요목표에서 전체 이 높이는 몇 mm 인가?

스퍼기어		
기어치형		표준
공구	치형	보통이
	모듈	2
	입력값	20°
잇수		31
피치원지름		62
전체 이 높이		( )
다듬질 방법		호브절삭
정밀도		KS B 1405, 5급

① 4　　　　　　　② 4.5
③ 5　　　　　　　④ 5.5

해 전체이높이(H) = 2.25 × m = 2.25 × 2 = 4.5mm

16

기계 제도의 표준 규격화의 의미로 옳지 않은 것은?

① 제품의 호환성 확보
② 생산성 향상
③ 품질 향상
④ 제품 원가 상승

해 규격화를 함으로 제품 원가가 내려가지만, 제품의 호환성이 확보되며 품질이 향상되므로 생산성 또한 향상된다.

17

얇은 부분의 단면 표시를 하는데 사용하는 선은?

① 아주 굵은 실선
② 불규칙한 파형의 가는 실선
③ 굵은 1점 쇄선
④ 가는 파선

해 개스킷이나 철판과 같이 아주 얇은 제품의 단면표시는 아주 굵은 실선으로 표시한다.

18

다음 중 치수와 같이 사용하는 기호가 아닌 것은?

① SØ　　　　　　② SR
③ 　　　④ □

해 **치수 보조 기호** 304p

19

표면 거칠기 지시기호가 옳지 않은 것은?

①
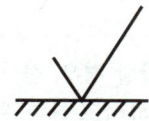

②
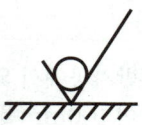

③
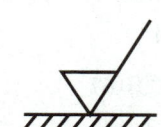

④

해 **제거 가공의 도시 기호** 308p

20

핸들이나 암, 리브, 축 등의 절단면을 90° 회전시켜서 나타내는 단면도는?

① 부분 단면도   ② 회전 도시 단면도
③ 계단 단면도   ④ 조합에 의한 단면도

📘 회전 도시 단면도 305p

21

투상도를 나타내는 방법에 대한 설명으로 옳지 않은 것은?

① 형상의 이해를 위해 주 투상도를 보충하는 보조 투상도를 되도록 많이 사용한다.
② 주 투상도에는 대상물의 모양, 기능을 가장 명확하게 표시하는 면을 그린다.
③ 특별한 이유가 없는 경우 주 투상도는 가로 길이로 놓은 상태로 그린다.
④ 서로 관련되는 그림의 배치는 되도록 숨은 선을 쓰지 않는다.

📘 투상도를 나타낼때 형상의 이해를 위해 주투상도를 보충하는 보조 투상도는 가능하면 최소로 사용해야 한다.

22

다음과 같이 도면에 기입된 기하 공차에서 0.011 이 뜻하는 것은?

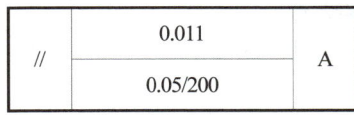

	0.011	
//		A
	0.05/200	

① 기준 길이에 대한 공차 값
② 전체 길이에 대한 공차 값
③ 전체 길이 공차 값에서 기준 길이 공차 값을 뺀 값
④ 누진치수 공차 값

23

다음에 설명하는 캠은?

- 원동절의 회전 운동을 종동절의 직선운동으로 바꾼다.
- 내연기관의 흡배기 밸브를 개폐하는데 많이 사용한다.

① 판 캠   ② 원통 캠
③ 구면 캠   ④ 경사판 캠

📘 판캠은 내연기관에서 흡기, 배기 밸브의 개폐용으로 사용된다.

24

그림에서 도시된 기호는 무엇을 나타낸 것인가?

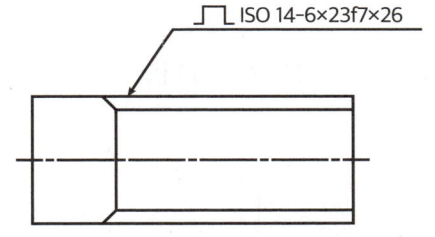

ISO 14-6×23f7×26

① 사다리꼴나사   ② 스플라인
③ 사각나사   ④ 세레이션

25

용접기호에서 그림과 같은 표시가 있을 때 그 의미는?

① 현장 용접
② 일주 용접
③ 매끄럽게 처리한 용접
④ 이면판재 사용한 용접

26

구멍의 치수가 Ø35 $^{+0.003}_{-0.001}$ 축의 치수가 Ø35 $^{+0.001}_{-0.004}$ 일 때 최대 틈새는 얼마인가?

① 0.004　　　　② 0.005

③ 0.007　　　　④ 0.009

剠 최대 틈새＝구멍의 최대 허용치수 - 축의 최소 허용치수
　　＝ 35.003 - 34.996 ＝ 0.007

용어	설명
최대 틈새	구멍 최대 허용 치수 - 축 최소 허용 치수
최소 틈새	구멍 최소 허용 치수 - 축 최소 허용 치수
최대 죔새	축 최대 허용 치수 - 구멍 최소 허용 치수
최소 죔새	축 최소 허용 치수 - 구멍 최대 허용 치수

27

표면거칠기 지시 기호의 기입 위치가 잘못된 것은?

①   ②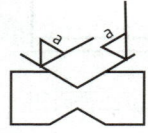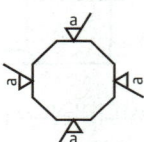

③ 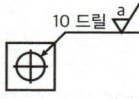 ④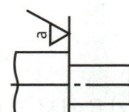

剠 표면 거칠기를 지시하는 경우의 기호의 방향

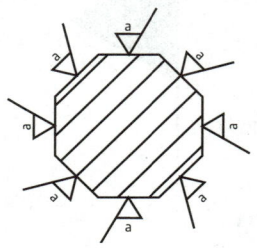

28

기계제도에서 사용하는 선에 대한 설명 중 틀린 것은?

① 숨은선, 외형선, 중심선이 한 장소에 겹칠 경우 그 선은 외형선으로 표시한다.

② 지시선은 가는 실선으로 표시한다.

③ 무게 중심선은 굵은 1점 쇄선으로 표시한다.

④ 대상물의 보이는 부분의 모양을 표시할 때는 굵은 실선으로 사용한다.

29

다음 중 재료기호와 명칭이 틀린 것은?

① SM 20C ; 회주철품

② SF 340A ; 탄소강 단강품

③ SPPS 420 ; 압력배관용 탄소 강관

④ PW-1 ; 피아노 선

剠 기계재료 표시법의 의미 329p

30

그림과 같은 용접부의 용접 지시기호로 옳은 것은?

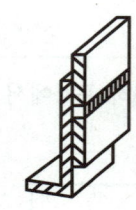 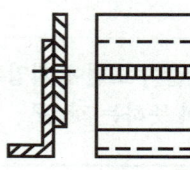

① ⌣　　　　② ○

③ ＝　　　　④ ⌐

剠 용접부 명칭에 따른 도시 및 기본 기호(KS B 0052) 327p

31

구름베어링의 호칭이 "6203 ZZ" 베어링의 안지름은 몇mm 인가?

① 3   ② 15

③ 17   ④ 30

해 베어링의 호칭지름

베어링의 안지름번호는 1자리일때 1~9는 그대로 1~9mm를 의미하고, 00은 10mm, 01은 12mm, 02는 15mm, 03은 17mm이고, 04에서 부터는 5를 곱하여 나온 숫자가 안지름이다. 또한 5의 배수가 아닌 경우는 /를 붙여 표시한다.

32

나사의 끝을 이용하여 축에 바퀴를 고정시키거나 위치를 조정할 때 사용되는 나사는?

① 태핑 나사   ② 사각 나사

③ 볼 나사   ④ 멈춤 나사

해 멈춤나사

나사의 앞쪽 끝을 축 등에 밀어 박아 부품을 고정하거나 위치 결정을 하기 위하여 쓰이는 나사. 나사를 밀어 박음으로써 나사 끝에 발생하는 마찰저항으로 두 물체 사이에 상대운동이 생기지 않도록 하는 나사이다.

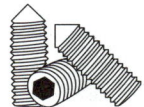

33

일반적으로 키의 호칭방법에 포함되지 않은 것은?

① 키의 종류   ② 길이

③ 인장강도   ④ 호칭 치수

해 키의 호칭 방법 **401p**

34

스퍼기어 제도 시 축 방향에서 본 그림에서 이골원은 어느선으로 나타내는가?

① 가는 실선   ② 가는 파선

③ 가는 1점 쇄선   ④ 가는 2점 쇄선

해 기어 제도시

• 바깥지름(이끝원지름) = 굵은실선
• 피치원지름 = 가는1점쇄선
• 이뿌리원(이골원)지름 = 가는실선

35

컴퓨터에서 CPU와 주기억장치 간의 데이터 접근 속도 차이를 극복하기 위해 사용하는 고속의 기억장치는?

① cache memory

② associative memory

③ destructive memory

④ monvolatile memory

해 캐시 메모리(cache memory) : 중앙처리장치와 주기억장치 사이의 속도차이를 극복하기 위해 사용한다.

36

제품의 모델(model)과 그와 관련된 데이터 교환에 대한 표준 데이터 형식이 아닌 것은?

① STEP   ② IGES

③ DXF   ④ DWG

해 3D 형상 모델링 데이터 교환 형식 : STEP, IGES, DXF

37

절삭 가공을 할 때에 절삭열의 분포를 나타낸 것이다. 절삭열이 가장 큰 곳은?

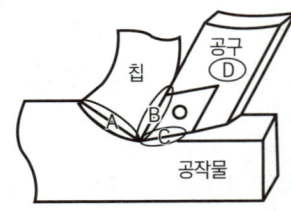

① A   ② B

③ C   ④ D

해 A : 전단면에 전단소성변형에 의한 열(전단면 AB부분에서 나타난 전단변형과 칩의 소성변형)
　　B : 칩과 공구 상면과의 마찰열(칩이 절삭공구의 경사면 AC를 가압하면서 흐를 때 발생하는 마찰)
　　C : 절삭공구의 선단이 가공물의 표면을 절삭할 때의 마찰로 인하여 발생하는 절삭열.

38

수나사 측정법 중 유효 지름을 측정하는 방법이 아닌 것은?

① 나사 마이크로미터에 의한 방법

② 삼침법에 의한 방법

③ 스크린에 의한 방법

④ 공구 현미경에 의한 방법

39

일반적으로 나사의 피치 측정에 사용되는 측정기기는?

① 오토 콜리메이터   ② 옵티컬 플랫

③ 공구 현미경   ④ 사인 바

40

다듬질의 평면도를 측정하는데 사용되는 측정기는 무엇인가?

① 옵티컬 플랫   ② 한계 게이지

③ 공기 마이크로미터   ④ 사인바

해 옵티컬 플랫은 광학정인 측정기로, 매끈하게 래핑된 블록 게이지면, 각종 측정자 등의 평면 측정에 사용하며, 측정면에 접촉시켰을 때 생기는 간섭무늬의 수로 측정한다.

41

원형의 측정물을 V 블록 위에 올려놓은 뒤 회전하였더니 다이얼 게이지의 눈금에 0.5mm의 차이가 있었다면 그 진원도는 얼마인가?

① 0.125mm   ② 0.25mm

③ 0.5mm   ④ 1.0mm

해 진원도 = 다이얼게이지 눈금 이동량 × 1/2
　　　　 = 0.5 × 1/2 = 0.25mm

42

3차원 측정기를 이용한 측정의 사용효과로 거리가 먼 것은?

① 피측정물의 설치 변경에 따른 시간이 절약된다.

② 보조 측정기구가 거의 필요하지 않다.

③ 측정점의 데이터는 컴퓨터에 의해 처리가 신속 정확하다.

④ 단순한 부품의 길이측정으로 생산성이 향상된다.

43

일반적인 합성수지의 공통된 성질로 가장 거리가 먼 것은?

① 가볍다　　　　② 착색이 자유롭다
③ 전기절연성이 좋다　　④ 열에 강하다

🔷 합성수지는 플라스틱의 일종으로 열에 약한 성질을 가지고 있다.

44

탄소강에 첨가하는 합금원소와 특성과의 관계가 틀린 것은?

① Ni- 인성 증가
② Cr- 내식성 향상
③ Si- 전자기적 특성 개선
④ Mo- 뜨임취성 촉진

🔷 몰리브덴(Mo)은 내식성을 증가시키고, 담금질 깊이를 깊게하며, 뜨임취성을 방지한다. 탄소강에 함유된 원소의 영향철강의 5대 원소 : 탄소(C), 규소(Si), 망간(Mn), 인(P), 황(S)

종류	영향
탄소 (C)	강도 · 경도 증가, 인성 · 전성 · 충격값 감소 담금질 요과 커짐, 냉감 가공성 저하
규소 (Si)	강도 · 경도 · 주조성 증가, 연성 · 충격치 감소 냉간 가공성 저하
망간 (Mn)	강도 · 경도 · 인성 · 점성 증가, 연성 감소(S)의 악 영향 감소
인 (P)	강도 · 경도 · 연성 · 절삭성 증가, 편석 발생, 냉간 가공성 증가
황 (S)	강도 · 경도 · 연성 · 절삭성 증가, 충격치 저하, 용접성 저하, 적열 매짐의 원인
수소 (H₂)	백점(헤어크랙)의 발생, 균열의 일종으로 재료에 좋지 않은 좋지 않은 영향을줌

45

열처리 방법 및 목적으로 틀린 것은?

① 불림 - 소재를 일정온도에 가열 후 공냉시킨다.
② 풀림 - 재질을 단단하고 균일하게 한다.
③ 담금질 - 급냉시켜 재질을 경화시킨다.
④ 뜨임 - 담금질된 것에 인성을 부여한다.

🔷 강의 열처리는 재료를 적당한 온도로 가열하거나 냉각하여 사용하는 목적에 적합한 성질로 개선시는 일을 말한다.
　① 풀림 : 강의 조직을 개선 시키거나 연화 시키기 위하여 A1 ~ A3변태점보다 30 ~ 50℃ 높은 온도로 가열하여 서서히 냉각시켜 연화 시키는 작업이다.
　② 담금질 : 변태점 이상으로 가열한 강을 물이나 기름 속에 급랭시켜 경도가 증가하게 하는 열처리이다.
　③ 뜨임 : 강인성을 주기 위하여 Ai변태점 이하의 온도에서 가열 조작하는 열처리이다.
　④ 불림 : A3 또는 Acm변태보다 약30 ~ 50℃ 높은 온도에서 가열 조작하여, 미세하고 균일한 표준 조직을 얻는 열처리이다.

46

특수강에 포함되는 특수원소의 주요 역할 중 틀린 것은?

① 변태속도의 변화
② 기계적, 물리적 성질의 개선
③ 소성 가공성의 개량
④ 탈산, 탈황의 방지

🔷 탈산이나 탈황의 방지는 특수강 제조시에 반드시 필요한 작업이다.

47

금속의 결정구조에서 체심입방격자의 금속으로만 이루어진 것은?

① Au, Pb, Ni   ② Zn, Ti, Mg

③ Sb, Ag, Sn   ④ Na, V, Mo

📘 금속의 결정구조

종류	형태	원소
체심입방격자 (BCC)		α-Fe, Li, Mo 등
면심입방격자 (FCC)		γ-Fe, Al, Cu, Au 등

종류	형태	원소
조밀육방격자 (HCP)		Co, Mg, Zn 등

48

황동의 합금 원소는 무엇인가?

① Cu-Sn   ② Cu-Zn

③ Cu-Al   ④ Cu-Ni

📘 구리의 합금으로 황동(Cu+Zn, 구리+아연), 청동 (Cu+Sn, 구리+주석)이 있다.

49

8~12% Sn에 1~2% Zn의 구리합금으로 밸브, 콕, 기어, 베어링, 부시 등에 사용되는 합금은?

① 코르손 합금   ② 베릴륨 합금

③ 포금   ④ 규소 청동

📘 특수 청동의 종류

포금(건메탈)	• 8~12%Sn+1~2%Zn첨가 • 청동의 대표, 옛이름 • 주조성, 내식성 우수
인청동	• 청동+P • 탄성, 내마모성, 강인성 양호 • 밸브, 피스톤링, 베어링, 고급스프링 등
베릴륨청동 (Be)	• 2~3%Be 첨가 • 내식, 내열, 내피로성 우수 • Cu합금중 최고강도(133kg/㎟)

50

주철의 여러 성질을 개선하기 위하여 합금 주철에 첨가하는 특수원소 중 크롬(Cr)이 미치는 영향이 아닌 것은?

① 경도를 증가시킨다.

② 흑연화를 촉진시킨다.

③ 탄화물을 안정시킨다.

④ 내열성과 내식성을 향상 시킨다.

📘 크롬(Cr)이 합금주철에 0.2~1.5% 첨가되면 흑연화를 방지하고 탄화물을 안정시킨다

51

**다이캐스팅 알루미늄 합금으로 요구되는
성질 중 틀린것은?**

① 유동성이 좋을 것

② 금형에 대한 점착성이 좋을 것

③ 열간 취성이 적을 것

④ 응고수축에 대한 용탕 보급성이 좋을 것

해 다이캐스팅은 정밀한 금형에 용융금속을 고압, 고속으로 주입하여 정밀하고 표면이 깨끗한 주물을 짧은 시간에 대량으로 얻는 주조 방법이다. 용융된 철이 금형에 잘 흘러야 하기 때문에 유동성이 요구된다.

52

**탄소강의 경도를 높이기 위하여 실시하는
열처리는?**

① 불림　　　　　　② 풀림

③ 담금질　　　　　④ 뜨임

해 강의 열처리는 재료를 적당한 온도로 가열하거나 냉각하여 사용하는 목적에 적합한 성질로 개선시는 일을 말한다.

① 풀림 : 강의 조직을 개선 시키거나 연화 시키기 위하여 A1 ~ A3변태점보다 30 ~ 50°C 높은 온도로 가열하여서서히 냉각시켜 연화 시키는 작업이다.

② 담금질 : 변태점 이상으로 가열한 강을 물이나 기름 속에 급랭시켜 경도가 증가하게 하는 열처리이다.

③ 뜨임 : 강인성을 주기 위하여 Ai변태점 이하의 온도에서 가열 조작하는 열처리이다.

④ 불림 : A3 또는 Acm변태보다 약30 ~ 50°C 높은 온도에서 가열 조작하여, 미세하고 균일한 표준 조직을 얻는 열처리이다.

53

고용체에서 공간격자의 종류가 아닌 것은?

① 치환형　　　　　② 침입형

③ 규칙 격자형　　　④ 연심 입방 격자형

해 공간격자의 종류에는 치환형, 침입형, 규칙 격자형이 있다.

54

**지름 D1=200mm, D2=300mm의 내접 마찰
차에서 그 중심 거리는 몇 mm인가?**

① 50　　　　　　② 100

③ 125　　　　　④ 250

해 $C = (D2 - D1)/2 = (300 - 200)/2 = 100/2 = 50mm$
마찰차는 2개의 바퀴를 직접 접촉시켜, 이것을 서로 밀어 붙일 때 생기는 마찰력으로 두 축 사이에 동력을 전달하는 장치이다.

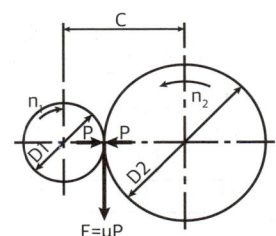

55

전단하중에 대한 설명으로 옳은 것은?

① 재료를 축 방향으로 잡아당기도록 작용하는 하중이다.

② 재료를 축 방향으로 누르도록 작용하는 하중이다.

③ 재료를 가로 방향으로 자르도록 작용하는 하중이다.

④ 재료가 비틀어지도록 작용하는 하중이다.

해 ① 인장하중
② 압축하중
③ 전단하중
④ 비틀림하중

작용상태에 따른 분류
① 인장하중 : 재료를 늘리는 하중

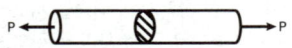

② 압축하중 : 재료를 줄이는 하중

③ 전단 하중(shearing load) - 단면에 평행한 하중

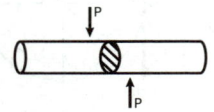

56

드릴에 의해 뚫린 구멍은 보통 진원도 및 내연의 다듬질 정도가 양호하지 못하므로, 구멍의 내면을 정밀하게 다듬질하는 가공은 무엇인가?

① 줄 가공
② 탭 가공
③ 리머 가공
④ 다이스 가공

해 • 리머 가공 : 뚫어져 있는 구멍을 정밀도가 높고, 가공 표면의 표면 거칠기를 좋게 하기 위한 가공이며, 절삭공구는 리머(reamer)를 사용한다.
• 탭 가공 : 드릴로 뚫은 구멍에 탭(tap)을 이용하여, 암나사를 가공하는 방법
• 다이스 가공 : 수나사를 가공

57

하중의 작용 상태에 따른 분류에서 재료의 축선 방향으로 늘어나게 하는 하중은?

① 굽힘하중
② 전단하중
③ 인장하중
④ 압축하중

58

[그림]에 응력집중 현상이 일어나지 않는 것은?

①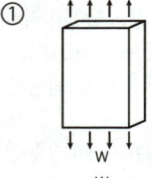

②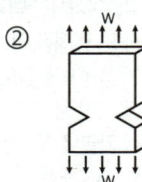

③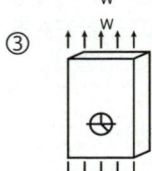

④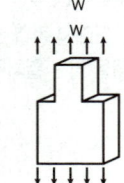

59

1줄 겹치기 리벳 이음에서 리벳 구멍의 지름은 12mm이고, 리벳의 피치는 45mm일 때 판의 효율은 약 몇 %인가?

① 80

② 73

③ 55

④ 42

해 $\eta = \dfrac{p-d}{p} = \dfrac{45-12}{45} ≒ 0.73 = 73\%$

60

8KN의 인장하중을 받는 정사각봉의 단면에 발생하는 인장응력이 5 MPa이다. 이 정사각봉의 한 변의 길이는 약 몇 mm인가?

① 40

② 80

③ 60

④ 100

해 $1Mpa = 1 N/mm^2$

응력 $= \dfrac{하중}{단면적}$, $\sigma = \dfrac{F}{A}$

$= 5Mpa = \dfrac{8000N}{x^2}$ $x = 40mm$

📁 모의고사

01

기하공차의 종류 중 적용하는 형체가 관련 형체에 속하지 않는 것은?

① 자세 공차   ② 모양 공차

③ 위치 공차   ④ 흔들림 공차

해 **기하공차의 종류와 기호** 322p

02

다음은 제3각법으로 그린 정투상도이다. 입체도로 옳은것은?

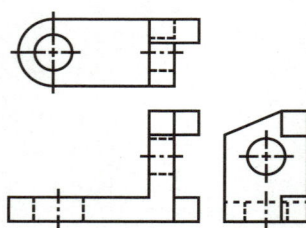

① 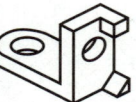   ②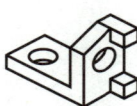

③    ④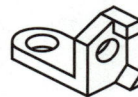

03

다음 중 '가는 선 : 굵은 선 : 아주 굵은 선' 굵기의 비율이 옳은 것은?

① 1 : 2 : 4   ② 1 : 3 : 4

③ 1 : 3 : 6   ④ 1 : 4 : 8

해 선에서 '가는 선 : 굵은 선 : 아주 굵은 선' 굵기의 비율은 1 : 2 : 4 로 정한다.

04

모양공차를 표기할 때 그림과 같은 공차 기입 틀에 기입하는 내용은?

A	B

① A : 공차값, B : 공차의 종류 기호

② A : 공차의 종류 기호, B : 데이텀 문자기호

③ A : 데이텀 문자기호, B : 공차값

④ A : 공차의 종류 기호, B : 공차값

해 아래의 그림 공차의 기하공차 해석을 참고한다.

//	0.01/100	A

　데이텀 A면을 기준으로 평행도를 측정한다.
　기준길이 100mm에서 평행도 허용오차는 0.01mm이다.
평행도 공차

//	0.1
	0.05/100

전체 길이에 대한 오차 허용치 0.1mm
평행도 공차 　지정길이 100mm에 대해 0.05mm의 오차 허용치

05

속도비 3 : 1, 모듈 3, 피니언(작은 기어)의 잇수가 30인 한 쌍의 표준 스퍼 기어의 축간거리는 몇 mm인가?

① 60
② 100
③ 140
④ 180

해 $i = \dfrac{n_2}{n_1} = \dfrac{Z_2}{Z_1} = \dfrac{30}{Z_1} = \dfrac{1}{3}$, $Z_2 = 90$

∴ $C = \dfrac{m(Z_1 + Z_2)}{2} = \dfrac{3(30 + 90)}{2} = 180mm$

06

선의 종류에 따른 용도의 설명으로 틀린 것은?

① 굵은 실선 - 외형선으로 사용한다.
② 가는 실선 : 치수선으로 사용한다.
③ 파선 : 숨은선으로 사용한다.
④ 굵은 1점 쇄선 - 단면의 무게 중심선으로 사용한다.

해 굵은 1점 쇄선은 열처리나 특수 지정선을 나타낼때 사용하며, 무게 중심선은 가는 2점 쇄선으로 나타낸다.

07

좌우 또는 상하가 대칭인 물체의 1/4을 잘라내고 중심섬을 기준으로 외형도와 내부 단면도를 나타내는 단면의 도시 방법은?

① 한쪽 단면도
② 부분 단면도
③ 회전 단면도
④ 온 단면도

해 한쪽 단면도(반단면도) 327p

08

다음 치수 보조 기호에 관한 내용으로 틀린 것은?

① C : 45°의 모떼기
② D : 판의 두께
③ □ : 정사각형 변의 길이
④ ⌒ : 원호의 길이

해 치수 보조 기호 304p

09

기준치수가 30, 최대허용치수가 29.9, 최소허용치수가 29.8일 때 아래치수허용차는?

① -0.1
② -0.2
③ +0.1
④ +0.2

해 최소허용치수 = 아래치수 허용차 - 기준치수
그러므로,
아래치수허용차 = 최소허용치수 기준치수 이므로
29.98 - 30 = - 0.2

10

연삭이 진행됨에 따라 둔하게 된 입자가 새로운 입자로 바뀌는 숫돌바퀴의 특징을 무엇이라 하는가?

① 드레싱
② 트루잉
③ 글레이징
④ 자생 작용

해 연삭은 마모에 의하여 무디어진 입자가 탈락하고 새로운 입자가 생성되어 연삭을 계속하게 되는데 이러한 현상을 연삭의 자생작용(自生作用)이라한다.

11

공기 마이크로미터에 대한 설명으로 틀린 것은?

① 압축 공기원이 필요하다.

② 비교 측정기로서 1개의 마스터로 측정이 가능하다.

③ 타원, 테이퍼, 편심 등의 측정을 간단히 할 수 있다.

④ 확대 기구에 기계적인 요소가 없어 장시간 고정도를 유지할 수 있다.

12

끼워맞춤의 표시 방법을 설명한 것 중 틀린 것은?

① Ø20H7 : 지름이 20인 구멍으로 7등급의 IT 공차를 가짐

② Ø20h6 : 지름이 20인 축으로 6등급의 IT 공차를 가짐

③ Ø20H7/g6 : 지름이 20인 H7 구멍과 g6 축이 헐거운 끼워맞춤으로 결합되어 있음을 나타냄

④ Ø20H7/f6 : 지름이 20인 H7 구멍과 f6 축이 중간 끼워 맞춤으로 결합되어 있음을 나타냄

해

	축의 공차 등급
헐거운 끼워맞춤	b, c, d, e, f, g
중간 끼워맞춤	h, js, k, m, n
억지 끼워맞춤	p, r, s, t, u, x

13

상향절삭과 비교한 하향절삭의 특징으로 틀린 것은?

① 기계의 강성이 낮아도 무방하다.

② 상향절삭에 비하여 인선의 수명이 길다.

③ 이송나사의 백래시를 완전히 제거하여야 한다.

④ 절삭력이 하향으로 작용하여 가공물 고정이 유리하다.

해 상향절삭과 하향절삭의 차이점

구분	상향 절삭	하향 절삭
백래쉬 (back lash)	절삭에 별 지장이 없다.	백 래시를 제거하여야 한다.
기계의 강성	강성이 낮아도 무방하다.	가공할 때, 충격이 있어 높은 강성이 필요하다.
가공물의 고정	절삭력이 상향으로 작용하여 고정이 불리하다.	절삭력이 하향으로 작용하여 가공물 고정이 유리하다.
인선의 수명	절입할 때, 마찰열로 마모가 빠르고 공구 수명이 짧다.	상향 절삭에 비하여 공구 수명이 길다.
마찰 저항	마찰저항이 커서 절삭 공구를 위로 들어 올리는 힘이 작용한다.	절입할 때, 마찰력은 적으나 하향으로 충격력이 작용한다.
가공면의 표면 거칠기	광택은 있으나, 상향에 의한 회전저항으로 전체적으로 하향 절삭보다 나쁘다.	가공 표면에 광택은 적으나, 저속 이송에서는 회전저항이 발생하지 않아 표면 거칠기가 좋아진다.

14

평행키 끝부분의 형식에 대한 설명으로 틀린 것은?

① 끝부분 형식에 대한 지정이 없는 경우는 양쪽 네모형으로 본다.

② 양쪽 둥근형은 기호 A를 사용한다.

③ 양쪽 네모형은 기호 S를 사용한다.

④ 한쪽 둥근형은 기호 C를 사용한다.

해 평행키에서 키의 모양의 기호는 A : 양쪽 둥근형, B : 양쪽 네모형, C : 한쪽 둥근형이다.

15

나사의 제도시 불완전 나사부와 완전 나사부의 경계를 나타내는 선을 그릴 때 사용하는 선의 종류는?

① 굵은 파선
② 굵은 1점 쇄선
③ 가는 실선
④ 굵은 실선

🔷 완전 나사부와 불완전 나사부의 경계선은 굵은 실선으로 그린다.

16

평벨트 풀리의 도시방법이 아닌 것은?

① 암의 단면형은 도형의 안이나 밖에 회전 도시 단면도로 도시한다.
② 풀리는 축직각 방향의 투상을 주투상도로 도시할 수 있다.
③ 풀리와 같이 대칭인 것은 그 일부만을 도시할 수 있다.
④ 암은 길이방향으로 절단하여 단면을 도시한다.

🔷 평벨트 및 V벨트 풀리의 도시에서 암은 길이 방향으로 절단하여 도시하지 않는다.

17

베어링의 안지름 번호를 부여하는 방법 중 틀린 것은?

① 안지름 치수가 1, 2, 3, 4mm 인 경우 안지름 번호는 1,2, 3, 4 이다.
② 안지름 치수가 10, 12, 15, 17mm 인 경우 안지름 번호는 01, 02, 03, 04 이다.
③ 안지름 치수가 20mm 이상 480mm 이하인 경우 5로 나눈값을 안지름 번호로 사용한다.
④ 안지름 치수가 500mm 이상인 경우 "/안지름 치수"를 안지름 번호로 사용한다.

🔷 베어링의 호칭지름

베어링의 안지름번호는 1자리일때 1~9는 그대로 1~9mm 를 의미하고, 00은 10mm, 01은 12mm, 02는 15mm, 03은 17mm이고, 04에서 부터는 5를 곱하여 나온 숫자가 안지름이다. 또한 5의 배수가 아닌 경우는 /를 붙여 표시한다.

18

스스로 빛을 내는 자기발광형 디스플레이로서 시야각이 넓고 응답시간도 빠르며 백라이트가 필요 없기 때문에 두께를 얇게 할 수 있는 디스플레이는?

① TFT-LCD
② 플라즈마 디스플레이
③ OLED
④ 래스터스캔 디스플레이

🔷 ① TFT-LCD : 액정의 변화와 편광판을 통과하는 빛의 양을 조절하는 방식으로 영상정보를 표시하는 디지털 디스플레이
② 플라즈마디스플레이(PDP) : PDP는 플라즈마 현상을 이용한 것으로, TV의 화면 표시기 술로주로 쓰인다.
④ 래스터스캔디스플레이(CRT) : 래스터 주사 방식으로 표시하는 컴퓨터 모니터나 텔레비전 수상기의 화면 표시 장치

19

CAD를 2차원 평면에서 원을 정의하고자 한다. 다음 중 특정 원을 정의할 수 없는 것은?

① 원의 반지름과 원을 지나는 하나의 접선으로 정의

② 원의 중심점과 반지름으로 정의

③ 원의 중심점과 원을 지나는 하나의 접선으로 정의

④ 원을 지나는 3개의 점으로 정의

🔵 **Auto Cad 에서 원을 만드는 6가지 방법**
　① 원을 지나는 2점 입력
　② 원을 지나는 3점 입력
　③ 원의 중심값, 반지름값 입력
　④ 원의 중심점, 지름값 입력
　⑤ 원의 접선, 접선, 반지름값 입력
　⑥ 원의 중심점, 원을 지나는 하나의 점선값 입력

20

다음 중 길이 및 허용 한계 기입을 잘못한 것은?

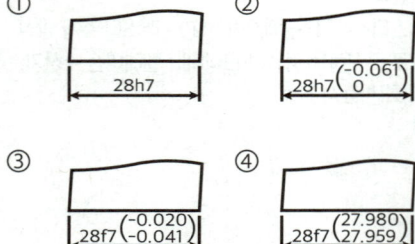

🔵 치수공차의 기입 방법에서 항상 위치수 허용차가 아래 치수허용차 보다 커야 한다. ②과 같이 위치수 허용차에 − 0.061 이고 아래치수 허용차는 0 이므로 치수공차 기입 방법에 어긋난다.

21

표제란에 기입할 사항으로 거리가 먼 것은?

① 도면 번호　　　　② 도면 명칭

③ 부품기호　　　　④ 투상법

🔵 **도면에 마련되는 양식** 334p

22

도면에 나타난 그림의 크기가 치수와 비례하지 않을 때 표시하는 방법 중 틀린 것은?

① 치수 아래쪽에 굵은 실선을 긋는다.

② "비례하지 않음"으로 표시한다.

③ NS로 기입한다.

④ 치수를 (　) 안에 넣는다.

🔵 **치수를 보조하는 기호**

기호	설명	표시예	기호	설명	표시예
Φ	지름	Φ100	C	45° 모따기	C10
R	반지름	R50	P	피치	P15
SΦ	구면의 지름	SΦ100	□	정사각형	□40
SR	구면의 반지름	SR50	t	두께	t5
(　)	참고 지수	(15)	50	이론적으로 정확한 치수	

23

다음 그림을 15H7-m6의 구멍과 축에 중간 끼워 맞춤을 나타낸 것으로 최대 죔새를 A, 최대 틈새를 B라 할 때 옳은 것은?

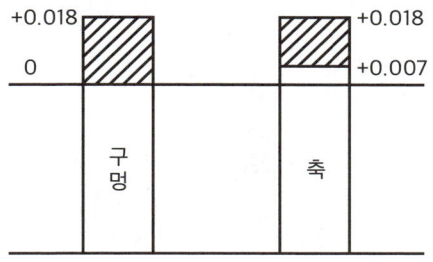

① A=0.018, B=0.011
② A=0.011, B=0.018
③ A=0.018, B=0.025
④ A=0.011, B=0.025

해 최대 죔쇄=0.018-0=0.018
최대틈새=0.018-0.007=0.011

용어	설명
최대 틈새	구멍 최대 허용 치수 - 축 최소 허용 치수
최소 틈새	구멍 최소 허용 치수 - 축 최소 허용 치수
최대 죔새	축 최대 허용 치수 - 구멍 최소 허용 치수
최소 죔새	축 최소 허용 치수 - 구멍 최대 허용 치수

24

제1각법과 제3각법의 설명 중 틀린 것은?

① 제1각법은 물체를 1상한에 놓고 정투상법으로 나타낸 것이다.
② 제1각법은 눈→투상면→물체의 순서로 나타낸다.
③ 제3각법은 물체를 3상한에 놓고 정투상법으로 나타낸 것이다.
④ 한 도면에 제1각법과 제3각법을 같이 사용해서는 안된다.

해 제1각법과 제3각법 307p

25

기하 공차의 기호와 공차의 명칭이 서로 맞는 것은?

① ─ : 진직도 공차　　② ◎ : 위치도 공차
③ ○ : 원통도 공차　　④ ∠ : 동심도 공차

해 기하공차의 종류와 기호 322p

26

컴퓨터 도면관리 시스템의 일반적인 장점을 잘못 설명한 것은?

① 여러가지 도면 및 파일의 통합관리체계를 구축 가능하다.
② 반영구적인 저장 매체로 유실 및 훼손의 염려가 없다.
③ 도면의 질과 정확도를 향상시킬수 있다.
④ 정전 시에도 도면 검색 및 작업을 할 수 있다.

해 컴퓨터로 도면관리 시스템을 관리할 때에 정전이 되면 도면 작업을 할 수 없다.

27

다음 선반 바이트의 공구각 중 공구의 날끝과 일감의 마찰을 방지하는 것은?

① 경사각   ② 날끝각

③ 여유각   ④ 날끝 반지름

해 **여유각(angle of relief)**
- 바이트와 공작물과의 상대운동방향과 바이트 측면이 이루는 각
- 피삭재와의 마찰을 적게하여 마찰저항을 줄인다.
- 공구인선을 피가공물에 원활하게 이송하여 절삭저항을 줄인다. 단단한 피삭재, 인성 강도가 필요할 때는 여유각을 작게 한다. 연질의 피삭재, 가공 경화가 쉬운 피삭재는 여유각을 크게 한다.

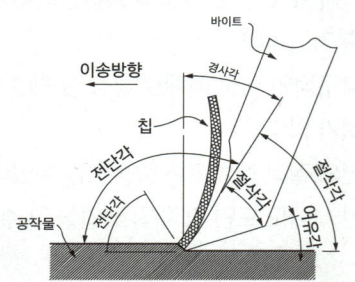

28

기어의 제도방법 중 틀린 것은?

① 축 방향에서 본 이끝원은 굵은 실선으로 표시한다.

② 축 방향에서 본 피치원은 가는 1점 쇄선으로 표시한다.

③ 서로 물려 있는 한 쌍의 기어에서 맞물림부의 이끝원은 가는 실선으로 표시한다.

④ 베벨 기어 및 웜 휠의 축 방향에서 본 그림에서 이뿌리 원은 생략하는 것이 보통이다.

해 서로 물려 있는 한 쌍의 기어에서 맞물림부의 이끝원은 굵은 실선으로 표시한다.

기어제도시
- 바깥지름(이끝원지름) = 굵은실선
- 피치원지름 = 가는1점쇄선
- 이뿌리원지름 = 가는실선

29

구름베어링 중에서 볼베어링의 구성요소와 관련이 없는 것은?

① 외륜   ② 내륜

③ 니들   ④ 리테이너

해 **구름 베어링의 구성요소**

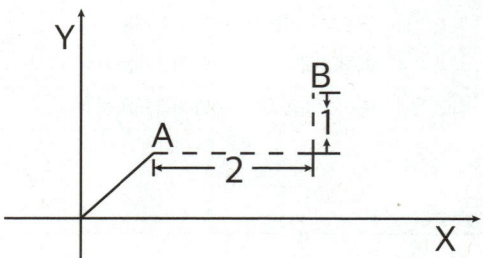

볼 베어링   롤러 베어링

내륜과 왜륜 사이에 룰러나 볼을 넣어 점이나 선에 접촉을 하면서 구르는 베어링
구조는 내륜과 왜륜 및 볼, 리테이너(retainer)로 구성

30

그림과 같이 위치를 알 수 없는 점 A에서 점 B로 이동하려고 한다. 어느 좌표계를 사용해야 하는가?

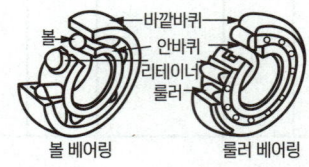

① 상대 좌표   ② 절대 좌표

③ 절대 극 좌표   ④ 원통 좌표

해 **cad 시스템 좌표계의 종류**
① 절대좌표계 : 도면상임의의점을 입력할때 변하지 않는 원점(0,0)을 기준으로 정한 좌표계
② 상대좌표계 : 임의의점을 지정할때 현재의 위치를 기준으로 정해서 사용하는 좌표계
③ 극좌표계 : 마지막 입력점을 기준으로 가은점까지의 직선 거리와 각도로 입력하는 좌표계

31

스프링 제도에 대한 설명으로 맞는 것은?

① 오른쪽 감기로 도시할 때는 "감긴 방향 오른쪽" 이라고 반드시 명시해야 한다.
② 하중이 걸린 상태에서 그리는 것을 원칙으로 한다.
③ 하중과 높이 및 처짐과의 관계는 선도 또는 요목표에 나타낸다.
④ 스프링의 종류와 모양만을 도시할 때에는 재료의 중심 선만을 가는 실선으로 그린다.

해 스프링 도시의 일반사항
① 무하중 상태에서 그리는 것이 원칙(하중시에는 치수와 하중을 명기)
② 하중과 높이 또는 처짐과의 관계를 표시할 필요가 있을 때에는 선도 또는 표로 표시
③ 특별한 단서가 없는한 모두 오른쪽감기로 도시하고 왼쪽 감기일 경우 "감긴방향왼쪽"이라고 표시한다.
④ 그림안에 기입하기 힘든 사항은 요목표에 기입

32

다음 중 육각볼트의 호칭이다. ③이 의미하는 것은?

$$\underset{①}{\underline{\text{KS B 1002}}} \quad \underset{②}{\underline{\text{6각볼트}}} \quad \underset{③}{\underline{\text{A}}} \quad \underset{④}{\underline{\text{M12×80}}} \quad \underset{⑤}{\underline{\text{-8.8}}} \quad \underset{⑥}{\underline{\text{KS B 1002}}}$$

① 강도
② 부품등급
③ 종류
④ 규격번호

해 ① 규격번호, ② 종류, ③ 부품등급, ④ 나사부의 호칭지름 X 호칭길이, ⑤ 강도구분, ⑥ 재료

33

스퍼 기어에서 축 방향에서 본 투상도의 이뿌리원을 나타내는 선은?

① 가는 1점 쇄선
② 가는 실선
③ 굵은 실선
④ 가는 2점 쇄선

해 기어 제도시
• 바깥지름(이끝원지름) = 굵은실선
• 피치원지름 = 가는1점쇄선
• 이뿌리원지름 = 가는실선

34

연마제를 가공액과 혼합하여 가공물 표면에 압출공기로 고압과 고속으로 분사해 가공물 표면과 충돌시켜 표면을 가공하는 방법은?

① 래핑(lapping)
② 버니싱(burnishing)
③ 액체 호닝(liquid honing)
④ 슈퍼 피니싱(super finishing)

해 액체 호닝(liquid honing)
액체 호닝은 연마제를 가공액과 혼합하여 가공물 표면에 압축공기를 이용하여 고압과 고속으로 분사시켜 가공물 표면과 충돌시켜 표면을 가공하는 방법이다.
액체 호닝은 피닝 효과(peening effect)가 있다.
액체 호닝의 장점은 다음과 같다.
- 가공 시간이 짧다.
- 가공물의 피로강도를 10% 정도 향상 시킨다.
- 형상이 복잡한 것도 쉽게 가공한다.
- 가공물 표면에 산화막이나 거스러미(burr)를 제거하기 쉽다.

35

구멍의 치수가 $\varnothing 50^{+0.025}_{0}$ 축의 치수가 $\varnothing 50^{-0.009}_{-0.025}$ 일 때 최대 틈새는 얼마인가?

① 0.025
② 0.05
③ 0.07
④ 0.009

해 최대죔새 = 구멍의 최대허용치수 − 축의 최소허용치수
최대죔새 = 50.025 − 449.975 = 0.05

용어	설명
최대 틈새	구멍 최대 허용 치수 − 축 최소 허용 치수
최소 틈새	구멍 최소 허용 치수 − 축 최소 허용 치수
최대 죔새	축 최대 허용 치수 − 구멍 최소 허용 치수
최소 죔새	축 최소 허용 치수 − 구멍 최대 허용 치수

36

투영기에 의해 측정을 할 수 있는 것은?

① 진원도 측정 ② 진직도 측정

③ 각도 측정 ④ 원주 흔들림 측정

해 투영기는 물체의 형상이나 치수를 측정 및 검사하는 광학기기로 각도, 나사 유호 지름, 나사산의 반각 등을 측정한다.

37

나사의 유효지름 측정방법에 해당하지 않는 것은?

① 나사마이크로미터에 의한 유호지름 측정 방법

② 삼침법에 의한 유효지름 측정 방법

③ 공구현미경에 의한 유효지름 측정 방법

④ 사인바에 의한 유효지름 측정 방법

38

나사를 측정하는 일반적인 항목이 아닌 것은?

① 피치 ② 유호 지름

③ 각도 ④ 리드

39

다이얼 게이지 기어의 백래시(back lash)로 인해 발생하는 오차는?

① 인접 오차 ② 지시 오차

③ 진동 오차 ④ 되돌림 오차

40

물체의 길이, 각도, 형상 측정이 가능한 측정기는?

① 표면 거칠기 측정기 ② 3차원 측정기

③ 사인 센터 ④ 다이얼 게이지

41

절삭 공구재료 중에서 가장 경도가 높은 재질은?

① 고속도강 ② 세라믹

③ 스텔라이트 ④ 입방정 질화붕소

해 **공구강의 경도 순서**
다이아몬드 > 입방정 > 세라믹 > 초경합금 > 주조경질합금(스텔라이트) > 고속도강 > 합금공구강 > 탄소공구강

42

가장 널리 쓰이는 키(key)로 축과 보스 양쪽에 키 홈을 파서 동력을 전달하는 것은?

① 성크 키 ② 반달 키

③ 접선 키 ④ 원뿔 키

해 키(key)는 벨트 풀리나 기어, 차륜을 축과 일체로 하여 회전을 전달시키기 위해 끼우는 것이다.

43

다음 중 도면 제작에서 원의 지시선 긋기 방법으로 맞는것은?

①  ②

③  ④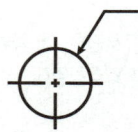

해 원의 치수기입시 지시선 기입은 원의 외형선 상에 지시선의화살표가 위치하며 중심선과 연결되지 않도록 한다.

44

다음과 같이 지시된 기하 공차의 해석이 맞는 것은?

○	0.05	
//	0.02/150	A

① 원통도 공차값 0.05mm, 축선은 데이텀, 축 직선 A에 직각이고 지정길이 150mm, 평행도 공차값 0.02mm

② 진원도 공차값 0.05mm, 축선은 데이텀, 축 직선 A에 직각이고 전체길이 150mm, 평행도 공차값 0.02mm

③ 진원도 공차값 0.05mm, 축선은 데이텀, 축 직선 A에 평행하고 지정길이 150mm, 평행도 공차값 0.02mm

④ 원통의 윤곽도 공차값 0.05mm, 축선은 데이텀, 축직선 A에 평행하고 전체길이 150mm, 평행도 공차값 0.02mm

45

게이지 블록을 사용하거나 취급할 때의 주의 상항이 아닌 것은?

① 천이나 가죽 위에서 취급할 것

② 먼지가 적고 건조한 실내에서 사용할 것

③ 측정면에서 먼지가 묻어 있으면 솔로 털어낼 것

④ 측정면의 방청유는 휘발유로 깨끗이 닦아서 보관할 것

46

나사면에 증기, 기름 또는 외부로부터의 먼지 등이 유입되는 것을 방지하기 위해 사용하는 너트는?

① 나비 너트   ② 둥근 너트

③ 사각 너트   ④ 캡 너트

해 ① 나비 너트 : 너트를 쉽게 조일 수 있도록 머리 부분을 나비 날개모양으로 만든 너트
② 둥근너트 : 외형이 둥근 형태의 너트
③ 사각너트 : 외형이 사각형으로 주로 목재에 사용하는 너트
④ 캡 너트 : 나사면에 증기, 기름 또는 먼지의 유입을 방지하기 위해 사용하는 너트

47

가단주철의 종류에 해당하지 않는 것은?

① 흑심 가단주철

② 백심 가단주철

③ 오스테나이트 가단주철

④ 펄라이트 가단주철

해 특수 주철 316p

48

비자성체로서 Cr과 Ni를 함유하며 일반적으로 18-8 스테인리스강이라 부르는 것은?

① 페라이트계 스테인리스강

② 오스테나이트계 스테인리스강

③ 마텐자이트계 스테인리스강

④ 펄라이트계 스테인리스강

해 18-8형 스테인리스 강(18% Cr-8% Ni)
오스테 나이트계로 열처리가 안된다.
Cr, Ni이 많은 것은 내부식성이 크다.
티탄은 부식성을 저하시키는 크롬, 탄화물의 형성을 막는다.
몰리브덴은 내황산성을 높인다.

49

평벨트의 이용방법 중 효율이 가장 높은 것은?

① 이음쇠 이름

② 가죽 끈 이름

③ 관자 볼트 이음

④ 접착제 이음

해 평벨트의 이음효율

　① 이음쇠이름 : 60%

　② 가죽끈이름 : 40~50%

　③ 관자볼트이음 : 50~60%

　④ 접착제이음 : 75~90%

50

구리 4%, 마그네슘 0.5%, 망간 0.5%, 나머지가 알루미늄인 고강도 알루미늄 합금은?

① 실루민

② 두랄루민

③ 라우탈

④ 로우엑스

해 가공용 Al 합금 313p

51

킬드강에는 어떤 결함이 주로 생기는가?

① 편석증가

② 내부에 기포

③ 외부에 기포

④ 상부중앙에 수축공

해

림드강 (rimmed steel)	Fe-Mn으로 가볍게 탈산(불완전 탈산)
킬드강 (killed steel)	Fe-Si, Fe-Mn, Al으로 완전탈산
세미킬드강 (semi- killed steel)	킬드강과 림드강과의 중간 정도
캡드강 (capped steel)	림드강을 변형, 주입 후 뚜껑을 씌움

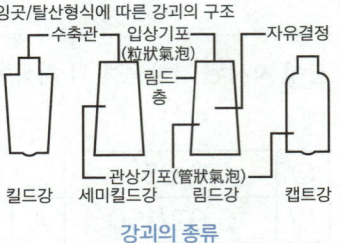

강괴의 종류

52

내식용 Al 합금이 아닌 것은?

① 알민(Almin)

② 알드레이(Aldrey)

③ 하이드로날륨(hydronalium)

④ 코비탈륨(cobitalium)

해 코비탈륨은 주조나 내열용으로 사용되는 알루미늄 합금이다.

53

3줄 나사에서 피치가 2mm일 때 나사를 6회 전시키면 이동하는 거리는 몇 mm인가?

① 6

② 12

③ 18

④ 36

해 L=n×P 에서 L=3×2=6mm

6회전 하면 6×6mm=36mm

54

그림과 같이 한쪽 면을 용접하려고 할 때
용접기호로 옳은 것은?

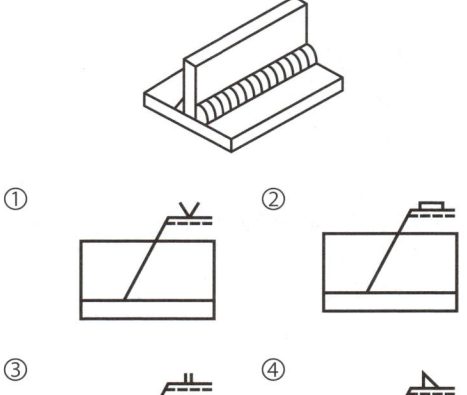

① ② ③ ④

해 문제의 그림은 필릿 용접을 나타내고 있고, 기호는 ④
이다.

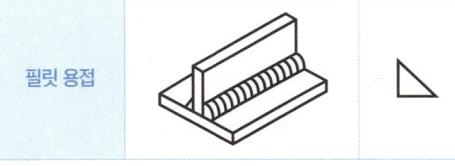

필릿 용접

55

공간상에 구성되어 있는 하나의 점을 표현하
는 방법으로서 기준점을 중심으로 2개의 각
도 데이터와 1개의 길이 데이터로 해당점의
좌표를 나타내는 좌표계는?

① 직교 좌표계 　　② 상대 좌표계
③ 원통 좌표계 　　④ 구면 좌표계

해 **cad 시스템 좌표계의 종류**
　① 절대좌표계 : 도면상임의의점을 입력할때 변하지
　　않는 원점(0,0)을 기준으로 정한 좌표계
　② 상대좌표계 : 임의의점을 지정할때 현재의 위치를
　　기준으로 정해서 사용하는 좌표계

　③ 극좌표계 : 마지막 입력점을 기준으로 가운점까지
　　의 직선 거리와 각도로 입력하는 좌표계
　④ 구면좌표계 : 3차원 구의 형태를 나타내는 것으로
　　거리와 두개의 각으로 표현되는 좌표계

56

다음 중 평 벨트 장치의 도시방법에 관한 설명
으로 틀린 것은?

① 암은 길이 방향으로 절단하여 도시하는 것
이 좋다.
② 벨트 풀리와 같이 대칭형인 것은 그 일부만
을 도시할 수 있다.
③ 암과 같은 방사형의 것은 회전도시 단면도
로 나타낼 수 있다.
④ 벨트 풀리는 축직각 방향의 투상을 주 투상
도로 할 수 있다.

해 평벨트 및 V벨트 풀리의 도시에서 암은 길이 방향으
로 절단하여 도시하지 않는다.

57

나사에 대한 설명으로 틀린 것은?

① 나사산의 모양에 따라 삼각, 사각, 둥근 것
등으로 분류 한다.
② 체결용 나사는 기계 부품의 접합 또는 위치
조정에 사용 된다.
③ 나사를 1회전하여 축 방향으로 이동한 거리
를 "리드" 라 한다.
④ 힘을 전달하거나 물체를 움직이게 할 목적
으로 사용하는 나사는 주로 삼각나사 이다.

해 삼각나사는 체결용 나사이다.

58

외측 마이크로미터 "0"점 조정시 기준이 되는 것은?

① 블록게이지 ② 다이얼 게이지
③ 오토콜리메이터 ④ 레이저 측정기

해 ① 블록게이지 : 길이의 기준으로서 사용되는 기계이며 생산 공장의 현장에서 공작용·검사용으로도 사용된다.
② 다이얼게이지 : 접촉 단의 변위를 톱니바퀴에 의해 길이의 변화 변위 등을 정밀하게 측정하기 위한 계기
③ 오토콜리메이터 : 거울등의 평면법선 방향을 광학적으로 구하는 방법인 오토콜리메이션을 이용하여 미소각의 차이, 변화 또는 진동 등을 측정하는 광학기계
④ 레이저측정기 : 레이저를 발사한 후 반사되는 레이저를 검축하여 정확한 거리를 측정하는 측정기다.

59

다음 그림은 어떤 물체를 제 3각법 정투상도로 나타낸 것이다. 입체도로 옳은 것은?

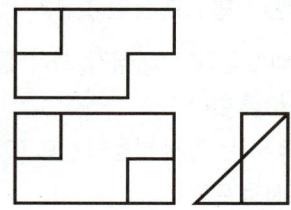

①
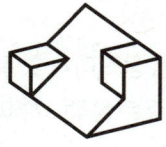

②
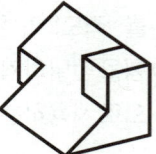

③
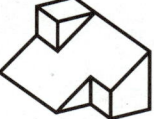

④
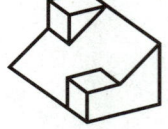

60

다음 중 운전 중에 두 축을 결합하거나 떼어 놓을 수 있는 것은?

① 플렉시블 커플링
② 플랜지 커플링
③ 유니버설 조인트
④ 맞물림 클러치

해 엔진의 동력을 잠시 끊거나 이어주는 축이음 장치를 클러치 라고 한다.

10 예상기출문제 10회

📁 모의고사

01

호의 치수 기입을 나타낸 것은?

① 　②

③ 　④

 치수 기입법

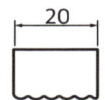　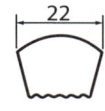　　

변의 치수　현의 치수　호의 치수　각도의 치수

02

물체가 구의 지름임을 나타내는 치수 보조 기호는?

① SØ　　② C
③ Ø　　④ R

 치수 보조 기호 304p

03

제도의 목적을 달성하기 위하여 도면이 구비하여야 할 기본 요건이 아닌 것은?

① 면의 표면거칠기, 재료선택, 가공방법 등의 정보
② 도면 작성방법에 있어서 설계자 임의의 창의성
③ 무역 및 기술의 국제 교류를 위한 국제적 통용성
④ 대상물의 도형, 크기, 모양, 자세, 위치의 정보

 제도란 선과 문자, 기호로 구성된 도면을 작성하는 작업으로, 물체의 모양, 크기, 재료, 가공 방법, 구조 등을 일정한 법칙과 규격에 따라 정확, 명료, 간결하게 나타내는 것으로 설계자 임의의 창의성이 있어서는 안된다.

04

축의 도시방법에 대한 설명으로 틀린 것은?

① 긴 축은 중간 부분을 파단하여 짧게 그리고 실제치수를 기입한다.

② 길이 방향으로 절단하여 단면을 도시한다.

③ 축의 끝에는 조립을 쉽고 정확하게 하기 위해서 모따기를 한다.

④ 축의 일부 중 평면 부위는 가는 실선의 대각선으로 표시한다.

🔷 축은 길이 방향으로 절단하여 도시하면 오히려 투상에 방해가 되기에 길이 방향으로 절단하지 않는다

축의도시방법 326p

05

기계요소 중 캠에 대한 설명으로 맞는 것은?

① 평면 캠에는 판 캠, 원뿔 캠, 빗판 캠이 있다.

② 입체 캠에는 원통 캠, 정면 캠, 직선운동 캠이 있다.

③ 캠 기구는 원동절(캠), 종동절, 고정절로 구성되어 있다.

④ 캠을 작도할 때는 캠 윤곽, 기초원, 캠 선도 순으로 완성한다.

🔷 ① 평면 캠 : 판 캠, 정면 캠, 직선운동 캠, 삼각 캠
② 입체캠 : 원통캠, 원뿔캠, 구형캠, 빗판캠
④ 캠을 작도할 때는 캠기초원, 캠윤곽, 캠선도순으로 완성한다.

06

나사의 도시에서 완전 나사부와 불완전 나사부의 경계선을 나타내는 선의 종류는?

① 굵은 실선

② 가는 실선

③ 가는 1점 쇄선

④ 가는 2점 쇄선

🔷 완전 나사부와 불완전 나사부의 경계선은 굵은 실선으로 그린다.

07

1날 당 이송량 0.12㎜, 밀링 커터의 날수 12개, 회전수가 800rpm일 때 이송속도는 몇 ㎜/min인가?

① 1050

② 1100

③ 1152

④ 1200

🔷 $f = f_2 \times Z \times N = 0.12 \times 12 \times 800 = 1152$nn/min

08

밀링에서 커터의 지름이 100mm, 한날당 이송이 0.2mm, 커터의 날수 10개, 회전수가 478rpm일 때, 절삭속도는 약 m/mm 인가?

① 100

② 150

③ 200

④ 250

🔷 $V = \dfrac{\pi DN}{1000} = \dfrac{\pi \times 100 \times 478}{1000} = 150.092 ≒ 150$m/min

09

테일러의 원리에 맞게 제작되지 않아도 되는 게이지는?

① 링 게이지

② 스냅 게이지

③ 테이퍼 게이지

④ 플러그 게이지

🔷 테일러의 원리 : 한계 게이지로 제품을 측정할 때 통과측의 모든 치수는 동시에 검사되어야 하고, 정지측은 각 치수를 개개로 검사하여야 한다는 원리이다.

10

CAD의 좌표 표현 방식 중 임의의 점을 지정할 때 원점을 기준으로 좌표를 지정하는 방법은?

① 상대좌표

② 상대 극좌표

③ 절대좌표

④ 혼합좌표

해 cad 시스템 좌표계의 종류
① 절대좌표계 : 도면상임의의점을 입력할때 변하지 않는 원점(0,0)을 기준으로 정한 좌표계
② 상대좌표계 : 임의의점을 지정할때 현재의 위치를 기준으로 정해서 사용하는 좌표계
③ 극좌표계 : 마지막 입력점을 기준으로 다음점까지의 직선 거리와 각도로 입력하는 좌표계

11

대상물의 일부를 떼어 낸 경계를 표시하는데 사용하는 선은?

① 외형선　　　② 숨은선
③ 가상선　　　④ 파단선

해 대상물의 일부를 떼어 낸 경계를 표시하는데 사용하는 선을 파단선 또는 지그재그선이라 하며 가는 실선으로 나타낸다.

12

표면의 결인 줄무늬 방향의 지시기호 "C"의 설명으로 맞는 것은?

① 가공에 의한 커터의 줄무늬 방향이 기호로 기입한 그림의 투상면에 경사지고 두 방향으로 교차
② 가공에 의한 커터의 줄무늬 방향이 여러 방향으로 교차 또는 두 방향
③ 가공에 의한 커터의 줄무늬가 기호를 기입한 면의 중심에 대하여 거의 동심원 모양
④ 가공에 의한 커터의 줄무늬가 기호를 기입한 면의 중심에 대하여 대략 레이디얼 모양

해 가공 줄무늬 방향의 기호 308p

13

다음과 같이 도면에 기하공차가 표시되어 있다. 이에 대한 설명으로 틀린 것은?

| // | 0.05/100 | A |

① 기하공차 허용값은 0.05mm이다.
② 기하공차 기호는 평행도를 나타낸다.
③ 관련형체로 데이텀은 A이다.
④ 기하공차 전체길이에 적용된다.

해 아래의 그림의 기하공차 해석을 참고한다.

| // | 0.01/100 | A |

데이텀 A면을 기준으로 평행도를 측정한다.
기준길이 100mm에서 평행도 허용오차는 0.01mm이다.
평행도 공차

| // | 0.1 |
| | 0.05/100 |

전체 길이에 대한 오차 허용치 0.1mm
평행도 공차　지정길이 100mm에 대해 0.05mm의 오차 허용치

14

Ø50H7/p6와 같은 끼워맞춤에서 H7의 공차값은 $^{+0.025}_{\ \ \ 0}$ 이고, p6의 공차값은 $^{+0.042}_{+0.026}$ 이다. 최대 죔새는?

① 0.001　　　② 0.027
③ 0.042　　　④ 0.067

해 최대 죔새 = 축의 최대 허용치수 - 구멍의 최소 허용치수
= 0.042 - 0 = 0.042

용어	설명
최대 틈새	구멍 최대 허용 치수 - 축 최소 허용 치수
최소 틈새	구멍 최소 허용 치수 - 축 최소 허용 치수
최대 죔새	축 최대 허용 치수 - 구멍 최소 허용 치수
최소 죔새	축 최소 허용 치수 - 구멍 최대 허용 치수

15

한국 산업 표준에서 정한 도면의 크기에 대한 내용으로 틀린 것은?

① 제도용지 A2의 크기는 420×594㎜이다.

② 제도용지 세로와 가로의 비는 1 : 루트 2이다.

③ 복사한 도면을 접을 때는 A4크기로 접는 것을 원칙으로 한다.

④ 도면을 철할 때 윤곽선은 용지 가장자리에서 10㎜간격을 둔다.

해 도면을 철할 때 윤곽선은 왼쪽과 오른쪽 가장자리의 띄는 간격은 용지의 크기에 따라 서로 다르다.

도면의 크기 및 윤곽 치수 336p

16

다음은 계기의 도시기호를 나타낸 것이다. 압력계를 나타낸 것은?

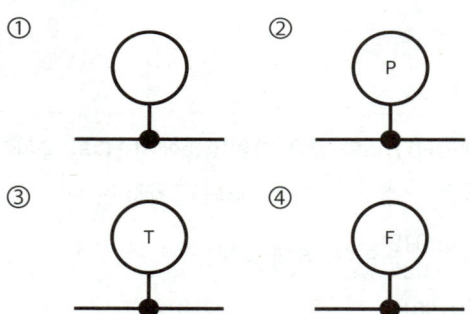

① ② P
③ T ④ F

해 계기의 도시기호
T : Temperature온도계
F : FlowRate유량계
V : Vaccum진공계
P : Pressure압력계

17

외접 헬리컬 기어를 축에 직각인 방향에서 본 단면으로 도시할 때, 잇줄 방향의 표시 방법은?

① 1개의 가는 실선

② 3개의 가는 실선

③ 1개의 가는 2점 쇄선

④ 3개의 가는 2점 쇄선

해 헬리컬 기어의 잇줄 방향은 3개의 가는 실선으로 그린다. 그러나 외접 헬리컬 기어를 축에 직각인 방향에서 본 단면으로 도시할 때에는 잇줄 방향의 표시방법은 3개의 가는 2점 쇄선으로 표시한다.

18

도형의 좌표변환 행렬과 관계가 먼 것은?

① 미러(mirror)　　② 회전(rotate)

③ 스케일(scale)　　④ 트림(trim)

해 Auto Cad 명령어 중에서 미러(mirror)는 대칭복사, 회전(rotate)는 회전, 스케일(scale)은 축척변경 으로 좌표를 변환하지만 트림(trim)은 도면 작성시 선을 일부 삭제하는 기능으로 좌표 변환과 관계가 없다.

19

선반 가공에서 가공면의 표면 거칠기를 양호하게 하는 방법은?

① 바이트 노즈 반지름은 크게, 이송은 작게 한다.

② 바이트 노즈 반지름은 작게, 이송은 크게 한다.

③ 바이트 노즈 반지름은 작게, 이송은 작게 한다.

④ 바이트 노즈 반지름은 크게, 이송은 크게 한다.

해 이송(feed)

선반에서 이송은 가공물이 1회전할 때마다 바이트의 이송거리를 나타낸다. 단위는 mm/rev 로 나타내며, 바이트의 형상이 동일한 조건에서 이론적으로는 이송이 적으면 적을수록 가공면의 표면 거칠기가 좋아지는데, 실제 가공에서는 다른 영향으로 인하여 이송이 너무 적어지면 표면 거칠기가 나빠지게 되므로 적합한 이송을 선정해야 한다.

표면 거칠기를 양호하게 하려면, 노즈 반지름을 크게, 이송을 느리게 하는 것이 좋다. 그러나 노즈(nose) 반지름이 너무 커지게 되면 절삭저항이 증대되고, 바이트와 가공물 사이에 떨림이 발생하여, 가공 표면이 더 거칠어지게 되므로 주의하는 것이 좋다.

20

다음 중 스프링의 재료로써 가장 적당한 것은?

① SPS 7 　　　　 ② SCr 420
③ GC 20 　　　　 ④ SF 50

해 SPS(Spring Steel)은 스프링 재료이다.

21

두 개의 옆면 모서리가 수평선과 30°되게 기울여 하나의 그림으로 정육면체의 세 개의 면을 나타낼 수 있으며 주로 기계 부품의 조립이나 분해를 설명하는 정비지침서 등에 사용하는 투상법은?

① 투시투상법 　　　 ② 등각투상법
③ 사투상법 　　　　 ④ 정투상법

해 투상법이란 도면에 작성하고자 하는 대상물을 일정한 법칙에 의해서 대상물의 형태를 평면상에 도형으로 나타내는 방법을 말한다. 등각 투상도는 입체도로 투상한 방법이다.

22

제 3각법으로 나타낸 그림과 같은 정투상도에 해당하는 입체도는?

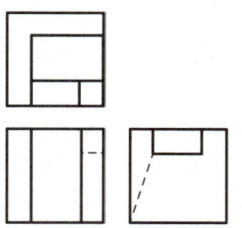

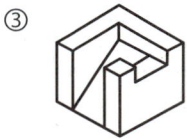 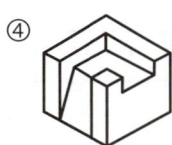

23

대칭 도형을 생략하는 경우 대칭 그림기호를 바르게 나타낸 것은?

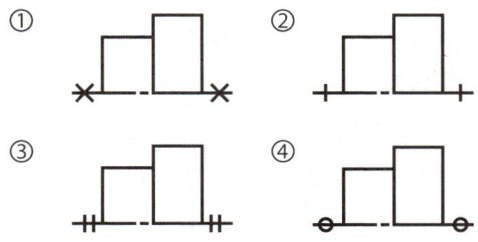

해 대칭 도형을 생략하는 경우는 ③과 같이 중심선의 양쪽에 대칭기호를 표시해야 한다.

24

스프로킷 휠의 도시방법에서 바깥지름은 어떤 선으로 표시하는가?

① 가는 실선
② 굵은 실선
③ 가는 1점 쇄선
④ 굵은 1점 쇄선

해 스프로킷 휠은 체인을 감아 물고 돌아가는 바퀴이다. 스프로킷 휠의 제도시에 바깥지름은 굵은실선, 피원지름은 가는1점쇄선, 이뿌리원은 가는실선이나 굵은파선으로 그리며 생략도 가능하다.

25

다음과 같은 평행 키의 호칭 설명으로 틀린 것은?

KS B 1311 P - A 25 × 14 × 90

① P : 모양이 나사용 구멍 없음
② A : 끝부가 한쪽 둥근 형
③ 25 : 키의 너비
④ 14 : 키의 높이

26

구름 베어링의 호칭번호에 대한 설명으로 틀린 것은?

① 안지름의 치수가 1㎜ ~9㎜인 경우는 안지름 치수를 그대로 안지름 번호로 사용한다.
② 안지름 치수가 11, 13, 15, 17㎜인 경우 안지름 번호는 각각 00, 01, 02, 03으로 표현한다.
③ 안지름 치수가 20㎜이상 480㎜이하인 경우에는 5로 나눈 값을 안지름 번호로 사용한다.
④ 안지름 치수가 500㎜ 이상인 경우에는 안지름 치수를 그대로 안지름 번호로 사용한다.

해 베어링의 안지름번호는 1자리일때 1~9는 그대로 1~9mm를 의미하고, 5의 배수가 아닌 경우는 / 를 붙여 표시한다.

27

다음 그림에서 "C2"가 의미하는 것은?

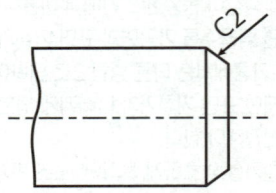

① 크기가 2인 15° 모따기
② 크기가 2인 30° 모따기
③ 크기가 2인 45° 모따기
④ 크기가 2인 60° 모따기

해 C는 45° 모따기(chamfer)를 나타내며, 숫자 2는 직각 변의 길이가 2mm임을 의미한다.

28

모듈 6, 잇수가 20개인 스퍼기어의 피치원 지름은?

① 20mm
② 30mm
③ 60mm
④ 120mm

29

그림의 도면의 양식에 대한 명칭이 틀린 것은?

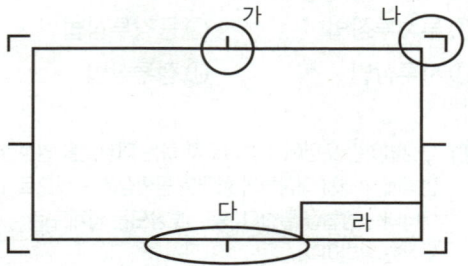

① [가] : 중심 마크
② [나] : 재단 마크
③ [다] : 비교 눈금
④ [라] : 부품란

해 [라]는 표제란이다.

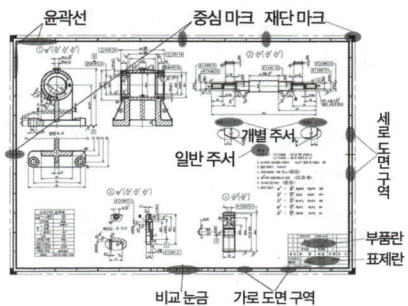

30

그림의 "C" 부분에 들어갈 기하 공차 기호로 가장 알맞은 것은?

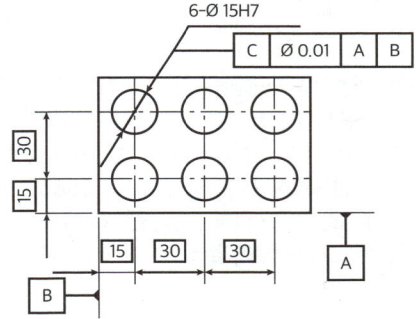

① ◎

② ⊕

③ ○

④ ◠

해 도면의 기하공차는 데이텀 기준 AB를 기준으로 원의 지름이 0.01mm 이내에 있어야 한다는 것을 의미하므로, 정확한 위치의 표시를 나타내는 위치도 공차가 들어가야 한다.

31

그림과 같은 등각투상도에서 화살표 방향이 정면일 경우 3각법으로 투상한 평면도로 가장 적합한 것은?

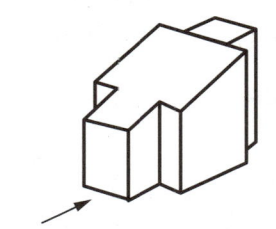

①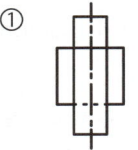

②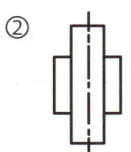

③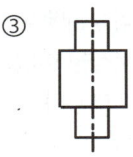

④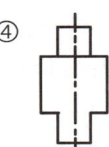

32

다음 끼워맞춤 공차 중 틈새가 가장 큰 것은?

① H7/p6

② H7/m6

③ H7/h6

④ H7/f6

해 구멍의 공차가 H7로 동일할 때, 틈새가 가장 크려면 축의 치수가 작아서 헐거운 끼워맞춤이 되어야 한다. 축의 공차 기호가 a쪽으로 갈수록 지름이 작아지므로 H7/f6 일때 가장 틈새가 크다.

구멍	A쪽으로 갈수록 구멍의 크기가 점점 커진다←	H (기준)	X쪽으로 갈수록 구멍의 크기가 점점 작아진다→
축	a쪽으로 갈수록 축의 크기가 점점 작아진다←	h (기준)	x쪽으로 갈수록 축의크기가 점점 커진다→

33

최대 허용 한계치수와 최소 허용 한계치수와의 차이값을 무엇이라고 하는가?

① 공차
② 기준치수
③ 최대 틈새
④ 위치수 허용차

해 공차 용어 **321p**

34

다음 해칭에 대한 설명 중 틀린 것은?

① 해칭선은 수직 또는 수평의 중심선에 대하여 45°로 경사지게 긋는 것이 좋다.
② 인접한 단면의 해칭은 선의 방향 또는 각도를 변경 하거나 해칭 간격을 달리하여 긋는다.
③ 단면 면적이 넓은 경우에는 그 외형선에 따라 적절한 범위에 해칭 또는 스머징을 한다.
④ 해칭 또는 스머징하는 부분 안에 문자나 기호를 절대로 기입해서는 안 된다.

해 해칭 또는 스머징을 하는 부분 안에 숫자, 문자 등을 기입하기 위해서는 해칭 또는 스머징을 중단하여 표시한다.

35

축용 게이지 제작에 사용되는 IT 기본 공차의 등급은?

① IT01~IT4
② IT5~IT8
③ IT8~IT12
④ IT11~IT18

해 ISO에서 정한 국제 표준 공차로서 치수 공차와 끼워 맞춤에 관한 사항을 규정, IT00, IT01, IT 1~18까지 총 20등급으로 구성되어 있다.

용도	게이지 제작 공차	끼워맞춤 공차	끼워맞춤 이외의 공차
구멍	IT 01~IT 5	IT 6~IT 10	IT 11~IT 18
축	IT 01~IT 4	IT 5~IT 9	IT 10~IT 18
가공 방법	초정밀 연삭, 래핑	밀링, 연삭, 리밍	압연, 압출, 프레스
공차 범위	0.001mm	0.01mm	0.1mm-

36

표면 거칠기 기호를 간략하게 기입한 것으로 옳은 것은?

① 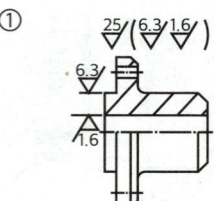 ②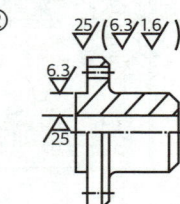

③ 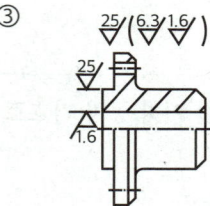 ④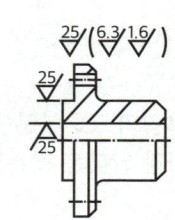

해 표면 거칠기를 기입할때 (   )밖의 거칠기는 대표 거칠기를 나타낸다(   ). 밖의 거칠기는 대표거칠기이기에 부품에 거칠기 표시를 하지 않아도 대표 거칠기로 인식을 하며, 부품에는 (   )안에 있는 표면거칠기를 모두 기입해 주어야 한다. 해당 조건을 만족하는 도면은 ①밖에 없다.

37

도면에 사용되는 선, 문자가 겹치는 경우에 투상선의 우선 적용되는 순위로 맞는 것은?

① 문자 → 외형선 → 중심선 → 치수선
② 외형선 → 문자 → 중심선 → 숨은선
③ 문자 → 숨은선 → 외형선 → 중심선
④ 중심선 → 파단선 → 문자 → 치수보조선

해 제도할 때 용도에 적합한 선을 선택하여야 혼선을 줄이고, 원하는 대로 정확히 그릴 수 있다. 두 종류 이상의 선이 겹치게 될 때에는 다음 순서에 따라 그린다. ① 외형선 ② 숨은선 ③ 절단선 ④ 중심선 ⑤ 무게중심선 ⑥ 치수보조선
단, 숫자나 문자는 모든선에 우선하여 표시한다.

38

제3각법과 제1각법의 표준 배치에서 서로 반대 위치에 있는 투상도의 명칭은?

① 평면도와 저면도
② 배면도와 평면도
③ 정면도와 저면도
④ 정면도와 우측면도

📘 **제1각법과 제3각법** **307p**

39

서로 만나는 2개의 평면 또는 곡면에서 서로 만나는 모서리를 곡면으로 바꾸는 작업을 무엇이라 하는가?

① blending
② sweeping
③ remeshing
④ trimming

📘 블렌딩은 이미 정의된 2개의 이상의 평면 또는 곡면을 부드럽게 연결되도록 하는 곡면 처리를 말한다.

40

나사의 광학적 측정시 측정 대상이 아닌 것은?

① 유효 지름
② 피치
③ 산의 각도
④ 리드각

41

다음 중 게이지 블록과 함께 사용하여 삼각함수 계산식을 이용하여 각도를 구하는 것은?

① 수준기
② 사인바
③ 요한슨식 각도게이지
④ 콤비네이션 세트

42

각도 측정용 게이지들로 조합된 것은?

① 오토 콜리메이터, 사인바, 콤비네이션 세트
② 사인 바, 오토 콜리메이터, 옵티컬 플랫
③ 직각자, 만능 분도기, 옵티컬 패러렐
④ 만능 분도기, 옵티컬 플랫, 콤비네이션 세트

43

테이퍼 플러스 게이지(taper plug gage)의 측정에서 그림과 같이 저반 위에 높고 핀을 이용해서 측정을 하려고 한다. M을 구하는 식은?

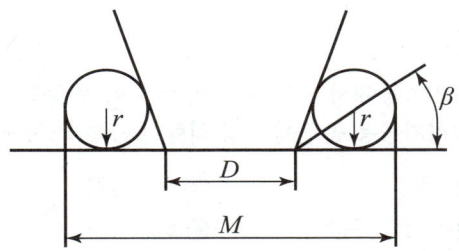

① $M = D + r + r \times \cot\beta$
② $M = D + r + r \times \tan\beta$
③ $M = D + 2r + 2r \times \cot\beta$
④ $M = D + 2r + 2r \times \tan\beta$

📘 $M = D + 2r + 2r + \tan(90° - \beta) = D = 2r + 2r \times \cot\beta$

44

일반적인 버니어 캘리퍼스로 측정할 수 없는 것은?

① 나사의 유효지름
② 지름이 30mm인 둥근 봉의 바깥지름
③ 지름이 30mm인 파이프이 안지름
④ 두께가 10mm인 철판의 두께

45

오차의 종류에서 계기오차에 대한 설명으로 옳은 것은?

① 측정자의 눈의 위치에 따른 눈금의 읽음 값에 의해 생기는 오차

② 기게에서 발생하는 소음이나 진동 등과 같은 주위 환경에서 오는 오차

③ 측정기의 구조, 측정 압력, 측정 온도, 측정기의 마모 등에 따른 오차

④ 가늘고 긴 모양의 측정기 또는 피측정물을 정반 위에 놓으면 접촉하는 면의 형상 때문에 생기는 오차

46

수기가공에서 사용하는 줄, 쇠톱날, 정 등의 절삭가공용 공구에 가장 적합한 금속재료는?

① 주강

② 스프링강

③ 탄소공구강

④ 쾌삭강

해 공구 재료의 특징

공구재료	특징
탄소 공구강	- 가장 오래 된 공구 재료 - 300℃ 정도 온도에서 경도가 급격히 낮아짐 - 쇠톱날, 줄 등의 재료에 사용
합금 공구강	- 탄소 공구강에 합금 성분을 첨가하여 마멸에 잘 견딜 수 있도록 한 것. - 450℃ 정도 절삭온도에도 경도가 낮아지지 않는다.
고속도강 공구	- 600℃에서도 경도를 유지하는 것. - 합금비율은 W:Cr:V - 18:4:1 - 탄소 공구강보다 2배 이상의 절삭 속도로 가공할 수 있다. - 드릴, 밀링 커터, 바이트 등의 공구로 널리 사용되었다.
주조 합금	- Co, W, Cr, C 등을 주조하여 만든 것 - 단조나 열처리가 되지 않으면서도 경도가 매우 높다. - 대표적인 주조 합금으로는 스텔라이트가 있다.

초경 합금	- Wc, Ti, Ta 등의 분말을 Co, Ni 분말과 섞어서 프레스로 눌러 모양을 만든 후, 1400℃ 이상의 높은 온도에서 소결한 것. - 800℃ 정도의 고온에서도 경도가 쉽게 낮아지지 않는다. - 공구 팁, 인서트 날 형식으로 사용.
다이아몬드	- 경도가 매우 높고 값이 비싸다. - 메짐이 있어 Al 같이 재질이 연한 공작물을 정밀 다듬질할 때에 쓴다

47

재료 기호가 "STS 11"로 명기되었을 때 이 재료의 명칭은?

① 합금 공구강 강재

② 탄소 공구강 강재

③ 스프링 강재

④ 탄소 주강품

해 ① 합금 공구강 - STS
② 탄소공구강 - STC
③ 스프링강 - SPS
④ 탄소주강품 - SC

48

고속도 공구강 강재의 표준형으로 널리 사용되고 있는18-4-1형에서 텅스텐 함유량은?

① 1%

② 4%

③ 18%

④ 23%

해 고속도강의 합금 비율은 W-Cr-V : 18 : 4 : 1 이다.

49

기계 도면에서 부품란에 재질을 나타내는 기호가 "SS400"으로 기입되어 있다. 기호에서 "400"은 무엇을 나타내는가?

① 무게

② 탄소 함유량

③ 녹는 온도

④ 최저 인장 강도

해 재료기호의 예시 396p

50

단면도에 관한 내용이다. 올바른 것을 모두 고른 것은?

> ㄱ. 절단면은 중심선에 대하여 45° 경사지게 일정한 간격 으로 가는 실선으로 빗금을 긋는다.
> ㄴ. 정면도는 단면도로 그리지 않고, 평면도나 측면도만 절단한 모양으로 그린다.
> ㄷ. 한쪽 단면도는 위, 아래 또는 왼쪽과 오른쪽이 대칭인 물체의 단면을 나타낼 때 사용한다.
> ㄹ. 단면부분에는 해칭(hatching)이나 스머징(smudging)을 한다.

① ㄱ, ㄴ   ② ㄴ, ㄷ
③ ㄱ, ㄴ, ㄷ   ④ ㄱ, ㄷ, ㄹ

해 단 면도는 물체의 보이지 않는 안쪽부분을 명확하게 나타내기 위해 가상의 절단면을 설치하고 앞부분을 잘라낸 다음 도면을 그리는 것으로, 정면도, 평면도, 측면도를 가리지 않는다

51

초경합금에 대한 설명 중 틀린 것은?

① 경도가 HRC 50 이하로 낮다.
② 고온경도 및 강도가 양호하다.
③ 내마모성과 압축강도가 높다.
④ 사용목적, 용도에 따라 재질의 종류가 다양하다.

해 초경합금은 Wc, Ti, Ta 등의 분말을 Co, Ni 분말과 섞어서 프레스로 눌러 모양을 만든 후, 1400℃ 이상의 높은 온도에서 소결한 것. −800℃ 정도의 고온에서도 경도가 쉽게 낮아지지 않는다. 공구 팁, 인서트 날 형식으로 사용한다.

52

다이캐스팅용 알루미늄(Al)합금이 갖추어야 할 성질로 틀린 것은?

① 유동성이 좋을 것
② 열간취성이 적을 것
③ 금형에 대한 점착성이 좋을 것
④ 응고수축에 대한 용탕 보급성이 좋을 것

해 다이캐스팅은 정밀한 금형에 용융금속을 고압, 고속으로 주입하여 정밀하고 표면이 깨끗한 주물을 짧은 시간에 대량으로 얻는 주조 방법이다. 용융된 철이 금형에 잘 흘러야 하기 때문에 유동성이 요구된다.

53

경질이고 내열성이 있는 열경화성 수지로서 전기기구, 기어 및 프로펠러 등에 사용되는 것은?

① 아크릴수지   ② 페놀수지
③ 스티렌수지   ④ 폴리에틸렌

해 합성수지의 종류 330p

54

표면 거칠기 측정기가 아닌 것은?

① 촉침식 측정기
② 광절단식 측정기
③ 기초 원판식 측정기
④ 광파 간섭식 측정기

해 기초 원판식 측정기는 치형이나 라드의 측정을 응용한 기어 데이터용이므로 표면 거칠기 측정과는 없다.

55

인치계 사다리꼴 나사의 나사산 각도는?

① 29°　　　　　　② 30°
③ 55°　　　　　　④ 60°

🈯 인치계 사다리꼴 나사의 나사산 각도는 29° 이다

56

주로 대형 공작물이 테이블 위에 고정되어 수평 왕복 운동을 하고 바이트를 공작물의 운동 방향과 직각 방향으로 이송시켜서 평면, 수직면, 홈, 경사면 등을 가공하는 공작기계는?

① 플레이너　　　　② 호빙 머신
③ 보링 머신　　　　④ 슬로터

🈯 **보링 머신(boring machine)** : 보링이란 드릴가공, 단조가공, 주조가공 등에 의하여 이미 뚫어져 있는 구멍을 좀 더 크게 확대하거나, 표면 거칠기가 높고, 정밀도가 높은 제품으로 가공하는 것이다. 특히, 가공물을 회전시키는데 복잡한 형상이나 대형인 가공물, 중량이 커서 편심으로 가공될 우려가 있는 제품의 가공에 적합하다.
플레이너(planer) : 테이블의 수평 길이 방향 왕복운동과 공구는 테이블의 가로 방향으로 이송하며, 주로 평면을 가공하는 공작기계이다.
슬로터(slotter) : 직립 셰이퍼라고도 하며, 공구는 상하 직선 왕복운동을 한다. 테이블은 수평면에서 직선운동과 회전운동을 하여 키 홈(key way), 스플라인(spline), 세레이션(serration) 등의 내경가공을 주로 하는 공작기계이다.
호빙머신 : 호브(hob)라고 하는 공구를 사용하여 기어를 절삭한다.

57

시편의 표준거리가 40㎜이고 지름이 15㎜일 때 최대하중이 6kN에서 시편이 파단 되었다면 연신율은 몇 %인가?(단, 연산된 길이는 10㎜이다.)

① 10　　　　　　② 12.5
③ 25　　　　　　④ 30

🈯 **연산율 계산식**

변형률 = $\dfrac{\ell\,'-\ell}{\ell}$

연산률(%) = $\dfrac{\ell\,'-\ell}{\ell} \times 100 = (\dfrac{\ell\,'}{\ell} - 1) \times 100$

여기서,
　• ℓ : 재료의 원래 길이
　• $\ell\,'$: 재료의 늘어난 길이

$e = 10/40 \times 100\% = 0.25 \times 100\% = 25\%$

58

저널 베어링에서 저널의 지름이 30㎜, 길이가 40㎜, 베어링의 하중이 2400N일 때 베어링의 압력[N/㎟]은?

① 1　　　　　　② 2
③ 3　　　　　　④ 4

🈯 $p = P/d \times l = 2,400N/30mm \times 40mm = 2N/mm^2$

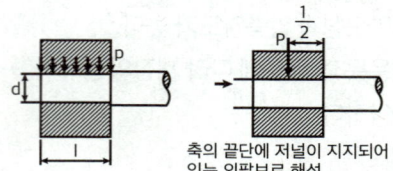

축의 끝단에 저널이 지지되어 있는 외팔보로 해석

59

다음 중 리벳의 호칭 방법으로 올바른 것은?

① 규격 번호, 종류, 호칭지름 × 길이, 재료
② 규격 번호, 길이 × 호칭지름, 종류, 재료
③ 재료, 종류, 호칭지름 × 길이, 규격 번호
④ 종류, 길이 × 호칭지름, 재료, 규격 번호

해 리벳의 호칭

KSB0112 - 열간둥근머리리벳 - 10×30 - SM50
규격번호 - 종류 - 호칭지름×길이 - 재료

60

400rpm으로 전동축을 지지하고 있는 미끄럼 베어링에서 저널의 지름은 6cm, 저널의 길이는 10cm이고, 4.2kN의 레이디얼 하중이 작용할 때 베어링 압력은 약 몇 MPa인가?

① 0.5   ② 0.6

③ 0.7   ④ 0.8

해 $p = \dfrac{W}{dl} = \dfrac{4200}{60 \times 100} = 0.7\text{MPa}$

NOTES

PART 08
실기

01 인벤터 3D 시작하기

1) 인벤터 다운로드

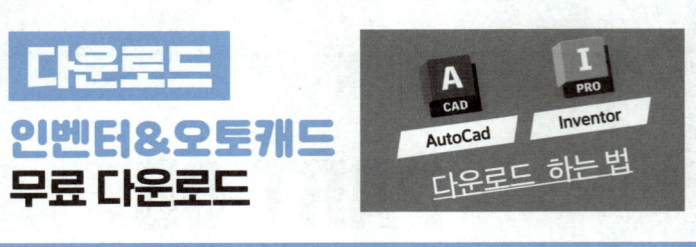

https://url.kr/vsxzep

📢 **인벤터와 오토캐드**

오토데스크(미국)에서 만든 인벤터와 오토캐드는 홈페이지(www.autodesk.co.kr)에서 제품 다운로드 후 학생인증(학생증, 재학증명서 등)을 하면 무료로 1년 교육용 라이센스를 제공하며, 1년 단위로 연장 이 가능하다. 학생 인증을 하지 않더라도 무료체험판 30일을 제공한다.(체험판 출력시 워터마크 표시) 이 외에도 다양한 3D 및 2D 프로그램을 홈페이지를 통해 무료로 다운로드를 제공하고 있다.

2) 3차원 부품의 모델링 원리

※ 인벤터를 비롯한 모든 3D 프로그램의 3차원 입체 도형 그리기는 크게 3가지 단계로 이루어진다. 다른 3D 프로그램도 아이콘의 모양만 다를 뿐 같은 방법으로 모델링이 이루어지므로 원리를 잘 이해하길 바란다.

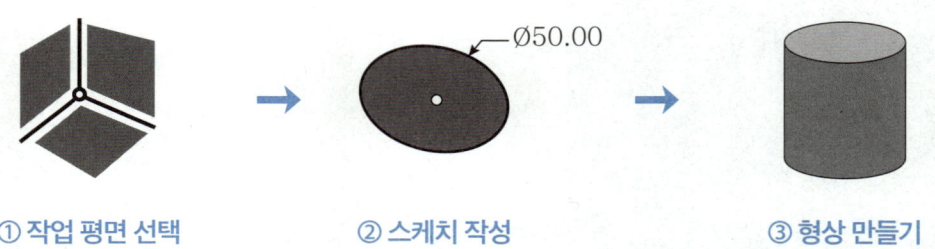

① 작업 평면 선택　　　　② 스케치 작성　　　　③ 형상 만들기

3) 3차원 CAD 작업 흐름

※ 수많은 3D 프로그램이 있으나 작업의 흐름은 대부분 다음의 순서를 따른다.

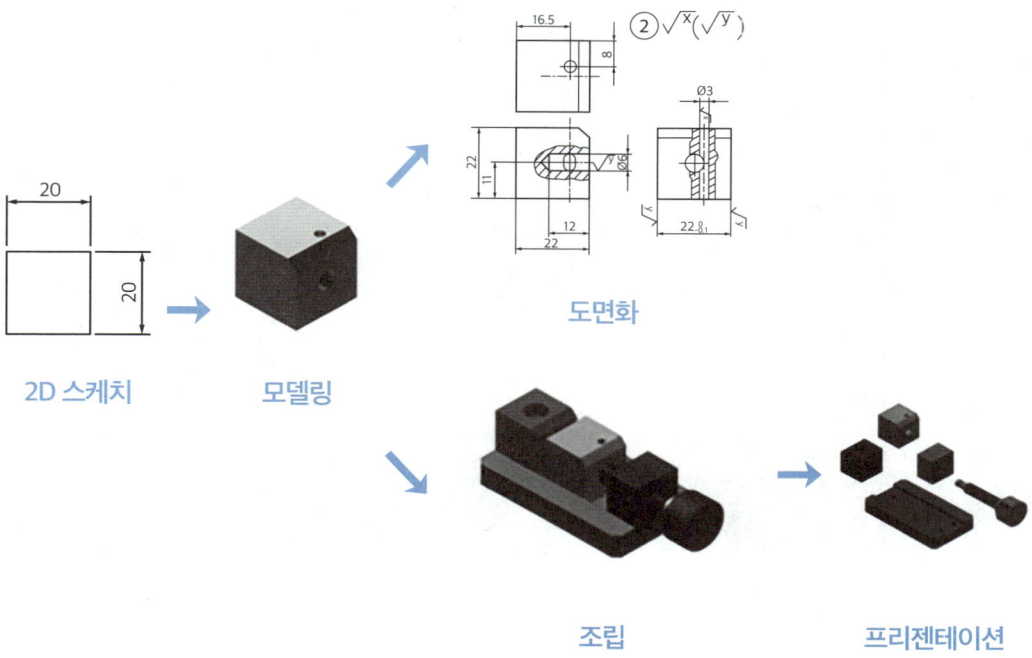

2D 스케치 → 모델링

도면화

조립

프리젠테이션

4) 인벤터 시작하기

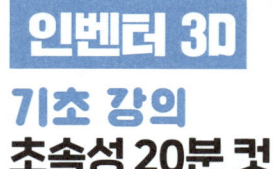

인벤터 3D
기초 강의
초속성 20분 컷

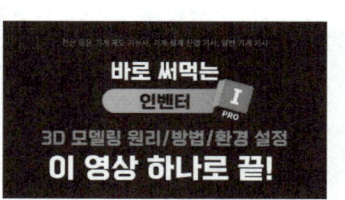

https://url.kr/o7p1c4

📢 **인벤터를 처음 다루는 학생들을 위한 영상!**

인벤터 3D 기초 강의 영상으로 인벤터를 처음 다루는 학생들이 인벤터 아이콘을 실행해서 템플릿을 선택하는 방법에서부터 인벤터 화면의 인터페이스의 구성에 관한 설명, 인벤터 화면 조작법, 간단한 인벤터 단축 아이콘 및 명령어 알아보기, 인벤터 기본 옵션 설정하기, 3D 프로그램의 프로세스 등을 설명하고 있다.

5) 인벤터 템플릿의 종류

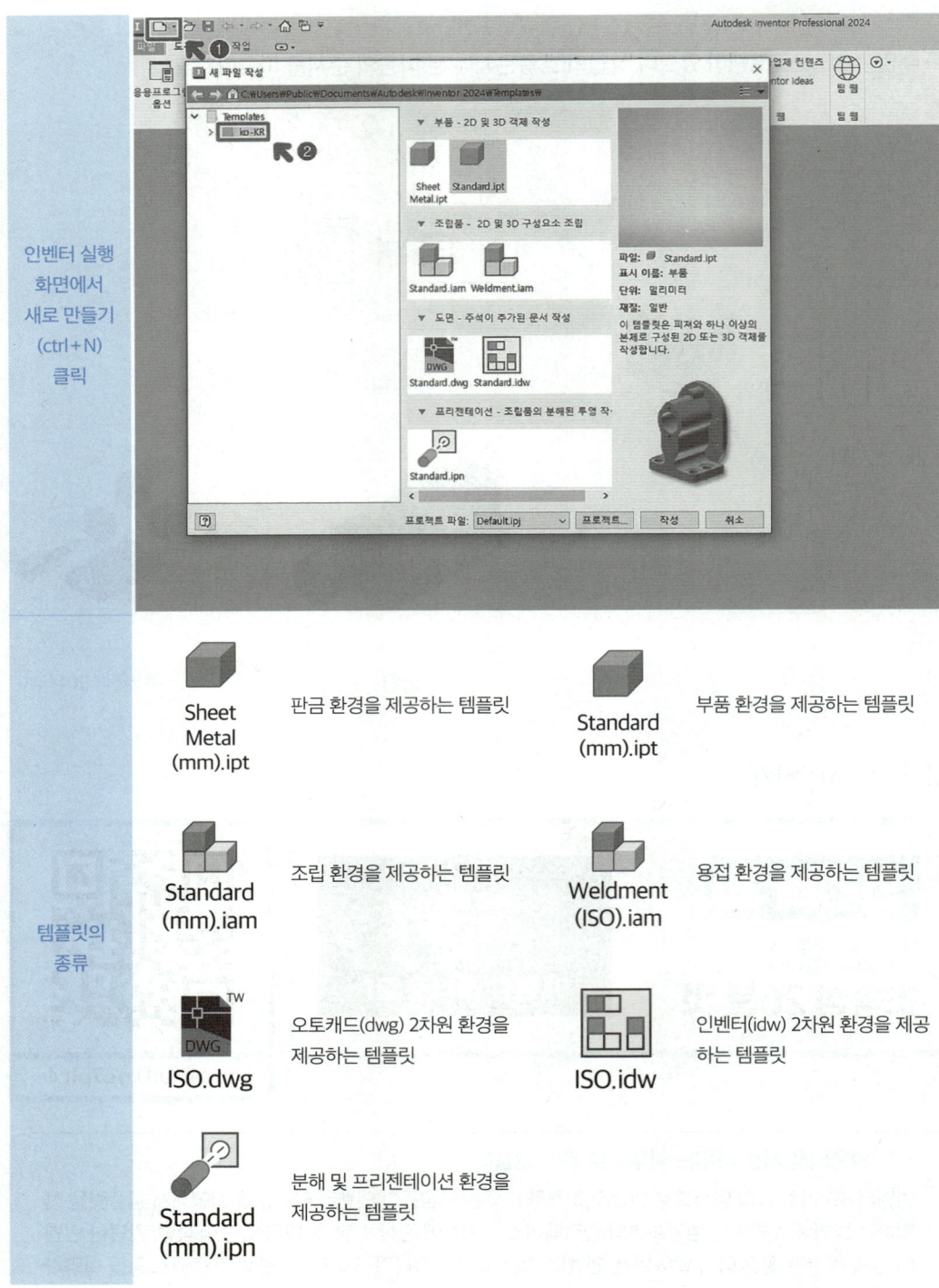

인벤터 실행 화면에서 새로 만들기 (ctrl+N) 클릭			

Sheet Metal (mm).ipt — 판금 환경을 제공하는 템플릿

Standard (mm).ipt — 부품 환경을 제공하는 템플릿

Standard (mm).iam — 조립 환경을 제공하는 템플릿

Weldment (ISO).iam — 용접 환경을 제공하는 템플릿

ISO.dwg — 오토캐드(dwg) 2차원 환경을 제공하는 템플릿

ISO.idw — 인벤터(idw) 2차원 환경을 제공하는 템플릿

Standard (mm).ipn — 분해 및 프리젠테이션 환경을 제공하는 템플릿

템플릿의 종류

6) 인벤터 화면 구성(인터페이스)

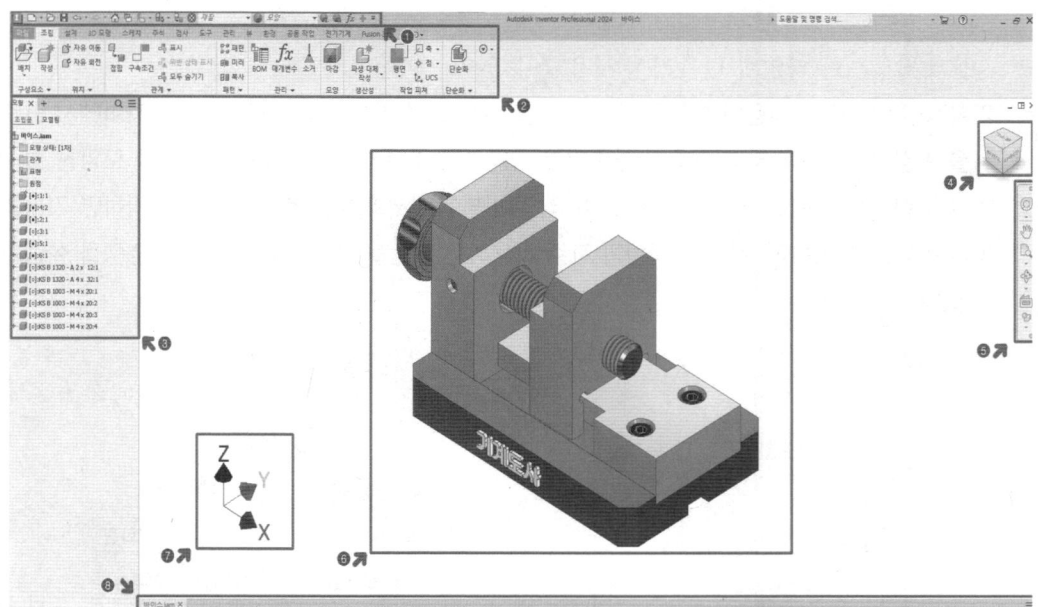

① 퀵 메뉴 막대 : 파일 열기, 저장하기 등 파일에 대한 내용과 재질, 색상의 설정이 가능하다.

② 리본 메뉴 막대 : 각각의 환경에 맞는 명령어들이 묶여 있다.

③ 검색기 막대 : 작업 중인 내용을 순서대로 나타내 준다.

④ 뷰 큐브 : 화면의 뷰 방향을 제어할 수 있다.

⑤ 탐색 막대 : 화면제어 아이콘이 묶여 있다.

⑥ 작업화면창 : 부품의 생성 및 조립 작업이 이루어지는 영역이다.

⑦ 좌표계 : 작업화면의 좌표계 방향을 나타낸다.

⑧ 상태 막대 : 현재 실행중인 명령어의 순서나 현재 작업 환경의 상태를 표시해 준다.

7) 인벤터 화면 조작법

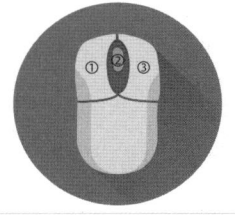

확대 축소 : ② 버튼을 위로 굴리면 확대, 아래로 굴리면 축소된다.	
시점 이동 : ② 버튼을 누른 채 드래그 하면 화면 시점을 이동한다.	
화면 회전 : (1) Shift 버튼 + ② 버튼을 누른 상태로 회전을 한다. (2) F4 버튼 + ① 버튼을 누른 상태로 회전을 한다. (3) 뷰큐브에서 ① 버튼을 누르며 회전을 한다.	

8) 인벤터 단축 아이콘 및 명령어 알아보기

※ 인벤터 작업시에 다양한 단축키를 사용할 수 있다.

기본적인 단축키를 사용하면 작업시간을 줄일 수 있으며 리본메뉴 – 도구 - 사용자화에서 단축키를 변경할 수 있다. 굳이 단축키 단축키를 사용하지 않더라도 리본메뉴의 아이콘 모양을 눌러 원하는 형상을 명령을 실행할 수 있으며, 작업화면 창에서 마우스를 오른쪽을 클릭하면 기능의 목차 메뉴를 제공하며, 선택한 객체의 자주 사용하는 기능을 표시하고 선택하면 명령을 실행할 수 있다.

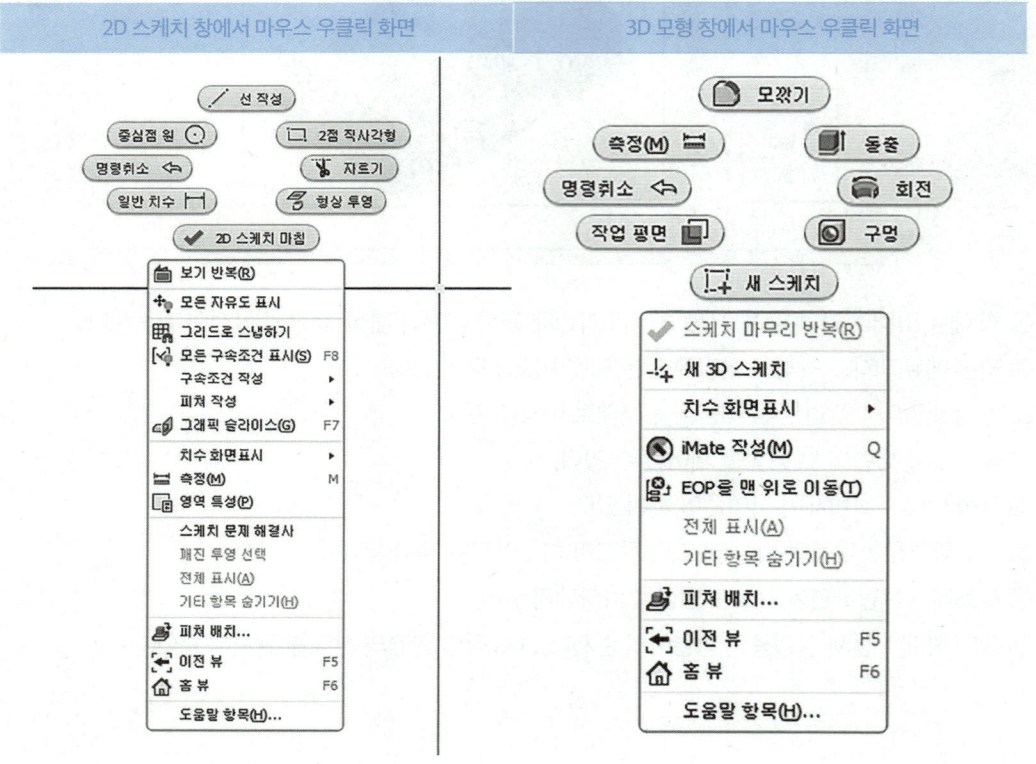

윈도우 단축키

아이콘	단축 명령어	설명	아이콘	단축 명령어	설명
	Ctrl + C	복사 하기		Ctrl + S	저장
	Ctrl + V	붙여 넣기		Ctrl + Z	명령 취소
	Ctrl + X	잘라 내기		Ctrl + Y	명령 복구
	Ctrl + A	전체 선택		Ctrl + O	새문서 열기
	Ctrl + P	인쇄		Ctrl + N	새문서 작성

뷰 단축키

아이콘	단축 명령어	설명	아이콘	단축 명령어	설명
	F2	초점 이동		Page UP	보기
	F3	확대 또는 축소		Home	줌 전체
	F4	객체 회전		Ctrl + W	Steering
	F5	이전 뷰		Shift + 마우스 오른쪽 클릭	선택 도구 메뉴 활성화
	Shift + F5	다음 뷰		Shift + 회전도구	뷰 자동 회전
	F6	등각투영 뷰		Space Bar	마지막 명령 재실행
	F10	메뉴 바로 가기			

스케치 단축키					
아이콘	단축 명령어	설명	아이콘	단축 명령어	설명
	F7	그래픽 슬라이스	A	T	글씨 쓰기
	F8	전체 구속조건 표시		O	간격 띄우기
	F9	전체 구속조건 숨기기		D	일반치수
	L	선 또는 호 작성		X	자르기
	Ctrl + Shift + C	중심점 원		M	측정
	A	중심점 호	스케치 마무리 종료	S	스케치 마무리

피쳐 단축키 단축키					
아이콘	단축 명령어	설명	아이콘	단축 명령어	설명
	S	2D 스케치		Ctrl +Shift + S	스윕
	E	돌출		F	모깍기
	R	회전		Ctrl +Shift + K	모따기
	H	구멍		Ctrl +Shift + R	직사각형 패턴
	]	작업평면		Ctrl +Shift + O	원형 패턴
	/	작업 축		Ctrl +Shift + M	대칭
	.	작업 점		Ctrl + Enter	복귀
	Ctrl +Shift + L	로프트			

02 인벤터 환경 설정

1) 인벤터 기본 옵션 설정

(1) 기본 환경 설정하는 방법

인벤터의 부품탭을 실행하여 3D 형상을 모델링할 때 설정하여야 하는 기본 환경 설정하는 방법
이다. 3D 모델링을 하기 위해 똑같이 따라서 할 필요는 없지만, 사용의 편의를 위해 따라 하며 반
복 숙달하여 익숙해지도록 연습한다.

① 도구 ⇨ 문서 설정 ⇨ 클릭   ② 단위 ⇨ 길이,시간,각도,질량 ⇨ 그림과 같이 설정

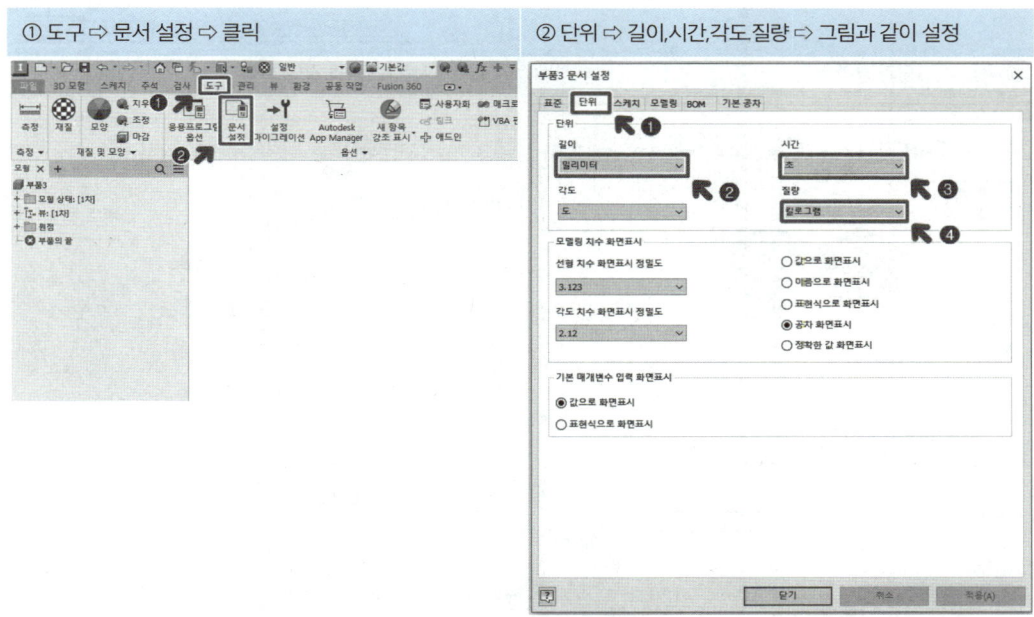

③ 도구 ⇨ 응용프로그램 옵션 ⇨ 클릭

④ 일반 ⇨ 주석 축척 ⇨ 그림과 같이 설정

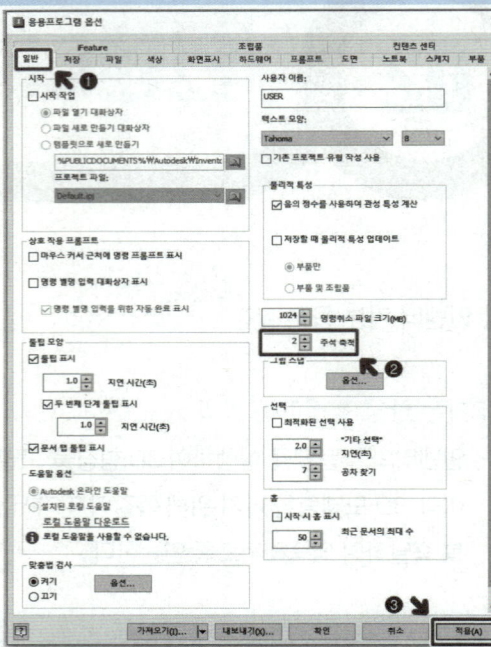

⑤ 색상 ⇨ 그림과 같이 설정

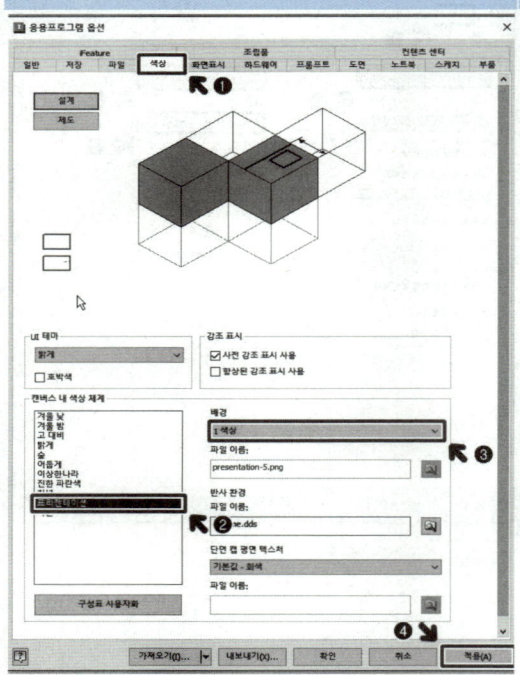

⑥ 화면표시 ⇨ 그림과 같이 설정

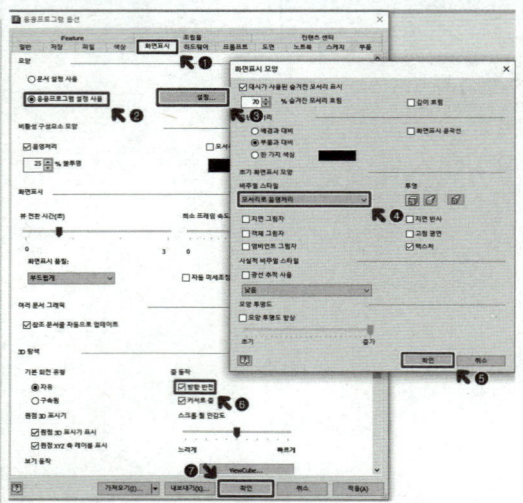

2) 인벤터 2D 도면틀(템플릿)

https://url.kr/hs8w7a

> 📢 **인벤터 2D 도면 작성을 위한 기본 환경 설정 영상!**
>
> 인벤터의 도면탭을 실행하여 2D 도면을 작성할 때 설정하여야 하는 기본 환경 설정하는 방법이다. 2D 도면 작성에 앞서 제일 먼저 해주어야 하는 작업으로 이 단계를 거치지 않고 치수기입이나 표면거칠기를 작성하면 초기 설정값으로 나타나기 때문에 원하는 모양으로 치수 기입이 되지 않는다. 따라 하며 반복 숙달하여 익숙해지도록 연습한다.

① 새로만들기 ⇨ ko-KR ⇨ Standard.idw ⇨ 작성

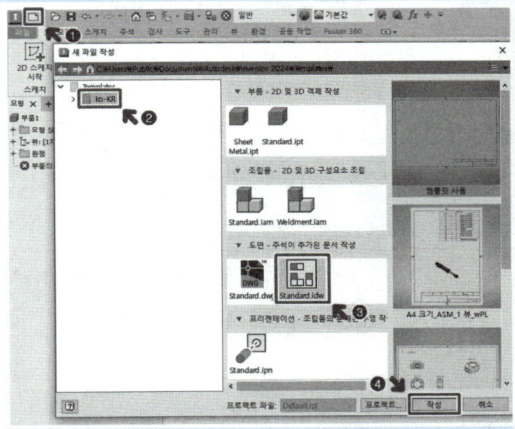

② 관리 ⇨ 스타일 편집기 클릭

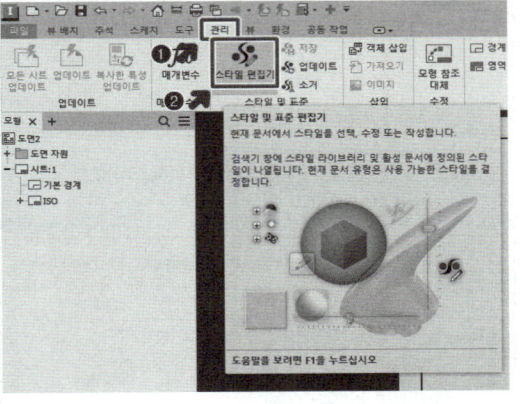

③ 표준 ⇨ 기본 표준(ISO) ⇨ 일반 ⇨ 그림과 같이 설정

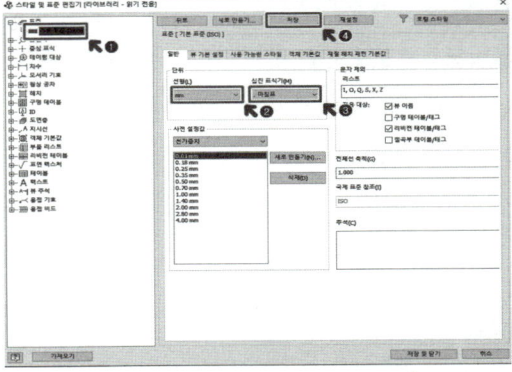

④ 표준 ⇨ 기본 표준(ISO) ⇨ 뷰 기본 설정 ⇨ 그림과 같이 설정

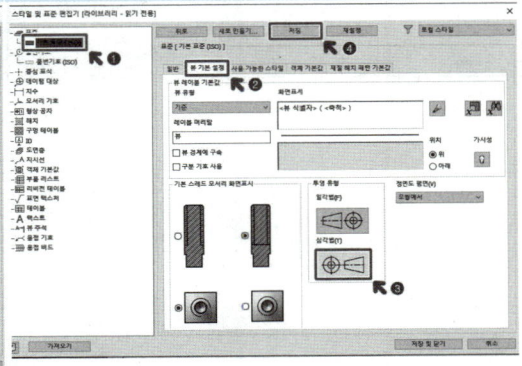

⑤ 텍스트 ⇨ 레이블 텍스트 (ISO) 클릭 ⇨ 마우스 우클릭
(스타일 이름바꾸기 클릭) ⇨ 그림과 같이 설정

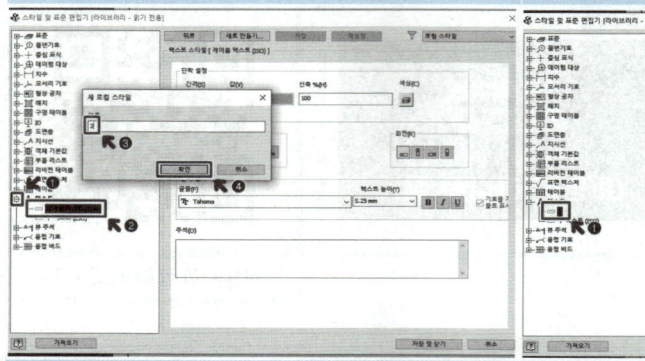

⑥ 텍스트 ⇨ 텍스트 크기 2의 설정 변경 ⇨ 그림과 같이
설정

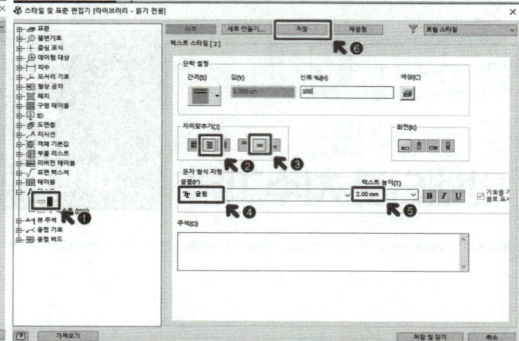

⑦ 텍스트 ⇨ 주 텍스트 (ISO) 클릭 ⇨ 마우스 우클릭
(스타일 이름바꾸기 클릭) ⇨ 그림과 같이 설정

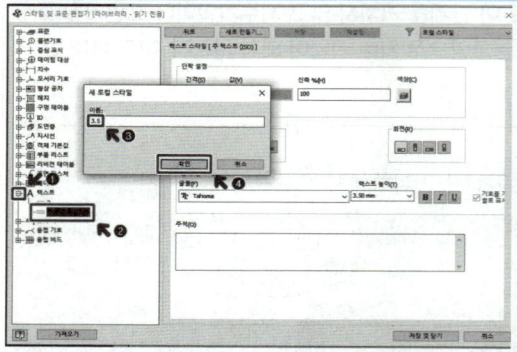

⑧ 텍스트 ⇨ 텍스트 크기 3.5의 설정 변경 ⇨ 그림과 같이
설정

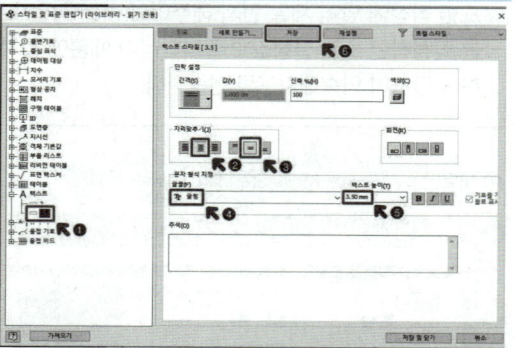

⑨ 텍스트 ⇨ 3.5 클릭 ⇨ 마우스 우클릭 (새스타일 클릭)
⇨ 그림과 같이 설정

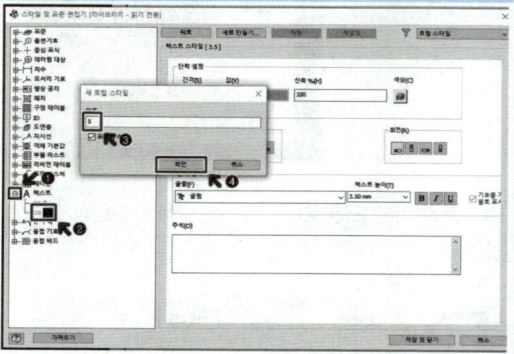

⑩ 텍스트 ⇨ 텍스트 크기 5의 설정 변경 ⇨ 그림과 같이
설정

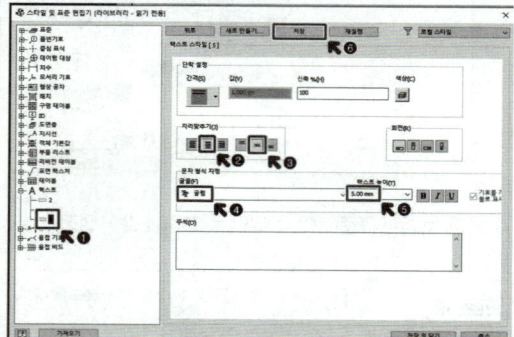

⑪ 치수 ⇨ 기본값(ISO) ⇨ 단위 ⇨ 그림과 같이 설정

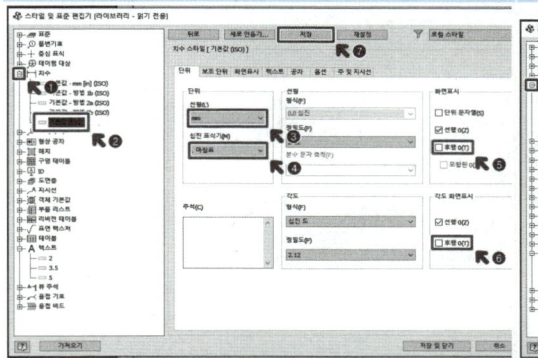

⑫ 치수 ⇨ 기본값(ISO) ⇨ 보조 단위 ⇨ 그림과 같이 설정

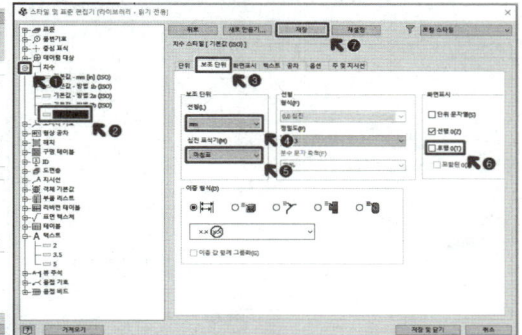

⑬ 치수 ⇨ 기본값(ISO) ⇨ 화면표시 ⇨ 그림과 같이 설정

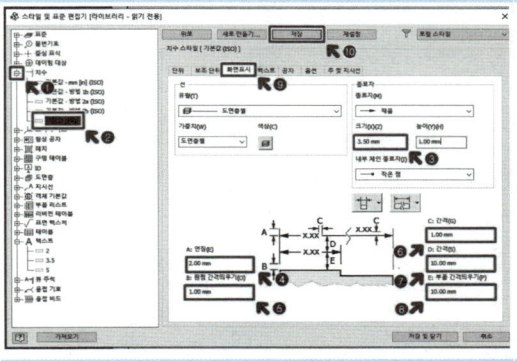

⑭ 치수 ⇨ 기본값(ISO) ⇨ 텍스트 ⇨ 그림과 같이 설정

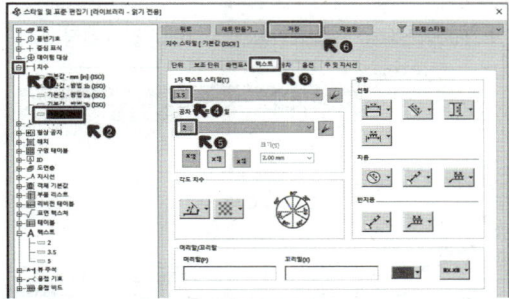

⑮ 치수 ⇨ 기본값(ISO) ⇨ 공차 ⇨ 그림과 같이 설정

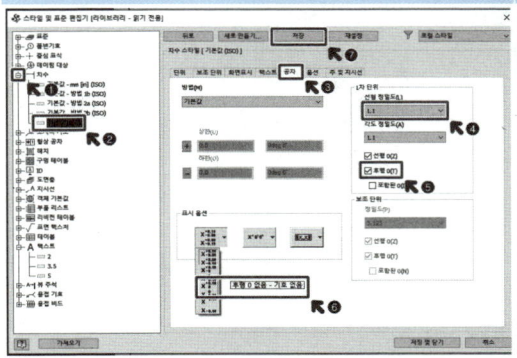

⑯ 도면층 ⇨ 3D 스케치 형상(ISO) ⇨ 새로 만들기
　　⇨ 그림과 같이 설정

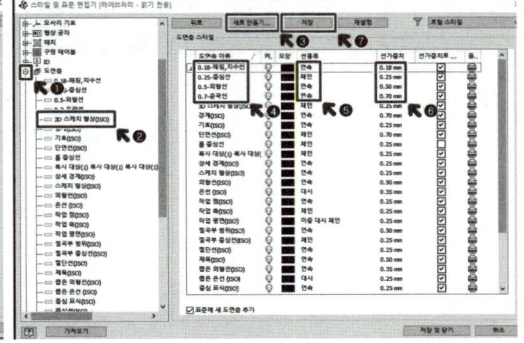

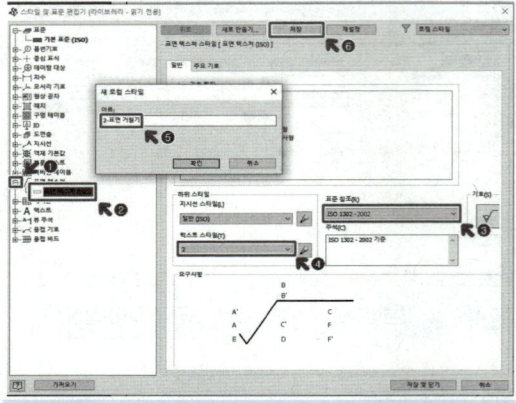

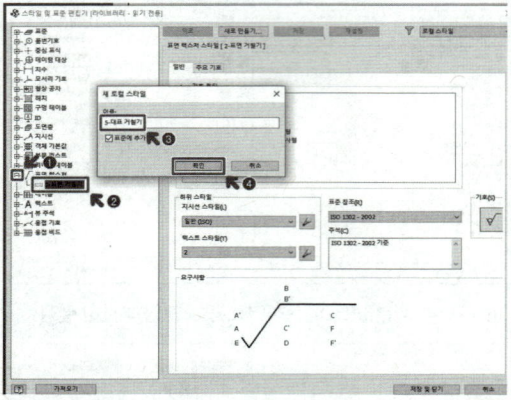

⑲ 표면 텍스처 ⇨ 5 - 대표거칠기 ⇨ 그림과 같이 설정

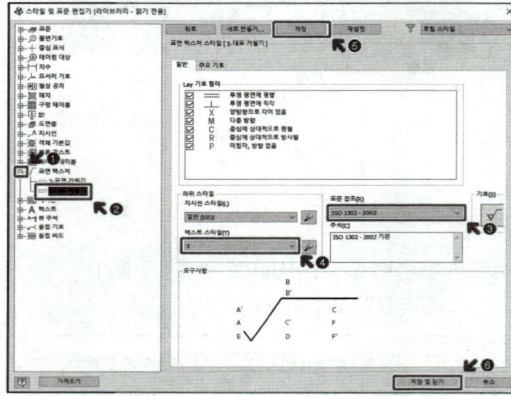

3) 오토캐드 2D 도면틀(템플릿) 환경 설정

https://url.kr/d8qp3t

https://url.kr/m3lf7s

📢 **오토캐드를 처음 사용하는 분들을 위한 영상!**

오토캐드를 처음 사용하는 분들을 위한 오토캐드의 기초 강의와 기본 설정 템플릿 설정 강의 영상이다. 오토캐드를 처음 실행하여 시험 환경에 맞게 레이어, 문자 스타일, 치수 스타일, 오스냅 등의 기본 설정 방법에 관한 영상이다. 마찬가지로 영상을 따라 하며 반복 숙달하여 익숙해지도록 연습한다. 교재에는 수록되지 않았지만 오토캐드 연습에 관련된 강의가 많으니 기계도사 유튜브 채널의 재생목록에서 확인하여 연습해보길 추천한다.

---

① ⇨ 새로만들기 또는 Ctrl + N ⇨ acaiso.dwt 클릭 ② 명령창 OP 입력 ⇨ 선택 ⇨ 확인란 크기 크게 설정

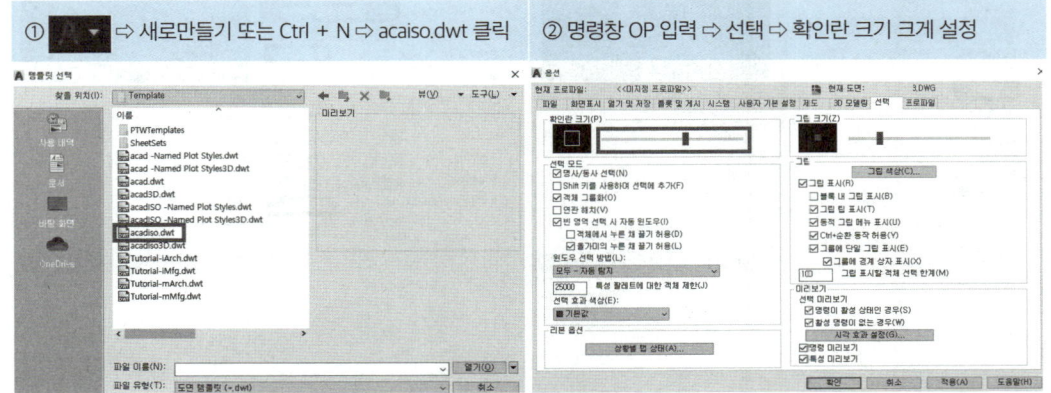

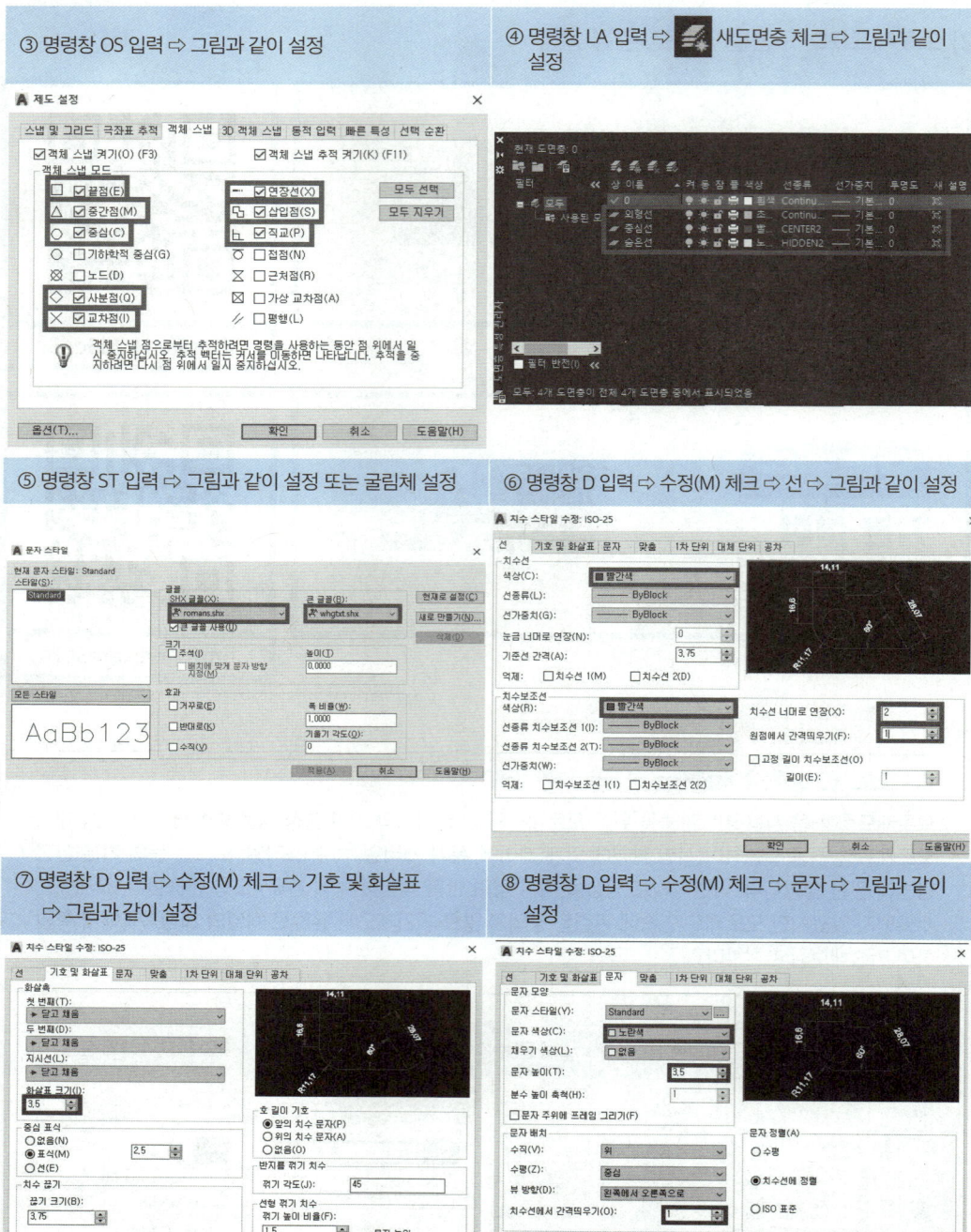

⑤ 명령창 ST 입력 ⇨ 그림과 같이 설정 또는 굴림체 설정

⑥ 명령창 D 입력 ⇨ 수정(M) 체크 ⇨ 선 ⇨ 그림과 같이 설정

⑦ 명령창 D 입력 ⇨ 수정(M) 체크 ⇨ 기호 및 화살표 ⇨ 그림과 같이 설정

⑧ 명령창 D 입력 ⇨ 수정(M) 체크 ⇨ 문자 ⇨ 그림과 같이 설정

03 요구사항, 유의사항, 채점기준

시험 유의사항

기사 / 산업기사 / 기능사실기

기사/산업기사/기능사 실기
시험 유의사항 👍
이 정도는 알고 가셔요
라떼는 말이야~ 💡

https://url.kr/gnqzp2

📢 **시험 유의사항**

Q-net 홈페이지에 공개된 실기시험의 요구사항이나 수험자 유의사항에 관하여 알아보자. 이외에도 실기시험 준비에 관계된 기본적인 TIP이나 시험 진행 과정 등에 관하여 설명하는 영상이다. 기본적으로 전산응용기계제도기능사, 기계설계산업기사, 일반기계기사의 실기 과제 도면은 동일하다. 전산응용기계제도기능사는 과제도면이 100점이고, 기계설계산업기사는 과제 도면에 설계반경 과제가 추가된다. 일반기계기사는 필답형 50점과 작업형 50점으로 구성되어 있다.

국가기술자격 실기시험문제

자격종목	전산응용기계제도기능사	과제명	도면참조

※ 문제지는 시험종료 후 반드시 반납하시기 바랍니다.

비번호		시험일시		시험장명	

※ 시험시간 : 5시간

1. 요구사항

※ 지급된 재료 및 시설을 사용하여 아래 작업을 완성하시오.

가. 부품도(2D) 제도

1) 주어진 문제의 조립도면에 표시된 부품번호(○, ○, ○, ○, ○)의 부품도를 CAD프로그램을 이용하여 A2용지에 척도는 1:1로 하여, 투상법은 제3각법으로 제도하시오.

2) 각 부품들의 형상이 잘 나타나도록 투상도와 단면도 등을 빠짐없이 제도하고, 설계 목적에 맞는 기능 및 작동을 할수 있도록 치수 및 치수공차, 끼워맞춤 공차와 기하 공차 기호, 표면거칠기 기호, 표면처리, 열처리, 주서 등 부품 제작에 필요한 모든 사항을 기입하시오.

3) 제도 완료 후 지급된 A3(420x297) 크기의 용지(트레이싱지)에 수험자가 직접 흑백으로 출력하여 확인하고 제출하시오.

나. 렌더링 등각 투상도(3D) 제도

1) 주어진 문제의 조립도면에 표시된 부품번호(○, ○, ○, ○, ○)의 부품을 파라메트릭 솔리드 모델링을 하고, 모양과 윤곽을 알아보기 쉽도록 뚜렷한 음영,렌더링 처리를 하여 A2용지에 제도하시오.

2) 음영과 렌더링 처리는 예시 그림과 같이 형상이 잘 나타나도록 등각 축 2개를 정해 척도는 NS로 실물의 크기를 고려하여 제도하시오.(단, 형상은 단면하여 표시하지 않습니다.)

3) 부품란 "비고"에는 모델링한 부품 중(○, ○, ○) **부품의 질량을 g 단위로 소수점 첫째자리에서 반올림하여 기입**하시오.

   – 질량은 렌더링 등각 투상도(3D) **부품란의 비고에 기입**하며, 반드시 **재질과 상관없이 비중을 7.85** 로 하여 계산하시기 바랍니다.

4) 제도 완료 후, 지급된 A3(420x297) 크기의 용지(트레이싱지)에 수험자가 직접 흑백으로 출력하여 확인하고 제출하시오.

[공개]

자격종목	전산응용기계제도기능사	과제명	도면참조

다. 도면 작성 기준 및 양식

1) 제공한 KS 데이터에 수록되지 않은 제도규격이나 데이터는 과제로 제시된 도면을 기준으로하여 제도하거나 ISO규격과 관례에 따라 제도하시오.

2) 문제의 조립도면에서 표시되지 않은 제도규격은 지급한 KS규격 데이터에서 선정하여 제도하시오.

3) 문제의 조립도면에서 치수와 규격이 일치하지 않을 때는 해당규격으로 제도하시오.

(단,과제도면에 치수가 명시되어 있을 때는 명시된 치수로 작성하시오.)

4) 도면 작성 양식과 3D 렌더링 등각 투상도는 아래 그림을 참고하여 나타내고, 좌측상단 A부에 수험번호, 성명을 먼저 작성하고, 오른쪽 하단에 B부에는 표제란과 부품란을 작성한 후 제도작업을 하시오.

(단, A부와 B부는 부품도(2D)와 렌더링 등각 투상도(3D)에 모두 작성하시오.)

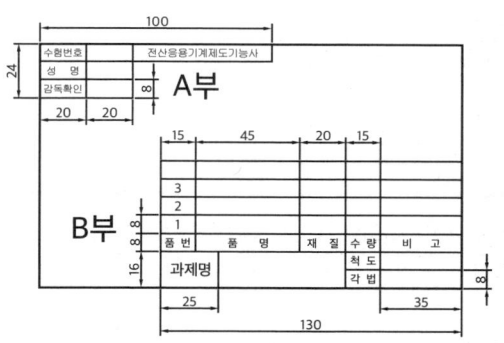

<도면 작성 양식(부품도 및 등각 투상도)>

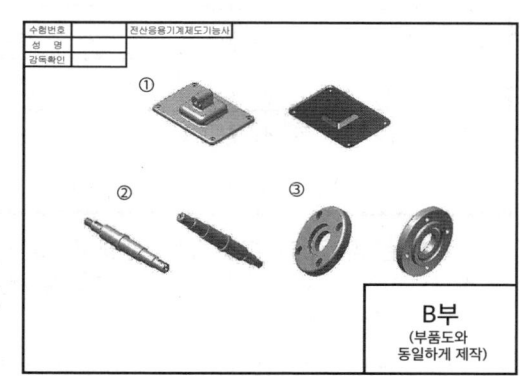

< 3D 렌더링 등각 투상도 예시>

[공개]

자격종목	전산응용기계제도기능사	과제명	도면참조

5) 도면의 크기 및 한계설정(Limits), 윤곽선 및 중심마크 크기는 다음과 같이 설정하고, a와 b의 도면의 한계선(도면의 가장자리 선)이 출력되지 않도록 하시오.

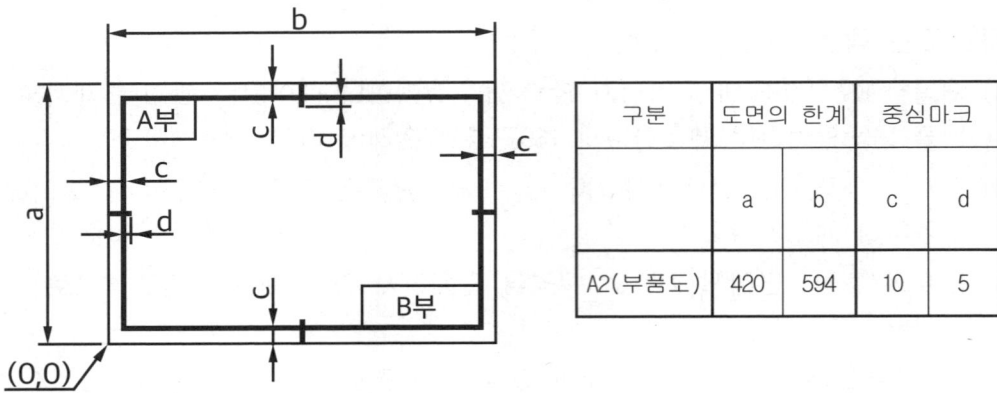

구분	도면의 한계		중심마크	
	a	b	c	d
A2(부품도)	420	594	10	5

< 도면의 크기 및 한계설정, 윤곽선 및 중심마크 >

6) 선 굵기에 따른 색상은 다음과 같이 설정하시오.

선 굵기	색 상	용 도
0.70 mm	하늘색(Cyan)	윤곽선, 중심 마크
0.50 mm	초록색(Green)	외형선, 개별주서 등
0.35 mm	노란색(Yellow)	숨은선, 치수문자, 일반주서 등
0.25 mm	빨강(Red), 흰색(White)	치수선, 치수보조선, 중심선, 해칭선 등

※ 위 표는 Autocad 프로그램 상에서 출력을 용이하게 위한 설정이므로 다른 프로그램을 사용할 경우 위 항목에 맞도록 문자, 숫자, 기호의 크기, 선 굵기를 지정하시기 바랍니다.

7) 문자, 숫자, 기호의 높이는 7.0 mm, 5.0 mm, 3.5 mm, 2.5 mm 중 적절한 것을 사용하시오.

8) 아라비아 숫자, 로마자는 컴퓨터에 탑재된 ISO표준을 사용하고, 한글은 굴림 또는 굴림체를 사용하시오.

[공개]

자격종목	전산응용기계제도기능사	과제명	도면참조

2. 수험자 유의사항

※ 다음 유의사항을 고려하여 요구사항을 완성하시오.

1) 시작 전 감독위원이 지정한 곳에 본인 비번호로 폴더를 생성한 후 이 폴더에서 비번호를 파일명으로 작업 내용을 저장하고, 작업이 끝나면 비번호 폴더 전체를 감독위원에게 제출하시오. (파일제출 후에는 도면(파일) 수정 불가) 그리고 시험 종료 후 PC의 작업내용은 삭제합니다.

2) 수험자에게 주어진 문제는 비번호, 시험일시, 시험장명을 기재하여 반드시 제출합니다.

3) 마련한 양식의 A부 내용을 기입하고 감독위원의 확인 서명을 받아야 하며, B부는 수험자가 작성합니다.

4) 정전 또는 기계고장으로 인한 자료손실을 방지하기 위하여 수시로 저장합니다.
   - 이러한 문제 발생 시 "작업정지시간 + 5분"의 추가시간을 부여합니다.

5) 수험자는 제공된 장비의 안전한 사용과 작업 과정에서 안전수칙을 준수합니다.

6) 연속적인 컴퓨터 작업 시에는 신체에 무리가 가지 않도록 적절한 몸 풀기(스트레칭) 동작을취하여야 합니다.

7) 도면에는 문제와 관련 없는 불필요한 낙서나 특이한 기록사항 등을 기재하여서는 안되며, 인적사항 기재란 외의 부분에 도면과 관련 없는 특수한 표시를 하거나 특정인임을 암시하는 경우 전체를 0점 처리합니다.

8) 다음 사항에 대해서는 채점 대상에서 제외하니 특히 유의하시기 바랍니다.

   가) 기권

   (1) 수험자 본인이 수험 도중 기권 의사를 표시한 경우

   나) 실격

   (1) 시험 시작 전 program 설정을 조정하거나 미리 작성된 Part program(도면, 단축키 셋업 등) 또는 LISP 등과 같은 Block(도면양식, 표제란, 부품란, 요목표, 주서 및 표면 거칠기 등)을 사용한 경우

   (2) 채점 시 도면 내용이 다른 수험자와 일부 또는 전부가 동일한 경우

   (3) 파일로 제공한 KS 데이터에 의하지 않고 지참한 노트나 서적을 열람한 경우

   (4) 수험자의 장비조작 미숙으로 파손 및 고장을 일으킨 경우

[공개]

자격종목	전산응용기계제도기능사	과제명	도면참조

다) 미완성

(1) 시험시간 내에 부품도(1장), 렌더링 등각투상도(1장)를 하나라도 제출하지 아니한 경우

(2) 수험자의 직접 출력시간이 10분을 초과한 경우

(다만, 출력시간은 시험시간에서 제외하며, 출력된 도면의 크기 또는 색상 등이 채점하기

어렵다고 판단될 경우에는 감독위원의 판단에 의해 1회에 한하여 재출력이 허용됩니다.)

–단, 재출력 시 출력 설정만 변경해야 하며 도면 내용을 수정하거나 할 수는 없습니다.

(3) 요구한 부품도, 렌더링 등각 투상도 중에서 1개라도 투상도가 제도되지 않은 경우

(지시한 부품번호에 대하여 모두 작성해야 하며 하나라도 누락되면 미완성 처리)

라) 오작

(1) 요구한 도면 크기에 제도되지 않아 제시한 출력용지와 크기가 맞지 않는 작품

(2) 투상법이나 척도가 요구사항과 전혀 맞지 않은 도면

(3) 전반적으로 KS 제도규격에 의해 제도되지 않았다고 판단된 도면

(4) 지급된 용지(트레이싱지)에 출력되지 않은 도면

(5) 끼워 맞춤공차 기호를 부품도에 기입하지 않았거나 아무 위치에 지시하여 제도한 도면

(6) 끼워 맞춤 공차의 구멍 기호(대문자)와 축 기호(소문자)를 구분하지 않고 지시한 도면

(7) 기하공차 기호를 부품도에 기입하지 않았거나 아무 위치에 지시하여 제도한 도면

(8) 표면거칠기 기호를 부품도에 기입하지 않았거나 아무 위치에 지시하여 제도한 도면

(9) 조립상태(조립도 혹은 분해조립도)로 제도하여 기본지식이 없다고 판단
   되는 도면

※ 출력은 수험자 판단에 따라 CAD 프로그램 상에서 출력하거나 PDF 파일 또는 출력 가능한
   호환성 있는 파일로 변환하여 출력하여도 무방합니다.
   - 이 경우 폰트 깨짐 등의 현상이 발생될 수 있으니 이점 유의하여 CAD 사용
     환경을 적절히 설정하여 주시기 바랍니다.

[공개]

3. 지급재료 목록

자격종목		전산응용기계제도기능사			
일련 번호	재료명	규격	단위	수량	비고
1	프린터 용지	트레이싱지 A3(297 × 420)	장	2	1인당

※ 국가기술자격 실기시험 지급재료는 시험종료 후(기권, 결시자 포함) 수험자에게 지급하지 않습니다.

[공개]

자격종목	전산응용기계제도기능사	과제명	○○○○○○	척도	1 : 1

3. 도면

도면 생략

※ 동력전달장치, 치공구장치, 그 외 기계조립도면이 문제로 제시되며, 이 부분은 공개 시 변별력 저하가 우려되기 때문에 공개될 수 없음을 알려드립니다.

📢 **채점표**

아래의 채점표는 전산응용기계제도 기능사의 채점 기준표 예시이다. 실제 3D 모델링 점수보다 2D 도면의 배점 점수가 더 높다. 3D에서는 감점을 시킬만한 요인들이 적은 반면 2D의 치수기입, 치수공차, 끼워맞춤, 기하공차, 표면거칠기 등에서의 배점이 높다. 이 점을 유의하여 2D 도면 작성에 시간 분배를 많이 하길 바란다. 일반기계기사 실기는 작업형(CAD) 50점 필답형 50점의 점수 분배이고 기계설계산업기사는 설계변경 점수가 추가된다.

항목 번호	주요 항목	채점 세부내용	배점	종합
		전산응용기계제도 기능사 작업형 실기시험 3D 채점 기준표 예시		
1	형상 투상	ⓐ번 부품은 올바르게 투상하였는가?	1	3
		ⓑ번 부품은 올바르게 투상하였는가?	1	
		©번 부품은 올바르게 투상하였는가?	1	
2	형상 질량	ⓐ부품의 질량이 정확한가?	1	3
		ⓑ부품의 질량이 정확한가?	1	
		©부품의 질량이 정확한가?	1	
3	형상 편집	모따기 형상은 올바르게 투상하였는가?	1	2
		라운드 형상은 올바르게 투상하였는가?	1	
4	3차원 배치	각 부품의 특성을 잘 나타냈는가?	2	3
		각 부품 번호의 올바른 작성	1	
5	표제란 부품란	부품 수량의 올바른 기임	1	2
		부품 재질의 올바른 작성	1	
	도면 외관	선의 용도에 맞는 굵기 출력	1	2
		요구 사항에 맞는출력	1	
합계				15

전산응용기계제도 기능사 작업형 실기시험 2D 채점 기준표 예시					
항목 번호	주요 항목	채점 세부내용	항목별 채점 방법	배점	종합
1	투상범 선택과 배열	올바른 투상도 수의 선택	전체 투상도 수에서 1개당 3점 감점	15	27
		단면도 수의 선택	단면 불량 또는 누락 1개소당 2점 감점	7	
		합리적 도시 및 투상선 누락	상관선 및 투상선 누락과 불량 1개소당 1점 감점	5	
2	치수 기입	중요 치수	"2개소"당 누락 및 틀린 경우 1점 감점	5	12
		일반 치수	"2개소"당 누락 및 틀린 경우 1점 감점	4	
		치수 누락	"2개소"당 누락 1점 감점	3	
3	치수공차 및 끼워맞춤 기호	올바른 치수공차 기입	"2개소"당 누락 및 틀린 경우 1점 감점	3	8
		끼워맞춤 공차 기호	"2개소"당 누락 및 틀린 경우 1점 감점	3	
		치수공차, 끼워맞춤 공차 누락	"2개소"당 누락 1점 감점	2	
4	기하공차 기호	올바른 데이텀 설정	"1개소"당 누락 및 틀린 경우 1점 감점	3	8
		기하공차 기호의 적절성	"2개소"당 누락 및 틀린 경우 1점 감점	3	
		기하공차 기호 누락	"2개소"당 누락 1점 감점	2	
5	표면 거칠 기 기호	기하공차부 표면 거칠기 기호	"2개소"당 누락 및 틀린 경우 1점 감점	3	8
		중요부 표면거칠기 기호	"2개소"당 누락 및 틀린 경우 1점 감점	3	
		표면 거칠기 기호 기입과 누락	"3개소"당 누락 1점 감점	2	
6	재료 선택 및 부품란	올바른 재료 선택	재료 선택 불량 1개소당 1점 감점	4	7
		열처리 및 표면 처리 적절성	상:3점, 중:2점, 하:1점	3	
7	주서 및 부품란	상세도의 올바른 척도 지시	척도 누락 및 불량 1개소당 1점 감점	2	7
		맞는 수량 기입	누락 및 틀린 경우 1개소당 1점 감점	2	
		올바른 주서 기입	상:3점, 중:2점, 하:1점	3	
8	도면의 외관	도형의 균형 있는 배치	상:3점, 중:2점, 하:1점	3	8
		선의 용도에 맞는 굵기 선택	상:3점, 중:2점, 하:1점	3	
		용도에 맞는 문자 크기 선택	상:2점,하:1점	2	
합계					85

※상: 모두 맞은 경우, 중: 틀린 것이 2개 이내인 경우, 하: 틀린 것이 4개 이내인 경우

04 실물 형상 조립 및 분해

📢 **실물 형상 강의 : 동력변환장치**

도면과 동일한 현품을 분해 및 조립하며 각각의 부품이 어떻게 생겼으며 어떠한 역할을 하는지 알아보자. 영상을 보며 도면의 투상 연습을 하고 각 부품의 중요치수, 기하공차, 표면거칠기 기입에서 중요한 사항을 설명하고 있으니 영상을 참고하길 바란다.

1. 기초동력전달장치 문제도면

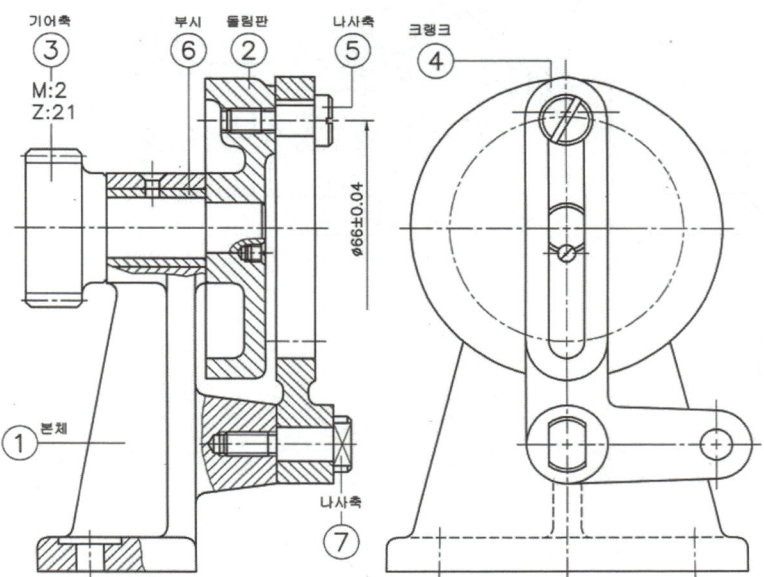

동력변환장치
투상법, 중요치수
거칠기, 기하공차

https://url.kr/lujs9u

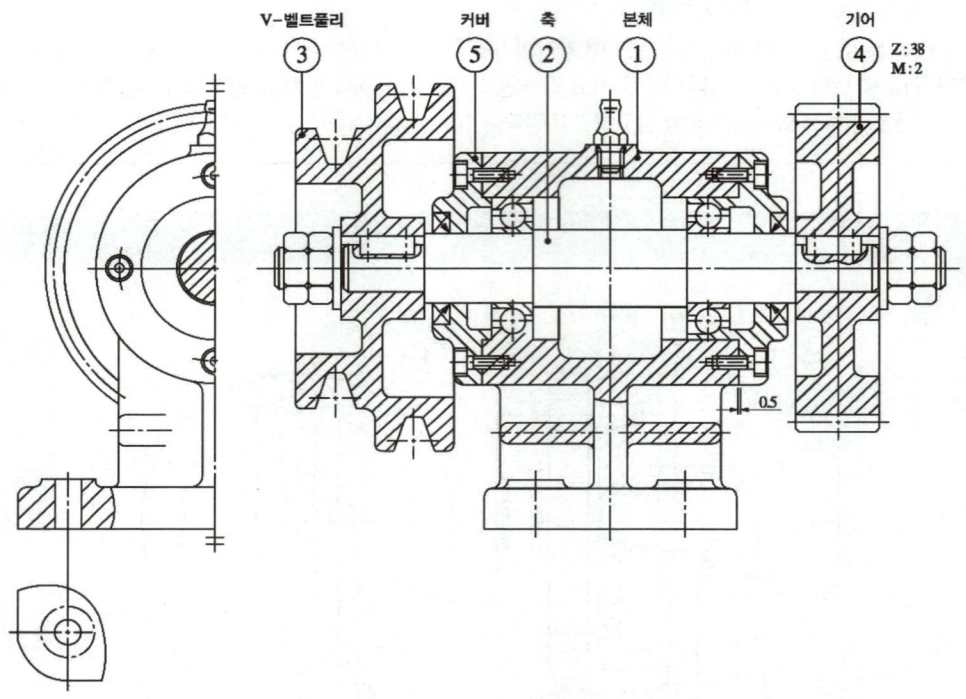

V-벨트풀리 커버 축 본체 기어
③ ⑤ ② ① ④ Z:38 M:2

0.5

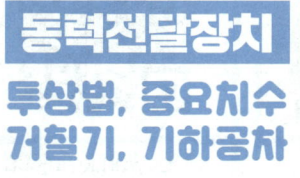
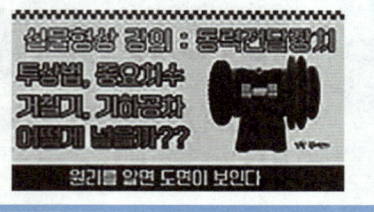

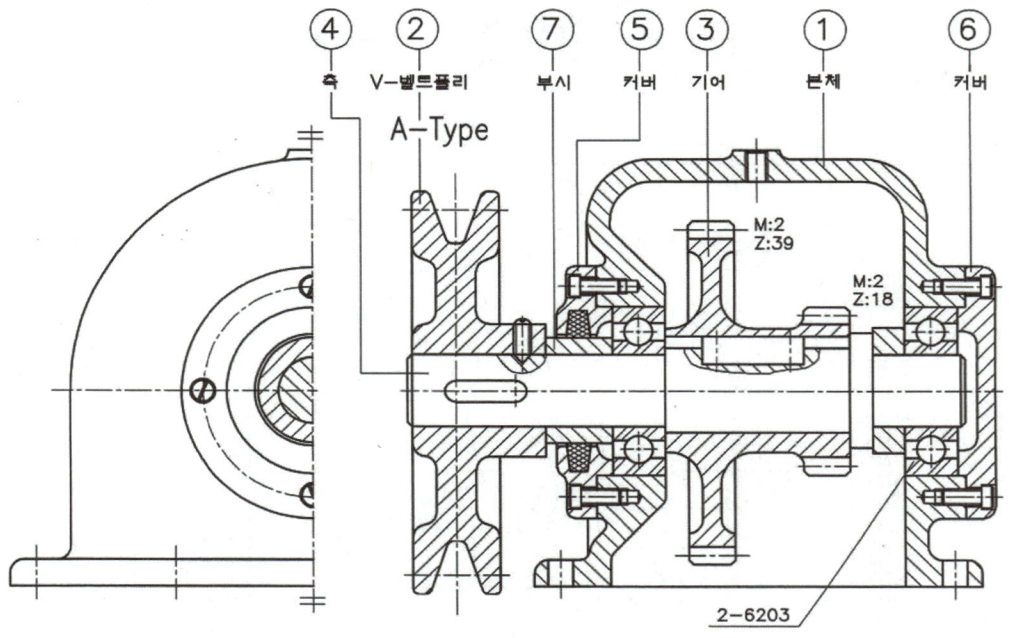

④ 축　② V-벨트풀리　⑦ 부시　⑤ 커버　③ 기어　① 본체　⑥ 커버

A-Type

M:2
Z:39

M:2
Z:18

2-6203

기어박스

투상법, 중요치수
거칠기, 기하공차

실물형상 강의 : 기어박스
투상법, 중요치수
거칠기, 기하공차
어떻게 넣을까??

원리를 알면 도면이 보인다

https://url.kr/iat9ux

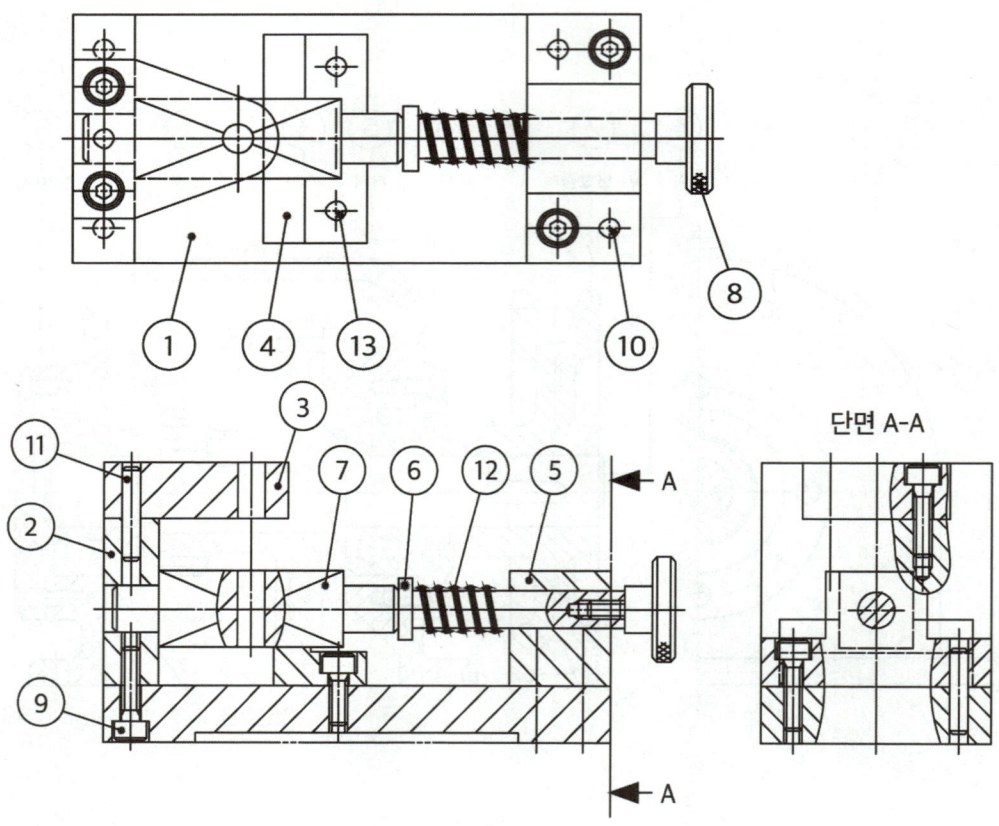

단면 A-A

https://url.kr/9xhi8b

KS B 1334

① ② ③ ④ ⑤

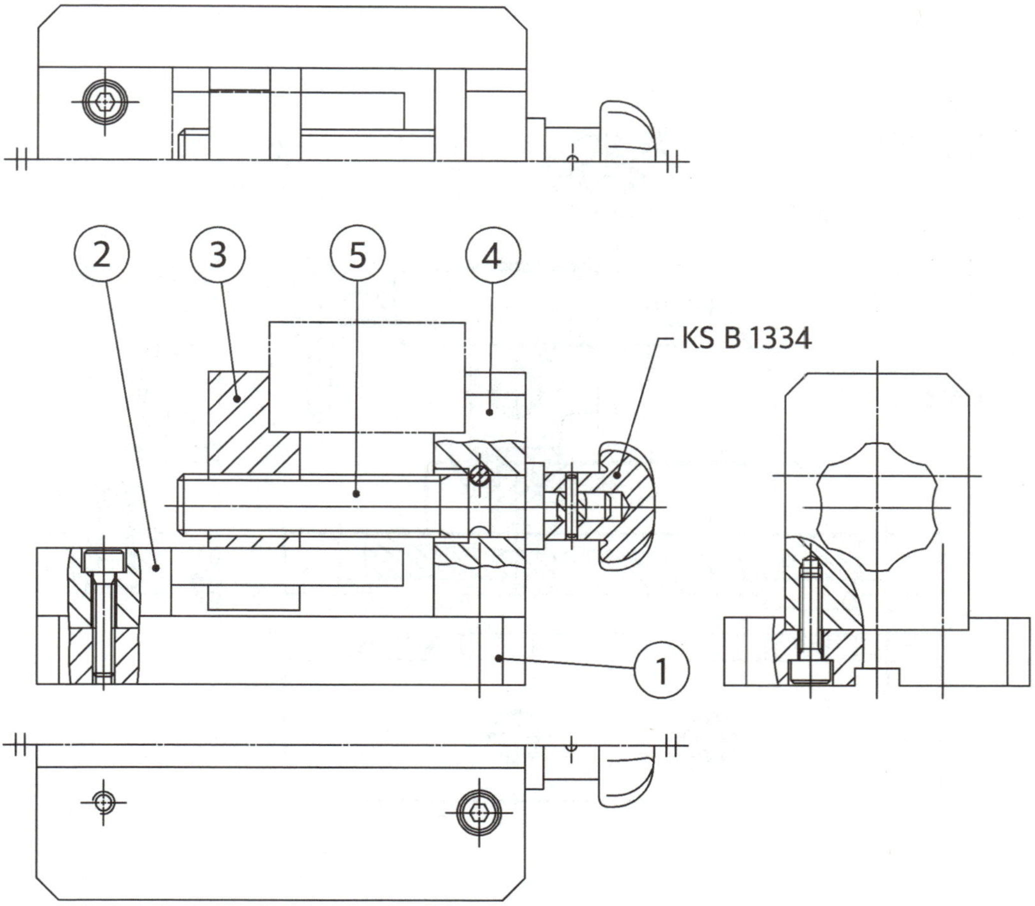

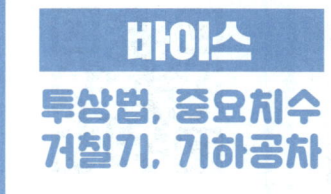

바이스

투상법, 중요치수
거칠기, 기하공차

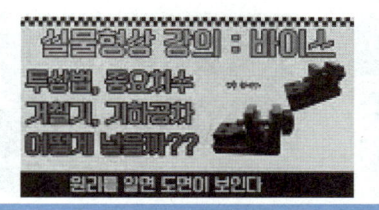

https://url.kr/suf2ig

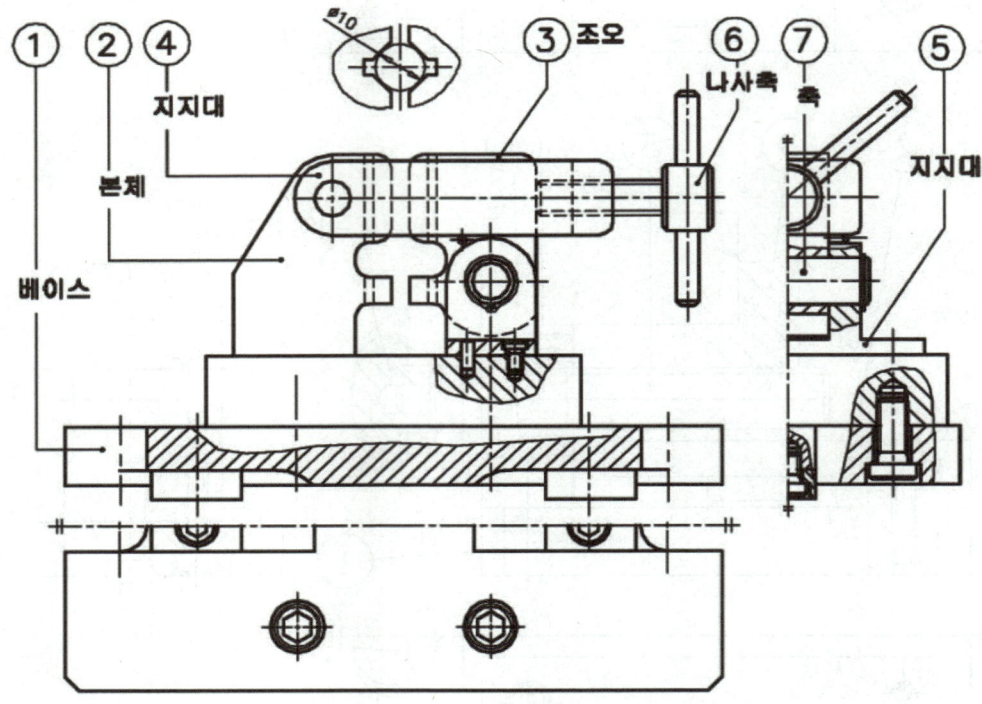

https://url.kr/d197be

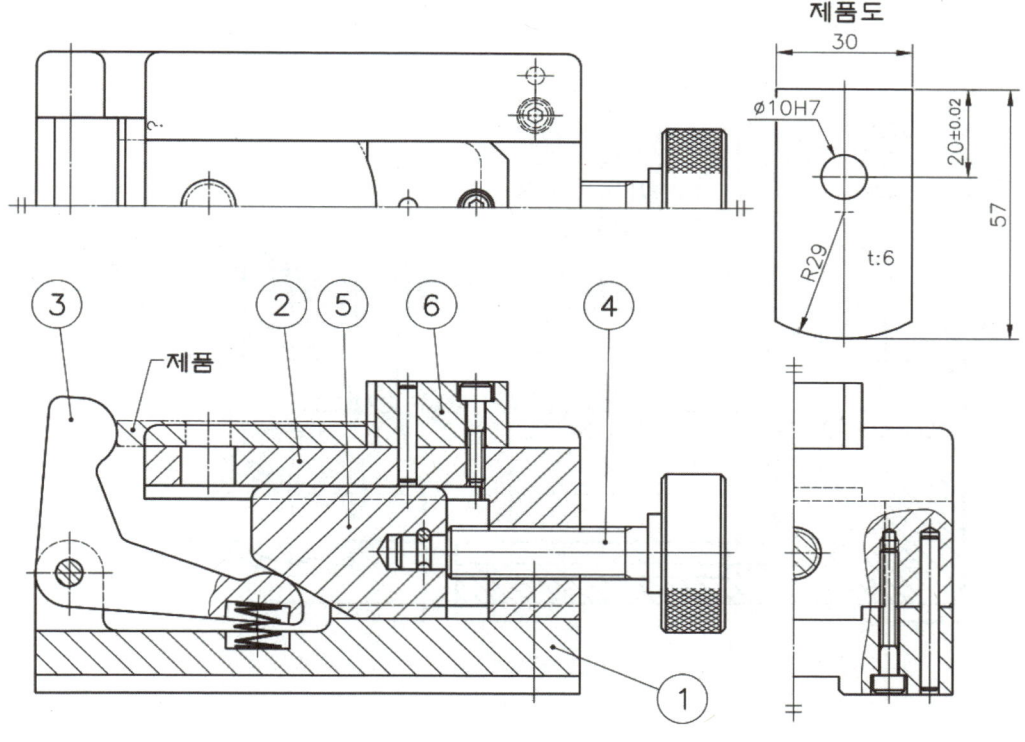

제품도

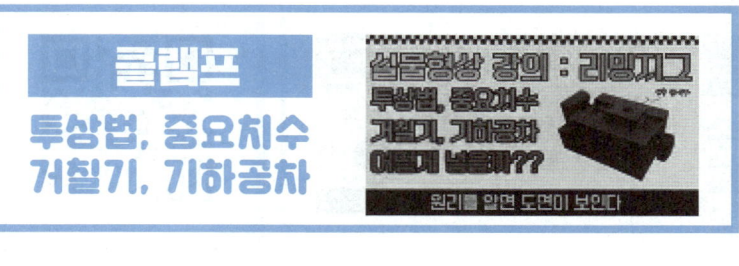

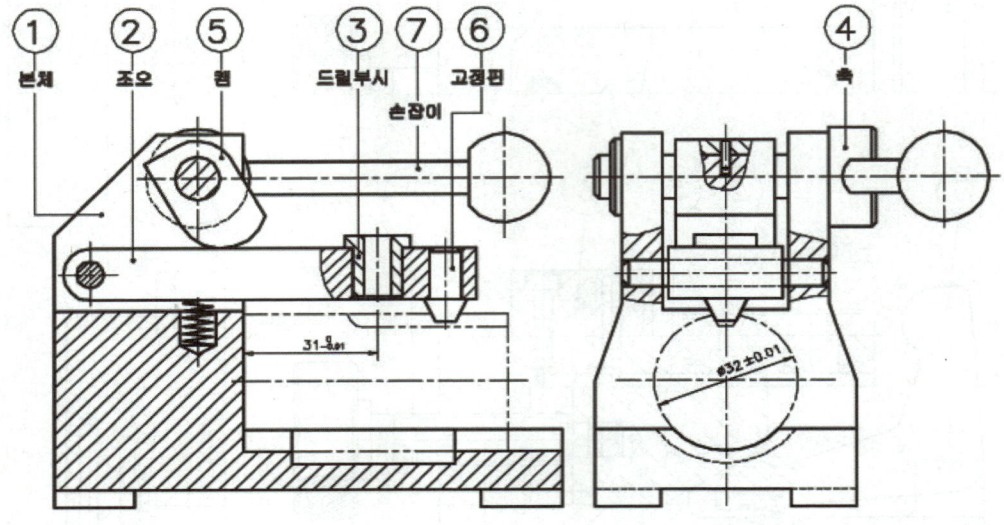

드릴지그2

투상법, 중요치수
거칠기, 기하공차

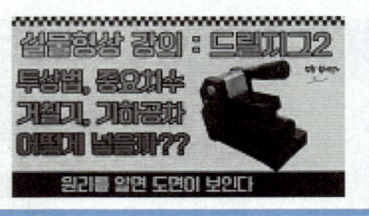

https://url.kr/mq9ou3

05 전동장치 따라하기

전동장치

채점기준
투상설명
도면 분석

https://url.kr/m3ley7

📣 **전동장치 채점기준 기출 도면 분석 영상!**

3명의 학생들이 시험장에서 제출한 도면을 분석하여 실제 받은 점수를 바탕으로 왜 이러한 점수가 나왔는지 유추해 보도록 한다. 다른 사람의 도면을 보며, 나라면 어떻게 도면을 그려서 제출 했을까 하는 생각을 가지며 채점관의 마음가짐으로 비교하며 보도록 해보자.

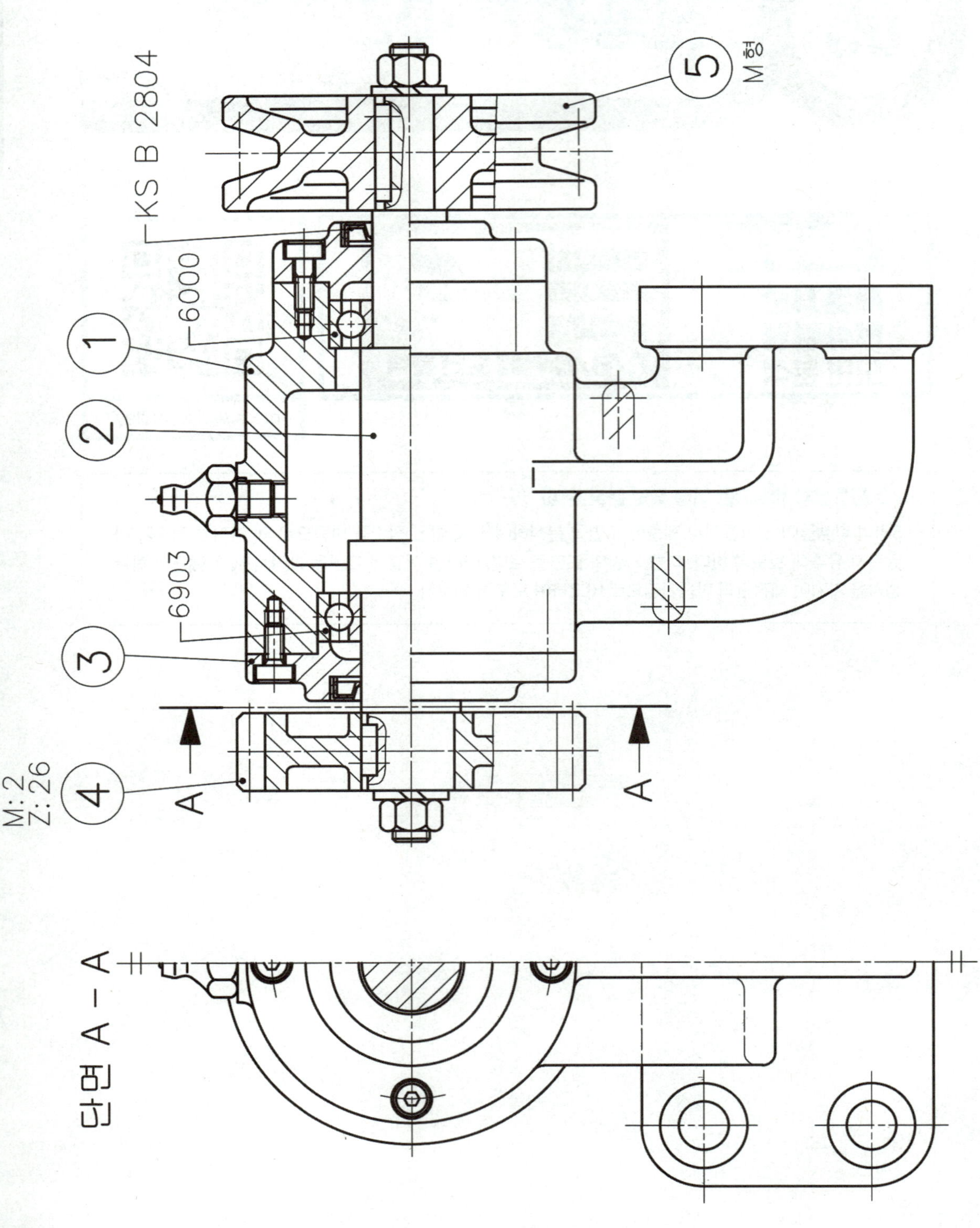

KS B 2804

6000

6903

① ②

③

④

⑤

M:2
Z:26

M형

단면 A－A

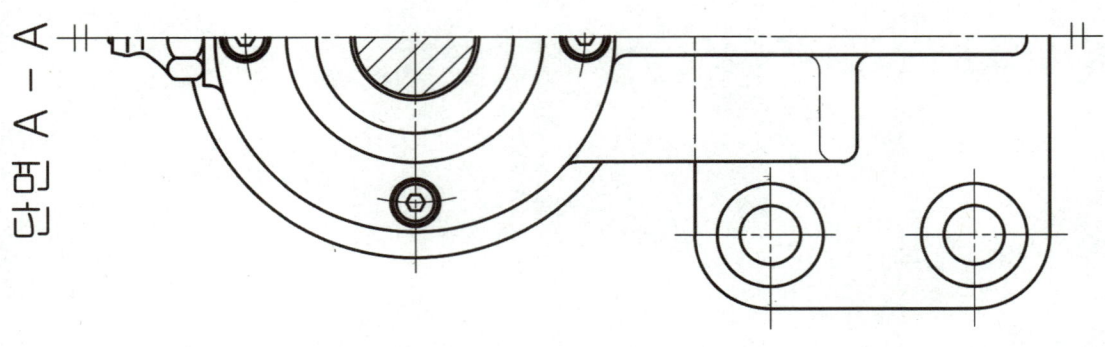

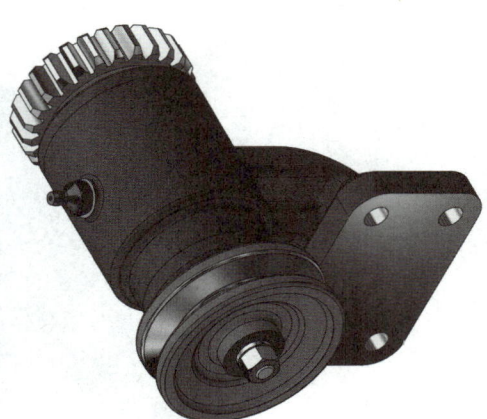

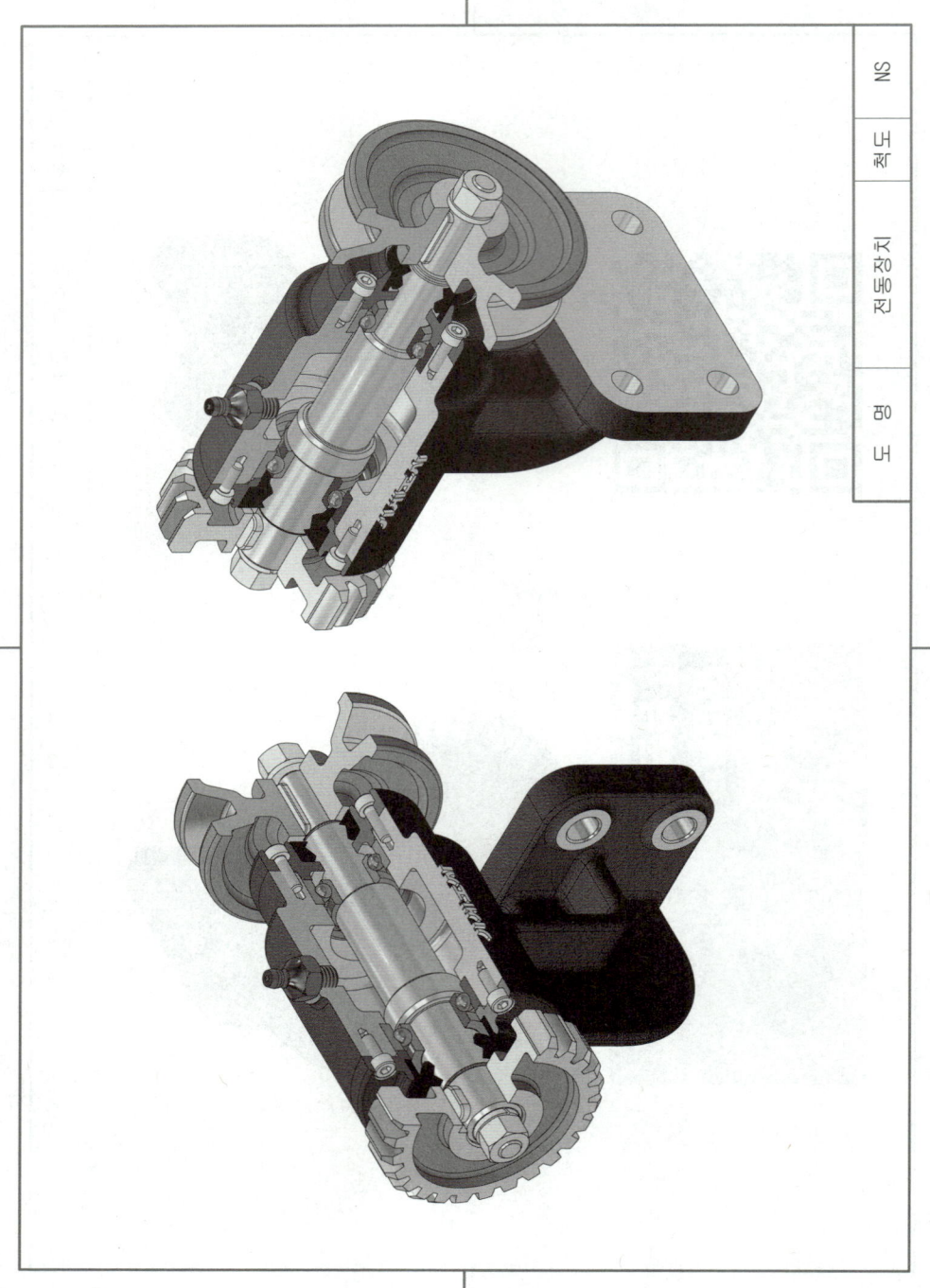

전동장치 3D 분해도

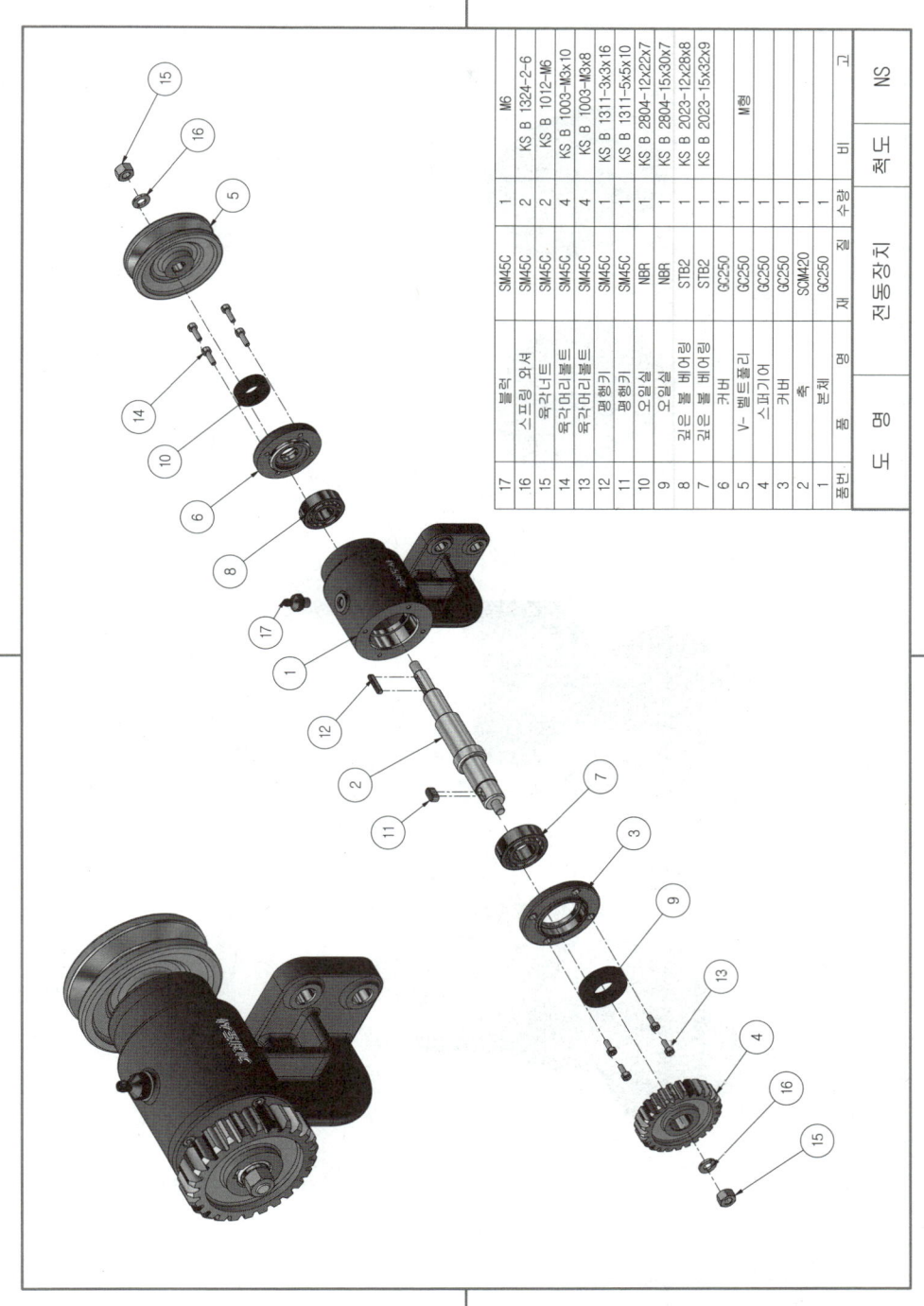

품번	품명	재질	수량	비고
17	플러	SM45C	1	M6
16	스프링 와셔	SM45C	2	KS B 1324-2-6
15	육각너트	SM45C	2	KS B 1012-M6
14	육각머리볼트	SM45C	4	KS B 1003-M3x10
13	육각머리볼트	SM45C	4	KS B 1003-M3x8
12	평행키	SM45C	1	KS B 1311-3x3x16
11	평행키	SM45C	1	KS B 1311-5x5x10
10	실링 오	NBR	1	KS B 2804-12x22x7
9	실링 오	NBR	1	KS B 2804-15x30x7
8	깊은홈 볼 베어링	STB2	1	KS B 2023-12x28x8
7	깊은홈 볼 베어링	STB2	1	KS B 2023-15x32x9
6	커버	GC250	1	
5	V-벨트풀리	GC250	1	
4	스퍼기어	GC250	1	
3	커버	GC250	1	
2	축	SCM420	1	
1	본체	GC250	1	

도 명		전동장치		척도	NS
					M형

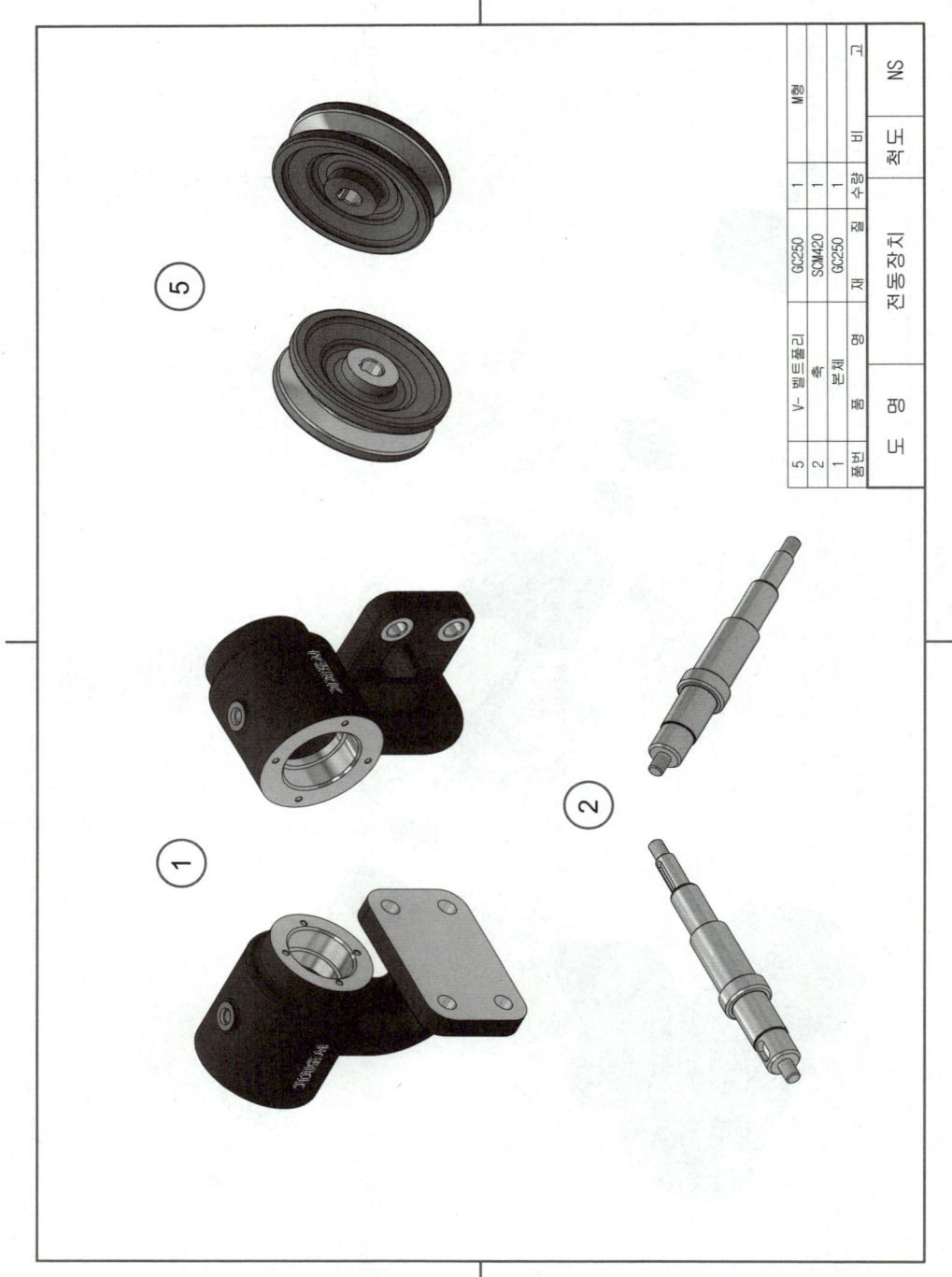

품번	품명	재질	수량	비고
5	V-벨트 풀리	GC250	1	M형
2	축	SCM420	1	
1	본체	GC250	1	

품 명	전동장치	척 도	NS
도 명		각 도	

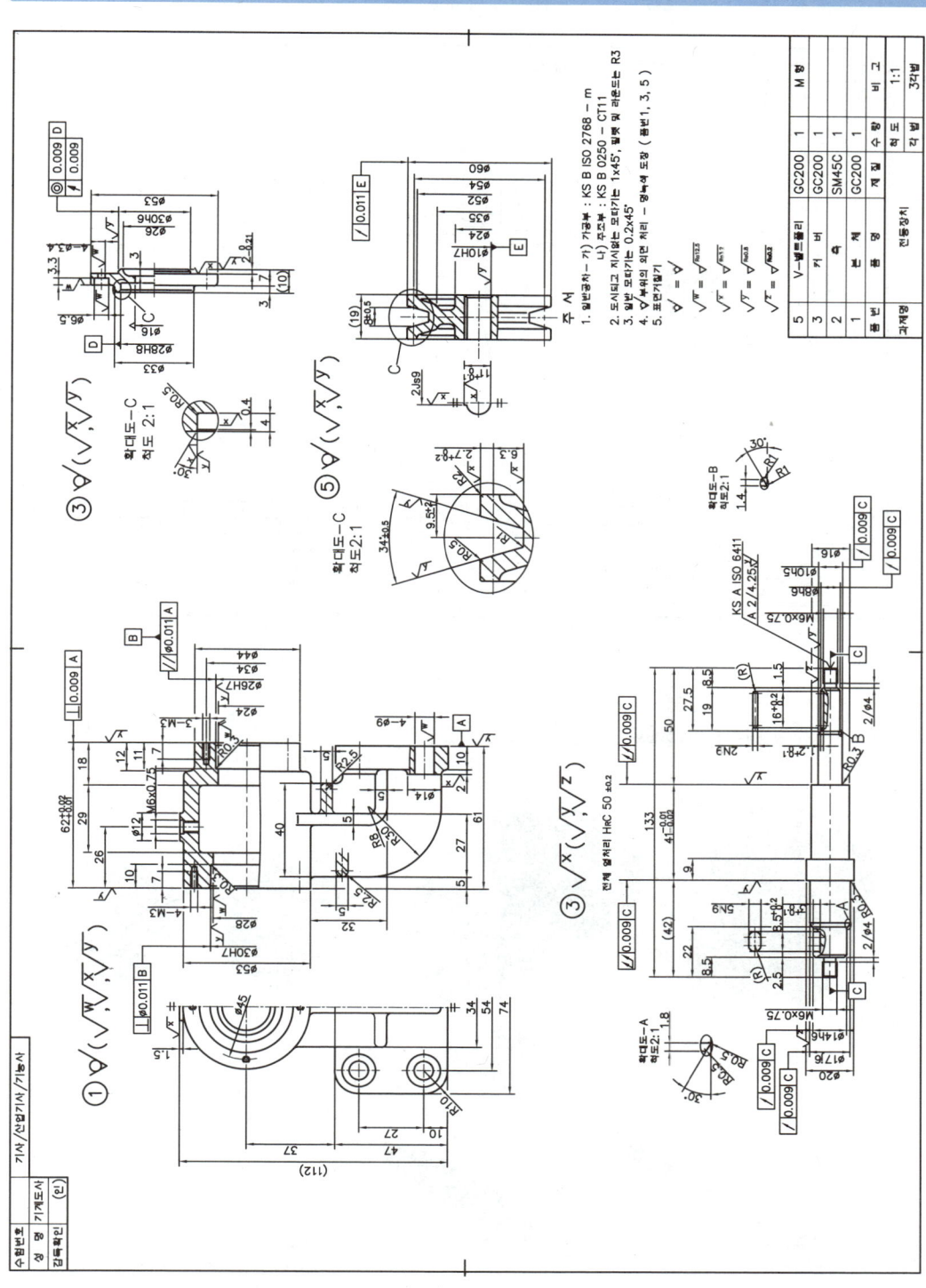

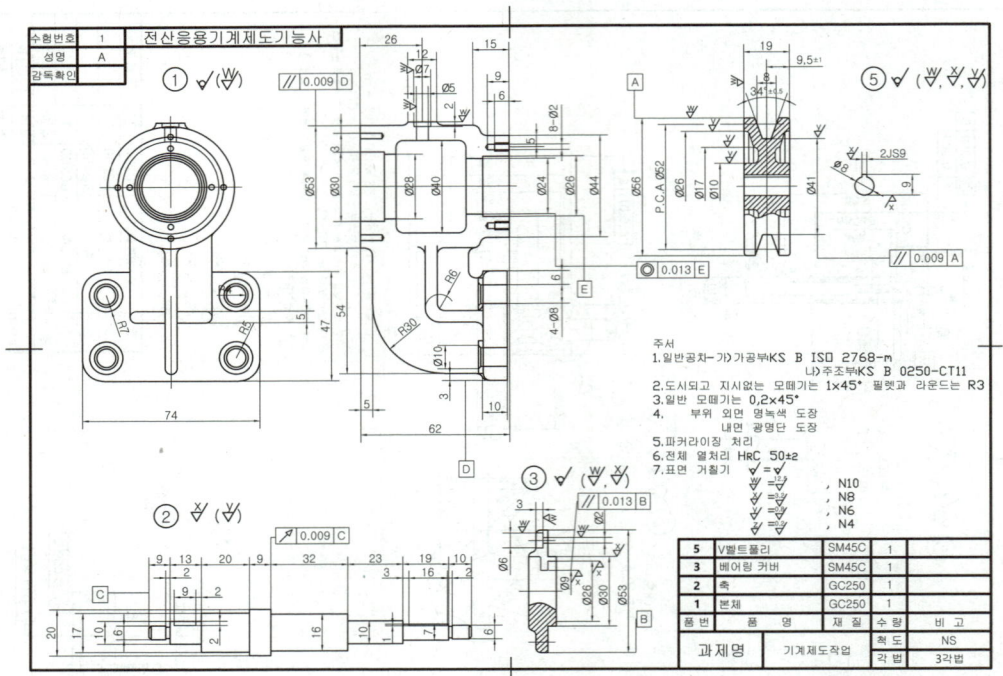

2D 제출도면

3D 제출도면

📢 **A학생의 도면은 채점 제외 대상이다**

3D 도면과 2D 도면을 출력해서 제출은 했지만 수험자 유의사항의 (3) 전반적으로 KS 제도규격에 의해 제도되지 않았다고 판단된 도면 (5) 끼워 맞춤공차 기호를 부품도에 기입하지 않았거나 아무 위치에 지시하여 제도한 도면 (6) 끼워 맞춤 공차의 구멍 기호(대문자)와 축 기호(소문자)를 구분하지 않고 지시한 도면 (7) 기하공차 기호를 부품도에 기입하지 않았거나 아무 위치에 지시하여 제도한 도면 (8) 표면거칠기 기호를 부품도에 기입하지 않았거나 아무 위치에 지시하여 제도한 도면 등등의 오작 기준에 들기 때문에 채점 제외 대상의 도면이 된다. A학생의 2D 도면을 보면 끼워맞춤 공차가 전혀 표현되지 않았다. 거칠기나 기하공차가 도면에 일부 표현되긴 했으나 제도법에 맞지 않게 도시되었기 때문에 오작 도면에 해당된다. 이처럼 수험자는 제한 시간 안에 도면을 완성하여 제출했다고 생각하지만 실제 제도법에 맞지 않는 도면은 채점 제외 대상이므로 실제 점수를 보고 실망하는 경우가 많다. 정해진 제도법을 준수하여 올바른 투상법으로 치수기입, 끼워맞춤 공차, 표면거칠기, 기하공차 등을 꼼꼼히 기록하도록 연습하자.

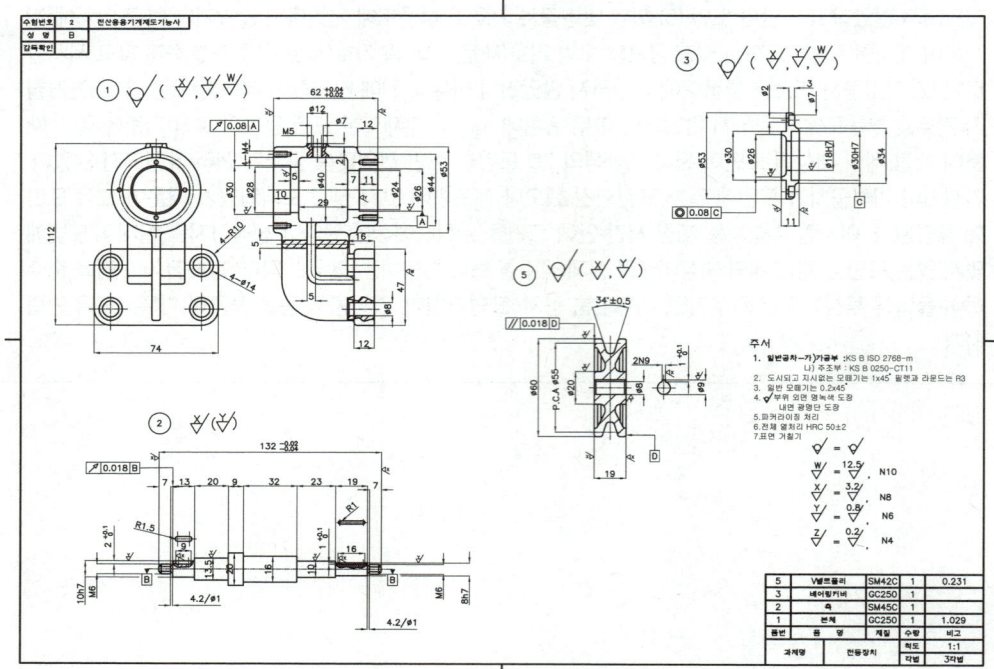

2D 제출 도면

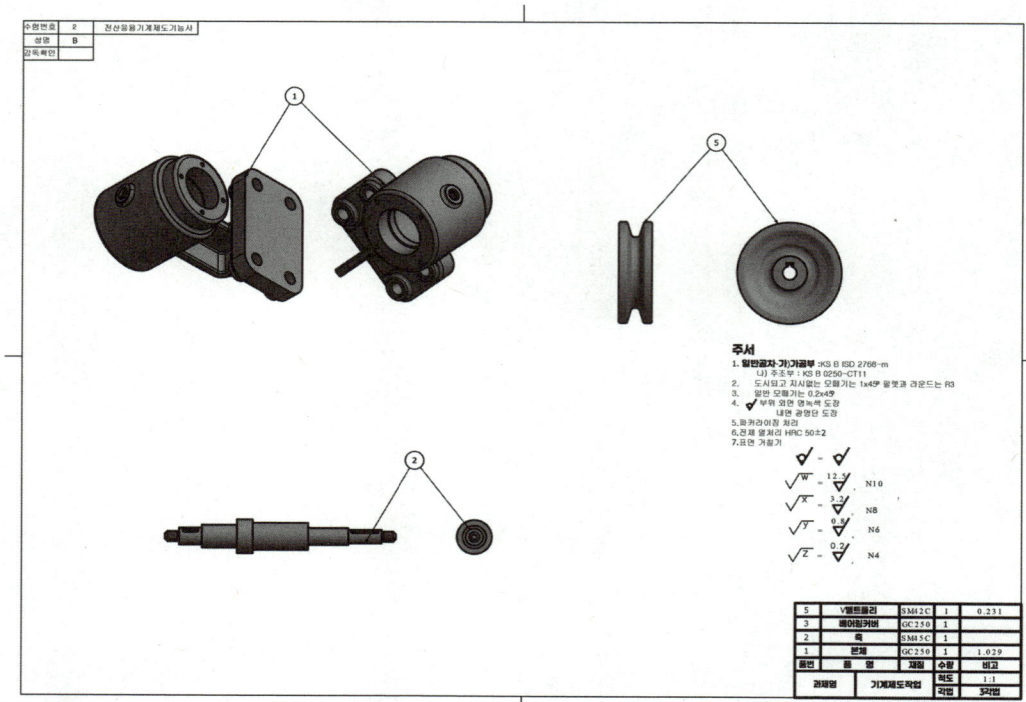

3D 제출 도면

항목 번호	주요 항목	채점 세부내용	항목별 채점 방법	배점	종합	득점
		< 전산응용기계제도 기능사 작업형 실기시험 2D 채점 기준표 예시 >				
1	투상범 선택과 배열	올바른 투상도 수의 선택	전체 투상도 수에서 1개당 3점 감점	15	27	13
		단면도 수의 선택	단면 불량 또는 누락 1개소당 2점 감점	7		
		합리적 도시 및 투상선 누락	상관선 및 투상선 누락과 불량 1개소당 1점 감점	5		
2	치수 기입	중요 치수	"2개소"당 누락 및 틀린 경우 1점 감점	5	12	8
		일반 치수	"2개소"당 누락 및 틀린 경우 1점 감점	4		
		치수 누락	"2개소"당 누락 1점 감점	3		
3	치수공차 및 끼워맞춤 기호	올바른 치수공차 기입	"2개소"당 누락 및 틀린 경우 1점 감점	3	8	4
		끼워맞춤 공차 기호	"2개소"당 누락 및 틀린 경우 1점 감점	3		
		치수공차, 끼워맞춤 공차 누락	"2개소"당 누락 1점 감점	2		
4	기하공차 기호	올바른 데이텀 설정	"1개소"당 누락 및 틀린 경우 1점 감점	3	8	6
		기하공차 기호의 적절성	"2개소"당 누락 및 틀린 경우 1점 감점	3		
		기하공차 기호 누락	"2개소"당 누락 1점 감점	2		
5	표면 거칠기 기호	기하공차부 표면 거칠기 기호	"2개소"당 누락 및 틀린 경우 1점 감점	3	8	4
		중요부 표면거칠기 기호	"2개소"당 누락 및 틀린 경우 1점 감점	3		
		표면 거칠기 기호 기입과 누락	"3개소"당 누락 1점 감점	2		
6	재료 선택 및 부품란	올바른 재료 선택	재료 선택 불량 1개소당 1점 감점	4	7	6
		열처리 및 표면 처리 적절성	상 : 3점, 중 : 2점, 하 : 1점	3		
7	주서 및 부품란	상세도의 올바른 척도 지시	척도 누락 및 불량 1개소당 1점 감점	2	7	5
		맞는 수량 기입	누락 및 틀린 경우 1개소당 1점 감점	2		
		올바른 주서 기입	상 : 3점, 중 : 2점, 하 : 1점	3		
8	도면의 외관	도형의 균형 있는 배치	상 : 3점, 중 : 2점, 하 : 1점	3	8	5
		선의 용도에 맞는 굵기 선택	상 : 3점, 중 : 2점, 하 : 1점	3		
		용도에 맞는 문자 크기 선택	상 : 2점, 하 : 1점	2		
합계					85	51

※상: 모두 맞은 경우, 중: 틀린 것이 2개 이내인 경우, 하: 틀린 것이 4개 이내인 경우

전동장치 만들기

항목 번호	주요 항목	채점 세부내용	배점	종합	득점
		⟨전산응용기계제도 기능사 작업형 실기시험 3D 채점 기준표 예시⟩			
1	형상 투상	(ⓐ)번 부품은 올바르게 투상하였는가?	1	3	3
		(ⓑ)번 부품은 올바르게 투상하였는가?	1		
		(ⓒ)번 부품은 올바르게 투상하였는가?	1		
2	형상 질량	(ⓐ)부품의 질량이 정확한가?	1	3	0
		(ⓑ)부품의 질량이 정확한가?	1		
		(ⓒ)부품의 질량이 정확한가?	1		
3	형상 편집	모따기 형상은 올바르게 투상하였는가?	1	2	2
		라운드 형상은 올바르게 투상하였는가?	1		
4	3차원 배치	각 부품의 특성을 잘 나타냈는가?	2	3	3
		각 부품 번호의 올바른 작성	1		
5	표제란 부품란	부품 수량의 올바른 기임	1	2	1
		부품 재질의 올바른 작성	1		
	도면 외관	선의 용도에 맞는 굵기 출력	1	2	1
		요구 사항에 맞는출력	1		
		합계		15	10

📢 **B 학생은 61점을 획득하였다.**

기능사 필기 및 실기 합격 점수가 60점이니 가까스로 합격한 점수가 된다. 도면을 살펴보면 3D 도면의 경우 3차원 배치가 적절한 투상도로 이루어지지 않았고, 부품란의 질량 표현이 틀렸다. 3D 도면에서는 주서를 넣을 필요가 없으며 출력된 도면을 보면 선의 굵기가 잘못 설정되어 글씨가 일부 희미하게 표현되었다. 2D 도면에서는 전체적으로 ③ 커버나 ⑤ V-벨트풀리의 확대도를 표현해주어 도면을 풍성하게 해주면 좋았겠지만 해당 도면에는 표현되지 않았고 치수도 누락된 상태이다. 또한 도면의 단면 표현이 곳곳에 누락되었다. ① 본체나 ⑤ V-벨트풀리에 끼워맞춤 공차가 전혀 표현되지 않았으며 다른 부품들도 끼워맞춤이 표현되긴 하였으나 적절하게 표현된 것은 아니다. 실제로 엄격한 채점관이 채점하여 수험자 유의사항 (5) 끼워 맞춤공차 기호를 부품도에 기입하지 않았거나 아무 위치에 지시하여 제도한 도면 (6) 끼워 맞춤 공차의 구멍 기호(대문자)와 축 기호(소문자)를 구분하지 않고 지시한 도면에 해당하여 오작 도면으로 분류도 가능하지만 실제 오작 처리는 되지 않았다. 거칠기 표현이나 기하공차 표현 역시 도면에는 기록되어 있으나 KS 제도법에 맞지 않는 부분이 많기 때문에 점수가 61점이 되었다. 도면에는 이것 저것 많이 그려져 있지만 채점 포인트에 맞는 내용면에서는 부족한 도면이 된다.

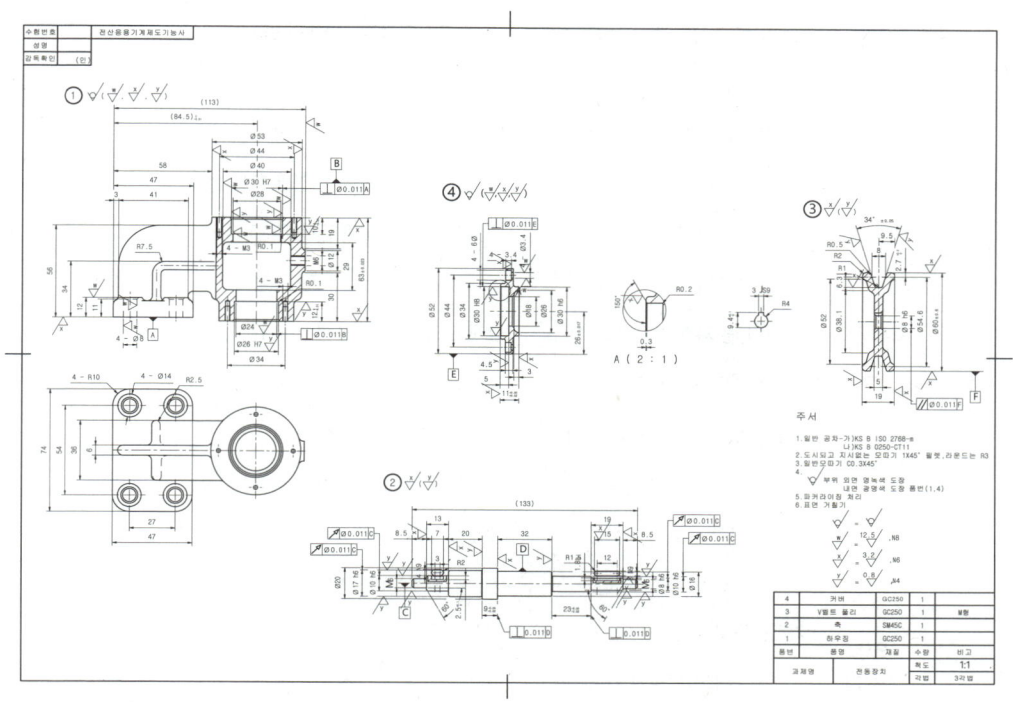

2D 제출 도면

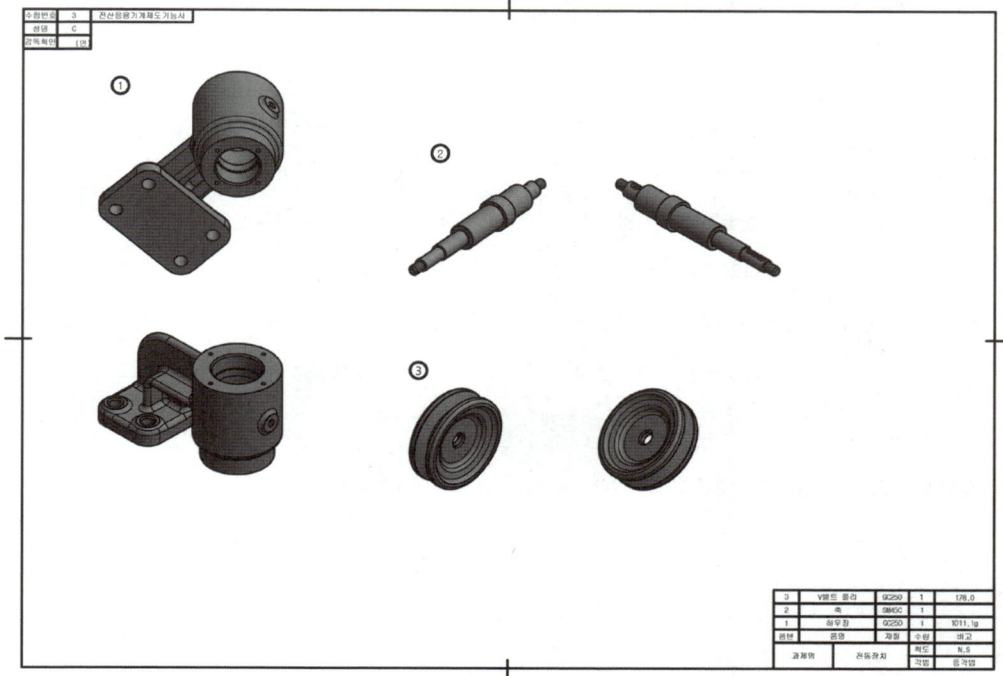

3D 제출 도면

항목 번호	주요 항목	채점 세부내용	항목별 채점 방법	배점	종합	득점
			<전산응용기계제도 기능사 작업형 실기시험 2D 채점 기준표 예시>			
1	투상범 선택과 배열	올바른 투상도 수의 선택	전체 투상도 수에서 1개당 3점 감점	15	27	14
		단면도 수의 선택	단면 불량 또는 누락 1개소당 2점 감점	7		
		합리적 도시 및 투상선 누락	상관선 및 투상선 누락과 불량 1개소당 1점 감점	5		
2	치수 기입	중요 치수	"2개소"당 누락 및 틀린 경우 1점 감점	5	12	8
		일반 치수	"2개소"당 누락 및 틀린 경우 1점 감점	4		
		치수 누락	"2개소"당 누락 1점 감점	3		
3	치수공차 및 끼워맞춤 기호	올바른 치수공차 기입	"2개소"당 누락 및 틀린 경우 1점 감점	3	8	6
		끼워맞춤 공차 기호	"2개소"당 누락 및 틀린 경우 1점 감점	3		
		치수공차, 끼워맞춤 공차 누락	"2개소"당 누락 1점 감점	2		
4	기하공차 기호	올바른 데이텀 설정	"1개소"당 누락 및 틀린 경우 1점 감점	3	8	6
		기하공차 기호의 적절성	"2개소"당 누락 및 틀린 경우 1점 감점	3		
		기하공차 기호 누락	"2개소"당 누락 1점 감점	2		
5	표면 거칠기 기호	기하공차부 표면 거칠기 기호	"2개소"당 누락 및 틀린 경우 1점 감점	3	8	5
		중요부 표면거칠기 기호	"2개소"당 누락 및 틀린 경우 1점 감점	3		
		표면 거칠기 기호 기입과 누락	"3개소"당 누락 1점 감점	2		
6	재료 선택 및 부품란	올바른 재료 선택	재료 선택 불량 1개소당 1점 감점	4	7	6
		열처리 및 표면 처리 적절성	상:3점, 중:2점, 하:1점	3		
7	주서 및 부품란	상세도의 올바른 척도 지시	척도 누락 및 불량 1개소당 1점 감점	2	7	6
		맞는 수량 기입	누락 및 틀린 경우 1개소당 1점 감점	2		
		올바른 주서 기입	상:3점, 중:2점, 하:1점	3		
8	도면의 외관	도형의 균형 있는 배치	상:3점, 중:2점, 하:1점	3	8	5
		선의 용도에 맞는 굵기 선택	상:3점, 중:2점, 하:1점	3		
		용도에 맞는 문자 크기 선택	상:2점, 하:1점	2		
		합계		85	56	

※상: 모두 맞은 경우, 중: 틀린 것이 2개 이내인 경우, 하: 틀린 것이 4개 이내인 경우

항목 번호	주요 항목	채점 세부내용	배점	종합	득점
		<전산응용기계제도 기능사 작업형 실기시험 3D 채점 기준표 예시>			
1	형상 투상	(ⓐ)번 부품은 올바르게 투상하였는가?	1	3	3
		(ⓑ)번 부품은 올바르게 투상하였는가?	1		
		(ⓒ)번 부품은 올바르게 투상하였는가?	1		
2	형상 질량	(ⓐ)부품의 질량이 정확한가?	1	3	2
		(ⓑ)부품의 질량이 정확한가?	1		
		(ⓒ)부품의 질량이 정확한가?	1		
3	형상 편집	모따기 형상은 올바르게 투상하였는가?	1	2	2
		라운드 형상은 올바르게 투상하였는가?	1		
4	3차원 배치	각 부품의 특성을 잘 나타냈는가?	2	3	1
		각 부품 번호의 올바른 작성	1		
5	표제란 부품란	부품 수량의 올바른 기임	1	2	2
		부품 재질의 올바른 작성	1		
	도면 외관	선의 용도에 맞는 굵기 출력	1	2	1
		요구 사항에 맞는출력	1		
합계				15	11

📢 C 학생은 67점을 획득하였다.

A, B 학생은 3D 프로그램은 인벤터를 2D 프로그램은 오토캐드를 사용했지만 C 학생은 3D, 2D 모두 인벤터 프로그램을 사용하였다. 3D 도면을 보면 3차원 배치가 조금 미흡한 점을 빼면 전체적으로 적절하게 표현되었다. 2D 도면을 도면 치수가 너무 조밀하게 적용되어 도면을 봤을때 답답한 느낌을 들게 한다. 투상 표현에서 ① 본체 배치가 틀렸다. 끼워맞춤 공차와 거칠기 기호는 비교적 적절하게 들어 갔지만, 기하공차의 데이텀 기준 설정이나 공차값 표현이 부족하다. 만약 필자가 채점을 했다면 70점 초반 정도의 점수를 부여 했을 것이다. 점수의 채점은 채점관이 하는 것이고 해당 도면의 투상, 중요치수, 끼워맞춤, 거칠기, 기하공차 등의 채점 부분을 미리 정해서 그 부분이 표현되어 있으면 점수를 획득하는 것이고 그 부분이 표현되지 않았다면 감점을 받는 형식으로 채점이 이루어 진다. 점수가 공개되고 나면 수험자는 채점결과에 대해 Q-net에 질의는 할 수 있지만 결과와 과정에 관한 정확한 답변을 기대하기 어려운 상황이다. 경험의 통계치에 따르면 동력전달장치 도면이 나왔을 때에는 예상보다 낮은 점수가 나오고, 수험자들이 어려워하는 치공구 형상일수록 점수가 생각보다 잘 나오는 경향이 있다. 수험자들은 이러한 상황을 잘 이해하여 치공구 도면이 나오더라도 포기하지 말고 최선을 다해 도면을 작성한다면 좋은 점수를 획득할 수 있을 것이다.

06 동력전달장치 따라하기

동력전달장치
완전 정복
원리/ 투상설명

https://url.kr/39copk

> 📢 **동력 전달 장치**
>
> 동력 전달 장치는 모터와 같은 동력원에서 발생한 동력을 기계가 일하는 곳까지 전달하기 위한 장치로 본체, 축, 커버, V-벨트풀리, 기어, 베어링, 오일실 등의 기계요소로 구성되어 있다.

1) 기초동력전달장치에 포함될 사항들

(1) 부품 재료

구분	① 본체	② 커버	③ 기어	⑤ 축
재료	GC250 (회주철품) 인장강도 250 N/mm² 이상	GC250 (회주철품) 인장강도 250 N/mm² 이상	SC480 (탄소 주강품) 인장강도 480 N/mm² 이상	SM45C (기계 구조용 탄소강) 탄소 함유량 45% 의미

(2) 각 부품에 고려되어야 할 KS 규격 부품

구분	① 본체	② 커버	③ 기어	⑤ 축
KS 규격	베어링, 6각구멍붙이볼트 중심거리의 허용차	베어링, 오일실, 볼트 자리파기	기어의 이 계산, 평행키(키 홈),요목표	6203 베어링, 오일실 평행키(키 홈), 센터 구멍

(3) 표면 거칠기 기입

구분	① 본체	② 커버	③ 기어	⑤ 축
표면 거칠기	①∇ ($\sqrt{}^{w}$, $\sqrt{}^{x}$, $\sqrt{}^{y}$)	②∇ ($\sqrt{}^{w}$, $\sqrt{}^{x}$, $\sqrt{}^{y}$)	③∇ ($\sqrt{}^{x}$, $\sqrt{}^{y}$)	③ $\sqrt{}^{x}$ ($\sqrt{}^{y}$)

(4) 기하 공차 기입

구분	① 본체	② 커버	③ 기어	⑤ 축
기하 공차	직각도, 평행도, 동심도	원주 흔들림, 동축도	원주 흔들림	원주 흔들림
적용 IT 공차	IT5등급			

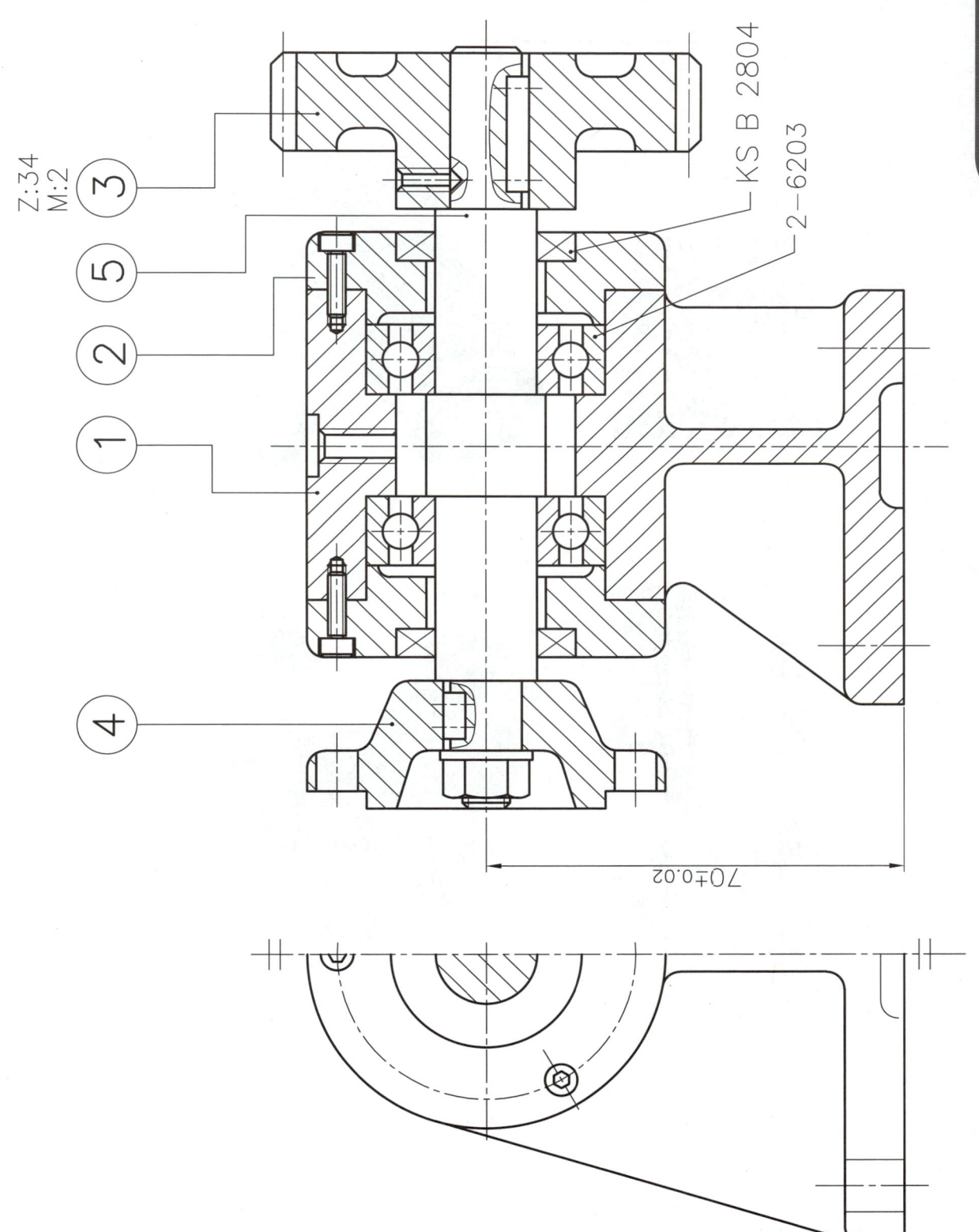

Z:34
M:2

③ ⑤ ② ① ④

KS B 2804
2-6203

70±0.02

NS

척도

기초
동력전달장치

도 명

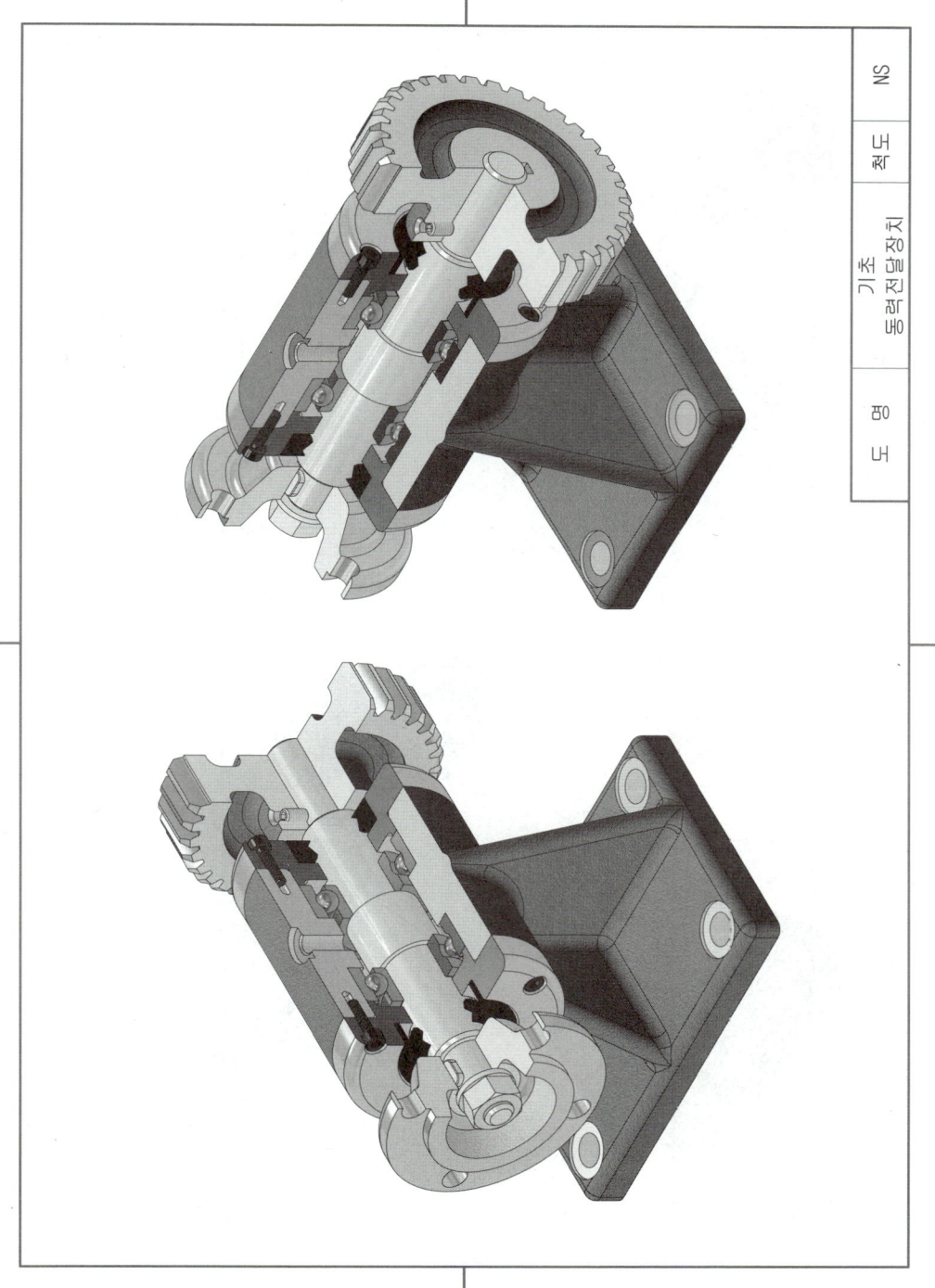

도 번	기초 동력전달장치	척도	NS

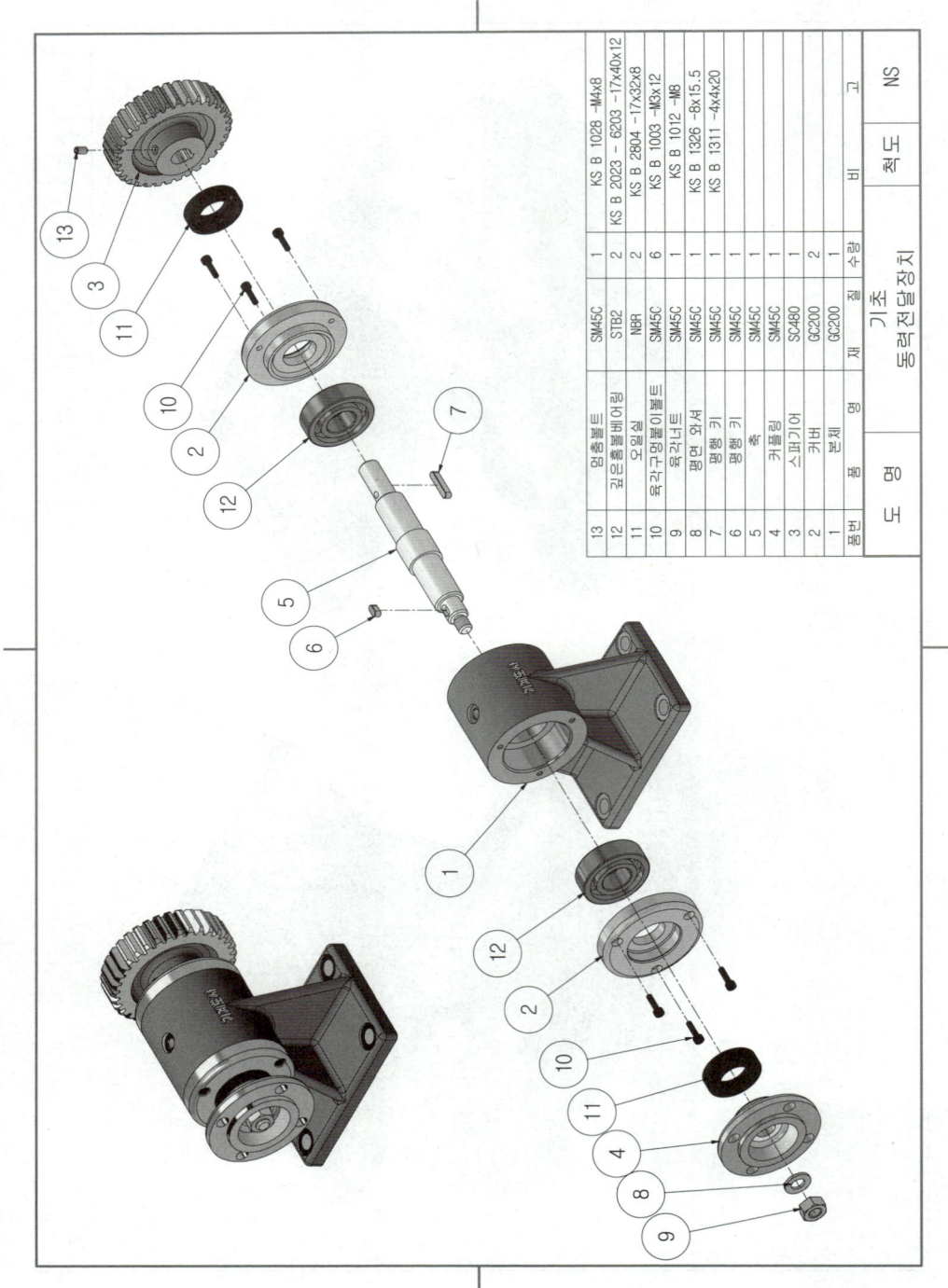

품번	품 명	재 질	수량	비 고
13	멈춤볼트	SM45C	1	KS B 1028 -M4x8
12	깊은홈볼베어링	STB2	2	KS B 2023 -6203 -17x40x12
11	오일실	NBR	2	KS B 2804 -17x32x8
10	육각구멍붙이볼트	SM45C	6	KS B 1003 -M3x12
9	육각너트	SM45C	1	KS B 1012 -M8
8	평면 와셔	SM45C	1	KS B 1326 -8x15.5
7	평행 키	SM45C	1	KS B 1311 -4x4x20
6	평행 키	SM45C	1	
5	축	SM45C	1	
4	커플링	SM45C	1	
3	스퍼기어	SC480	1	
2	커버	GC200	2	
1	본체	GC200	1	

기초
동력전달장치

척도	NS
도 명	

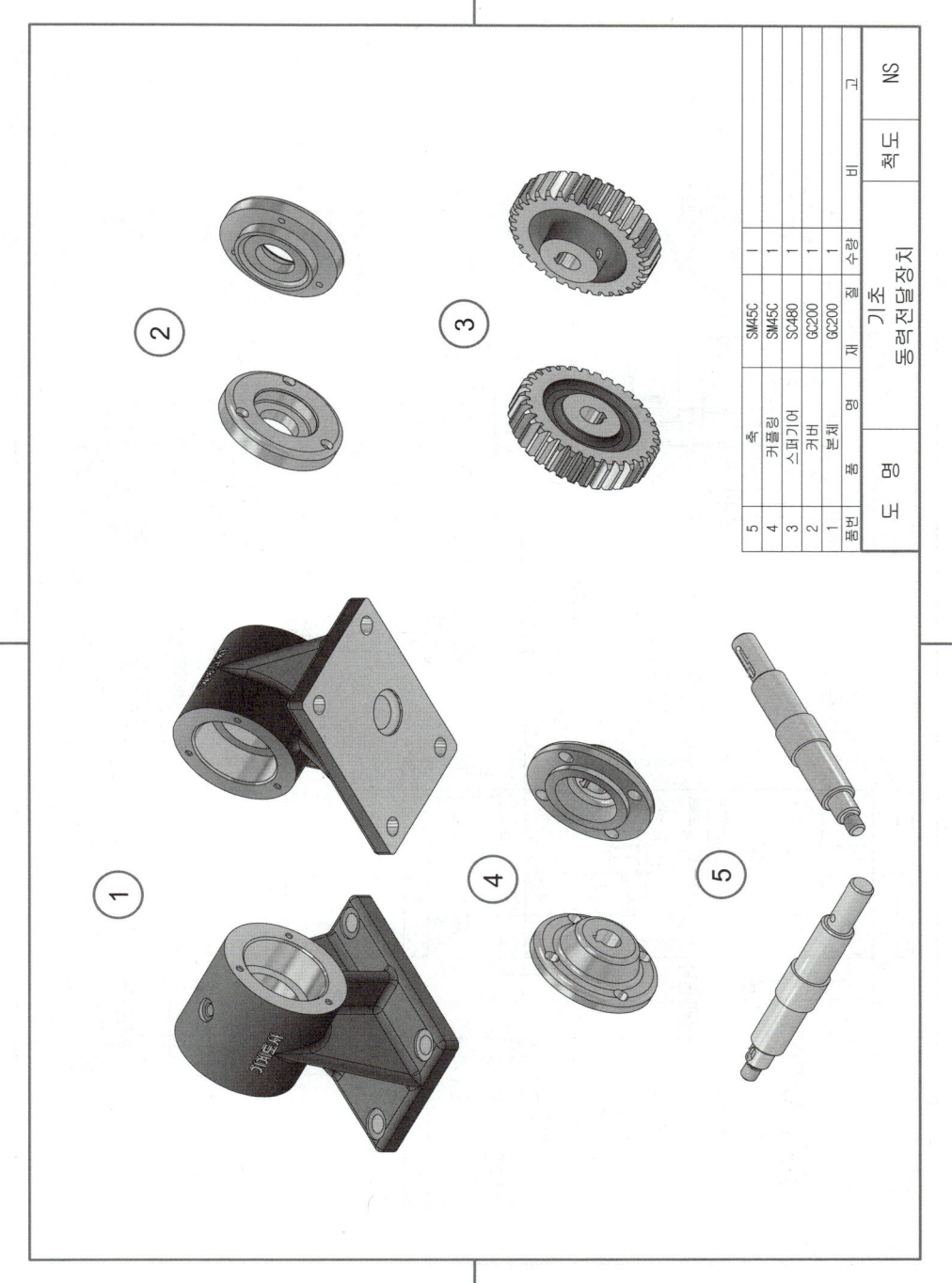

품번	품명	재질	수량	비고
5	축	SM45C	1	
4	커플링	SM45C	1	
3	스퍼기어	SC480	1	
2	커버	GC200	1	
1	본체	GC200	1	

품 명	기초 동력전달장치	척도	NS

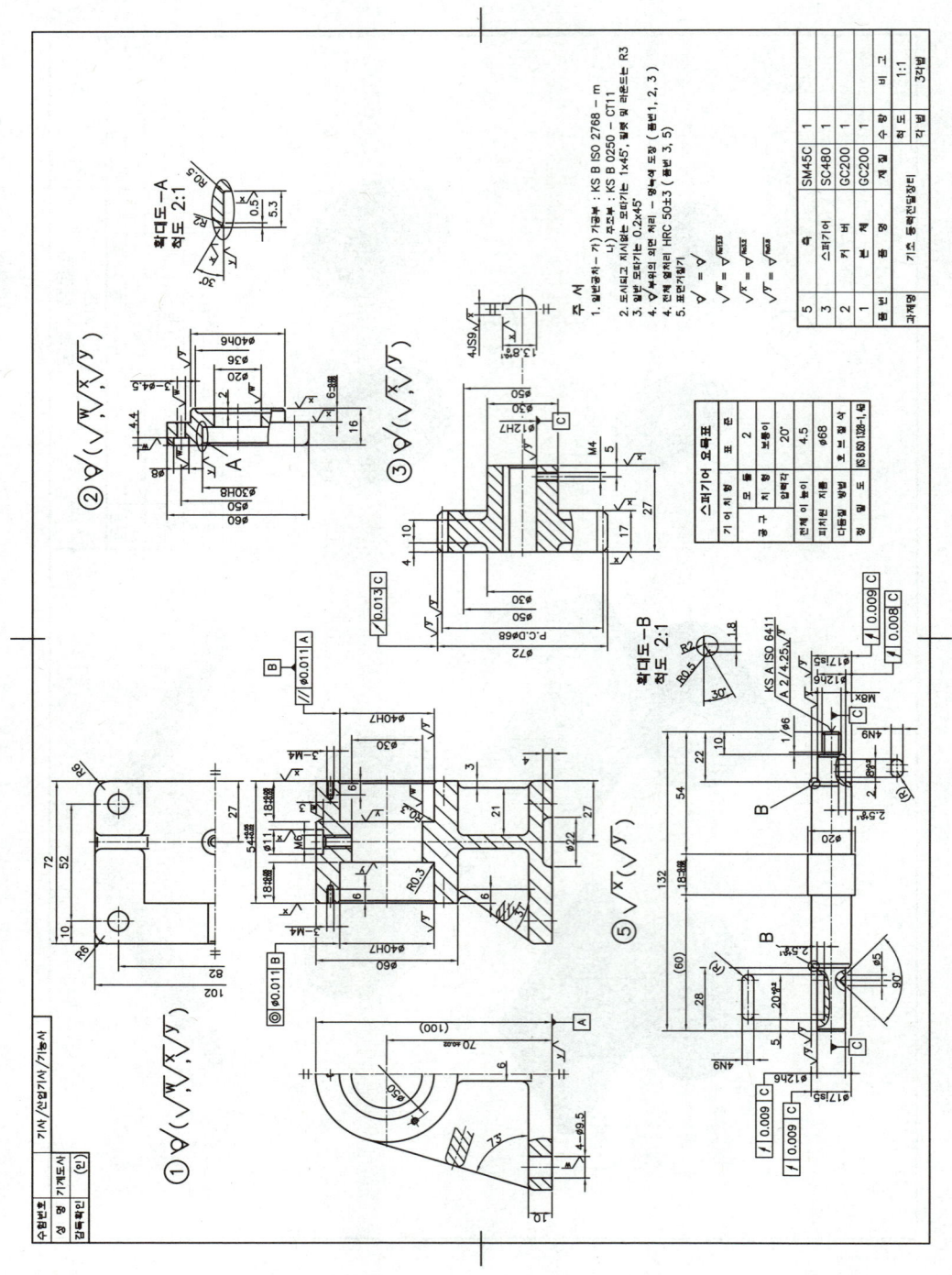

2. 기초동력전달장치 도면 ① 본체 따라 하기

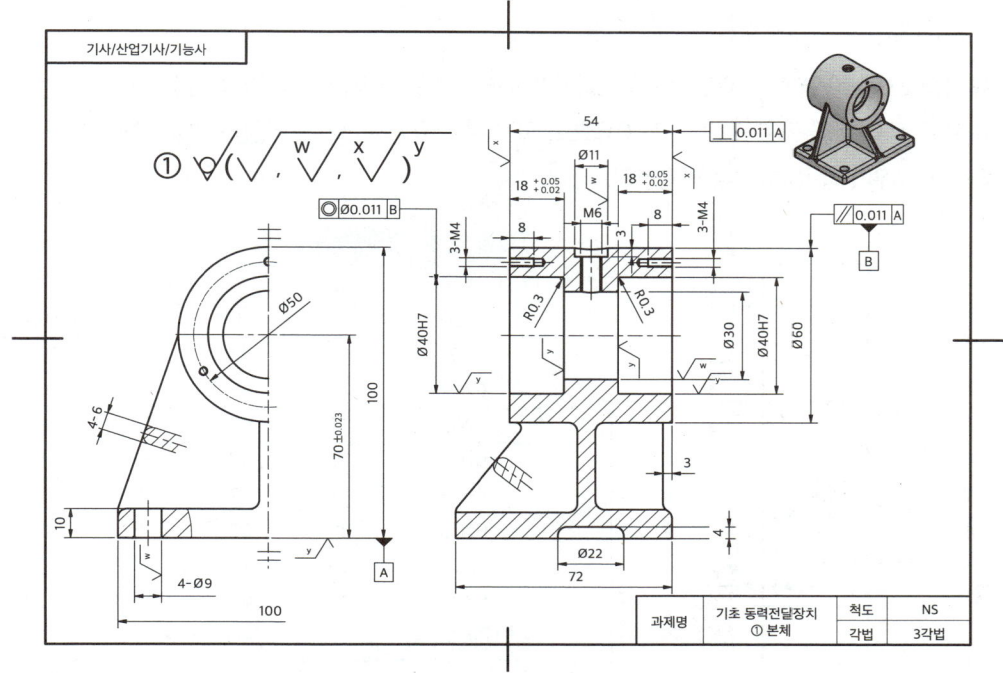

과제명	기초 동력전달장치 ① 본체	척도	NS
		각법	3각법

https://url.kr/lkxj7o

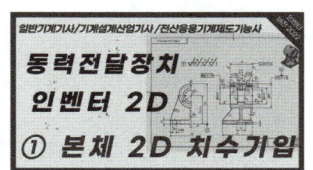

https://url.kr/vrtrnz

▷ 동력 전달 장치의 요소들이 조립되어 원활히 작동할 수 있도록 전체를 조립하는 기능을 함.

▷ 구조적으로 다른 곳에 설치할 수 있도록 밑 바닥면을 볼트로 고정시킬 수 있다.

▷ 본체의 투상도는 정면도, 우측면도, 평면도 기본적으로 3면도를 나타내는 것을 권장한다.

1) 본체에 적용되는 KS 규격 부품의 치수와 공차 기입하기

(1) 베어링의 치수 결정

규격집 23. 깊은 홈 볼 베어링 KS 규격의 6203을 찾아 결정, 베어링의 바깥지름 D = 40으로 설계하고 구석 부분의 라운드 값도 R = 0.6으로 결정한다. 규격집 32. 베어링의 끼워 맞춤 KS 규격의 하우징 끼워맞춤공차 H7을 적용한다.

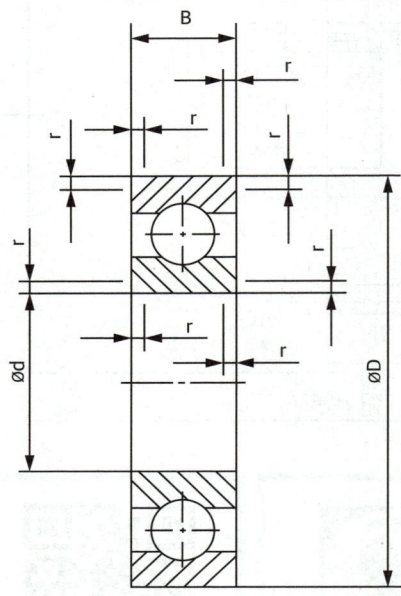

호칭번호	치수			
(62계열)	d	D	B	r
6200	10	30	9	0.6
6201	12	32	10	0.6
6202	15	35	11	0.6
6203	17	40	12	0.6
6204	20	47	14	1
6205	25	52	15	1
6206	30	62	16	1
6207	35	72	17	1.1
6208	40	80	18	1.1

하우징 구멍 공차		
외륜 정지 하중	모든 종류의 하중	H7
외륜 회전 하중	보통하중 또는 중하중	N7

(2) 중심거리 허용차

규격집 4. 중심 거리의 허용차 KS 규격을 적용하여 중심 축선에서 본체 바닥까지의 거리가 70mm이므로 2급을 적용하여 ±μm(0.023mm)을 적용한다.

중심 거리 구분		등급	
		1급	2급
초과	이하		
-	3	±3	±7
3	6	±4	±9
6	10	±5	±11
10	18	±6	±14
18	30	±7	±17
30	50	±8	±20
50	80	±10	±23
80	120	±11	±27
120	180	±13	±32
180	250	±15	±36
250	315	±16	±41

(3) 본체의 +공차 기입

18 $^{+0.05}_{+0.02}$ 본체의 왼쪽과 오른쪽에 6003 베어링이 체결될 때 본체에서 베어링 사이의 간격 치수는 +공차를 주었고, 베어링을 밀어주는 축 부분에는 -공차를 준다.

2) 본체의 표면 거칠기 기입하기

$\bigvee\kern-0.6em\bigcirc$: 가공하지 않는 면(주물품)

$\overset{\textbf{w}}{\bigvee}$: 드릴 구멍. 접촉이 없는 부분

$\overset{\textbf{X}}{\bigvee}$: 바닥 부분, 커버가 조립되는 부분, 두 부분이 면으로 접촉하는 부분.

$\overset{\textbf{y}}{\bigvee}$: 베어링과 접촉하는 부분, 두 부분이 서로 조립되는 부위(끼워맞춤 공차 적용)

3) 본체의 기하 공차 기입하기

• 본체 밑 바닥면을 기준면(A)으로 밑 바닥면을 기준으로 베어링이 조립되는 본체 베어링 구멍 부분에 평행도 공차 기입 → // 0.011 A

• 본체 구멍에 베어링이 두개 조립되어있을 경우 우측 베어링 구멍을 기준(B)으로 좌측의 동축도 공차 기입 → ◎ Ø0.011 B

• 커버가 본체에 조립되는 경우 본체 밑 바닥면을 기준으로 커버 조립면 직각도 공차 기입

→ // Ø0.011 A

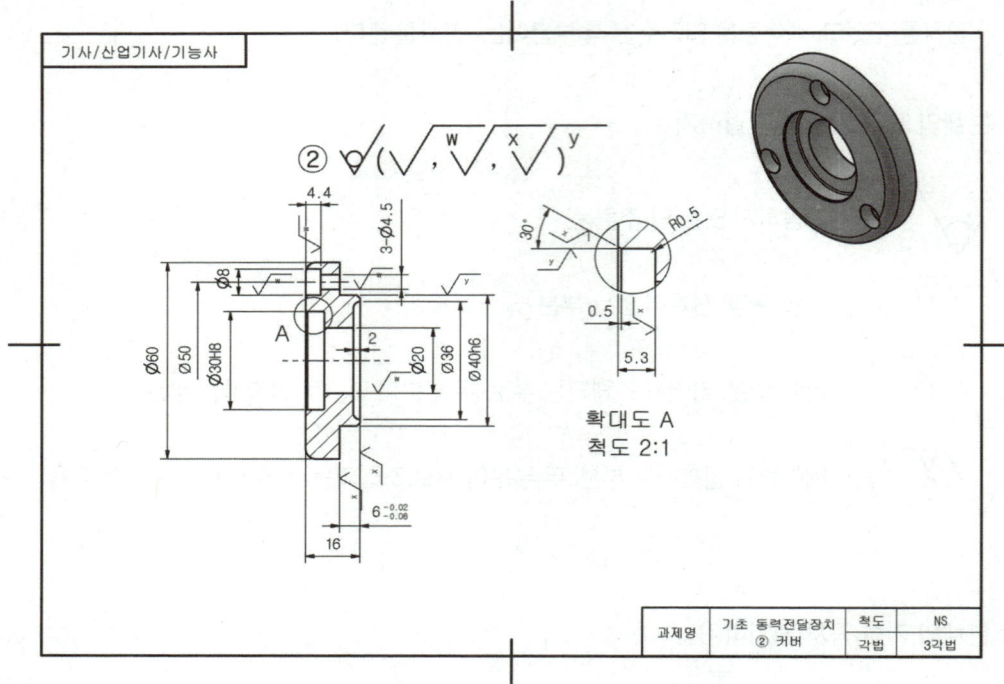

▷ 커버는 베어링과 축이 옆으로 빠져 나오지 않도록 고정해 주고, 이물질 침입을 차단하기 위해 오일 실을 사용함.

▷ 주조나 단조에 의해 1차로 생산된 소재를 선반, 드릴링, 카운터 보링 등의 2차 가공을 거쳐 상품성을 높이기 위해 표면에 도장 처리를 한다.

https://url.kr/dfjkbf

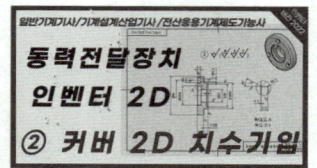

https://url.kr/vsd74f

1) 커버에 적용되는 KS 규격 부품의 치수와 공차 기입 하기

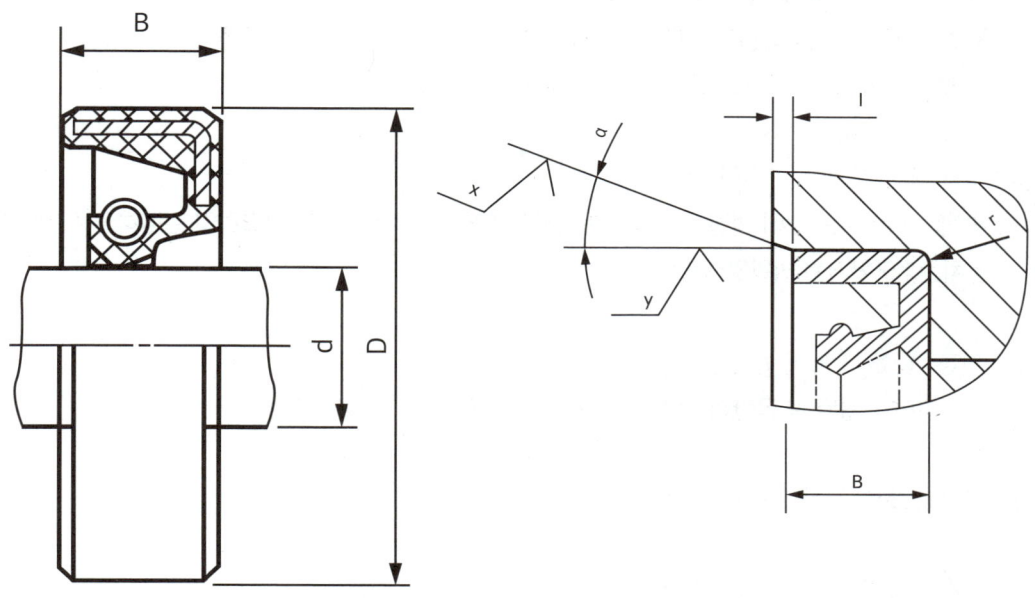

호칭 안지름 d	D	B	호칭 안지름 d	D	B		
7	18	4	*13	25	4	모떼기	$a = 15° \sim 30°$
	20	7		28	7		$l = 0.1B \sim 0.15B$
8	18	4	14	25	4	구석의 둥글기	$r \geqq 0.5mm$
	22	7		28	7		
9	20	4	15	25	4		
	22	7		30	7		
10	20	4	16	28	4		
	25	7		30	7		
11	22	4	17	30	5		
	25	7		32	8		
12	22	4	18	30	5		
	25	7		35	87		

(1) 오일 실의 치수 결정

규격집 37.오일실의 KS 규격의 오일실의 G,GM,GA 계열치수의 안지름(축지름) d=17mm를 기준치수로 바깥지름을 측정하여 D=30mm로 결정하고, 폭값 B=5mm를 결정한다. 규격집 38.오일실 부착 관계 KS 규격의 $a=30°$값과 $l=0.5$mm값 $r=0.5$mm 값을 결정하여 적용해 준다.

(2) 본체에 조립되는 커버의 축 부분

본체와 끼워지는 커버 외경 → 외경 D는 본체 내경치수(ø 40H7)를 참고하여 결정하고 끼워맞춤 공차는 h6(헐거운 끼워맞춤)으로 한다.

(3) 깊은 홈 볼 베어링 측면을 밀어주는 길이 치수

베어링이 조립된 후 공간이 생기도록 마이너스공차 $6^{-0.02}_{-0.06}$ 를 주었다.

2) 커버의 표면 거칠기 기입하기

∀ : 가공하지 않는 면(주물품)

∀ W : 드릴 구멍(카운트 보어), 접촉이 없는 부분

∀ X : 본체와 접촉 부분, 오일실 부분, 두 부분이 면으로 접촉하는 부분.

∀ y : 본체에 조립되는 커버 외경, 오일실 부분, 베어링과 접척 부분, 두 부분이 서로 조립되는 부위(끼워맞춤 공차 적용)

3) 커버의 기하 공차 기입하기

- 커버가 본체에 삽입되는 ø 40h6 부분을 데이텀 기준(C) 으로 적용

- 본체의 측면과 접촉 하는 부분과 베어링 측면과 접촉하는 부분에 흔들림 공차 적용 → ↗ 0.011 C

- 오일실이 조립되는 ø 30H8의 구멍의 축 중심을 동축도 공차 적용 → ◎ Ø0.011 C

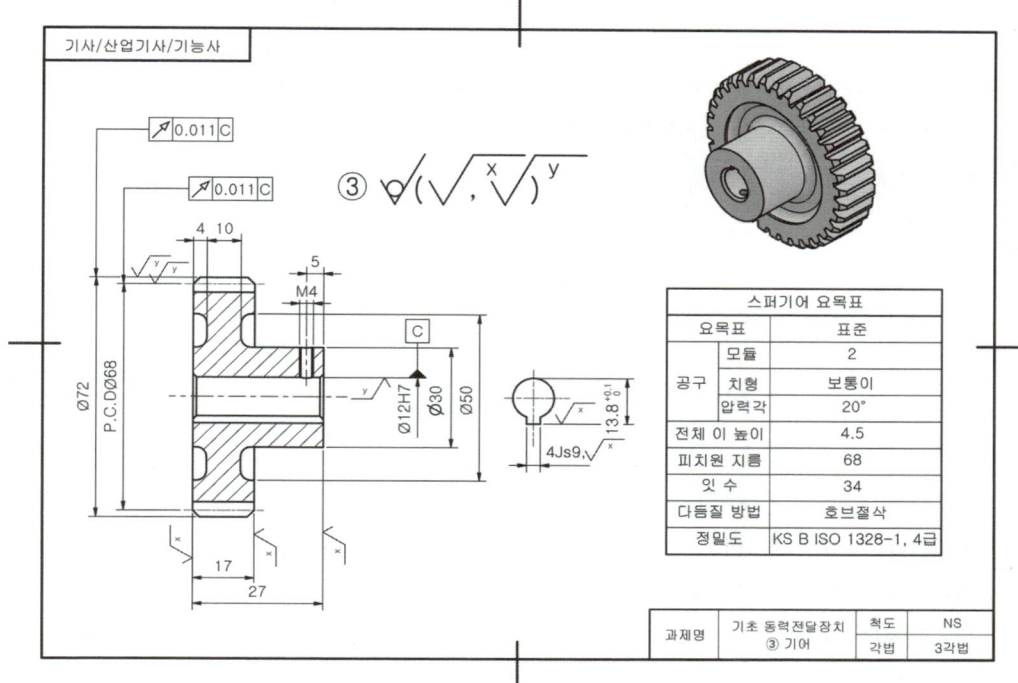

스퍼기어 요목표		
요목표		표준
공구	모듈	2
	치형	보통이
	압력각	20°
전체 이 높이		4.5
피치원 지름		68
잇 수		34
다듬질 방법		호브절삭
정밀도		KS B ISO 1328-1, 4급

과제명	기초 동력전달장치 ③ 기어	척도	NS
		각법	3각법

https://url.kr/umqcjy

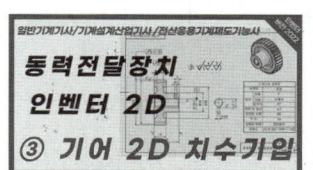

https://url.kr/n1c636

▷ 외부의 기어로 동력을 전달 받아 축과 플랜지에 삽입된 평행키에 의해 회전력을 전달

▷ 주조하거나 봉재를 절단하여 선반 가공 후 호빙 머신 등으로 기어의 이를 가공하여 열처리 할 수 있는 주강 등의 재료를 선택

1) 기어에 적용되는 KS 규격 부품의 치수와 공차 기입하기

(1) 기어 요목표 그리기

규격집 49. 요목표(예)의 KS 규격을 참고하여 기어 요목표를 그려주고 모듈과 잇수를 통해 이 높이와 피치원 지름 등을 계산하여 기록한다.

스피기어 요목표		
기어 치형		표준
공구	모듈	□
	치형	보통이
	압력각	20°
전체 이 높이		□
피치원 지름		□
잇 수		□
다듬질 방법		호브절삭
정밀도		KS B ISO 1328-1, 4급

- 잇 수, 피치원 지름은 계산하여 기입.
- 피치원 지름(P.C.D) = m ×Z = 2 × 34 = 68mm (m : 모듈 Z : 잇 수)
- 이끝원 지름(Do) = m × (Z+2) = 2 × (34+2) = 72mm
- 전체 이 높이(h) = 2.25 × m = 2.25 × 2 = 4.5mm

(2) 평행키의 치수 결정

규격집 21. 평행 키 (키 홈) KS 규격의 기어에 조립된 축의 지름 ø 12를 기준으로 t_2=1.8mm 와 b_2=4mm 치수를 결정하여 그린다.

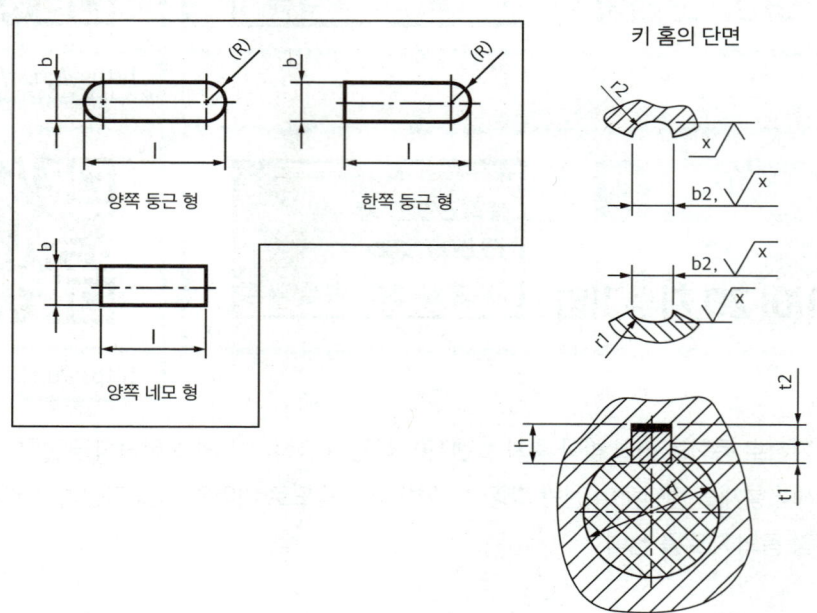

양쪽 둥근 형   한쪽 둥근 형   키 홈의 단면

양쪽 네모 형

키 홈의 치수								적용하는 축지름 d (초과~이하)
b₁ 및 b₂의 기준치수	활동형		보통형		t_1의 기준치수	t_2의 기준치수	t_1 및 t_2의 허용차	
	b_1	b_2	b_1	b_2				
	허용차	허용차	허용차	허용차				
2	H9	D10	N9	JS9	1.2	1.0	+0.10	6~8
3					1.8	1.4		8~10
4					2.5	1.8		10~12
5					3.0	2.3		12~17
6					3.5	2.8		17~22
7					4.0	3.3	+0.20	20~25
8					4.0	3.3		22~30
10					5.0	3.3		30~38

2) 기어의 표면 거칠기 기입하기

　　　　 : 가공하지 않는 면(주물품)

　　X 　 : 키의 접촉면, 바닥 부분, 두 부분이 면으로 접촉하는 부분.

　　y 　 : 축과 접촉 부분, 기어 이의 부분, 두 부분이 서로 조립되는 부위(끼워맞춤 공차 적용)

3) 기어의 기하 공차 기입하기

· 축 중심이 지나가는 12H7의 구멍을 데이텀 기준(D▲)으로 적용

· 기어의 바깥지름 부분과 측면에 흔들림 공차를 적용 → | ↗ | 0.011 | C |

· 각 단면에 해당하는 측정 평면은 원통면을 규제하기 때문에 원주 흔들림 공차값에는 파이를 붙이지 않음

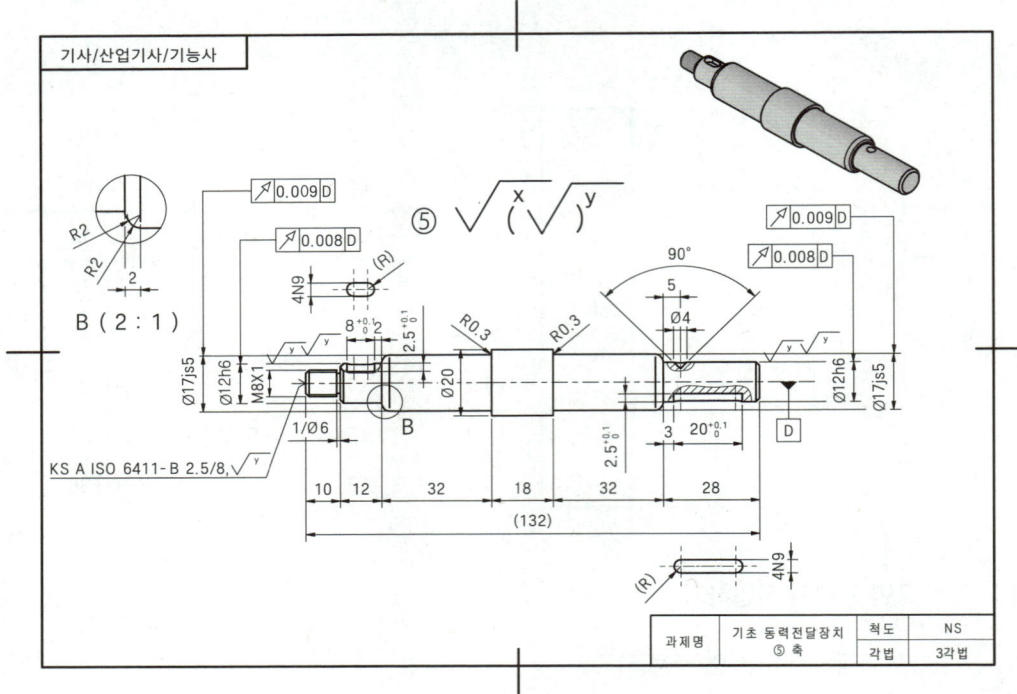

과제명	기초 동력전달장치 ⑤ 축	척도	NS
		각법	3각법

동력전달장치
완전정복
⑤ 축 3D 모델링

일반기계기사/기계설계산업기사/전산응용기계제도기능사
동력전달장치
완전정복
⑤ 축 3D 모델링

https://url.kr/9tulcl

동력전달장치
인벤터 2D
⑤ 축 2D 치수기입

일반기계기사/기계설계산업기사/전산응용기계제도기능사
동력전달장치
인벤터 2D
⑤ 축 2D 치수기입

https://url.kr/gcoydk

▷ 축은 본체에 삽입되어 있는 베어링에 의해 지지되어 회전력을 전달하는 역할을 하며, 정확하게 설계되고 가공 및 조립되어야 기계의 소음과 진동이 적고 수명이 길어짐
▷ 투상은 길이방향으로 정면도 1개를 그리는 것을 원칙으로 하고 특정 부위(키홈)는 국부 투상도로 처리

▷ 축은 선반 가공후 열처리를 하고 연삭 등 마무리 공정을 거쳐 완성하므로 기계구조용 탄소강
(SM45C), 크롬-몰리브덴강(SCM415)등의 재료를 선택

1) 축에 적용되는 KS 규격 부품의 치수와 공차 기입하기

[1] 베어링의 치수 결정

규격집 23. 깊은 홈 볼 베어링 KS 규격의 6203을 찾아 베어링 안지름 d=17mm을 결정하고 32.
베어링의 끼워맞춤 KS 규격의 내륜회전의 끼워맞춤 공차 js5를 적용. 31.베어링 구석 홈 부 둥글
기 KS 규격의 R값을 0.3mm을 적용.

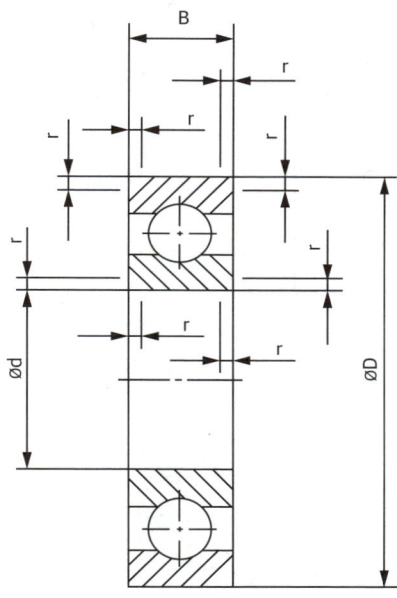

호칭번호 (62계열)	치수			
	d	D	B	r
6200	10	30	9	0.6
6201	12	32	10	0.6
6202	15	35	11	0.6
6203	17	40	12	0.6
6204	20	47	14	1
6205	25	52	15	1
6206	30	62	16	1
6207	35	72	17	1.1
6208	40	80	18	1.1

하우징 구멍 공차			
볼 베어링	원통, 테이퍼 롤러 베어링	자동조심 롤러 베어링	허용차 등급
축 지름			
18 이하			js5
18 초과 100 이하	40 이하	40 이하	k5
100 초과 200 이하	40 초과 100 이하	40 초과 65 이하	m5

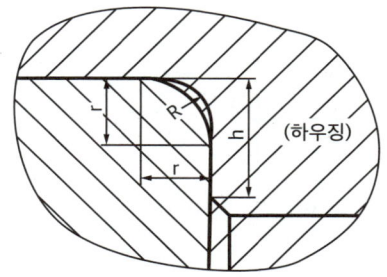

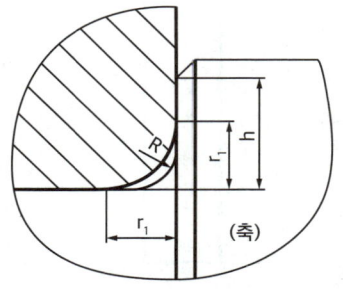

r 또는 r₁ (min)	R(max)	축 또는 하우징	
		레이디얼 베어링의 경우의 어깨 높이h	
		일반	특수
0.1	.0.1	0.4	
0.15	0.15	0.6	
0.2	0.2	0.8	
0.3	0.3	1.25	1
0.6	0.6	2.25	2
1.0	1.0	2.75	2.5

(2) 평행 키의 치수 결정

규격집 21. 평행 키 (키 홈) KS 규격의 기어와 플랜지에 조립되는 축의 기준치수 ø 12를 찾아서 t_2 = 2.5mm와 b_2 = 4mm 치수를 적용.

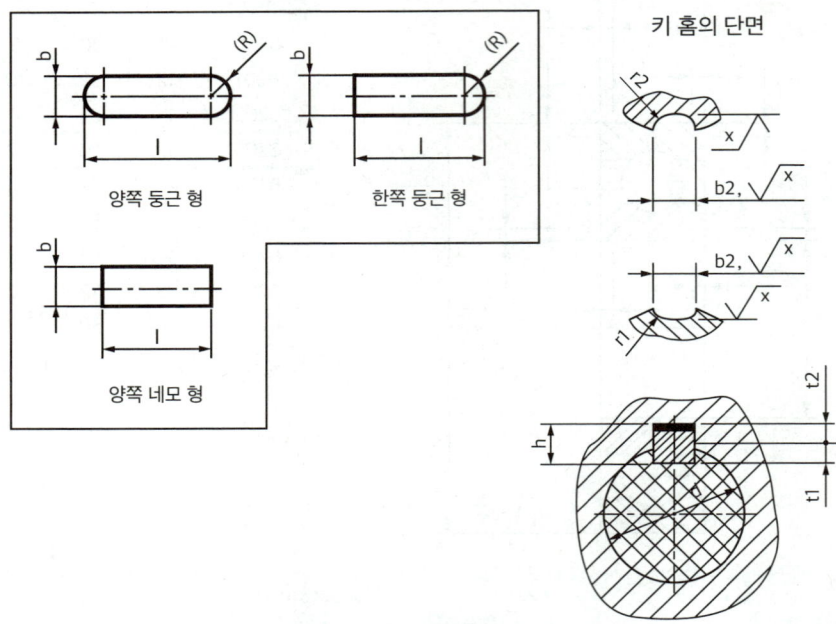

양쪽 둥근 형   한쪽 둥근 형

양쪽 네모 형

키 홈의 단면

b_1 및 b_2의 기준치수	키 홈의 치수							적용하는 축지름 d (초과~이하)
	활동형		보통형		t_1의 기준치수	t_2의 기준치수	t_1 및 t_2의 허용차	
	b_1	b_2	b_1	b_2				
	허용차	허용차	허용차	허용차				
2	H9	D10	N9	JS9	1.2	1.0	+0.10	6~8
3					1.8	1.4		8~10
4					2.5	1.8		10~12
5					3.0	2.3		12~17
6					3.5	2.8		17~22
7					4.0	3.3	+0.20	20~25
8					4.0	3.3		22~30
10					5.0	3.3		30~38

(3) 오일 실의 치수 결정

규격집 37. 오일 실 부착관계 (축 및 하우징 구멍의 모떼기 와 둥글기) KS 규격을 찾아 둥글기를 적절하게 적용한다. 축의 왼쪽과 오른쪽에 베어링과 동시에 오일실이 삽입된다.

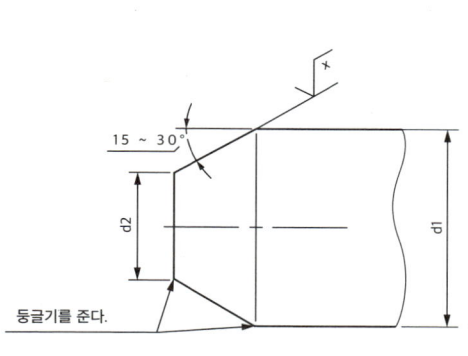

둥글기를 준다.

d_1	d_2(최대)
17	14.9
18	15.8
20	17.7
22	19.6
24	21.5
25	22.5
*26	23.4
28	25.3
30	27.3
32	29.2

(4) 센터구멍 치수 결정

규격집 47. 센터 구멍 KS 규격의 구멍의 형상을 A형으로 선택하고, 48. 센터 구멍의 표시방법의 도시 기호를 남겨두는 것으로 적용.

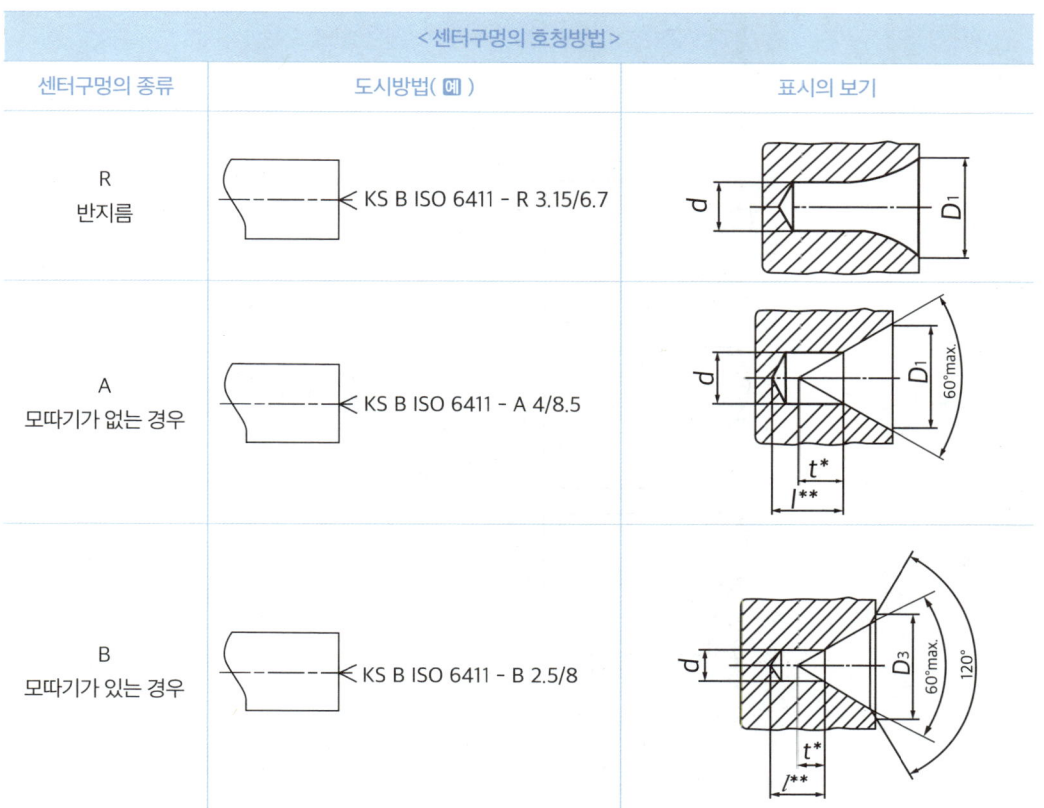

< 센터구멍의 호칭방법 >		
센터구멍의 종류	도시방법(예)	표시의 보기
R 반지름	KS B ISO 6411 – R 3.15/6.7	
A 모따기가 없는 경우	KS B ISO 6411 – A 4/8.5	
B 모따기가 있는 경우	KS B ISO 6411 – B 2.5/8	

치수 t*에 대해서는 아래 표 A, 1을 참조한다.
치수 t**는 센터 구멍 드릴의 길이에 근거하지만, t 보다는 짧으면 안 된다.

d 호칭	종류				
	R형 KS B ISO 2541에 따름 D_1	A형 KS B ISO 866에 따름		B형 KS B ISO 2540에 따름	
		D_2	t	D_3	t
(0.5)	–	1.06	0.5	–	–
(0.63)	–	1.32	0.6	–	–
(0.8)	–	1.70	0.7	–	–
1.0	2.12	2.12	0.9	3.15	0.9
(1.25)	2.65	2.65	1.1	4	1.1
1.6	3.35	3.35	1.4	5	1.4
2.0	4.25	4.25	1.8	6.3	1.8
2.5	5.3	5.30	2.2	8	2.2
3.15	6.7	6.70	2.8	10	2.8
4.0	8.5	8.50	3.5	12.5	3.5
(5.0)	10.6	10.60	4.4	16	4.4
6.3	13.2	13.20	5.5	18	5.5
(8.0)	17.0	17.00	7.0	22.4	7.0
10.0	21.2	21.20	8.7	28	8.7

센터구멍의 기호 및 호칭 방법의 간략 도시 방법

단위 : mm

센터 구멍의 필요 여부	그림기호	도시 방법
최종 부품에 필요한 경우		KS B ISO 6411 – B 2.5/8
최종 부품에 있어도 되는 경우		KS B ISO 6411 – B 2.5/8
최총 부품에 없어야 되는 경우		KS B ISO 6411 – B 2.5/8

2) 축의 표면 거칠기 기입하기

$\sqrt{X}$: 일반적인 축의 표면 거칠기, 두 부분이 면으로 접촉하는 부분.

$\sqrt{y}$: 베어링과 접촉하는 부분, 키와 접촉하는 부분, 두 부분이 서로 조립되는 부위(끼워맞춤 공차 적용)

3) 축의 기하 공차 기입하기

• 축의 양 센터를 지나는 중심을 축의 데이텀 기준(⊵E)으로 결정.

• 베어링, 기어, 풀리가 조립되는 축의 바깥지름(외경)에 흔들림 공차 적용 →

07 드릴지그 따라하기

드릴지그 1강
치공구 뿌시기
투상방법/ 작동원리

https://url.kr/bhxjc5

📢 드릴지그

드릴지그는 기계가공에서 드릴 구멍의 가공위치를 쉽고 정확하게 정하기 위한 보조용 기구이다. 가공 제품의 동일한 위치에 구멍 가공을 하여 대량생산을 하기 위한 장치로 ① 베이스, ② 서포트, ③ 플레이트, ④ 삽입부시, ⑤ 고정라이너, ⑥ 멈춤쇠 등으로 구성되어 있다.

1) 드릴지그에 포함될 사항들

(1) 부품 재료

구분	① 베이스	② 서포트	③ 플레이트	④ 삽입부시	⑤ 고정라이너
재료	SM45C (기계구조용 탄소강재) 탄소함유량 45% 함유 인장강도 686N/mm² 이상	SM45C (기계구조용 탄소강재) 탄소함유량 45% 함유 인장강도 686N/mm² 이상	SM45C (기계구조용 탄소강재) 탄소함유량 45% 함유 인장강도 686N/mm² 이상	STC3 (탄소공구강 강재) 탄소함유량 1.3% 함유 인장강도 520N/mm² 이상	STC3 (탄소공구강 강재) 탄소함유량 1.3% 함유 인장강도 520N/mm² 이상

(2) 각 부품에 고려되어야 할 KS 규격 부품

구분	① 베이스	② 서포트	③ 플레이트	④ 삽입부시	⑤ 고정라이너
KS 규격	-	6각구멍붙이 볼트	6각구멍붙이 볼트	삽입부시	고정라이너

(3) 표면 거칠기 기입

구분	① 베이스	② 서포트	③ 플레이트	④ 삽입부시	⑤ 고정라이너
표면 거칠기	① $\sqrt{\dfrac{w}{}}(\sqrt{\dfrac{x}{}},\sqrt{\dfrac{y}{}})$	② $\sqrt{\dfrac{w}{}}(\sqrt{\dfrac{x}{}},\sqrt{\dfrac{y}{}})$	③ $\sqrt{\dfrac{w}{}}(\sqrt{\dfrac{x}{}},\sqrt{\dfrac{y}{}})$	④ $\sqrt{\dfrac{x}{}}(\sqrt{\dfrac{y}{}})$	⑤ $\sqrt{\dfrac{y}{}}$

(4) 기하 공차 기입

구분	① 베이스	② 서포트	③ 플레이트	④ 삽입부시	⑤ 고정라이너
기하 공차	직각도, 대칭도, 평행도	직각도, 대칭도, 평행도	직각도, 대칭도, 위치도	동심도	동심도

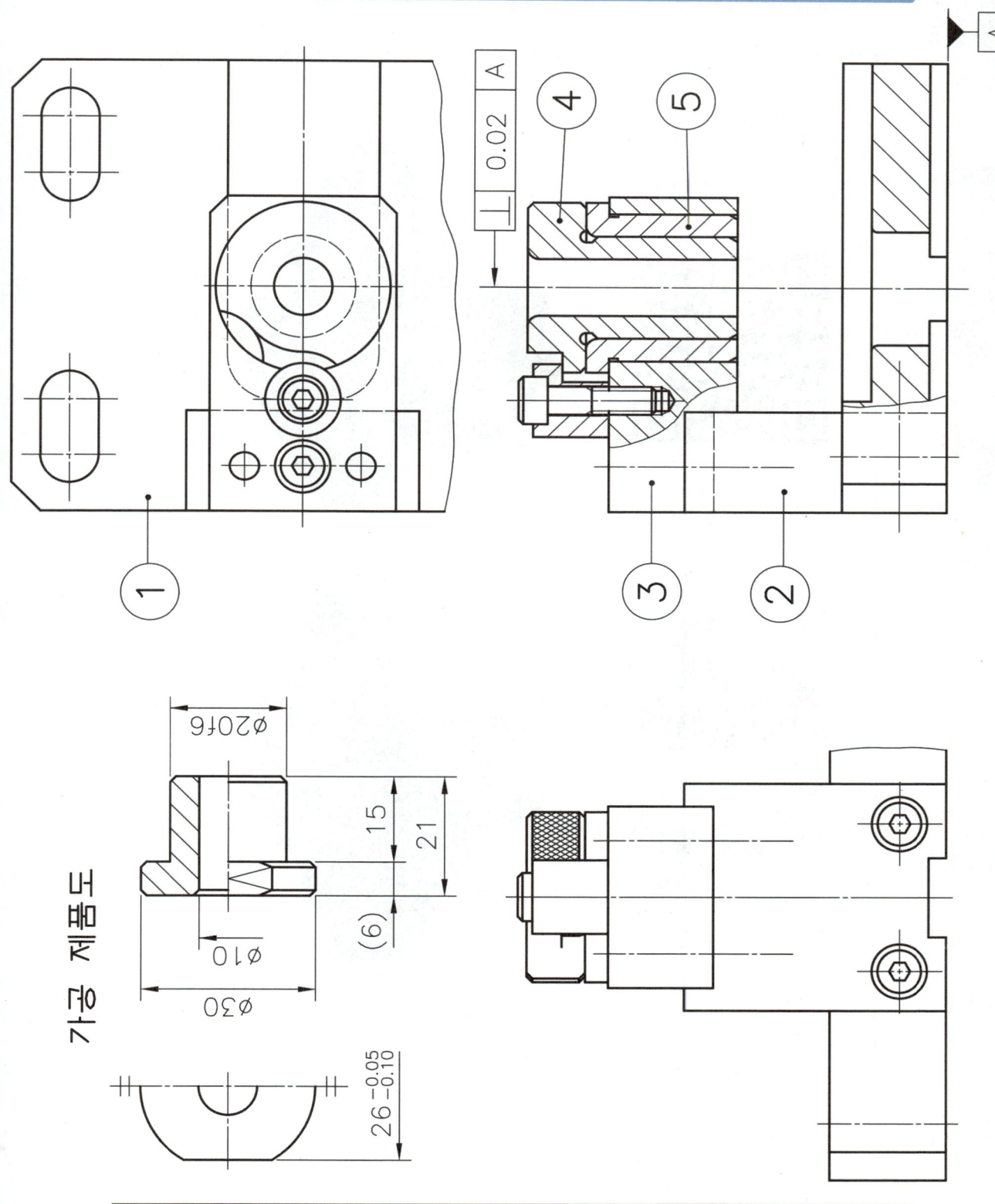

가공 제품도

$\phi 20f6$

$\phi 10$

$\phi 30$

15

21

(6)

$26 \, {}^{-0.05}_{-0.10}$

⊥ | 0.02 | A

A

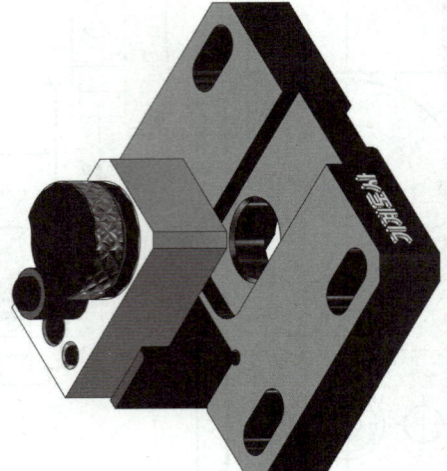

NS | 척도 | 드릴지그-1 | 도명

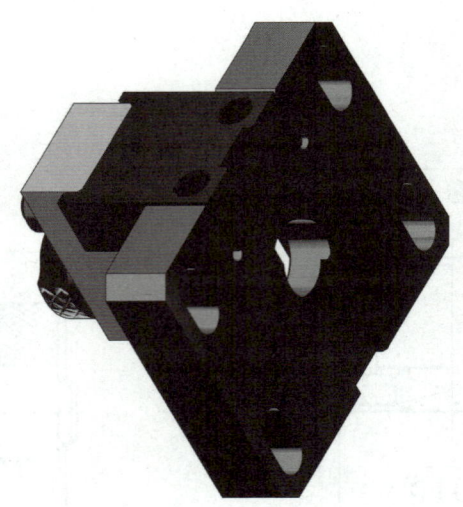

드릴지그 3D 단면도

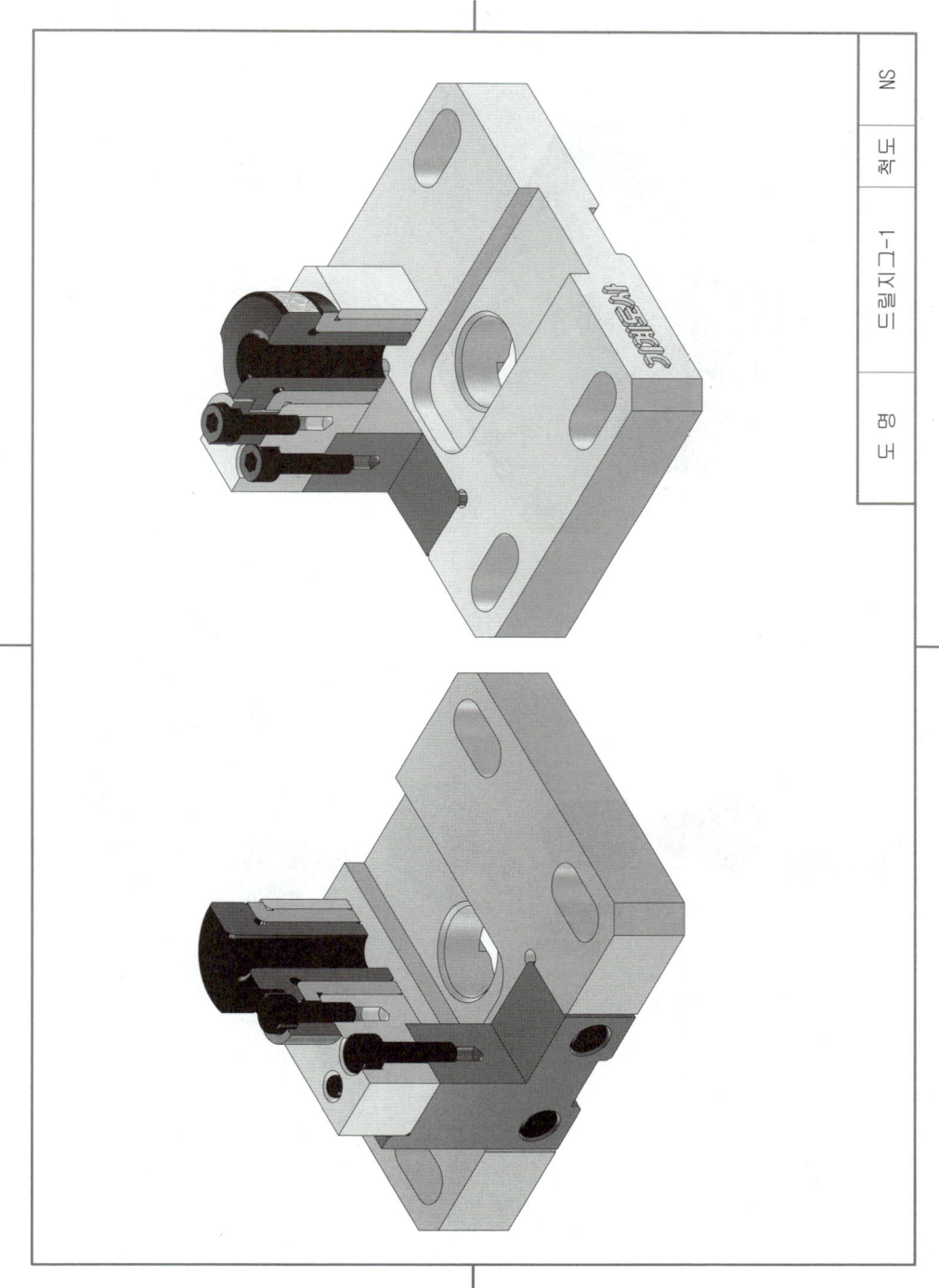

SN	척도	드릴지그 - 1	도명

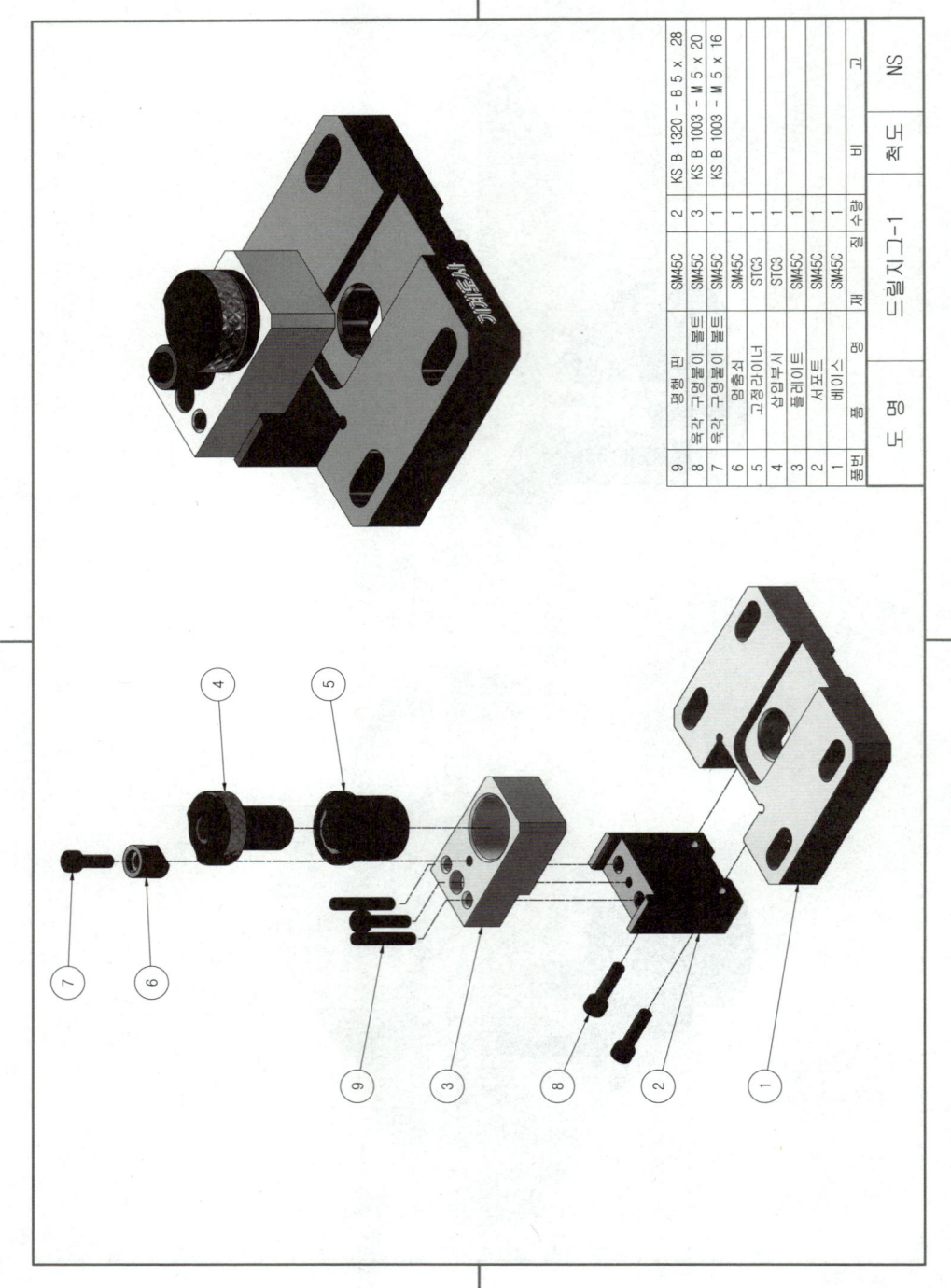

품번	품 명	재 질	수량	비 고
9	평행 핀	SM45C	2	KS B 1320 - B 5 x 28
8	육각 구멍붙이 볼트	SM45C	3	KS B 1003 - M 5 x 20
7	육각 구멍붙이 볼트	SM45C	1	KS B 1003 - M 5 x 16
6	멈춤쇠	SM45C	1	
5	고정라이너	STC3	1	
4	삽입부시	STC3	1	
3	플레이트	SM45C	1	
2	서포트	SM45C	1	
1	베이스	SM45C	1	
품번	품 명	재 질	수량	비 고

도 명: 드릴지그-1 척도: NS

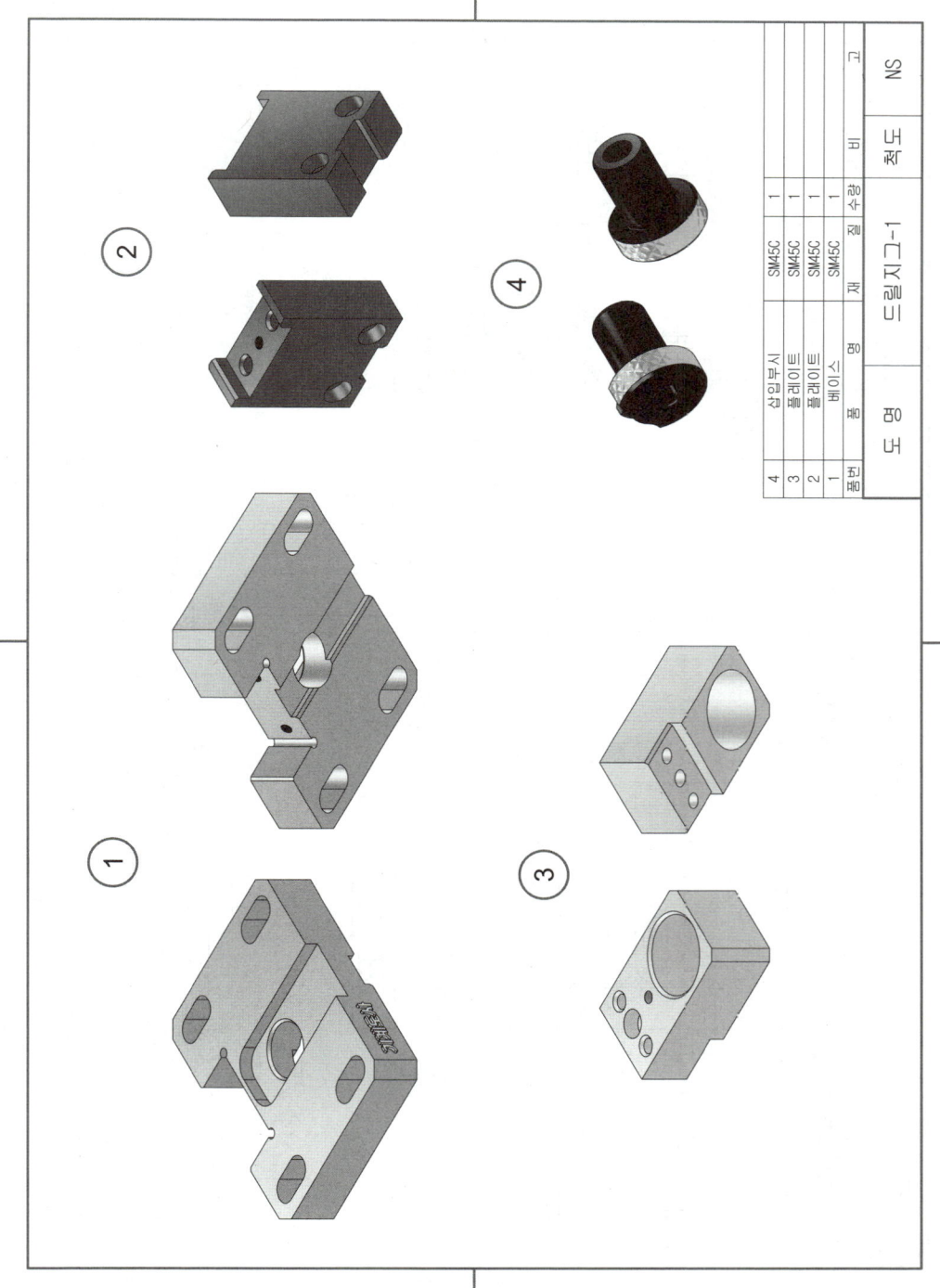

4	3	2	1	품번	도 명		척 도	NS
삽입부시	블레이드	블레이드	베이스	품 명	드릴지그-1			
SM45C	SM45C	SM45C	SM45C	재 질				
1	1	1	1	수량	비 고			

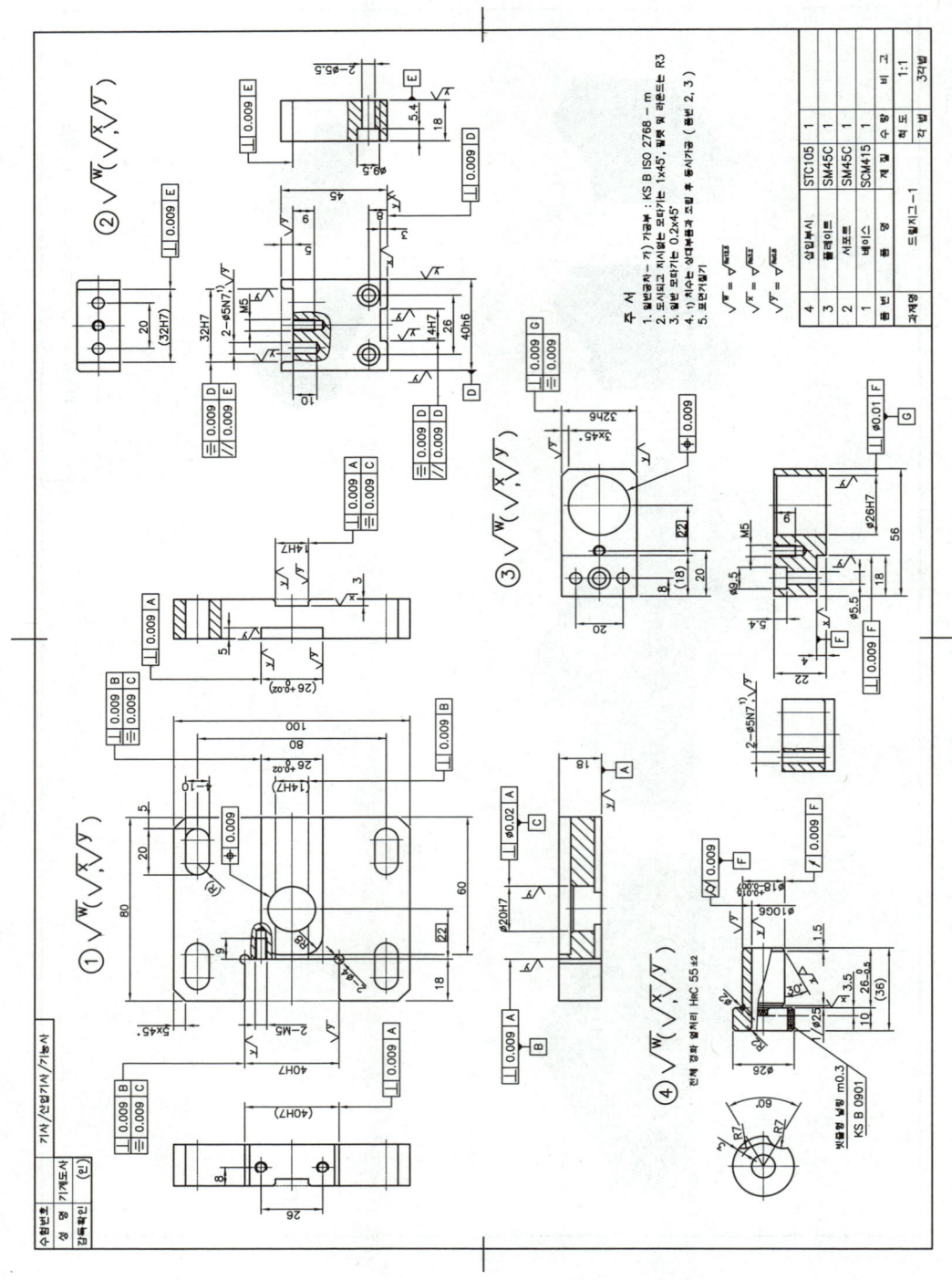

2. 드릴지그 도면 ① 베이스 따라 하기

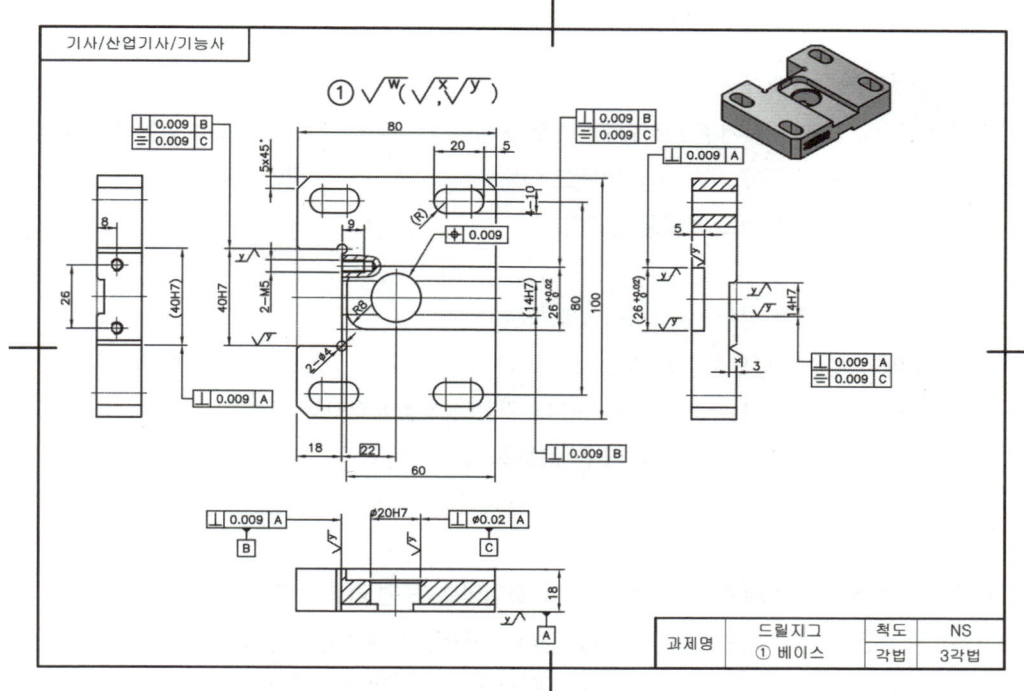

과제명	드릴지그	척도	NS
	① 베이스	각법	3각법

드릴지그 2강
치공구 뿌시기
① 베이스 3D모델링

https://url.kr/is8dwk

드릴지그 6강
치공구 뿌시기
① 베이스 2D치수기입

https://url.kr/liipf8

▷ 드릴지그의 기준이 되는 제품으로 베이스 또는 본체라고 한다.

▷ 베이스 가공은 밀링, 드릴링, 보링, 태핑 등의 가공 후 열처리를 하여 연마로 완성하고 파커라이징 처리를 한다. 피커라이징 처리란 녹이 발생하는 것을 방지하기 위하여 인산 염 피막을 입히는 화학 처리를 말한다. 철강제품에 파커라이징 처리를 하면 흑색으로 변하기 때문에 흑 착색이라고도 한다.

▷ 가공 부품이 끼워지는 게이지 구멍을 기준으로 하여 ② 서포트의 홈 및 밑면의 키 홈은 서로 대칭에 있어야 하고, 베이스 밑면으로부터 직각자세가 유지되어야 한다.

1) 베이스의 투상도 선택과 배열하기

주어진 과제의 조립도를 기준으로 할 때, 가로와 세로의 치수를 모두 나타낼 수 있는 조립도의 평면 모양이 부품의 특징을 가장 잘 나타내고 있으므로 그 투상면을 정면도로 선택하고 그 정면도를 기준으로 좌,우측,저면도 배열을 하였다.

2) 베이스의 치수공차와 끼워 맞춤 공차 기입하기

ㄱ 치수기입에서 치수는 중요치수와 일반 치수로 나뉜다.
- 중요치수 : 부품간의 조립과 관련된 치수나 기능과 작동에 있어서 정확한 값으로 기입 되어야 할 치수를 말한다. (치수공차, 끼워맞춤 공차 등이 지시된 경우)
- 일반치수 : 기능과 작동에 직접적인 영향을 미치지 않는 단독 모양의 크기 치수나 위치 치수등을 말한다.

ㄴ 치공구의 제품은 가공 제품을 기준으로 공차, 끼워맞춤, 표면 거칠기, 기하공차를 기입한다.

ㄷ 가공제품과 관련된 치수는 ① 베이스 부품에서 가공제품이 들어갈 작은 외경부 ø 20$H7$ 와 큰 외경의 양 절단면 부분26 $^{+0.02}_{0}$ 이다. 26 $^{+0.02}_{0}$ 은 26$H7$로 치수기입 해도 무방하다.

ㄹ 조립과 관련된 치수는 ① 베이스 부품 밑바닥 부분에 홈을 파서 고정시키기 위한 14$H7$과 ② 서포트 부분과 조립되는 부분의 40$H7$에 끼워 맞춤공차를 기입한다.

3) 베이스의 표면 거칠기 기입하기

ㄱ 치공구 부품의 대표 거칠기는 $\sqrt{}^{w}$ 로 정한다. 주물로 만든 주조품이 아니고 절삭 가공(선반, 밀링 등)을 통해 생산된 제품이기 때문이다.

ㄴ 제품의 기능과 작동을 우선적으로 고려하여 거칠기 정도를 정하게 되며, 주로 치수공차, 끼워 맞춤 공차 및 기하공차 기호를 기입하는 곳에 표면 거칠기 $\sqrt{}^{y}$ 를 기입한다.

ㄷ 가공제품이 조립될 부분의 치수 ø 20$H7$과 26$^{+0.02}_{0}$ 부분, 베이스 밑바닥 부분에 키홈과 결합될 14$H7$부분, ② 서포트 부분과 조립되는 40$H7$부분, ① 베이스 부품 밑면 부분에 표면 거칠기 $\sqrt{}^{x}$ 및 $\sqrt{}^{y}$ 를 기입한다.

4) 베이스의 기하 공차 기입하기

- 기하공차 기호 기입은 기능과 작동 및 정밀도 유지에 필요한 곳을 찾아서 기입한다.

- 저면도의 밑 바닥면은 제품 가공에 있어 기초가 되며 다른 부품과의 조립 관계에서도 기초가 되기 때문에 데이텀 기준($\overline{A}$)으로 정한다.

- 데이텀 A를 기준으로 가공 제품과 관련된 치수 ø 20$H7$ 부분과 26$^{+0.02}_{0}$ 부분, ② 서포트 부분과 조립되는 40$H7$ 부분이 베이스 밑 바닥면과 수직으로 규제되어야 하기에 직각도 공차 기입 → $\boxed{\perp\ |\ 0.009\ |\ A}$

- 저면도에서 드릴로 가공되는 부분에 데이텀 기준($\overline{B}$)으로 ② 서포트 부분과 가공 제품이 고정되는 26$^{+0.02}_{0}$ 부분의 구멍을 수직으로 규제하기 위해 직각도 공차 기입 → $\boxed{\perp\ |\ 0.009\ |\ B}$

- 데이텀 기준($\overline{C}$)으로 14$H7$ 부분, 26$^{+0.02}_{0}$ 부분, 40$H7$ 부분의 홈 부분은 구멍 치수와 ø 20$H7$의 구멍과 대칭상태로 있어야 하므로 대칭도 공차를 기입 → $\boxed{=\ |\ 0.009\ |\ C}$

- 가공 제품과 관련된 치수 ø 20H7에 ③ 플레이트와 연관된 치수로 과제 도면의 ② 서포트 우측면을 기준으로 $\boxed{22}$의 구멍 위치에 직각도를 유지하기 위하여 위치도 공차를 기입 → $\boxed{\oplus\ |\ 0.009}$

치수 기입

①

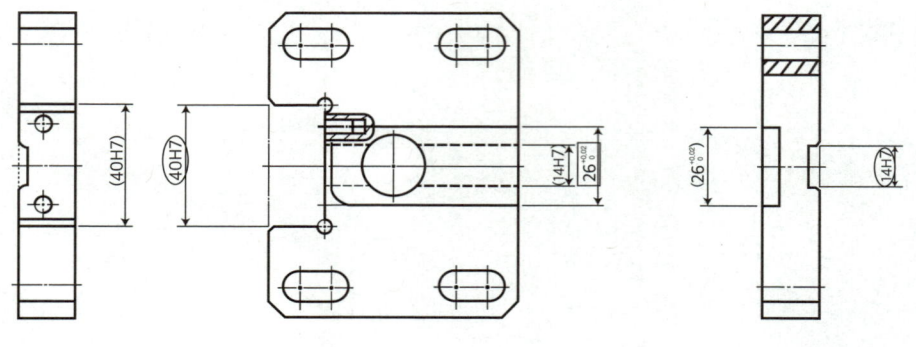

□ : 일반 치수
○ : 중요 치수
☆ : 누락 치수

공차

①

□ : 치수공차
○ : 끼워맞춤 공차

기하 공차

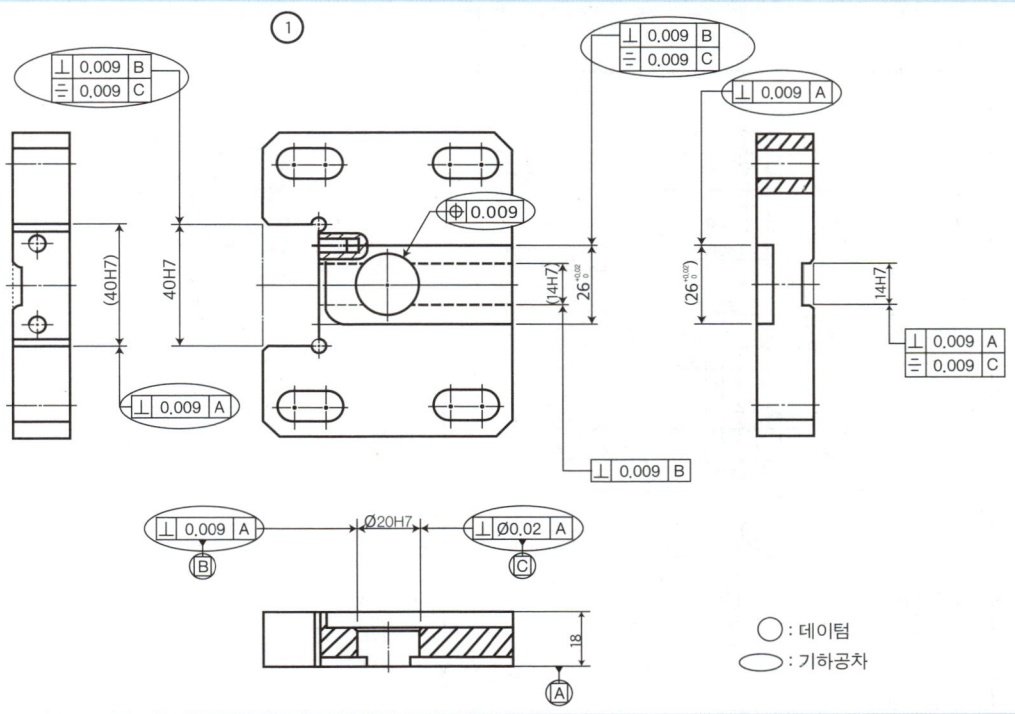

○ : 데이텀

⬭ : 기하공차

표면 거칠기

① √ᵂ(√ˣ, √ʸ)

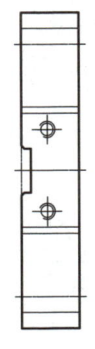
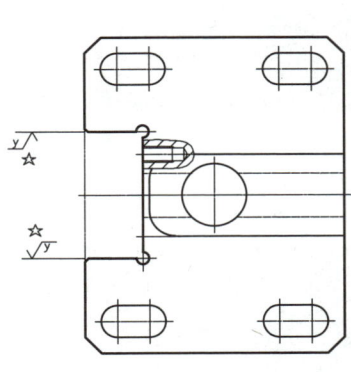
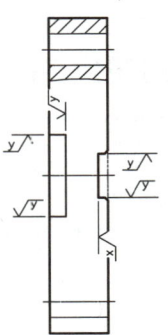

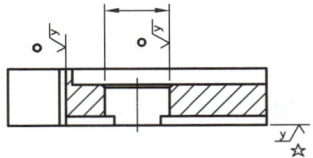

☆ : 중요부

● : 일반부

△ : 누락

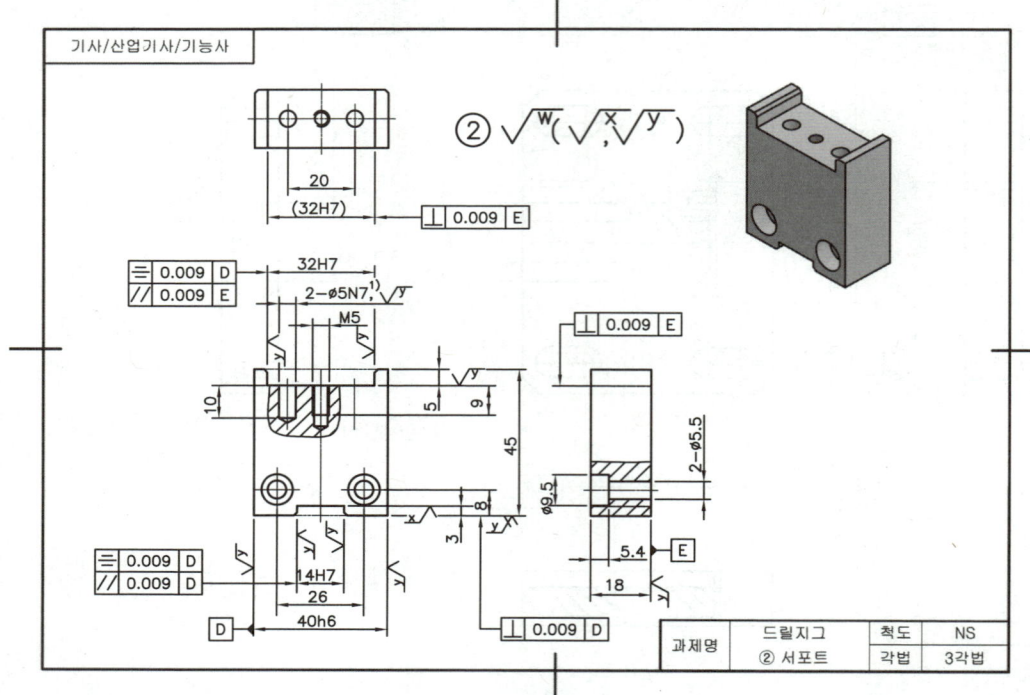

▷ 명칭은 서포트 혹은 플레이트이며 드릴지그의 게이지 구멍 중심과 드릴 부시의 구멍 중심이
일치하도록 수평 유지를 하는 역할을 한다.

▷ 밀링 가공 후 열처리를 하여 연마로 완성하고 파커라이징 처리를 한다.

1) 서포트의 투상도 선택과 배열하기

정면도의 선택은 그 부품의 특징이 가장 잘 나타내는 쪽을 선택해야 하므로, 서포트가 세워진 상태를 정면도로 선택하여 암나사와 핀 구멍의 크기와 깊이를 도시할 수 있도록 부분 단면을 하여 정면도로 배치하였다. 정면도를 기준으로 우측면도와 평면도를 그려준다.

2) 서포트의 치수공차와 끼워 맞춤 공차 기입하기

ㄱ 서포트 밑 바닥 부분의 홈과 조립되는 부분에 끼워맞춤 공차 14$H7$, ① 베이스와 조립되는 부분의 끼워맞춤 공차, 40$h6$, ③ 플레이트와 조립되는 부분에 끼워맞춤 공차 32$H7$를 기입한다.

ㄴ ③ 플레이트와 조립되는 부분의 핀이 들어갈 구멍에 억지끼워맞춤 공차 ø 5$N7$을 기입한다.

3) 서포트의 표면 거칠기 기입하기

ㄱ 대표 거칠기는 $\sqrt{}^{\text{w}}$ 로 정한다.

ㄴ 바닥 부분의 홈, ① 베이스, ③ 플레이트와 조립되는 부분의 거칠기 $\sqrt{}^{\text{y}}$ 를 기입한다.

ㄷ 핀이 들어갈 구멍에 표면 거칠기 $\sqrt{}^{\text{y}}$ 를 기입한다.

4) 서포트의 기하 공차 기입하기

• 정면도의 ① 베이스와 조립되는 부분을 데이텀 기준(D◀)으로 결정.

• 데이텀 D를 기준으로 베이스의 밑 바닥부분의 홈과 조립되는 구멍, ③ 플레이트와 조립되는 부분의 구멍애 대칭도 공차 기입 → | ＝ | 0.009 | D |

• 바닥의 홈 부분과 조립되는 부분을 높이를 수직으로 규제하기 위해 평행도 공차 기입 → | // | 0.009 | D |

• ① 베이스와 조립되어 밀착되는 부분을 데이텀 기준(▶— E)으로 정한다.

• 데이텀 E를 기준으로 ③ 플레이트와 조립되는 부분의 기하공차를 직각도와 평행도 공차 기입 → | ⊥ | 0.009 | E | | // | 0.009 | E |

치수 기입

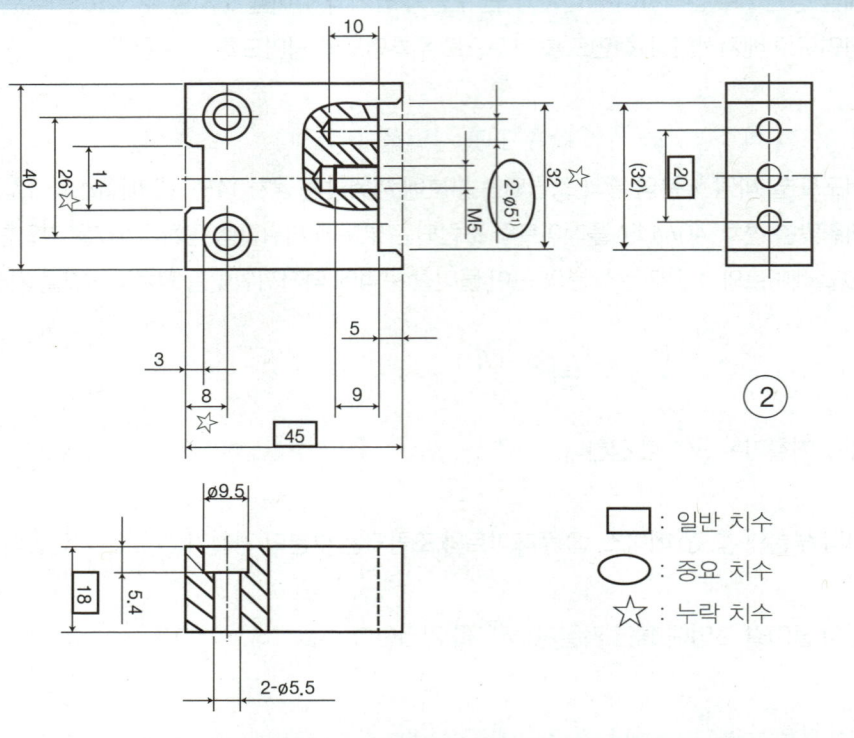

□ : 일반 치수

○ : 중요 치수

☆ : 누락 치수

공차

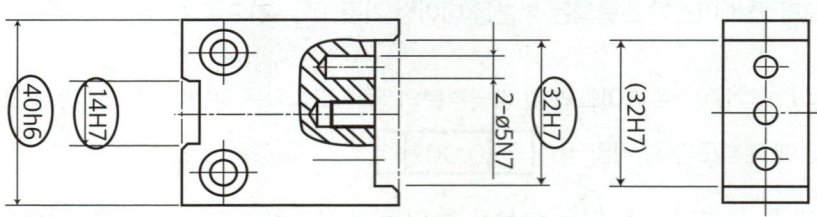

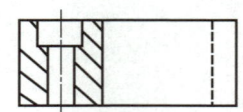

□ : 일반 치수

○ : 끼워맞춤 공차

기하 공차

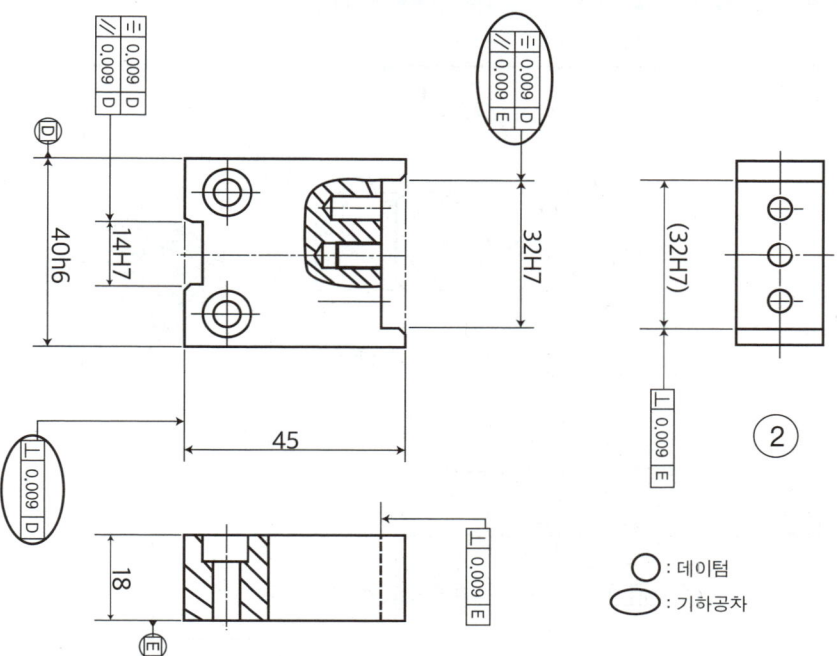

○ : 데이텀

◯ : 기하공차

표면 거칠기

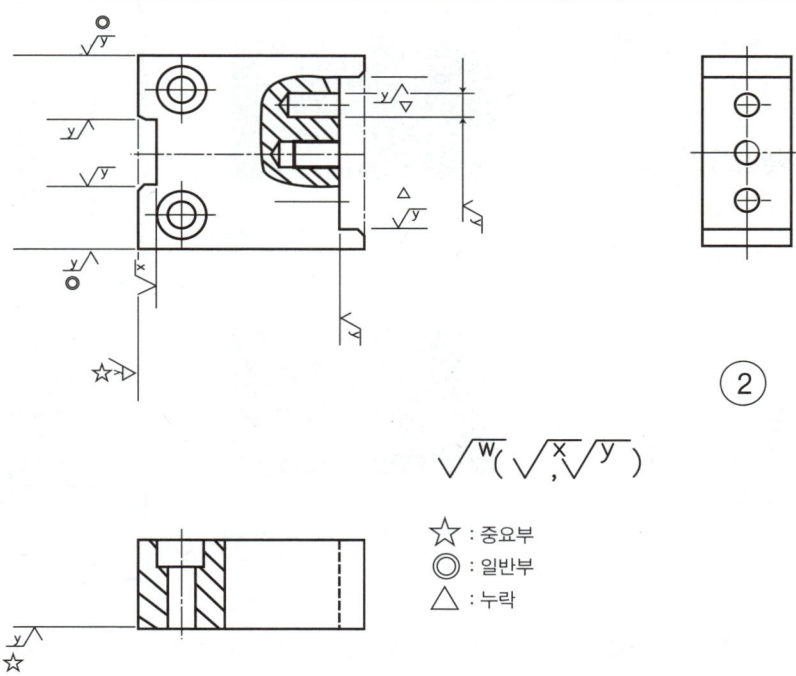

$$\sqrt{}^{W}\left(\sqrt{}^{X},\sqrt{}^{y}\right)$$

☆ : 중요부

○ : 일반부

△ : 누락

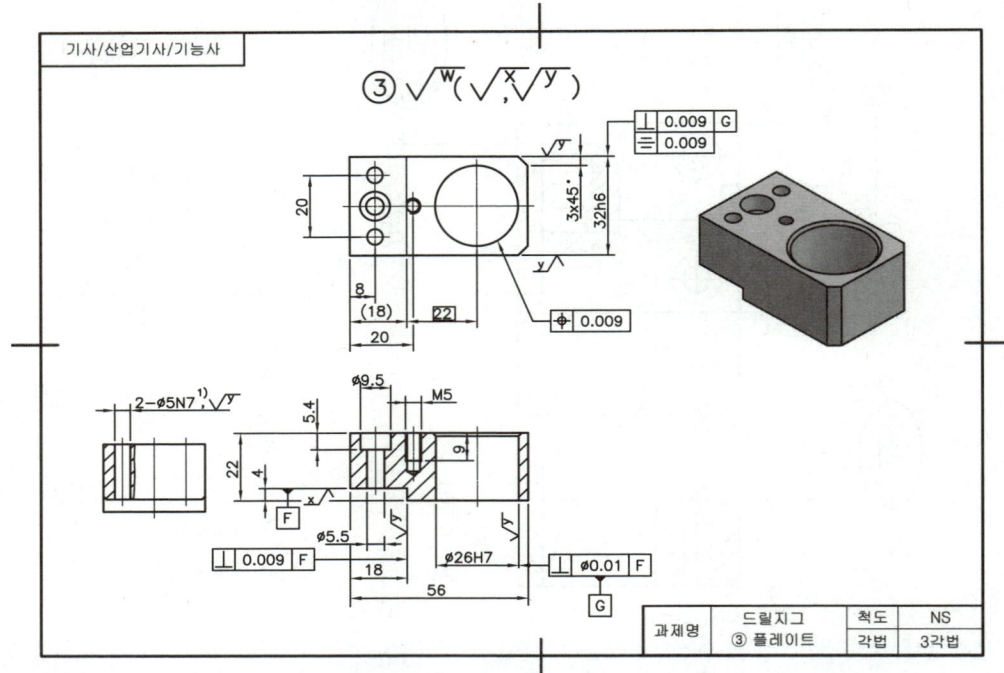

과제명	드릴지그	척도	NS
	③ 플레이트	각법	3각법

드릴지그 4강

치공구 뿌시기

③ 플레이트 3D 모델링

https://url.kr/9oeexf

드릴지그 8강

치공구 뿌시기

③ 플레이트 2D 치수기입

https://url.kr/6go9ei

▷ ① 베이스의 제품 게이지 구멍 중심과 드릴 부시의 구멍 중심이 일치하도록 수평을 유지 하는 역할을 한다.

▷ 밀링 가공 후, 열처리를 하여 연마로 완성하고 파커라이징 처리를 한다.

1) 플레이트의 투상도 선택과 배열하기

ㄱ 조립도면을 기준으로 정면도로 선택하여 전단면도로 고정라이너, 드릴부시가 들어갈 구멍과 6각 구멍붙이 볼트, 나사가 들어갈 구멍을 표시하여 준다.

ㄴ 정면도를 기준으로 평면도와 좌측면도를 배열하였다.

2) 플레이트의 치수공차와 끼워 맞춤 공차 기입하기

④ 드릴부시와 ⑤ 조 고정 라이너가 들어갈 구멍과 관련된 치수에 ø 25$H7$를 기입한다. ② 서포트와 조립관계인 치수에 32$h6$끼워맞춤 치수를 기입하고, 핀 구멍이 들어갈 치수에 억지끼워 맞춤인 ø 5$N7$을 기입한다.

3) 플레이트의 표면 거칠기 기입하기

ㄱ 대표 거칠기는 $\sqrt{}^{\text{w}}$ 로 정한다.

ㄴ ④ 드릴부시 ⑤조 고정 라이너가 들어갈 구멍 부분의 거칠기 $\sqrt{}^{\text{y}}$ 를 기입한다.

ㄷ ② 서포트와 조립되는 부분의 거칠기에 $\sqrt{}^{\text{x}}$, $\sqrt{}^{\text{y}}$ 를 기입한다.

4) 플레이트의 기하 공차 기입하기

• 정면도의 ② 서포트와 조립되는 부분의 밑 바닥부분을 데이텀 기준(F)으로 정한다.

• ② 서포트와 조립되는 부분과 ④ 드릴부시 ⑤조 고정 라이너가 들어갈 구멍 부분을 직각도 공차 기입 → ⊥ 0.011 F

• ④ 드릴부시 ⑤조 고정 라이너가 들어갈 구멍 부분을 데이텀 기준(G)으로 정한다.

• ② 서포트와 조립되는 부분을 데이텀25 G를 기준으로 직각도 공차 기입 → ⊥ 0.009 G

• 가공 제품과 관련된 치수 ø 20$H7$에 ② 서포트와 연관된 치수로 과제 도면의 ③ 플레이트와 좌측면을 기준으로 22 의 구멍 위치에 직각도를 유지하기 위하여 위치도 공차를 기입 → ⊕ 0.009

치수 기입

③

- ☐ : 일반 치수
- ○ : 일반 치수
- ☆ : 일반 치수

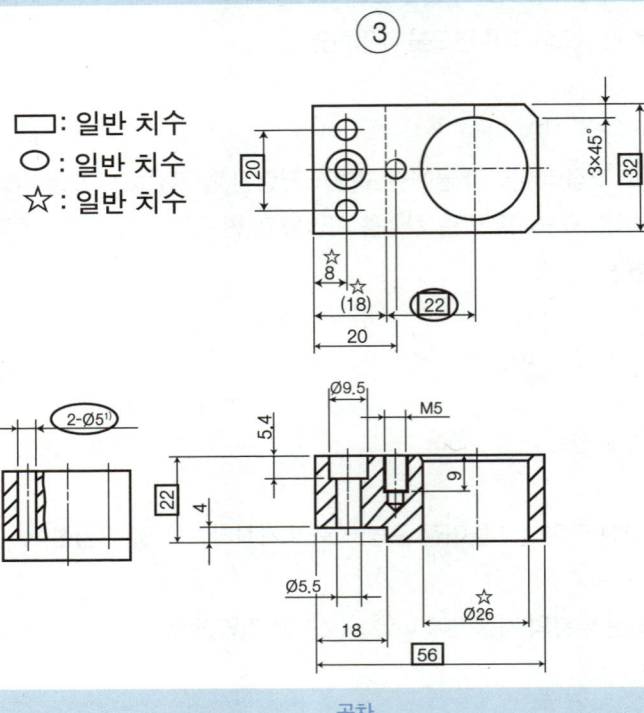

공차

③

- ☐ : 치수 공차
- ○ : 끼워맞춤 공차

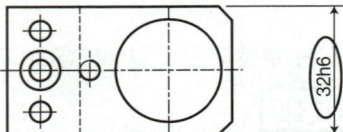

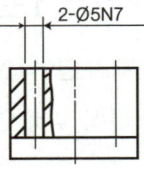

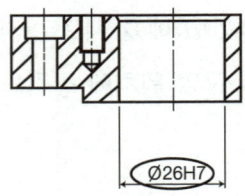

기하 공차

③

○ : 데이텀
◯ : 기하공차

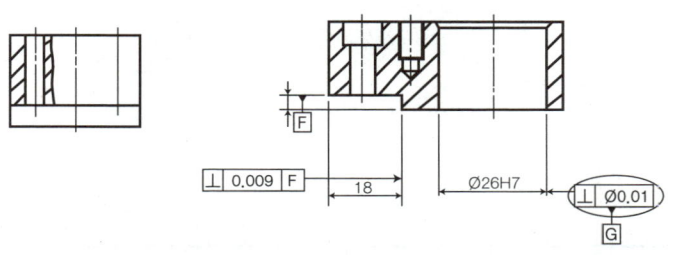

표면 거칠기

③ $\sqrt{}^{W}(\sqrt{}^{X}, \sqrt{}^{y})$

◎ : 일반부
△ : 누락

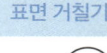

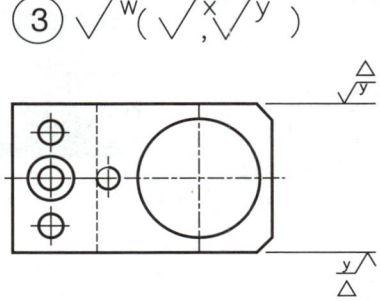

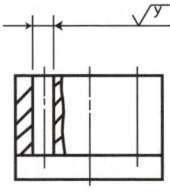

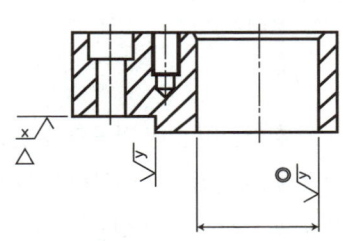

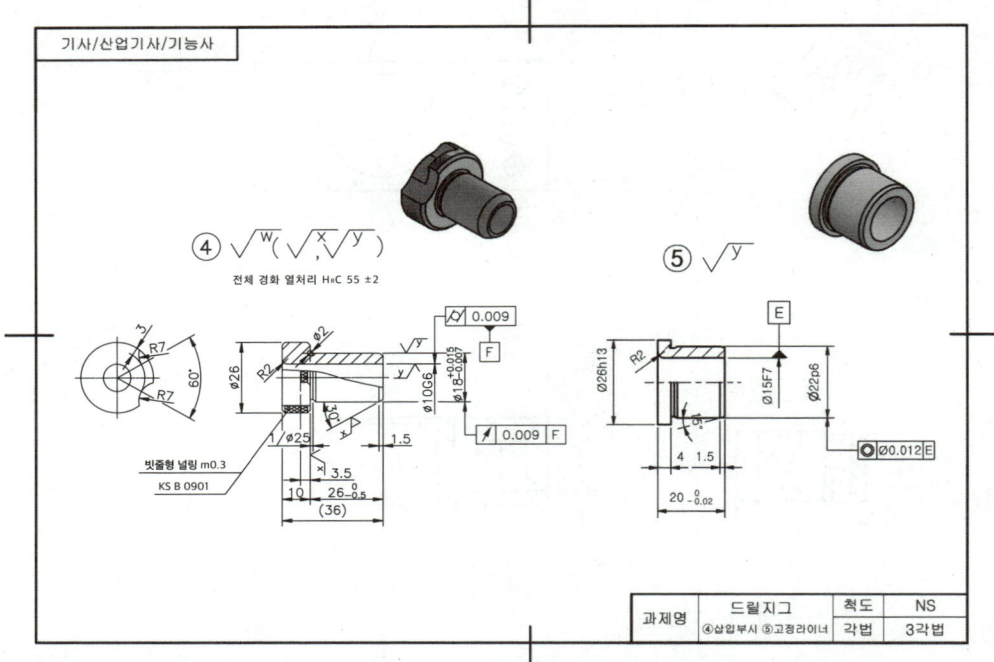

과제명	드릴지그	척도	NS
	④삽입부시 ⑤고정라이너	각법	3각법

드릴지그 5강

치공구 뿌시기
④ 삽입부시
⑤ 고정라이너
3D 모델링

https://url.kr/tx5jam

드릴지그 9강

치공구 뿌시기
④ 삽입부시
⑤ 고정라이너
2D 모델링

https://url.kr/6ico6d

▷ 드릴부시는 드릴 공구의 휘어짐이 없이 가공할 수 있도록 안내하는 안내면 역할을 하며, 규격으로 정해져 있어서 선반가공 후 열처리하여 연마로 완성하고 파커라이징 처리 한다.

▷ 고정라이너는 드릴 부시의 장착 안내 역할을 하며 드릴 부시와 동일한 가공 공정을 따른다.

(1) 드릴부시, 고정라이너의 투상도 선택과 배열하기

드릴부시와 고정라이너는 선반으로 가공한 제품으로 가공 상태의 길이 방향으로 뉘어서 정면를 선택한다.

(2) 드릴부시, 고정라이너의 치수공차와 끼워 맞춤 공차, 표면 거칠기, 기하 공차 기입하기

ㄱ 치수, 공차 등의 전반적인 내용은 규격집에 정한 데이터(42. 삽입 부시 / 43. 지그용 부시 및 그 부속 부품 (고정 라이너))를 참고하여 제도한다.

ㄴ 삽입 부시는 가공할 제품의 구멍 크기에 따라 규격품의 부시를 시중에서 구입하여 사용한다. 가공제품의 내경이 ø 10이므로 d_1 의 치수는 8초과 10이하를 택하고 나머지 치수도 규격을 따른다.

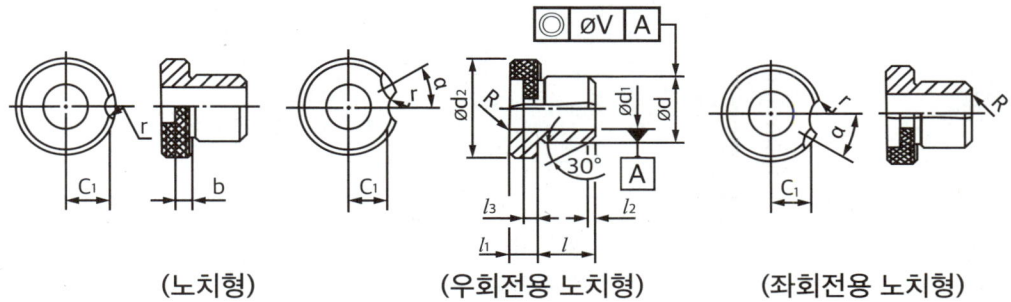

(노치형)　　　　(우회전용 노치형)　　　　(좌회전용 노치형)

d_1		d		d_2		l	h_1	l_2	R	l_3		C_1	r	a
초과	이하	기준치수	허용차	기준치수	허용차					기준치수	허용차			(°)
	4	8	m6	15	h13	10 12 16	8	1	3			4.5	7	65
4	6	10		18		12 16 20						6		
6	8	12		22		25						7.5		60
8	10	15		26		16 20 28	10			4		9.5	8.5	50
10	12	18		30		36		2				11.5		
12	15	22		34		20 25 36						13		35
15	18	26		39		45						15.5		
18	22	30		46		25 36 45	12			5.5		19	10.5	30
22	26	35		52		56		3				22		
26	30	42		59								25.5		
30	35	48		66		30 35 45		1.5			−0.1	28.5		
35	42	55		74		56					−0.2	32.5		25
42	48	62		82		35 45 56						36.5	12.5	
48	55	70		90		67						40.5		
55	63	78		100		40 56 67	16	4		7		45.5		
63	70	85		110		78						50.5		
70	78	95		120		45 50 67						55.5		20
78	85	105		130		89						60.5		

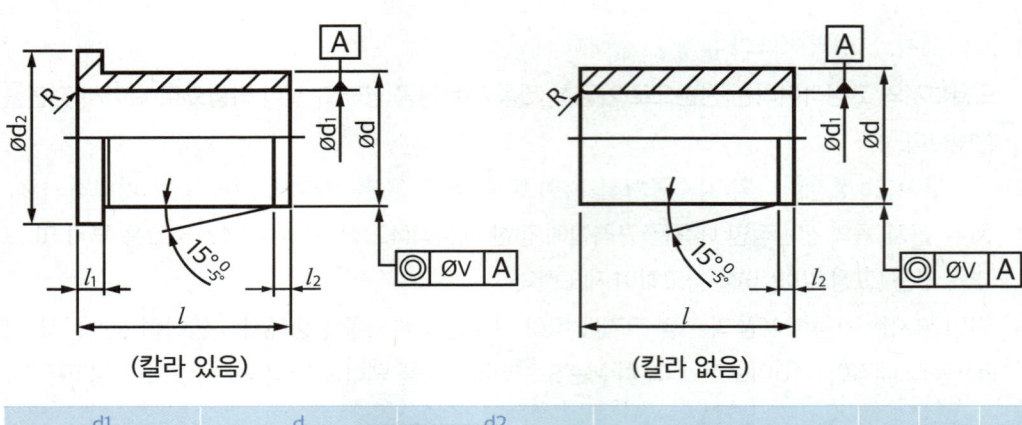

(칼라 있음)   (칼라 없음)

d1		d		d2		l		l1	l2	R
기준 치수	허용차	기준 치수	허용차	기준 치수	허용차					
8		12		16		10 12 16		3		
10		15		19						
12		18		22		12 16 20 25				2
15	F7	22	p6	26	h13	16 20 28 36		4	1.5	
18		26		30						
22		30		35						
26		35		40		20 25 36 45		5		3
30		42		47		25 36 45 56				

NOTES

NOTES

NOTES

정인훈

ㅣ약력 및 경력

- 2010~마이스터고 및 특성화고 기계과 교사
- 지방기능경기대회 기계설계/CAD 직종 지도교사
- 기계가공기능장

ㅣ저서

- 컴퓨터응용 선반/밀링기능사 필기+실기(지식오름)
- Win-Q 전산응용기계지도기능사 실기(SD에듀)
- 일반기계기사 실기(에듀피디)

2026 전산응용기계제도기능사

필기 실기 기출예상문제집

발행일 2026년 01월 05일
발행인 조순자
편저자 정인훈
편집·표지디자인 장영은
발행처 인성재단(지식오름)

정 가 28,000원   **ISBN** 979-11-7491-025-7